N. BOURBAKI

ÉLÉMENTS DE MATHÉMATIQUE

N. BOURBAKI

ÉLÉMENTS DE
MATHÉMATIQUE

TOPOLOGIE
GÉNÉRALE

Chapitres 5 à 10

Springer

Réimpression inchangée de l'édition originale de 1974

(décembre 2006; nouveau tirage février 2007)

ISBN 978-3-540-34399-8 Springer Berlin Heidelberg New York

Springer est membre du Springer Science+Business Media
springer.com

Maquette de couverture: WMXDesign GmbH, Heidelberg
Imprimé sur papier non acide 41/3100/YL - 5 4 3 2 1 0 -

Mode d'emploi de ce traité

NOUVELLE ÉDITION

1. Le traité prend les mathématiques à leur début, et donne des démonstrations complètes. Sa lecture ne suppose donc, en principe, aucune connaissance mathématique particulière, mais seulement une certaine habitude du raisonnement mathématique et un certain pouvoir d'abstraction. Néanmoins, le traité est destiné plus particulièrement à des lecteurs possédant au moins une bonne connaissance des matières enseignées dans la première ou les deux premières années de l'Université.

2. Le mode d'exposition suivi est axiomatique et procède le plus souvent du général au particulier. Les nécessités de la démonstration exigent que les chapitres se suivent, en principe, dans un ordre logique rigoureusement fixé. L'utilité de certaines considérations n'apparaîtra donc au lecteur qu'à la lecture de chapitres ultérieurs, à moins qu'il ne possède déjà des connaissances assez étendues.

3. Le traité est divisé en Livres et chaque Livre en chapitres. Les Livres actuellement publiés, en totalité ou en partie, sont les suivants:

Théorie des Ensembles	désigné par	E
Algèbre	„	A
Topologie générale	„	TG
Fonctions d'une variable réelle	„	FVR
Espaces vectoriels topologiques	„	EVT
Intégration	„	INT
Algèbre commutative	„	AC
Variétés différentielles et analytiques	„	VAR
Groupes et algèbres de Lie	„	LIE
Théories spectrales	„	TS

Dans les *six premiers* Livres (pour l'ordre indiqué ci-dessus), chaque énoncé ne fait appel qu'aux définitions et résultats exposés précédemment dans ce Livre ou dans les Livres *antérieurs*. A partir du septième Livre, le lecteur trouvera éventuellement, au début de chaque Livre ou chapitre, l'indication précise des autres Livres ou chapitres utilisés (les six premiers Livres étant toujours supposés connus).

4. Cependant, quelques passages font exception aux règles précédentes. Ils sont placés entre deux astérisques: * . . . *. Dans certains cas, il s'agit seulement de faciliter la compréhension du texte par des exemples qui se réfèrent à des faits que le lecteur peut déjà connaître par ailleurs. Parfois aussi, on utilise, non seulement les résultats supposés connus dans tout le chapitre en cours, mais des résultats démontrés ailleurs dans le traité. Ces passages seront employés librement dans les parties qui supposent connus les chapitres où ces passages sont insérés et les chapitres auxquels ces passages font appel. Le lecteur pourra, nous l'espérons, vérifier l'absence de tout cercle vicieux.

5. A certains Livres (soit publiés, soit en préparation) sont annexés des *fascicules de résultats*. Ces fascicules contiennent l'essentiel des définitions et des résultats du Livre, mais aucune démonstration.

6. L'armature logique de chaque chapitre est constituée par les *définitions*, les *axiomes* et les *théorèmes* de ce chapitre; c'est là ce qu'il est principalement nécessaire de retenir en vue de ce qui doit suivre. Les résultats moins importants, ou qui peuvent être facilement retrouvés à partir des théorèmes, figurent sous le nom de « propositions », « lemmes », « corollaires », « remarques », etc.; ceux qui peuvent être omis en première lecture sont imprimés en petits caractères. Sous le nom de « scholie », on trouvera quelquefois un commentaire d'un théorème particulièrement important.

Pour éviter des répétitions fastidieuses, on convient parfois d'introduire certaines notations ou certaines abréviations qui ne sont valables qu'à l'intérieur d'un seul chapitre ou d'un seul paragraphe (par exemple, dans un chapitre où tous les anneaux considérés sont commutatifs, on peut convenir que le mot « anneau » signifie toujours « anneau commutatif »). De telles conventions sont explicitement mentionnées à la tête du *chapitre* dans lequel elles s'appliquent.

7. Certains passages sont destinés à prémunir le lecteur contre des erreurs graves, où il risquerait de tomber; ces passages sont signalés en marge par le signe Z (« tournant dangereux »).

8. Les exercices sont destinés, d'une part, à permettre au lecteur de vérifier qu'il a bien assimilé le texte; d'autre part, à lui faire connaître des résultats qui n'avaient pas leur place dans le texte; les plus difficiles sont marqués du signe ¶.

9. La terminologie suivie dans ce traité a fait l'objet d'une attention particulière. *On s'est efforcé de ne jamais s'écarter de la terminologie reçue sans de très sérieuses raisons.*

10. On a cherché à utiliser, sans sacrifier la simplicité de l'exposé, un langage rigoureusement correct. Autant qu'il a été possible, les *abus de langage ou de notation*, sans lesquels tout texte mathématique risque de devenir pédantesque et même illisible, ont été signalés au passage.

11. Le texte étant consacré à l'exposé dogmatique d'une théorie, on n'y trouvera qu'exceptionnellement des références bibliographiques; celles-ci sont groupées dans des *notes historiques*. La bibliographie qui suit chacune de ces Notes ne comporte le plus souvent que les livres et mémoires originaux qui ont eu le plus d'importance dans l'évolution de la théorie considérée; elle ne vise nullement à être complète.

Quant aux exercices, il n'a pas été jugé utile en général d'indiquer leur provenance, qui est très diverse (mémoires originaux, ouvrages didactiques, recueils d'exercices).

12. Dans la nouvelle édition, les renvois à des théorèmes, axiomes, définitions, remarques, etc. sont donnés en principe en indiquant successivement le Livre (par l'abréviation qui lui correspond dans la liste donnée au n° 3), le chapitre et la page où ils se trouvent. A l'intérieur d'un même Livre la mention de ce Livre est supprimée; par exemple, dans le Livre d'Algèbre,

E, III, p. 32, cor. 3

renvoie au corollaire 3 se trouvant au Livre de Théorie des Ensembles, chapitre III, page 32 de ce chapitre;

II, p. 23, *Remarque* 3

renvoie à la Remarque 3 du Livre d'Algèbre, chapitre II, page 23 de ce chapitre.

Les fascicules de résultats sont désignés par la lettre R; par exemple: EVT, R signifie « fascicule de résultats du Livre sur les Espaces vectoriels topologiques ».

Comme certains Livres doivent seulement être publiés plus tard dans la nouvelle édition, les renvois à ces Livres se font en indiquant successivement le Livre, le chapitre, le paragraphe et le numéro où se trouve le résultat en question; par exemple:

AC, III, § 4, n° 5, cor. de la prop. 6.

Au cas où le Livre cité a été modifié au cours d'éditions successives, on indique en outre l'édition.

CHAPITRE V

Groupes à un paramètre

§ 1. SOUS-GROUPES ET GROUPES QUOTIENTS DE **R**

1. Sous-groupes fermés de R

PROPOSITION 1. — *Tout sous-groupe fermé du groupe additif* **R**, *distinct de* **R** *et de* $\{0\}$, *est un groupe discret de la forme* $a.\mathbf{Z}$, *où* $a > 0$ (autrement dit, est formé des multiples entiers de a).

Montrons d'abord que tout sous-groupe non discret de **R** est partout dense. Si un sous-groupe G de **R** n'est pas discret, pour tout $\varepsilon > 0$, il existe un point $x \neq 0$ de G appartenant à l'intervalle $[-\varepsilon, +\varepsilon]$; comme les multiples entiers de x appartiennent à G, tout intervalle de longueur $> \varepsilon$ contient un tel multiple, c'est-à-dire que G est partout dense dans **R**.

Tout sous-groupe fermé distinct de **R** est donc discret. Reste à montrer que tout sous-groupe discret G de **R**, non réduit à 0, est de la forme $a.\mathbf{Z}$, où $a > 0$. Or, la relation $-G = G$ montre que l'ensemble H des éléments >0 de G n'est pas vide; si $b \in H$, l'intersection de l'intervalle $[0, b]$ et de G est un ensemble *compact* et *discret*, donc *fini*; soit a le plus petit des éléments de H contenus dans $[0, b]$; pour tout $x \in G$, posons $m = [x/a]$ (partie entière de x/a); on a $x - ma \in G$ et $0 \leqslant x - ma < a$; d'après la définition de a, $x - ma = 0$, ce qui prouve que $G = a.\mathbf{Z}$.

2. Groupes quotients de R

Tout groupe quotient *séparé* de **R** est de la forme **R**/H, où H est un sous-groupe *fermé* de **R** (III, p. 13, prop. 18); donc, d'après la prop. 1 de V, p. 1:

PROPOSITION 2. — *Les groupes quotients séparés de* **R**, *non réduits à l'élément neutre, sont les groupes* $\mathbf{R}/a\mathbf{Z}$ ($a \geqslant 0$).

Si a et b sont des nombres >0, l'automorphisme $x \mapsto (b/a)x$ de $\mathbf{R}$ transforme $a\mathbf{Z}$ en $b\mathbf{Z}$; donc (III, p. 17, *Remarque* 3) les groupes quotients $\mathbf{R}/a\mathbf{Z}$ et $\mathbf{R}/b\mathbf{Z}$ sont isomorphes; en d'autres termes:

PROPOSITION 3. — *Tout groupe quotient séparé de* $\mathbf{R}$, *distinct de* $\mathbf{R}$ *et non réduit à l'élément neutre, est isomorphe au groupe* $\mathbf{R}/\mathbf{Z}$.

DÉFINITION 1. — *Le groupe topologique* $\mathbf{R}/a\mathbf{Z}$ $(a > 0)$ *est appelé groupe additif des nombres réels modulo a. On désigne par* $\mathbf{T}$ *le groupe topologique* $\mathbf{R}/\mathbf{Z}$; *en tant qu'espace topologique,* $\mathbf{T}$ *est appelé tore à une dimension* (par abus de langage, on appelle aussi « tore à une dimension » le *groupe topologique* $\mathbf{T}$).

Remarques. — 1) La relation $x \equiv y$ (mod. $a\mathbf{Z}$) s'écrit plus souvent $x \equiv y$ (mod. a) ou simplement $x \equiv y$ (a), et se lit « x et y sont congrus modulo a »; elle signifie donc que $x - y$ est un *multiple entier* de a. Lorsque a est entier, la relation induite sur $\mathbf{Z}$ par cette relation d'équivalence n'est autre que la congruence modulo a (A, I, p. 46), ce qui justifie la notation précédente.

*2) Comme nous le verrons dans VI, p. 12, l'espace topologique $\mathbf{T}$ est homéomorphe au *cercle* $x^2 + y^2 = 1$ du plan numérique $\mathbf{R}^2$; le produit $\mathbf{T}^2$ est homéomorphe à un *tore de révolution* dans $\mathbf{R}^3$ (VII, p. 22, exerc. 15); d'où le nom de « tore à une dimension » employé pour désigner $\mathbf{T}$ (au chap. VII, p. 9, nous appellerons de même $\mathbf{T}^n$ le « tore à n dimensions »).*

PROPOSITION 4. — *Le tore* $\mathbf{T}$ *est un espace homéomorphe à l'espace quotient d'un intervalle fermé quelconque* $[a, a+1]$ *de* $\mathbf{R}$, *obtenu en identifiant les extrémités de cet intervalle; il est compact, connexe et localement connexe.*

En effet, tout $x \in \mathbf{R}$ est congru (mod. 1) à un nombre de l'intervalle $[a, a+1]$, savoir $x - [x - a]$; donc $\mathbf{T}$ est image de cet intervalle par l'application canonique φ de $\mathbf{R}$ sur $\mathbf{R}/\mathbf{Z}$, et par suite est compact et connexe (I, p. 62, th. 2 et I, p. 82, prop. 4). D'autre part, deux éléments distincts de l'intervalle $[a, a+1]$ ne peuvent être congrus (mod. 1) que si ce sont les extrémités; de la compacité de $\mathbf{T}$, on conclut donc que $\mathbf{T}$ est homéomorphe à l'espace quotient de $[a, a+1]$ obtenu en identifiant ses extrémités (I, p. 63, cor. 4 et I, p. 78, prop. 8). Enfin, comme $\mathbf{Z}$ est un sous-groupe discret de $\mathbf{R}$, $\mathbf{T} = \mathbf{R}/\mathbf{Z}$ est *localement isomorphe* à $\mathbf{R}$ (III, p. 13, prop. 19), et en particulier localement connexe (ce qui est aussi conséquence de I, p. 85, prop. 12).

Remarque. — On observera que l'application canonique φ de $\mathbf{R}$ sur $\mathbf{T} = \mathbf{R}/\mathbf{Z}$, restreinte à l'intervalle semi-ouvert $[a, a+1[$, est une application *bijective* et *continue* de cet intervalle sur $\mathbf{T}$; son application réciproque est *continue* en tout point de $\mathbf{T}$ distinct de $\varphi(a)$, *discontinue* au point $\varphi(a)$. On identifie parfois l'espace $\mathbf{T}$ avec l'intervalle $[a, a+1[$, muni de la topologie image réciproque par φ de celle de $\mathbf{T}$ (I, p. 13); cette topologie est bien entendu distincte de la topologie induite sur $[a, a+1[$ par celle de $\mathbf{R}$.

3. Homomorphismes continus de R dans lui-même

PROPOSITION 5. — *Tout homomorphisme continu* f *du groupe topologique* $\mathbf{R}$ *dans lui-même est de la forme* $x \mapsto ax$, *où* $a \in \mathbf{R}$; *c'est un automorphisme du groupe topologique* $\mathbf{R}$ *si* $a \neq 0$.

En effet, pour tout $x \in \mathbf{R}$ et tout entier $p \in \mathbf{Z}$, on a $f(px) = pf(x)$; en remplaçant x par $(1/p)x$, on en tire $f\left(\frac{1}{p}x\right) = \frac{1}{p}f(x)$, si $p \neq 0$; d'où quels que soient les entiers p et $q \neq 0$, $f\left(\frac{p}{q}x\right) = \frac{p}{q}f(x)$; autrement dit, pour tout nombre rationnel r, $f(rx) = rf(x)$. Si maintenant t est un nombre réel quelconque, on a, en vertu de la continuité de f dans $\mathbf{R}$,

$$f(tx) = \lim_{r \to t,\, r \in \mathbf{Q}} f(rx) = \lim_{r \to t,\, r \in \mathbf{Q}} rf(x) = (\lim_{r \to t,\, r \in \mathbf{Q}} r).f(x) = tf(x).$$

En particulier, si $a = f(1)$, on a $f(t) = at$, d'où la proposition.

Le *groupe des automorphismes* du groupe topologique $\mathbf{R}$ est donc isomorphe au *groupe multiplicatif* $\mathbf{R}^*$ des nombres réels non nuls.

Corollaire. — *Soit* G *un groupe topologique isomorphe à* $\mathbf{R}$; *pour tout* $a \in$ G, *il existe un homomorphisme continu et un seul* f_a *de* $\mathbf{R}$ *dans* G, *tel que* $f_a(1) = a$; *cet homomorphisme est un isomorphisme de* $\mathbf{R}$ *sur* G *si a est distinct de l'élément neutre de* G.

4. Définition locale d'un homomorphisme continu de R dans un groupe topologique

Étant donnés un groupe G et une partie A de G *engendrant* G, il est clair que, si deux homomorphismes f, g de G dans un groupe G′ prennent la même valeur en tout point de A, ils sont égaux. Mais les valeurs dans A d'un homomorphisme f de G dans G′ ne peuvent en général être prises arbitrairement; G et G′ étant notés multiplicativement, ces valeurs doivent satisfaire à la condition

$$f(xy) = f(x)f(y)$$

pour tout couple (x, y) tel que $x \in$ A, $y \in$ A et $xy \in$ A; cette condition nécessaire n'est d'ailleurs pas suffisante en général.

En particulier, un *isomorphisme local* d'un groupe topologique G à un groupe topologique G′ ne peut pas toujours se prolonger en un homomorphisme (continu ou non) de G dans G′. Par exemple, un isomorphisme local f de $\mathbf{T}$ à $\mathbf{R}$ ne peut se prolonger en un homomorphisme de $\mathbf{T}$ dans $\mathbf{R}$: en effet, si f est défini dans un voisinage V de 0, il existe un entier $p > 0$ tel que la classe x (mod. $\mathbf{Z}$) de $1/p$ appartienne à V; comme x est un élément d'ordre p dans $\mathbf{T}$, son image par tout homomorphisme de $\mathbf{T}$ dans $\mathbf{R}$ est nécessairement 0, donc distincte de $f(x)$ par hypothèse.

Le groupe topologique $\mathbf{R}$ jouit à cet égard de la propriété suivante:

Proposition 6. — *Soit* I *un intervalle de* $\mathbf{R}$, *contenant* 0 *et non réduit à ce point; soit* f *une application continue de* I *dans un groupe topologique* G (noté multiplicativement), *telle que* $f(x + y) = f(x)f(y)$ *pour tout couple de points* x, y *tels que* $x \in$ I, $y \in$ I *et* $x + y \in$ I. *Il existe un homomorphisme continu et un seul de* $\mathbf{R}$ *dans* G *qui prolonge* f.

L'unicité du prolongement de f (s'il existe) résulte des remarques qui précèdent, puisque I engendre le groupe $\mathbf{R}$; reste à en démontrer l'existence.

Si n est un entier >0, et si on a $x \in \mathrm{I}$ et $nx \in \mathrm{I}$, on a $f(nx) = (f(x))^n$, comme on le voit par récurrence sur n, en observant que, dans ces conditions, on a $mx \in \mathrm{I}$ pour tout entier m tel que $1 \leqslant m \leqslant n$. Posons $\mathrm{J} = \bigcup_{n \in \mathbf{N}} n\mathrm{I}$; J est la droite $\mathbf{R}$, ou bien l'un des intervalles $[0, +\infty[$ ou $]-\infty, 0]$, suivant que 0 est ou non intérieur à I; si $x \in \mathrm{J}$, on a $x/n \in \mathrm{I}$ dès que n est un entier >0 assez grand. Soit $x \in \mathrm{J}$, et soient m, n deux entiers >0 tels que $x/n \in \mathrm{I}$ et $x/m \in \mathrm{I}$; on a $x/mn \in \mathrm{I}$, donc

$$f\left(\frac{x}{m}\right) = \left(f\left(\frac{x}{mn}\right)\right)^n, \quad \text{et} \quad f\left(\frac{x}{n}\right) = \left(f\left(\frac{x}{mn}\right)\right)^m;$$

par conséquent, l'élément $(f(x/n))^n$ de G est le même pour tous les entiers $n > 0$ satisfaisant à la condition $x/n \in \mathrm{I}$. Désignons cet élément par $f_1(x)$; f_1 est une application de J dans G, qui coïncide avec f dans I et est donc continue au point 0 (par rapport à J). Soient x, y deux éléments de J, n un entier >0 assez grand pour que l'on ait $x/n \in \mathrm{I}$, $y/n \in \mathrm{I}$, $(x + y)/n \in \mathrm{I}$; on a

$$f\left(\frac{x+y}{n}\right) = f\left(\frac{x}{n}\right)f\left(\frac{y}{n}\right) = f\left(\frac{y}{n}\right)f\left(\frac{x}{n}\right),$$

ce qui prouve que $f(x/n)$ et $f(y/n)$ sont permutables; par définition de f_1, on a donc $f_1(x + y) = f_1(x)f_1(y)$. Si $\mathrm{J} = \mathbf{R}$, la proposition est démontrée. Sinon, supposons par exemple qu'on ait $\mathrm{J} = [0, +\infty[$; pour tout $x < 0$, posons

$$f_1(x) = (f_1(-x))^{-1}.$$

La relation $f_1(x + y) = f_1(x)f_1(y)$ reste alors valable quels que soient $x \in \mathbf{R}$, $y \in \mathbf{R}$; c'est immédiat pour $x < 0$ et $y < 0$; pour $x \geqslant 0$, $y < 0$, $x + y \geqslant 0$, on a $f_1(x) = f_1(x + y)f_1(-y)$, d'où la propriété annoncée; de même pour $x \geqslant 0$, $y < 0$, $x + y < 0$, car on a alors $f_1(-y) = f_1(-x - y)f_1(x)$; démonstrations analogues pour $x < 0$ et $y \geqslant 0$. On voit donc que f_1 est un homomorphisme de $\mathbf{R}$ dans G; on a par suite $f_1(0) = e$ (élément neutre de G), et comme f_1 est une fonction continue par rapport à J, elle a au point 0 une limite à droite égale à e; comme $f_1(-x) = (f_1(x))^{-1}$, f_1 a aussi au point 0 une limite à gauche égale à e; elle est donc continue en 0, ce qui achève la démonstration.

Corollaire. — *Soit f un isomorphisme local de* $\mathbf{R}$ *à un groupe topologique* G; *il existe un morphisme strict et un seul de* $\mathbf{R}$ *sur un sous-groupe ouvert de* G, *qui coïncide avec f en tous les points d'un voisinage de* 0.

En effet, soit $\bar{f}$ l'homomorphisme continu de $\mathbf{R}$ dans G qui coïncide avec f en tous les points d'un intervalle ouvert I contenant 0 et contenu dans l'ensemble où est défini f; $\bar{f}(\mathbf{R})$ contient par hypothèse un voisinage de l'élément neutre de G, donc (III, p. 7, corollaire) est un sous-groupe ouvert de G; en outre, $\bar{f}$ est un morphisme strict de $\mathbf{R}$ sur $\bar{f}(\mathbf{R})$, d'après III, p. 16, prop. 24.

Proposition 7. — *Tout groupe topologique connexe* G, *localement isomorphe à* **R**, *est isomorphe à* **R** *ou à* **T**.

En effet, un isomorphisme local de **R** à G se prolonge en un morphisme strict de **R** sur un sous-groupe ouvert de G (cor. de la prop. 6), donc sur G lui-même puisque G est connexe. Il s'ensuit que G est isomorphe à un groupe quotient de **R**; comme il est séparé et non réduit à l'élément neutre (puisqu'il est localement isomorphe à **R**), il est isomorphe à **R** ou à **T** d'après la prop. 3 de V, p. 2.

§ 2. MESURE DES GRANDEURS

On a vu (cf. Note historique du chap. IV) que le problème de la *mesure des grandeurs* est à l'origine de la notion de nombre réel; plus précisément, les diverses espèces de grandeurs dont l'étude s'imposa peu à peu, pour des raisons pratiques ou théoriques, furent d'abord considérées séparément; et la possibilité de les mesurer toutes par un même système de nombres apparut comme une constatation expérimentale bien avant que les mathématiciens grecs n'eussent conçu l'idée hardie d'en faire l'objet d'une démonstration rigoureuse. Dans la théorie axiomatique établie par ces derniers, l'idée de grandeur apparaît liée à une loi de composition (l'« addition » des grandeurs de même espèce) et à une relation d'ordre (la relation « A est plus petit que B », dite relation de comparaison des grandeurs). Nous allons, dans ce qui suit, examiner le même problème, c'est-à-dire rechercher les conditions auxquelles doivent satisfaire une loi de composition interne et une relation d'ordre sur un ensemble E pour que celui-ci soit *isomorphe* à une partie E′ de **R**, munie de la structure induite par l'addition et la relation $\leqslant$ dans **R**. Comme nous ne supposerons pas *a priori* que la loi de composition donnée sur E soit commutative, nous la noterons multiplicativement; à cela près, nous ne nous écarterons guère des raisonnements classiques sur la mesure des grandeurs.

Soit E un ensemble *totalement ordonné* par une relation d'ordre notée $x \leqslant y$, et possédant un plus petit élément ω. Soit I une partie de E telle que $\omega \in \mathrm{I}$, et que les relations $x \in \mathrm{I}$, $y \leqslant x$ entraînent $y \in \mathrm{I}$; supposons donnée dans E une loi de composition non partout définie $(x, y) \mapsto xy$, le composé xy étant défini pour tout couple d'éléments de I (xy appartient à E, mais non nécessairement à I; cf. A, I, p. 1). Faisons en outre les hypothèses suivantes:

($\mathrm{GR_I}$) ω *est élément neutre* ($\omega x = x\omega = x$ pour tout $x \in \mathrm{I}$) *et la loi de composition est associative* (au sens suivant: chaque fois que $x \in \mathrm{I}$, $y \in \mathrm{I}$, $z \in \mathrm{I}$, $xy \in \mathrm{I}$ et $yz \in \mathrm{I}$, on a $x(yz) = (xy)z$).

($\mathrm{GR_{II}}$) *La relation* $x < y$ *entre éléments de* I *entraîne, pour tout* $z \in \mathrm{I}$, *les relations* $xz < yz$ *et* $zx < zy$.

(GR_{III}) *L'ensemble des éléments* $> \omega$ *de* I *n'est pas vide et n'a pas de plus petit élément, et, quels que soient les éléments* x, y *de* I *tels que* $x < y$, *il existe* $z > \omega$ *tel que* $xz \leqslant y$.

La condition (GR_{II}) entraîne qu'on peut multiplier membre à membre les inégalités entre éléments de I: $x < y$ et $x' < y'$ entraînent $xx' < yy'$ (car $xx' < yx'$ et $yx' < yy'$). En particulier on a $y < yx$ pour tout $x > \omega$ ($x \in I, y \in I$).

Étant donnée une suite finie $(x_i)_{1 \leqslant i \leqslant p}$ d'éléments de I, on peut définir par récurrence sur p le composé $\prod_{i=1}^{p} x_i$ de cette suite comme égal à $\left(\prod_{i=1}^{p-1} x_i\right)x_p$, pourvu que le composé $\prod_{i=1}^{p-1} x_i$ soit défini et appartienne à I; si $\prod_{i=1}^{p} x_i$ est défini, chacun des composés $\prod_{i=1}^{q} x_i$ est donc défini et appartient à I pour $2 \leqslant q \leqslant p - 1$. Lorsqu'on prend tous les x_i égaux à un même élément $x \in I$, on voit en particulier que si x^p est défini, x^q est défini et appartient à I pour $2 \leqslant q \leqslant p - 1$; par convention, on pose $x^0 = \omega$ pour tout $x \in I$. D'après (GR_{II}), si $x > \omega$, on a $\omega < x^q < x^p$ pour $1 \leqslant q \leqslant p - 1$ si x^p est défini; si $x < y$ et si y^p est défini, on voit, par récurrence sur p, que x^p est défini et que $x^p < y^p$. D'autre part, la condition d'associativité (GR_I) entraîne, par récurrence sur n, que, si x^{m+n} est défini, il en est de même de $x^m x^n$, et que $x^{m+n} = x^m x^n$. Inversement, en vertu de (GR_I) et (GR_{II}), si $x^m x^n$ est défini et appartient à I, x^{m+n} est défini et $x^{m+n} = x^m x^n$: on le voit encore par récurrence sur n, car on a $x^{n-1} \leqslant x^n$, donc $x^m x^{n-1}$ est défini et appartient à I; par hypothèse $x^m x^{n-1} = x^{m+n-1} \in I$, donc $(x^{m+n-1})x = x^{m+n}$ est défini et égal à $x^m x^n$ d'après le résultat précédent. De même, on voit par récurrence sur n que, si x^{mn} est défini, $(x^m)^n$ est défini et $x^{mn} = (x^m)^n$; inversement, si $(x^m)^n$ est défini et appartient à I, x^{mn} est défini et égal à $(x^m)^n$.

Enfin, l'axiome (GR_{III}) entraîne que, pour tout $x \in I$ tel que $x > \omega$, il existe $y > \omega$ tel que $y^2 \leqslant x$. En effet, si $x > \omega$, il existe $z > \omega$ tel que $z < x$, puis $t > \omega$ tel que $zt \leqslant x$; on prendra pour y le plus petit des éléments z, t. Par récurrence sur n, on en déduit qu'il existe $u > \omega$ tel que $u^{2^n} \leqslant x$.

Introduisons maintenant l'hypothèse suivante:

(GR_{IV}) (« Axiome d'Archimède ») *Quels que soient* $x \in I$, $y \in I$, *tels que* $x > \omega$, *il existe un entier* $n > 0$ *tel que* x^n *soit défini et que* $x^n > y$.

Si on prend pour E un ensemble de nombres réels $\geqslant 0$, contenant 0 et des nombres > 0 arbitrairement petits, pour I l'intersection de E et d'un intervalle de **R** d'origine 0 et non réduit à un point, pour loi de composition l'addition de deux nombres de I, et si on suppose que $x + y \in E$ pour $x \in I$, $y \in I$, il est clair que les axiomes (GR_I), (GR_{II}), (GR_{III}) et (GR_{IV}) sont vérifiés.[1] Réciproquement:

[1] Dans les ensembles de « grandeurs » qui interviennent dans les sciences expérimentales, les axiomes (GR_I) et (GR_{II}) sont en général susceptibles de vérification expérimentale, au moins avec

Proposition 1. — *Soit* E *un ensemble totalement ordonné, possédant un plus petit élément* ω; *soit* I *une partie de* E, *telle que* $\omega \in \mathrm{I}$, *et que les relations* $x \in \mathrm{I}$, $y \leqslant x$ *entraînent* $y \in \mathrm{I}$; *soit* $(x, y) \mapsto xy$ *une application de* $\mathrm{I} \times \mathrm{I}$ *dans* E. *Alors, si les axiomes* $(\mathrm{GR_I})$, $(\mathrm{GR_{II}})$, $(\mathrm{GR_{III}})$ *et* $(\mathrm{GR_{IV}})$ *sont satisfaits, il existe une application f strictement croissante de* I *dans l'ensemble* $\mathbf{R}_+$ *des nombres réels* $\geqslant 0$, *telle que l'on ait*

$$f(xy) = f(x) + f(y)$$

chaque fois que $x \in \mathrm{I}$, $y \in \mathrm{I}$ *et* $xy \in \mathrm{I}$; *en outre, pour tout* $b \in \mathrm{I}$, *l'intersection de* $f(\mathrm{I})$ *et de l'intervalle* $[0, f(b)]$ *de* $\mathbf{R}$ *est dense dans cet intervalle.*

Étant donnés deux éléments quelconques x, y de I tels que $y \neq \omega$, notons $(x : y)$ le plus grand des entiers $n \geqslant 0$ tels que y^n soit défini et $\leqslant x$ [1]; cet entier existe d'après $(\mathrm{GR_{IV}})$; si $(x : y) = p$, y^{p+1} est défini et $> x$. Si $x \in \mathrm{I}$, $y \in \mathrm{I}$ et $xy \in \mathrm{I}$, on a

$$(x : z) + (y : z) \leqslant (xy : z) \leqslant (x : z) + (y : z) + 1. \tag{1}$$

En effet, soit $(x : z) = p$, $(y : z) = q$; on a $z^p \leqslant x$, $z^q \leqslant y$; comme $xy \in \mathrm{I}$, $z^p z^q$ est défini et appartient à I, donc z^{p+q} est défini et on a $z^{p+q} = z^p z^q \leqslant xy$; en outre, si z^{p+q+2} est défini, on a $z^{p+q+2} > xy$, puisque $z^{p+1} > x$ et $z^{p+1} > y$.

Démontrons maintenant les inégalités

$$\begin{cases} (x{:}y)(y{:}z) \leqslant (x{:}z) \\ ((x{:}y) + 1)((y{:}z) + 1) \geqslant (x{:}z) + 1. \end{cases} \tag{2}$$

Soit $(x{:}y) = p$ et $(y{:}z) = q$; on a $y^p \leqslant x$ et $z^q \leqslant y$, donc $(z^q)^p$ est défini et $\leqslant x$; il appartient donc à I et par suite z^{pq} est défini et on a $z^{pq} = (z^q)^p \leqslant x$; d'où la première inégalité. D'autre part, si $z^{(p+1)(q+1)}$ est défini on a $z^{(p+1)(q+1)} > x$, puisque $y^{p+1} > x$ et $z^{q+1} > y$; d'où la seconde inégalité.

Désignons par $\mathfrak{F}$ le filtre des sections de l'ensemble ordonné des éléments $> \omega$ de I, filtrant pour la relation $\geqslant$; une base de $\mathfrak{F}$ est formée des intervalles $]\omega, z]$, où z parcourt l'ensemble des éléments $> \omega$. Étant donnés deux éléments a et x de I tels que $a > \omega$, nous allons voir que le rapport $(x{:}z)/(a{:}z)$, qui est défini pour $z \leqslant a$ et est un nombre rationnel > 0, est une fonction de z qui a une *limite* suivant $\mathfrak{F}$. C'est évident si $x = \omega$, car alors $(x{:}z) = 0$ quel que soit z. Si $x > \omega$, nous allons montrer que l'image $\mathfrak{G}$ de $\mathfrak{F}$ par l'application

$$z \mapsto (x{:}z)/(a{:}z)$$

(restreinte à l'ensemble des $z > \omega$ qui sont $\leqslant x$ et $\leqslant a$) est une base de filtre de Cauchy pour la structure uniforme du groupe *multiplicatif* $\mathbf{R}_+^*$, et converge par

---

une certaine approximation. Par contre l'axiome $(\mathrm{GR_{III}})$, qui postule l'existence de grandeurs « aussi petites qu'on veut », ne peut évidemment être fondé de la même manière; il constitue une pure exigence *a priori*. Quant à l'axiome $(\mathrm{GR_{IV}})$, il peut être considéré comme une « extrapolation » d'un fait vérifiable expérimentalement pour des grandeurs qui ne sont pas « trop petites ».

[1] Lorsque $\mathrm{E} = \mathrm{I}$ est l'ensemble des entiers naturels, la loi de composition étant l'addition, $(x{:}y)$ n'est autre que la partie entière de x/y, ou, comme on dit encore, le « quotient approché par défaut à une unité près » de x par y.

suite vers un nombre réel >0. En effet, remarquons d'abord que, $u > \omega$ étant donné, $(u:z)$ a pour limite $+\infty$ suivant $\mathfrak{F}$; car il existe $z > \omega$ tel que $z^{2^n} \leqslant u$, d'où $(u:z) \geqslant 2^n > n$. Donnons-nous alors un nombre $\varepsilon > 0$ arbitraire; il existe $t > \omega$ tel que $(x:t) \geqslant 1/\varepsilon$ et $(a:t) \geqslant 1/\varepsilon$; écrivons la double inégalité

$$\frac{(x:t)}{(a:t)+1}\cdot\frac{(t:z)}{(t:z)+1} \leqslant \frac{(x:z)}{(a:z)} \leqslant \frac{(x:t)+1}{(a:t)}\cdot\frac{(t:z)+1}{(t:z)},$$

qui résulte immédiatement des inégalités (2). Il existe $z_0 > \omega$ tel que $z \leqslant z_0$ entraîne $(t:z) \geqslant 1/\varepsilon$, donc

$$\frac{1}{(1+\varepsilon)^2}\frac{(x:t)}{(a:t)} \leqslant \frac{(x:z)}{(a:z)} \leqslant (1+\varepsilon)^2\frac{(x:t)}{(a:t)},$$

ce qui prouve que $\mathfrak{G}$ est une base de filtre de Cauchy pour la structure uniforme multiplicative

Fixons désormais l'élément $a > \omega$ (« unité de mesure »), et posons, pour tout $x \in \mathrm{I}$,

$$f(x) = \lim_{\mathfrak{F}} \frac{(x:z)}{(a:z)}.$$

D'après ce qui précède, on a $f(\omega) = 0$, $f(x) > 0$ pour $x > \omega$, et $f(a) = 1$. Si on divise les trois membres de (1) par $(a:z)$, et qu'on passe à la limite suivant $\mathfrak{F}$, on voit que $f(xy) = f(x) + f(y)$ pour $x \in \mathrm{I}$, $y \in \mathrm{I}$. De même, la relation $x \leqslant y$ entraîne $(x:z) \leqslant (y:z)$, d'où, en divisant par $(a:z)$ et passant à la limite, $f(x) \leqslant f(y)$; f est *croissante* dans I. On en déduit que f est *strictement croissante* dans I; en effet, si $x < y$, il existe $z > \omega$ tel que $xz \leqslant y$, d'où $f(xz) \leqslant f(y)$, et comme $xz \in \mathrm{I}$, $f(x) + f(z) = f(xz) \leqslant f(y)$; comme $f(z) > 0$, il s'ensuit bien que $f(x) < f(y)$.

Enfin, si $b \in \mathrm{I}$, l'intersection de $f(\mathrm{I})$ et de l'intervalle $[0, f(b)]$ de $\mathbf{R}$ est dense dans cet intervalle; pour tout entier $n > 0$, il existe en effet $x > \omega$ tel que $f(x) \leqslant 2^{-n}$: il suffit de prendre x tel que $x^{2^n} \leqslant a$; si p est le plus petit entier tel que $x^{p+1} > b$, on a $(p+1)f(x) > f(b)$ et $qf(x) \leqslant f(b)$ pour $1 \leqslant q \leqslant p$; donc tout intervalle contenu dans $[0, f(b)]$ et de longueur $>2^{-n}$ contient au moins un point de la forme $qx = f(x^q) \in f(\mathrm{I})$. La proposition 1 est par suite entièrement démontrée.

Remarques. — 1) Les relations $x \in \mathrm{I}$, $y \in \mathrm{I}$, $xy \in \mathrm{I}$, $yx \in \mathrm{I}$ entraînent

$$f(xy) = f(x) + f(y) = f(yx),$$

donc $yx = xy$, puisque f est strictement croissante; autrement dit, la loi induite par la loi de composition de E sur un intervalle $[\omega, b]$ convenable (b étant pris par exemple tel que $b^2 \leqslant a$) est *commutative*.

2) Toute application g de I dans $\mathbf{R}_+$, satisfaisant aux mêmes conditions que f, est de la forme $x \mapsto \lambda f(x)$ où $\lambda > 0$. En effet, soit $\lambda = g(a) > 0$; les relations $z^p \leqslant x \leqslant z^{p+1}$, $z^q \leqslant a \leqslant z^{q+1}$ entraînent, par hypothèse,

$$pg(z) \leqslant g(x) \leqslant (p+1)g(z), \qquad qg(z) \leqslant g(a) \leqslant (q+1)g(z),$$

d'où

$$\lambda \frac{(x:z)}{(a:z)+1} \leqslant g(x) \leqslant \lambda \frac{(x:z)+1}{(a:z)},$$

et, en passant à la limite suivant $\mathfrak{F}$, on a $g(x) = \lambda f(x)$.

Cherchons à quelles conditions $f(\mathrm{I})$ est un *intervalle* de $\mathbf{R}_+$. On a évidemment deux conditions nécessaires:

($\mathrm{GR}_{\mathrm{III}a}$) *L'ensemble des éléments* $> \omega$ *de* I *n'est pas vide et n'a pas de plus petit élément, et, quels que soient les éléments* x, y *de* I *tels que* $x < y$, *il existe* $z \in \mathrm{I}$ *tel que* $xz = y$ (« soustraction » des grandeurs).

($\mathrm{GR}_{\mathrm{IV}a}$) *Toute suite croissante d'éléments de* I, *majorée par un élément de* I, *admet une borne supérieure dans* I.

Nous allons montrer que ces conditions sont suffisantes, et qu'en outre elles dispensent de postuler l'axiome ($\mathrm{GR}_{\mathrm{IV}}$) (axiome d'Archimède). D'une façon précise, nous allons démontrer la proposition suivante:

PROPOSITION 2. — *Si un ensemble totalement ordonné* E *et une partie* I *satisfont aux axiomes* (GR_{I}), ($\mathrm{GR}_{\mathrm{II}}$), ($\mathrm{GR}_{\mathrm{III}a}$) *et* ($\mathrm{GR}_{\mathrm{IV}a}$), *il existe une application strictement croissante* f *de* I *sur un intervalle de* $\mathbf{R}$ *d'origine* 0, *telle que l'on ait* $f(\omega) = 0$ *et* $f(xy) = f(x) + f(y)$ *chaque fois que* x, y *et* xy *appartiennent à* I.

Montrons d'abord que l'axiome ($\mathrm{GR}_{\mathrm{IV}}$) est vérifié. Raisonnons par l'absurde: soient $x \in \mathrm{I}$, $y \in \mathrm{I}$ tels qu'on ait $x > \omega$ et $x^n \leqslant y$ pour tout entier $n > 0$ tel que x^n soit défini. On voit, par récurrence sur n, que x^n est défini et appartient à I pour tout $n > 0$: en effet, si x^n est défini, c'est un élément de I puisque $x^n \leqslant y$, donc x^{n+1} est défini. Alors la suite croissante (x^n) possède une borne supérieure $b \in \mathrm{I}$ d'après ($\mathrm{GR}_{\mathrm{IV}a}$). Puisque $x < b$, il existe $c \in \mathrm{I}$ tel que $xc = b$, d'après ($\mathrm{GR}_{\mathrm{III}a}$), et on a $c < b$ puisque $x > \omega$. Or, pour tout n, on a $x^{n+1} \leqslant b = xc$, d'où $x^n \leqslant c$ d'après ($\mathrm{GR}_{\mathrm{II}}$); la borne supérieure b des x^n est donc $\leqslant c$, ce qui est contradictoire.

Les conditions d'application de la prop. 1 (V, p. 7) sont donc remplies. Reste à montrer que, si $\gamma = f(c)$ ($c > \omega$) est un élément quelconque de $f(\mathrm{I})$, et β un nombre réel tel que $0 < \beta < \gamma$, il existe $b \in \mathrm{I}$ tel que $f(b) = \beta$ (IV, p. 7, prop. 1). Comme l'intersection de $f(\mathrm{I})$ et de $[0, \gamma]$ est dense dans cet intervalle, il existe une suite croissante (x_n) d'éléments de I telle que $f(x_n)$ ait pour limite β. Soit b la borne supérieure de la suite (x_n) dans I; on a $f(b) \geqslant f(x_n)$ quel que soit n, donc $f(b) \geqslant \beta$; mais $f(b) > \beta$ est impossible, sinon il existerait $y \in \mathrm{I}$ tel que $\beta < f(y) < f(b)$, et comme β est la borne supérieure de la suite $(f(x_n))$, on aurait $f(x_n) < f(y) < f(b)$ quel que soit n, d'où $x_n < y < b$ quel que soit n, ce qui est absurde. Donc $f(b) = \beta$.

La proposition 2 est ainsi démontrée.

Remarque. — Lorsque $\mathrm{I} = \mathrm{E}$, l'image $f(\mathrm{I}) = f(\mathrm{E})$ est $\mathbf{R}_+$ tout entier, car pour un $b > \omega$, b^n est défini pour tout n, donc $n.f(b)$ appartient à $f(\mathrm{E})$ quel que soit n, ce qui entraîne que $f(\mathrm{E})$ n'est pas borné, puisque $f(b) > 0$.

§ 3. CARACTÉRISATION TOPOLOGIQUE DES GROUPES **R** ET **T**

THÉORÈME 1. — *Un groupe topologique* G, *dans lequel il existe un voisinage ouvert de l'élément neutre homéomorphe à un intervalle ouvert de* **R**, *est localement isomorphe à* **R**.

L'intérêt de ce théorème est qu'il permet de conclure d'une propriété purement topologique d'un groupe G à une propriété de la *structure de groupe* de G.

Il s'agit là d'un phénomène tout à fait particulier au groupe **R**, et qui n'a pas d'analogue pour les groupes $\mathbf{R}^n$ lorsque $n > 1$ (cf. VIII, p. 7). Les groupes localement isomorphes à **R** sont parfois appelés *groupes à un paramètre*.

Pour démontrer le th. 1, nous allons nous ramener à la prop. 2 de V, p. 9. Par hypothèse, il existe un homéomorphisme φ d'un voisinage ouvert U de l'élément neutre e de G, sur un intervalle ouvert de **R**. Par l'application réciproque de φ, on peut transporter à U la structure d'ensemble totalement ordonné de l'intervalle $\varphi(\mathrm{U})$; la topologie de U (induite par celle de G) a alors pour base l'ensemble des intervalles ouverts de U (IV, p. 5, prop. 5). On peut trouver un voisinage *symétrique* V de e, tel que $\mathrm{V}.\mathrm{V} \subset \mathrm{U}$, et que V soit un intervalle ouvert; en effet, il existe un intervalle ouvert V′, contenant e, et tel que l'on ait $\mathrm{V}'.\mathrm{V}' \subset \mathrm{U} \cap \mathrm{U}^{-1}$, $\mathrm{V}'.\mathrm{V}'^{-1} \subset \mathrm{U}$ et $\mathrm{V}'^{-1}.\mathrm{V}' \subset \mathrm{U}$; en prenant $\mathrm{V} = \mathrm{V}' \cup \mathrm{V}'^{-1}$, V est ouvert, symétrique, satisfait à $\mathrm{V}.\mathrm{V} \subset \mathrm{U}$ et est connexe, donc est un intervalle (IV, p. 8, th. 4).

Montrons que, si x, y, z appartiennent à V, la relation $x < y$ entraîne $xz < yz$ et $zx < zy$; en effet, les fonctions $f_1(z) = \varphi(yz) - \varphi(xz)$ et $f_2(z) = \varphi(zy) - \varphi(zx)$ sont continues dans V; elles sont >0 pour $z = e$, et ne s'annulent pas dans V (car $\varphi(yz) = \varphi(xz)$, par exemple, entraînerait $yz = xz$, donc $y = x$). Comme $f_1(\mathrm{V})$ et $f_2(\mathrm{V})$ sont connexes (I, p. 82, prop. 4), donc sont des intervalles de **R** (IV, p. 8, th. 4), et que ces intervalles contiennent un nombre >0 et ne contiennent pas 0, ils sont contenus dans $\mathbf{R}_+^*$, autrement dit, on a $f_1(z) > 0$ et $f_2(z) > 0$ quel que soit $z \in \mathrm{V}$.

Si x et y sont deux éléments de V tels que $x \geqslant e$, $y \geqslant e$, on a en particulier $xy \geqslant e$. Appelons E l'ensemble (totalement ordonné) des éléments de U qui sont $\geqslant e$, et I l'ensemble des éléments de V qui sont $\geqslant e$; les axiomes $(\mathrm{GR_I})$, $(\mathrm{GR_{II}})$, $(\mathrm{GR_{IIIa}})$ et $(\mathrm{GR_{IVa}})$ du § 2 sont vérifiés (en prenant pour ω l'élément e, et pour loi de composition celle du groupe G); c'est immédiat pour $(\mathrm{GR_I})$, $(\mathrm{GR_{II}})$ et $(\mathrm{GR_{IVa}})$ d'après ce qui précède; pour $(\mathrm{GR_{IIIa}})$, il suffit de remarquer que, si $e < x < y$ $(x \in \mathrm{V}, y \in \mathrm{V})$, on a $x^{-1} \in \mathrm{V}$, donc $x^{-1} < e < x^{-1}y$, et $x^{-1}y < y$; par suite $z = x^{-1}y$ appartient à I et on a bien $xz = y$. D'après la prop. 2 de V, p. 9, il existe donc une application strictement croissante f de I sur un intervalle de $\mathbf{R}_+$ d'origine 0, telle que $f(e) = 0$ et $f(xy) = f(x) + f(y)$ chaque fois que x, y et xy appartiennent à I (ce qui sera le cas si x et y appartiennent à $\mathrm{W} \cap \mathrm{I}$, où W est un voisinage de e tel que $\mathrm{W}.\mathrm{W} \subset \mathrm{V}$).

Pour tout élément $x \in \mathrm{V}$ n'appartenant pas à I, on a $x < e$, donc $x^{-1} > e$; on prolonge par suite f en une application *strictement croissante* f de V *sur* un intervalle de **R** en posant $\bar{f}(x) = -f(x^{-1})$ pour tout $x < e$ de V. L'image réciproque par $\bar{f}$ d'un intervalle ouvert contenu dans $\bar{f}(V)$ est un intervalle ouvert de V, donc $\bar{f}$ est continue dans V; inversement, l'image par $\bar{f}$ d'un intervalle ouvert de V est un intervalle ouvert de $\bar{f}(V)$, donc $\bar{f}$ est un *homéomorphisme* de V sur un voisinage de 0 dans le groupe **R**. D'autre part, on vérifie aisément (comme dans la prop. 6 de V, p. 3, en examinant les divers cas possibles) qu'on a $\bar{f}(xy) = \bar{f}(x) + \bar{f}(y)$ chaque fois que x, y et xy appartiennent à V; on en conclut que $\bar{f}$, restreint à un voisinage convenable de e dans G, est un isomorphisme local de G à **R** (III, p. 6, prop. 3).

THÉORÈME 2. — *Un groupe connexe* G, *dans lequel il existe un voisinage ouvert de l'élément neutre homéomorphe à un intervalle ouvert de* **R**, *est isomorphe à* **R** *ou à* **T**.

C'est une conséquence immédiate du théorème précédent, et de la prop. 7 de V, p. 5.

Remarques. — 1) Pour décider si un groupe G, qui remplit les conditions du th. 2, est isomorphe à **T** ou isomorphe à **R**, il suffit de voir si G est compact ou ne l'est pas.

2) Le th. 2 montre en particulier que tout groupe topologique *homéomorphe* au groupe **R** lui est nécessairement *isomorphe*.

3) La caractérisation topologique précédente des groupes **R** et **T** fait intervenir l'espace topologique **R** comme ensemble auxiliaire. Il est possible de caractériser les structures de groupe topologique de **R** et de **T** par des axiomes ne faisant intervenir aucun ensemble auxiliaire (voir V, p. 16 et 17, exerc. 4 et 6).

§ 4. EXPONENTIELLES ET LOGARITHMES

1. Définition de a^x et de $\log_a x$

THÉORÈME 1. — *Le groupe multiplicatif* $\mathbf{R}_+^*$ *des nombres réels* >0 *est un groupe topologique isomorphe au groupe additif* **R** *des nombres réels.*

En effet, $\mathbf{R}_+^* = \,]0, +\infty[$ est un intervalle ouvert de **R**, donc est *homéomorphe à* **R** (IV, p. 13, prop. 1); d'après le th. 2 de V, p. 11, c'est donc un groupe topologique *isomorphe à* **R**.

D'après le corollaire de V, p. 3, pour tout nombre $a > 0$, il existe un homomorphisme continu et un seul f_a de **R** dans $\mathbf{R}_+^*$, tel que $f_a(1) = a$. Quels que soient $x \in \mathbf{R}$, $y \in \mathbf{R}$, on a donc

$$f_a(x + y) = f_a(x)f_a(y), \qquad f_a(-x) = \frac{1}{f_a(x)},$$

d'où en particulier, pour tout entier $n \in \mathbf{Z}$,

$$f_a(n) = a^n.$$

En raison de cette relation, on note, pour tout $x \in \mathbf{R}$, $f_a(x) = a^x$; les fonctions a^x

(pour toutes les valeurs > 0 de a) sont dites *fonctions exponentielles*. On a $1^x = 1$ quel que soit $x \in \mathbf{R}$; pour $a \neq 1$, a^x est un *isomorphisme* du groupe $\mathbf{R}$ sur le groupe $\mathbf{R}_+^*$.

Pour $a \neq 1$, l'isomorphisme de $\mathbf{R}_+^*$ sur $\mathbf{R}$, réciproque de a^x, s'appelle *logarithme de base a*, et sa valeur pour $x \in \mathbf{R}_+^*$ se note $\log_a x$. On a donc, avec ces notations,

(1) $$a^{x+y} = a^x a^y \quad \text{pour} \quad x \in \mathbf{R}, y \in \mathbf{R}, a > 0;$$

(2) $$a^{-x} = \frac{1}{a^x} \quad \text{pour} \quad x \in \mathbf{R}, a > 0;$$

(3) $$\log_a 1 = 0, \qquad \log_a a = 1 \quad \text{pour} \quad a > 0 \text{ et } \neq 1;$$

(4) $$\log_a(xy) = \log_a x + \log_a y \quad \text{pour} \quad x > 0, y > 0;$$

(5) $$\log_a\left(\frac{1}{x}\right) = -\log_a x \quad \text{pour} \quad x > 0;$$

(6) $$a^{\log_a x} = x \quad \text{pour } x > 0;$$

(7) $$\log_a(a^x) = x \quad \text{pour } x \in \mathbf{R}.$$

D'après la prop. 5 de V, p. 2, tout homomorphisme continu de $\mathbf{R}$ dans $\mathbf{R}_+^*$ est de la forme $y \mapsto a^{xy}$, où $x \in \mathbf{R}$; comme sa valeur pour $y = 1$ est a^x, on a identiquement

(8) $$(a^x)^y = a^{xy} \quad \text{pour } x \in \mathbf{R}, y \in \mathbf{R}, a > 0$$

ou, en changeant les notations,

(9) $$x^y = a^{y.\log_a x} \quad \text{pour } x > 0, y \in \mathbf{R}, a > 0 \text{ et } \neq 1.$$

La formule (8) montre que pour tout entier $n > 0$, on a $(a^{1/n})^n = a$, donc $a^{1/n}$ est la *racine n-ième* $\sqrt[n]{a}$, définie dans IV, p. 12.

Les formules (7) et (9) montrent que

(10) $$\log_a(x^y) = y.\log_a x \quad \text{pour } x > 0 \text{ et } y \in \mathbf{R},$$

ou, en changeant les notations,

(11) $$\log_a x = \log_a b.\log_b x \quad \text{pour } x > 0, a > 0, b > 0, a \neq 1, b \neq 1$$

(formule dite « du changement de base »).

Cherchons enfin tous les *homomorphismes continus* du groupe topologique $\mathbf{R}_+^*$ dans lui-même; si g est un tel homomorphisme, $\log_a(g(a^x))$ est un homomorphisme continu de $\mathbf{R}$ dans $\mathbf{R}$, donc (V, p. 2, prop. 5) il existe $\alpha \in \mathbf{R}$ tel que $\log_a(g(a^x)) = \alpha x$ quel que soit $x \in \mathbf{R}$; d'où on tire, en vertu de (8), l'identité $g(x) = x^\alpha$ quel que soit $x > 0$. On a donc identiquement

(12) $$(xy)^\alpha = x^\alpha y^\alpha \quad \text{quels que soient } x > 0, y > 0, \alpha \in \mathbf{R}.$$

En raison de la formule (4), qui ramène toute multiplication à une addition (seule opération à laquelle soit vraiment adapté le système de numération en usage), les logarithmes ont longtemps été un instrument indispensable pour le calcul numérique (voir la Note historique de ce chapitre).

Lorsqu'on les utilise à cette fin, on choisit la base $a = 10$; et il existe des tables donnant les valeurs de la fonction $\log_{10} x$ (avec une certaine approximation). En Analyse, on est conduit, comme nous le verrons ultérieurement (FVR, III, §1, n° 1), à un autre choix de la base, celle-ci (qu'on note e) étant prise telle qu'on ait $\lim_{x \to 1,\, x \neq 1} \frac{\log_e x}{x-1} = 1$ (cf. V, p. 18, exerc. 1).

2. Variation des fonctions a^x et $\log_a x$

D'après le th. 5 de IV, p. 9, pour $a \neq 1$, $x \mapsto a^x$ est une application *strictement monotone* de $\mathbf{R}$ sur l'intervalle $\mathbf{R}_+^* =]0, +\infty[$. Si $a > 1$, $a^1 = a > 1 = a^0$, donc a^x est *strictement croissante*; en outre, $\mathbf{R}_+^*$ n'étant pas borné supérieurement, a^x n'est pas bornée supérieurement dans $\mathbf{R}$, donc

$$\lim_{x \to +\infty} a^x = +\infty \qquad (a > 1) \tag{13}$$

et, d'après (2) (V, p. 12),

$$\lim_{x \to -\infty} a^x = 0 \qquad (a > 1). \tag{14}$$

Au contraire, si $a < 1$, la fonction a^x est strictement décroissante dans $\mathbf{R}$, tend vers 0 lorsque x tend vers $+\infty$, vers $+\infty$ lorsque x tend vers $-\infty$ (fig. 1).

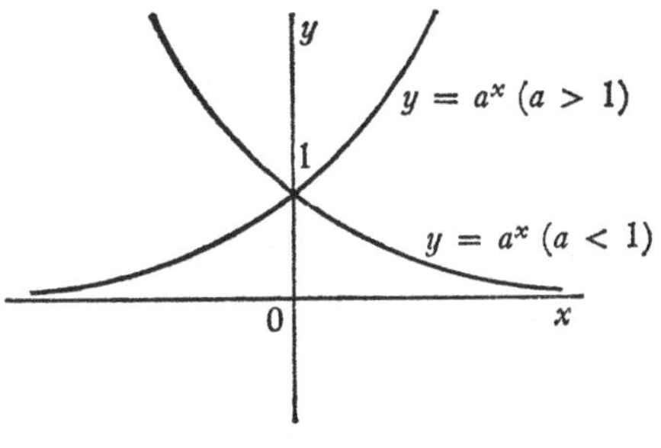

FIGURE 1

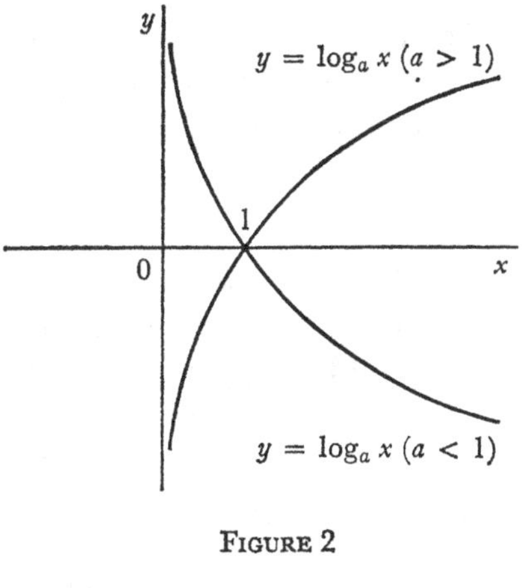

FIGURE 2

De ces propriétés, et de (12), on déduit que si $0 < a < b$, on a $a^x < b^x$ pour $x > 0$, $a^x > b^x$ pour $x < 0$; cela revient en effet à constater que $(b/a)^x > 1$ pour $x > 0$, $(b/a)^x < 1$ pour $x < 0$.

La variation de $\log_a x$ dans $\mathbf{R}_+^*$ se déduit de celle de a^x dans $\mathbf{R}$; si $a > 1$, la fonction $\log_a x$ est strictement croissante, tend vers $-\infty$ quand x tend vers 0, vers $+\infty$ quand x tend vers $+\infty$; si $a < 1$, la fonction $\log_a x$ est strictement décroissante, tend vers $+\infty$ quand x tend vers 0, vers $-\infty$ quand x tend vers $+\infty$ (fig. 2).

La fonction a^x (resp. $\log_a x$) étant considérée comme définie sur une partie de la droite achevée $\overline{\mathbf{R}}$ et prenant ses valeurs dans $\overline{\mathbf{R}}$, on peut la *prolonger par continuité* à $\overline{\mathbf{R}}$ (resp. à l'intervalle $[0, +\infty]$ de $\overline{\mathbf{R}}$), en lui donnant aux points $+\infty$ et $-\infty$ (resp. 0 et $+\infty$) ses valeurs limites en ces points.

Plus généralement, la formule (9) (V, p. 12) montre que la fonction x^y est continue dans le sous-espace $\mathbf{R}_+^* \times \mathbf{R}$ de $\overline{\mathbf{R}}^2$, et tend vers une limite lorsque (x, y) tend vers un point (a, b) de $\overline{\mathbf{R}}^2$ adhérent à $\mathbf{R}_+^* \times \mathbf{R}$, à l'exception des points $(0, 0)$, $(+\infty, 0)$, $(1, +\infty)$, $(1, -\infty)$. On peut donc encore prolonger par continuité x^y aux points de $\overline{\mathbf{R}}^2$ où sa limite existe; d'après le principe de prolongement des identités (I, p. 53, cor. 1), les formules (1), (4) et (8) de V, p. 12 sont encore valables lorsque chacun des deux membres a un sens.

On notera que le prolongement par continuité de x^y ne permet pas de retrouver la formule $0^0 = 1$ qui résultait des conventions faites en Algèbre (A, I, p. 13); il convient d'éviter toute confusion à cet égard.

On remarquera aussi que la définition de l'exponentielle permet de prolonger à $\mathbf{R}$ la fonction $n \mapsto a^n$ définie dans $\mathbf{Z}$, pour tout $a > 0$; mais nous n'obtenons ainsi aucun prolongement de cette fonction lorsque $a < 0$; un prolongement « naturel » de cette fonction ne pourra être défini qu'avec la théorie des fonctions analytiques.

3. Familles multipliables de nombres >0

L'isomorphie des groupes topologiques $\mathbf{R}$ et $\mathbf{R}_+^*$ montre aussitôt que, pour qu'une famille (x_ι) de nombres réels finis et >0 soit *multipliable* (IV, p. 35), il faut et il suffit que la famille $(\log_a x_\iota)$ soit *sommable* (a étant un nombre quelconque >0 et $\neq 1$); on a en outre

$$\prod_\iota x_\iota = a^{\sum_\iota \log_a x_\iota} \tag{15}$$

De même, pour qu'un produit infini défini par une suite $(1 + u_n)$ de nombres finis et >0 soit *convergent* (IV, p. 39), il faut et il suffit que la série de terme général $\log_a(1 + u_n)$ soit *convergente*, et on a

$$\mathop{\mathsf{P}}_{n=0}^{\infty} (1 + u_n) = a^{\mathop{\mathsf{S}}_{n=0}^{\infty} \log_a(1 + u_n)}$$

L'étude des produits infinis de nombres réels >0 est donc ramenée à celle des sommes infinies de nombres réels, dont les termes se présentent sous forme de logarithmes; nous verrons plus tard comment les sommes de cette nature s'étudient au moyen des propriétés différentielles du logarithme (cf., par exemple, FVR, V, § 5, n° 3).

Exercices

§ 1

1) $*a)$ Soit f un homomorphisme du groupe additif $\mathbf{R}$ dans lui-même. Montrer que si le graphe de f n'est pas dense dans $\mathbf{R}^2$, f est de la forme $x \mapsto ax$ (considérer dans $\mathbf{R}^2$ l'adhérence du graphe de f, et utiliser le théorème de structure des sous-groupes fermés de $\mathbf{R}^2$ (VII, p. 5, th. 2)).$_*$ (Comparer exerc. 12*b*) et à IV, p. 55, exerc. 2.)

b) Si le graphe de f est dense dans $\mathbf{R}^2$, l'image réciproque de la topologie de $\mathbf{R}^2$ par l'application $x \mapsto (x, f(x))$ est compatible avec la structure de groupe de $\mathbf{R}$ et strictement plus fine que la topologie usuelle de $\mathbf{R}$. Si en outre f est injective, l'image réciproque par f de la topologie usuelle de $\mathbf{R}$ est compatible avec la structure de groupe de $\mathbf{R}$ et n'est pas comparable à la topologie usuelle de $\mathbf{R}$.

¶ 2) Soit $\mathscr{T}$ une topologie séparée sur $\mathbf{R}$, compatible avec la structure de groupe de $\mathbf{R}$ et *strictement moins fine* que la topologie usuelle $\mathscr{T}_0$ de $\mathbf{R}$.

a) Montrer que tout voisinage ouvert de 0 pour $\mathscr{T}$ est non borné dans $\mathbf{R}$ (remarquer qu'une topologie séparée moins fine qu'une topologie d'espace compact lui est nécessairement identique).

b) Soit $V \neq \mathbf{R}$ un voisinage ouvert symétrique de 0 pour $\mathscr{T}$, et soit W un voisinage ouvert symétrique de 0 pour $\mathscr{T}$ tel que $W + W \subset V$. Montrer que si a est la longueur de la composante connexe de V (pour $\mathscr{T}_0$) contenant 0, toute composante connexe (pour $\mathscr{T}_0$) de W a une longueur $\leqslant a$. En outre, l'ensemble des longueurs des composantes connexes de l'intérieur de $\mathbf{R} - W$ (pour $\mathscr{T}_0$) est borné (utiliser *a*) et le fait qu'il existe un voisinage ouvert symétrique W_1 de 0 pour $\mathscr{T}$ tel que $W_1 + W_1 \subset W$).

c) Déduire de *b*) que $\mathbf{R}$ est *précompact* et non localement compact pour la topologie $\mathscr{T}$.

d) Montrer de même que $\mathbf{Z}$ est précompact et non localement compact pour toute topologie $\mathscr{T}$ compatible avec sa structure de groupe et distincte de la topologie discrète.

e) Soit f un homomorphisme continu d'un sous-groupe Γ de $\mathbf{R}$ non réduit à 0 (muni de la topologie induite par $\mathscr{T}_0$), dans un groupe séparé et complet G. Montrer que si f n'est pas un isomorphisme de Γ sur le sous-groupe $f(\Gamma)$ de G, $f(\Gamma)$ est relativement compact dans G (utiliser *c*) et *d*)).

f) *Pour tout entier $n \geqslant 2$, donner des exemples de représentations continues injectives f de $\mathbf{R}$ dans $\mathbf{T}^n$ telles que $f(\mathbf{R})$ soit dense dans $\mathbf{T}^n$ (cf. VII, p. 7, cor. 1).*

3) Montrer que le groupe $\mathbf{T}$ est algébriquement isomorphe au produit $\mathbf{R} \times (\mathbf{Q}/\mathbf{Z})$ (prendre dans $\mathbf{R}$ une base de Hamel convenable). En déduire qu'il y a sur $\mathbf{R}$ une topologie séparée compatible avec sa structure de groupe, non comparable à la topologie usuelle, et pour laquelle $\mathbf{R}$ est précompact.

§ 2

1) Soient E un ensemble totalement ordonné ayant un plus petit élément ω, I un intervalle de E d'origine ω et contenant ω. On suppose que E et I vérifient les axiomes (GR_I), (GR_{II}), (GR_{IV}) et l'axiome suivant:

(GR_{IIIb}) L'ensemble des éléments $x > \omega$ de I n'est pas vide, et quel que soit $x > \omega$ dans I, il existe $y > \omega$ dans I tel que $y^2 \leqslant x$.

Montrer qu'il existe une application croissante f de I dans $\mathbf{R}$, telle que $f(\omega) = 0$ et $f(xy) = f(x) + f(y)$ pour $x \in \mathrm{I}$, $y \in \mathrm{I}$ et $xy \in \mathrm{I}$; en outre $f(\mathrm{I}) \cap [0, f(b)]$ est dense dans $[0, f(b)]$ pour tout $b \in \mathrm{I}$.

2) Soit G un groupe non commutatif totalement ordonné non réduit à l'élément neutre (par exemple le groupe multiplicatif K* d'un corps ordonné non commutatif; cf. A, VI, § 1, exerc. 1 et § 2, exerc. 23). On considère, dans l'ensemble $\mathbf{R}_+ \times \mathrm{G}$, l'ensemble E formé du couple $(0, e)$ (où e est l'élément neutre de G) et des couples (x, y), où x parcourt l'ensemble des nombres réels >0 et y parcourt G. On prend dans E la loi de composition $(x, y)(x', y') = (x + x', yy')$, et on ordonne E lexicographiquement (en posant $(x, y) < (x', y')$ si $x < x'$ ou si $x = x'$ et $y < y'$). Si on prend I = E, montrer que les axiomes (GR_I), (GR_{II}), (GR_{IIIb}) (exerc. 1) et (GR_{IV}) sont vérifiés; mais si f est une application croissante de E dans $\mathbf{R}_+$ telle que $f(zz') = f(z) + f(z')$ pour z, z' dans E, f n'est pas strictement croissante.

§ 3

1) On dit qu'un groupe totalement ordonné G (non nécessairement commutatif, cf. A, VI, § 1, exerc. 1) est *archimédien* si l'ensemble I des éléments $\geqslant e$ (élément neutre de G) vérifie l'axiome (GR_{IV}) du § 2 (cf. A, VI, § 1, exerc. 33). Montrer que, pour qu'un groupe totalement ordonné G soit isomorphe à un sous-groupe du groupe additif $\mathbf{R}$, il faut et il suffit que G soit archimédien (distinguer deux cas suivant que l'ensemble des éléments $> e$ dans G a ou non un plus petit élément, et utiliser la prop. 1 de V, p. 7).

2) Soit G un groupe totalement ordonné (non nécessairement commutatif) non réduit à l'élément neutre; la topologie $\mathscr{T}_0(\mathrm{G})$ (I, p. 91, exerc. 5) est compatible avec la structure de groupe de G. Si, pour cette topologie, G est *connexe*, G est isomorphe au groupe additif $\mathbf{R}$ (utiliser l'exerc. 7 de IV, p. 48, et la prop. 2 de V, p. 9).

3) Soit G un groupe totalement ordonné (non nécessairement commutatif); si quand on munit G de la topologie $\mathscr{T}_0(\mathrm{G})$, G est *localement compact* et non discret, G est localement isomorphe à $\mathbf{R}$, et la composante neutre de G est un sous-groupe ouvert isomorphe à $\mathbf{R}$ (utiliser l'exerc. 6 de IV, p. 47, et la prop. 2 de V, p. 9).

¶ 4) Soit G un groupe topologique satisfaisant aux conditions suivantes:

(R_I) G est connexe.

(R_{II}) Le complémentaire G* de l'élément neutre e de G est non connexe.

Dans ces conditions, il existe un *homomorphisme continu bijectif* de G sur $\mathbf{R}$ (autrement dit,

G est algébriquement isomorphe à **R** et sa topologie est plus fine que celle de **R**). On établira successivement les propriétés suivantes:

a) Soit $(U_i)_{1 \leqslant i \leqslant n}$ une partition de G^* formée d'ensembles ouverts *dans* G^* ($n \geqslant 2$). Montrer que chacun des ensembles U_i est ouvert dans G, que e est adhérent à chacun d'eux et que G est séparé. En déduire que les adhérences $\overline{U}_i = U_i \cup \{e\}$ dans G sont connexes (I, p. 115, exerc. 4).

b) Soit A une composante connexe de U_i; montrer que pour tout indice $j \neq i$, on a $A^{-1}\overline{U}_j = A^{-1}$ (observer que $A^{-1}\overline{U}_j$ est connexe et contient A^{-1}, et que $A^{-1}\overline{U}_j \subset G^*$ pour $j \neq i$).

c) Montrer qu'on a nécessairement $n = 2$ (prendre pour chaque indice i tel que $1 \leqslant i \leqslant n$, une composante connexe A_i de U_i; pour $j \neq i$, on a, par *b*), $A_i^{-1}A_j \subset A_i^{-1}$, $A_j^{-1}A_i \subset A_i^{-1} \subset U_i^{-1}$, d'où $A_j^{-1} \subset U_j$). En déduire que G^* a exactement *deux* composantes connexes A, B, que $B = A^{-1}$ et $\overline{A} = \complement(A^{-1})$.

d) La relation $yx^{-1} \in \overline{A}$ est une relation d'ordre faisant de G un groupe totalement ordonné (montrer que $\overline{A}^2 = \overline{A}$ et que $x\overline{A}x^{-1} = \overline{A}$ quel que soit $x \in G$).

e) La topologie $\mathscr{T}_0(G)$ est moins fine que la topologie donnée $\mathscr{T}$ sur G (remarquer que A est ouvert pour $\mathscr{T}$).

Conclure à l'aide de l'exerc. 2 ci-dessus et de I, p. 82, prop. 4. (Cf. VI, p. 23, exerc. 12*b*).)

f) Montrer que si on suppose en outre G *localement compact*, ou *localement connexe*, G est isomorphe à **R**.

*5) Donner un exemple d'une topologie sur **R**, compatible avec sa structure de groupe, pour laquelle **R** est connexe, localement compact, localement connexe, et le complémentaire de $\{0\}$ dans **R** est connexe (utiliser le fait que **R** et $\mathbf{R}^n$ sont algébriquement isomorphes).*

¶ 6) Soit G un groupe topologique satisfaisant aux conditions suivantes:

(LR_I) G est séparé et localement connexe.

(LR_{II}) Il existe un voisinage connexe U de l'élément neutre e de G tel que le complémentaire de e par rapport à U soit non connexe.

Dans ces conditions, montrer que G est un groupe topologique *localement isomorphe* à **R**.

(On établira d'abord que, pour tout voisinage connexe V de e dans G contenu dans U, $V \cap \complement\{e\}$ n'est pas connexe, que e est adhérent à toute composante connexe de $V \cap \complement\{e\}$, et que cet ensemble a exactement deux composantes connexes en raisonnant comme dans l'exerc. 4. Prendre ensuite le voisinage connexe V assez petit et définir sur V une structure d'ensemble totalement ordonné, de sorte que $\mathscr{T}_0(V)$ soit moins fine que la topologie induite sur V par celle de G, et que la prop. 2 de V, p. 9 soit applicable à l'ensemble E des éléments $\geqslant e$ de V.)

7) Soient G un groupe localement compact non discret ayant une base dénombrable d'ensembles ouverts, V_0 un voisinage compact de l'élément neutre e de G tel qu'il n'existe *aucun sous-groupe* de G distinct de $\{e\}$ contenu dans V_0.

a) Soit (x_n) une suite de points de V_0 qui converge vers e. Pour tout n, il existe un entier $p(n) > 0$ tel que $x_n^k \in V_0$ pour $k \leqslant p(n)$ et $x_n^{p(n)+1} \notin V_0$, et on a $\lim_{n \to \infty} p(n) = +\infty$. Montrer qu'il existe une suite (x_{k_n}) extraite de (x_n) telle que, pour tout nombre rationnel r tel que $|r| \leqslant 1$, la suite $(x_{k_n}^{[rp(k_n)]})$ ait une limite $f(r)$ dans V_0 (utiliser le procédé diagonal); pour deux nombres rationnels r, r' tels que $|r| \geqslant 1$, $|r'| \leqslant 1$ et $|r + r'| \leqslant 1$, on a $f(r + r') = f(r)f(r')$.

b) Montrer que f est continue dans un voisinage de 0 dans **Q**. (Raisonner par l'absurde: s'il existait une suite (r_n) de nombres rationnels tendant vers 0 et telle que $f(r_n)$ tende vers un élément $y \neq e$ dans V_0, prouver que l'on aurait $y^m \in V_0$ pour tout entier m.)

c) Déduire de *b*) qu'il existe un homomorphisme continu de **R** dans G non trivial (utiliser la prop. 6 de V, p. 3).

d) Soit H un sous-groupe fermé distingué de G, distinct de G, et supposons que G/H soit non discret, et que dans G/H il existe un voisinage de l'élément neutre ne contenant aucun sous-groupe non trivial. Montrer qu'il existe un homomorphisme continu $f\colon \mathbf{R} \to G$ telle que l'homomorphisme composé $\mathbf{R} \xrightarrow{f} G \to G/H$ soit non trivial.

8) Soient G un groupe topologique séparé, H un sous-groupe fermé de G contenu dans le centre et tel qu'il existe un homomorphisme continu surjectif $\varphi\colon \mathbf{R} \to G/H$. Montrer que G est commutatif (si a_0 est un élément de G non dans H, observer qu'il existe une suite d'éléments (a_n) de G et une suite d'éléments (c_n) de H tels que $a_n = c_n a_{n+1}^2$, et que le sous-groupe de G engendré par H et les a_n est dense dans G).

§ 4

1) *a*) Soit $(x_n, y_n)_{n \in \mathbf{Z}}$ une famille de points de $\mathbf{R}^2$, tels que, pour tout $n \in \mathbf{Z}$, on ait $x_n < x_{n+1}$ et

$$\frac{y_{n+1} - y_n}{x_{n+1} - x_n} < \frac{y_{n+2} - y_{n+1}}{x_{n+2} - x_{n+1}};$$

montrer que, quels que soient les entiers $n \in \mathbf{Z}$, $m > 0$, $p > 0$, on a

$$\frac{y_{n+m} - y_n}{x_{n+m} - x_n} < \frac{y_{n+m+p} - y_n}{x_{n+m+p} - x_n}.$$

b) Pour $a > 0$ et $x \neq 0$, on pose $f_a(x) = (a^x - 1)/x$; montrer que, pour $x < y$, $x \neq 0$, $y \neq 0$ et $a \neq 1$, on a $f_a(x) < f_a(y)$ (le démontrer d'abord pour x, y entiers, au moyen de *a*), puis pour x, y rationnels, et enfin en général).

c) En déduire que, quel que soit $a > 0$, la fonction $f_a(x)$, définie pour $x \neq 0$, a une limite à droite et une limite à gauche quand x tend vers 0; montrer que ces deux limites ont une valeur commune $\varphi(a)$, et que $\varphi(a) \neq 0$ pour $a \neq 1$. Montrer que pour $a \neq 1$, la fonction $(\log_a x)/(x - 1)$, définie pour $x \neq 1$, a pour limite $1/\varphi(a)$ quand x tend vers 1.

d) Montrer que, quels que soient $a > 0$, $b > 0$, on a, si $a \neq 1$, $\varphi(b) = \varphi(a) \log_a b$; en déduire qu'il existe un nombre e, compris entre 2 et 4, tel que $\varphi(e) = 1$, et $\varphi(a) = \log_e a$ pour tout $a > 0$.

2) Montrer, par récurrence sur n, que pour tout entier $n > 0$, on a $2^n > n(n+1)/2$. En déduire que, pour $a > 1$ et $\alpha > 0$,

$$\lim_{x \to +\infty} \frac{a^x}{x^\alpha} = +\infty, \qquad \lim_{x \to +\infty} \frac{\log_a x}{x^\alpha} = 0$$

(démontrer d'abord la première de ces relations pour $a = 2$ et $\alpha = 1$).

3) Soit f une application *croissante* de $\mathbf{N}$ dans $\mathbf{R}$, telle que $f(mn) = f(m) + f(n)$ pour tout couple d'entiers *étrangers*.

a) Pour tout entier $a > 1$, et tout entier $k > 0$, on pose

$$\begin{aligned} R_k(a) &= a^k + a^{k-1} + \cdots + a + 1 \\ S_k(a) &= a^k - a^{k-1} - \cdots - a - 1. \end{aligned}$$

Montrer que l'on a $f(R_k(a)) \geqslant kf(a)$, $f(S_k(a)) \leqslant kf(a)$.

b) Déduire de *a*) que pour tout entier $n > 1$, on a

$$(\log_a n - 2) f(a) \leqslant f(n) \leqslant (\log_a n + 2) f(a)$$

(considérer l'entier $r \geqslant 0$ tel que $a^r < n \leqslant a^{r+1}$).

c) Conclure qu'il existe une constante $c \geqslant 0$ telle que $f(n) = c.\log n$ pour $n \geqslant 1$. (Observer que a et n sont arbitraires dans *b*), et en déduire que $f(a)/\log a$ est constante).

(N.-B. — Les chiffres romains entre parenthèses renvoient à la bibliographie placée à la fin de cette note.)

L'histoire de la théorie du groupe multiplicatif $\mathbf{R}_+^*$ des nombres réels >0 est étroitement liée à celle du développement de la notion des *puissances* d'un nombre >0, et des notations employées pour les désigner. La conception de la « progression géométrique » formée par les puissances successives d'un même nombre remonte aux Égyptiens et aux Babyloniens; elle était familière aux mathématiciens grecs, et on trouve déjà chez Euclide (*Eléments*, IX, 11), un énoncé général équivalent à la règle $a^m a^n = a^{m+n}$ pour des exposants entiers >0. Au Moyen Age, le mathématicien français N. Oresme (xive siècle) retrouve cette règle; c'est aussi chez lui qu'apparaît pour la première fois la notion d'exposant fractionnaire >0, avec une notation déjà voisine de la nôtre et des règles de calcul (énoncées de façon générale) les concernant (par exemple les deux règles que nous écrivons maintenant $(ab)^{1/n} = a^{1/n}b^{1/n}$, $(a^m)^{p/q} = (a^{mp})^{1/q}$).[1] Mais les idées d'Oresme étaient trop en avance sur la Mathématique de son époque pour exercer une influence sur ses contemporains, et son traité sombra rapidement dans l'oubli. Un siècle plus tard, N. Chuquet énonce de nouveau la règle d'Euclide; il introduit en outre une notation exponentielle pour les puissances des inconnues de ses équations, et n'hésite pas à faire usage de l'exposant 0 et d'exposants entiers <0.[2] Cette fois (et bien que l'ouvrage de Chuquet soit resté manuscrit et ne paraisse pas avoir été très répandu), l'idée de l'isomorphie entre la « progression arithmétique » des exposants, et la « progression géométrique » des puissances, ne sera plus perdue de vue; étendue aux exposants négatifs et aux exposants fractionnaires par Stifel,[3] elle aboutit enfin à la définition des logarithmes et à la construction des premières tables, entreprise indépendamment par l'Écossais J. Neper, en 1614–1620, et le Suisse J. Bürgi (dont l'ouvrage ne parut qu'en 1620, bien que sa conception remontât aux premières années du xviie siècle). Chez Bürgi, la continuité de l'isomorphisme établi entre $\mathbf{R}$ et $\mathbf{R}_+^*$ est implicitement supposée par l'emploi de l'interpolation dans le maniement des tables; elle est au contraire explicitement formulée dans la définition de

---

[1] Cf. M. Curtze, *Zeitschr. f. Math. u. Phys.*, t. XIII, Supplem., 1868, p. 65.

[2] Chuquet écrit par exemple 12^1, 12^2, 12^3, etc., pour $12x$, $12x^2$, $12x^3$, etc., 12^0 pour le nombre 12, et 12^{2m} pour $12x^{-2}$ (*Bull. bibl. storia math.*, t. XIII, 1880, p. 737–738).

[3] M. Stifel, *Arithmetica integra*, Nuremberg, 1544, fol. 35 et 249–250.

Neper (aussi explicitement du moins que le permettait la conception assez vague qu'on se faisait de la continuité à cette époque).[1]

Nous n'avons pas à insister ici sur les services rendus par les logarithmes dans le Calcul numérique; du point de vue théorique, leur importance date surtout des débuts du Calcul infinitésimal, avec la découverte des développements en série de $\log(1 + x)$ et de e^x, et des propriétés différentielles de ces fonctions (voir FVR, Note historique des chap. I–III). En ce qui concerne la définition des exponentielles et des logarithmes, on se borna, jusqu'au milieu du XIXe siècle, à admettre intuitivement la possibilité de prolonger par continuité à l'ensemble des nombres réels la fonction a^x définie pour tout x rationnel; et ce n'est qu'une fois la notion de nombre réel définitivement précisée et déduite de celle de nombre rationnel, qu'on songea à donner une justification rigoureuse de ce prolongement. C'est un principe de prolongement analogue, convenablement appliqué, qui est encore à la base du raisonnement par lequel nous avons établi les prop. 1 (V, p. 7) et 2 (V. p. 9), d'où découle non seulement la définition des exponentielles et des logarithmes, mais aussi, comme nous le verrons au chap. VIII, la mesure des angles.

---

[1] Neper considère deux points M, N mobiles simultanément sur deux droites, le mouvement de M étant uniforme, celui de N tel que la vitesse de N soit proportionnelle à son abscisse; l'abscisse de M est alors par définition le logarithme de celle de N ((II), p. 20–21).

BIBLIOGRAPHIE

(I) *Euclidis Elementa*, 5 vol., éd. J. L. Heiberg, Lipsiae (Teubner) 1883–88.
(II) J. Neper, *Mirifici logarithmorum canonis constructio*, Lyon, 1620.

CHAPITRE VI

Espaces numériques et espaces projectifs

§ 1. L'ESPACE NUMÉRIQUE $\mathbf{R}^n$

1. Topologie de $\mathbf{R}^n$

DÉFINITION 1. — *On appelle espace numérique à n dimensions ou de dimension n* (*plan numérique* lorsque $n = 2$), *et on note* $\mathbf{R}^n$, *l'espace topologique produit de n espaces identiques à la droite numérique* $\mathbf{R}$.

Remarque. — L'espace $\mathbf{R}^0$ est réduit à un point.

On sait (E, III, p. 49, cor. 1) que, si E est un ensemble infini, E^n est équipotent à E pour tout entier $n > 0$; donc, pour $n > 0$, $\mathbf{R}^n$ est équipotent à $\mathbf{R}$, autrement dit, *a la puissance du continu* (cf. VI, p. 21, exerc. 1 et 2).

DÉFINITION 2. — *On appelle pavé ouvert* (resp. *pavé fermé*) *de* $\mathbf{R}^n$ *toute partie de* $\mathbf{R}^n$ *qui est le produit de n intervalles ouverts* (resp. *de n intervalles fermés*) *de* $\mathbf{R}$.

Les pavés ouverts de $\mathbf{R}^n$ forment une *base* de la topologie de $\mathbf{R}^n$ (I, p. 24); les pavés fermés sont des parties fermées pour cette topologie; l'adhérence d'un pavé ouvert est un pavé fermé; l'intérieur d'un pavé fermé est un pavé ouvert; les pavés ouverts contenant un point $\mathbf{x} = (x_i)_{1 \leqslant i \leqslant n}$ de $\mathbf{R}^n$ forment un système fondamental de voisinages de $\mathbf{x}$; il en est de même des pavés fermés de $\mathbf{R}^n$ dont $\mathbf{x}$ est point intérieur.

Tout pavé ouvert non vide de $\mathbf{R}^n$ est *homéomorphe* à $\mathbf{R}^n$ (IV, p. 13, prop. 1).

On en conclut que, lorsque $n \geqslant 1$, tout ensemble ouvert non vide de $\mathbf{R}^n$ a la puissance du continu.

On appelle *cube ouvert* (resp. *fermé*) de $\mathbf{R}^n$ un pavé ouvert (resp. fermé) qui est le produit de n intervalles *bornés* et de *longueurs égales* (pour $n = 2$, on dit *carré ouvert* (resp. *fermé*)); la longueur commune de ces intervalles est appelée le *côté* du cube. Les cubes ouverts $K_m = \prod_{1 \leqslant i \leqslant n} \left]x_i - \frac{1}{m}, x_i + \frac{1}{m}\right[$ forment (lorsque m parcourt l'ensemble des entiers > 0, ou une suite d'entiers croissant indéfiniment) un système fondamental *dénombrable* de voisinages du point $\mathbf{x} = (x_i)$.

Tout pavé ouvert (ou fermé) de $\mathbf{R}^n$ est *connexe* (I, p. 83, prop. 8); en particulier, $\mathbf{R}^n$ est un espace *connexe* et *localement connexe*.

Si A est un ensemble ouvert non vide dans $\mathbf{R}^n$, ses composantes connexes sont donc des ensembles *ouverts* (I, p. 85, prop. 11); en outre, l'ensemble de ces composantes est *dénombrable*, car $\mathbf{R}^n$ contient une partie dénombrable dense (par exemple $\mathbf{Q}^n$).

Cherchons la condition pour qu'une partie A de $\mathbf{R}^n$ soit *relativement compacte*; d'après le th. de Tychonoff (I, p. 63, th. 3), il faut et il suffit que les projections de A sur les espaces facteurs de $\mathbf{R}^n$ soient relativement compactes; d'après le th. de Borel-Lebesgue (IV, p. 6, th. 2), cela équivaut à dire que ces projections sont des parties *bornées* de $\mathbf{R}$; lorsqu'il en est ainsi, on dit que A est une partie *bornée* de $\mathbf{R}^n$; donc:

PROPOSITION 1. — *Pour qu'une partie* A *de* $\mathbf{R}^n$ *soit relativement compacte, il faut et il suffit qu'elle soit bornée.*

COROLLAIRE. — *L'espace* $\mathbf{R}^n$ *est localement compact, et, pour* $n \geqslant 1$, *non compact.*

2. Le groupe additif $\mathbf{R}^n$

L'ensemble $\mathbf{R}^n$ muni de la structure de groupe *produit* des structures de groupe additif des n facteurs de $\mathbf{R}^n$, est un groupe commutatif qu'on note additivement, la somme de $\mathbf{x} = (x_i)$ et de $\mathbf{y} = (y_i)$ étant donc $\mathbf{x} + \mathbf{y} = (x_i + y_i)$. La topologie de l'espace numérique est compatible avec cette structure de groupe; muni de ces deux structures, $\mathbf{R}^n$ est un groupe topologique qu'on appelle *groupe additif de l'espace numérique à n dimensions*.

La structure uniforme de ce groupe, dite *structure uniforme additive* de $\mathbf{R}^n$, est le produit des structures uniformes des groupes facteurs de $\mathbf{R}^n$ (III, p. 21); si, pour chaque entier $p > 0$, on désigne par V_p l'ensemble des couples $(\mathbf{x}, \mathbf{y})$ de points de $\mathbf{R}^n$ tels que $\operatorname{Max}_{1 \leqslant i \leqslant n} |x_i - y_i| \leqslant 1/p$, les ensembles V_p forment un *système fondamental d'entourages* de cette structure uniforme. Lorsque nous considérons $\mathbf{R}^n$ comme un espace uniforme, ce sera toujours, sauf mention expresse du contraire, de la structure uniforme additive qu'il sera question. Muni de cette structure, $\mathbf{R}^n$ est un espace uniforme *complet* (II, p. 17, prop. 10).

3. L'espace vectoriel $\mathbf{R}^n$

Comme $\mathbf{R}$ est un *corps*, on peut définir sur $\mathbf{R}^n$ une structure d'*espace vectoriel* sur $\mathbf{R}$ (A, II, p. 3), le produit $t\mathbf{x}$ d'un scalaire $t \in \mathbf{R}$ et d'un point (ou vecteur) $\mathbf{x} = (x_i)$

de $\mathbf{R}^n$ étant le point (tx_i) ; on notera que l'homothétie $(t, \mathbf{x}) \mapsto t\mathbf{x}$ est *continue* dans $\mathbf{R} \times \mathbf{R}^n$. Si $\mathbf{e}_i$ désigne le vecteur de $\mathbf{R}^n$ dont toutes les coordonnées sont nulles, à l'exception de celle d'indice i, qui est égale à 1, les $\mathbf{e}_i$ forment une *base* de l'espace vectoriel $\mathbf{R}^n$, dite *base canonique* de cet espace (A, II, p. 25) ; tout vecteur

$$\mathbf{x} = (x_i) \in \mathbf{R}^n$$

s'écrit $\mathbf{x} = \sum_{i=1}^{n} x_i\mathbf{e}_i$, et la relation $\sum_{i=1}^{n} t_i\mathbf{e}_i = 0$ entraîne $t_i = 0$ pour $1 \leqslant i \leqslant n$.

L'espace vectoriel $\mathbf{R}^n$ est donc *de dimension n* par rapport au corps $\mathbf{R}$, au sens défini en Algèbre (A, II, p. 97), d'où son nom d'espace numérique à n dimensions.

Soit f une application *affine* (A, II, p. 130) de l'espace vectoriel $\mathbf{R}^n$ dans l'espace vectoriel $\mathbf{R}^m$ (m et n entiers $\geqslant 0$). Si on pose $g(\mathbf{x}) = f(\mathbf{x}) - f(0)$, g est une application *linéaire* de $\mathbf{R}^n$ dans $\mathbf{R}^m$. Soient a_{ij} $(1 \leqslant j \leqslant m)$ les coordonnées de $g(\mathbf{e}_i)$ dans $\mathbf{R}^m$, b_j $(1 \leqslant j \leqslant m)$ celles de $f(0)$; si x_i $(1 \leqslant i \leqslant n)$ est la coordonnée d'indice i de $\mathbf{x} \in \mathbf{R}^n$, y_j $(1 \leqslant j \leqslant m)$ la coordonnée d'indice j de $\mathbf{y} = f(\mathbf{x})$, on a

$$y_j = \sum_{i=1}^{n} a_{ij}x_i + b_j \quad (1 \leqslant j \leqslant m).$$

Toute application affine de $\mathbf{R}^n$ dans $\mathbf{R}^m$ est *uniformément continue* dans $\mathbf{R}^n$ car c'est la somme d'une fonction constante et d'un homomorphisme continu, donc uniformément continu (III, p. 21).

En particulier, on sait que toute application affine de $\mathbf{R}^n$ *sur* lui-même est *bijective*, et que son application réciproque est encore une application affine (A, II, p. 101, corollaire) ; donc, toute application affine de $\mathbf{R}^n$ sur lui-même est un *homéomorphisme* (et un automorphisme de la structure uniforme de $\mathbf{R}^n$).

Soit $(\mathbf{a}_i)_{1 \leqslant i \leqslant n}$ un *système libre* de n vecteurs de $\mathbf{R}^n$ (ou, ce qui revient au même (A, II, p. 97, prop. 1), une *base* de l'espace vectoriel $\mathbf{R}^n$) ; si $\mathbf{b}$ est un point quelconque de $\mathbf{R}^n$, l'ensemble P des points $\mathbf{x} = \mathbf{b} + \sum_{i=1}^{n} u_i\mathbf{a}_i$, tels que $-1 \leqslant u_i \leqslant 1$ pour $1 \leqslant i \leqslant n$, est un *voisinage compact* de $\mathbf{b}$; en effet, il existe une application affine bijective f de $\mathbf{R}^n$ sur lui-même, telle que $f(\mathbf{b}) = 0$, $f(\mathbf{b} + \mathbf{a}_i) = \mathbf{e}_i$ pour $1 \leqslant i \leqslant n$, et $f(\mathrm{P})$ est le cube produit des n intervalles $[-1, +1]$ dans les espaces facteurs de $\mathbf{R}^n$. On dit que P est le *parallélotope fermé* de centre $\mathbf{b}$, construit sur les vecteurs de base $\mathbf{a}_i$. L'intérieur de P est formé des points $\mathbf{b} + \sum_{i=1}^{n} u_i\mathbf{a}_i$ tels que $-1 < u_i < 1$ pour $1 \leqslant i \leqslant n$; on dit que c'est le *parallélotope ouvert* de centre $\mathbf{b}$, construit sur les $\mathbf{a}_i$.

Soit $\mathrm{P} \in \mathbf{R}[\mathrm{X}_1, \ldots, \mathrm{X}_n]$ un polynôme à n indéterminées à coefficients réels. La *fonction polynomiale* associée à P est l'application $f \colon \mathbf{R}^n \to \mathbf{R}$ qui, à tout vecteur $\mathbf{x} = (x_i) \in \mathbf{R}^n$, fait correspondre le nombre réel $\mathrm{P}(x_1, \ldots, x_n)$ (*cf.* A, IV, §2, n° 3). Comme $\mathbf{R}$ est infini, à deux polynômes distincts sont associées deux fonctions polynomiales distinctes (A, IV, §2, n° 5, prop. 9).

PROPOSITION 2. — *Soit $f: \mathbf{R}^n \to \mathbf{R}$ une fonction polynomiale. L'application f est continue. Si f n'est pas identiquement nulle, le complémentaire de l'ensemble $\overset{-1}{f}(0)$ est un ouvert dense de $\mathbf{R}^n$.*

L'application f est continue d'après III, p. 47; l'ensemble $\overset{-1}{f}(0)$ est donc fermé. Supposons f non identiquement nulle. Soit $\mathbf{x}$ un point quelconque de $\mathbf{R}^n$ et $\mathbf{y}$ un point de $\mathbf{R}^n$ tel que $f(\mathbf{y}) \neq 0$. La fonction $\varphi(t) = f(\mathbf{x} + t(\mathbf{y} - \mathbf{x}))$ est une fonction polynomiale non identiquement nulle de la variable réelle t. L'ensemble de ses zéros est fini (A, IV, §2, n° 4, th. 2); il existe donc des valeurs de t, arbitrairement petites, telles que $\varphi(t) \neq 0$, ce qui prouve que $\mathbf{x}$ est adhérent au complémentaire de $\overset{-1}{f}(0)$.

4. Variétés linéaires affines de $\mathbf{R}^n$

Etant donnée une variété linéaire affine non vide V de $\mathbf{R}^n$, de dimension p, il existe une application affine f de $\mathbf{R}^n$ sur lui-même, qui transforme V en le sous-espace vectoriel V′ engendré par $\mathbf{e}_1, \ldots, \mathbf{e}_p$ (A, II, p. 129). Comme V′ est un pavé fermé et est homéomorphe à $\mathbf{R}^p$, on en conclut:

PROPOSITION 3. — *Toute variété linéaire affine non vide de dimension p de $\mathbf{R}^n$ est un ensemble fermé dans $\mathbf{R}^n$, homéomorphe à $\mathbf{R}^p$.*

Rappelons (A, II, p. 129) qu'on nomme *droites*, *plans*, *hyperplans* de $\mathbf{R}^n$ les variétés linéaires affines de dimension 1, 2, $n - 1$ (lorsque $n \geqslant 1$).

Les n droites passant par 0 et respectivement par les n points $\mathbf{e}_i$, sont appelées *axes de coordonnées*. Pour $n = 2$ l'axe passant par $\mathbf{e}_1$ est dit *axe des abscisses*, l'axe passant par $\mathbf{e}_2$ *axe des ordonnées*; la première coordonnée d'un point $\mathbf{x} \in \mathbf{R}^2$ s'appelle son *abscisse*, la seconde son *ordonnée*.

Toute droite D passant par un point $\mathbf{a}$ admet une représentation paramétrique $t \mapsto \mathbf{a} + t\mathbf{b}$, où t parcourt $\mathbf{R}$, et $\mathbf{b} \neq 0$; cette application est un homéomorphisme de $\mathbf{R}$ sur D; le vecteur $\mathbf{b}$ est appelé *vecteur directeur* de D, ses composantes b_i $(1 \leqslant i \leqslant n)$ *paramètres directeurs* (ou simplement *paramètres*) de D; si $\mathbf{b}'$ est un autre vecteur directeur de D, il existe un nombre réel $h \neq 0$ tel que $\mathbf{b}' = h\mathbf{b}$.

L'ensemble des points $\mathbf{a} + t\mathbf{b}$, où t parcourt l'ensemble des nombres réels $\geqslant 0$, est appelé *demi-droite fermée* (ou simplement *demi-droite*) *d'origine* $\mathbf{a}$ et de *vecteur directeur* $\mathbf{b}$ (ou de *paramètres directeurs* b_i). C'est un ensemble *fermé* dans $\mathbf{R}^n$, homéomorphe à l'intervalle $[0, +\infty[$ de $\mathbf{R}$, donc *connexe*. La droite D est réunion des deux demi-droites d'origine $\mathbf{a}$ et de vecteurs directeurs $\mathbf{b}$ et $-\mathbf{b}$ respectivement, qui sont dites *opposées*.

Par abus de langage, on appelle *demi-droite ouverte* d'origine $\mathbf{a}$ et de vecteur directeur $\mathbf{b}$, l'ensemble des points $\mathbf{a} + t\mathbf{b}$ où t parcourt l'ensemble des nombres > 0; c'est un ensemble homéomorphe à l'intervalle $]0, +\infty[$ (donc à $\mathbf{R}$ lui-même), qui n'est pas ouvert dans $\mathbf{R}^n$ si $n > 1$, mais est ouvert par rapport à la droite qui le contient.

Une droite passant par deux points distincts $\mathbf{x}$ et $\mathbf{y}$ admet aussi la représentation paramétrique $(u, v) \mapsto u\mathbf{x} + v\mathbf{y}$, où (u, v) parcourt l'ensemble des couples de nombres réels tels que $u + v = 1$. Étant donnés deux points quelconques $\mathbf{x}$, $\mathbf{y}$ (distincts ou non), on appelle *segment fermé* (ou simplement *segment*) d'extrémités $\mathbf{x}$, $\mathbf{y}$ l'ensemble des points $u\mathbf{x} + v\mathbf{y}$, où (u, v) parcourt l'ensemble des couples de nombres réels tels que $u \geqslant 0$, $v \geqslant 0$ et $u + v = 1$; un segment fermé est *compact* et *connexe*, car si ses extrémités sont distinctes, il est homéomorphe à l'intervalle $[0, 1]$ de $\mathbf{R}$.

Si $\mathbf{x} \neq \mathbf{y}$, on appelle de même (par abus de langage) *segment ouvert* d'extrémités $\mathbf{x}$, $\mathbf{y}$, l'ensemble des points $u\mathbf{x} + v\mathbf{y}$ tels que $u > 0$, $v > 0$, $u + v = 1$; c'est un ensemble homéomorphe à l'intervalle ouvert $]0, 1[$ (donc à $\mathbf{R}$ lui-même). Enfin, on appelle parfois *segment ouvert en* $\mathbf{x}$, *fermé en* $\mathbf{y}$, la réunion de $\mathbf{y}$ et du segment ouvert d'extrémités $\mathbf{x}$, $\mathbf{y}$; c'est un ensemble homéomorphe à l'intervalle $[0, 1[$. Tous les segments d'extrémités $\mathbf{x}$, $\mathbf{y}$ sont connexes et ont pour adhérence le segment fermé de mêmes extrémités.

PROPOSITION 4. — *Dans* $\mathbf{R}^n$, *le complémentaire d'une variété linéaire affine* V *de dimension* $p < n$ *est un ouvert dense. Si* $p < n - 1$, *il est connexe. Si* $p = n - 1$, *il a deux composantes connexes, homéomorphes à* $\mathbf{R}^n$.

Il existe une application affine de $\mathbf{R}^n$ sur lui-même, qui transforme V en le sous-espace vectoriel E_p engendré par $\mathbf{e}_1, \ldots, \mathbf{e}_p$. Il suffit donc de traiter le cas où $V = E_p$. L'ensemble E_p est un pavé fermé, d'intérieur vide puisque $p < n$; son complémentaire U_p est donc un ouvert dense. Lorsque $p = n - 1$, l'ensemble U_p est la réunion des deux pavés ouverts définis respectivement par les relations $x_n > 0$, $x_n < 0$; ces pavés sont connexes, non vides, et disjoints, donc sont les composantes connexes de U_p. Lorsque $p < n - 1$, l'ensemble U_p contient la réunion A des trois pavés ouverts A_1, A_2, A_3 définis par $x_n > 0$, $x_{n-1} < 0$, $x_n < 0$; les intersections $A_1 \cap A_2$ et $A_2 \cap A_3$ ne sont pas vides; l'ensemble A est donc connexe (I, p. 81, cor. de la prop. 2). L'ensemble A contient U_{n-1}; il est donc dense dans $\mathbf{R}^n$, et par suite dans U_p, ce qui entraîne que U_p est connexe (*loc. cit.* prop. 1).

Les composantes connexes E_1 et E_2 du complémentaire $\complement H$ d'un hyperplan sont appelées les *demi-espaces ouverts* déterminés par H.

Les adhérences de E_1 et E_2, qui sont respectivement $E_1 \cup H$ et $E_2 \cup H$, sont appelées les *demi-espaces fermés* déterminés par H.

5. Topologie des espaces vectoriels et des algèbres sur le corps R.

Soit E un espace vectoriel à n dimensions sur le corps $\mathbf{R}$; si $(\mathbf{a}_i)_{1 \leqslant i \leqslant n}$ est une *base* de cet espace, tout point $\mathbf{x} \in E$ se met d'une seule manière sous la forme $\mathbf{x} = \sum_{i=1}^{n} x_i \mathbf{a}_i$, où les x_i sont des nombres réels; l'application $(x_i) \mapsto \sum_{i=1}^{n} x_i \mathbf{a}_i$ est donc une application linéaire bijective de $\mathbf{R}^n$ sur E. Si on *transporte* à E la topologie de $\mathbf{R}^n$ par cette application, E se trouve muni d'une topologie compatible avec sa structure de groupe additif, et pour laquelle l'application $(t, \mathbf{x}) \mapsto t\mathbf{x}$ de $\mathbf{R} \times \mathrm{E}$ dans E est continue. Cette topologie est *indépendante de la base* choisie dans E; en effet, si $(\mathbf{a}'_i)$ est une autre base de E, et si $\mathbf{x} = \sum_{i=1}^{n} x'_i \mathbf{a}'_i = \sum_{i=1}^{n} x_i \mathbf{a}_i$, l'application $(x_i) \mapsto (x'_i)$ de $\mathbf{R}^n$ sur lui-même est une application linéaire, donc un homéomorphisme.

Nous verrons ultérieurement que la topologie ainsi définie peut être aussi caractérisée de la manière suivante: c'est la *seule* topologie séparée sur E, pour laquelle les fonctions $\mathbf{x} - \mathbf{y}$ et $t\mathbf{x}$ soient continues (dans $\mathrm{E} \times \mathrm{E}$ et $\mathbf{R} \times \mathrm{E}$ respectivement) (EVT, I, §2, th. 2).

Si maintenant A est une *algèbre* de dimension finie n sur le corps $\mathbf{R}$, la topologie précédente sur A (considéré comme espace vectoriel à n dimensions sur $\mathbf{R}$) est non seulement compatible avec la structure de groupe additif de A, mais aussi avec sa structure d'*anneau*. Cela résulte de la proposition plus générale suivante:

PROPOSITION 5. — *Soient* E, F, G *trois espaces vectoriels de dimensions finies sur le corps* $\mathbf{R}$; *toute application bilinéaire*[1] f *de* $\mathrm{E} \times \mathrm{F}$ *dans* G *est continue.*

En effet, on peut supposer que $\mathrm{E} = \mathbf{R}^m$, $\mathrm{F} = \mathbf{R}^n$, $\mathrm{G} = \mathbf{R}^p$; tout revient à prouver que les coordonnées dans $\mathbf{R}^p$ de $f(\mathbf{x}, \mathbf{y})$ sont fonctions continues de $(\mathbf{x}, \mathbf{y}) \in \mathrm{E} \times \mathrm{F}$ (I, p. 25, prop. 1); autrement dit, il suffit de montrer que toute *forme bilinéaire* g est continue dans $\mathrm{E} \times \mathrm{F}$, ce qui est immédiat, puisque $g(\mathbf{x}, \mathbf{y})$ est un polynôme par rapport aux coordonnées de $\mathbf{x}$ et de $\mathbf{y}$.

6. Topologie des espaces de matrices sur R

Comme exemple important d'espace vectoriel sur $\mathbf{R}$, citons l'espace $\mathbf{M}_{m,n}(\mathbf{R})$ des *matrices à m lignes et n colonnes* dont les éléments appartiennent à $\mathbf{R}$; c'est un espace de dimension mn sur $\mathbf{R}$, donc homéomorphe à $\mathbf{R}^{mn}$. D'après la prop. 5 de VI, p. 6, le *produit* $X.Y$ de deux matrices $X \in \mathbf{M}_{m,n}(\mathbf{R})$, $Y \in \mathbf{M}_{n,p}(\mathbf{R})$ est fonction continue de (X, Y). En particulier, la topologie de l'espace $\mathbf{M}_n(\mathbf{R})$ des matrices *carrées* d'ordre n (cf. A, II, p. 149) est compatible avec la structure d'anneau sur $\mathbf{M}_n(\mathbf{R})$. En outre:

PROPOSITION 6. — *Dans l'anneau* $\mathbf{M}_n(\mathbf{R})$, *le groupe* $\mathbf{GL}_n(\mathbf{R})$ *des matrices inversibles est un ensemble ouvert dense, et la topologie induite sur cet ensemble est compatible avec sa structure de groupe.*

En effet, $\mathbf{GL}_n(\mathbf{R})$ est le complémentaire de l'ensemble des matrices carrées X dont le déterminant est nul; comme le déterminant de X est un polynôme par

[1] Rappelons (A, II, p. 56) que, si E, F, G sont trois espaces vectoriels sur $\mathbf{R}$, une application f de $\mathrm{E} \times \mathrm{F}$ dans G est dite *bilinéaire* si l'on a identiquement $f(x + x', y) = f(x, y) + f(x', y)$, $f(x, y + y') = f(x, y) + f(x, y')$, $f(\lambda x, y) = f(x, \lambda y) = \lambda f(x, y)$, quels que soient les éléments x, x' de E, y, y' de F et $\lambda \in \mathbf{R}$.

rapport aux éléments de X, la prop. 2 de VI, p. 4 prouve que $\mathbf{GL}_n(\mathbf{R})$ est ouvert et dense dans $\mathbf{M}_n(\mathbf{R})$.

Montrons enfin que l'application $X \to X^{-1}$ de $\mathbf{GL}_n(\mathbf{R})$ dans lui-même est continue. Les éléments de X^{-1} sont les quotients de fonctions polynomiales des éléments de X par le déterminant de X, donc dépendent continûment de X (VI, p. 4, prop. 2).

§ 2. DISTANCE EUCLIDIENNE; BOULES ET SPHÈRES

1. Distance euclidienne dans $\mathbf{R}^n$

On appelle *distance euclidienne* de deux points $\mathbf{x} = (x_i)$, $\mathbf{y} = (y_i)$ de $\mathbf{R}^n$ le nombre $d(\mathbf{x}, \mathbf{y}) = \sqrt{\sum_{i=1}^{n} (x_i - y_i)^2} \geqslant 0$; rappelons-en les principales propriétés (A, IX, §7, n° 1). La relation $d(\mathbf{x}, \mathbf{y}) = 0$ équivaut à $\mathbf{x} = \mathbf{y}$. On a $d(\mathbf{y}, \mathbf{x}) = d(\mathbf{x}, \mathbf{y})$; pour tout scalaire $t \in \mathbf{R}$, $d(t\mathbf{x}, t\mathbf{y}) = |t| d(\mathbf{x}, \mathbf{y})$; quel que soit $\mathbf{z} \in \mathbf{R}^n$,

$$d(\mathbf{x} + \mathbf{z}, \mathbf{y} + \mathbf{z}) = d(\mathbf{x}, \mathbf{y}),$$

autrement dit, la distance de deux points est *invariante par translation*. La distance $d(0, \mathbf{x})$ de l'origine 0 à un point $\mathbf{x}$ se note encore $\|\mathbf{x}\|$ et s'appelle *norme euclidienne* de $\mathbf{x}$ (ou simplement *norme* de $\mathbf{x}$, quand aucune confusion n'en résulte; cf. IX, p. 31); on a $d(\mathbf{x}, \mathbf{y}) = \|\mathbf{y} - \mathbf{x}\|$.

Pour $n = 1$, la distance euclidienne des points x, y de $\mathbf{R}$ se réduit à la longueur $|y - x|$ des intervalles d'extrémités x, y; pour n quelconque, on dit encore que $d(\mathbf{x}, \mathbf{y}) = \|y - x\|$ est la *longueur* des segments d'extrémités $\mathbf{x}$, $\mathbf{y}$.

La distance euclidienne satisfait à l'inégalité, dite *inégalité du triangle*,

$$d(\mathbf{x}, \mathbf{y}) \leqslant d(\mathbf{x}, \mathbf{z}) + d(\mathbf{z}, \mathbf{y}) \tag{1}$$

quels que soient $\mathbf{x}$, $\mathbf{y}$, $\mathbf{z}$ dans $\mathbf{R}^n$.

La démonstration de la relation (1) se ramène à celle de l'inégalité

$$\left(\sum_{i=1}^{n} (x_i + y_i)^2\right)^{1/2} \leqslant \left(\sum_{i=1}^{n} x_i^2\right)^{1/2} + \left(\sum_{i=1}^{n} y_i^2\right)^{1/2};$$

cette dernière est équivalente à l'inégalité de Cauchy-Schwarz

$$\left(\sum_{i=1}^{n} x_i y_i\right)^2 \leqslant \left(\sum_{i=1}^{n} x_i^2\right)\left(\sum_{i=1}^{n} y_i^2\right),$$

et cette inégalité est elle-même conséquence immédiate de l'identité de Lagrange

$$\left(\sum_{i=1}^{n} x_i^2\right)\left(\sum_{i=1}^{n} y_i^2\right) - \left(\sum_{i=1}^{n} x_i y_i\right)^2 = \frac{1}{2}\sum_{i,j} (x_i y_j - x_j y_i)^2.$$

Cette démonstration montre en même temps que les deux membres de (1) ne peuvent être égaux que si $\mathbf{z}$ est un point du segment d'extrémités $\mathbf{x}$, $\mathbf{y}$.

De (1) on déduit l'inégalité

(2) $$d(\mathbf{x}, \mathbf{y}) \geqslant |d(\mathbf{x}, \mathbf{z}) - d(\mathbf{y}, \mathbf{z})|.$$

Enfin si $\mathbf{x} = (x_i)$, $\mathbf{y} = (y_i)$, on a

(3) $$\sup_{1 \leqslant i \leqslant n} |x_i - y_i| \leqslant d(\mathbf{x}, \mathbf{y}) \leqslant \sqrt{n}. \sup_{1 \leqslant i \leqslant n} |x_i - y_i|.$$

On en conclut que, pour qu'une partie A de $\mathbf{R}^n$ soit *bornée* (VI, p. 2), il faut et il suffit que $\sup_{\mathbf{x} \in \mathrm{A}} \|\mathbf{x}\| < +\infty$.

2. Déplacements

Rappelons encore (A, IX, § 6, n° 6) que les transformations affines f de $\mathbf{R}^n$ sur lui-même qui laissent *invariante* la distance de deux points quelconques (c'est-à-dire telles que $d(f(\mathbf{x}), f(\mathbf{y})) = d(\mathbf{x}, \mathbf{y})$ quels que soient $\mathbf{x}$ et $\mathbf{y}$) sont appelées *déplacements euclidiens* (ou simplement *déplacements*)[1]; elles forment un groupe, dit *groupe des déplacements* de $\mathbf{R}^n$. Ce groupe opère transitivement dans $\mathbf{R}^n$; plus généralement, si V et V′ sont deux variétés linéaires affines de $\mathbf{R}^n$ de même dimension, il existe toujours un déplacement transformant V en V′. Les déplacements laissant invariante l'origine, appelés *transformations orthogonales*, forment un sous-groupe du groupe des déplacements, dit *groupe orthogonal* à n variables réelles (A, IX, § 6, n° 2); les applications linéaires qui forment ce groupe sont caractérisées par la propriété de laisser invariante la *norme* $\|\mathbf{x}\|$ de tout point $\mathbf{x} \in \mathbf{R}^n$, ou, ce qui revient au même, la *forme quadratique* $\|\mathbf{x}\|^2 = \sum_{i=1}^{n} x_i^2$. On appelle *produit scalaire* de deux vecteurs $\mathbf{x} = (x_i)$ et $\mathbf{y} = (y_i)$ de $\mathbf{R}^n$, la valeur $\sum_{i=1}^{n} x_i y_i$ de la forme bilinéaire associée (A, IX, § 3, n° 4) à la forme quadratique $\frac{1}{2}\sum_{i=1}^{n} x_i^2$; on le note $(\mathbf{x} \mid \mathbf{y})$, ou simplement $\mathbf{xy}$ lorsque aucune confusion n'est à craindre; toute transformation orthogonale laisse invariant le produit scalaire. Deux vecteurs $\mathbf{x}$, $\mathbf{y}$ sont dits *orthogonaux* si $(\mathbf{x} \mid \mathbf{y}) = 0$; deux sous-espaces vectoriels V, V′ de $\mathbf{R}^n$ sont dits *orthogonaux* si tout $\mathbf{x} \in \mathrm{V}$ est orthogonal à tout $\mathbf{y} \in \mathrm{V}'$; deux variétés linéaires affines P, P′ sont dites *orthogonales* si les sous-espaces vectoriels respectivement parallèles à P et P′ sont orthogonaux.

3. Boules et sphères euclidiennes

Pour tout entier $p > 0$, désignons par U_p l'ensemble des couples $(\mathbf{x}, \mathbf{y})$ de points de $\mathbf{R}^n$ tels que $d(\mathbf{x}, \mathbf{y}) < 1/p$; les inégalités (3) (VI, p. 8) montrent que les

[1] La seule hypothèse que $d(f(\mathbf{x}), f(\mathbf{y})) = d(\mathbf{x}, \mathbf{y})$ quels que soient $\mathbf{x}$, $\mathbf{y}$ entraîne d'ailleurs que f est linéaire affine, donc un déplacement (cf. A, IX, § 6, exerc. 21).

ensembles U_p forment un *système fondamental d'entourages* de la structure uniforme de $\mathbf{R}^n$ (cf. IX, p. 12).

De ce fait, et de l'inégalité

$$|d(\mathbf{x}, \mathbf{y}) - d(\mathbf{x}', \mathbf{y}')| \leqslant d(\mathbf{x}, \mathbf{x}') + d(\mathbf{y}, \mathbf{y}'),$$

qui est une conséquence de (1) (VI, p. 7), on conclut que $d(\mathbf{x}, \mathbf{y})$ est *uniformément continue* dans $\mathbf{R}^n \times \mathbf{R}^n$; la norme $\|\mathbf{x}\| = d(0, \mathbf{x})$ est par suite *uniformément continue* dans $\mathbf{R}^n$.

DÉFINITION 1. — *Étant donnés un point* $\mathbf{x}_0 \in \mathbf{R}^n$, *et un nombre* $r > 0$, *on appelle boule euclidienne ouverte* (resp. *fermée*) *à n dimensions de centre* $\mathbf{x}_0$ *et de rayon r, l'ensemble des points* $\mathbf{x} \in \mathbf{R}^n$ *tels que* $d(\mathbf{x}_0, \mathbf{x}) < r$ (resp. $d(\mathbf{x}_0, \mathbf{x}) \leqslant r$) ; *on appelle sphère euclidienne à* $n - 1$ *dimensions, de centre* $\mathbf{x}_0$ *et de rayon r, l'ensemble des points* $\mathbf{x}$ *tels que* $d(\mathbf{x}_0, \mathbf{x}) = r$.

Lorsque aucune confusion n'est à craindre, on dit simplement « boule » (resp. « sphère ») pour « boule euclidienne » (resp. « sphère euclidienne »). Pour $n = 2$, on dit « disque » au lieu de « boule à 2 dimensions », et « cercle » au lieu de « sphère à 1 dimension ».

Pour $n = 1$, la boule ouverte (resp. fermée) de centre x_0 et de rayon r est l'intervalle $]x_0 - r, x_0 + r[$ (resp. $[x_0 - r, x_0 + r]$) ; la sphère de centre x_0 et de rayon r est l'ensemble des deux extrémités $x_0 - r$, $x_0 + r$ de ces intervalles. Pour $n = 0$, toute boule est réduite à 0, et toute sphère est vide.

D'après ce qui précède, les boules (ouvertes ou fermées) de centre $\mathbf{x}_0$ (ou seulement celles de rayon $1/p$, où p parcourt l'ensemble des entiers >0) forment un *système fondamental de voisinages* du point $\mathbf{x}_0$.

PROPOSITION 1. — *Toute boule ouverte* (resp. *fermée*) *de* $\mathbf{R}^n$ *est un ensemble ouvert* (resp. *compact*). *L'adhérence d'une boule ouverte est la boule fermée de même centre et de même rayon ; l'intérieur d'une boule fermée est la boule ouverte de même centre et de même rayon.*

La boule ouverte (resp. fermée) de centre $\mathbf{x}_0$ et de rayon r est l'image réciproque de l'intervalle $]-\infty, r[$ (resp. $]-\infty, r]$) par la fonction continue $d(\mathbf{x}_0, \mathbf{x})$; c'est donc un ensemble ouvert (resp. fermé et borné, donc compact). Si $d(\mathbf{x}_0, \mathbf{x}) = r$, et si $\mathbf{y} = \mathbf{x}_0 + t(\mathbf{x} - \mathbf{x}_0)$ $(0 < t < 1)$ est un point du segment ouvert d'extrémités $\mathbf{x}_0$ et $\mathbf{x}$, on a $d(\mathbf{x}_0, \mathbf{y}) = tr < r$, et $d(\mathbf{x}, \mathbf{y}) = (1 - t)r$ est aussi petit qu'on veut ; donc $\mathbf{x}$ est adhérent à la boule ouverte de centre $\mathbf{x}_0$ et de rayon r. De même, si $\mathbf{z} = \mathbf{x} + t(\mathbf{x} - \mathbf{x}_0)$ $(t > 0)$ est un point de la demi-droite ouverte d'origine $\mathbf{x}$ et de vecteur directeur $\mathbf{x} - \mathbf{x}_0$, on a

$$d(\mathbf{x}_0, \mathbf{z}) = (1 + t)r > r,$$

et $d(\mathbf{x}, \mathbf{z}) = tr$ est aussi petit qu'on veut ; donc $\mathbf{x}$ n'est pas intérieur à la boule fermée de centre $\mathbf{x}_0$ et de rayon r.

COROLLAIRE. — *Toute sphère euclidienne est un ensemble compact, frontière de la boule ouverte et de la boule fermée de même centre et de même rayon.*

L'homéomorphisme affine $\mathbf{x} \mapsto (1/r)(\mathbf{x} - \mathbf{x}_0)$ transforme la sphère (resp. boule ouverte, boule fermée) de centre $\mathbf{x}_0$ et de rayon r en la sphère (resp. boule ouverte, boule fermée) de centre 0 et de rayon 1; on désigne cette sphère par la notation $\mathbf{S}_{n-1}$ et on l'appelle *sphère unité* dans $\mathbf{R}^n$; de même, on désigne par $\mathbf{B}_n$, et on appelle *boule unité* dans $\mathbf{R}^n$, la boule *fermée* de centre 0 et de rayon 1. L'étude topologique d'une sphère à $n - 1$ dimensions (resp. d'une boule fermée à n dimensions) est donc ramenée à celle de $\mathbf{S}_{n-1}$ (resp. $\mathbf{B}_n$). Quant aux boules ouvertes, on a la proposition suivante:

PROPOSITION 2. — *Toute boule ouverte à n dimensions est homéomorphe à* $\mathbf{R}^n$.

En effet, l'application $\mathbf{x} \mapsto \mathbf{x}/(1 + \|\mathbf{x}\|)$ est continue dans $\mathbf{R}^n$ et applique $\mathbf{R}^n$ sur la boule ouverte de centre 0 et de rayon 1; en outre, de $\mathbf{y} = \mathbf{x}/(1 + \|\mathbf{x}\|)$ on tire $\mathbf{x} = \mathbf{y}/(1 - \|\mathbf{y}\|)$, donc l'application précédente est bijective et bicontinue.

Désignons par $\mathbf{R}_n^*$ le complémentaire de 0 dans $\mathbf{R}^n$, et rappelons qu'on désigne par $\mathbf{R}^*$ l'ensemble des nombres réels > 0.

PROPOSITION 3. — *L'application* $(t, \mathbf{z}) \mapsto t\mathbf{z}$ *est un homéomorphisme de* $\mathbf{R}^* \times \mathbf{S}_{n-1}$ *sur* $\mathbf{R}_n^*$.

En effet, tout point $\mathbf{x} \neq 0$ peut s'écrire d'une manière et d'une seule sous la forme $t\mathbf{z}$, avec $t > 0$ et $\|\mathbf{z}\| = 1$, car de la relation $\mathbf{x} = t\mathbf{z}$, on tire $t = \|\mathbf{x}\|$, et $\mathbf{z} = \mathbf{x}/\|\mathbf{x}\|$. Puisque $t\mathbf{z}$ est continue dans le produit $\mathbf{R} \times \mathbf{R}^n$, donc *a fortiori* dans $\mathbf{R}^* \times \mathbf{S}_{n-1}$, et que $\|\mathbf{x}\|$ et $1/\|\mathbf{x}\|$ sont continues dans $\mathbf{R}_n^*$, la proposition est démontrée.

L'application $\mathbf{x} \mapsto \mathbf{x}/\|\mathbf{x}\|$ est appelée *projection centrale* de $\mathbf{R}_n^*$ sur $\mathbf{S}_{n-1}$. On définit de même la *projection centrale* du complémentaire d'un point $\mathbf{a}$ sur une sphère de centre $\mathbf{a}$.

En particulier, pour $n = 1$, on a $\mathbf{S}_{n-1} = \{-1, +1\}$, la projection centrale d'un nombre réel $x \neq 0$ est son signe sgn x, et on retrouve ainsi la prop. 2 de IV, p. 12.

COROLLAIRE 1. — *La sphère* $\mathbf{S}_{n-1}$ *est homéomorphe à l'espace quotient de* $\mathbf{R}_n^*$ *par la relation d'équivalence dont les classes sont les demi-droites ouvertes d'origine* 0.

Ces classes peuvent aussi être définies comme les orbites distinctes de {0}, du groupe des homothéties de rapport >0.

COROLLAIRE 2. — *L'espace* $\mathbf{R}_n^*$ *est homéomorphe à* $\mathbf{R} \times \mathbf{S}_{n-1}$.

En effet, $\mathbf{R}^* = \left]0, +\infty\right[$ est homéomorphe à $\mathbf{R}$ (IV, p. 13, prop. 1).

Remarque. — Les propositions précédentes ne sont pas particulières aux boules euclidiennes, mais peuvent s'étendre à toute une catégorie de voisinages compacts de 0 dans $\mathbf{R}^n$ (voir VI, p. 24, exerc. 12).

Les ensembles $\mathbf{S}_{n-1}$ et $\mathbf{B}_n$ sont évidemment invariants par toute transformation orthogonale. Si V est un sous-espace vectoriel à p dimensions de $\mathbf{R}^n$, il existe une transformation orthogonale transformant V en le sous-espace vectoriel de

$\mathbf{R}^n$ engendré par $\mathbf{e}_1, \mathbf{e}_2, \ldots, \mathbf{e}_p$; on en conclut que $V \cap \mathbf{S}_{n-1}$ (resp. $V \cap \mathbf{B}_n$) est homéomorphe à $\mathbf{S}_{p-1}$ (resp. $\mathbf{B}_p$).

4. Projection stéréographique

Supposons $n > 1$ et considérons le point $\mathbf{e}_n = (0, \ldots, 0, 1)$ de $\mathbf{S}_{n-1}$, et l'hyperplan H d'équation $x_n = 0$, orthogonal au vecteur $\mathbf{e}_n$. A tout point $\mathbf{x} = (x_i)$ de $\mathbf{S}_{n-1}$, distinct de $\mathbf{e}_n$, faisons correspondre le point $\mathbf{y}$ où la droite passant par $\mathbf{e}_n$ et $\mathbf{x}$ rencontre l'hyperplan H (fig. 3).

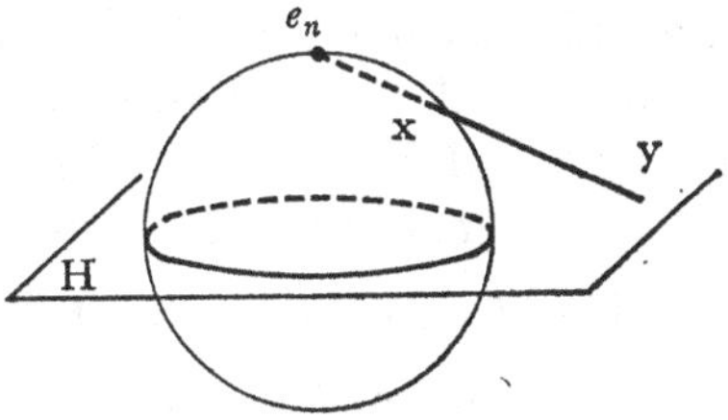

FIGURE 3

On vérifie aisément qu'on a $\mathbf{y} = \dfrac{1}{1 - x_n}(\mathbf{x} - x_n\mathbf{e}_n)$ et

$$\mathbf{x} = \frac{\|\mathbf{y}\|^2 - 1}{\|\mathbf{y}\|^2 + 1}\mathbf{e}_n + \frac{2}{\|\mathbf{y}\|^2 + 1}\mathbf{y}.$$

Si on désigne par A le complémentaire de $\{\mathbf{e}_n\}$ par rapport à $\mathbf{S}_{n-1}$, ces formules prouvent qu'on a défini ainsi un *homéomorphisme* de A *sur* l'hyperplan H. Cet homéomorphisme est appelé *projection stéréographique* de A sur H, ou, par abus de langage, projection stéréographique de $\mathbf{S}_{n-1}$ sur H (cf. A, IX, § 10, exerc. 14); $\mathbf{e}_n$ est le *point de vue* de la projection, H l'*hyperplan de projection*. Plus généralement, si $\mathbf{a}$ est un point de $\mathbf{S}_{n-1}$ et H' l'hyperplan passant par 0 et orthogonal à la droite passant par 0 et $\mathbf{a}$, on définit de la même manière la projection stéréographique de point de vue $\mathbf{a}$ sur l'hyperplan de projection H'. Cette projection définit un homéomorphisme du complémentaire de $\mathbf{a}$ dans $\mathbf{S}_{n-1}$ sur H', d'où:

PROPOSITION 4. — *Pour $n \geqslant 1$, le complémentaire d'un point dans la sphère euclidienne $\mathbf{S}_{n-1}$ est homéomorphe à l'espace numérique $\mathbf{R}^{n-1}$.*

COROLLAIRE 1. — *Pour $n \geqslant 1$, la sphère $\mathbf{S}_{n-1}$ est homéomorphe à l'espace compact obtenu par adjonction à $\mathbf{R}^{n-1}$ d'un « point à l'infini »* (I, p. 68).

Comme $\mathbf{S}_{n-1}$ est compact, cela résulte immédiatement de la prop. 4 et de *loc. cit.*, th. 4.

COROLLAIRE 2. — *Pour $n > 1$, la sphère euclidienne $\mathbf{S}_{n-1}$ est un espace connexe et localement connexe dont tout point admet un voisinage ouvert homéomorphe à $\mathbf{R}^{n-1}$.*

En effet, la sphère étant un espace séparé, le complémentaire U(**a**) d'un point **a** de $\mathbf{S}_{n-1}$ est ouvert dans $\mathbf{S}_{n-1}$; si $n > 1$, l'espace $\mathbf{S}_{n-1}$ est la réunion de deux parties connexes U(**a**) et U($-$**a**) dont l'intersection est non vide, donc est connexe (I, p. 81, prop. 2).

Corollaire 3. — *Pour $n \geqslant 1$, la sphère $\mathbf{S}_n$ est homéomorphe à l'espace quotient de la boule $\mathbf{B}_n$, obtenu en identifiant tous les points de la sphère $\mathbf{S}_{n-1}$.*

En effet, la boule $\mathbf{B}_n$ est un espace *régulier* (I, p. 56); donc l'espace quotient F de $\mathbf{B}_n$ obtenu en identifiant tous les points de $\mathbf{S}_{n-1}$ est *séparé* (I, p. 58, prop. 15). Comme $\mathbf{B}_n$ est un espace compact, F est compact, et est donc homéomorphe à l'espace compact déduit d'une boule ouverte à n dimensions par adjonction d'un point à l'infini, en vertu du th. d'Alexandroff (I, p. 67, th. 4); les prop. 2 (VI, p. 10) et 4 entraînent donc le corollaire.

En particulier, pour $n = 1$, compte tenu de la prop. 4 de V, p. 2:

Corollaire 4. — *Le cercle $\mathbf{S}_1$ est homéomorphe au tore* **T**.

Dans VIII, p. 4, nous retrouverons cette proposition comme conséquence d'un théorème plus précis.

On appele *hémisphère fermé* (resp. *hémisphère ouvert*) de $\mathbf{S}_{n-1}$ l'intersection de $\mathbf{S}_{n-1}$ et d'un *demi-espace fermé* (resp. *ouvert*) déterminé par un hyperplan; par projection stéréographique sur un tel hyperplan, l'hémisphère fermé (resp. ouvert) ne contenant pas le point de vue, est appliqué sur une *boule fermée* (resp. *ouverte*) à $n - 1$ dimensions, à laquelle il est donc *homéomorphe*.

Pour $n = 2$, on dit « demi-cercle » au lieu d' « hémisphère ».

§ 3. ESPACES PROJECTIFS RÉELS

Nous aurons constamment à faire usage, dans ce paragraphe, des notions et résultats relatifs aux *espaces quotients* (I, p. 20), et notamment des deux propriétés suivantes, que nous énoncerons pour plus de commodité sous forme de lemmes:

Soient E un espace topologique, R une relation d'équivalence dans E, A une partie de E, R_A la relation d'équivalence induite sur A par R; soit enfin f l'application canonique de E sur E/R. Avec ces notations:

Lemme 1. — *Si tout ensemble ouvert* (resp. *fermé*) *dans* A *et saturé pour* R_A *est la trace sur* A *d'un ensemble ouvert* (resp. *fermé*) *dans* E *et saturé pour* R, *l'espace quotient* A/R_A *est homéomorphe au sous-espace* $f(A)$ *de* E/R. *Il en est ainsi en particulier si* A *est ouvert ou fermé dans* E *et saturé pour* R.

Cela résulte de la prop. 10 de I, p. 23.

Lemme 2. — *S'il existe une application continue g de* E *sur* A, *telle que, pour tout $x \in E$, $g(x)$ appartienne à la classe d'équivalence de x, l'espace* A/R_A *est homéomorphe à* E/R.

Cela n'est autre que le cor. 2 de I, p. 23.

1. Topologie des espaces projectifs réels

Rappelons (A, II, p. 132) qu'étant donné un corps K et un entier $n \geqslant -1$, on appelle *espace projectif à gauche à n dimensions sur le corps* K et on note $\mathbf{P}_n(\mathrm{K})$ l'ensemble quotient de K^*_{n+1} (complémentaire de $\{0\}$ dans l'espace vectoriel à gauche K^{n+1}) par la relation d'équivalence $\Delta_n(\mathrm{K})$ entre vecteurs $\mathbf{x}$, $\mathbf{y}$ de K^*_{n+1}: « il existe $t \in \mathrm{K}$ tel que $t \neq 0$ et $\mathbf{y} = t\mathbf{x}$ ». Dans la théorie des espaces projectifs, on prend l'intervalle $[0, n]$ de $\mathbf{N}$ comme ensemble d'indices des coordonnées d'un point de K^*_{n+1}. Les coordonnées x_i $(0 \leqslant i \leqslant n)$ d'un quelconque des points de K^*_{n+1} dont un point $\mathbf{x} \in \mathbf{P}_n(\mathrm{K})$ est l'image canonique, constituent ce qu'on appelle un *système de coordonnées homogènes* du point $\mathbf{x}$ (A, II, p. 133).

On appelle *variété linéaire projective à p dimensions* de $\mathbf{P}_n(\mathrm{K})$ (pour tout entier p tel que $-1 \leqslant p \leqslant n$) l'image canonique dans $\mathbf{P}_n(\mathrm{K})$ d'un sous-espace vectoriel à $p + 1$ dimensions (privé de l'origine) de K^{n+1}. Un système de p points de $\mathbf{P}_n(\mathrm{K})$ est dit *libre* s'il se compose des images canoniques de p points de K^*_{n+1} formant un système *libre* dans l'espace vectoriel K^{n+1}; la variété linéaire projective de $\mathbf{P}_n(\mathrm{K})$ engendrée par un système libre de $p + 1$ points (c'est-à-dire la plus petite variété linéaire projective contenant ces $p + 1$ points) a p dimensions.

Lorsque K est le corps $\mathbf{R}$ des nombres réels, on peut munir les espaces projectifs correspondants de *topologies* dont nous allons faire l'étude.

DÉFINITION 1. — *On appelle espace projectif réel à n dimensions l'espace projectif* $\mathbf{P}_n(\mathbf{R})$ *muni de la topologie quotient de celle de* $\mathbf{R}^*_{n+1}$ *par la relation d'équivalence* $\Delta_n(\mathbf{R})$.

L'espace projectif $\mathbf{P}_1(\mathbf{R})$ s'appelle *droite projective réelle*, l'espace projectif $\mathbf{P}_2(\mathbf{R})$ *plan projectif réel*.

Lorsque aucune confusion ne sera possible, nous écrirons $\mathbf{P}_n$ et Δ_n au lieu de $\mathbf{P}_n(\mathbf{R})$ et $\Delta_n(\mathbf{R})$.

PROPOSITION 1. — *L'espace projectif* $\mathbf{P}_n$ *est séparé.*

Montrons d'abord que la relation Δ_n est *ouverte* (I, p. 31); soit A un ensemble ouvert dans $\mathbf{R}^*_{n+1}$; pour saturer A pour Δ_n, il faut prendre la réunion des homothétiques $t\mathrm{A}$ de A, t parcourant l'ensemble des nombres réels $\neq 0$; chacun de ces ensembles étant ouvert, il en est de même de leur réunion.

D'après la prop. 8 de I, p. 55, la prop. 1 sera démontrée si on prouve que la partie M de $\mathbf{R}^*_{n+1} \times \mathbf{R}^*_{n+1}$, définie par la relation Δ_n, est *fermée*. Or, soit $(\mathbf{x}, \mathbf{y})$ un point de $\mathbf{R}^*_{n+1} \times \mathbf{R}^*_{n+1}$ adhérent à M; si $\mathbf{x} = (x_i)$, il existe une coordonnée $x_i \neq 0$; il existe donc un voisinage V de $(\mathbf{x}, \mathbf{y})$ tel que pour tout point $(\mathbf{x}', \mathbf{y}') \in \mathrm{M} \cap \mathrm{V}$ la coordonnée x'_i d'indice i de $\mathbf{x}'$ soit $\neq 0$; lorsque $(\mathbf{x}', \mathbf{y}')$ tend vers $(\mathbf{x}, \mathbf{y})$ en restant dans M, $y'_i x'^{-1}_i$ tend vers $t = y_i x_i^{-1}$; comme $\mathbf{y}' = (y'_i x'^{-1}_i)\mathbf{x}'$, on voit, en passant à la limite, que $\mathbf{y} = t\mathbf{x}$, ce qui prouve que $(\mathbf{x}, \mathbf{y}) \in \mathrm{M}$.

PROPOSITION 2. — *L'espace projectif* $\mathbf{P}_n$ *est un espace compact et connexe, homéomorphe à l'espace quotient de la sphère* $\mathbf{S}_n$ *par la relation d'équivalence induite sur cette sphère par* Δ_n.

Soit Δ'_n la relation d'équivalence induite sur $\mathbf{S}_n$ par Δ_n (les classes d'équivalence pour Δ'_n sont les couples de points *opposés* de $\mathbf{S}_n$). L'application $\mathbf{x} \mapsto \mathbf{x}/\|\mathbf{x}\|$ de $\mathbf{R}^*_{n+1}$ sur $\mathbf{S}_n$ est continue; donc (VI, p. 12, lemme 2) $\mathbf{P}_n$ est homéomorphe à $\mathbf{S}_n/\Delta'_n$. Comme, pour $n \neq 0$, $\mathbf{S}_n$ est compact et connexe, tout espace quotient séparé de $\mathbf{S}_n$ est aussi compact et connexe (cor. 1, I, p. 63, et I, p. 82, prop. 6). Enfin $\mathbf{P}_0$ n'a qu'un point.

PROPOSITION 3. — *Pour $n \geqslant 0$, l'espace projectif $\mathbf{P}_n$ est homéomorphe à l'espace quotient de la boule $\mathbf{B}_n$ obtenu en identifiant chaque point de $\mathbf{S}_{n-1}$ à son opposé.*

Soit H l'hémisphère fermé de $\mathbf{S}_n$ défini par $x_0 \leqslant 0$. L'espace $\mathbf{P}_n$, homéomorphe au quotient de $\mathbf{S}_n$ par la relation Δ'_n (prop. 2), est aussi homéomorphe au quotient de la partie H de $\mathbf{S}_n$ par la relation Δ''_n induite sur H par Δ'_n. En effet, toute classe suivant Δ'_n rencontre H en un point au moins; il suffit alors (VI, p. 12, lemme 1) de vérifier que, si on sature pour Δ'_n un ensemble U ouvert dans H et saturé pour Δ''_n, on obtient un ensemble V ouvert dans $\mathbf{S}_n$. Or, si $\mathbf{a} = (a_i) \in \mathrm{U}$ et si $a_0 < 0$, il existe un voisinage W de $\mathbf{a}$ *dans* $\mathbf{S}_n$ contenu dans U; la réunion de W et de $-\mathrm{W}$ est un voisinage de $\mathbf{a}$ saturé pour Δ'_n et contenu dans V. Si au contraire $a_0 = 0$, on a $-\mathbf{a} \in \mathrm{U}$, et il existe $r > 0$ tel que l'ensemble des points $\mathbf{x} \in \mathrm{H}$ satisfaisant à l'une ou l'autre des relations $\|\mathbf{x} - \mathbf{a}\| < r$, $\|\mathbf{x} + \mathbf{a}\| < r$, soit contenu dans U; l'ensemble des points $\mathbf{x} \in \mathbf{S}_n$ satisfaisant à l'une ou l'autre de ces relations est un voisinage de $\mathbf{a}$ saturé pour Δ'_n et contenu dans V.

Observons que l'espace quotient H/Δ''_n s'obtient en identifiant, dans H, tout point de l'intersection $\mathbf{S}_{n-1}$ de H et de l'hyperplan $x_0 = 0$ avec son opposé. Pour achever la démonstration il suffit de remarquer que la projection stéréographique de point de vue $\mathbf{e}_0$ (VI, p. 11) est un homéomorphisme de H sur $\mathbf{B}_n$, laissant invariants les points de $\mathbf{S}_{n-1}$.

2. Variétés linéaires projectives

Rappelons (A, II, p. 136) que toute application linéaire injective f de $\mathbf{R}^{n+1}$ dans $\mathbf{R}^{m+1}$ ($m \geqslant n$) définit, par restriction à $\mathbf{R}^*_{n+1}$, puis passage aux quotients pour les relations Δ_n et Δ_m, une application injective g de $\mathbf{P}_n$ dans $\mathbf{P}_m$, dite *application linéaire projective*. Si φ est l'application canonique de $\mathbf{R}^*_{n+1}$ sur $\mathbf{P}_n$, ψ celle de $\mathbf{R}^*_{m+1}$ sur $\mathbf{P}_m$, on a $g \circ \varphi = \psi \circ f$, ce qui prouve que g est *continue* dans $\mathbf{P}_n$ (I, p. 21, corollaire). En particulier, toute *transformation linéaire projective* de $\mathbf{P}_n$ (application linéaire projective de $\mathbf{P}_n$ sur lui-même) est un *homéomorphisme* de $\mathbf{P}_n$ sur lui-même.

Soit E un espace vectoriel de dimension $n + 1$ sur $\mathbf{R}$; à chaque base de E sur $\mathbf{R}$ est associée une bijection $\mathbf{R}$-linéaire de $\mathbf{R}^{n+1}$ sur E, donc aussi une bijection de $\mathbf{P}_n$ sur l'espace projectif $\mathbf{P}(\mathrm{E})$ déduit de E (A, II, p. 132); la topologie sur $\mathbf{P}(\mathrm{E})$ transportée de celle de $\mathbf{P}_n$ par cette bijection est indépendante de la base de E choisie. C'est aussi la topologie quotient de la topologie induite sur $\mathrm{E} - \{0\}$ par la topologie introduite sur E dans VI, p. 6.

Rappelons aussi que, si V et V' sont deux variétés linéaires projectives à p

dimensions de $\mathbf{P}_n$, il existe une transformation linéaire projective de $\mathbf{P}_n$ transformant V en V′. En particulier, si $p \geqslant 0$, il existe une transformation linéaire projective transformant V en l'image canonique du sous-espace engendré par $\mathbf{e}_0, \mathbf{e}_1, \ldots, \mathbf{e}_p$ W′ à $p + 1$ dimensions (privé du point 0) de $\mathbf{R}^{n+1}$. Si on identifie W′ à $\mathbf{R}^*_{p+1}$, la relation induite sur W′ par Δ_n n'est autre que Δ_p; comme W′ est fermée et saturée pour Δ_n, le lemme 1 (VI, p. 12) montre que V′ est homéomorphe à $\mathbf{P}_p$ et fermée dans $\mathbf{P}_n$; en outre, si $p < n$, son complémentaire dans $\mathbf{P}_n$ est dense (VI, p. 5, prop. 4). Donc:

PROPOSITION 4. — *Toute variété linéaire projective à p dimensions de l'espace projectif $\mathbf{P}_n$ est un ensemble fermé dans $\mathbf{P}_n$, homéomorphe à $\mathbf{P}_p$; si $p < n$, son complémentaire est dense dans $\mathbf{P}_n$.*

Rappelons que les variétés linéaires projectives à $n - 1$ dimensions de $\mathbf{P}_n$ ($n \geqslant 1$) sont appelées *hyperplans projectifs*; tout hyperplan projectif est l'ensemble des points dont les coordonnées homogènes satisfont à une relation de la forme $\sum_{i=0}^{n} a_i x_i = 0$, où les a_i ne sont pas tous nuls (« équation » de l'hyperplan).

PROPOSITION 5. — *Dans l'espace projectif $\mathbf{P}_n$ (pour $n \geqslant 0$), le complémentaire d'un hyperplan projectif* H *est homéomorphe à $\mathbf{R}^n$.*

Par une transformation linéaire projective, on se ramène au cas où H est l'hyperplan d'équation $x_0 = 0$. L'ensemble A des points $\mathbf{x} = (x_i)$ de $\mathbf{R}^*_{n+1}$ tels que $x_0 \neq 0$ est ouvert et saturé pour Δ_n; son image canonique C dans $\mathbf{P}_n$, qui est le complémentaire de H dans $\mathbf{P}_n$, est par suite homéomorphe au quotient de A par la relation d'équivalence Θ induite sur A par Δ_n (VI, p. 12, lemme 1). Soit B l'hyperplan d'équation $x_0 = 1$ dans $\mathbf{R}^{n+1}$; à tout point $\mathbf{x} \in A$, faisons correspondre le point $x_0^{-1}\mathbf{x}$ où la droite passant par 0 et $\mathbf{x}$ coupe B (fig. 4); on définit

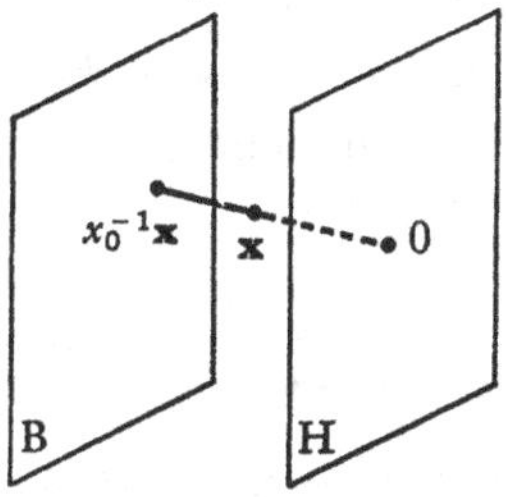

FIGURE 4

ainsi une application continue g de A sur B, telle que $g(\mathbf{x})$ soit le seul point de B congru à $\mathbf{x}$ suivant Θ; il en résulte que B est homéomorphe à A/Θ (VI, p. 12, lemme 2), donc à C; comme B est homéomorphe à $\mathbf{R}^n$, la proposition est démontrée.

COROLLAIRE. — *Tout point de* $\mathbf{P}_n$ *possède un voisinage ouvert homéomorphe à* $\mathbf{R}^n$.

On en conclut en particulier que les espaces projectifs réels sont *localement connexes* (ce qui résulte aussi de I, p. 85, prop. 12).

3. Immersion de l'espace numérique dans l'espace projectif

Supposons $n \geqslant 0$. Soit U le complémentaire dans $\mathbf{P}_n$ de l'hyperplan H d'équation $x_0 = 0$. On identifie souvent U à $\mathbf{R}^n$ par l'homéomorphisme qui applique le vecteur $\mathbf{x} = (x_i)$ de $\mathbf{R}^n$ sur le point de coordonnées homogènes $(1, x_1, \ldots, x_n)$; l'homéomorphisme réciproque applique le point de coordonnées homogènes $(x_0, \ldots, x_n)$ de U sur le vecteur $(x_1/x_0), \ldots, x_n/x_0)$ de $\mathbf{R}^n$. L'hyperplan H est alors appelé l'hyperplan à l'infini, les points de H étant appelés les « points à l'infini » de $\mathbf{P}_n$ (ou même de $\mathbf{R}^n$ par abus de langage).

Une fois faite cette identification, toute variété *linéaire affine* V à p dimensions de $\mathbf{R}^n$ a pour *adhérence* dans $\mathbf{P}_n$ une variété *linéaire projective* à p dimensions, non contenue dans l'hyperplan à l'infini, et identique à la variété linéaire projective *engendrée* par V. Réciproquement, toute variété linéaire projective à p dimensions, non contenue dans l'hyperplan à l'infini, a pour trace sur $\mathbf{R}^n$ une variété linéaire affine à p dimensions, dont elle est l'adhérence.

Dans le cas particulier où $n = 1$, l'hyperplan à l'infini est réduit à un *point*; comme $\mathbf{P}_1$ est compact, il résulte du th. d'Alexandroff (I, p. 67, th. 4) que $\mathbf{P}_1$ est homéomorphe à l'espace compact $\tilde{\mathbf{R}}$ obtenu à partir de l'espace localement compact $\mathbf{R}$ par adjonction d'un « point à l'infini ». D'après les cor. 1 de VI, p. 11 et 4 de VI, p. 12, on voit également que *la droite projective réelle* $\mathbf{P}_1(\mathbf{R})$ *est homéomorphe au cercle* $\mathbf{S}_1$ *et au tore* $\mathbf{T}$.

Au contraire, pour $n > 1$, $\mathbf{P}_n(\mathbf{R})$ n'est pas homéomorphe à $\mathbf{S}_n$ (cf. VI, p. 26, exerc. 4).

Le « point à l'infini » de l'espace $\tilde{\mathbf{R}}$ se note ∞, *sans signe*. Il importe de ne pas confondre l'espace $\tilde{\mathbf{R}}$, où est ainsi plongée la droite numérique, et la droite achevée $\overline{\mathbf{R}}$ définie dans IV, p. 13, qui possède *deux* « points à l'infini »; d'ailleurs $\tilde{\mathbf{R}}$ est homéomorphe à l'espace quotient de $\overline{\mathbf{R}}$ obtenu en *identifiant* les deux points $+\infty$ et $-\infty$.

4. Application au prolongement des fonctions numériques

Comme $\mathbf{R}$ peut être considéré comme une partie de $\tilde{\mathbf{R}}$, toute application d'un ensemble E dans $\mathbf{R}$ (fonction numérique) peut être considérée comme une application de E dans $\tilde{\mathbf{R}}$; en particulier, si E est une partie d'un espace topologique F, f une application de E dans $\mathbf{R}$, il peut se faire qu'en certains points de l'adhérence $\overline{E}$ de E, $f(x)$ tende vers la limite ∞ lorsque x tend vers un de ces points en restant dans E; on prolongera alors par continuité la fonction f en lui donnant en ces points la valeur ∞ (I, p. 57, th. 1).

Considérons en particulier le cas où E est une partie de $\mathbf{R}^n$, l'espace $\mathbf{R}^n$ étant lui-même considéré comme plongé dans l'espace projectif $\mathbf{P}_n$; une fonction numérique f définie dans E peut être identifiée à l'application qui associe à un point de E de coordonnées homogènes $x_0, x_1, \ldots, x_n$ l'élément

$$f\left(\frac{x_1}{x_0}, \frac{x_2}{x_0}, \ldots, \frac{x_n}{x_0}\right)$$

de $\tilde{\mathbf{R}}$; appliquant ce qui précède, on pourra éventuellement prolonger cette fonction par continuité, non seulement à certains des points de $\mathbf{R}^n$ adhérents à E, mais aussi à certains des « points à l'infini » de $\mathbf{P}_n$, adhérents à E.

Montrons qu'on retrouve ainsi, par exemple, le prolongement par continuité à $\tilde{\mathbf{R}}$ tout entier d'une *fonction rationnelle* d'une variable réelle, déjà défini en Algèbre (A, II, p. 136). Identifions $\tilde{\mathbf{R}}$ et $\mathbf{P}_1$, tout nombre réel $x \in \mathbf{R}$ étant identifié au point de coordonnées homogènes $(1, x)$, le point ∞ au point de coordonnées homogènes $(0, 1)$. Soit $u(x)/v(x)$ une fonction rationnelle, u et v étant deux polynômes premiers entre eux, de degrés respectifs m et n; si l'on suppose par exemple $m \leqslant n$, et qu'on pose $u_1(x, y) = x^n u(y/x)$, $v_1(x, y) = x^n v(y/x)$, la fonction rationnelle u/v est la restriction à l'ensemble des nombres réels n'annulant pas $v(x)$, de l'application $(x, y) \mapsto (v_1(x, y), u_1(x, y))$. En d'autres termes, on prolonge u/v par continuité en lui donnant la valeur ∞ aux points $x \in \mathbf{R}$ où $v(x) = 0$, et en lui donnant au point ∞ la valeur 0 si $m < n$, la valeur ∞ si $m > n$, la valeur du rapport des coefficients des termes de degré n de u et v si $m = n$.

En particulier, la fonction $1/x$ se prolonge au point 0 en y prenant la valeur ∞, au point ∞ en y prenant la valeur 0; cette fonction est évidemment un *homéomorphisme* de $\tilde{\mathbf{R}}$ sur lui-même; il en est de même de la *fonction homographique* $(ax + b)/(cx + d)$ lorsque $ad - bc \neq 0$.

De même, pour n entier >0, la fonction x^n se prolonge au point ∞ en y prenant la valeur ∞.

Par contre, on ne peut en général prolonger par continuité à l'espace $\mathbf{P}_1 \times \mathbf{P}_1$, ni à l'espace $\mathbf{P}_2$, une fonction rationnelle de deux variables réelles (cf. VI, p. 26, exerc. 5).

5. Espaces de variétés linéaires projectives

Étant donné un corps K, l'ensemble $\mathbf{P}_{n,p}(\mathrm{K})$ des *variétés linéaires projectives de dimension* $p \geqslant 0$ de l'espace projectif gauche $\mathbf{P}_n(\mathrm{K})$ est en correspondance biunivoque avec l'ensemble des sous-espaces vectoriels à $p + 1$ dimensions de l'espace vectoriel à gauche K^{n+1}. Désignons par $\mathrm{L}_{n+1,p+1}(\mathrm{K})$ l'ensemble des *systèmes libres* $(\mathbf{x}_k)_{0 \leqslant k \leqslant p}$ de $p + 1$ vecteurs de K^{n+1}; l'ensemble $\mathbf{P}_{n,p}(\mathrm{K})$ est encore en correspondance biunivoque avec l'ensemble quotient de $\mathrm{L}_{n+1,p+1}(\mathrm{K})$ par la relation d'équivalence $\Delta_{n,p}(\mathrm{K})$: « $(\mathbf{x}_k)$ et $(\mathbf{y}_k)$ engendrent le même sous-espace vectoriel à $p + 1$ dimensions de K_s^{n+1} ». Nous *identifierons* $\mathbf{P}_{n,p}(\mathrm{K})$ avec cet ensemble quotient dans ce qui suit. D'autre part, si à tout système libre $(\mathbf{x}_k)$ de

$p + 1$ vecteurs de K^{n+1}, on fait correspondre la *matrice* X à $p + 1$ lignes et $n + 1$ colonnes dont $\mathbf{x}_k$ est la ligne d'indice k pour $0 \leqslant k \leqslant p$, on définit une correspondance biunivoque entre $L_{n+1,p+1}(K)$ et l'ensemble des matrices à $p + 1$ lignes et $n + 1$ colonnes et de *rang* $p + 1$; nous *identifierons* $L_{n+1,p+1}(K)$ avec cet ensemble de matrices; la relation $\Delta_{n,p}(K)$ entre deux matrices X, Y est alors la suivante: « il existe une matrice carrée inversible T d'ordre $p + 1$ telle que $Y = T.X$ ».

Nous allons supposer dans ce qui suit que K est le corps $\mathbf{R}$, et nous omettrons l'indication du corps dans les notations précédentes. On peut définir sur $\mathbf{P}_{n,p}$ une topologie par un procédé qui généralise la définition de la topologie des espaces projectifs réels. En effet, $L_{n+1,p+1}$ est contenu dans l'espace $\mathbf{M}_{p+1,n+1}$ des matrices à $p + 1$ lignes et $n + 1$ colonnes, à éléments réels; nous munirons $L_{n+1,p+1}$ de la topologie induite par celle de cet espace de matrices (VI, p. 6).

Définition 2. — *On appelle espace des variétés linéaires projectives à $p \geqslant 0$ dimensions de l'espace projectif réel $\mathbf{P}_n$, l'espace $\mathbf{P}_{n,p}$ quotient de l'espace topologique $L_{n+1,p+1}$ par la relation d'équivalence $\Delta_{n,p}$.*

Soit $f: \mathbf{R}^{n+1} \rightarrow \mathbf{R}^{m+1}$ une application linéaire *injective* ($m \geqslant n \geqslant -1$). On en déduit une application projective g de $\mathbf{P}_n$ dans $\mathbf{P}_m$ (VI, p. 14); si V est une variété linéaire projective de dimension p de $\mathbf{P}_n$, $g(V)$ est une variété linéaire projective de dimension p de $\mathbf{P}_m$, et l'application $V \mapsto g(V)$ de $\mathbf{P}_{n,p}$ dans $\mathbf{P}_{m,p}$ ainsi définie est *continue*. En effet, elle se déduit par passage aux quotients d'une application continue $L_{n+1,p+1} \rightarrow L_{m+1,p+1}$.

En particulier, tout automorphisme $f \in \mathbf{GL}(n + 1, \mathbf{R})$ induit un homéomorphisme de $\mathbf{P}_{n,p}$ sur lui-même; comme on l'a déjà remarqué (VI, p. 15), l'opération de $\mathbf{GL}(n + 1, \mathbf{R})$ sur $\mathbf{P}_{n,p}$ ainsi définie est *transitive*.

Proposition 6. — *Soit V une variété linéaire projective de dimension $n - p - 1$ de $\mathbf{P}_n$; la partie U_V de $\mathbf{P}_{n,p}$ formée des éléments dont l'intersection avec V est vide, est un ouvert dense de $\mathbf{P}_{n,p}$, homéomorphe à $\mathbf{R}^{(p+1)(n-p)}$.*

D'après ce qui précède, on peut supposer que V est la variété linéaire projective définie par les équations $x_{n-p} = 0, \ldots, x_n = 0$. L'image réciproque de U_V dans $L_{n+1,p+1}$ est l'ensemble des suites $(\mathbf{x}_0, \ldots, \mathbf{x}_p)$ d'éléments de $\mathbf{R}^{n+1}$ qui, avec $\mathbf{e}_{p+1}, \ldots, \mathbf{e}_n$, forment une base de $\mathbf{R}^{n+1}$, c'est-à-dire, vu les identifications faites, l'ensemble U' des matrices X à $p + 1$ lignes et $n + 1$ colonnes telles que la matrice carrée formée des $p + 1$ premières colonnes de X soit inversible. D'après la prop. 2 de VI, p. 4, U' est un ouvert dense de $L_{n+1,p+1}$, donc U_V un ouvert dense de $\mathbf{P}_{n,p}$ (lemme 1, p. 12). A toute matrice $X \in U'$, faisons correspondre la matrice carrée inversible $f(X)$ formée de ses $p + 1$ premières colonnes et la matrice $g(X) = f(X)^{-1}X$. Soit A la partie de U' formée des $X \in U'$ telles que $f(X) = I$; alors A est homéomorphe à $\mathbf{R}^{(p+1)(n-p)}$, l'application $g: U' \rightarrow A$ est continue, et, pour $X \in U'$, $g(X)$ est l'unique élément de A équivalent à X modulo $\Delta_{n,p}$. Appliquant le lemme 2, on en déduit que U_V est homéomorphe à A, ce qui achève la démonstration.

COROLLAIRE. — *L'espace* $\mathbf{P}_{n,p}$ *est un espace connexe et localement connexe, dont tout point possède un voisinage homéomorphe à* $\mathbf{R}^{(p+1)(n-p)}$.

Cela résulte de la proposition et du fait que les U_V recouvrent $\mathbf{P}_{n,p}$.

PROPOSITION 7. — *L'espace* $\mathbf{P}_{n,p}$ *est compact.*

Montrons d'abord que $\mathbf{P}_{n,p}$ est séparé. Soient V_1 et V_2 deux éléments de $\mathbf{P}_{n,p}$; l'intersection de deux ouverts denses étant un ouvert dense, donc non vide, il résulte de la prop. 6 qu'il existe une sous-variété linéaire projective V de $\mathbf{P}_n$, de dimension $n - p - 1$, telle que $V \cap V_1 = \varnothing$, $V \cap V_2 = \varnothing$; il s'ensuit que V_1 et V_2 appartiennent toutes deux à l'ouvert U_V de $\mathbf{P}_{n,p}$. Comme U_V est homéomorphe à un espace numérique, il est séparé, et il existe deux ouverts disjoints U_1 et U_2 de U_V, contenant V_1 et V_2 respectivement, et $\mathbf{P}_{n,p}$ est séparé.

Pour démontrer que $\mathbf{P}_{n,p}$ est compact, il suffit maintenant de construire un sous-espace compact de $L_{n+1,p+1}$ tel que toute classe d'équivalence suivant $\Delta_{n,p}$ rencontre ce sous-espace en un point au moins; $\mathbf{P}_{n,p}$, image séparée de ce sous-espace par l'application canonique de $L_{n+1,p+1}$ sur $\mathbf{P}_{n,p}$, sera compact (I, p. 62, th. 2).

Soit $V_{n+1,p+1}$ le sous-espace de $L_{n+1,p+1}$ dont les éléments sont les systèmes $(\mathbf{x}_k)$ de $p + 1$ vecteurs formant une *base euclidienne orthonormale* du sous-espace vectoriel qu'ils engendrent (A, IX, § 6, n° 1), c'est-à-dire tels que $(\mathbf{x}_h \mid \mathbf{x}_k) = 0$ pour $h \neq k$, $(\mathbf{x}_h \mid \mathbf{x}_h) = 1$ pour $1 \leqslant h \leqslant p + 1$. On sait (A, IX, § 7, n° 1) que tout sous-espace vectoriel à $p + 1$ dimensions de $\mathbf{R}^{n+1}$ admet une telle base; donc toute classe mod. $A_{n,p}$ rencontre $V_{n+1,p+1}$. D'autre part, les matrices $X = (x_{ij})$ de $V_{n+1,p+1}$ sont définies par les relations

$$\sum_{j=0}^{n} x_{ij}^2 = 1 \quad \text{pour } 1 \leqslant i \leqslant p + 1$$

$$\sum_{j=0}^{n} x_{ij}x_{kj} = 0 \quad \text{pour } i \neq k.$$

Elles forment donc un ensemble *fermé* dans $\mathbf{M}_{p+1,n+1}$, et comme on tire de ces relations que $|x_{ij}| \leqslant 1$ pour tout couple d'indices (i, j), cet ensemble est *borné*, donc *compact*.

6. Grassmanniennes

Rappelons (A, III, p. 172) qu'on définit une application injective de $\mathbf{P}_{n,p}$ dans $\mathbf{P}(\Lambda^{p+1}(\mathbf{R}^{n+1}))$ de la manière suivante: si $V \in \mathbf{P}_{n,p}$ est l'image du système libre $(\mathbf{x}_0, \ldots, \mathbf{x}_p)$ de $\mathbf{R}^{n+1}$, on lui associe l'image canonique dans $\mathbf{P}(\Lambda^{p+1}(\mathbf{R}^{n+1}))$ du $(p + 1)$-vecteur $\mathbf{x}_0 \wedge \cdots \wedge \mathbf{x}_p$. L'image de cette application est notée $\mathbf{G}_{n+1,p+1}$ et appelée *grassmannienne* d'indices $n + 1, p + 1$; on la munit de la topologie induite par celle de $\mathbf{P}(\Lambda^{p+1}(\mathbf{R}^{n+1}))$ (VI, p. 13). L'application définie ci-dessus de $\mathbf{P}_{n,p}$ dans $\mathbf{G}_{n+1,p+1}$ est continue et bijective; comme $\mathbf{P}_{n,p}$ est compact et $\mathbf{G}_{n-1,p+1}$ séparé, on déduit alors de I, p. 63, cor. 2 au th. 2:

PROPOSITION 8. — *La grassmannienne* $\mathbf{G}_{n+1,p+1}$ *est homéomorphe à l'espace* $\mathbf{P}_{n,p}$.

Notons enfin (*loc. cit.*) que les grassmanniennes $\mathbf{G}_{n+1,p+1}$ et $\mathbf{G}_{n+1,n-p}$ se déduisent l'une de l'autre par une application projective bijective de $\mathbf{P}(\Lambda^{p+1}(\mathbf{R}^{n+1}))$ sur $\mathbf{P}(\Lambda^{n-p}(\mathbf{R}^{n+1}))$, donc sont *homéomorphes*, ainsi par conséquent que les espaces $\mathbf{P}_{n,p}$ et $\mathbf{P}_{n,n-p-1}$.

Exercices

§ 1

1) Donner une démonstration du fait que $\mathbf{R}^n$ est équipotent à $\mathbf{R}$ en utilisant le th. de Cantor (IV, p. 44, th. 1) et la relation $2^{\mathfrak{a}}.2^{\mathfrak{a}} = 2^{\mathfrak{a}}$ valable pour tout cardinal infini $\mathfrak{a}$.

¶ 2) Il existe une application *continue* de l'intervalle $I = [0, 1]$ de $\mathbf{R}$ *sur* le carré $I \times I$ de $\mathbf{R}^2$ (« courbe de Peano »). (Montrer d'abord, à l'aide de l'exerc. 11 de IV, p. 63, qu'il existe une application continue f de l'ensemble triadique de Cantor K sur $I \times I$, puis prolonger f à I.)

¶ 3) Soient A et B deux parties dénombrables partout denses dans $\mathbf{R}^2$. Montrer qu'il existe un homéomorphisme de $\mathbf{R}^2$ sur lui-même qui applique A sur B. (Montrer d'abord que, par une rotation, on peut se ramener au cas où les projections pr_1 et pr_2 sont des applications injectives de A et de B dans $\mathbf{R}$. Définir ensuite, par une récurrence convenable, une bijection de A sur B qui détermine une application monotone de pr_1 A sur pr_1 B, et aussi une application monotone de pr_2 A sur pr_2 B. Enfin, en utilisant l'exerc. 11 de IV, p. 48, montrer que cette application est un homéomorphisme qu'on peut prolonger en un homéomorphisme de $\mathbf{R}^2$ sur lui-même.) En déduire que si C est une partie de $\mathbf{R}^2$ dont le complémentaire est partout dense, C est homéomorphe à une partie du complémentaire de $\mathbf{Q}^2$ dans $\mathbf{R}^2$. Généraliser ces résultats à $\mathbf{R}^n$, pour $n > 2$.

4) Tout sous-espace de $\mathbf{R}^n$, dénombrable et sans point isolé, est homéomorphe à la droite rationnelle $\mathbf{Q}$ (appliquer l'exerc. 13 de IV, p. 63).

5) Tout sous-espace compact et totalement discontinu de $\mathbf{R}^n$, sans point isolé, est homéomorphe à l'ensemble triadique de Cantor (utiliser IV, p. 63, exerc. 11 et 12 et II, p. 32, prop. 6).

6) On dit qu'une partie L de $\mathbf{R}^n$ est une *ligne brisée* s'il existe une suite finie $(\mathbf{x}_i)_{0 \leqslant i \leqslant p}$ de points de $\mathbf{R}^n$ telle que, si S_i désigne le segment fermé d'extrémités $\mathbf{x}_{i-1}$ et $\mathbf{x}_i$ pour $1 \leqslant i \leqslant p$, L soit réunion des S_i, que l'on appelle les *côtés* de L relatifs à la suite $(\mathbf{x}_i)$ (il existe en général une infinité de suites finies de points de $\mathbf{R}^n$ définissant une même ligne brisée). Une ligne brisée est aussi l'image d'une application u de $[0, 1]$ dans $\mathbf{R}^n$ telle qu'il existe une suite strictement croissante $(t_j)_{0 \leqslant j \leqslant q}$ dans $[0, 1]$ avec $t_0 = 0$, $t_q = 1$, u étant une application

linéaire affine $t \mapsto \mathbf{a}_j + t\mathbf{b}_j$ pour $t_{j-1} \leqslant t \leqslant t_j$ et tout j (on dit qu'une telle application u est « *linéaire par morceaux* »). Étant donnée une partie non vide A de $\mathbf{R}^n$, on dit que deux points $\mathbf{a}$, $\mathbf{b}$ de A *peuvent être joints par une ligne brisée dans* A s'il existe une ligne brisée $L \subset A$, définie par une suite $(\mathbf{x}_i)_{0 \leqslant i \leqslant p}$ telle que $\mathbf{x}_0 = \mathbf{a}$ et $\mathbf{x}_p = \mathbf{b}$. Si deux points quelconques de A peuvent être joints par une ligne brisée dans A, A est connexe. Inversement, si A est une partie *ouverte connexe* de $\mathbf{R}^n$, montrer que deux points quelconques de A peuvent être joints par une ligne brisée dans A (considérer la relation « $\mathbf{x}$ et $\mathbf{y}$ peuvent être joints par une ligne brisée dans A » entre points $\mathbf{x}$, $\mathbf{y}$ de A; montrer que c'est une relation d'équivalence et que les classes suivant cette relation sont des ensembles ouverts); on peut même toujours supposer que cette ligne brisée est réunion de segments dont chacun est parallèle à un des axes de coordonnées (même méthode). En déduire que dans un ensemble ouvert non vide A de $\mathbf{R}^n$, la composante connexe d'un point $\mathbf{a} \in A$ est l'ensemble des points de A pouvant être joints à $\mathbf{a}$ par une ligne brisée dans A.

7) Soient A un ensemble ouvert connexe non vide dans $\mathbf{R}^n$ $(n > 1)$, $(V_p)_{p \in \mathbf{N}}$ une famille dénombrable de variétés linéaires de $\mathbf{R}^n$ dont chacune est de dimension $\leqslant n-2$. Montrer que si B est la réunion des V_p, $A \cap \complement B$ est dense dans A et connexe. (Pour voir que $A \cap \complement B$ est dense dans A, raisonner par récurrence sur n. Prouver ensuite que si $\mathbf{x}$, $\mathbf{y}$ sont deux points distincts de A, il existe pour tout $\varepsilon > 0$ un point $\mathbf{y}' \in A$ tel que $\|\mathbf{y}' - \mathbf{y}\| \leqslant \varepsilon$ et que le segment fermé d'extrémités $\mathbf{x}$ et $\mathbf{y}'$ n'ait aucun point commun avec B sauf $\mathbf{x}$. Utiliser enfin l'exerc. 6. pour montrer que $A \cap \complement B$ est connexe.)

8) Déduire de l'exerc. 7 que pour $n > 1$, un ensemble ouvert non vide de $\mathbf{R}^n$ n'est pas homéomorphe à une partie de $\mathbf{R}$.[1]

9) On dit qu'une ligne brisée L dans $\mathbf{R}^n$ $(n > 1)$ (exerc. 6) est *simple* si elle est homéomorphe à l'intervalle $I = [0, 1]$ de $\mathbf{R}$. Il est équivalent de dire qu'il existe un homéomorphisme u de I sur L, linéaire par morceaux (exerc. 6). Montrer que, dans $\mathbf{R}^2$, si A est un ensemble ouvert connexe et $L \subset A$ une ligne brisée simple, $A - L$ est connexe (raisonner par récurrence sur le nombre de segments dont L est la réunion, en utilisant I, p. 116, exerc. 6).

¶ 10) *a*) Soit $\mathfrak{M}$ un ensemble fini, $R\{x, y\}$ une relation symétrique entre éléments de $\mathfrak{M}$. On suppose qu'il existe deux éléments distincts a, b de $\mathfrak{M}$ ayant les propriétés suivantes: il existe $x \neq a$ et $y \neq b$ tel que x (resp. y) soit le seul élément $z \in \mathfrak{M}$ tel que $R\{a, z\}$ (resp. $R\{b, z\}$) soit vraie; en outre, pour tout $t \in \mathfrak{M}$ distinct de a et de b, l'ensemble des $z \in \mathfrak{M}$ tel que $R\{t, z\}$ soit vraie est un ensemble à deux éléments, distincts de t. Montrer que dans ces conditions, il existe une bijection $i \mapsto x_i$ d'un intervalle $[0, n]$ de $\mathbf{N}$ sur $\mathfrak{M}$ telle que $x_0 = a$, $x_n = b$ et que l'on ait la relation $R\{x_{i-1}, x_i\}$ pour $1 \leqslant i \leqslant n$ (définir x_i par récurrence sur i).

b) Dans $\mathbf{R}^n$ (pour $n \geqslant 2$), identifié à $\mathbf{R}^{n-1} \times \mathbf{R}$, soient L et L′ deux lignes brisées, définies respectivement par deux suites $(\mathbf{x}_i)_{0 \leqslant i \leqslant p}$, $(\mathbf{x}'_j)_{0 \leqslant j \leqslant q}$, et ayant les propriétés suivantes: 1° si on pose $\mathbf{x}_i = (\mathbf{y}_i, z_i)$, $\mathbf{x}'_j = (\mathbf{y}'_j, z'_j)$, on a $z_0 = z'_0 = 0$, $z_p = z'_q = 1$, $0 < z_i < 1$, $0 < z'_j < 1$ pour $1 \leqslant i \leqslant p-1$ et $1 \leqslant j \leqslant q-1$; 2° les $p + q - 2$ nombres z_i, z'_j pour $1 \leqslant i \leqslant p-1$, $1 \leqslant j \leqslant q-1$ sont tous distincts; 3° deux côtés distincts de L (resp. L′) ont au plus un point commun (qui peut ou non être un des $\mathbf{x}_i$ (resp. $\mathbf{x}'_j$)). Montrer qu'il existe deux applications surjectives linéaires par morceaux (VI, p. 21, exerc. 6) $\mathbf{u}: I \to L$, $\mathbf{u}': I \to L'$, où I est l'intervalle $[0, 1]$ de $\mathbf{R}$, telles que, si l'on pose $\mathbf{u}(t) = (\mathbf{v}(t), \zeta(t))$, $\mathbf{u}'(t) = (\mathbf{v}'(t), \zeta'(t))$ pour $t \in I$, on ait $\zeta(t) = \zeta'(t)$ pour *tout* $t \in I$, $\zeta(0) = \zeta'(0) = 0$, $\zeta(1) = \zeta'(1) = 1$. (Soit $(a_k)_{1 \leqslant k \leqslant p+q-2}$ la suite strictement croissante des z_i et des z'_j distincts de 0 et de 1; on pose en outre $a_0 = 0$, $a_{p+q-1} = 1$, et on désigne par B_i l'ensemble des $\mathbf{x} = (\mathbf{y}, z) \in \mathbf{R}^n$ tels que $a_{i-1} \leqslant z \leqslant a_i$, pour $1 \leqslant i \leqslant p + q - 1$. Soit $\mathfrak{M}$ l'ensemble des couples $\gamma = (C, C')$, où C (resp. C′) est l'intersection d'un *même* B_i avec un côté de L (resp. L′) tel que ni C ni C′ ne

---

[1] On peut montrer qu'un ensemble ouvert de $\mathbf{R}^m$ n'est pas homéomorphe à une partie de $\mathbf{R}^n$ pour $n < m$.

soient réduits à un point. On désigne par R{α, β} la relation suivante entre éléments de $\mathfrak{M}$: « $\alpha \neq \beta$; si $\alpha = (C_1, C_1')$, $\beta = (C_2, C_2')$, $C_1 \cap C_2$ et $C_1' \cap C_2'$ sont non vides, l'un d'eux est réduit à un point, et si ce point n'est pas un des $\mathbf{x}_i$ (resp. $\mathbf{x}_j'$), C_1 et C_2 (resp. C_1' et C_2') sont contenus tous deux dans un même côté de L (resp. L') ». Montrer qu'on peut appliquer *a*) à la relation R).

c) Dans $\mathbf{R}^n$, identifié à $\mathbf{R}^{n-1} \times \mathbf{R}$, soit K un ensemble compact connexe tel que $K \cap (\mathbf{R}^{n-1} \times \{0\})$ ne soit pas vide ni réduit à un point. Montrer que si on pose $K' = K - K$ (ensembles des $\mathbf{x} - \mathbf{y}$, où $\mathbf{x}$, $\mathbf{y}$ parcourent K), $K' \cap (\mathbf{R}^{n-1} \times \{0\})$ contient un ensemble connexe non réduit à un point. (Utiliser *b*), en appliquant II, p. 32, prop. 6 et II, p. 38, exerc. 15.)

11) Étendre aux espaces $\mathbf{R}^n$ ($n \geqslant 2$) les exerc. 14 et 15 de IV, p. 64.

¶ 12) *a*) Soit f une application de $\mathbf{R}$ dans $\mathbf{R}$, et soit $G \subset \mathbf{R}^2$ son graphe. On suppose que G est dense dans $\mathbf{R}^2$, et rencontre tout ensemble parfait contenu dans $\mathbf{R}^2$ et non contenu dans une réunion dénombrable de droites $\{x_n\} \times \mathbf{R}$. Montrer que G est connexe. (Observer que dans le cas contraire, il existerait deux ensembles ouverts non vides sans point commun A, B dans $\mathbf{R}^2$ tels que G soit réunion de $G \cap A$ et de $G \cap B$, et qu'il existerait au moins un point de A et un point de B ayant même première projection, en utilisant le fait que $\mathbf{R}$ est connexe; utiliser enfin l'exerc. 11.)

b) Déduire de *a*) qu'il existe une application *linéaire* f de $\mathbf{R}$ dans $\mathbf{R}$ dont le graphe G est *dense* dans $\mathbf{R}^2$ et *connexe*. (En utilisant *a*) et l'exerc. 11, définir par récurrence transfinie les valeurs de f aux points d'une base de Hamel de $\mathbf{R}$, en suivant la même méthode que dans E, III, p. 91, exerc. 24). En déduire que le sous-groupe G de $\mathbf{R}^2$ vérifie les conditions (R_I) et (R_{II}) de V, p. 16, exerc. 4, mais n'est pas localement compact, et a donc une topologie strictement plus fine que la topologie usuelle de $\mathbf{R}$; en outre G n'est pas localement connexe.

13) Identifiant $\mathbf{R}^n$ à $\mathbf{R}^{n-1} \times \mathbf{R}$, soient f une application continue d'une partie ouverte A de $\mathbf{R}^{n-1}$ dans $\mathbf{R}$, S son graphe; montrer que le sous-espace S de $\mathbf{R}^n$ est homéomorphe à A, et que le complémentaire de S dans le « cylindre » $A \times \mathbf{R}$ est une ensemble ouvert partout dense dans $A \times \mathbf{R}$, et a exactement deux composantes connexes lorsque A est connexe.

§ 2

*1) Soit I le cube fermé de $\mathbf{R}^n$, produit de n intervalles identiques à $[-\pi/2, \pi/2]$. A tout point $\mathbf{x} = (x_i)$ de I, on fait correspondre le point $\mathbf{y} = (y_j)$ de $\mathbf{R}^{n+1}$ tel que

$$\begin{aligned}
y_1 &= \sin x_1 \\
y_2 &= \cos x_1 \sin x_2 \\
&\cdots\cdots \\
y_p &= \cos x_1 \cos x_2 \ldots \cos x_{p-1} \sin x_p \qquad (2 \leqslant p \leqslant n-1) \\
&\cdots\cdots\cdots\cdots \\
y_n &= \cos x_1 \cos x_2 \ldots \cos x_{n-1} \sin 2x_n \\
y_{n+1} &= \cos x_1 \cos x_2 \ldots \cos x_{n-1} \cos 2x_n.
\end{aligned}$$

Montrer que l'image de I par cette application est la sphère $\mathbf{S}_n$ et que la restriction de cette application à l'intérieur de I est un homéomorphisme sur un ensemble ouvert dense dans $\mathbf{S}_n$.*

2) Définir un homéomorphisme de $\mathbf{S}_p \times \mathbf{S}_q$ sur une partie de $\mathbf{S}_{p+q+1}$ (remarquer que l'équation de $\mathbf{S}_{p+q+1}$ s'écrit

$$(x_1^2 + \cdots + x_{p+1}^2) + (x_{p+2}^2 + \cdots + x_{p+q+2}^2) = 1).$$

3) *a*) Montrer que, si f est une application continue de $\mathbf{S}_1$ dans $\mathbf{R}^n$, f peut se prolonger en une application continue de $\mathbf{B}_2$ dans $\mathbf{R}^n$ (au point $t\mathbf{x} \in \mathbf{B}_2$ ($t \geqslant 0$, $\mathbf{x} \in \mathbf{S}_1$), faire correspondre $tf(\mathbf{x})$).

b) En déduire que, si f est une application continue de $\mathbf{S}_1$ dans $\mathbf{S}_n$, telle que $f(\mathbf{S}_1) \neq \mathbf{S}_n$, f

peut se prolonger en une application continue de $\mathbf{B}_2$ dans $\mathbf{S}_n$ (utiliser une projection stéréographique dont le point de vue n'appartienne pas à $f(\mathbf{S}_1)$).[1]

4) Montrer qu'il n'existe aucun homéomorphisme de $\mathbf{S}_1$ dans $\mathbf{R}$ (remarquer que le complémentaire d'un point quelconque de $\mathbf{S}_1$ par rapport à $\mathbf{S}_1$ est connexe, et que toute partie connexe de $\mathbf{R}$ est un intervalle).

En déduire que tout homéomorphisme de $\mathbf{S}_1$ sur un sous-espace de $\mathbf{S}_1$ est nécessairement un homéomorphisme de $\mathbf{S}_1$ *sur* $\mathbf{S}_1$ (utiliser la prop. 4 de VI, p. 11).

5) Montrer que, pour $n > 1$, la sphère $\mathbf{S}_n$ n'est pas homéomorphe au cercle $\mathbf{S}_1$ (cf. VI, p. 22, exerc. 8).

6) Identifiant $\mathbf{S}_1$ au tore $\mathbf{T}$, quotient de $\mathbf{R}$ par la relation $x \equiv y$ (mod. 1) (VI, p. 12, cor. 4), on désigne par φ l'application canonique de $\mathbf{R}$ sur $\mathbf{S}_1$. On dit qu'une application continue f d'un espace topologique E dans $\mathbf{S}_1$ est *inessentielle* s'il existe une application continue g de E dans $\mathbf{R}$ telle que l'on ait $f = \varphi \circ g$[2]; une application non inessentielle est dite *essentielle*.

Montrer que l'application identique de $\mathbf{S}_1$ sur $\mathbf{S}_1$ est essentielle (utiliser l'exerc. 4).

7) Montrer qu'il existe un entourage U de la structure uniforme de $\mathbf{S}_1$ tel que, si f est une application inessentielle d'un espace topologique E dans $\mathbf{S}_1$, toute application continue f' de E dans $\mathbf{S}_1$ telle que $(f(x), f'(x)) \in \mathrm{U}$ pour tout $x \in \mathrm{E}$ soit aussi inessentielle.

8) Montrer qu'il n'existe pas d'application continue f de $\mathbf{B}_2$ sur $\mathbf{S}_1$ qui coïncide sur $\mathbf{S}_1$ avec l'application identique (utilisant l'exerc. 7, montrer que f, restreinte au cercle de centre 0 et de rayon $r \geqslant 1$, serait toujours une application inessentielle de ce cercle dans $\mathbf{S}_1$, et en conclure une contradiction pour $r = 1$).

9) Soit E un espace topologique contenant plus d'un point. Montrer qu'il existe une application continue f de $\mathbf{S}_1$ dans $\mathrm{F} = \mathrm{E} \times \mathbf{S}_1$, telle que $f(\mathbf{S}_1) \neq \mathrm{F}$, et qui ne se laisse pas prolonger en une application continue de $\mathbf{B}_2$ dans F (utiliser l'exerc. 8). En déduire que, pour $n > 1$, $\mathbf{S}_n$, $\mathbf{R}^n$ et $\mathbf{B}_n$ ne sont homéomorphes à aucun espace de la forme $\mathrm{E} \times \mathbf{S}_1$, E étant un espace topologique quelconque (voir VI, p. 23, exerc. 3). En particulier, pour $n > 1$, $\mathbf{S}_n$ n'est pas homéomorphe à $(\mathbf{S}_1)^n$, et quel que soit n, $\mathbf{B}_n$ n'est pas homéomorphe à $(\mathbf{S}_1)^n$.

Montrer de même que $\mathbf{R}^2$ n'est pas homéomorphe au complémentaire d'un point dans $\mathbf{R}^2$, et que $\mathbf{S}_2$ n'est pas homéomorphe à $\mathbf{B}_2$ (dans le cas contraire, $\mathbf{R}^2$ serait homéomorphe au produit de $\mathbf{S}_1$ et de l'intervalle $\left]0, 1\right[$).

10) On désigne par $\mathrm{H}_{n,p,q}$ la « quadrique » définie dans $\mathbf{R}^n$ par l'équation

$$x_1^2 + x_2^2 + \cdots + x_p^2 - x_{p+1}^2 - \cdots - x_{p+q}^2 = 1$$

$(p + q \leqslant n)$. Montrer que $\mathrm{H}_{n,p,q}$ est homéomorphe à $\mathbf{S}_{p-1} \times \mathbf{R}^{p-n}$.

11) Soit $\mathrm{C}_{n,p}$ le « cône du second degré » défini dans $\mathbf{R}^n$ par l'équation

$$x_1^2 + x_2^2 + \cdots + x_p^2 - x_{p+1}^2 - \cdots - x_n^2 = 0 \quad (1 \leqslant p \leqslant n - 1).$$

Montrer que le complémentaire du point 0 dans $\mathrm{C}_{n,p}$ est homéomorphe à

$$\mathbf{S}_{p-1} \times \mathbf{S}_{n-p-1} \times \mathbf{R}.$$

¶ 12) On dit qu'une partie E de $\mathbf{R}^n$, contenant l'origine 0, est un ensemble *étoilé* (par rapport à 0) si, quels que soient $\mathbf{x} \in \mathrm{E}$ et $t \in [0, 1]$, on a $t\mathbf{x} \in \mathrm{E}$. L'intersection de E et d'une demi-droite fermée d'origine 0 est cette demi-droite tout entière, ou un segment dont 0 est une extrémité: on appelle *coque* de E l'ensemble K formé des extrémités $\neq 0$ des segments

---

[1] Nous verrons plus tard que, pour $n > 1$, la proposition est encore vraie même si $f(\mathbf{S}_1) = \mathbf{S}_n$.

[2] Nous donnerons plus tard une définition générale d'une application inessentielle d'un espace topologique dans un espace topologique quelconque, et nous montrerons alors que, pour les applications dans $\mathbf{S}_1$, cette définition est équivalente à celle qui est donnée ici.

précédents, et de 0 lorsque l'intersection d'une demi-droite et de E se réduit à 0. On suppose dans ce qui suit que $0 \notin K$.

a) Montrer que la coque de E est contenue dans la frontière de E; donner un exemple où ces deux ensembles sont différents.

b) Si E est borné et si la coque K de E est compacte, il existe un homéomorphisme de $\mathbf{R}^n$ sur lui-même, qui applique K sur $\mathbf{S}_{n-1}$, $\overline{E}$ sur $\mathbf{B}_n$, et l'intérieur de E sur l'intérieur de $\mathbf{B}_n$ (faire correspondre à tout point $\mathbf{x} \in K$ la projection centrale de ce point sur $\mathbf{S}_{n-1}$, puis prolonger cette application à $\mathbf{R}^n$ tout entier). En déduire que la frontière de E est identique à sa coque K, et que l'intérieur de E est l'ensemble des $t\mathbf{x}$, où $\mathbf{x}$ parcourt K, et t l'intervalle $(0, 1($ de $\mathbf{R}$.

c) Si E est non borné, et si sa frontière est identique à sa coque, l'intérieur de E est homéomorphe à $\mathbf{R}^n$, et sa coque K est homéomorphe à une partie ouverte de $\mathbf{S}_{n-1}$ (montrer que l'image de E par l'homéomorphisme $\mathbf{x} \to \mathbf{x}/(1 + \|\mathbf{x}\|)$ satisfait aux conditions de *b*)).

d) Donner un exemple d'ensemble étoilé non borné E, dont la coque est fermée, mais non identique à la frontière de E.

13) Montrer que dans l'espace $\mathbf{S}_n$, pour $n \geqslant 1$, la frontière d'un ensemble ouvert non vide dont l'extérieur n'est pas vide, a la puissance du continu (utiliser la prop. 4 de VI, p. 11).

14) Soient $x_1, \ldots, x_n$ des points en nombre fini dans un espace euclidien $\mathbf{R}^m$. On pose

$$s = \frac{1}{n}\sum_{k=1}^{n} x_k, \qquad r^2 = \frac{1}{n}\sum_{k=1}^{n} \|x_k\|^2 \quad (r \geqslant 0)$$

et l'on a $\|s\| \leqslant r$.

a) Montrer que pour tout indice k, on a

$$\|x_k - s\| \leqslant ((n-1)(r^2 - \|s\|^2))^{1/2}$$

(observer que l'on a $\sum_{k=1}^{n} \|x_k - s\|^2 = n(r^2 - \|s\|^2)$ et ordonner les $\|x_k - s\|$ par ordre croissant).

b) Montrer que l'on a $\sum_{j<i} \|x_i - x_j\|^2 = n \sum_{k=1}^{n} \|x_k - s\|^2$. En déduire que l'on a

$$\sup_{i<j} \|x_i - x_j\| \leqslant (2n(r^2 - \|s\|^2))^{1/2}.$$

(Numéroter les x_k de sorte que la plus grande valeur M des $\|x_i - x_j\|$ soit $\|x_{n-1} - x_n\|$. Poser $t_k = (2x_k - x_{n-1} - x_n)/M$, et calculer la somme

$$\sum_{k=1}^{n-2} \|t_k - t_{n-1}\|^2 + \sum_{k=1}^{n-1} \|t_k - t_n\|^2$$

en observant que $t_{n-1} + t_n = 0$.)

§ 3

1) On considère l'application f de $\mathbf{S}_2$ dans $\mathbf{R}^4$ qui à tout point $\mathbf{x} = (x_1, x_2, x_3)$ de $\mathbf{S}_2$ fait correspondre le point $\mathbf{y} = (y_1, y_2, y_3, y_4)$ de $\mathbf{R}^4$ tel que

$$y_1 = x_1^2 - x_2^2, \qquad y_2 = x_1x_2, \qquad y_3 = x_1x_3, \qquad y_4 = x_2x_3.$$

Cette fonction a la même valeur en deux points opposés de $\mathbf{S}_2$; montrer que, par passage au quotient, elle donne un homéomorphisme de $\mathbf{P}_2$ sur un sous-espace de $\mathbf{R}^4$.

Montrer de même que l'application g de $\mathbf{S}_3$ dans $\mathbf{R}^6$ qui, à (x_1, x_2, x_3, x_4) fait correspondre le point $(y_j)_{1 \leqslant j \leqslant 6}$ tel que

$$y_1 = x_1^2 - x_2^2, \quad y_2 = x_1x_2, \quad y_3 = x_1x_3 + x_2x_4$$
$$y_4 = x_3^2 - x_4^2, \quad y_5 = x_3x_4, \quad y_6 = x_1x_4 - x_2x_3$$

définit, par passage au quotient, un homéomorphisme de $\mathbf{P}_3$ sur un sous-espace de $\mathbf{R}^6$.

2) Identifiant l'espace projectif $\mathbf{P}_n$ et l'espace quotient de $\mathbf{B}_n$ défini dans la prop. 3 de VI, p. 14, on désigne par φ l'application canonique de $\mathbf{B}_n$ sur $\mathbf{P}_n$. On dit qu'une application continue f d'un espace topologique E dans $\mathbf{P}_n$ est *inessentielle* s'il existe une application continue g de E dans $\mathbf{B}_n$ telle que $f = \varphi \circ g$, *essentielle* dans le cas contraire (cf. VI, p. 24, exerc. 6). Montrer qu'il existe un entourage U de la structure uniforme de $\mathbf{P}_n$ tel que, si f est une application inessentielle d'un espace topologique E dans $\mathbf{P}_n$, toute application continue f' de E dans $\mathbf{P}_n$ telle que $(f(x), f'(x)) \in \mathrm{U}$ pour tout $x \in \mathrm{E}$, soit aussi inessentielle.

3) Si une application continue de $\mathbf{S}_1$ dans $\mathbf{P}_n$ est essentielle (exerc. 2), il n'est pas possible de la prolonger en une application continue de $\mathbf{B}_2$ dans $\mathbf{P}_n$ (cf. VI, p. 24, exerc. 8).

4) Si $n > 1$, il existe une application essentielle f de $\mathbf{S}_1$ dans $\mathbf{P}_n$ telle que $f(\mathbf{S}_1) \neq \mathbf{P}_n$ (prendre pour $f(\mathbf{S}_1)$ l'image par φ d'un diamètre de $\mathbf{B}_n$; cette image est une droite projective). En déduire que, pour $n > 1$, $\mathbf{P}_n$ n'est pas homéomorphe à $\mathbf{S}_n$ ni à $\mathbf{B}_n$ (utiliser l'exerc. 3 de VI, p. 23 et l'exerc. 3 ci-dessus).

5) Lorsqu'on considère $\mathbf{R}^2$ comme plongé dans $\tilde{\mathbf{R}} \times \tilde{\mathbf{R}}$, et $\mathbf{R}$ comme plongé dans $\tilde{\mathbf{R}}$, montrer que l'application $(x, y) \mapsto x + y$ de $\mathbf{R}^2$ dans $\mathbf{R}$ peut être prolongée par continuité aux points (∞, a) et (a, ∞) de $\tilde{\mathbf{R}} \times \tilde{\mathbf{R}}$, pour toutes les valeurs finies de a; elle ne peut être prolongée par continuité au point (∞, ∞). Si on considère $\mathbf{R}^2$ comme plongé dans $\mathbf{P}_2$ ($\mathbf{R}$ étant toujours plongé dans $\tilde{\mathbf{R}}$), $x + y$ peut être prolongée par continuité en tous les points de la droite à l'infini distincts du point de coordonnées homogènes $(1, -1, 0)$.

Énoncer et démontrer les propriétés analogues relatives au produit xy.

6) Pour $n \geqslant 0$, soit $\mathfrak{F}$ l'ensemble des ensembles fermés de $\mathbf{P}_n$, muni de la structure uniforme déduite de celle de $\mathbf{P}_n$ par le procédé de II, p. 35, exerc. 6 *b*). Montrer que, dans $\mathfrak{F}$, l'ensemble $\mathbf{P}_{n,p}$ des variétés linéaires projectives à $p \geqslant 0$ dimensions de $\mathbf{P}_n$ est fermé, et que la topologie induite sur $\mathbf{P}_{n,p}$ par celle de $\mathfrak{F}$ est identique à celle définie dans VI. (Pour définir les entourages de la structure uniforme de $\mathbf{P}_n$, on pourra considérer $\mathbf{P}_n$ comme espace quotient de $\mathbf{S}_n$ (VI, p. 13, prop. 2), et prendre des recouvrements finis de $\mathbf{S}_n$ par des boules de rayon tendant vers 0.)

7) Montrer que, avec les notations de VI, p. 17, l'espace $\mathrm{L}_{n,p}$ est homéomorphe au produit de $\mathrm{V}_{n,p}$ et de l'espace $\mathbf{R}^{p(p+1)/2}$. On notera (A, IX, § 6, n° 1, prop. 1) que toute matrice $X \in \mathrm{L}_{n,p}$ peut se mettre d'une seule façon sous la forme $U.Y$, où $Y \in \mathrm{V}_{n,p}$ et où $U = (u_{ij})$ est telle que $u_{ij} = 0$ pour $i < j$ et $u_{ii} > 0$ pour $1 \leqslant i \leqslant p$. On pose $Y = f(X)$.

8) Soit g l'application qui, à toute matrice X de $\mathrm{L}_{n,p}$, fait correspondre la matrice X' formée des q premières lignes de X $(q < p)$. Montrer que la restriction de g à $\mathrm{V}_{n,p}$ est une application continue et ouverte de $\mathrm{V}_{n,p}$ sur $\mathrm{V}_{n,q}$ (utiliser l'exerc. 7, en remarquant que si $X = U.Y$, on a $g(X) = U'.g(Y)$, où U' est la matrice obtenue en supprimant dans U les lignes et les colonnes d'indice $> q$; d'autre part, observer que f est ouverte). En déduire que, si Ω est la relation d'équivalence $g(X) = g(Y)$ entre matrices de $\mathrm{V}_{n,p}$, l'espace quotient $\mathrm{V}_{n,p}/\Omega$ est homéomorphe à $\mathrm{V}_{n,q}$.

9) Montrer que pour $p < n$, $\mathrm{V}_{n,p}$ est connexe, en utilisant l'exerc. 8 et I, p. 82, prop. 7.

10) Dans l'espace projectif $\mathbf{P}_n$, soit $\mathrm{H}_{n,p}$ la « quadrique » définie par l'équation

$$x_0^2 + x_1^2 + \cdots + x_{p-1}^2 - x_p^2 - \cdots - x_n^2 = 0 \quad (1 \leqslant p \leqslant n).$$

Montrer que $H_{n,1}$ et $H_{1,n}$ sont homéomorphes à $\mathbf{S}_{n-1}$; pour $2 \leqslant p \leqslant n-1$, $H_{n,p}$ est homéomorphe à l'espace obtenu en identifiant tout point du produit $\mathbf{S}_{p-1} \times \mathbf{S}_{n-p}$ (considéré comme sous-espace de $\mathbf{R}^n \times \mathbf{R}^{n-p+1}$) à son opposé. Tout point de $H_{n,p}$ a un voisinage ouvert homéomorphe à $\mathbf{R}^{n-1}$.

Montrer que $H_{3,2}$ est homéomorphe à $\mathbf{S}_1 \times \mathbf{S}_1$ (identifier $\mathbf{S}_1 \times \mathbf{S}_1$ à $\mathbf{T} \times \mathbf{T}$, un couple de points opposés de $\mathbf{S}_1 \times \mathbf{S}_1$ étant identifié au couple des points (u, v) et $(\frac{1}{2} + u, \frac{1}{2} + v)$ de $\mathbf{T} \times \mathbf{T}$; puis considérer l'application $(u, v) \mapsto (u + v, u - v)$ de $\mathbf{T} \times \mathbf{T}$ dans lui-même).

11) Dans l'espace projectif $\mathbf{P}_n$ soit $C_{n,p}$ le « cône du second degré » défini par l'équation

$$x_1^2 + x_2^2 + \cdots + x_p^2 - x_{p+1}^2 - \cdots - x_n^2 = 0 \quad (1 \leqslant p \leqslant n-1).$$

Montrer que le complémentaire de $\{0\}$ dans $C_{n,p}$ est homéomorphe à $\mathbf{R} \times H_{n-1,p}$ (avec la notation de l'exerc. 10).

(N.-B. — Les chiffres romains entre parenthèses renvoient à la bibliographie placée à la fin de cette note.)

Nous avons eu déjà l'occasion de dire comment le développement de la Géométrie analytique du plan et de l'espace conduisit les mathématiciens à introduire la notion d'espace à n dimensions, qui leur fournissait un langage géométrique extrêmement commode pour exprimer de façon concise et simple les théorèmes d'algèbre concernant des équations à un nombre quelconque de variables, et notamment tous les résultats généraux de l'Algèbre linéaire (voir Notes historiques des chap. II-III et IX d'*Algèbre*). Mais si, vers le milieu du XIXe siècle, ce langage était devenu courant chez de nombreux géomètres, il restait purement conventionnel, et l'absence d'une représentation « intuitive » des espaces à plus de trois dimensions semblait interdire dans ces derniers les raisonnements « par continuité » qu'on se permettait dans le plan ou dans l'espace en se fondant exclusivement sur l' « intuition ». C'est Riemann qui, le premier, dans ses recherches sur l'*Analysis situs* et sur les fondements de la Géométrie, s'enhardit à raisonner de la sorte par analogie avec le cas de l'espace à trois dimensions (voir Note historique du chap. I)[1]; à sa suite, de nombreux mathématiciens se mirent à utiliser, avec un grand succès, des raisonnements de cette nature, notamment dans la théorie des fonctions algébriques de plusieurs variables complexes. Mais le contrôle de l'intuition spatiale étant alors très limité, on pouvait à bon droit rester sceptique quant à la valeur démonstrative de pareilles considérations, et ne les admettre qu'à titre purement heuristique, en tant qu'elles rendaient très plausible l'exactitude de certains théorèmes. C'est ainsi que H. Poincaré, dans son mémoire de 1887 sur les résidus des intégrales doubles de fonctions de deux variables complexes, évite autant qu'il le peut tout recours à l'intuition dans l'espace à quatre dimensions: « *Comme cette langue hypergéométrique répugne encore à beaucoup de bons esprits* », dit-il, « *je n'en ferai qu'un usage peu fréquent* »; les « artifices » qu'il emploie à cette fin lui permettent de se ramener à des raisonnements topologiques dans l'espace à trois dimensions, où il n'hésite plus alors à faire appel à l'intuition ((I), t. III, p. 443 et suiv.).

Par ailleurs, les découvertes de Cantor, et notamment le célèbre théorème établissant que $\mathbf{R}$ et $\mathbf{R}^n$ sont équipotents (qui semblait mettre en cause la notion même de dimension[2]), montraient qu'il était indispensable, pour asseoir sur une

---

[1] Voir aussi les travaux de L. Schläfli, datant de la même époque, mais qui ne furent publiés qu'au XXe siècle (*Gesammelte mathematische Abhandlungen*, t. I, Basel (Birkhäuser), 1950, p. 169–387).

[2] Il est intéressant de noter que, dès qu'il avait eu connaissance de ce résultat, Dedekind avait compris la raison de son apparence si paradoxale, et signalé à Cantor que l'on devait pouvoir démontrer l'impossibilité d'une correspondance *biunivoque et bicontinue* entre $\mathbf{R}^n$ et $\mathbf{R}^m$ pour $m \neq n$ (II).

base solide les raisonnements de Géométrie et de Topologie, de les libérer entièrement de tout recours à l'intuition. Nous avons déjà dit (cf. Note historique du chap. I) que ce besoin est à l'origine de la conception moderne de la Topologie générale; mais avant même la création de cette dernière, on avait commencé à étudier de façon rigoureuse la topologie des espaces numériques et de leurs généralisations les plus immédiates (les « variétés à *n* dimensions ») par des méthodes relevant surtout de la branche de la Topologie dite « Topologie combinatoire » ou mieux « Topologie algébrique ». Un Livre spécial sera consacré dans ce Traité à cette théorie, et c'est là que le lecteur trouvera des indications sur les étapes historiques de son développement; dans ce chapitre, nous nous sommes bornés à établir les propriétés topologiques les plus élémentaires des espaces numériques et projectifs, qui ont, historiquement, servi de point de départ aux méthodes de la Topologie algébrique.

BIBLIOGRAPHIE

(I) H. Poincaré, *Œuvres*, t. III, Paris (Gauthier-Villars), 1934 (= *Acta Mathematica*, t. IX (1887), p. 321).

(II) G. Cantor, R. Dedekind, Briefwechsel, *Actual. Scient. et Ind.*, n° 518, Paris (Hermann), 1937.

CHAPITRE VII

Les groupes additifs $\mathbf{R}^n$

§ 1. SOUS-GROUPES ET GROUPES QUOTIENTS DE $\mathbf{R}^n$

Sur l'ensemble $\mathbf{R}^n$, nous aurons à considérer, dans ce paragraphe, d'une part sa structure de *groupe topologique* (additif), d'autre part sa structure d'*espace vectoriel* par rapport au corps $\mathbf{R}$ (VI, p. 2). Étant donnée une partie A de $\mathbf{R}^n$, nous envisagerons, tantôt le *sous-groupe* de $\mathbf{R}^n$ engendré par A (ensemble des combinaisons linéaires de points de A, à coefficients *entiers*), tantôt le *sous-espace vectoriel* engendré par A (ensemble des combinaisons linéaires de points de A, à coefficients *réels*); on aura soin de ne pas confondre ces deux notions. Conformément aux définitions données en Algèbre (A, II, p. 97), nous appellerons *rang* de A la *dimension* du sous-espace vectoriel V engendré par A; dire que A est de rang p équivaut donc à dire qu'il existe p points $\mathbf{x}_i \in \mathrm{A}$, formant un *système libre* par rapport au corps $\mathbf{R}$ (autrement dit, la relation $\sum_i t_i \mathbf{x}_i = 0$, où les t_i sont *réels*, entraîne $t_i = 0$ pour tout i), et engendrant le $\mathbf{R}$-espace vectoriel V (ce qui veut dire que tout point de V est combinaison linéaire à coefficients réels des $\mathbf{x}_i$).

Dans ce qui suit interviendra aussi la notion de système de points de $\mathbf{R}^n$ *libre par rapport au corps* $\mathbf{Q}$ *des nombres rationnels*; un tel système est une partie finie $(\mathbf{x}_i)$ de $\mathbf{R}^n$ telle que la relation $\sum_i r_i \mathbf{x}_i = 0$, où les r_i sont *rationnels* (ou *entiers*, ce qui revient au même), entraîne $r_i = 0$ pour tout i. On aura soin de ne pas confondre cette notion et celle de système libre par rapport à $\mathbf{R}$; tout système libre par rapport à $\mathbf{R}$ est libre par rapport à $\mathbf{Q}$, mais la réciproque est inexacte; par exemple, les nombres 1 et $\sqrt{2}$ forment dans $\mathbf{R}$ un système libre par rapport à $\mathbf{Q}$, mais non un système libre par rapport à $\mathbf{R}$; lorsque nous parlerons de *système libre* sans préciser, il s'agira toujours de système libre *par rapport à* $\mathbf{R}$. Il faut donc bien distinguer, sur $\mathbf{R}^n$, la structure d'espace vectoriel *par rapport à* $\mathbf{R}$ de la structure d'espace vectoriel *par rapport à* $\mathbf{Q}$; en particulier, le sous-espace vectoriel *par rapport à* $\mathbf{Q}$ engendré par une partie A de $\mathbf{R}^n$, est l'ensemble U des combinaisons linéaires de points de A, à coefficients *rationnels*; il est contenu dans le sous-espace vectoriel V (par rapport à $\mathbf{R}$) engendré par A, mais en est en général distinct. La dimension de U (*par rapport à* $\mathbf{Q}$) est appelé le *rang rationnel* de A; il est *au moins égal* au *rang* de A défini ci-dessus (dimension de V par rapport à $\mathbf{R}$); il peut être *infini* si A est un ensemble infini, alors que le rang d'une partie non vide de $\mathbf{R}^n$ est toujours $\leqslant n$; en particulier, le rang rationnel d'une partie *non dénombrable* de $\mathbf{R}^n$ est toujours infini, puisqu'un espace vectoriel de dimension finie sur le corps $\mathbf{Q}$ est dénombrable.

Nous allons, dans ce paragraphe, déterminer tout d'abord la structure des *sous-groupes fermés* du groupe additif $\mathbf{R}^n$.

1. Sous-groupes discrets de $\mathbf{R}^n$

On a vu (V, p. 1, prop. 1) que les seuls sous-groupes fermés de $\mathbf{R}$, distincts de $\mathbf{R}$, sont les sous-groupes *discrets* de $\mathbf{R}$, engendrés par *un seul* élément. Nous allons commencer par étudier les sous-groupes *discrets* de $\mathbf{R}^n$.

Tout d'abord, le sous-groupe de $\mathbf{R}^n$ engendré par p vecteurs ($p \leqslant n$) de la base canonique (VI, p. 3) de $\mathbf{R}^n$, est un groupe discret isomorphe au groupe produit $\mathbf{Z}^p$ de p groupes identiques à $\mathbf{Z}$. Plus généralement, considérons le sous-groupe G engendré par p points $\mathbf{a}_i$ ($1 \leqslant i \leqslant p$) formant un système *libre*; il existe une application linéaire bijective de $\mathbf{R}^n$ sur lui-même transformant $\mathbf{a}_i$ en $\mathbf{e}_i$ ($1 \leqslant i \leqslant p$); une telle application étant un automorphisme du groupe topologique $\mathbf{R}^n$, G est un groupe topologique isomorphe au sous-groupe engendré par les $\mathbf{e}_i$ ($1 \leqslant i \leqslant p$), et c'est par suite un sous-groupe *discret* de rang p isomorphe à $\mathbf{Z}^p$.

La structure du groupe $\mathbf{Z}^p$, et par suite du groupe G, a été étudiée en Algèbre (A, VII, §§ 3 et 4); rappelons les principaux résultats de cette étude. Les *bases* de G par rapport à l'anneau $\mathbf{Z}$ sont les systèmes de p points $\mathbf{b}_i = \sum_{i=1}^{p} r_{ij}\mathbf{a}_j$, où les r_{ij} sont des entiers tels que le déterminant $\det(r_{ij})$ soit égal à $+1$ ou à -1. Tout *sous-groupe* H de G est discret et de rang $q \leqslant p$; en outre, pour un sous-groupe donné H de rang q, il existe un système libre de p points $\mathbf{b}_i$ ($1 \leqslant i \leqslant p$) engendrant G, et un système de q points $\mathbf{c}_i$ ($1 \leqslant i \leqslant q$) engendrant H, tels que, pour $1 \leqslant i \leqslant q$, on ait $\mathbf{c}_i = e_i\mathbf{b}_i$, où les e_i sont des entiers (les *facteurs invariants* de H par rapport à G) tels que $e_{i+1} \equiv 0 \pmod{e_i}$ pour $1 \leqslant i \leqslant q-1$. Le groupe quotient G/H est un groupe discret, isomorphe au produit $\mathbf{Z}^{p-q} \times \mathrm{F}$, où F est un groupe abélien *fini*, produit direct de q groupes cycliques d'ordres respectifs $e_1, e_2, \ldots, e_q$.

Nous allons maintenant montrer que les sous-groupes discrets de $\mathbf{R}^n$ que nous venons de considérer sont les *seuls*.

PROPOSITION 1. — *Soient* G *un sous-groupe discret de* $\mathbf{R}^n$, *de rang* p, $(\mathbf{a}_i)_{1 \leqslant i \leqslant p}$ *un système libre de* p *points de* G, P *le parallélotope fermé de centre* 0, *construit sur les vecteurs* $\mathbf{a}_i$ (VI,

p. 3); *alors l'ensemble* G $\cap$ P *est fini et engendre* G, *et tout point de* G *est une combinaison linéaire des* $\mathbf{a}_i$ *à coefficients rationnels.*

En effet, G $\cap$ P est compact et discret, donc *fini*. Soit $\mathbf{x}$ un point quelconque de G; il est égal à une combinaison linéaire $\sum_{i=1}^{p} t_i\mathbf{a}_i$ à coefficients réels des $\mathbf{a}_i$. Pour tout entier $m > 0$, considérons le point

$$\mathbf{z}_m = m\mathbf{x} - \sum_{i=1}^{p} [mt_i]\mathbf{a}_i = \sum_{i=1}^{p} (mt_i - [mt_i])\mathbf{a}_i\,[1];$$

il appartient à G, et comme $0 \leqslant mt_i - [mt_i] < 1$, il est contenu dans P. On en déduit tout d'abord que $\mathbf{x} = \mathbf{z}_1 + \sum_{i=1}^{p} [t_i]\mathbf{a}_i$, donc G est engendré par G $\cap$ P. D'autre part, comme G $\cap$ P est fini, il existe deux entiers distincts h, k tels que $\mathbf{z}_h = \mathbf{z}_k$, ce qui entraîne $(h - k)t_i = [ht_i] - [kt_i]$ pour $1 \leqslant i \leqslant p$; donc les t_i sont rationnels.

Corollaire. — *Soient* $(\mathbf{a}_i)_{1 \leqslant i \leqslant p}$ *un système libre de* p *points de* $\mathbf{R}^n$ *et* $\mathbf{b} = \sum_{i=1}^{p} t_i\mathbf{a}_i$ *une combinaison linéaire à coefficients réels des* $\mathbf{a}_i$. *Pour que le sous-groupe* G *de* $\mathbf{R}^n$ *engendré par les* $p + 1$ *points* $\mathbf{a}_i$ $(1 \leqslant i \leqslant p)$ *et* $\mathbf{b}$ *soit discret, il faut et il suffit que les nombres* t_i *soient rationnels.*

La prop. 1 montre que la condition est nécessaire. Elle est suffisante, car si elle est remplie, on peut écrire $t_i = m_i/d$, où d et les m_i sont entiers $(1 \leqslant i \leqslant p)$; $\mathbf{b}$ est donc combinaison linéaire à coefficients entiers des p points $(1/d)\mathbf{a}_i$, d'où résulte que G est un sous-groupe du groupe discret engendré par ces p points, et par suite est lui-même discret.

On peut encore exprimer le résultat de la prop. 1 de la façon suivante: si q points $\mathbf{x}_i$ $(1 \leqslant i \leqslant q)$ d'un sous-groupe *discret* G de $\mathbf{R}^n$ forment un système *lié par rapport à* $\mathbf{R}$, ils forment aussi un système *lié par rapport à* $\mathbf{Q}$. On en conclut aussitôt que le *rang rationnel* d'un sous-groupe discret de $\mathbf{R}^n$ est égal à son *rang*.

Le corollaire de la prop. 1, appliqué au cas où les $\mathbf{a}_i$ sont les n vecteurs $\mathbf{e}_i$ de la base canonique, donne la proposition suivante:

Proposition 2 (Kronecker). — *Soient* $\theta_1, \theta_2, \ldots, \theta_n$ *des nombres réels. Les conditions suivantes sont équivalentes:*

a) *pour tout* $\varepsilon > 0$, *il existe un entier* q *et* n *entiers* p_i $(1 \leqslant i \leqslant n)$ *tels que*

$$|q\theta_i - p_i| \leqslant \varepsilon \quad \textit{pour } 1 \leqslant i \leqslant n,$$

un au moins des premiers membres de ces inégalités n'étant pas nul;

b) *l'un au moins des* θ_i *est irrationnel.*

---

[1] On rappelle (IV, p. 41) que pour tout nombre réel x, $[x]$ est la *partie entière* de x, c'est-à-dire le plus grand entier rationnel qui soit $\leqslant x$.

THÉORÈME 1. — *Tout sous-groupe discret* G *de* $\mathbf{R}^n$, *de rang égal à* p, *est engendré par un système libre de* p *points.*

D'après les propriétés des groupes isomorphes à $\mathbf{Z}^p$ rappelées plus haut, il suffira de montrer que G est *sous-groupe* d'un groupe discret engendré par un système libre de p points. Or, comme G est de rang p, il existe un système libre de p points $\mathbf{a}_i$ $(1 \leqslant i \leqslant p)$ de G tel que tout $\mathbf{x} \in \mathrm{G}$ soit égal à une combinaison linéaire $\sum_{i=1}^{p} t_i \mathbf{a}_i$ à coefficients réels des $\mathbf{a}_i$; G étant discret, la prop. 1 (VII, p. 2) montre que les t_i sont *rationnels* et que G est engendré par un nombre *fini* de points; ces points étant combinaisons linéaires des $\mathbf{a}_i$ à coefficients rationnels, il existe un entier d tel qu'ils soient combinaisons linéaires à coefficients *entiers* des p points $(1/d)\mathbf{a}_i = \mathbf{a}'_i$; il en résulte que G est un sous-groupe du groupe engendré par les $\mathbf{a}'_i$.

On peut démontrer le th. 1 sans faire appel à la théorie des facteurs invariants (cf. VII, p. 19, exerc. 1).

Les sous-groupes discrets de $\mathbf{R}^n$ qui sont de rang n sont encore appelés des *réseaux* dans $\mathbf{R}^n$.

2. Sous-groupes fermés de $\mathbf{R}^n$

Nous connaissons déjà deux sortes de sous-groupes fermés de $\mathbf{R}^n$; d'une part, les *sous-espaces vectoriels de* $\mathbf{R}^n$, qui sont isomorphes aux groupes $\mathbf{R}^p$ $(p \leqslant n)$; d'autre part, les sous-groupes *discrets* (III, p. 7, prop. 5), qui sont isomorphes aux groupes $\mathbf{Z}^q$ $(q \leqslant n)$ comme nous venons de le voir. Nous allons déterminer la structure d'un sous-groupe fermé *quelconque* de $\mathbf{R}^n$ en montrant qu'un tel sous-groupe est isomorphe à un *produit* de la forme $\mathbf{R}^p \times \mathbf{Z}^q$ $(0 \leqslant p + q \leqslant n)$.

Nous nous appuierons sur la proposition suivante:

PROPOSITION 3. — *Tout sous-groupe fermé non discret de* $\mathbf{R}^n$ *contient une droite passant par* 0.

En effet, soit $(\mathbf{x}_p)_{p \in \mathbf{N}}$ une suite infinie de points de G, tels que $\mathbf{x}_p \neq 0$ et $\lim_{p \to \infty} \mathbf{x}_p = 0$; une telle suite existe d'après l'hypothèse. Soit P un cube ouvert de centre 0 contenant les $\mathbf{x}_p$. Désignons par k_p le plus grand les entiers $h > 0$ tels que $h\mathbf{x}_p \in \mathrm{P}$ (comme P est un pavé borné et $\mathbf{x}_p \neq 0$, l'existence de k_p résulte de l'axiome d'Archimède). Les points $k_p\mathbf{x}_p$ appartiennent à l'ensemble compact $\overline{\mathrm{P}}$; la suite $(k_p\mathbf{x}_p)_{p \in \mathbf{N}}$ a donc une valeur d'adhérence $\mathbf{a} \in \overline{\mathrm{P}}$. D'ailleurs, si $\|k_p\mathbf{x}_p - \mathbf{a}\| \leqslant \varepsilon$, on a $\|(k_p + 1)\mathbf{x}_p - \mathbf{a}\| \leqslant \varepsilon + \|\mathbf{x}_p\|$, et comme $\lim_{p \to \infty} \mathbf{x}_p = 0$, $\mathbf{a}$ est aussi valeur d'adhérence de la suite $((k_p + 1)\mathbf{x}_p)$, dont les points appartiennent à l'ensemble fermé $\complement\, \mathrm{P}$, d'après la définition de k_p; on a donc $\mathbf{a} \in \overline{\mathrm{P}} \cap \complement\, \mathrm{P}$ (frontière de P, fig. 5), ce qui entraîne $\mathbf{a} \neq 0$; en outre, comme G est fermé, $\mathbf{a} \in \mathrm{G}$. Soit alors t un nombre réel quelconque; comme $|tk_p - [tk_p]| < 1$ la relation $\|k_p\mathbf{x}_p - \mathbf{a}\| \leqslant \varepsilon$ entraîne $\|[tk_p]\mathbf{x}_p - t\mathbf{a}\| \leqslant |t|\varepsilon + \|\mathbf{x}_p\|$; comme $\lim_{p\to\infty} \mathbf{x}_p = 0$, $t\mathbf{a}$ est valeur d'adhérence de la suite $([tk_p]\mathbf{x}_p)$; les points de cette suite appartenant à G, on a $t\mathbf{a} \in G$, puisque G est fermé. La proposition est ainsi démontrée.

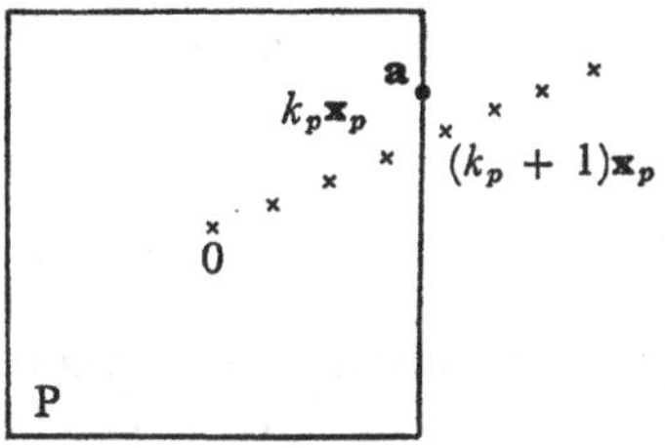

FIGURE 5

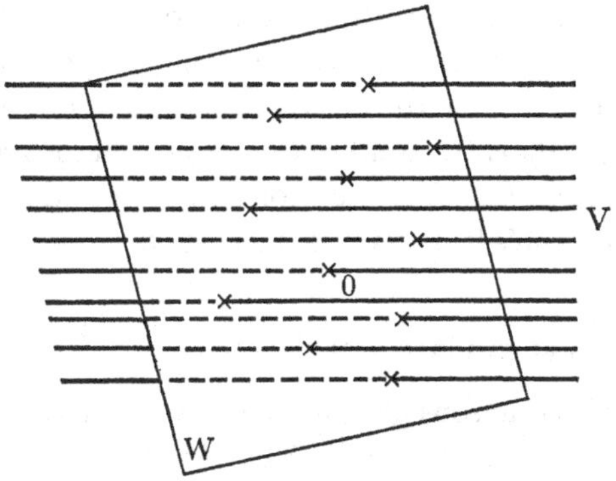

FIGURE 6

THÉORÈME 2. — *Soit* G *un sous-groupe fermé de* $\mathbf{R}^n$, *de rang* r $(0 \leqslant r \leqslant n)$; *il existe un plus grand sous-espace vectoriel* V *contenu dans* G; *pour tout espace vectoriel* W *supplémentaire de* V, $W \cap G$ *est discret, et* G *est somme directe de* V *et de* $W \cap G$.

Démontrons d'abord l'existence de V en prouvant que la réunion des droites contenues dans G et passant par 0 est un sous-espace vectoriel: en effet, le sous-espace vectoriel engendré par la réunion de ces droites est identique au sous-groupe engendré par cette réunion. Le groupe G est *somme directe* de V et de $W \cap G$, car pour tout $\mathbf{x} \in G$, on a $\mathbf{x} = \mathbf{y} + \mathbf{z}$, avec $\mathbf{y} \in V$, $\mathbf{z} \in W$; comme $V \subset G$, on a $\mathbf{z} = \mathbf{x} - \mathbf{y} \in G$, donc $\mathbf{z} \in W \cap G$. Reste à prouver que $W \cap G$ est *discret*; cela résulte de la prop. 3 (VII, p. 4), car $W \cap G$ est un sous-groupe fermé, et ne contient aucune droite, en vertu de la définition de V.

D'une manière imagée, lorsque $G \neq V$, on peut dire que G est la réunion d'une infinité dénombrable de variétés linéaires *parallèles à* V, passant par les points du groupe discret $W \cap G$ (fig. 6).

Si p est la dimension du sous-espace vectoriel V, on a $p \leqslant r$, et $W \cap G$ est un sous-groupe discret de rang $r - p$.

COROLLAIRE 1. — *Il existe une base* $(\mathbf{a}_i)_{1 \leqslant i \leqslant n}$ *de* $\mathbf{R}^n$, *telle que* $\mathbf{a}_i \in G$ *pour* $1 \leqslant i \leqslant r$, $\mathbf{a}_i \in V$ *pour* $1 \leqslant i \leqslant p$, *et que* G *soit identique à l'ensemble des points*

$$\sum_{i=1}^{p} t_i\mathbf{a}_i + \sum_{j=p+1}^{r} n_j\mathbf{a}_j,$$

où les t_i *prennent toutes les valeurs réelles, les* n_j *toutes les valeurs entières.*

Cela résulte du th. 2, et du th. 1 de VII, p. 4 appliqué au groupe discret $W \cap G$.

COROLLAIRE 2. — *Il existe un automorphisme de* $\mathbf{R}^n$ *qui applique* G *sur le groupe* G′, *isomorphe à* $\mathbf{R}^p \times \mathbf{Z}^{r-p}$, *somme directe du sous-espace vectoriel engendré par* $\mathbf{e}_1, \mathbf{e}_2, \ldots, \mathbf{e}_p$ *et du sous-groupe additif (discret) engendré par* $\mathbf{e}_{p+1}, \mathbf{e}_{p+2}, \ldots, \mathbf{e}_r$.

C'est une conséquence immédiate du cor. 1.

Le cor. 2 du th. 2 montre qu'un sous-groupe fermé G de $\mathbf{R}^n$ est entièrement déterminé, à isomorphisme près, par la donnée de deux entiers $\geqslant 0$: son *rang* que nous noterons $r(\mathrm{G})$, et la dimension du plus grand sous-espace vectoriel contenu dans G, nombre que nous noterons $d(\mathrm{G})$ et appellerons *dimension* du sous-groupe G; les seules conditions que doivent remplir ces deux entiers sont les inégalités $0 \leqslant d(\mathrm{G}) \leqslant r(\mathrm{G}) \leqslant n$.

3. Sous-groupes associés

Soit G un sous-groupe quelconque (fermé ou non) de $\mathbf{R}^n$. Considérons l'ensemble G* des points $\mathbf{u} = (u_i)$ de $\mathbf{R}^n$ tels que, pour *tout* point $\mathbf{x} = (x_i) \in \mathrm{G}$, le nombre $(\mathbf{u} \mid \mathbf{x}) = \sum_{i=1}^{n} u_i x_i$ soit un *entier*. Il est immédiat que G* est un *sous-groupe* de $\mathbf{R}^n$; on dit que c'est le sous-groupe *associé* à G. Si G et H sont deux sous-groupes de $\mathbf{R}^n$ tels que $\mathrm{H} \subset \mathrm{G}$, il est clair que $\mathrm{G}^* \subset \mathrm{H}^*$.

PROPOSITION 4. — *Le sous-groupe* G* *associé à un sous-groupe* G *de* $\mathbf{R}^n$ *est fermé, et on a* $(\overline{\mathrm{G}})^* = \mathrm{G}^*$.

En effet, si pour tout $\mathbf{x} \in \mathrm{G}$, on pose $f_{\mathbf{x}}(\mathbf{u}) = (\mathbf{u} \mid \mathbf{x})$, $f_{\mathbf{x}}$ est une forme linéaire, donc continue; comme G* est l'intersection des ensembles $\overset{-1}{f_{\mathbf{x}}}(\mathbf{Z})$ lorsque $\mathbf{x}$ parcourt G, et que chacun de ces ensembles est fermé, G* est fermé. D'autre part, si $\mathbf{u} \in \mathrm{G}^*$, on a $(\mathbf{u} \mid \mathbf{x}) \in \mathbf{Z}$ pour tout $\mathbf{x} \in \mathrm{G}$, donc, puisque $\mathbf{Z}$ est fermé dans $\mathbf{R}$, $(\mathbf{u} \mid \mathbf{y}) \in \mathbf{Z}$ pour tout point $\mathbf{y}$ adhérent à G; autrement dit, $\mathbf{u} \in (\overline{\mathrm{G}})^*$; comme d'autre part $(\overline{\mathrm{G}})^* \subset \mathrm{G}^*$, on a $(\overline{\mathrm{G}})^* = \mathrm{G}^*$.

Étudions la structure de G* lorsque G est *fermé*. D'après VII, p. 5, cor. 1, il existe une base $(\mathbf{a}_i)_{1 \leqslant i \leqslant n}$ de $\mathbf{R}^n$, telle que G soit identique à l'ensemble des points $\mathbf{x} = \sum_{i=1}^{p} t_i \mathbf{a}_i + \sum_{j=p+1}^{p+q} n_j \mathbf{a}_j$, où les t_i prennent toutes les valeurs réelles, les n_j toutes les valeurs entières. Pour que $(\mathbf{u} \mid \mathbf{x})$ soit entier pour *tous* ces points $\mathbf{x}$, il faut et il suffit que $(\mathbf{u} \mid \mathbf{a}_i) = 0$ pour $1 \leqslant i \leqslant p$, et que $(\mathbf{u} \mid \mathbf{a}_i)$ soit entier pour $p + 1 \leqslant i \leqslant p + q$. Désignons par $(\mathbf{a}'_i)_{1 \leqslant i \leqslant n}$ la base de $\mathbf{R}^n$ telle que $(\mathbf{a}'_i \mid \mathbf{a}_j) = 0$ pour $i \neq j$, $(\mathbf{a}'_i \mid \mathbf{a}_i) = 1$ pour tout i (A, IX, §1, n° 6); si l'on pose $\mathbf{u} = \sum_{i=1}^{n} u_i \mathbf{a}_i$, on voit que les points $\mathbf{u} \in \mathrm{G}^*$ sont caractérisés par les conditions: $u_i = 0$ pour $1 \leqslant i \leqslant p$, et u_i entier pour $p + 1 \leqslant i \leqslant p + q$; donc G* est somme directe du sous-espace vectoriel W ayant pour base les $\mathbf{a}'_i$ d'indice tel que $p + q + 1 \leqslant i \leqslant n$, et du sous-groupe discret engendré par les $\mathbf{a}'_i$ d'indice tel que $p + 1 \leqslant i \leqslant p + q$.

Autrement dit:

PROPOSITION 5. — *Pour tout sous-groupe fermé* G *de* $\mathbf{R}^n$, *on a* $r(G^*) = n - d(G)$, *et* $d(G^*) = n - r(G)$.

Appliquons le même raisonnement à G^*; en remarquant que la base duale de $(\mathbf{a}'_i)$ est $(\mathbf{a}_i)$, on voit que:

PROPOSITION 6. — *Pour tout sous-groupe* G *de* $\mathbf{R}^n$, *on a* $(G^*)^* = \overline{G}$.

COROLLAIRE. — *Pour qu'un point* $\mathbf{x}$ *soit adhérent à un sous-groupe* G *de* $\mathbf{R}^n$, *il faut et il suffit que* $(\mathbf{u} \mid \mathbf{x})$ *soit entier pour tout* $\mathbf{u} \in \mathbf{R}^n$ *tel que* $(\mathbf{u} \mid \mathbf{y})$ *soit entier pour tout* $\mathbf{y} \in G$.

Appliquons cette caractérisation des points adhérents à un sous-groupe G, au cas du sous-groupe G engendré par les n vecteurs $\mathbf{e}_j$ de la base canonique $(1 \leqslant j \leqslant n)$, et par un nombre quelconque m de points $\mathbf{a}_i$ $(1 \leqslant i \leqslant m)$ de $\mathbf{R}^n$. Dire que $(\mathbf{u} \mid \mathbf{e}_j)$ est entier pour $1 \leqslant j \leqslant n$ signifie que les n coordonnées de $\mathbf{u}$ sont entières; donc:

PROPOSITION 7 (Kronecker). — *Soient* $\mathbf{a}_i = (a_{ji})$ $(1 \leqslant i \leqslant m,\ 1 \leqslant j \leqslant n)$ m *points de* $\mathbf{R}^n$, $\mathbf{b} = (b_j)$ $(1 \leqslant j \leqslant n)$ *un point de* $\mathbf{R}^n$. *Afin que, pour tout* $\varepsilon > 0$, *il existe* m *entiers* q_i $(1 \leqslant i \leqslant m)$ *et* n *entiers* p_j $(1 \leqslant j \leqslant n)$ *tels que*

$$|q_1 a_{1j} + q_2 a_{2j} + \cdots + q_m a_{mj} - p_j - b_j| \leqslant \varepsilon \quad \textit{pour } 1 \leqslant j \leqslant n,$$

il faut et il suffit que, pour toute suite finie (r_j) $(1 \leqslant j \leqslant n)$ *de* n *entiers telle que les* m *nombres* $\sum_{j=1}^{n} a_{ij} r_j$ $(1 \leqslant i \leqslant m)$ *soient tous entiers, le nombre* $\sum_{j=1}^{n} b_j r_j$ *soit aussi entier.*

COROLLAIRE 1. — *Afin que, pour tout* $\mathbf{x} = (x_j)$ $(1 \leqslant j \leqslant n)$ *et tout* $\varepsilon > 0$, *il existe* m *entiers* q_i $(1 \leqslant i \leqslant m)$ *et* n *entiers* p_j $(1 \leqslant j \leqslant n)$ *tels que*

$$|q_1 a_{1j} + q_2 a_{2j} + \cdots + q_m a_{mj} - p_j - x_j| \leqslant \varepsilon \quad \textit{pour } 1 \leqslant j \leqslant n,$$

il faut et il suffit qu'il n'existe aucune suite finie (r_j) *de* n *entiers non tous nuls, telle que chacun des* m *nombres* $\sum_{j=1}^{n} a_{ij} r_j$ *soit entier.*

En effet, si G est dense dans $\mathbf{R}^n$, c'est-à-dire si $\overline{G} = \mathbf{R}^n$, G^* est réduit à 0, et réciproquement.

En particulier, pour $m = 1$:

COROLLAIRE 2. — *Soient* $\theta_1, \theta_2, \ldots, \theta_n$ n *nombres réels. Afin que, quels que soient les* n *nombres réels* $x_1, x_2, \ldots, x_n$ *et le nombre* $\varepsilon > 0$, *il existe un entier* q *et* n *entiers* p_j *tels que*

$$|q\theta_j - p_j - x_j| \leqslant \varepsilon \quad \textit{pour } 1 \leqslant j \leqslant n,$$

il faut et il suffit qu'il n'existe aucune relation de la forme $\sum_{j=1}^{n} r_j \theta_j = h$, *où les* r_j *sont* n *entiers non tous nuls, et* h *un entier* (condition qui entraîne, en particulier, que les θ_j, ainsi que les rapports θ_j/θ_k pour $j \neq k$, doivent être *irrationnels*).

On peut interpréter ce résultat de la façon suivante: pour tout entier $q \in \mathbf{Z}$, désignons par $\mathbf{x}_q$ le point de coordonnées $q\theta_j - [q\theta_j]$ $(1 \leqslant j \leqslant n)$; alors le cor. 2 donne une condition nécessaire et suffisante pour que l'ensemble des $\mathbf{x}_q$ soit *dense* dans le cube produit des intervalles $(0, 1($ des espaces facteurs de $\mathbf{R}^n$.

PROPOSITION 8. — *Quels que soient les sous-groupes fermés* G_1, G_2 *de* $\mathbf{R}^n$, *on a*

$$(G_1 + G_2)^* = G_1^* \cap G_2^*,$$

et

$$(G_1 \cap G_2)^* = \overline{G_1^* + G_2^*}.$$

En effet, pour que $(\mathbf{u} \mid \mathbf{x} + \mathbf{y})$ soit entier quels que soient $\mathbf{x} \in G_1$ et $\mathbf{y} \in G_2$, il faut et il suffit que $(\mathbf{u} \mid \mathbf{x})$ soit entier pour tout $\mathbf{x} \in G_1$ et que $(\mathbf{u} \mid \mathbf{y})$ soit entier pour tout $\mathbf{y} \in G_2$, en raison de la relation $(\mathbf{u} \mid \mathbf{x} + \mathbf{y}) = (\mathbf{u} \mid \mathbf{x}) + (\mathbf{u} \mid \mathbf{y})$; on a donc $(G_1 + G_2)^* = G_1^* \cap G_2^*$ pour tout couple de sous-groupes G_1, G_2 de $\mathbf{R}^n$. Si maintenant on suppose G_1 et G_2 fermés, on a $(G_1^* + G_2^*)^* = G_1 \cap G_2$ d'après la prop. 6 (VII, p. 7), d'où, en prenant les groupes associés, et appliquant de nouveau la prop. 6, $(G_1 \cap G_2)^* = \overline{G_1^* + G_2^*}$.

Remarque. — Soient G_1, G_2 deux *réseaux* de $\mathbf{R}^n$ (n° 1) tels que $G_2 \subset G_1$; alors (VII, p. 7, prop. 5) G_1^* et G_2^* sont des *réseaux* de $\mathbf{R}^n$ tels que $G_1^* \subset G_2^*$. On a vu (VII, p. 2, prop. 1) qu'il existe un entier $m > 0$ tel que $mG_1 \subset G_2$. Pour $\mathbf{x} \in G_1$ et $\mathbf{u} \in G_2^*$, on a donc $m(\mathbf{u} \mid \mathbf{x}) \in \mathbf{Z}$, donc $(\mathbf{u} \mid \mathbf{x}) \in \mathbf{Q}$. En outre, si $\mathbf{x} \in G_2$ et $\mathbf{u} \in G_2^*$, ou si $\mathbf{x} \in G_1$ et $\mathbf{u} \in G_1^*$, on a par définition $(\mathbf{u} \mid \mathbf{x}) \in \mathbf{Z}$. On en déduit que, par passage aux quotients, l'application $\mathbf{Z}$-bilinéaire $(\mathbf{x}, \mathbf{u}) \to (\mathbf{u} \mid \mathbf{x})$ de $G_1 \times G_2^*$ dans $\mathbf{Q}$ définit une application $\mathbf{Z}$-bilinéaire B de $(G_1/G_2) \times (G_2^*/G_1^*)$ dans $\mathbf{Q}/\mathbf{Z}$. En outre, il est clair que si $\bar{\mathbf{x}}_0 \in G_1/G_2$ (resp. $\bar{\mathbf{u}}_0 \in G_2^*/G_1^*$) est tel que, pour *tout* $\bar{\mathbf{u}} \in G_2^*/G_1^*$ (resp. pour *tout* $\bar{\mathbf{x}} \in G_1/G_2$), on ait $B(\bar{\mathbf{x}}_0, \bar{\mathbf{u}}) = 0$ (resp. $B(\bar{\mathbf{x}}, \bar{\mathbf{u}}_0) = 0$ on a nécessairement $\bar{\mathbf{x}}_0 = 0$ (resp. $\bar{\mathbf{u}}_0 = 0$). On en conclut qu'il existe une *bijection* $\mathbf{Z}$-linéaire h de G_2^*/G_1^* sur $D(G_1/G_2)$ (avec les notations de A, VII, § 4, n° 8) telle que $\langle \bar{\mathbf{x}}, h(\bar{\mathbf{u}}) \rangle = B(\bar{\mathbf{x}}, \bar{\mathbf{u}})$ pour $\bar{\mathbf{x}} \in G_1/G_2$ et $\bar{\mathbf{u}} \in G_2^*/G_1^*$ (*loc. cit.*); en particulier, les groupes finis G_1/G_2 et G_2^*/G_1^* sont *isomorphes*.

4. Groupes quotients séparés de $\mathbf{R}^n$

Tout groupe quotient séparé de $\mathbf{R}^n$ est de la forme $\mathbf{R}^n/H$, où H est un sous-groupe *fermé* de $\mathbf{R}^n$ (III, p. 13, prop. 18). D'après le cor. 2 de VII, p. 6, il existe un automorphisme f de $\mathbf{R}^n$ transformant H en un sous-groupe H', somme directe d'un sous-espace vectoriel engendré par p des vecteurs $\mathbf{e}_i$ de la base canonique, et du groupe discret engendré par q des $n - p$ vecteurs $\mathbf{e}_i$ restants $(0 \leqslant p + q \leqslant n)$. Par passage aux quotients, f donne un isomorphisme de $\mathbf{R}^n/H$ sur $\mathbf{R}^n/H'$ (III, p. 17, *Remarque* 3); or, $\mathbf{R}^n/H'$ est isomorphe à $\mathbf{R}^{n-p-q} \times \mathbf{T}^q$ (III, p. 18, corollaire). Donc:

PROPOSITION 9. — *Tout groupe quotient séparé de* $\mathbf{R}^n$ *est isomorphe à un groupe produit* $\mathbf{R}^h \times \mathbf{T}^k$ $(0 \leqslant h + k \leqslant n)$.

L'espace produit $\mathbf{T}^n$ (et, par abus de langage, le *groupe topologique* $\mathbf{T}^n$) est appelé *tore à n dimensions*; d'après la prop. 4 de V, p. 2, c'est un espace compact, connexe et localement connexe.

En outre, si on désigne par C un cube fermé de côté 1 dans $\mathbf{R}^n$, $\mathbf{T}^n$ est homéomorphe à l'espace quotient de C par la relation d'équivalence: « quel que soit i, $x_i \equiv y_i$ (mod. 1) » entre les points $\mathbf{x} = (x_i)$ et $\mathbf{y} = (y_i)$ de C. De façon plus imagée on dit que $\mathbf{T}^n$ provient du cube C par « identification des faces opposées ».

Proposition 10. — *Le groupe topologique* $\mathbf{T}^n$ *est localement isomorphe à* $\mathbf{R}^n$.

En effet, $\mathbf{T}^n = (\mathbf{R}/\mathbf{Z})^n$ est isomorphe à $\mathbf{R}^n/\mathbf{Z}^n$ (III, p. 18, corollaire) et $\mathbf{Z}^n$ est un sous-groupe discret de $\mathbf{R}^n$ d'où la conclusion (III, p. 13, prop. 19).

Il en résulte que les groupes $\mathbf{R}^p \times \mathbf{T}^{n-p}$ sont localement isomorphes à $\mathbf{R}^n$ pour $0 \leqslant p \leqslant n$; nous verrons dans VII, p. 13, que ce sont les seuls groupes *connexes* ayant cette propriété.

Proposition 11. — *Tout sous-groupe fermé de* $\mathbf{T}$, *distinct de* $\mathbf{T}$, *est un groupe cyclique fini. Pour tout entier* $n > 0$, $\mathbf{T}$ *contient un sous-groupe d'ordre n et un seul, qui est l'ensemble des éléments de* $\mathbf{T}$ *dont l'ordre divise n. Tout groupe quotient séparé de* $\mathbf{T}$, *non réduit à l'élément neutre, est isomorphe à* $\mathbf{T}$.

Soit $f: \mathbf{R} \to \mathbf{T}$ l'homomorphisme canonique. Les sous-groupes fermés de $\mathbf{T}$ sont les $f(\mathrm{H})$, où H est un sous-groupe fermé de $\mathbf{R}$ contenant $\mathbf{Z}$. D'après VII, p. 5, cor. 1 du th. 2, on a soit $\mathrm{H} = \mathbf{R}$, c'est-à-dire $f(\mathrm{H}) = \mathbf{T}$, soit $\mathrm{H} = (1/n)\mathbf{Z}$, où n est un entier >0, auquel cas $f(\mathrm{H})$ est cyclique d'ordre n et est l'ensemble des éléments de $\mathbf{T}$ dont l'ordre divise n. La dernière assertion résulte de l'existence d'un isomorphisme de $\mathbf{R}/\mathrm{H}$ sur $\mathbf{T}/f(\mathrm{H})$.

Il résulte notamment de ce qui précède que $\mathbf{T}^n$ et $\mathbf{T}^m$ ne peuvent être algébriquement isomorphes que si $n = m$. En effet, $\mathbf{T}^n$ possède $2^n - 1$ points d'ordre 2 et $2^n - 1 \neq 2^m - 1$ si $n \neq m$.

Tout groupe quotient séparé de $\mathbf{T}^n$ est compact; il est donc isomorphe à un groupe quotient compact de $\mathbf{R}^n$, donc à un groupe $\mathbf{T}^k$, $0 \leqslant k \leqslant n$ (VII, p. 8, prop. 9).

5. Sous-groupes et groupes quotients de $\mathbf{T}^n$

Identifions $\mathbf{T}^n$ et $\mathbf{R}^n/\mathbf{Z}^n$, et soit φ l'homomorphisme canonique de $\mathbf{R}^n$ sur $\mathbf{R}^n/\mathbf{Z}^n$; tout sous-groupe de $\mathbf{T}^n$ est de la forme $\mathrm{G} = \varphi(\mathrm{H})$, H étant un sous-groupe de $\mathbf{R}^n$ contenant $\mathbf{Z}^n$ (A, I, p. 37), et est isomorphe à $\mathrm{H}/\mathbf{Z}^n$ (III, p. 14, prop. 20); pour que G soit *fermé* dans $\mathbf{T}^n$, il faut et il suffit que H soit fermé dans $\mathbf{R}^n$ (I, p. 21). Pour chercher les sous-groupes fermés de $\mathbf{T}^n$, nous sommes donc ramenés à déterminer les sous-groupes fermés H de $\mathbf{R}^n$ tels que $\mathrm{H} \supset \mathbf{Z}^n$; nous allons utiliser la prop. 6 de VII, p. 7, et déterminer d'abord le sous-groupe H^* associé à un tel sous-groupe. Comme $\mathbf{Z}^n$ est son propre associé, on a $H^* \subset \mathbf{Z}^n$; par suite (VII, p. 2), il existe une base $(\mathbf{a}_i)$ $(1 \leqslant i \leqslant n)$ de $\mathbf{R}^n$ engendrant $\mathbf{Z}^n$, et une base de H^* (par rapport à l'anneau $\mathbf{Z}$) formée de p points $\mathbf{b}_i$ $(1 \leqslant i \leqslant p)$ tels que $\mathbf{b}_i = e_i\mathbf{a}_i$ pour $1 \leqslant i \leqslant p$, les e_i étant des entiers qui satisfont à $e_{i+1} \equiv 0 \pmod{e_i}$ pour $1 \leqslant i \leqslant p - 1$. Soit $(\mathbf{a}'_i)$ la base duale de $(\mathbf{a}_i)$; pour que $\mathbf{u} = \sum_{i=1}^{n} u_i\mathbf{a}'_i$ appartienne à $(H^*)^* = H$, il faut et il suffit que u_ie_i soit entier pour $1 \leqslant i \leqslant p$; autrement dit, H est somme directe du sous-espace vectoriel V engendré par $\mathbf{a}'_{p+1}, \ldots, \mathbf{a}'_n$, et du sous-groupe discret K engendré par les p points $(1/e_i)\mathbf{a}'_i$ $(1 \leqslant i \leqslant p)$; d'autre part, $\mathbf{Z}^n$ est somme directe de $V \cap \mathbf{Z}^n$ et de $K \cap \mathbf{Z}^n$, puisque les $\mathbf{a}'_i$ $(1 \leqslant i \leqslant n)$ engendrent $\mathbf{Z}^n$. Le groupe quotient $H/\mathbf{Z}^n$ est donc isomorphe à $(V/(V \cap \mathbf{Z}^n)) \times (K/(K \cap \mathbf{Z}^n))$ (III, p. 18, corollaire); $V/(V \cap \mathbf{Z}^n)$ est isomorphe à $\mathbf{T}^{n-p}$, et $K/(K \cap \mathbf{Z}^n)$ est un groupe *fini*, somme directe de p groupes cycliques d'ordres respectifs e_i $(1 \leqslant i \leqslant p)$ (VII, p. 2).

En résumé:

PROPOSITION 12. — *Soient* T *un groupe topologique isomorphe à* $\mathbf{T}^n$ *et* G *un sous-groupe fermé de* T. *Il existe un isomorphisme de groupes topologiques* f *de* T *sur* $\mathbf{T}^n$ *et des sous-groupes fermés* $G_1, \ldots, G_n$ *de* $\mathbf{T}$ *tels que* $f(G) = G_1 \times \cdots \times G_n$.

Remarque. — Il résulte notamment des prop. 11 et 12 qu'un sous-groupe fermé G de $\mathbf{T}^n$ est le produit direct de sa composante neutre G^0, qui est isomorphe à un groupe $\mathbf{T}^h$ $(0 \leqslant h \leqslant n)$, et d'un sous-groupe fini (qui est produit de $n - h$ sous-groupes cycliques, éventuellement réduits à l'élément neutre).

6. Fonctions périodiques

DÉFINITION 1. — *On dit qu'une fonction* f, *définie dans* $\mathbf{R}^n$, *et prenant ses valeurs dans un ensemble quelconque* E, *est périodique s'il existe un point* $\mathbf{a} \neq 0$ *de* $\mathbf{R}^n$ *tel que*

$$f(\mathbf{x} + \mathbf{a}) = f(\mathbf{x}) \tag{1}$$

quel que soit $\mathbf{x} \in \mathbf{R}^n$. *Si* f *est périodique, tout point* $\mathbf{a} \in \mathbf{R}^n$ *pour lequel la relation* (1) *est une identité en* $\mathbf{x}$, *est appelé une période de* f.

L'ensemble G des périodes d'une fonction périodique f est évidemment un *sous-groupe* (non réduit à 0 par hypothèse) du groupe additif $\mathbf{R}^n$. Lorsque f est une application périodique *continue* de $\mathbf{R}^n$ dans un espace topologique *séparé* E, son groupe des périodes G est *fermé*. En effet, si $G_{\mathbf{x}}$ désigne l'ensemble des $\mathbf{a} \in \mathbf{R}^n$ tels que $f(\mathbf{x} + \mathbf{a}) = f(\mathbf{x})$ pour *un point donné* $\mathbf{x} \in \mathbf{R}^n$, G est l'intersection des $G_{\mathbf{x}}$ lorsque $\mathbf{x}$ parcourt $\mathbf{R}^n$, et chacun des $G_{\mathbf{x}}$ est *fermé* (I, p. 53, prop. 2). Soit alors V le plus grand sous-espace vectoriel contenu dans G (VII, p. 5, th. 2); la fonction f est *constante* dans toute classe mod. V; si W désigne un sous-espace vectoriel supplémentaire de V, f est déterminée par sa restriction à W. Autrement dit (W étant un groupe topologique isomorphe à un $\mathbf{R}^p$), l'étude des fonctions périodiques continues dans $\mathbf{R}^n$ se ramène à l'étude de celles de ces fonctions f dont le groupe des périodes G est *discret*; si ce groupe est de rang q, on dit que f est une fonction *q fois périodique*, et tout système libre de q points engendrant G est appelé un *système principal de périodes* de f.

Si $(\mathbf{a}_i)$ et $(\mathbf{b}_i)$ sont deux systèmes principaux de périodes de f, on a vu (VII, p. 2) que chacun d'eux se déduit de l'autre par une transformation linéaire à coefficients entiers, de déterminant $+1$ ou -1.

Soit φ l'application canonique de $\mathbf{R}^n$ sur $\mathbf{R}^n/G$; à toute application g de $\mathbf{R}^n/G$ dans un ensemble E correspond la fonction $\dot{g} = g \circ \varphi$, qui est une application périodique de $\mathbf{R}^n$ dans E, ayant un groupe de périodes qui contient G; et réciproquement, toute application de $\mathbf{R}^n$ dans E, admettant un groupe de périodes qui contient G, est de cette forme, puisqu'elle est *compatible* avec la relation $\mathbf{x} \equiv \mathbf{y}$ (mod. G) (E, II, p. 44). On définit ainsi une application *bijective* $g \mapsto \dot{g}$ de l'ensemble des applications de $\mathbf{R}^n/G$ dans E, sur l'ensemble des applications de $\mathbf{R}^n$ dans E dont le groupe de périodes contient G. Pour que $\dot{g}$ soit continue (lorsque E est un espace topologique) il faut et il suffit que g le soit (I, p. 21, prop. 6).

§ 2. HOMOMORPHISMES CONTINUS DE $\mathbf{R}^n$ ET DE SES GROUPES QUOTIENTS

1. Homomorphismes continus du groupe $\mathbf{R}^m$ dans le groupe $\mathbf{R}^n$

Toute application linéaire de $\mathbf{R}^m$ dans $\mathbf{R}^n$ est évidemment un *homomorphisme continu* du groupe additif $\mathbf{R}^m$ dans le groupe additif $\mathbf{R}^n$. Réciproquement:

Proposition 1. — *Tout homomorphisme continu f du groupe additif $\mathbf{R}^m$ dans le groupe additif $\mathbf{R}^n$ est une application linéaire de $\mathbf{R}^m$ dans $\mathbf{R}^n$.*

Il suffit de montrer que, pout tout $\mathbf{x} \in \mathbf{R}^m$ et tout $t \in \mathbf{R}$, on a $f(t\mathbf{x}) = tf(\mathbf{x})$. Le raisonnement est le même que celui de la prop. 5 de V, p. 2 en remplaçant x par $\mathbf{x}$ et $\mathbf{R}$ par $\mathbf{R}^m$.

2. Définition locale d'un homomorphisme continu de $\mathbf{R}^n$ dans un groupe topologique

La prop. 6 de V, p. 3, se généralise à tous les groupes $\mathbf{R}^n$:

Proposition 2. — *Soit* A *un parallélotope de* $\mathbf{R}^n$ *tel que* $0 \in A$; *soit f une application continue de* A *dans un groupe topologique* G (noté multiplicativement), *telle que* $f(\mathbf{x} + \mathbf{y}) = f(\mathbf{x})f(\mathbf{y})$ *pour tout couple de points* $\mathbf{x}$, $\mathbf{y}$ *tels que* $\mathbf{x} \in A$, $\mathbf{y} \in A$, $\mathbf{x} + \mathbf{y} \in A$. *Il existe alors un homomorphisme continu et un seul de* $\mathbf{R}^n$ *dans* G *qui prolonge f.*

Par le même raisonnement que dans la prop. 6 de V, p. 3, on prouve d'abord que l'homomorphisme prolongeant f, s'il existe, est *unique*. D'autre part, le sous-groupe G_1 de G, engendré par $f(A)$, est *commutatif*; en effet, si $\mathbf{x}$ et $\mathbf{y}$ sont deux points quelconques de A, $\frac{1}{2}\mathbf{x}$, $\frac{1}{2}\mathbf{y}$ et $\frac{1}{2}(\mathbf{x}+\mathbf{y})$ appartiennent à A, donc on a $f(\frac{1}{2}(\mathbf{x}+\mathbf{y})) = f(\frac{1}{2}\mathbf{x})f(\frac{1}{2}\mathbf{y}) = f(\frac{1}{2}\mathbf{y})f(\frac{1}{2}\mathbf{x})$, ce qui prouve que $f(\frac{1}{2}\mathbf{x})$ et $f(\frac{1}{2}\mathbf{y})$ sont permutables; il en est donc de même de $f(\mathbf{x}) = (f(\frac{1}{2}\mathbf{x}))^2$ et $f(\mathbf{y}) = (f(\frac{1}{2}\mathbf{y}))^2$, ce qui montre que deux éléments quelconques de $f(A)$ sont permutables.

Soient $\mathbf{a}_1, \mathbf{a}_2, \ldots, \mathbf{a}_n$ n vecteurs non nuls contenus dans A et proportionnels aux vecteurs de base de ce parallélotope; pour chaque indice i, soit D_i la droite passant par 0 et $\mathbf{a}_i$, ensemble des points $t\mathbf{a}_i$ où t parcourt $\mathbf{R}$. Soit A_i l'ensemble des $t \in \mathbf{R}$ tels que $t\mathbf{a}_i \in A$; A_i est un intervalle contenant $[0, 1]$, et la fonction $f_i(t) = f(t\mathbf{a}_i)$ est définie et continue dans A_i et satisfait à la relation

$$f_i(t+t') = f_i(t)f_i(t')$$

pour $t \in A_i$, $t' \in A_i$ et $t + t' \in A_i$. D'après la prop. 6 de V, p. 3, il existe un *homomorphisme continu* $\bar{f}_i$ de $\mathbf{R}$ dans G qui prolonge f_i. Comme $\mathbf{R}^n$ est somme directe des sous-groupes D_i, on définit un homomorphisme $\bar{f}$ de $\mathbf{R}^n$ dans le groupe commutatif G_1 en posant, pour tout $\mathbf{x} = \sum_{i=1}^{n} t_i\mathbf{a}_i$, $\bar{f}(\mathbf{x}) = \sum_{i=1}^{n} \bar{f}_i(t_i)$; $\bar{f}$ est un prolongement de f, puisque, si $\mathbf{x} \in A$, tous les composants $\mathbf{x}_i$ de $\mathbf{x}$ sur les D_i appartiennent aussi à A, d'après le choix des $\mathbf{a}_i$; en outre, $\bar{f}$ est continu dans $\mathbf{R}^n$, puisqu'il est continu sur chacune des droites D_i, et que t_i est fonction linéaire (donc continue) de $\mathbf{x}$.

Corollaire 1. — *Soient* V *un voisinage de* 0 *dans* $\mathbf{R}^n$, f *une application continue de* V *dans un groupe topologique* G, *telle que* $f(\mathbf{x}+\mathbf{y}) = f(\mathbf{x})f(\mathbf{y})$ *pour tout couple de points* $\mathbf{x}, \mathbf{y}$ *tels que* $\mathbf{x} \in V$, $\mathbf{y} \in V$, $\mathbf{x}+\mathbf{y} \in V$. *Il existe un homomorphisme continu et un seul de* $\mathbf{R}^n$ *dans* G, *qui coïncide avec* f *en tous les points d'un voisinage* W *de* 0.

Il suffit de prendre pour W un pavé ouvert de centre 0, contenu dans V, et de lui appliquer la prop. 2.

Nous verrons au chap. XI que cette propriété de $\mathbf{R}^n$ s'étend à une catégorie plus générale de groupes topologiques, les groupes « simplement connexes ».

Corollaire 2. — *Soit* f *un isomorphisme local de* $\mathbf{R}^n$ *à un groupe topologique* G; *il existe un morphisme strict et un seul de* $\mathbf{R}^n$ *sur un sous-groupe ouvert de* G, *qui coïncide avec* f *en tous les points d'un voisinage de* 0.

En effet, soit $\bar{f}$ l'homomorphisme continu de $\mathbf{R}^n$ dans G qui coïncide avec f en tous les points d'un voisinage de 0; $\bar{f}(\mathbf{R}^n)$ contient par hypothèse un voisinage de l'élément neutre de G, donc (III, p. 7, corollaire) est un sous-groupe ouvert de G; en outre, $\bar{f}$ est un morphisme strict de $\mathbf{R}^n$ sur $\bar{f}(\mathbf{R}^n)$, d'après III, p. 16, prop. 24.

COROLLAIRE 3. — *Lorsque $n \neq m$, $\mathbf{R}^n$ et $\mathbf{R}^m$ ne sont pas localement isomorphes.*

Supposons $\mathbf{R}^n$ et $\mathbf{R}^m$ localement isomorphes. D'après le cor. 2 et la prop. 1 de VII, p. 11, il existe une application linéaire f de $\mathbf{R}^m$ sur $\mathbf{R}^n$ qui est un isomorphisme local. Alors f est injective, et par suite $m = n$.

Soit G un groupe topologique. Le corollaire précédent montre qu'il existe au plus un entier n tel que G soit localement isomorphe à $\mathbf{R}^n$.

THÉORÈME 1. — *Soit* G *un groupe topologique connexe, localement isomorphe à* $\mathbf{R}^n$; *il est commutatif. Soit* K *l'adhérence dans* G *du sous-groupe de torsion de* G (A, II, p. 115). *Alors* K *est le plus grand sous-groupe compact de* G; *il est isomorphe à un tore* $\mathbf{T}^q$ $(0 \leqslant q \leqslant n)$. *De plus, il existe un sous-groupe fermé* V *de* G, *isomorphe à* $\mathbf{R}^{n-q}$, *tel que le groupe topologique* G *soit le produit direct de ses sous-groupes* K *et* V.

D'après le cor. 2 de la prop. 2, il existe un morphisme f de $\mathbf{R}^n$ dans G, qui est un isomorphisme local, et qui se prolonge en un morphisme strict de $\mathbf{R}^n$ sur un sous-groupe ouvert de G. Comme G est connexe, on a $f(\mathbf{R}^n) = \mathrm{G}$; le noyau H de f est discret, puisque son intersection avec un voisinage convenable de 0 dans $\mathbf{R}^n$ est réduite à 0. Soient W le sous-espace vectoriel de $\mathbf{R}^n$ engendré par H, q sa dimension, et V′ un supplémentaire de W. D'après le th. 1 de VII, p. 4, le sous-groupe $\mathrm{K} = f(\mathrm{W})$ de G est isomorphe à $\mathbf{T}^q$; le sous-groupe $\mathrm{V} = f(\mathrm{V}')$ de G est isomorphe à $\mathbf{R}^{n-q}$, et le groupe topologique G est le produit direct de ses sous-groupes K et V (III, p. 18, cor. de la prop. 26). Soit u la projection de G sur V, de noyau K, associée à cette décomposition; si L est un sous-groupe compact de G, $u(\mathrm{L})$ est un sous-groupe compact de V (I, p. 63, cor. 1 du th. 2), donc est réduit à 0 (VII, p. 6, cor. 2 du th. 2); on a donc $\mathrm{L} \subset \mathrm{K}$ et K est bien le plus grand sous-groupe compact de G. Enfin, tout élément de torsion de G engendre un sous-groupe fini, donc appartient à K d'après ce qui précède; le sous-groupe de torsion de G est donc le sous-groupe de torsion de K; comme le sous-groupe de torsion de $\mathbf{T}^q = (\mathbf{R}/\mathbf{Z})^q$ est $(\mathbf{Q}/\mathbf{Z})^q$, le groupe K est l'adhérence de son sous-groupe de torsion, ce qui achève la démonstration.

COROLLAIRE. — *Tout groupe connexe* G, *localement isomorphe à* $\mathbf{R}^n$, *est isomorphe à un groupe* $\mathbf{R}^p \times \mathbf{T}^{n-p}$ $(0 \leqslant p \leqslant n)$.

3. Homomorphismes continus de $\mathbf{R}^m$ dans $\mathbf{T}^n$

PROPOSITION 3. — *Tout homomorphisme continu de* $\mathbf{R}^m$ *dans* $\mathbf{T}^n$ *est de la forme* $\mathbf{x} \mapsto \varphi(u(\mathbf{x}))$, *où* φ *est l'homomorphisme canonique de* $\mathbf{R}^n$ *sur* $\mathbf{T}^n$ (identifié à $\mathbf{R}^n/\mathbf{Z}^n$), *et* u *une application linéaire de* $\mathbf{R}^m$ *dans* $\mathbf{R}^n$.

Soit f un homomorphisme continu de $\mathbf{R}^m$ dans $\mathbf{T}^n$; nous allons montrer qu'il existe une application linéaire u de $\mathbf{R}^m$ dans $\mathbf{R}^n$ telle que les homomorphismes $\mathbf{x} \mapsto f(\mathbf{x})$ et $\mathbf{x} \mapsto \varphi(u(\mathbf{x}))$ coïncident en tous les points d'un *voisinage de* 0 dans $\mathbf{R}^m$; la proposition à démontrer en résultera, d'après VII, p. 12, cor. 1. Or, soit V un voisinage de 0 dans $\mathbf{R}^n$ tel que φ, restreint à V, soit un isomorphisme local de

$\mathbf{R}^n$ à $\mathbf{T}^n$; soit ψ l'isomorphisme local réciproque défini dans $\varphi(V)$. Comme f est continue, $V' = \overset{-1}{f}(\varphi(V))$ est un voisinage de 0 dans $\mathbf{R}^m$; l'application $\mathbf{x} \mapsto \psi(f(\mathbf{x}))$ restreinte à V', est une application continue de V' dans $\mathbf{R}^n$, telle que

$$\psi(f(\mathbf{x} + \mathbf{y})) = \psi(f(\mathbf{x})) + \psi(f(\mathbf{y}))$$

pour tout couple de points de $\mathbf{R}^m$ tels que $\mathbf{x} \in V'$, $\mathbf{y} \in V'$, $\mathbf{x} + \mathbf{y} \in V'$; donc (VII, p. 12, cor. 1), cette application coïncide avec un homomorphisme continu bien déterminé u de $\mathbf{R}^m$ dans $\mathbf{R}^n$, en tous les points d'un voisinage W de 0 dans $\mathbf{R}^m$; d'après la prop. 1 de VII, p. 11, u est d'ailleurs une application linéaire de $\mathbf{R}^m$ dans $\mathbf{R}^n$; pour tout $\mathbf{x} \in W$, on a donc $f(\mathbf{x}) = \varphi(u(\mathbf{x}))$, ce qui achève la démonstration.

Remarque. — Le même raisonnement montre, plus généralement, que si φ est un morphisme strict de $\mathbf{R}^n$ dans un groupe G, dont la restriction à un voisinage convenable de 0 est un isomorphisme local de $\mathbf{R}^n$ à G, tout homomorphisme continu de $\mathbf{R}^m$ dans G est de la forme $\mathbf{x} \mapsto \varphi(u(\mathbf{x}))$, où u est une application linéaire de $\mathbf{R}^m$ dans $\mathbf{R}^n$.

Dans le cas où $m = n = 1$, la prop. 3 donne la suivante:

PROPOSITION 4. — *Si* φ *est l'homomorphisme canonique de* $\mathbf{R}$ *sur* $\mathbf{T}$, *tout homomorphisme continu de* $\mathbf{R}$ *dans* $\mathbf{T}$ *est de la forme* $x \mapsto \varphi(ax)$ *où* $a \in \mathbf{R}$; *c'est un morphisme strict de* $\mathbf{R}$ *sur* $\mathbf{T}$ *si* $a \neq 0$.

4. Automorphismes de $\mathbf{T}^n$

Soient H un sous-groupe fermé de $\mathbf{R}^n$, φ l'homomorphisme canonique de $\mathbf{R}^n$ sur le groupe quotient $\mathbf{R}^n/H$. Si f est un homomorphisme continu de $\mathbf{R}^n/H$ dans un groupe topologique G, $\dot{f} = f \circ \varphi$ est un homomorphisme continu de $\mathbf{R}^n$ dans G, périodique, et ayant un groupe de périodes qui contient H; réciproquement, tout homomorphisme continu périodique de $\mathbf{R}^n$ dans G, dont le groupe de périodes contient H, est de cette forme.

Dans le cas où $H = \mathbf{Z}^n$, le groupe quotient $\mathbf{R}^n/\mathbf{Z}^n = \mathbf{T}^n$ est *compact*, donc tout homomorphisme continu f de $\mathbf{T}^n$ dans un groupe topologique G est un *morphisme strict de* $\mathbf{T}^n$ dans G si G est séparé (III, p. 16, *Remarque* 1), et $\dot{f} = f \circ \varphi$ est un morphisme strict de $\mathbf{R}^n$ dans G; en outre, $f(\mathbf{T}^n) = \dot{f}(\mathbf{R}^n)$ est un sous-groupe *compact* de G, isomorphe à un groupe $\mathbf{T}^p$ $(0 \leqslant p \leqslant n)$.

On voit en particulier que le seul homomorphisme continu de $\mathbf{T}^n$ dans un groupe $\mathbf{R}^m$ est l'application *identiquement nulle*, puisque $\{0\}$ est le seul sous-groupe compact de $\mathbf{R}^m$.

Appliquons ce qui précède aux homomorphismes continus de $\mathbf{T}^n$ dans un groupe $\mathbf{T}^p$; si f est un tel homomorphisme, φ l'homomorphisme canonique de $\mathbf{R}^n$ sur $\mathbf{T}^n$, $f \circ \varphi$ est un homomorphisme continu de $\mathbf{R}^n$ dans $\mathbf{T}^p$; donc (VII, p. 13, prop. 3), si ψ est l'homomorphisme canonique de $\mathbf{R}^p$ sur $\mathbf{T}^p$, il existe une application linéaire u de $\mathbf{R}^n$ dans $\mathbf{R}^p$ telle que $f \circ \varphi = \psi \circ u$. Si $\mathbf{x} \in \mathbf{Z}^n$, $f(\varphi(\mathbf{x}))$ est l'élément neutre de $\mathbf{T}^p$, donc on a nécessairement $u(\mathbf{x}) \in \mathbf{Z}^p$, autrement dit, il faut que $u(\mathbf{Z}^n) \subset \mathbf{Z}^p$. Réciproquement, pour toute application linéaire u de $\mathbf{R}^n$ dans $\mathbf{R}^p$ satisfaisant à cette condition, $\psi \circ u$ est un homomorphisme périodique continu de $\mathbf{R}^n$ dans $\mathbf{T}^p$, dont le groupe de périodes contient $\mathbf{Z}^n$; il définit donc un homomorphisme continu de $\mathbf{T}^n$ dans $\mathbf{T}^p$.

Cherchons à quelle condition f est un *isomorphisme* de $\mathbf{T}^n$ sur un sous-groupe de $\mathbf{T}^p$. Il faut d'abord que u soit une application *injective* de $\mathbf{R}^n$ dans $\mathbf{R}^p$; sinon, le sous-espace vectoriel $\overset{-1}{u}(0)$ contiendrait des points $\mathbf{x} \neq 0$ arbitrairement voisins de 0, et en un tel point on aurait $f(\varphi(\mathbf{x})) = f(\varphi(0))$ et $\varphi(\mathbf{x}) \neq \varphi(0)$, contrairement à l'hypothèse. Cette condition entraîne donc en premier lieu $p \geqslant n$. L'image $u(\mathbf{Z}^n)$ est alors un sous-groupe discret de rang n du groupe $\mathbf{Z}^p$; les *facteurs invariants* de $u(\mathbf{Z}^n)$ par rapport à $\mathbf{Z}^p$ (VII, p. 2 et A, VII, § 4, n° 2) doivent tous être égaux à *un*; sinon, il existerait un point $\mathbf{x} \in \mathbf{Z}^n$ et un entier $k > 1$ tel que $u\left(\frac{1}{k}\mathbf{x}\right) \in \mathbf{Z}^n$, et $\frac{1}{k}\mathbf{x} \notin \mathbf{Z}^n$, donc $f\left(\varphi\left(\frac{1}{k}\mathbf{x}\right)\right) = f(\varphi(0))$, et $\varphi\left(\frac{1}{k}\mathbf{x}\right) \neq \varphi(0)$ contrairement à l'hypothèse. Réciproquement, si cette condition est remplie, $u(\mathbf{R}^n) \cap \mathbf{Z}^n$ est identique à $u(\mathbf{Z}^n)$, et f est un isomorphisme de $\mathbf{T}^n$ sur $u(\mathbf{R}^n)/u(\mathbf{Z}^n)$.

Si l'on applique ce raisonnement au cas où $p = n$, on a la proposition suivante:

Proposition 5. — *Tout isomorphisme du groupe topologique $\mathbf{T}^n$ sur un de ses sous-groupes est un automorphisme de $\mathbf{T}^n$, qui s'obtient par passage aux quotients à partir d'une application linéaire u de $\mathbf{R}^n$ sur lui-même, qui, restreinte à $\mathbf{Z}^n$, est un automorphisme de ce groupe.*

Il revient au même de dire (VII, p. 2) que, si $u(\mathbf{e}_i) = \sum_{i=1}^{n} a_{ij}\mathbf{e}_j$, les a_{ij} doivent être des *entiers* tels que le déterminant $\det(a_{ij})$, soit égal à $+ 1$, ou à $- 1$, autrement dit on doit avoir $(a_{ij}) \in \mathbf{GL}(n, \mathbf{Z})$.

On peut aussi présenter ce résultat de la manière suivante: à chaque matrice $(a_{ij}) \in \mathbf{GL}(n, \mathbf{Z})$, associons l'automorphisme $(u_j) \mapsto \left(\sum_i a_{ij}u_i\right)$ de $\mathbf{T}^n$. L'application de $\mathbf{GL}(n, \mathbf{Z})$ dans le groupe des automorphismes du groupe topologique $\mathbf{T}^n$ ainsi définie est un isomorphisme.

En particulier, pour $n = 1$:

Proposition 6. — *Les seuls isomorphismes du groupe topologique $\mathbf{T}$ sur un de ses sous-groupes sont l'application identique et la symétrie $x \mapsto - x$.*

§ 3. SOMMES INFINIES DANS LES GROUPES $\mathbf{R}^n$

1. Familles sommables dans $\mathbf{R}^n$

Comme tout point de $\mathbf{R}^n$ possède un système fondamental *dénombrable* de voisinages, une famille $(\mathbf{x}_\iota)$ de points du groupe additif $\mathbf{R}^n$ ne peut être sommable que si l'ensemble des ι tels que $\mathbf{x}_\iota \neq 0$ est *dénombrable* (III, p. 38, corollaire), ce qui ramène essentiellement l'étude des familles sommables dans $\mathbf{R}^n$ à celle des *suites* sommables. Toutefois, pour les mêmes raisons que celles qui ont été exposées au sujet des familles sommables dans $\mathbf{R}$ (IV, p. 32), nous ne ferons, dans les énoncés qui suivent, aucune restriction sur la puissance de l'ensemble des indices.

Proposition 1. — *Pour qu'une famille $(\mathbf{x}_\iota)_{\iota\in I}$ de points $\mathbf{x}_\iota = (x_{\iota,k})_{1\leqslant k\leqslant n}$ de $\mathbf{R}^n$ soit sommable, il faut et il suffit que chacune des n familles $(x_{\iota,k})_{\iota\in I}$ de nombres réels soit sommable dans* $\mathbf{R}$.

Cela résulte de la prop. 4 de III, p. 41.

Cette condition se transforme de la manière suivante:

Théorème 1. — *Pour qu'une famille $(\mathbf{x}_\iota)_{\iota\in I}$ de points de $\mathbf{R}^n$ soit sommable, il faut et il suffit que la famille $(\|\mathbf{x}_\iota\|)$ des normes euclidiennes des $\mathbf{x}_\iota$ soit sommable dans* $\mathbf{R}$.

Cela résulte sans peine de la prop. 1, de la condition de sommabilité d'une famille de nombres réels (IV, p. 34, th. 3), des inégalités

$$\sup_{1\leqslant k\leqslant n} |x_{\iota,k}| \leqslant \|\mathbf{x}_\iota\| \leqslant \sum_{i=1}^{n} |x_{\iota,i}|,$$

et du principe de comparaison (IV, p. 33, th. 2).

On peut procéder un peu autrement, en établissant d'abord la proposition suivante:

Proposition 2. — *Pour toute famille finie $(\mathbf{x}_i)_{i\in I}$ de points de $\mathbf{R}^n$, on a*

$$\sum_{i\in I} \|\mathbf{x}_i\| \leqslant 2n.\sup_{J\subset I} \|\sum_{i\in J} \mathbf{x}_i\|. \tag{1}$$

En effet, si $\mathbf{x}_i = (x_{ij})_{1\leqslant j\leqslant n}$, on a $\|\mathbf{x}_i\| \leqslant \sum_{j=1}^{n} |x_{ij}|$, donc

$$\sum_{i\in I} \|\mathbf{x}_i\| \leqslant \sum_{j=1}^{n} \Big(\sum_{i\in I} |x_{ij}|\Big). \quad \text{Or,} \quad \sum_{i\in I} |x_{ij}| = \sum_{i\in I} x_{ij}^+ + \sum_{i\in I} x_{ij}^-,$$

et comme, pour toute partie J de I, on a

$$-\sum_{i\in I} x_{ij}^- \leqslant -\sum_{i\in J} x_{ij}^- \leqslant \sum_{i\in J} x_{ij} \leqslant \sum_{i\in J} x_{ij}^+ \leqslant \sum_{i\in I} x_{ij}^+,$$

on en déduit

$$\sum_{i\in I} |x_{ij}| \leqslant 2.\sup_{J\subset I} |\sum_{i\in J} x_{ij}|.$$

Mais $|\sum_{i\in J} x_{ij}| \leqslant \|\sum_{i\in J} \mathbf{x}_i\|$, d'où l'inégalité (1).

D'autre part, le th. 1 équivaut à la proposition suivante (puisque $\mathbf{R}^n$ est un groupe complet) : pour que la famille $(\mathbf{x}_\iota)$ satisfasse au critère de Cauchy (III, p. 38, th. 1), il faut et il suffit que la famille $(\|\mathbf{x}_\iota\|)$ satisfasse aussi à ce critère. Or l'inégalité du triangle montre que cette condition est suffisante, et l'inégalité (1) montre qu'elle est nécessaire.

En outre, on a l'inégalité

$$\|\sum_\iota \mathbf{x}_\iota\| \leqslant \sum_\iota \|\mathbf{x}_\iota\|, \tag{2}$$

qu'on déduit par passage à la limite de l'inégalité analogue pour les sommes partielles finies.

COROLLAIRE. — *Pour qu'une famille $(\mathbf{x}_\iota)$ de points de $\mathbf{R}^n$ soit sommable, il faut et il suffit que l'ensemble des sommes partielles finies de cette famille soit borné dans $\mathbf{R}^n$.*

D'après le th. 1 (VII, p. 16) et l'inégalité du triangle, cette condition est nécessaire; elle est suffisante d'après l'inégalité (1) et le th. 1.

PROPOSITION 3. — *Soient $(\mathbf{x}_\lambda)_{\lambda\in L}$ une famille sommable de points de $\mathbf{R}^m$, $(\mathbf{y}_\mu)_{\mu\in M}$ une famille sommable de points de $\mathbf{R}^n$, f une application bilinéaire de $\mathbf{R}^m \times \mathbf{R}^n$ dans $\mathbf{R}^p$. La famille $(f(\mathbf{x}_\lambda, \mathbf{y}_\mu))_{(\lambda,\mu)\in L\times M}$ est sommable, et l'on a*

$$\sum_{(\lambda,\mu)\in L\times M} f(\mathbf{x}_\lambda, \mathbf{y}_\mu) = f\Big(\sum_{\lambda\in L}\mathbf{x}_\lambda, \sum_{\mu\in M}\mathbf{y}_\mu\Big). \tag{3}$$

Pour montrer que la famille des $f(\mathbf{x}_\lambda, \mathbf{y}_\mu)$ est sommable, il suffit (VII, p. 16, prop. 1) d'établir que chacune des p familles formées par les coordonnées des $f(\mathbf{x}_\lambda, \mathbf{y}_\mu)$ dans $\mathbf{R}^n$ est sommable; autrement dit, on peut se limiter au cas où f est une *forme* bilinéaire; mais, pour une telle forme f, on a $f(\mathbf{x}, \mathbf{y}) = \sum_{i,j} a_{ij}x_iy_j$, donc on est ramené au cas où $f(\mathbf{x}, \mathbf{y}) = x_iy_j$, et dans ce cas la proposition a déjà été démontrée (IV, p. 35, prop. 1).

En spécialisant la fonction f, on a en particulier les corollaires suivants :

COROLLAIRE 1. — *Si $(a_\lambda)_{\lambda\in L}$ est une famille sommable de nombres réels, $(\mathbf{x}_\mu)_{\mu\in M}$ une famille sommable de points de $\mathbf{R}^n$, la famille $(a_\lambda\mathbf{x}_\mu)_{(\lambda,\mu)\in L\times M}$ est sommable, et l'on a*

$$\sum_{(\lambda,\mu)\in L\times M} a_\lambda\mathbf{x}_\mu = \Big(\sum_{\lambda\in L} a_\lambda\Big)\Big(\sum_{\mu\in M}\mathbf{x}_\mu\Big). \tag{4}$$

COROLLAIRE 2. — *Si $(\mathbf{x}_\lambda)_{\lambda\in L}$* et *$(\mathbf{y}_\mu)_{\mu\in M}$ sont deux familles sommables de points de $\mathbf{R}^n$, la famille $(\mathbf{x}_\lambda \mid \mathbf{y}_\mu)$* (cf. VI, p. 8) *est sommable dans $\mathbf{R}$, et l'on a*

$$\sum_{(\lambda,\mu)\in L\times M} (\mathbf{x}_\lambda \mid \mathbf{y}_\mu) = \Big(\sum_{\lambda\in L}\mathbf{x}_\lambda \,\Big|\, \sum_{\mu\in M}\mathbf{y}_\mu\Big). \tag{5}$$

2. Séries dans $\mathbf{R}^n$

Pour qu'une série de terme général $\mathbf{x}_m = (x_{mi})_{1\leqslant i\leqslant n}$ soit convergente dans $\mathbf{R}^n$, il faut et il suffit évidemment que chacune des n séries $(x_{mi})_{m \in \mathbf{N}}$ soit convergente dans $\mathbf{R}$.

DÉFINITION 1. — *Une série de points de* $\mathbf{R}^n$ *est dite absolument convergente si la série des normes euclidiennes de ses termes est convergente.*

PROPOSITION 4. — *Pour qu'une série de points de* $\mathbf{R}^n$, *soit commutativement convergente, il faut et il suffit qu'elle soit absolument convergente.*

C'est une conséquence de la prop. 9 de III, p. 44, et du th. 1 (VII, p. 16).

Les exemples de IV, p. 38, montrent que, dans $\mathbf{R}^n$, une série peut être *convergente* sans être *absolument convergente*.

Exercices

§ 1

1) Soient G un sous-groupe discret de rang p de $\mathbf{R}^n$, $(\mathbf{a}_i)_{1 \leqslant i \leqslant p}$ un système libre de p points de G. Le raisonnement du th. 1 de VII, p. 4 montre que G est un sous-groupe du groupe engendré par les p points $\mathbf{a}_i/d$, où d est un entier convenable. Montrer, sans utiliser le th. 1, qu'il existe un système libre de p points $\mathbf{b}_i = \sum_{j=1}^{p} b_{ij}\mathbf{a}_j$ de G tel que, pour tout autre système libre de p points $\mathbf{x}_i = \sum_{j=1}^{p} x_{ij}\mathbf{a}_i$ de G, on ait $|\det(x_{ij})| \geqslant |\det(b_{ij})| > 0$. En déduire une démonstration du th. 1 indépendante de la théorie des facteurs invariants, en prouvant que les $\mathbf{b}_i$ engendrent G (raisonner par l'absurde: si pour un point $\mathbf{z} = \sum_{i=1}^{p} z_i\mathbf{b}_i$ de G, un des z_i n'était pas entier, il existerait un point $\mathbf{u} = \sum_{i=1}^{p} u_i\mathbf{b}_i$ du groupe engendré par $\mathbf{z}$ et les $\mathbf{b}_i$, tel que $0 < u_i < 1$ pour un indice i, et en conclure une contradiction).

2) Soit G un sous-groupe discret de $\mathbf{R}^n$; si G est somme directe de deux sous-groupes H, K, l'intersection des sous-espaces vectoriels engendrés par H et K se réduit à 0, et le rang de G est donc égal à la somme des rangs de H et K (observer que, pour tout sous-groupe discret G de $\mathbf{R}^n$, le sous-espace vectoriel de $\mathbf{R}^n$ engendré par G est canoniquement isomorphe à $G \otimes_{\mathbf{Z}} \mathbf{R}$).

3) Soit G un sous-groupe discret de $\mathbf{R}^n$. Pour qu'un sous-groupe H de G soit facteur direct de G, il faut et il suffit que H soit de la forme $V \cap G$, où V est un sous-espace vectoriel (pour voir que la condition est nécessaire, utiliser l'exerc. 2; pour montrer qu'elle est suffisante, remarquer que H est aussi intersection de G et du sous-espace vectoriel engendré par H, et utiliser A, VII, § 4, n° 2, cor. du th. 1.)

4) Soient H et K deux sous-groupes discrets de $\mathbf{R}^n$ tels que la somme H + K soit un sous-groupe fermé. Montrer que H + K est alors discret, et qu'on a

$$r(\mathrm{H}) + r(\mathrm{K}) = r(\mathrm{H} \cap \mathrm{K}) + r(\mathrm{H} + \mathrm{K})$$

(soit V le sous-espace vectoriel engendré par $H \cap K$; décomposer H en somme directe de $V \cap H$ et d'un groupe discret H_1, K en somme directe de $V \cap K$ et d'un groupe discret K_1, en utilisant l'exerc. 3; puis montrer que la somme $H_1 + K_1$ est directe et utiliser l'exerc. 2).

5) Soient G, G' deux sous-groupes fermés de $\mathbf{R}^n$ tels que $G' \subset G$, V et V' les plus grands sous-espaces vectoriels contenus dans G et G' respectivement. Montrer qu'il existe un sous-espace vectoriel W supplémentaire de V, tel que G soit somme directe de V et du groupe discret $K = W \cap G$, et G' somme directe de $V \cap G'$ et de $K \cap G' = W \cap G'$ (si U est un sous-espace supplémentaire de V', remarquer, en utilisant l'exerc. 3, que le groupe discret $U \cap G'$ est somme directe de $U \cap V \cap G'$ et d'un groupe discret K', et prendre pour W un sous-espace vectoriel contenant K').

En déduire que:

a) Le groupe quotient G/G' est isomorphe à un groupe de la forme $\mathbf{R}^p \times \mathbf{T}^q \times \mathbf{Z}^r \times F$, où F est un groupe commutatif fini.

b) Tout sous-groupe fermé et tout groupe quotient séparé d'un groupe de la forme $\mathbf{R}^p \times \mathbf{T}^q \times \mathbf{Z}^r \times F$ (F groupe commutatif fini) est un groupe de la même forme.

¶ 6) Soient H et K deux sous-groupes fermés de $\mathbf{R}^n$ tels que leur somme $G = H + K$ soit un sous-groupe fermé.

a) Montrer que, si V et W sont les plus grands sous-espaces vectoriels contenus dans H et K respectivement, $V + W$ est le plus grand sous-espace vectoriel contenu dans G, et par suite $d(H) + d(K) = d(H \cap K) + d(H + K)$ (remarquer que le rang rationnel de $G/(V + W)$ est fini, et par suite que G ne peut contenir de droite non contenue dans $V + W$).

b) Soit U un sous-espace supplémentaire de $V + W$, tel que G soit somme directe de $V + W$ et de $M = G \cap U$, et que $H \cap K$ soit somme directe de $(V + W) \cap (H \cap K)$ et de $L = H \cap K \cap U$ (exerc. 5). Soit H' (resp. K') le sous-groupe de M formé des composants des points de H (resp. K) dans la décomposition de G en somme directe de $V + W$ et de M; montrer que $M = H' + K'$, et que $H' \cap K' = L$.

c) Si l'on pose $H'' = H \cap (V + W)$ et $K'' = K \cap (V + W)$, montrer que

$$r(H'') + r(K'') = r(H'' \cap K'') + r(H'' + K'')$$

(se ramener au cas où $V \cap W = \{0\}$; montrer qu'alors $H'' \cap K''$ est somme directe de $V \cap K''$ et de $W \cap H''$).

d) Montrer qu'on a $r(H) + r(K) = r(H \cap K) + r(H + K)$ (utiliser *c*) et l'exerc. 4, en remarquant que $r(H) = r(H') + r(H'')$ et $r(K) = r(K') + r(K'')$).

¶ 7) Soit G un sous-groupe fermé de $\mathbf{R}^n$. Pour qu'un sous-groupe fermé H de G soit tel que G soit somme directe de H et d'un autre sous-groupe fermé K, il faut et il suffit que H soit intersection de G et d'un sous-espace vectoriel (utiliser l'exerc. 5 pour voir que la condition est nécessaire; pour montrer qu'elle est suffisante, appliquer convenablement le th. 2 de VII, p. 5 à G et à H, et utiliser l'exerc. 3 de VII, p. 19).

8) *a*) Soient H et K deux sous-groupes fermés de $\mathbf{R}^n$. Montrer que si l'on a

$$r(H) + r(K) = r(H \cap K) + r(H + K),$$

le sous-groupe $H + K$ est fermé dans $\mathbf{R}^n$ (à l'aide de l'exerc. 7 et de l'hypothèse, se ramener au cas où les trois sous-espaces vectoriels engendrés par H, K et $H \cap K$ sont *identiques*; désignant par V et W les plus grands sous-espaces vectoriels contenus dans H et K, montrer, à l'aide de l'exerc. 5, que V est identique au sous-espace engendré par $V \cap K$, et W au sous-espace engendré par $W \cap H$; enfin, décomposer $H \cap K$ en somme directe de

$$H \cap K \cap (V + W)$$

et d'un groupe discret, à l'aide de l'exerc. 7).

b) Déduire de *a*) et de l'exerc. 6 que, si H et K sont deux sous-groupes fermés de $\mathbf{R}^n$ tels que H + K soit un sous-groupe fermé, la somme $H^* + K^*$ des sous-groupes associés à H et K est un sous-groupe fermé.

c) Déduire de *b*) que, si H et K sont deux sous-groupes fermés de $\mathbf{R}^n$ tels que

$$d(\mathrm{H}) + d(\mathrm{K}) = d(\mathrm{H} \cap \mathrm{K}) + d(\overline{\mathrm{H} + \mathrm{K}}),$$

le sous-groupe H + K est fermé.

9) Soit G un sous-groupe *non nécessairement fermé* de $\mathbf{R}^n$, de rang p; soit V le plus grand sous-espace vectoriel contenu dans $\overline{\mathrm{G}}$; si V est de dimension $q \leqslant p$, montrer que G est somme directe de $\mathrm{V} \cap \mathrm{G}$ et d'un sous-groupe discret de rang $p - q$, contenu dans un sous-espace vectoriel supplémentaire de V (remarquer que, pour tout $x \in \overline{\mathrm{G}}$, $(x + \mathrm{V}) \cap \mathrm{G}$ est dense dans la variété linéaire $x + \mathrm{V}$).

10) Soient a un nombre réel, n un entier > 0; pour $1 \leqslant k \leqslant n + 1$, on considère les nombres $x_k = ka - [ka]$ de l'intervalle $[0, 1[$. Si, pour $1 \leqslant h \leqslant n$, I_h désigne l'intervalle

$$[(h - 1)/n, h/n[,$$

montrer qu'il existe deux indices k, k' distincts tels que x_k et $x_{k'}$ appartiennent à un même intervalle I_h (pour un h convenable). En déduire qu'il existe deux entiers p, q tels que $1 \leqslant p \leqslant n$ et $|pa - q| < 1/n$.

11) Soient $\mathbf{a}_i = (a_{ij})$ $(1 \leqslant i \leqslant m, 1 \leqslant j \leqslant n)$ m points de $\mathbf{R}^n$, q un entier > 0; pour tout point $\mathbf{k} = (k_i)$ $(1 \leqslant i \leqslant m)$ de $\mathbf{R}^m$, à coordonnées entières *non toutes nulles* satisfaisant aux inégalités $0 \leqslant k_i \leqslant q$, on considère le point $\mathbf{x}_k = (x_{j,k})$ $(1 \leqslant j \leqslant n)$ de $\mathbf{R}^n$ dont toutes les coordonnées appartiennent à $[0, 1[$, et qui est congru mod. $\mathbf{Z}^n$ à $\sum_{i=1}^{m} k_i \mathbf{a}_i$ (autrement dit, le point de coordonnées

$$x_{j,k} = \sum_{i=1}^{m} k_i a_{ij} - \left[\sum_{i=1}^{m} k_i a_{ij}\right]\Big).$$

Si p est le plus petit entier que $q + 1 \geqslant p^{n/m}$, montrer qu'il existe deux points $\mathbf{k}$, $\mathbf{k}'$ distincts tels que les deux points $\mathbf{x}_k$, $\mathbf{x}_{k'}$, appartiennent tous deux à un même cube de côté $1/p$ (méthode de l'exerc. 10). En déduire qu'il existe m entiers p_i non tous nuls et n entiers r_j $(1 \leqslant j \leqslant n)$ tels que l'on ait $0 \leqslant p_i \leqslant q$ pour $1 \leqslant i \leqslant m$, et

$$\left|\sum_{i=1}^{m} p_i a_{ij} - r_j\right| \leqslant \frac{1}{p} \quad \text{pour } 1 \leqslant j \leqslant n.$$

Tirer de ce résultat une seconde démonstration de la prop. 2 de VII, p. 3 (« méthode des tiroirs »).

¶ 12) Pour tout couple de nombres réels (θ, β), il existe une infinité de triplets (p, q, r) d'entiers tels que $r > 0$, $|q| \leqslant (1/2)r$ et $-(1/r) < \theta q + p - \beta < 1/r$ (si m et n sont deux entiers tels que $|n\theta - m| < 1/n$ (VII, p. 21, exerc. 10), prendre $r = n$, et choisir p et q de sorte que $pn + qm$ diffère de $n\beta$ de moins de 1/2).

13) On appelle *suite de* Farey d'ordre n (n entier > 0) l'ensemble F_n des nombres rationnels qui, mis sous forme de fraction irréductible p/q, sont tels que $0 \leqslant p \leqslant q \leqslant n$, et qu'on range par ordre croissant.

a) Montrer que si deux nombres rationnels $r = p/q$, $r' = p'/q'$ sont tels que $qp' - pq' = \pm 1$, tout couple d'entiers (p'', q'') peut se mettre sous la forme $p'' = px + p'y$, $q'' = qx + q'y$, où x et y sont des entiers; pour que la fraction p''/q'' appartienne à l'intervalle fermé d'extrémités r et r', il faut et il suffit que x et y aient même signe.

b) Déduire de *a*) que, si $r = p/q$, $r' = p'/q'$ sont deux nombres rationnels appartenant à $[0, 1]$, tels que $q > 0$, $q' > 0$ et $qp' - pq' = \pm 1$, r et r' sont consécutifs dans la suite F_n,

n désignant le plus grand des entiers q, q' ; de plus, le plus petit des entiers m tels que l'intervalle *ouvert* d'extrémités r, r' contienne un point de F_m est l'entier $q + q'$ et il n'existe dans cet intervalle qu'un seul point de $F_{q+q'}$, savoir la fraction $(p + p')/(q + q')$.

c) Montrer que, réciproquement, si r et r' sont deux termes consécutifs dans F_n, on a $qp' - pq' = \pm 1$ (procéder par récurrence sur n).

d) Déduire de *c*) que, pour tout nombre réel θ tel que $0 \leqslant \theta \leqslant 1$ et tout entier $n \geqslant 1$, il existe au moins une fraction irréductible p/q telle que $1 \leqslant q \leqslant n$ et $|\theta - p/q| \leqslant 1/(n+1)q$ (cf. VII, p. 21, exerc. 10).

e) Si p/q est une fraction irréductible telle que $|\theta - p/q| < 1/q^2$, θ appartient à l'intervalle ouvert dont les extrémités sont les deux termes de la suite de Farey F_q consécutifs à p/q.

14) Soit φ l'homomorphisme canonique de $\mathbf{R}$ sur $\mathbf{T}$; soient θ un élément d'ordre infini du groupe $\mathbf{T}$, et θ_0 un nombre réel (irrationnel) tel que $\varphi(\theta_0) = \theta$. Pour tout entier $n > 0$, soit S_n l'ensemble des éléments $k\theta$ de $\mathbf{T}$ pour $1 \leqslant k \leqslant n$; pour tout intervalle I de $\mathbf{R}$, soit $N(I, n)$ le nombre des éléments de l'ensemble $I \cap \overset{-1}{\varphi}(S_n)$.

a) Si l'on prend $I = [0, \theta_0[$, montrer que $N(I, n) = [n\theta_0]$ (on observera que $N(I, n)$ est alors le nombre de couples d'entiers (x, y) tels que $1 \leqslant y \leqslant n$ et $x \leqslant y\theta_0 < x + \theta_0$).

b) Plus généralement, si l'on prend $I = [0, m\theta_0[$, m étant entier, on a

$$m.[(n-m)\theta_0] \leqslant N(I, n) \leqslant m.[n\theta_0]$$

(même méthode).

c) En déduire que, si I est un intervalle quelconque, le nombre $(N(I, n))/n$ tend, lorsque n croît indéfiniment, vers une limite égale à la longueur de I (le démontrer d'abord lorsque I est de la forme $[m\theta_0 + a, m'\theta_0 + a']$, m, m', a et a' étant entiers, en se servant de *b*)); passer de là au cas général en approchant les extrémités de I par des nombres de la forme $m\theta_0 + a$) (« *équipartition de la suite* ($k\theta$) *modulo* 1 »).

*15) Soit I un cube fermé dans $\mathbf{R}^n$, de côté 2π; à tout point $\mathbf{x} = (x_i)$ de I, on fait correspondre le point $\mathbf{y} = (y_j)$ de $\mathbf{R}^{n+1}$ tel que

$$y_1 = \sin x_1$$
$$y_2 = (2 + \cos x_1) \sin x_2$$
$$\cdots\cdots\cdots$$
$$y_p = \left(2^{p-1} + \sum_{k=1}^{p-1} 2^{p-k-1} \cos x_{p-k} \cos x_{p-k+1} \ldots \cos x_{p-1}\right) \sin x_p \quad (2 \leqslant p \leqslant n)$$
$$\cdots\cdots\cdots\cdots\cdots\cdots\cdots\cdots\cdots$$
$$y_{n+1} = \sum_{k=1}^{n-1} 2^{n-k-1} \cos x_{n-k} \cos x_{n-k+1} \ldots \cos x_n.$$

Montrer que l'image de I par cette application est homéomorphe à $\mathbf{T}^n$ (raisonner par récurrence sur n, en observant que y_p est toujours du signe de $\sin x_p$ pour $p \leqslant n$). Pour $n = 2$, la partie de $\mathbf{R}^3$ ainsi définie est appelée *tore de révolution*.*

¶ 16) Soit G un sous-groupe de $\mathbf{R}^n$; supposons qu'il existe dans G un sous-ensemble compact *connexe* K tel que la variété linéaire affine engendrée par K soit de dimension p. Montrer alors que G contient un sous-espace vectoriel de dimension p. (Raisonner par récurrence sur n, en utilisant l'exerc. 10 *c*) de VI, p. 23.)

¶ 17) Soit E le produit $(\mathbf{Q}_p)^n$ de n facteurs identiques au corps $\mathbf{Q}_p$ des nombres p-adiques (III, p. 84, exerc. 23), muni de la structure de groupe topologique produit des structures de groupe additif topologique de ses facteurs, et de sa structure d'espace vectoriel de dimension n sur le corps $\mathbf{Q}_p$. Si v_p désigne la valuation p-adique additive sur $\mathbf{Q}_p$, on pose $|x|_p = p^{-v_p(x)}$ pour tout $x \in \mathbf{Q}_p$ et $\neq 0$, $|0|_p = 0$; pour tout $\mathbf{x} = (x_i)_{1 \leqslant i \leqslant n}$ dans E, on pose $\|\mathbf{x}\| = \sup_i |x_i|_p$ (cf. IX, § 3, n°s 2 et 3).

a) Pour qu'une partie A de E soit relativement compacte, il faut et il suffit que $\sup_{\mathbf{x}\in A} \|\mathbf{x}\| < +\infty$. (Remarquer que v_p est une application continue de $\mathbf{Q}_p$ dans $\mathbf{Z}$ muni de la topologie discrète.)

b) Si G est un sous-groupe fermé de E, G est un module topologique sur l'anneau $\mathbf{Z}_p$ des entiers p-adiques (si $\mathbf{x} \in G$, on a $n\mathbf{x} \in G$ pour tout $n \in \mathbf{Z}$, et $\mathbf{Z}$ est dense dans $\mathbf{Z}_p$).

c) Si K est un sous-groupe compact de E, il existe un système libre de $m \leqslant n$ points $\mathbf{a}_i$ ($1 \leqslant i \leqslant m$) de E, tel que K soit somme directe des m groupes $\mathbf{Z}_p.\mathbf{a}_i$. (Utiliser *a*) pour montrer que, si $(\mathbf{e}_j)_{1\leqslant j\leqslant n}$ est la base canonique de E, il y a un entier $k \in \mathbf{Z}$ tel que K soit contenu dans la somme directe des n groupes $\mathbf{Z}_p.p^k\mathbf{e}_j$; puis appliquer la théorie des modules sur un anneau principal (A, VII, § 4, n° 2).)

d) Si G est un sous-groupe fermé non compact de E, G contient un sous-espace vectoriel de dimension 1, $\mathbf{Q}_p.\mathbf{a}$ avec $\mathbf{a} \neq 0$. (Soit C la partie compacte de E formée des points $\mathbf{x}$ tels que $\|\mathbf{x}\| = 1$; montrer que $G \cap C$ contient une suite de points $(\mathbf{x}_r)_{r\in\mathbf{N}}$ telle que $p^{-r}\mathbf{x}_r \in G$, et prendre pour $\mathbf{a}$ une valeur d'adhérence de cette suite).

e) Soient G un sous-groupe fermé de E, V le plus grand sous-espace vectoriel contenu dans G, W un sous-espace supplémentaire de V; montrer que $W \cap G$ est compact et que G est somme directe de V et de $W \cap G$ (raisonner comme dans le th. 2 de VII, p. 5).

f) Étant donné un sous-groupe G de E, on désigne par G^* l'ensemble des points $\mathbf{u} = (u_i)$ de E tels que $(\mathbf{u} \mid \mathbf{x}) = \sum_{i=1}^{n} u_i x_i$ appartienne à $\mathbf{Z}_p$ pour *tout* $\mathbf{x} = (\mathbf{x}_i) \in G$. Montrer que G^* est fermé dans E, que $(\bar{G})^* = G^*$ et que $(G^*)^* = \bar{G}$.

g) Énoncer et démontrer les analogues des exerc. 2 à 8 pour les sous-groupes fermés de E. En particulier, tout sous-groupe fermé et tout groupe quotient séparé d'un groupe de la forme $(\mathbf{Q}_p)^r \times (\mathbf{Q}_p/\mathbf{Z}_p)^s \times (\mathbf{Z}_p)^t \times F$ (où F est produit d'un nombre fini de groupes cycliques dont l'ordre est une puissance de p) est un groupe de la même forme.

18) Soient α un nombre irrationnel, F un ensemble fini de nombres réels non entiers. Pour tout entier $m > 0$, on pose $(m\alpha) = m\alpha - [m\alpha]$. Prouver qu'il existe une infinité d'entiers $m > 0$ tels que $[(m\alpha) + r] = [r]$ pour tout $r \in F$, et une infinité d'entiers $m > 0$ tels que $[(m\alpha) + r] = [r] + 1$ pour tout $r \in F$.

§ 2

1) Soient φ l'homomorphisme canonique de $\mathbf{R}^n$ sur $\mathbf{T}^n$, u une application linéaire de $\mathbf{R}^m$ dans $\mathbf{R}^n$. Pour que $\varphi \circ u$ soit un morphisme strict de $\mathbf{R}^m$ dans $\mathbf{T}^n$, il faut et il suffit que l'une des conditions suivantes soit remplie:

a) $\overset{-1}{u}(\mathbf{Z}^n)$ est de rang m;

b) $u(\mathbf{R}^m) \cap \mathbf{Z}^n$ est de rang égal à la dimension de $u(\mathbf{R}^m)$.

2) Montrer que le seul homomorphisme continu du groupe topologique additif $\mathbf{Q}_p$ des nombres p-adiques (III, p. 84, exerc. 23 et suiv.) dans le groupe additif $\mathbf{R}$ est identiquement nul.

¶3) Tout nombre p-adique x (exerc. 2) peut s'écrire sous la forme $\sum_{-\infty}^{+\infty} \alpha_k p^k$ où les α_k sont des entiers rationnels, les α_k d'indice $k < 0$ étant nuls sauf pour un nombre fini de valeurs de l'indice k. En outre, si $\sum_{-\infty}^{+\infty} \alpha_k p^k = \sum_{-\infty}^{+\infty} \beta_k p^k$ les nombres rationnels $\sum_{-\infty}^{-1} \alpha_k p^k$ et $\sum_{-\infty}^{-1} \beta_k p^k$ sont congrus mod. 1; soit $\varphi_p(x)$ la classe mod. 1 du nombre rationnel $\sum_{-\infty}^{-1} \alpha_k p^k$.

a) Montrer que φ_p est un homomorphisme continu du groupe topologique $\mathbf{Q}_p$ dans $\mathbf{T}$, et que pour tout homomorphisme continu f de $\mathbf{Q}_p$ dans $\mathbf{T}$ il existe un $a \in \mathbf{Q}_p$ et un seul tel que $f(x) = \varphi_p(ax)$ pour tout $x \in \mathbf{Q}_p$. (Remarquer que la connaissance des éléments $f(p^k)$ pour $k \leqslant 0$ détermine f; montrer que chacun de ces éléments est la classe mod. 1 d'une fraction dont le dénominateur est une puissance de p; en conclure qu'il existe $a \in \mathbf{Q}_p$ tel que $f(p^k) = \varphi_p(ap^k)$ pour $k \leqslant 0$).

c) Montrer que, si $\varphi : \mathbf{R} \to \mathbf{T}$ est l'homomorphisme canonique, on a, pour $x \in \mathbf{Q}$, $\varphi(x) = \sum_p \varphi_p(x)$, la somme du second membre étant étendue à tous les nombres premiers (on observera que tous les termes de cette somme sont nuls à l'exception d'un nombre fini d'entre eux).

¶ 4) *a*) Soient G un groupe localement compact commutatif, H un sous-groupe fermé de G isomorphe à $\mathbf{R}^p \times \mathbf{T}^q$ pour deux entiers $p \geqslant 0$, $q \geqslant 0$, et supposons que G/H soit isomorphe à $\mathbf{R}$ ou à $\mathbf{T}$. Montrer que G est isomorphe au produit de H et d'un sous-groupe fermé L isomorphe à G/H. (Appliquer V, p. 18, exerc. 7 *d*), pour obtenir un homomorphisme continu f de $\mathbf{R}$ dans G tel que $f(\mathbf{R}) \not\subset \mathrm{H}$; en déduire un autre homomorphisme continu g de $\mathbf{R}$ dans G tel que $f(t) - g(t) \in \mathrm{H}$ pour tout $t \in \mathbf{R}$ et $f(\mathbf{R}) \cap \mathrm{H} = \{e\}$; on observera que $\overset{-1}{f}(\mathrm{H})$ est un sous-groupe fermé de $\mathbf{R}$ distinct de $\mathbf{R}$, et que pour tout élément $z \neq e$ dans H, il existe un homomorphisme continu u de $\mathbf{R}$ dans H tel que $u(1) = z$.)

b) Soient G un groupe topologique commutatif séparé, H un sous-groupe fermé de G isomorphe à $\mathbf{R}^p \times \mathbf{T}^q$, et supposons qu'il existe un homomorphisme continu surjectif $\varphi : \mathbf{R} \to \mathrm{G/H}$. Montrer qu'il existe un homomorphisme continu $f : \mathbf{R} \to \mathrm{G}$ tel que $f(\mathbf{R}) \cap \mathrm{H} = \{e\}$ et $\mathrm{G} = \mathrm{H}.f(\mathbf{R})$. (Se ramener au cas *a*), en considérant sur G la borne supérieure de la topologie donnée et de celle dont un système fondamental de voisinages de 0 est formée par les $\overset{-1}{p}(\varphi(\mathrm{I}))$, où $p : \mathrm{G} \to \mathrm{G/H}$ est l'application canonique et I parcourt un système fondamental de voisinages de 0 dans $\mathbf{R}$; on prouvera que G est localement compact pour cette nouvelle topologie (cf. III, p. 75, exerc. 10 *e*)).

c) Donner un exemple où la restriction de p à $f(\mathbf{R})$ n'est pas bicontinue (cf. V, p. 16, exerc. 2 *f*)).

5) Soient G un groupe topologique connexe, H un sous-groupe compact commutatif distingué de G, n'ayant pas de sous-groupe arbitrairement petit (III, p. 72, exerc. 30). Montrer que H est contenu dans le centre de G. (Observer que pour s voisin de e dans G, l'image de H par $x \mapsto sxs^{-1}x^{-1}$ est arbitrairement voisine de e.)

6) Soient G un groupe topologique. H un sous-groupe distingué fermé de G, isomorphe à $\mathbf{R}^n$ ($n \geqslant 1$) et tel que G/H soit commutatif.

a) On suppose en outre que H ne contient aucun sous-groupe connexe fermé distingué dans G excepté H lui-même et $\{e\}$, et que H n'est pas dans le centre de G. Étant donné $x_0 \in \mathrm{G}$ ne commutant pas avec tous les éléments de H, montrer que pour tout $v \in \mathrm{H}$, il existe un élément $u \in \mathrm{H}$ et un seul tel que $x_0^{-1}ux_0u^{-1} = v$. (Observer qu'en notation additive dans H l'équation s'écrit $u - x_0^{-1}ux_0 = -v$ et que l'endomorphisme continu $u \mapsto u - x_0^{-1}ux_0$ de H est une application linéaire de $\mathbf{R}^n$ dans lui-même. Prouver que son noyau est un sous-groupe distingué dans G.) En outre si $f(v)$ est l'unique élément $u \in \mathrm{H}$ tel que $x_0^{-1}ux_0u^{-1} = v$, f est un automorphisme bicontinu de H.

b) Sous les hypothèses de *a*), montrer que l'application continue $g : y \mapsto (f(x_0^{-1}yx_0y^{-1}))^{-1}y$ de G dans lui-même a pour image le sous-groupe L de G formé des éléments permutant avec x_0, et que la relation $g(y) = g(y')$ équivaut à $yy'^{-1} \in \mathrm{H}$. En déduire qu'il existe une bijection continue $h : \mathrm{G/H} \to \mathrm{L}$ dont l'application réciproque est la restriction à L de l'application canonique $p : \mathrm{G} \to \mathrm{G/H}$, et en conclure que G est isomorphe au produit semi-direct topologique de H et L.

¶ 7) Soient G un groupe topologique, H un sous-groupe distingué isomorphe à $\mathbf{R}^p \times \mathbf{T}^q$ ($p \geqslant 0$, $q \geqslant 0$) et supposons qu'il existe un homomorphisme continu surjectif $\varphi : \mathbf{R} \to \mathrm{G/H}$.

Montrer qu'il existe un homomorphisme continu $f: \mathbf{R} \to G$ tel que $f(\mathbf{R}) \cap H = \{e\}$ et $G = H.f(\mathbf{R})$. (En utilisant VII, p. 24, exerc. 4 *b*) et V, p. 18, exerc. 8, se ramener au cas où G n'est pas commutatif, puis, en utilisant VII, p. 24, exerc. 5, au cas où $q = 0$; raisonner ensuite par récurrence sur p en utilisant VII, p. 24, exerc. 6.)

§ 3

¶ 1) *a*) Soit $(x_k)_{1 \leqslant k \leqslant m}$ une suite finie de nombres réels telle que $|x_k| \leqslant 1$ pour $1 \leqslant k \leqslant m$ et $\sum_{k=1}^{m} x_k = 0$. Montrer qu'il existe une permutation σ de l'intervalle $(1, m)$ de $\mathbf{N}$ telle que l'on ait $\left|\sum_{k=1}^{p} x_{\sigma(k)}\right| \leqslant 1$ pour *tout* indice p tel que $1 \leqslant p \leqslant m$, et qui conserve l'ordre des indices h pour lesquels $x_h > 0$ et l'ordre des indices h pour lesquels $x_h < 0$ (c'est-à-dire que si $h < k$, $x_h > 0$ et $x_k > 0$, on a $\sigma(h) < \sigma(k)$, et de même pour les indices tels que $x_h < 0$).

b) Soit $(\mathbf{x}_k)_{1 \leqslant k \leqslant m}$ une suite finie de points $\mathbf{x}_k = (x_{ki})_{1 \leqslant i \leqslant n}$ de $\mathbf{R}^n$, telle que $\|\mathbf{x}_k\| \leqslant 1$ pour $1 \leqslant k \leqslant m$, et $\sum_{k=1}^{m} \mathbf{x}_k = 0$. Montrer qu'il existe une permutation σ de l'intervalle $(1, m)$ de $\mathbf{N}$, telle que $\left\|\sum_{k=1}^{p} \mathbf{x}_{\sigma(k)}\right\| \leqslant 5^{(n-1)/2}$ pour *tout* indice p tel que $1 \leqslant p \leqslant m$. (Raisonner par récurrence sur n, en considérant $\mathbf{R}^n$ comme produit $\mathbf{R}^{n-1} \times \mathbf{R}$, et en posant $\mathbf{x}_k = (\mathbf{x}'_k, x_{kn})$ avec $\mathbf{x}'_k \in \mathbf{R}^{n-1}$. Prendre une partie H de l'intervalle $(1, m)$ de $\mathbf{N}$ telle que $\left\|\sum_{k \in H} \mathbf{x}_k\right\|$ soit maximum; à l'aide d'une rotation, se ramener au cas où $\sum_{k \in H} \mathbf{x}'_k = 0$, et montrer que, dans ce cas, on a nécessairement $x_{kn} \geqslant 0$ pour $k \in H$ et $x_{kn} \leqslant 0$ pour $k \notin H$; utiliser enfin *a*) et l'hypothèse de récurrence).

c) Soit $(\mathbf{x}_k)_{1 \leqslant k \leqslant m}$ une suite finie de points de $\mathbf{R}^n$ telle que $\|\mathbf{x}_k\| \leqslant 1$ pour $1 \leqslant k \leqslant m$ et $\left\|\sum_{k=1}^{m} \mathbf{x}_k\right\| = a > 0$; montrer qu'il existe une permutation σ de l'intervalle $(1, m)$ de $\mathbf{N}$ telle que $\left\|\sum_{k=1}^{p} \mathbf{x}_{\sigma(k)}\right\| \leqslant (a + 1)5^{(n-1)/2}$ pour *tout* p tel que $1 \leqslant p \leqslant m$ (se ramener au cas *b*)).

¶ 2) Soit $(\mathbf{x}_m)_{m \in \mathbf{N}}$ une suite infinie de points de $\mathbf{R}^n$ telle que $\lim_{m \to \infty} \mathbf{x}_m = 0$. Pour toute partie finie H de $\mathbf{N}$, on pose $\mathbf{s}_H = \sum_{m \in H} \mathbf{x}_m$. Montrer que deux cas peuvent se présenter:

1° Ou bien $\lim_{\mathfrak{F}} \|\mathbf{s}_H\| = +\infty$, $\mathfrak{F}$ étant l'ensemble filtrant croissant des parties finies de $\mathbf{N}$.

2° Ou bien il existe des permutations σ de $\mathbf{N}$ telles que la série de terme général $\mathbf{x}_{\sigma(m)}$ soit convergente dans $\mathbf{R}^n$; dans ce cas l'ensemble A des sommes $\mathop{\mathrm{S}}_{m=0}^{\infty} \mathbf{x}_{\sigma(m)}$ de ces séries, pour toutes les permutations σ de cette nature, est une *variété linéaire affine* de $\mathbf{R}^n$. (Montrer d'abord, à l'aide de l'exerc. 1 *b*), que toute valeur d'adhérence, suivant l'ensemble filtrant $\mathfrak{F}$, de l'application $H \mapsto \mathbf{s}_H$, est somme d'une série convergente $(\mathbf{x}_{\sigma(m)})$ pour une permutation convenable σ. Utiliser III, p. 79, exerc. 3, pour prouver que l'ensemble A, s'il est non vide, est une classe suivant un sous-groupe fermé de $\mathbf{R}^n$. Montrer enfin que A est *connexe*, en utilisant l'exerc. 1 *c*), ainsi que II, p. 38, exerc. 15).

(N.-B. — Les chiffres romains entre parenthèses renvoient à la bibliographie placée à la fin de cette note.)

Au langage près, les résultats essentiels de l'étude des sous-groupes et des groupes quotients des groupes additifs $\mathbf{R}^n$ sont connus depuis la fin du XIXe siècle. De nombreuses questions d'arithmétique et d'analyse avaient en effet conduit à chercher la structure des sous-groupes de $\mathbf{R}^n$ engendrés par un nombre *fini* de points. C'est ainsi que Lagrange, développant la théorie des fractions continues, montre en passant que, pour tout nombre réel θ, il existe des entiers m, n non tous nuls, tels que $m - n\theta$ soit arbitrairement petit ((I), t. VII, p. 27). En 1835, Jacobi, en vue de ses recherches sur les fonctions analytiques périodiques de plusieurs variables complexes, montre que, si $\mathbf{x}$, $\mathbf{y}$, $\mathbf{z}$ sont trois vecteurs de $\mathbf{R}^2$, il existe des entiers non tous nuls m, n, p, rendant arbitrairement petit le vecteur $m\mathbf{x} + n\mathbf{y} + p\mathbf{z}$ ((II), t. II, p. 25). Un peu plus tard, Dirichlet, au cours de travaux sur la théorie des nombres algébriques, découvre sa célèbre « méthode des tiroirs » (cf. VII, p. 21, exerc. 10 et 11), grâce à laquelle il établit que p formes $\alpha_{i1}m_1 + \alpha_{i2}m_2 + \cdots + \alpha_{in}m_n - q_i$ $(1 \leqslant i \leqslant p)$ où les α_{ij} sont quelconques, les m_j et les q_i entiers (non tous nuls), peuvent être rendues arbitrairement petites simultanément ((III), t. I, p. 635). Par une tout autre méthode, Hermite arrive au même résultat en 1850, pour les formes particulières du type $m\theta_i - q_i$ $(1 \leqslant i \leqslant p)$ ((IV), t. I, p. 105). Enfin, en 1884, Kronecker établit le résultat général énoncé dans la prop. 7 de VII, p. 7 ((V), t. III_1, p. 47).

Ces travaux étaient naturellement indépendants de la théorie générale des groupes abéliens localement compacts, celle-ci étant de création récente (voir Note historique du chap. III); mais cette dernière théorie, et en particulier la théorie de la dualité,[1] a fait apparaître sous un nouveau jour ces anciens travaux, en y mettant notamment en évidence la notion fondamentale de sous-groupes associés; c'est sur ces idées qu'est basé l'exposé du texte.[2]

Le point de vue auquel nous nous sommes placé dans ce chapitre pour exposer ces résultats est exclusivement *qualitatif*, c'est-à-dire que nous avons démontré l'*existence* de combinaisons linéaires de p points, à coefficients entiers, approchant autant qu'on veut un point donné (qui doit éventuellement satisfaire à des conditions convenables); mais on peut se demander s'il y a des relations entre l'approximation obtenue et la grandeur des coefficients des combinaisons linéaires qui la fournissent: c'est le point de vue *quantitatif* des « approximations

[1] Voir TS, ch. II, §1.

[2] Un exposé analogue avait déjà été esquissé par Marcel Riesz. (Modules réciproques, *Congrès Intern. des Math.*, Oslo, 1936, vol. II, p. 36.)

diophantiennes », auquel se placent tous les auteurs que nous venons de citer. Ces questions n'ont cessé, depuis un siècle, de faire l'objet de recherches très nombreuses et très variées, riches en applications à la Théorie des nombres; il n'entre pas dans notre propos de les développer ici, et nous nous bornerons à renvoyer le lecteur désireux de s'initier à ces théories, aux travaux fondamentaux de Minkowski (VI) et de H. Weyl (VII), qui sont à l'origine d'une très abondante littérature.[1]

---

[1] Pour une bibliographie du sujet, voir par exemple J. Koksma, *Diophantische Approximationen*, Berlin (Springer), 1936 et W. M. Schmidt, *Approximation to algebraic numbers*, L'Enseignement mathématique, 17, p. 187–253, 1971.

BIBLIOGRAPHIE

(I) J. L. Lagrange, *Œuvres*, t. VII, Paris (Gauthier-Villars), 1877.

(II) C. G. J. Jacobi, *Gesammelte Werke*, t. II, Berlin (G. Reimer), 1882.

(II *bis*) C. G. J. Jacobi, *Ueber die vierfach periodischen Funktionen zweier Variabeln* (Ostwald's Klassiker, nº 64, Leipzig (Engelmann), 1895).

(III) P. G. Lejeune-Dirichlet, *Werke*, t. I, Berlin (G. Reimer), 1889.

(IV) Ch. Hermite, *Œuvres*, t. I, Paris (Gauthier-Villars), 1905.

(V) L. Kronecker, *Werke*, t. III_1, Leipzig (Teubner), 1899.

(VI) H. Minkowski, *Gesammelte Abhandlungen*, 2 vol., Leipzig-Berlin (Teubner), 1911.

(VII) H. Weyl, Ueber die Gleichverteilung von Zahlen mod. Eins, *Math. Ann.*, t. LXXVII (1916), p. 313 (= *Selecta*, Basel-Stuttgart (Birkhäuser), 1956, p. 111).

CHAPITRE VIII

Nombres complexes

§ 1. NOMBRES COMPLEXES; QUATERNIONS

1. Définition des nombres complexes

Le polynôme $X^2 + 1$ n'a pas de racine dans **R**, puisqu'on a $x^2 + 1 \geqslant 1$ quel que soit $x \in \mathbf{R}$; il est donc irréductible dans **R**. C'est là d'ailleurs un cas particulier du résultat analogue qui s'applique à tout *corps ordonné* (A, VI, § 2).

DÉFINITION 1. — *On appelle corps des nombres complexes, et on désigne par* **C**, *le corps* (*commutatif*) $\mathbf{R}[X]/(X^2 + 1)$; *on désigne par i l'image canonique de* X *dans* **C**, *de sorte que* **C** *est obtenu par adjonction algébrique au corps* **R** *de la racine i du polynôme* $X^2 + 1$; *les éléments de* **C** *sont appelés nombres complexes.*

Du point de vue algébrique, l'intérêt du corps **C** provient du théorème fondamental suivant:

THÉORÈME 1 (théorème de d'Alembert-Gauss). — *Le corps* **C** *des nombres complexes est algébriquement clos.*

Pour le démontrer, il suffit (A, VI, § 2, n° 6, th. 3) d'établir que: 1° tout élément $\geqslant 0$ a une *racine carrée* dans **R**; 2° tout polynôme de degré *impair* à coefficients dans **R** possède *au moins une racine* dans **R**. Nous avons déjà démontré la première de ces propositions (IV, p. 12). D'autre part, si $f(X) = a_0X^n + a_1X^1 + \cdots + a_n$ est un polynôme de degré n impair ($a_0 \neq 0$) à coefficients réels, on peut écrire pour $x \neq 0$, $f(x) = a_0x^ng(x)$, où $g(x) = 1 + a_1/a_0x + \cdots + a_n/a_0x^n$ tend vers $+1$ lorsque x tend vers $+\infty$ ou $-\infty$. Il existe donc un nombre $a > 0$ tel que $f(a)$ ait le signe de a_0 et $f(-a)$ le signe de $-a_0$; d'après le th. de Bolzano (IV, p. 28, th. 2), f a au moins une racine dans $(-a, a)$.

Remarques. — 1) On peut démontrer le th. 1 sans utiliser la théorie des corps ordonnés, en se servant des propriétés de la *topologie* du corps **C**, qui va être définie ci-dessous (VIII, p. 3): voir VIII, p. 22, exerc. 2, et aussi la partie de ce Traité consacrée à la Topologie algébrique, où le théorème de d'Alembert-Gauss sera démontré comme conséquence de résultats sur le *degré d'application*.

2) Comme **C** est de degré 2 par rapport à **R**, on voit que **C** est, à isomorphisme près, la *seule* extension algébrique de **R** distincte de **R**, et qu'il n'existe pas de corps contenu dans **C** et contenant **R**, distinct de **R** et de **C**.

On sait (A, V, § 3) que **R** peut être identifié à un sous-corps de **C**, et que tout élément $z \in \mathbf{C}$ peut se mettre d'une manière et d'une seule sous la forme $x + iy$, où x et y sont réels; x est appelé *partie réelle* de z et se note $\mathscr{R}(z)$, y *partie imaginaire* de z et se note $\mathscr{I}(z)$; les nombres complexes de la forme iy (y réels) sont dits *imaginaires purs*. La relation $x + iy = 0$ (x et y réels) est équivalente à « $x = 0$ et $y = 0$ ».

Comme $i^2 = -1$, les éléments de **C**, donnés par leurs parties réelles et imaginaires, satisfont aux règles de calcul suivantes:

$$(x + iy) + (x' + iy') = (x + x') + i(y + y'), \tag{1}$$

$$(x + iy)(x' + iy') = (xx' - yy') + i(xy' + yx'). \tag{2}$$

En particulier $(x + iy)(x - iy) = x^2 + y^2 \in \mathbf{R}$; d'où, si $x + iy \neq 0$,

$$\frac{1}{x + iy} = \frac{x}{x^2 + y^2} - i\frac{y}{x^2 + y^2}. \tag{3}$$

La seconde racine du polynôme $X^2 + 1$ dans **C** est $-i$; par suite (A, V, § 6, n° 2) le seul *automorphisme* de **C**, distinct de l'application identique, et qui laisse invariants les nombres réels, est l'application faisant correspondre à tout nombre complexe $z = x + iy$ le nombre complexe $x - iy$, qu'on note $\bar{z}$, et qu'on appelle (conformément aux définitions générales) le nombre complexe *conjugué* de z. On a $\mathscr{R}(z) = \frac{1}{2}(z + \bar{z})$, $\mathscr{I}(z) = \frac{1}{2i}(z - \bar{z})$. En vertu de cet automorphisme, si $f(z)$ est un polynôme à coefficients *réels*, on a $f(\bar{z}) = \overline{f(z)}$ pour tout $z \in \mathbf{C}$.

Le nombre réel $z\bar{z} = x^2 + y^2$ s'appelle la *norme algébrique* de z (ou simplement la *norme* de z lorsque aucune confusion n'est possible); c'est un nombre $\geqslant 0$, qui n'est nul que si $z = 0$. Le nombre positif $\sqrt{z\bar{z}} = \sqrt{x^2 + y^2}$ se réduit à la valeur absolue de z lorsque z est réel; on l'appelle encore *valeur absolue* de z et on le note $|z|$ lorsque z est un nombre complexe quelconque (cf. A, VI, § 2, n° 6). La relation $|z| = 0$ équivaut à $z = 0$. Si z et z' sont deux nombres complexes, le conjugué de zz' est $\bar{z}.\bar{z}'$, donc $|zz'|^2 = zz'\bar{z}\bar{z}' = |z|^2|z'|^2$, d'où $|zz'| = |z|.|z'|$: *la valeur absolue d'un produit est le produit des valeurs absolues des facteurs*. En particulier, si $z \neq 0$ et $z' = 1/z$, on a $|1/z| = 1/|z|$.

Enfin, quels que soient les nombres complexes z, z', on a l'*inégalité du triangle:*

$$|z + z'| \leqslant |z| + |z'|. \tag{4}$$

2. Topologie de C

L'application $(x, y) \mapsto x + iy$ du plan numérique $\mathbf{R}^2$ sur $\mathbf{C}$ est *bijective*; au moyen de cette application, on peut *transporter* à $\mathbf{C}$ la topologie de $\mathbf{R}^2$ (cf. VI, p. 1). La topologie ainsi définie sur $\mathbf{C}$ est *compatible* avec la structure de corps de $\mathbf{C}$ (III, p. 54), car elle est compatible avec sa structure d'anneau (VI, p. 6) et, d'après (3), $1/z$ est continue dans le complémentaire $\mathbf{C}^*$ du point 0 dans $\mathbf{C}$.

En munissant l'ensemble $\mathbf{C}$ de cette topologie et de la structure de corps définie plus haut (VIII, p. 1), on définit donc sur $\mathbf{C}$ une structure de *corps topologique* (III, p. 54); quand nous parlerons de la topologie de $\mathbf{C}$, c'est toujours de la topologie précédente qu'il sera question.

Dans la suite, on *identifiera* le plus souvent les ensembles $\mathbf{C}$ et $\mathbf{R}^2$, considérés comme espaces topologiques; le sous-corps $\mathbf{R}$ de $\mathbf{C}$ se trouve alors identifié avec l'axe des abscisses de $\mathbf{R}^2$, qu'on appelle pour cette raison *axe réel*; on appelle de même *axe imaginaire* l'axe des ordonnées de $\mathbf{R}^2$ (on notera que ce n'est pas un sous-corps de $\mathbf{C}$). La demi-droite de paramètres $(1, 0)$ (identifiée à $\mathbf{R}_+$) est dite *demi-axe réel positif*; la demi-droite opposée, de paramètres $(-1, 0)$, *demi-axe réel négatif*.

Pour illustrer par des figures ce qui sera dit de $\mathbf{C}$ ou de $\mathbf{R}^2$, on utilisera la représentation (bien connue en géométrie élémentaire) de $\mathbf{R}^2$ par les points d'un plan où l'on a tracé deux axes de coordonnées rectangulaires, qui représentent respectivement l'axe réel et l'axe imaginaire de $\mathbf{C}$ (fig. 7).

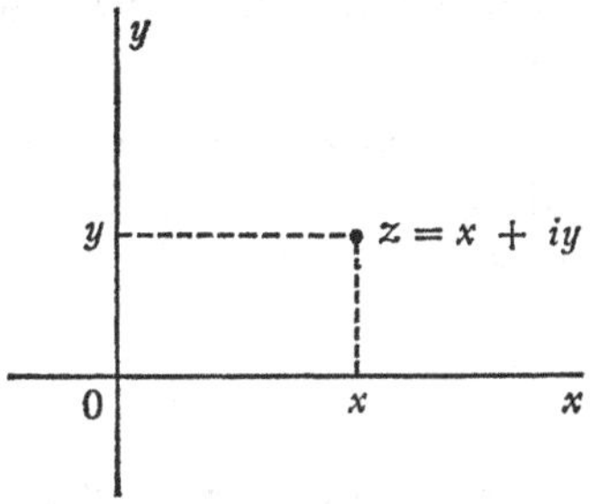

FIGURE 7

Comme dans tout corps topologique, toute *fonction rationnelle* de n variables complexes, à coefficients complexes, est *continue* en tout point de $\mathbf{C}^n$ où son dénominateur n'est pas nul.

La permutation $z \mapsto \bar{z}$ de $\mathbf{C}$ est *continue*; c'est donc un *automorphisme* du corps topologique $\mathbf{C}$.

On peut d'ailleurs montrer que c'est le *seul* automorphisme du corps topologique $\mathbf{C}$, distinct de l'automorphisme identique (voir VIII, p. 25, exerc. 4).

Les fonctions $\mathscr{R}(z)$, $\mathscr{I}(z)$ ne sont autres que les fonctions *projections* dans $\mathbf{R}^2$; elles sont donc *continues*; il en est de même de la valeur absolue $|z|$, qui n'est autre que la *norme euclidienne* (VI, p. 7) du point (x, y) dans $\mathbf{R}^2$.

Les propriétés de la valeur absolue permettent de donner une autre démonstration du fait que la topologie de $\mathbf{C}$ est compatible avec la structure de corps de $\mathbf{C}$

(cf. IX, p. 28). En effet, la continuité de $z + z'$ résulte de l'inégalité du triangle $|z + z'| \leqslant |z| + |z'|$; la continuité de zz' résulte de la relation

$$\begin{aligned} |zz' - z_0 z'_0| &= |z_0(z' - z'_0) + (z - z_0)z'_0 + (z - z_0)(z' - z'_0)| \\ &\leqslant |z_0|.|z' - z'_0| + |z'_0|.|z - z_0| + |z - z_0|.|z' - z'_0|. \end{aligned}$$

Enfin, la continuité de z^{-1} résulte de la relation

$$|z_0^{-1} - z^{-1}| = |z|^{-1}.|z - z_0|.|z_0|^{-1}.$$

3. Le groupe multiplicatif C*

On sait (III, p. 55) que la topologie induite sur le groupe multiplicatif $\mathbf{C}^*$ des nombres complexes $\neq 0$ est compatible avec la structure de groupe de $\mathbf{C}^*$; comme $\mathbf{C}^*$ est *ouvert* dans $\mathbf{C}$, $\mathbf{C}^*$ est un groupe topologique *localement compact* (I, p. 66, prop. 13), donc *complet* (pour la structure uniforme multiplicative, bien entendu; cf. III, p. 56, prop. 8). Le groupe multiplicatif $\mathbf{R}_+^*$ des nombres réels >0 est un *sous-groupe fermé* de $\mathbf{C}^*$. Un autre sous-groupe est formé de l'ensemble $\mathbf{U}$ des nombres complexes *de valeur absolue égale à* 1, qui est identifié avec le *cercle unité* $\mathbf{S}_1$ de $\mathbf{R}^2$, et est par suite un groupe *compact*. En outre:

Proposition 1. — *Le groupe topologique* $\mathbf{C}^*$ *est le produit direct de ses sous-groupes* $\mathbf{R}_+^*$ et $\mathbf{U}$.

En effet, l'application $(t, u) \mapsto tu$ est un *homéomorphisme* de $\mathbf{R}_+^* \times \mathbf{U}$ sur $\mathbf{C}^*$ (VI, p. 10, prop. 3); il est immédiat d'autre part que c'est un isomorphisme du groupe produit $\mathbf{R}_+^* \times \mathbf{U}$ sur $\mathbf{C}^*$.

Nous savons que le groupe topologique $\mathbf{R}_+^*$ est isomorphe au groupe additif $\mathbf{R}$ (V, p. 11, th. 1); l'étude du groupe topologique $\mathbf{C}^*$ est donc ramenée à celle du groupe $\mathbf{U}$, que nous ferons au § 2.

4. Le corps des quaternions

On note $\mathbf{H}$ l'*algèbre des quaternions de Hamilton*, c'est-à-dire (A, III, p. 19) la $\mathbf{R}$-algèbre dont l'espace vectoriel sous-jacent est $\mathbf{R}^4$ et dont la table de multiplication de la base canonique (notée $(1, i, j, k)$), est donnée par les formules suivantes:

$$\begin{aligned} &1^2 = 1, \quad 1i = i1 = i, \quad 1j = j1 = j, \quad 1k = k1 = k, \\ &i^2 = j^2 = k^2 = -1, \quad ij = -ji = k, \quad jk = -kj = i, \quad ki = -ik = j. \end{aligned}$$

On identifie $\mathbf{R}$ au sous-corps $\mathbf{R}1$ de $\mathbf{H}$ et $\mathbf{C}$ au sous-corps de $\mathbf{H}$ formé des quaternions de la forme $a + bi$, pour a, b dans $\mathbf{R}$. Tout quaternion $\mathbf{x} \in \mathbf{H}$ s'écrit $\mathbf{x} = x_0 + x_1 i + x_2 j + x_3 k = z_0 + z_1 j = z_0 + j\bar{z}_1$, avec x_0, x_1, x_2, x_3 dans $\mathbf{R}$, et z_0, z_1 dans $\mathbf{C}$; on pose

$$\begin{aligned} \bar{\mathbf{x}} &= x_0 - x_1 i - x_2 j - x_3 k = \bar{z}_0 - z_1 j, \\ \mathrm{T}(\mathbf{x}) &= \mathbf{x} + \bar{\mathbf{x}} = 2x_0 = z_0 + \bar{z}_0, \\ \mathrm{N}(\mathbf{x}) &= \mathbf{x}.\bar{\mathbf{x}} = x_0^2 + x_1^2 + x_2^2 + x_3^2 = z_0\bar{z}_0 + z_1\bar{z}_1. \end{aligned}$$

On dit que $\mathrm{N}(\mathbf{x})$ est la *norme* (algébrique) de $\mathbf{x}$; c'est le carré de sa norme euclidienne $|\mathbf{x}|$ dans $\mathbf{R}^4$; on a $\mathrm{N}(\mathbf{xy}) = \mathrm{N}(\mathbf{x})\mathrm{N}(\mathbf{y})$. Il résulte de ce qui précède que $\mathbf{H}$ est un *corps* (non commutatif), l'inverse du quaternion non nul $\mathbf{x}$ étant $\bar{\mathbf{x}}/\mathrm{N}(\mathbf{x})$. Le centre de $\mathbf{H}$ est $\mathbf{R}$, et il résulte de A, VIII, § 11, th. 2 que toute $\mathbf{R}$-algèbre de rang fini qui est un corps non commutatif est isomorphe à $\mathbf{H}$.

La topologie de $\mathbf{H} = \mathbf{R}^4$ est compatible avec sa structure de corps; elle est en effet compatible avec sa structure d'anneau d'après VI, p. 6, et les coordonnées de l'inverse $\mathbf{x}^{-1}$ d'un quaternion non nul $\mathbf{x}$ sont des fonctions rationnelles, donc continues, des coordonnées de $\mathbf{x}$.

Nous obtenons ainsi un troisième exemple de corps topologique *localement compact et connexe*, les deux autres étant $\mathbf{R}$ et $\mathbf{C}$; on peut montrer que ce sont, à isomorphisme près, les seuls corps topologiques ayant ces deux propriétés (AC, VI, § 9, n° 3, cor. du th. 1).

L'ensemble des quaternions de norme 1, identique à la sphère $\mathbf{S}_3$, est un sous-groupe compact du groupe multiplicatif $\mathbf{H}^*$ des quaternions non nuls.

PROPOSITION 2. — *Le groupe topologique $\mathbf{H}^*$ des quaternions $\neq 0$ est le produit direct de ses sous-groupes $\mathbf{R}_+^*$ et $\mathbf{S}_3$.*

En effet, l'application $(t, \mathbf{z}) \mapsto t\mathbf{z}$ de $\mathbf{R}_+^* \times \mathbf{S}_3$ dans $\mathbf{H}^*$ est un homéomorphisme d'après VI, p. 10, et c'est un homomorphisme de groupes.

Si $\mathbf{x} = z_0 + z_1 j \in \mathbf{H}$, avec z_0, z_1 dans $\mathbf{C}$, on a $\mathrm{N}(\mathbf{x}) = z_0\bar{z}_0 + z_1\bar{z}_1$. Il s'ensuit que N est une forme hermitienne positive non dégénérée sur le $\mathbf{C}$-espace vectoriel $\mathbf{H}$ (A, IX, §7, n° 1); notons $\mathbf{SU}(\mathrm{N})$ le groupe spécial unitaire correspondant. Si on identifie $\mathbf{H}$ à $\mathbf{C}^2$ à l'aide de la base $(1, j)$, le groupe $\mathbf{SU}(\mathrm{N})$ s'identifie alors au groupe $\mathbf{SU}(2, \mathbf{C})$.

PROPOSITION 3. — *L'application qui associe à chaque $\mathbf{q} \in \mathbf{S}_3$ l'endomorphisme*

$$\mathbf{x} \mapsto \mathbf{xq}^{-1} = \mathbf{x}\bar{\mathbf{q}}$$

du $\mathbf{C}$-espace vectoriel $\mathbf{H}$ est un isomorphisme du groupe $\mathbf{S}_3$ sur le groupe spécial unitaire $\mathbf{SU}(\mathrm{N})$.

Soit $\mathbf{q} \in \mathbf{S}_3$; posons $a_\mathbf{q}(\mathbf{x}) = \mathbf{xq}^{-1}$ pour $\mathbf{x} \in \mathbf{H}$. Comme $\mathrm{N}(a_\mathbf{q}(\mathbf{x})) = \mathrm{N}(\mathbf{x})$ pour $\mathbf{x} \in \mathbf{H}$, l'endomorphisme $a_\mathbf{q}$ appartient au groupe unitaire $\mathbf{U}(\mathrm{N})$. D'autre part, d'après A, III, p. 111, ex. 2, le déterminant de $a_\mathbf{q}$ est égal à 1, de sorte que $\mathbf{q} \mapsto a_\mathbf{q}$ est un homomorphisme de groupes de $\mathbf{S}_3$ dans $\mathbf{SU}(\mathrm{N})$. Celui-ci est injectif, puisque $\mathbf{q} = a_\mathbf{q}(1)^{-1}$. Soit enfin $u \in \mathbf{SU}(\mathrm{N})$; posons $\mathbf{q} = u(1)$. On a

$$\mathrm{N}(\mathbf{q}) = \mathrm{N}(u(1)) = \mathrm{N}(1) = 1,$$

donc $\mathbf{q} \in \mathbf{S}_3$; posons $v = a_\mathbf{q}^{-1} \circ u$. On a $v \in \mathbf{SU}(\mathrm{N})$ et $v(1) = 1$. Il s'ensuit que v laisse stable l'orthogonal $\mathbf{C}j$ de 1 pour la forme N, donc que l'on a $v(j) = zj$ avec $z \in \mathbf{C}$; mais cela implique $z = \det(v) = 1$, soit $v = 1$, c'est-à-dire $u = a_\mathbf{q}$.

Soit $\mathbf{H}_0$ le sous-$\mathbf{R}$-espace vectoriel de $\mathbf{H}$ formé des quaternions $\mathbf{x}$ *purs*, c'est-à-dire tels que $\mathrm{T}(\mathbf{x}) = 0$. Notons N_0 la restriction à $\mathbf{H}_0$ de la forme quadratique N et $\mathbf{SO}(\mathrm{N}_0)$ le groupe spécial orthogonal correspondant (A, IX, §6, n° 2). Si on identifie $\mathbf{H}_0$ à $\mathbf{R}^3$ à l'aide de la base (i, j, k), le groupe $\mathbf{SO}(\mathrm{N}_0)$ s'identifie au groupe spécial orthogonal $\mathbf{SO}(3, \mathbf{R})$ de la forme quadratique

$$(x_1, x_2, x_3) \mapsto x_1^2 + x_2^2 + x_3^2.$$

Soit $\mathbf{q} \in \mathbf{H}^*$ et $\mathbf{x} \in \mathbf{H}$; d'après A, III, p. 16, formule (17), on a $\mathrm{T}(\mathbf{qxq}^{-1}) = \mathrm{T}(\mathbf{x})$, de sorte que $\mathbf{qxq}^{-1}$ est pur lorsque $\mathbf{x}$ l'est.

PROPOSITION 4. — *L'application qui associe à chaque* $\mathbf{q} \in \mathbf{S}_3$ *l'endomorphisme* $\mathbf{x} \mapsto \mathbf{qxq}^{-1} = \mathbf{q}\,\mathbf{x}\,\bar{\mathbf{q}}$ *de l'espace* $\mathbf{H}_0$ *des quaternions purs est un homomorphisme surjectif du groupe* $\mathbf{S}_3$ *sur le groupe spécial orthogonal* $\mathbf{SO}(\mathrm{N}_0)$; *son noyau est formé des quaternions* 1 *et* -1.

Soit $\mathbf{q} \in \mathbf{S}_3$; posons $b_\mathbf{q}(\mathbf{x}) = \mathbf{qxq}^{-1}$ pour $\mathbf{x} \in \mathbf{H}_0$. Comme $\mathrm{N}(b_\mathbf{q}(\mathbf{x})) = \mathrm{N}(\mathbf{x})$ pour $\mathbf{x} \in \mathbf{H}_0$, l'endomorphisme $b_\mathbf{q}$ de $\mathbf{H}_0$ appartient au groupe orthogonal $\mathbf{O}(\mathrm{N})$. D'autre part, l'espace vectoriel $\mathbf{H}$ est somme directe de $\mathbf{R}$ et de $\mathbf{H}_0$, et l'endomorphisme $\mathbf{x} \mapsto \mathbf{qxq}^{-1}$ de $\mathbf{H}$ est somme directe de $b_\mathbf{q}$ et de l'automorphisme identique de $\mathbf{R}$; d'après A, III, p. 111, ex. 2, le déterminant de $b_\mathbf{q}$ est donc égal à 1, et $\mathbf{q} \mapsto b_\mathbf{q}$ est un homomorphisme du groupe $\mathbf{S}_3$ dans le groupe spécial orthogonal $\mathbf{SO}(\mathrm{N}_0)$. Le noyau K de cet homomorphisme est formé des éléments de $\mathbf{S}_3$ qui commutent à tous les éléments de $\mathbf{H}_0$, donc qui appartiennent au centre de $\mathbf{H}$; comme ce centre est égal à $\mathbf{R}$, on a $\mathrm{K} = \mathbf{S}_3 \cap \mathbf{R} = \{-1, 1\}$.

Il nous reste à prouver que tout élément u de $\mathbf{SO}(\mathrm{N}_0)$ est de la forme $b_\mathbf{q}$ pour un élément convenable $\mathbf{q}$ de $\mathbf{S}_3$. *Supposons d'abord que l'on ait* $u(i) = i$. Alors u laisse stable l'orthogonal $\mathbf{R}j + \mathbf{R}k = \mathbf{C}j$ de i et induit sur cet espace un élément u du groupe spécial orthogonal de la forme induite par N_0, c'est-à-dire de la forme $zj \mapsto |z|^2$; il existe donc un élément $\mathbf{a} \in \mathbf{U}$ tel que $\bar{u}(zj) = \mathbf{a}zj$. Soit $\mathbf{q} \in \mathbf{U}$ tel que $\mathbf{q}^2 = \mathbf{a}$; on a

$$b_\mathbf{q}(zj) = \mathbf{q}zj\mathbf{q}^{-1} = \mathbf{q}zj\bar{\mathbf{q}} = \mathbf{q}z\mathbf{q}j = \mathbf{a}zj = \bar{u}(zj);$$

comme $b_\mathbf{q}(i) = i$, cela implique $u = b_\mathbf{q}$. *Traitons maintenant le cas général.* On a $u(i)^2 = -1$, et i et $u(i)$ engendrent deux sous-corps isomorphes de $\mathbf{H}$. D'après le théorème de Skolem-Noether (A, VIII, §10, n° 1, th. 1), il existe $\mathbf{q} \in \mathbf{H}^*$ tel que $u(i) = \mathbf{q}i\mathbf{q}^{-1}$; remplaçant $\mathbf{q}$ par $\mathbf{q}/|\mathbf{q}|$, on peut supposer $\mathbf{q} \in \mathbf{S}_3$. D'après ce qui précède, il existe $\mathbf{q}' \in \mathbf{S}_3$ tel que $b_\mathbf{q}^{-1} \circ u = b_{\mathbf{q}'}$, donc $u = b_{\mathbf{qq}'}$, ce qui achève la démonstration.

COROLLAIRE. — *L'application qui associe à chaque* $(\mathbf{q}, \mathbf{q}') \in \mathbf{S}_3 \times \mathbf{S}_3$ *l'endomorphisme* $\mathbf{x} \mapsto \mathbf{qxq}'^{-1} = \mathbf{qx}\bar{\mathbf{q}}'$ *du* $\mathbf{R}$*-espace vectoriel* $\mathbf{H}$ *est un homomorphisme surjectif du groupe produit* $\mathbf{S}_3 \times \mathbf{S}_3$ *sur le groupe spécial orthogonal* $\mathbf{SO}(4, \mathbf{R})$ *de la forme quadratique* N; *son noyau est formé des couples* (1, 1) *et* $(-1, -1)$.

Soit $(\mathbf{q}, \mathbf{q}') \in \mathbf{S}_3 \times \mathbf{S}_3$; posons $c_{\mathbf{q},\mathbf{q}'}(\mathbf{x}) = \mathbf{qxq}'^{-1}$ pour $\mathbf{x} \in \mathbf{H}$. On voit comme ci-dessus que $(\mathbf{q}, \mathbf{q}') \mapsto c_{\mathbf{q},\mathbf{q}'}$ est un homomorphisme du groupe produit $\mathbf{S}_3 \times \mathbf{S}_3$

dans le groupe spécial orthogonal $\mathbf{SO}(\mathrm{N})$. Si $c_{\mathbf{q},\mathbf{q}'} = 1$, on a en particulier $c_{\mathbf{q},\mathbf{q}'}(1) = 1$, donc $\mathbf{q} = \mathbf{q}'$, et la restriction de $c_{\mathbf{q},\mathbf{q}'}$ à $\mathbf{H}_0$ est l'endomorphisme $b_{\mathbf{q}}$; on a $b_{\mathbf{q}} = 1$, donc $\mathbf{q} = 1$ ou $\mathbf{q} = -1$. Il reste à prouver que tout élément u de $\mathbf{SO}(\mathrm{N})$ est de la forme $c_{\mathbf{q},\mathbf{q}'}$. Supposons d'abord que $u(1) = 1$; alors u laisse stable l'orthogonal $\mathbf{H}_0$ de 1 et induit sur $\mathbf{H}_0$ un élément de $\mathbf{SO}(\mathrm{N}_0)$; d'après la proposition 4, il existe donc $\mathbf{q} \in \mathbf{S}_3$ tel que $u = c_{\mathbf{q},\mathbf{q}}$. Dans le cas général, posons $v = c_{1,u(1)^{-1}} \circ u$; on a $v(1) = 1$; il existe donc $\mathbf{q} \in \mathbf{S}_3$ tel que $v = c_{\mathbf{q},\mathbf{q}}$, et on a $u = c_{\mathbf{q},u(1)\mathbf{q}}$.

Remarques. — 1) A l'aide des relations $\|\mathbf{x} + \mathbf{y}\| \leqslant \|\mathbf{x}\| + \|\mathbf{y}\|$ et $\|\mathbf{xy}\| = \|\mathbf{x}\| \cdot \|\mathbf{y}\|$, on peut démontrer directement, comme plus haut pour le corps des nombres complexes, que la topologie de $\mathbf{R}^4$ est compatible avec la structure de corps de $\mathbf{H}$ (cf. IX, p. 28).

2) Sur les sphères $\mathbf{S}_0$, $\mathbf{S}_1$ et $\mathbf{S}_3$, il existe, d'après ce qui précède, une structure de groupe compatible avec leur topologie. Inversement, on peut montrer que tout groupe topologique homéomorphe à une sphère $\mathbf{S}_n$ est *isomorphe* à l'un des groupes topologiques $\mathbf{S}_0$, $\mathbf{S}_1$ ou $\mathbf{S}_3$.

3) Tout point du groupe $\mathbf{S}_3$ possède un voisinage homéomorphe à $\mathbf{R}^3$ (VI, p. 11, cor. 2), mais $\mathbf{S}_3$ n'est pas localement isomorphe au groupe $\mathbf{R}^3$, sans quoi, étant connexe, il serait commutatif (VII, p. 13, th. 1), ce qui n'est pas le cas puisque i et j appartiennent à $\mathbf{S}_3$ et que $ij \neq ji$.

4) Si l'on munit les groupes $\mathbf{SU}(\mathrm{N})$, $\mathbf{SO}(\mathrm{N}_0)$ et $\mathbf{SO}(\mathrm{N})$ des topologies induites par celle du groupe linéaire $\mathbf{GL}(4, \mathbf{R})$, et les groupes

$$\mathbf{S}_3/\{1, -1\} \quad \text{et} \quad (\mathbf{S}_3 \times \mathbf{S}_3)/\{(1, 1), (-1, -1)\}$$

des topologies quotients, les isomorphismes de groupes

$$\begin{aligned} &\mathbf{S}_3 \to \mathbf{SU}(\mathrm{N}), \\ &\mathbf{S}_3/\{1, -1\} \to \mathbf{SO}(\mathrm{N}_0), \\ &(\mathbf{S}_3 \times \mathbf{S}_3)/\{(1, 1), (-1, -1)\} \to \mathbf{SO}(\mathrm{N}) \end{aligned}$$

définis ci-dessus sont continus. Comme ils sont définis sur des espaces compacts et à valeurs dans des espaces séparés, ce sont des homéomorphismes, donc des *isomorphismes de groupes topologiques.*

§ 2. MESURE DES ANGLES; FONCTIONS TRIGONOMÉTRIQUES

1. Le groupe multiplicatif U

THÉORÈME 1. — *Le groupe topologique* (*multiplicatif*) $\mathbf{U}$ *des nombres complexes de valeur absolue* 1 *est isomorphe au groupe topologique* (*additif*) $\mathbf{T}$ *des nombres réels modulo* 1.

En effet, $\mathbf{U} = \mathbf{S}_1$ est *compact* et *connexe*, et possède un voisinage de l'élément neutre $+1$ homéomorphe à un intervalle ouvert de $\mathbf{R}$ (VI, p. 11, cor. 2); le théorème est donc une conséquence de la caractérisation topologique de $\mathbf{T}$ donnée dans V, p. 11, th. 2.

COROLLAIRE. — *Le groupe multiplicatif* $\mathbf{C}^*$ *des nombres complexes* $\neq 0$ *est isomorphe au groupe* $\mathbf{R} \times \mathbf{T}$ (cf. VIII, p. 4, prop. 1).

Remarque. — L'isomorphie des groupes $\mathbf{C}^*$ et $\mathbf{R} \times \mathbf{T}$ entraîne l'existence des racines de toute « équation binôme » $z^n = a$ dans le corps $\mathbf{C}$; en s'appuyant sur cette propriété (et sur la compacité locale de $\mathbf{C}$) on peut obtenir une nouvelle démonstration du th. de d'Alembert-Gauss (VIII, p. 26, exerc. 2).

Il n'existe que *deux* isomorphismes distincts du groupe $\mathbf{T}$ sur le groupe $\mathbf{U}$; car si g, g' sont deux isomorphismes de $\mathbf{T}$ sur $\mathbf{U}$, h' l'isomorphisme réciproque de g', $h' \circ g$ est un automorphisme de $\mathbf{T}$, donc (VII, p. 15, prop. 6) on a identiquement $g'(x) = g(x)$ ou $g'(x) = g(-x)$. On peut toujours supposer que l'isomorphisme g est tel que i soit l'image par g de la classe (mod. 1) du point $\frac{1}{4}$; alors, en désignant par φ l'homomorphisme canonique de $\mathbf{R}$ sur $\mathbf{T}$, tout morphisme strict du groupe additif $\mathbf{R}$ sur le groupe multiplicatif $\mathbf{U}$ est de la forme $x \mapsto g(\varphi(x/a))$, où a est un nombre réel $\neq 0$ (VII, p. 14, prop. 4); on notera que l'intervalle $]-|a|/2, |a|/2[$ est le plus grand intervalle ouvert symétrique de $\mathbf{R}$ que ce morphisme strict applique d'une manière biunivoque sur image, et que l'on a $g(\varphi(\frac{1}{4})) = i$. Nous désignerons par $x \mapsto \mathbf{e}(x)$ l'homomorphisme $x \mapsto g(\varphi(x))$; tout morphisme strict de $\mathbf{R}$ sur $\mathbf{U}$ est donc de la forme $x \mapsto \mathbf{e}(x/a)$, où $a \neq 0$. La fonction $\mathbf{e}(x)$ est une fonction continue dans $\mathbf{R}$, à valeurs complexes, satisfaisant aux identités

$$|\mathbf{e}(x)| = 1, \tag{1}$$

$$\mathbf{e}(x+y) = \mathbf{e}(x)\mathbf{e}(y), \tag{2}$$

ainsi qu'aux relations

$$\mathbf{e}(0) = 1, \quad \mathbf{e}(\tfrac{1}{4}) = i, \quad \mathbf{e}(\tfrac{1}{2}) = -1, \quad \mathbf{e}(\tfrac{3}{4}) = -i, \quad \mathbf{e}(1) = 1. \tag{3}$$

De (1) et (2) on tire les identités

$$\mathbf{e}(-x) = 1/\mathbf{e}(x) = \overline{\mathbf{e}(x)}, \tag{4}$$

et, de (2) et (3),

$$\mathbf{e}(x + \tfrac{1}{4}) = i\mathbf{e}(x), \quad \mathbf{e}(x + \tfrac{1}{2}) = -\mathbf{e}(x),$$
$$\mathbf{e}(x + \tfrac{3}{4}) = -i\mathbf{e}(x), \quad \mathbf{e}(x+1) = \mathbf{e}(x).$$

La fonction $\mathbf{e}(x)$ est *périodique* et 1 est période principale de cette fonction.

Remarque. — L'application $x + iy \mapsto e^x\mathbf{e}(y)$ est un morphisme strict du groupe additif $\mathbf{C}$ sur le groupe multiplicatif $\mathbf{C}^*$, et sa restriction à un voisinage convenable de 0 est un isomorphisme local de $\mathbf{C}$ à $\mathbf{C}^*$. Par suite (VII, p. 14, remarque), tout morphisme strict de $\mathbf{C}$ sur $\mathbf{C}^*$ est de la forme $x + iy \mapsto e^{\alpha x + \beta y}\mathbf{e}(\gamma x + \delta y)$, où $\alpha, \beta, \gamma, \delta$ sont des nombres réels quelconques tels que $\alpha\delta - \beta\gamma \neq 0$. Nous verrons plus tard (FVR, III, § 1, n° 5) qu'il existe *un seul* de ces homomorphismes, qu'on note $z \mapsto e^z$, tel que $\lim_{z\to 0} (e^z - 1)/z = 1$; la restriction de cet homomorphisme à l'axe réel est identique à e^x (d'où la notation).

2. Angles de demi-droites

Le corps $\mathbf{R}$ étant *ordonné*, nous *orienterons* le plan numérique $\mathbf{R}^2$ en prenant $\mathbf{e}_1 \wedge \mathbf{e}_2$ comme bivecteur positif ($\mathbf{e}_1$, $\mathbf{e}_2$ étant les vecteurs de la base canonique);

dans le plan numérique orienté $\mathbf{R}^2$ (identifié à $\mathbf{C}$ dans ce qui suit), on peut alors définir l'*angle* $(\widehat{\Delta_1, \Delta_2})$ d'un couple quelconque (Δ_1, Δ_2) de demi-droites.[1] L'ensemble $\mathfrak{A}$ des angles de demi-droites est muni d'une structure de groupe commutatif (noté additivement), définie par

$$(\widehat{\Delta_1, \Delta_3}) = (\widehat{\Delta_1, \Delta_2}) + (\widehat{\Delta_2, \Delta_3}),$$

d'où en particulier, $(\widehat{\Delta_1, \Delta_1}) = 0$, $(\widehat{\Delta_2, \Delta_1}) = -(\widehat{\Delta_1, \Delta_2})$.

L'*angle plat* ϖ est la solution $\neq 0$ de l'équation $2\theta = 0$ dans $\mathfrak{A}$; c'est l'angle que fait le demi-axe réel négatif avec le demi-axe réel positif.

Pour tout nombre complexe $z \neq 0$, on appelle *amplitude* de z, et l'on note $\mathrm{Am}(z)$, l'angle que fait avec le demi-axe réel positif la demi-droite d'origine 0 passant par z. L'application $z \mapsto \mathrm{Am}(z)$ est un homomorphisme du groupe multiplicatif $\mathbf{C}^*$ sur le groupe additif $\mathfrak{A}$; on a donc

$$\mathrm{Am}(zz') = \mathrm{Am}(z) + \mathrm{Am}(z') \quad \text{et} \quad \mathrm{Am}(\bar{z}) = \mathrm{Am}(z^{-1}) = -\mathrm{Am}(z).$$

L'angle $\delta = \mathrm{Am}(i)$ s'appelle *angle droit positif*; c'est une des solutions, dans le groupe $\mathfrak{A}$, de l'équation $2\theta = \varpi$, l'autre étant $-\delta = \delta + \varpi$.

L'homomorphisme $z \mapsto \mathrm{Am}(z)$, restreint au sous-groupe $\mathbf{U}$ de $\mathbf{C}^*$, est un isomorphisme de la structure de groupe de $\mathbf{U}$ *sur* celle de $\mathfrak{A}$; si on *transporte* au groupe $\mathfrak{A}$, par cet isomorphisme, la topologie de $\mathbf{U}$, $\mathfrak{A}$ devient un groupe topologique compact, et l'homomorphisme $z \mapsto \mathrm{Am}(z)$ de $\mathbf{C}^*$ sur $\mathfrak{A}$ est un *morphisme strict* du groupe topologique $\mathbf{C}^*$ sur le groupe topologique $\mathfrak{A}$.

Désignons par $\theta \mapsto f(\theta)$ l'isomorphisme de $\mathfrak{A}$ sur $\mathbf{U}$, réciproque de l'isomorphisme $z \mapsto \mathrm{Am}(z)$ de $\mathbf{U}$ sur $\mathfrak{A}$. Par définition (A, IX, § 10, n° 3), $\mathscr{R}(f(\theta))$ se note $\cos\theta$ et s'appelle *cosinus* de l'angle θ, $\mathscr{I}(f(\theta))$ se note $\sin\theta$ et s'appelle *sinus* de l'angle θ. Ces fonctions sont *continues* dans le groupe topologique $\mathfrak{A}$, et satisfont aux relations suivantes (*loc. cit.*), conséquences immédiates des définitions qui précèdent:

$$\cos 0 = 1, \qquad \sin 0 = 0, \qquad \cos\varpi = -1, \qquad \sin\varpi = 0,$$
$$\cos(-\theta) = \cos\theta, \qquad \sin(-\theta) = -\sin\theta,$$
$$\cos(\theta + \theta') = \cos\theta\cos\theta' - \sin\theta\sin\theta',$$
$$\sin(\theta + \theta') = \sin\theta\cos\theta' + \sin\theta'\cos\theta,$$
$$\cos^2\theta + \sin^2\theta = 1.$$

Par définition, la *tangente* $\mathrm{tg}(\theta)$ d'un angle $\theta \in \mathfrak{A}$ est l'élément de $\tilde{\mathbf{R}}$, qui vaut $\sin\theta/\cos\theta$ lorsque $\theta \neq \delta$ et $\theta \neq -\delta$, et vaut ∞ lorsque $\theta = \delta$ ou $\theta = -\delta$.

---

[1] Rappelons (A, IX, § 10, n° 3) qu'on définit, dans l'ensemble des couples (Δ_1, Δ_2) de demi-droites d'origine 0, une *relation d'équivalence*, en considérant deux couples (Δ_1, Δ_2) et (Δ'_1, Δ'_2) comme équivalents s'il existe une même *rotation* qui transforme Δ_1 en Δ'_1 et Δ_2 en Δ'_2; l'*angle* du couple (Δ_1, Δ_2) (ou *angle que fait* Δ_2 *avec* Δ_1) est par définition la classe d'équivalence de ce couple.

La fonction tg est une application continue de $\mathfrak{A}$ dans $\tilde{\mathbf{R}}$; on a $\operatorname{tg}(\theta + \overline{\omega}) = \operatorname{tg} \theta$. On appelle *cotangente* de θ, et on note $\operatorname{cotg} \theta$, l'élément de $\tilde{\mathbf{R}}$ égal à $1/\operatorname{tg} \theta$.

On notera que, si $\operatorname{Am}(z) = \theta$, on a $z = |z|(\cos \theta + i \sin \theta)$; cette expression s'appelle la *forme trigonométrique* du nombre complexe $z \neq 0$.

3. Mesure des angles de demi-droites

D'après le th. 1 de VIII, p. 7, le groupe topologique $\mathfrak{A}$ des angles de demi-droites est *isomorphe* à $\mathbf{T}$. Tout morphisme strict de $\mathbf{R}$ sur $\mathfrak{A}$ s'obtient en composant l'isomorphisme $z \mapsto \operatorname{Am}(z)$ de $\mathbf{U}$ sur $\mathfrak{A}$ et un morphisme strict de $\mathbf{R}$ sur $\mathbf{U}$; si l'on pose $\vartheta(x) = \operatorname{Am}(\mathbf{e}(x))$, tout morphisme strict de $\mathbf{R}$ sur $\mathfrak{A}$ est donc de la forme $x \mapsto \vartheta(x/a)$ $(a \neq 0)$. Étant donné un nombre $a > 0$, fixé une fois pour toutes, tout angle θ correspond, par l'homomorphisme $x \mapsto \vartheta(x/a)$, à une *classe* de nombres réels modulo a (élément de $\mathbf{R}/a\mathbf{Z}$) qu'on appelle la *mesure* de θ relativement à la *base* a; par abus de langage, tout nombre réel de cette classe est appelé *une mesure* de θ; l'angle $\vartheta(x/a)$ est l'*angle de mesure* x (relativement à la base a). Si x est une mesure de θ, x' une mesure de θ' (relativement à la même base), $x + x'$ est une mesure de $\theta + \theta'$, $-x$ une mesure de $-\theta$. On appelle parfois *mesure principale* d'un angle (relativement à base a) celle de ses mesures qui appartient à l'intervalle $[0, a[$.

Choix d'une base a. — On se borne toujours à considérer des bases $a > 1$. A chaque $a > 1$ correspond un angle de demi-droites $\omega = \vartheta(1/a)$ dont la mesure principale est 1, et qu'on appelle *unité d'angle* relative à la base a; réciproquement, pour tout angle $\omega \neq 0$, il existe un $a > 1$ et un seul tel que $\vartheta(1/a) = \omega$, donc la donnée de l'unité d'angle ω détermine entièrement la base $a > 1$.

Lorsqu'on prend $a = 360$ l'unité d'angle correspondante s'appelle le *degré*.

En Analyse, on utilise la base a définie par la condition

$$\lim_{x \to 0} \frac{\mathbf{e}(x/a) - 1}{x} = i,$$

nombre qu'on désigne par 2π (nous démontrerons plus tard (FVR, III, § 1, n° 3) l'existence d'un tel nombre et indiquerons comment on peut en calculer des valeurs approchées); l'unité d'angle correspondante est appelée *radian*. Avec la définition de e^z pour z complexe signalée ci-dessus, on a $\mathbf{e}(x) = e^{2\pi i x}$ pour tout $x \in \mathbf{R}$.

Une fois choisie une base a, lorsqu'on parle d'un *angle* de demi-droites, on entend le plus souvent une *mesure* de cet angle relativement à la base a; cet abus de langage n'a pas d'inconvénient si (comme c'est toujours le cas tant qu'on ne fait pas de calculs numériques) la base a reste fixe dans les raisonnements, et si l'on se souvient que deux nombres réels congrus mod. a correspondent au *même* angle de demi-droites.

Par exemple, ce qu'on entendra le plus souvent par *amplitude* d'un nombre complexe $z \neq 0$, sera une *mesure en radians* de cet angle, fixée par des conventions qui dépendront de la question étudiée; une fois ces conventions faites, on notera encore $\operatorname{Am}(z)$ la mesure de l'amplitude ainsi choisie.

4. Fonctions trigonométriques

Si on compose les fonctions $\cos\theta$, $\sin\theta$, $\operatorname{tg}\theta$, $\operatorname{cotg}\theta$ (définies dans $\mathfrak{A}$) avec l'homomorphisme $x \mapsto \vartheta(x/a)$ de $\mathbf{R}$ sur $\mathfrak{A}$, les fonctions $\cos\vartheta(x/a)$, $\sin\vartheta(x/a)$, $\operatorname{tg}\vartheta(x/a)$, $\operatorname{cotg}\vartheta(x/a)$ ainsi obtenues s'appellent respectivement *cosinus*, *sinus*, *tangente* et *cotangente* du *nombre* x relatifs à la base a, et se notent $\cos_a x$, $\sin_a x$, $\operatorname{tg}_a x$, et $\operatorname{cotg}_a x$. L'application $x \mapsto \cos_a x + i\sin_a x$ est composée de $\theta \mapsto \cos\theta + i\sin\theta$ et de $x \mapsto \vartheta(x/a)$, d'où, en vertu de la définition de $\cos\theta$ et $\sin\theta$ (VIII, p. 9), l'identité

$$\mathbf{e}\left(\frac{x}{a}\right) = \cos_a x + i\sin_a x, \tag{5}$$

qui équivaut à

$$\cos_a x = \mathscr{R}\left(\mathbf{e}\left(\frac{x}{a}\right)\right), \qquad \sin_a x = \mathscr{I}\left(\mathbf{e}\left(\frac{x}{a}\right)\right),$$

et aussi, d'après (4), à

$$\cos_a x = \frac{1}{2}\left(\mathbf{e}\left(\frac{x}{a}\right) + \mathbf{e}\left(-\frac{x}{a}\right)\right), \qquad \sin_a x = \frac{1}{2i}\left(\mathbf{e}\left(\frac{x}{a}\right) - \mathbf{e}\left(-\frac{x}{a}\right)\right).$$

On en conclut les identités

$$\cos_b x = \cos_a\left(\frac{ax}{b}\right), \qquad \sin_b x = \sin_a\left(\frac{ax}{b}\right). \tag{6}$$

Lorsqu'on choisit la base $a = 2\pi$ dont il a été question plus haut on note simplement $\cos x$, $\sin x$, $\operatorname{tg} x$, $\operatorname{cotg} x$ les fonctions $\cos_{2\pi} x$, $\sin_{2\pi} x$, $\operatorname{tg}_{2\pi} x$, $\operatorname{cotg}_{2\pi} x$. Les formules (6) permettent d'ailleurs d'en déduire les valeurs des fonctions trigonométriques relatives à une base quelconque.

Les relations rappelées plus haut entre cosinus et sinus d'*angles* donnent évidemment les mêmes relations entre cosinus et sinus des *nombres* qui mesurent ces angles; en particulier, on a

$$\begin{gathered}
\cos_a(x+y) = \cos_a x \cos_a y - \sin_a x \sin_a y,\\
\sin_a(x+y) = \sin_a x \cos_a y + \sin_a y \cos_a x,\\
\cos_a(-x) = \cos_a x, \qquad \sin_a(-x) = -\sin_a x,\\
\cos_a^2 x + \sin_a^2 x = 1.
\end{gathered}$$

Les fonctions $\cos_a x$ et $\sin_a x$ sont continues dans $\mathbf{R}$, et périodiques de période a; a est d'ailleurs *période principale* de ces fonctions; en effet, la relation $\cos_a x = \cos_a y$ entraîne $\sin_a x = \sin_a y$ ou $\sin_a x = -\sin_a y$, c'est-à-dire $\mathbf{e}(x/a) = \mathbf{e}(y/a)$ ou $\mathbf{e}(x/a) = \mathbf{e}(-y/a)$, donc $x \equiv y \pmod{a}$ ou $x \equiv -y \pmod{a}$; on voit de même que $\sin_a x = \sin_a y$ est équivalente à $x \equiv y \pmod{a}$ ou $x + y \equiv \frac{1}{2}a \pmod{a}$.

Il résulte de ce qui précède que $\cos_a x$ ne prend jamais deux fois la même valeur dans l'intervalle $[0, \frac{1}{2}a]$; restreinte à cet intervalle, c'est donc une application *bijective* de cet intervalle sur l'intervalle $[-1, +1]$. Comme $\cos_a 0 = 1$, $\cos_a(\frac{1}{2}a) = -1$, $x \mapsto \cos_a x$ est une application *strictement décroissante* de $[0, \frac{1}{2}a]$ *sur*

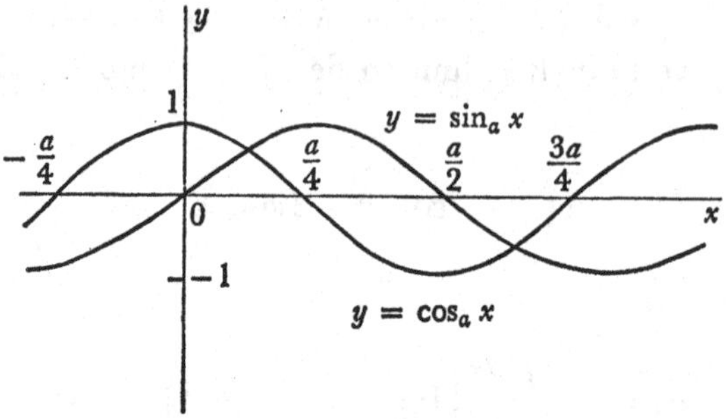

FIGURE 8

$[-1, 1]$ (IV, p. 9 et 10, th. 5 et *Remarque*). On a $\cos_a x = 0$ pour $x = a/4$, $\cos_a x > 0$ pour $0 \leqslant x < a/4$, $\cos_a x < 0$ pour $a/4 < x \leqslant a/2$. Comme $\cos_a(-x) = \cos_a x$, on en déduit la variation de $\cos_a x$ dans l'intervalle $[-\frac{1}{2}a, 0]$, puis dans tout $\mathbf{R}$ par périodicité (fig. 8). Comme $\sin_a x = -\cos_a(x + a/4)$, on en déduit la variation de $\sin_a x$ dans $\mathbf{R}$ (fig. 8).

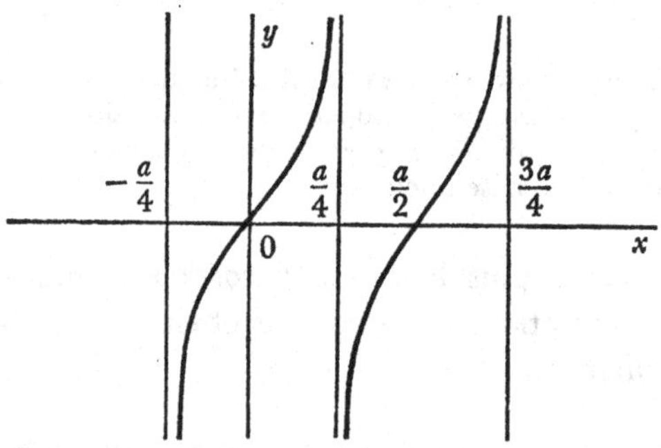

FIGURE 9

La fonction $\operatorname{tg}_a x$ est une application continue de $\mathbf{R}$ sur $\tilde{\mathbf{R}}$; elle prend la valeur ∞ pour les valeurs $a/4 + k(a/2)$ (k entier quelconque). Comme elle admet pour période $\frac{1}{2}a$, $\frac{1}{2}a$ en est une *période principale*. Dans l'intervalle $[0, a/4]$, $\sin_a x$ croît de 0 à 1, $\cos_a x$ décroît de 1 à 0, donc $\operatorname{tg}_a x$ est *strictement croissante* dans $[0, a/4[$, et applique $[0, a/4[$ sur $[0, +\infty[$; on en conclut que $\operatorname{tg}_a x$ est strictement croissante dans $]-a/4, +a/4[$, et est un homéomorphisme de cet intervalle sur $\mathbf{R}$ (fig. 9).

5. Secteurs angulaires

Étant données deux demi-droites fermées *distinctes* Δ_1, Δ_2 d'origine 0, soit x la mesure principale de l'angle $(\widehat{\Delta_1, \Delta_2})$ (relative à une base a choisie une fois pour toutes). La réunion des demi-droites fermées (resp. ouvertes) Δ d'origine 0 telles que la mesure principale y de l'angle $(\widehat{\Delta_1, \Delta})$ satisfasse à $0 \leqslant y \leqslant x$ (resp. $0 < y < x$) est identique au *secteur angulaire fermé* (resp. *ouvert*) S d'origine Δ_1 et d'extrémité Δ_2, défini en Algèbre (A, IX, § 10, n° 4).

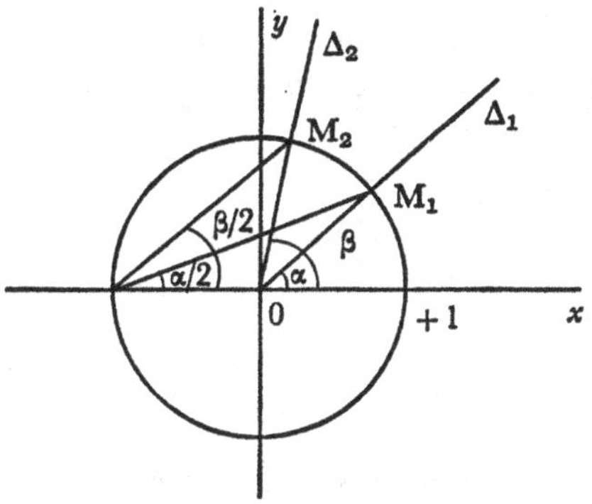

FIGURE 10

En effet, par une rotation, on peut toujours se ramener au cas où S ne contient pas la demi-droite passant par le point -1. Si α et β sont les angles que font alors Δ_1 et Δ_2 respectivement avec le demi-axe réel positif, le secteur angulaire fermé S n'est autre (A, IX, § 10, n° 4, prop. 12) que la réunion des demi-droites fermées Δ faisant avec le demi-axe réel positif un angle θ tel que

$$\operatorname{tg}\frac{\alpha}{2} \leqslant \operatorname{tg}\frac{\theta}{2} \leqslant \operatorname{tg}\frac{\beta}{2}.$$

Or, si u, v, t sont les mesures de α, β, θ respectivement, contenues dans l'intervalle $\left]-a/2, +a/2\right[$, ces inégalités équivalent à $\operatorname{tg}_a u/2 \leqslant \operatorname{tg}_a t/2 \leqslant \operatorname{tg}_a v/2$, et comme $\operatorname{tg}_a x$ est une fonction croissante dans $\left]-a/4, +a/4\right[$, elles équivalent aussi à $u \leqslant t \leqslant v$ ou à $0 \leqslant t - u \leqslant v - u$; comme $x = v - u$, $y = t - u$, la proposition est démontrée pour les secteurs angulaires fermés; on raisonne de même pour les secteurs angulaires ouverts.

Un secteur angulaire fermé est un ensemble *fermé* dans $\mathbf{R}^2$; le secteur angulaire *ouvert* de même origine et même extrémité est son *intérieur* dans $\mathbf{R}^2$ (VI, p. 10, prop. 3). L'angle $(\widehat{\Delta_1, \Delta_2})$ de mesure principale x, s'appelle l'*ouverture* du secteur S; S est dit *saillant* si $x < \frac{1}{2}a$, *plat* (ou *demi-plan fermé*) si $x = \frac{1}{2}a$, *rentrant* si $x > \frac{1}{2}a$; un secteur angulaire saillant est dit *aigu* si $x < a/4$, *droit* (ou *quadrant*) si $x = a/4$, *obtus* si $x > a/4$. La *bissectrice* du secteur S n'est autre que la demi-droite Δ faisant avec Δ_1 un angle $y = \frac{1}{2}x$.

Deux demi-droites fermées distinctes Δ_1, Δ_2 définissent deux secteurs angulaires fermés: celui d'origine Δ_1 et d'extrémité Δ_2, et celui d'origine Δ_2 et d'extrémité Δ_1; leur réunion est le plan numérique $\mathbf{R}^2$, leur intersection est la réunion de Δ_1 et Δ_2.

6. Angles de droites

On a aussi défini en Algèbre (A, IX, § 10, n° 3) la notion d'*angle* d'un couple de deux *droites* dans un espace vectoriel à deux dimensions sur un corps ordonné maximal[1]; cette définition s'applique en particulier au plan numérique $\mathbf{R}^2$. L'ensemble $\mathfrak{A}_0$ des angles de droites est muni d'une structure de groupe commutatif (noté additivement), définie par

$$\widehat{(D_1, D_3)} = \widehat{(D_1, D_2)} + \widehat{(D_2, D_3)},$$

d'où en particulier

$$\widehat{(D_1, D_1)} = 0, \qquad \widehat{(D_2, D_1)} = -\widehat{(D_1, D_2)}.$$

L'angle droit δ_0 est la solution $\neq 0$ de l'équation $2\theta = 0$ dans $\mathfrak{A}_0$; c'est l'angle que fait l'axe imaginaire avec l'axe réel.

On définit un *homomorphisme canonique* φ du groupe $\mathfrak{A}$ des angles de demi-droites sur le groupe $\mathfrak{A}_0$ des angles de droites en faisant correspondre, à l'angle que fait une demi-droite Δ avec le demi-axe réel positif, l'angle que fait la droite D contenant Δ avec l'axe réel (A, IX, § 10, n° 1, cor. de la prop. 3); un angle de droites θ_0 est l'image par φ de deux angles de demi-droites θ, $\theta + \varpi$; autrement dit, $\mathfrak{A}_0$ est isomorphe au groupe quotient de $\mathfrak{A}$ par le sous-groupe $\{0, \varpi\}$. Si on *transporte* à $\mathfrak{A}_0$ la topologie du groupe quotient $\mathfrak{A}/\{0, \varpi\}$ (par l'homomorphisme bijectif associé à φ), $\mathfrak{A}_0$ devient un groupe topologique compact, φ un morphisme strict de $\mathfrak{A}$ sur $\mathfrak{A}_0$.

Si on compose l'homomorphisme φ de $\mathfrak{A}$ sur $\mathfrak{A}_0$ et l'homomorphisme $x \mapsto \vartheta(x/a)$ de $\mathbf{R}$ sur $\mathfrak{A}$ on obtient un homomorphisme $x \mapsto \vartheta_0(x/a)$ de $\mathbf{R}$ sur $\mathfrak{A}_0$; tout angle $\theta_0 \in \mathfrak{A}_0$ correspond, par cet homomorphisme, à une *classe* de nombres réels mod. $\frac{1}{2}a$, qu'on appelle encore *mesure* de θ_0 (relativement à la base a); par abus de langage, tout nombre de cette classe est aussi appelé *une mesure* de θ_0, et celui qui appartient à $[0, a/2[$ la *mesure principale* de θ_0; l'angle $\vartheta_0(x/a)$ est l'*angle de droites de mesure* x. Toute mesure de θ_0 est aussi une mesure d'un des deux angles de demi-droites θ, $\theta + \varpi$ dont θ_0 est l'image par l'homomorphisme φ.

[1] Rappelons que, dans l'ensemble des couples (D_1, D_2) de droites non isotropes, on définit une relation d'équivalence en considérant deux couples (D_1, D_2) et (D'_1, D'_2) comme équivalents, s'il existe une même *similitude directe* qui transforme D_1 en D'_1 et D_2 en D'_2; l'*angle* du couple (D_1, D_2) est la classe d'équivalence de ce couple.

Ici encore, une fois choisie la base a, lorsqu'on parle d'un *angle* de droites, on entend le plus souvent, par abus de langage, une *mesure* de cet angle relativement à la base a.

Remarque. — On définit un homomorphisme de $\mathbf{C}^*$ sur $\mathfrak{A}_0$ en faisant correspondre à tout nombre complexe $z \neq 0$ l'angle que fait la droite passant par 0 et z avec l'axe réel; il est clair que cet homomorphisme est composé de φ et de l'homomorphisme $z \mapsto \operatorname{Am}(z)$ de $\mathbf{C}^*$ sur $\mathfrak{A}$; c'est donc un *morphisme strict* du groupe topologique $\mathbf{C}^*$ sur le groupe topologique $\mathfrak{A}_0$, et la représentation bijective associée est un *isomorphisme* du groupe quotient $\mathbf{C}^*/\mathbf{R}^*$ sur $\mathfrak{A}_0$.

On sait (A, IX, § 10, n° 3) que, si D désigne une droite faisant un angle θ_0 avec l'axe réel, (a, b) un couple de paramètres directeurs de D, la *tangente* de l'angle θ_0 (qui se note encore $\operatorname{tg} \theta_0$) est l'élément b/a de $\tilde{\mathbf{R}}$ ($=\infty$ si $a = 0$), qu'on appelle aussi la *pente* de la droite D. Si θ et $\theta + \varpi$ sont les deux angles de demi-droites dont θ_0 est l'image par l'homomorphisme φ, on a $\operatorname{tg} \theta_0 = \operatorname{tg} \theta = \operatorname{tg} (\theta + \varpi)$. L'application $\theta_0 \mapsto \operatorname{tg} \theta_0$ est un *homéomorphisme* de $\mathfrak{A}_0$ sur $\tilde{\mathbf{R}}$, car l'espace topologique $\mathbf{C}^*/\mathbf{R}^*$ n'est autre que la *droite projective réelle* $\mathbf{P}_1$, et l'on sait (VI, p. 16) que l'application qui fait correspondre à une droite (considérée comme point de $\mathbf{P}_1$) sa pente, est un homéomorphisme de $\mathbf{P}_1$ sur $\tilde{\mathbf{R}}$. Si maintenant on transporte à $\tilde{\mathbf{R}}$ la structure de groupe de $\mathfrak{A}_0$ par l'application $\theta_0 \mapsto \operatorname{tg} \theta_0$, on définit sur $\tilde{\mathbf{R}}$ une structure de *groupe topologique commutatif*, où le composé de deux éléments t_1, t_2 est $(t_1 + t_2)/(1 - t_1 t_2)$ quand t_1 et t_2 appartiennent à $\mathbf{R}$ et sont tels que $t_1 t_2 \neq 1$; pour les couples (t_1, t_2) qui ne satisfont pas à ces conditions, le composé de t_1 et t_2 s'obtient en prolongeant par continuité la fonction $(x + y)/(1 - xy)$ à $\tilde{\mathbf{R}} \times \tilde{\mathbf{R}}$, et se note encore $(t_1 + t_2)/(1 - t_1 t_2)$.

Si θ est un angle de droites, on note souvent 2θ le double commun des deux angles de demi-droites dont θ est l'image. L'application $\theta \mapsto 2\theta$ est un isomorphisme du groupe topologique $\mathfrak{A}_0$ des angles de droites sur le groupe topologique $\mathfrak{A}$ des angles de demi-droites, dont le composé avec la projection canonique de $\mathfrak{A}$ sur $\mathfrak{A}_0$ est la multiplication par l'entier 2 dans le groupe commutatif $\mathfrak{A}_a$. Avec cette notation, on a les formules suivantes (A, IX, pp. 75–83).

$$\sin_a 2\theta = 2 \operatorname{tg}_a \theta/(1 + \operatorname{tg}_a^2 \theta)$$
$$\cos_a 2\theta = (1 - \operatorname{tg}_a^2 \theta)/(1 + \operatorname{tg}_a^2 \theta)$$
$$\operatorname{tg}_a 2\theta = 2 \operatorname{tg}_a \theta/(1 - \operatorname{tg}_a^2 \theta),$$

qui sont des identités entre fonctions continues sur $\mathfrak{A}_0$ à valeurs dans $\tilde{\mathbf{R}}$ (VI, p. 16).

§ 3. SOMMES ET PRODUITS INFINIS DE NOMBRES COMPLEXES

1. Sommes infinies de nombres complexes

Le groupe additif du corps $\mathbf{C}$ étant identique au groupe additif $\mathbf{R}^2$, il n'y a pas à revenir sur l'étude des familles sommables et des séries dans $\mathbf{C}$, qui rentre dans la théorie générale faite dans VII, p. 16–18; nous laissons au lecteur le soin de traduire les résultats de cette théorie dans le langage de la théorie des nombres complexes. Signalons seulement la proposition suivante, corollaire de la prop. 3 de VII, p. 17:

PROPOSITION 1. — *Si* $(u_\lambda)_{\lambda \in L}$ *et* $(v_\mu)_{\mu \in M}$ *sont deux familles sommables de nombres complexes, la famille* $(u_\lambda v_\mu)_{(\lambda,\mu) \in L \times M}$ *est sommable, et l'on a*

$$\sum_{(\lambda,\mu)\in L\times M} u_\lambda v_\mu = \Big(\sum_{\lambda\in L} u_\lambda\Big)\Big(\sum_{\mu\in M} v_\mu\Big). \tag{1}$$

Nous laissons au lecteur le soin d'énoncer la proposition analogue pour les quaternions.

2. Familles multipliables dans C*

Dans le groupe multiplicatif **C*** des nombres complexes $\neq 0$, une famille $(z_\iota)_{\iota\in I}$ ne peut être multipliable que si $\lim z_\iota = 1$ suivant le filtre des complémentaires des parties finies de I (III, p. 38, prop. 1); en outre, tout point de **C*** ayant un système fondamental dénombrable de voisinages, l'ensemble des ι tels que $z_\iota \neq 1$ est dénombrable si la famille (z_ι) est multipliable (III, p. 38, corollaire).

PROPOSITION 2. — *Pour qu'une famille* (z_ι) *de nombres complexes*

$$z_\iota = r_\iota(\cos\theta_\iota + i\sin\theta_\iota)$$

soit multipliable dans **C***, *il faut et il suffit que la famille* (r_ι) *des valeurs absolues des* z_ι *soit multipliable dans* $\mathbf{R}_+^*$, *et que la famille* (θ_ι) *des amplitudes des* z_ι *soit sommable dans le groupe des angles* $\mathfrak{A}$.

D'après la structure du groupe **C*** (VIII, p. 4, prop. 1), la proposition est une conséquence immédiate de la prop. 4 de III, p. 41.

L'application qui, à tout angle θ, fait correspondre celle de ses mesures (de base a quelconque) appartenant à l'intervalle $]-a/2, a/2]$ est un *isomorphisme local* de $\mathfrak{A}$ à **R** (VIII, p. 10); comme $\lim \theta_\iota = 0$ suivant le filtre des complémentaires des parties finies de I, on peut, dans l'énoncé de la prop. 2, remplacer la condition que la famille (θ_ι) soit sommable dans $\mathfrak{A}$ par la condition que la famille (t_ι) des *mesures* des angles θ_ι appartenant à $]-a/2, a/2]$ soit *sommable dans* **R**.

Le théorème suivant donne un autre critère pour qu'une famille de nombres complexes, mise sous la forme $(1 + u_\iota)$, soit multipliable dans **C*** (critère qui généralise le th. de IV, p. 35; voir IX, p. 81, prop. 1):

THÉORÈME 1. — *Pour qu'une famille* $(1 + u_\iota)_{\iota\in I}$ *soit multipliable dans* **C***, *il faut et il suffit que la famille* $(|u_\iota|)$ *soit sommable dans* **R**.

Pour toute partie finie J de I, posons

$$p_J = \prod_{\iota\in J}(1 + a_\iota), \qquad s_J = \sum_{\iota\in J} a_\iota, \qquad \sigma_J = \sum_{\iota\in J} |a_\iota|.$$

Lemme 1. — *Pour toute partie finie* J *de* I, *soit* $\varphi(J) = \sup_{L \subset J} |p_L - 1|$. *Pour toute partie* L *de* J, *on a*

(2) $$|p_L - 1 - s_L| \leqslant \varphi(J)\sigma_L.$$

Le lemme est évident si L est vide; démontrons-le par récurrence sur Card(L). Soit $L = K \cup \{\lambda\}$, où $\lambda \notin K$; alors $p_L = p_K(1 + a_\lambda)$ et $s_L = s_K + a_\lambda$, d'où

$$p_L - 1 - s_L = (p_K - 1 - s_K) + (p_K - 1)a_\lambda$$

et en vertu de l'hypothèse de récurrence et de la définition de $\varphi(J)$

$$|p_L - 1 - s_L| \leqslant \varphi(J)\sigma_K + \varphi(J)|a_\lambda| = \varphi(J)\sigma_L,$$

ce qui prouve le lemme.

Lemme 2. — *Si* J *est une partie finie de* I *telle que* $\varphi(J) < \frac{1}{4}$, *on a*

$$|\sigma_J| \leqslant 4\varphi(J)/(1 - 4\varphi(J)).$$

En effet, comme $\sigma_L \leqslant \sigma_J$ pour toute partie L de J, on a, d'après (2),

$$|s_L| \leqslant \varphi(J)\sigma_J + |p_L - 1| \leqslant (1 + \sigma_J)\varphi(J);$$

mais en vertu de VII, p. 16, prop. 2, on a $|\sigma_J| \leqslant 4 \sup_{L \subset J} |s_L|$, donc on en déduit $\sigma_J \leqslant 4\varphi(J)(1 + \sigma_J)$, d'où le lemme.

Cela étant, prouvons d'abord que la condition de l'énoncé du th. 1 est *suffisante*. L'hypothèse entraîne que la famille $(1 + |u_\iota|)$ est *multipliable* dans $\mathbf{R}_+^*$ (IV, p. 35, th. 4); pour tout $\varepsilon > 0$, il y a donc une partie finie J_0 de I telle que, pour toute partie finie L de I ne rencontrant pas J_0, on ait

$$\prod_{\iota \in L} (1 + |u_\iota|) - 1 \leqslant \varepsilon.$$

Mais on peut écrire $\prod_{\iota \in L} (1 + u_\iota) - 1 = \sum_M \left(\prod_{\iota \in M} u_\iota\right)$, où M parcourt l'ensemble des parties non vides de L; comme $\left|\prod_{\iota \in M} u_\iota\right| = \prod_{\iota \in M} |u_\iota|$, on a

$$\left|\prod_{\iota \in L} (1 + u_\iota) - 1\right| \leqslant \sum \left(\prod_{\iota \in M} |u_\iota|\right) = \prod_{\iota \in L} (1 + |u_\iota|) - 1 \leqslant \varepsilon$$

ce qui prouve notre assertion en vertu du critère de Cauchy, puisque $\mathbf{C}^*$ est un groupe complet.

Montrons maintenant que la condition est *nécessaire*. En effet, si $(1 + u_\iota)_{\iota \in I}$ est une famille multipliable dans $\mathbf{C}^*$, il existe une partie finie J de I telle que, pour toute partie finie H de I ne rencontrant pas J, on ait $\left|\prod_{\iota \in H} (1 + u_\iota) - 1\right| \leqslant \frac{1}{8}$. D'après le lemme 2, on en déduit $\sum_{\iota \in H} |u_\iota| \leqslant 1$ pour toute partie finie H de I ne rencontrant pas J, ce qui entraîne que la famille $(|u_\iota|)$ est sommable dans $\mathbf{R}$ (IV, p. 32, th. 1).

Nous donnerons plus tard de ce théorème une démonstration plus simple, fondée sur les propriétés différentielles des fonctions exponentielles et logarithmiques (FVR, V, § 4, n° 3). L'avantage de la démonstration précédente est que son principe s'applique aussi à des produits infinis (ordonnés) dans certains corps et algèbres non commutatifs (voir IX, p. 78).

3. Produits infinis de nombres complexes

Pour qu'un produit infini de nombres complexes $\neq 0$, de facteur général $z_n = r_n(\cos\theta_n + i\sin\theta_n)$ soit convergent dans $\mathbf{C}^*$, il faut et il suffit d'après la structure du groupe $\mathbf{C}^*$, que le produit de facteur général r_n soit convergent dans $\mathbf{R}_+^*$, et que la série de terme général t_n (mesure de θ_n appartenant à l'intervalle $\left]-a/2, a/2\right])$ soit convergente dans $\mathbf{R}$.

Définition 1. — *Un produit infini de nombres complexes, de facteur général* $1 + u_n$, *est dit absolument convergent, si le produit de facteur général* $1 + |u_n|$ *est convergent* (ou, ce qui revient au même, si la série de terme général $|u_n|$ est convergente).

Proposition 3. — *Pour qu'un produit infini de nombres complexes soit commutativement convergent, il faut et il suffit qu'il soit absolument convergent.*

Cela résulte de la prop. 9 de III, p. 44, et du th. 1 de VIII, p. 16.

Remarques. — 1) Le produit de facteur général $|1 + u_n|$ peut être convergent, et même absolument convergent dans $\mathbf{R}_+^*$, sans que le produit de facteur général $1 + |u_n|$ le soit (voir VIII, p. 26, exerc. 4); cela ne peut naturellement se produire lorsque tous les $1 + u_n$ sont réels et > 0 à partir d'un certain rang.

2) Comme on l'a déjà signalé pour les produits de facteurs > 0, la *convergence* de la série de terme général u_n *n'est ni nécessaire ni suffisante* pour assurer la *convergence* du produit de facteur général $1 + u_n$.

§ 4. ESPACES NUMÉRIQUES ET ESPACES PROJECTIFS COMPLEXES

1. L'espace vectoriel $\mathbf{C}^n$

Le groupe topologique produit $\mathbf{C}^n$ de n groupes égaux au groupe topologique $\mathbf{C}$ peut être identifié au groupe topologique $\mathbf{R}^{2n}$ par la bijection qui associe à l'élément $\mathbf{z} = (z_1, \ldots, z_n)$ de $\mathbf{C}^n$ l'élément $(\mathscr{R}(z_1), \mathscr{I}(z_1), \ldots, \mathscr{R}(z_n), \mathscr{I}(z_n))$ de $\mathbf{R}^{2n}$.

Mais, comme $\mathbf{C}$ est un corps, on peut définir sur $\mathbf{C}^n$ une structure d'*espace vectoriel de dimension n sur* $\mathbf{C}$, le produit $a\mathbf{z}$ d'un nombre complexe a et d'un point $\mathbf{z} = (z_i)$ de $\mathbf{C}^n$ étant le point (az_i); il faut avoir soin de ne pas confondre cette structure et celle d'*espace vectoriel de dimension* $2n$ *par rapport à* $\mathbf{R}$, définie sur $\mathbf{R}^{2n}$ (VI, p. 2); on réservera la notation $\mathbf{C}^n$ à l'espace topologique produit de n espaces identiques à $\mathbf{C}$, muni en outre de la structure d'espace vectoriel par rapport à $\mathbf{C}$ qui vient d'être définie; on le désignera sous le nom d'*espace numérique complexe à n dimensions*. On notera que l'application $(t, \mathbf{z}) \mapsto t\mathbf{z}$ est continue dans $\mathbf{C} \times \mathbf{C}^n$.

Une application linéaire affine de $\mathbf{C}^n$ dans $\mathbf{C}^m$ est aussi une application linéaire affine de $\mathbf{R}^{2n}$ dans $\mathbf{R}^{2m}$, mais la réciproque n'est pas vraie.

Par exemple, l'application $z \mapsto \bar{z}$ est une application linéaire de l'espace vectoriel $\mathbf{R}^2$ sur lui-même, mais non une application linéaire de l'espace vectoriel $\mathbf{C}$ sur lui-même.

Toute application linéaire affine de $\mathbf{C}^n$ dans $\mathbf{C}^m$ est donc *uniformément continue*; en particulier, toute application linéaire affine de $\mathbf{C}^n$ *sur* lui-même est un *homéomorphisme.*

Toute *variété linéaire affine à p dimensions* ($p \leqslant n$) de l'espace vectoriel $\mathbf{C}^n$ est aussi une *variété linéaire affine à $2p$ dimensions* de l'espace vectoriel $\mathbf{R}^{2n}$; ici encore, la réciproque est inexacte. Pour éviter toute confusion, on désigne les variétés linéaires (affines) à p dimensions de $\mathbf{C}^n$ sous le nom de *variétés linéaires complexes à p dimensions* (les variétés linéaires de $\mathbf{R}^{2n}$ étant appelés *variétés linéaires réelles* quand on veut se garder de toute méprise). En particulier, on appellera *droites complexes* (resp. *plans complexes*) les variétés linéaires complexes à 1 dimension (resp. à 2 dimensions) de $\mathbf{C}^n$, *hyperplans complexes* les variétés linéaires complexes à $n - 1$ dimensions.

Il est souvent commode de considérer l'espace numérique $\mathbf{R}^n$ comme *plongé* dans l'espace numérique complexe $\mathbf{C}^n$, en l'identifiant à la partie de $\mathbf{C}^n$ définie par les relations $\mathscr{I}(z_k) = 0$ ($k = 1, 2, \ldots, n$), dont la structure de groupe topologique (induite par celle de $\mathbf{C}^n$) est isomorphe à celle de $\mathbf{R}^n$.

On notera que $\mathbf{R}^n$, ainsi plongé dans $\mathbf{C}^n$, n'est pas une variété linéaire complexe de $\mathbf{C}^n$.

Un système de p vecteurs de $\mathbf{R}^n$, *libre* par rapport au corps $\mathbf{R}$, est encore *libre* par rapport au corps $\mathbf{C}$; toute variété linéaire *réelle* V à p dimensions de $\mathbf{R}^n$ *engendre,* dans $\mathbf{C}^n$, une variété linéaire complexe à p dimensions V′, dont elle est la *trace* sur $\mathbf{R}^n$ (A, II, p. 120); si V est définie par un système de $n - p$ équations linéaires $f_k(\mathbf{x}) = a_k$, où les f_k sont des formes linéaires sur $\mathbf{R}^n$ (à coefficients réels, et linéairement indépendantes) et les a_k des nombres réels, les *mêmes* équations, mais où l'on donne aux coordonnées de $\mathbf{x}$ des valeurs complexes, définissent V′.

Inversement, lorsqu'une variété linéaire complexe à p dimensions a une intersection non vide avec $\mathbf{R}^n$, cette intersection est une variété linéaire réelle; mais la dimension de cette variété peut être $<p$.

2. Topologie des espaces vectoriels et des algèbres sur le corps C

Toutes les définitions et tous les résultats des n°s 5 et 6 du chap. VI, § 1, relatifs aux topologies des espaces vectoriels et des algèbres sur le corps $\mathbf{R}$, et en particulier des espaces et algèbres de matrices à éléments dans $\mathbf{R}$, sont valables sans aucune modification quand on remplace partout $\mathbf{R}$ par $\mathbf{C}$.

3. Espaces projectifs complexes

Avec les notations rappelées dans VI, p. 13, on pose la définition suivante, analogue à la définition des espaces projectifs réels:

DÉFINITION 1. — *On appelle espace projectif complexe à n dimensions l'espace projectif* $\mathbf{P}_n(\mathbf{C})$ *muni de la topologie quotient de celle de* $\mathbf{C}^*_{n+1}$ *par la relation d'équivalence* $\Delta_n(\mathbf{C})$.

L'espace projectif $\mathbf{P}_1(\mathbf{C})$ s'appelle *droite projective complexe*, l'espace projectif $\mathbf{P}_2(\mathbf{C})$ *plan projectif complexe*.

Dans toute question où interviennent les espaces projectifs complexes, à l'exclusion des espaces projectifs réels, on écrit encore $\mathbf{P}_n$ au lieu de $\mathbf{P}_n(\mathbf{C})$.

La plupart des raisonnements relatifs aux espaces projectifs réels s'étendent avec de très légères modifications aux espaces projectifs complexes.

En premier lieu, on voit que l'espace topologique $\mathbf{P}_n(\mathbf{C})$ est *séparé*, par le raisonnement de la prop. 1 de VI, p. 13, qui se transpose tel quel en remplaçant simplement $\mathbf{R}$ par $\mathbf{C}$. De même, le raisonnement de la prop. 2 de VI, p. 13, montre que $\mathbf{P}_n(\mathbf{C})$ est *compact* et *connexe*, et homéomorphe à l'espace quotient de la sphère $\mathbf{S}_{2n+1}$ (considérée comme plongée dans l'espace $\mathbf{C}^*_{n+1}$, identifié à $\mathbf{R}^*_{2n+2}$) par la relation d'équivalence induite sur cette sphère par $\Delta_n(\mathbf{C})$; on notera seulement que, si $n \geqslant 0$, les classes d'équivalence pour cette relation sont ici des ensembles homéomorphes au cercle $\mathbf{S}_1$.

C'est pour cette raison que la prop. 3 de VI, p. 14, n'a pas d'analogue pour les espaces projectifs complexes.

On montre ensuite, comme dans VI, p. 15, que toute variété linéaire projective à p dimensions de l'espace $\mathbf{P}_n(\mathbf{C})$ est un ensemble fermé, homéomorphe à $\mathbf{P}_p(\mathbf{C})$, et dont le complémentaire est partout dense si $p < n$. Le raisonnement de la prop. 5 de VI, p. 15, se transpose sans aucune modification par simple substitution de $\mathbf{C}$ à $\mathbf{R}$, et prouve que, dans $\mathbf{P}_n(\mathbf{C})$ (pour $n \geqslant 0$), le complémentaire d'un hyperplan projectif est homéomorphe à $\mathbf{C}^n$, et par suite que tout point a un voisinage homéomorphe à $\mathbf{C}^n$. Cela permet de *plonger* l'espace numérique complexe $\mathbf{C}^n$ dans l'espace projectif complexe $\mathbf{P}_n(\mathbf{C})$, en l'identifiant avec le complémentaire d'un hyperplan projectif, dit « hyperplan à l'infini » (le plus souvent, l'hyperplan d'équation $x_0 = 0$). Dans le cas particulier où $n = 1$, l'hyperplan à l'infini est un *point*; le th. d'Alexandroff montre alors que $\mathbf{P}_1(\mathbf{C})$ est homéomorphe à l'espace $\tilde{\mathbf{C}}$ obtenu en rendant compact l'espace localement compact $\mathbf{C}$ par adjonction d'un « point à l'infini » noté ∞; le cor. 1 de VI, p. 11 prouve alors que *la droite projective complexe* $\mathbf{P}_1(\mathbf{C})$ *est homéomorphe à la sphère* $\mathbf{S}_2$.

Nous laissons au lecteur le soin d'énoncer les résultats analogues à ceux de VI, § 3, n° 4, pour les fonctions prenant leurs valeurs dans $\mathbf{C}$.

Considérons l'espace $\mathbf{R}^{n+1}$ comme *plongé* dans $\mathbf{C}^{n+1}$ (VIII, p. 19). Soit f l'application canonique de $\mathbf{C}^*_{n+1}$ sur l'espace quotient $\mathbf{P}_n(\mathbf{C})$. Le sous-espace $f(\mathbf{R}^*_{n+1})$ se compose des points de $\mathbf{P}_n(\mathbf{C})$ qui admettent au moins un système de coordonnées homogènes *réelles*; montrons que $f(\mathbf{R}^*_{n+1})$ est homéomorphe à l'espace projectif réel $\mathbf{P}_n(\mathbf{R})$, ce qui permet, en l'identifiant à ce dernier, de considérer l'espace $\mathbf{P}_n(\mathbf{R})$ comme *plongé* dans $\mathbf{P}_n(\mathbf{C})$. Or, la relation induite par $\Delta_n(\mathbf{C})$ sur $\mathbf{R}^*_{n+1}$ n'est autre que $\Delta_n(\mathbf{R})$; l'application canonique φ de $\mathbf{R}^*_{n+1}/\Delta_n(\mathbf{R}) = \mathbf{P}_n(\mathbf{R})$ sur $f(\mathbf{R}^*_{n+1})$ est *continue* (I, p. 23, prop. 10); comme $\mathbf{P}_n(\mathbf{R})$ est compact, φ est un homéomorphisme (I, p. 63, cor. 2).

On peut aussi démontrer que φ est bicontinue sans utiliser la compacité de $\mathbf{P}_n(\mathbf{R})$, en se servant du critère de la prop. 10 de I, p. 23 (voir VIII, p. 28, exerc. 3).

Comme tout sous-espace vectoriel à $p+1$ dimensions de $\mathbf{R}^{n+1}$ engendre, dans $\mathbf{C}^{n+1}$, un sous-espace vectoriel complexe à $p+1$ dimensions, on voit que toute variété linéaire projective V à dimensions de $\mathbf{P}_n(\mathbf{R})$ (dite variété linéaire projective *réelle*) engendre dans $\mathbf{P}_n(\mathbf{C})$ une variété linéaire projective V′ à p dimensions (dite variété linéaire projective *complexe*), dont elle est la trace sur $\mathbf{P}_n(\mathbf{R})$; en outre, tout système d'équations (homogènes) de V est un système d'équations (homogènes) de V′, en donnant aux variables des valeurs complexes.

4. Espaces de variétés linéaires projectives complexes

Avec les notations rappelées dans VI, p. 17, on définit de même les espaces de variétés linéaires projectives d'un espace projectif complexe:

Définition 2. — *On appelle espace des variétés linéaires projectives à $p \geqslant 0$ dimensions de l'espace projectif $\mathbf{P}_n(\mathbf{C})$, l'espace $\mathbf{P}_{n,p}(\mathbf{C})$ quotient de l'espace topologique $\mathrm{L}_{n+1,p+1}(\mathbf{C})$ par la relation d'équivalence $\Delta_{n,p}(\mathbf{C})$.*

La démonstration de la prop. 6 de VI, p. 18 se transpose sans modification pour l'espace $\mathbf{P}_{n,p}(\mathbf{C})$ et montre que cet espace est *connexe*, *localement connexe*, et que chacun de ses points possède un voisinage homéomorphe à $\mathbf{C}^{(p+1)(n-p)}$. On démontre ensuite que $\mathbf{P}_{n,p}(\mathbf{C})$ est *compact*, en remplaçant, dans la démonstration de la prop. 7 de VI, p. 19, le sous-espace $\mathrm{V}_{n+1,p+1}$ par le sous-espace $\mathrm{W}_{n+1,p+1}$ de $\mathrm{L}_{n+1,p+1}(\mathbf{C})$ formé des systèmes de $p+1$ vecteurs formant une *base hermitienne orthonormale* du sous-espace vectoriel qu'elles engendrent (A, IX, § 6, n° 1): il revient au même de dire que $\mathrm{W}_{n+1,p+1}$ se compose des matrices $X = (x_{ij})$ satisfaisant aux conditions

$$\sum_{j=0}^{n} x_{ij}\bar{x}_{ij} = 1 \quad \text{pour } 1 \leqslant i \leqslant p+1$$

$$\sum_{j=0}^{n} x_{ij}\bar{x}_{kj} = 0 \quad \text{pour } i \neq k.$$

Enfin, le raisonnement de la prop. 8 de VI, p. 20 est aussi applicable sans modification, et on voit donc que la grassmannienne $\mathrm{G}_{n+1,p+1}(\mathbf{C})$ est homoméorphe à $\mathbf{P}_{n,p}(\mathbf{C})$.

Remarque. — La plupart des propriétés communes aux espaces numériques (ou projectifs) réels et complexes sont encore exactes pour les espaces numériques (resp. projectifs) définis de manière analogue à partir du *corps des quaternions* **H**; elles sont même susceptibles de s'étendre à beaucoup d'autres corps topologiques (cf. VIII, p. 27, exerc. 2 et VIII, p. 28, exerc. 6).

5. Continuité des racines d'un polynôme

Soient K un corps commutatif et n un entier $\geqslant 0$; notons $K[X]_n$ l'espace vectoriel des polynômes à coefficients dans K et de degré $\leqslant n$. Soit q l'application canonique de $K[X]_n - \{0\}$ sur l'espace projectif $\mathbf{P}(K[X]_n)$ déduit de $K[X]_n$; la restriction de q à l'ensemble des polynômes unitaires appartenant à $K[X]_n$ est bijective.

D'autre part, le groupe symétrique $\mathfrak{S}_n$ opère sur l'ensemble $\mathbf{P}_1(K)^n$, produit de n espaces égaux à $\mathbf{P}_1(K)$, par permutation des facteurs. Notons $\Sigma_n(K)$ l'ensemble $\mathbf{P}_1(K)^n/\mathfrak{S}_n$ des orbites de $\mathfrak{S}_n$ dans $\mathbf{P}_1(K)^n$ (« *puissance symétrique n-ième* » de $\mathbf{P}_1(K)$).

L'application de $(K^2 - \{0\})^n$ dans $K[X]_n - \{0\}$, qui associe à l'élément $((a_1, b_1), \dots, (a_n, b_n))$ le polynôme $(b_1X - a_1)\dots(b_nX - a_n)$, définit par passage aux quotients une application de $\mathbf{P}_1(K)^n$ dans $\mathbf{P}(K[X]_n)$; cette application est constante sur chaque orbite de $\mathfrak{S}_n$ dans $\mathbf{P}_1(K)^n$, donc définit par passage au quotient une application f de $\Sigma_n(K)$ dans $\mathbf{P}(K[X]_n)$. Soit $\xi \in \Sigma_n(K)$; il existe une suite $a_1, \dots, a_p$, avec $p \leqslant n$, d'éléments de K telle que ξ soit l'image canonique de l'élément $(a_1, \dots, a_p, \infty, \dots, \infty)$ de $\mathbf{P}_1(K)^n$; on a alors $f(\xi) = q(P)$, où P est le polynôme unitaire $(X - a_1)\dots(X - a_p)$. Il en résulte que l'application f est *injective*, et qu'*elle est bijective lorsque* K *est algébriquement clos.*

Supposons maintenant $K = \mathbf{C}$. Munissons $\mathbf{P}_1(\mathbf{C})^n$ et $\mathbf{P}(\mathbf{C}[X]_n)$ des topologies définies ci-dessus (VIII, p. 20 et VI, p. 14) et $\Sigma_n(\mathbf{C})$ de la topologie quotient de celle de $\mathbf{P}_1(\mathbf{C})^n$.

Proposition 1. — *L'application f de $\Sigma_n(\mathbf{C})$ dans $\mathbf{P}(\mathbf{C}[X]_n)$ définie ci-dessus est un homéomorphisme.*

L'application f est bijective car **C** est algébriquement clos (VIII, p. 1, th. 1). Il est clair que l'application $((a_1, b_1), \dots, (a_n, b_n)) \mapsto q((b_1X - a_1)\dots(b_nX - a_n))$ de $(\mathbf{C}^2 - \{0\})^n$ dans $\mathbf{P}(\mathbf{C}[X]_n)$ est continue; d'après I, p. 34, cor. de la prop. 8 et I, p. 21, prop. 6, l'application f est continue. Comme $\Sigma_n(\mathbf{C})$ est quasi-compact (I, p. 62, th. 2), et $\mathbf{P}(\mathbf{C}[X]_n)$ séparé, la bijection f est un homéomorphisme (I, p. 63, cor. 2 au th. 2).

Corollaire. — *L'espace projectif complexe à n dimensions est homéomorphe à la puissance symétrique n-ième de la droite projective complexe.*

Soient $P \in \mathbf{C}[X]_n$ un polynôme non nul et $a \in \mathbf{C}$; notons $v_a(P)$ la *multiplicité* de a comme racine de P, c'est-à-dire le plus grand entier positif m tel que $(X - a)^m$

divise P. On note $v_\infty(\mathrm{P})$ l'entier positif $n - \deg(\mathrm{P})$, et on dit que le point ∞ de $\mathbf{P}_1(\mathbf{C})$ est racine de P si $v_\infty(\mathrm{P}) > 0$. On a (A, IV, § 2, n° 4, prop. 7 et A, V, § 4, n° 1, prop. 1)

$$\sum_{a \in \mathbf{P}_1(\mathbf{C})} v_a(\mathrm{P}) = n.$$

Pour toute partie A de $\mathbf{P}_1(\mathbf{C})$, on note $v_\mathrm{A}(\mathrm{P})$ le *nombre des racines de* P *dans* A *comptées avec leur multiplicité*, c'est-à-dire l'entier $\sum_{a \in A} v_a(\mathrm{P})$.

Proposition 2. — *Soit* A *une partie ouverte* (resp. *fermée*) *de* $\mathbf{P}_1(\mathbf{C})$. *La fonction numérique* $\mathrm{P} \mapsto v_\mathrm{A}(\mathrm{P})$ *est semi-continue inférieurement* (resp. *supérieurement*) *en tout point de* $\mathbf{C}[\mathrm{X}]_n - \{0\}$ (IV, p. 28).

Soient P un point de $\mathbf{C}[\mathrm{X}]_n - \{0\}$, A une partie ouverte de $\mathbf{P}_1(\mathbf{C})$; posons $v_\mathrm{A}(\mathrm{P}) = r$. La partie $\mathrm{A}_1 \times \cdots \times \mathrm{A}_n$ de $\mathbf{P}_1(\mathbf{C})^n$, où $\mathrm{A}_1 = \cdots = \mathrm{A}_r = \mathrm{A}$, $\mathrm{A}_{r+1} = \cdots = \mathrm{A}_n = \mathbf{P}_1(\mathbf{C})$, est ouverte; son image U dans $\Sigma_n(\mathbf{C})$ est ouverte d'après III, p. 9, lemme 2; d'après la prop. 1, la partie $f(\mathrm{U})$ de $\mathbf{P}(\mathbf{C}[\mathrm{X}]_n)$ est ouverte. Soit V son image réciproque dans $\mathbf{C}[\mathrm{X}]_n - \{0\}$; c'est un ensemble ouvert contenant P; il se compose des polynômes de la forme $\Pi(b_i\mathrm{X} - a_i)$, avec $(a_1, b_1), \ldots, (a_r, b_r)$ dans V; on a donc $v_\mathrm{A}(\mathrm{Q}) \geqslant r$ pour $\mathrm{Q} \in \mathrm{V}$. Ceci prouve que v_A est semi-continue inférieurement lorsque A est ouvert; si A est fermé, son complémentaire B est ouvert, et la fonction $v_\mathrm{B} = n - v_\mathrm{A}$ est semi-continue supérieurement d'après ce qui précède.

Corollaire 1. — *Soient* U *une partie ouverte de* $\mathbf{P}_1(\mathbf{C})$, F *sa frontière. L'ensemble des polynômes* $\mathrm{P} \in \mathbf{C}[\mathrm{X}]_n - \{0\}$ *tels que* $v_\mathrm{F}(\mathrm{P}) = 0$ *est ouvert, et la fonction* v_U *est localement constante dans cet ouvert. Pour tout entier* r, *l'ensemble des* $\mathrm{P} \in \mathbf{C}[\mathrm{X}]_n - \{0\}$ *tels que* $v_\mathrm{F}(\mathrm{P}) = 0$ *et* $v_\mathrm{U}(\mathrm{P}) = r$ *est ouvert.*

L'ensemble E des points P ou la fonction semi-continue supérieurement v_F est < 1 est ouvert (IV, p. 29, prop. 1). Pour P dans E, on a $v_\mathrm{U}(\mathrm{P}) = v_{\overline{\mathrm{U}}}(\mathrm{P})$ où $\overline{\mathrm{U}}$ désigne l'adhérence $\mathrm{U} \cup \mathrm{F}$ de U; la restriction de v_U à E est semi-continue inférieurement et supérieurement, donc continue, c'est-à-dire localement constante. L'ensemble des points de E où elle prend la valeur r est donc ouvert.

Corollaire 2. — *Soient* U *et* F *comme dans le corollaire* 1, *et soit* V *l'ouvert de* $\mathbf{C}[\mathrm{X}]_n - \{0\}$ *formé des polynômes* P *tels que* $v_\mathrm{F}(\mathrm{P}) = 0$, $v_\mathrm{U}(\mathrm{P}) = 1$. *A chaque* $\mathrm{P} \in \mathrm{V}$ *associons son unique racine dans* U. *L'application de* V *dans* U *ainsi définie est continue.*

Notons ρ l'application précédente. Soit U' une partie ouverte de U, et notons F' sa frontière dans $\mathbf{P}_1(\mathbf{C})$. Comme $\mathrm{U}' \cup \mathrm{F}' \subset \mathrm{U} \cup \mathrm{F}$, les éléments P de V tels que $\rho(\mathrm{P}) \in \mathrm{U}'$, c'est-à-dire que $v_{\mathrm{U}'}(\mathrm{P}) > 0$, sont aussi les éléments P de V tels que $v_{\mathrm{U}'}(\mathrm{P}) = 1$, $v_{\mathrm{F}'}(\mathrm{P}) = 0$; il résulte alors du cor. 1 que $\rho^{-1}(\mathrm{U}')$ est ouvert dans V.

Exercices

§ 1

1) Soit $f(z) = z^n + a_1 z^{n-1} + \cdots + a_{n-1}z + a_n$ un polynôme de degré n à coefficients complexes et posons $f(z) = \prod_{i=1}^{n} (z - z_i)$; soit $r_0 = \sup |z_i|$.

a) Montrer que si le nombre réel $r > 0$ est tel que

$$r^n \geqslant |a_1|r^{n-1} + |a_2|r^{n-2} + \cdots + |a_{n-1}|r + |a_n|$$

on a $r_0 \leqslant r$; en déduire

$$r_0 \leqslant \sup\left(1, \sum_{k=1}^{n} |a_k|\right).$$

b) Soit $(\lambda_i)_{1 \leqslant i \leqslant n}$ une suite finie de n nombres > 0 tels que $\sum_{i=1}^{n} \frac{1}{\lambda_i} = 1$; montrer que l'on a

$$r_0 \leqslant \sup_k \, (\lambda_k \mid a_k|)^{1/k}$$

(utiliser *a*)).

c) Déduire de *a*) que si les coefficients a_i sont tous $\neq 0$, on a

$$r_0 \leqslant \sup\left(2|a_1|, 2\left|\frac{a_2}{a_1}\right|, \ldots, 2\left|\frac{a_{n-1}}{a_{n-2}}\right|, \left|\frac{a_{n-1}}{a_n}\right|\right).$$

d) Déduire de *a*) que l'on a

$$r_0 \leqslant |a_1 - 1| + |a_2 - a_1| + \cdots + |a_{n-1} - a_n| + |a_n|$$

(considérer le polynôme $(z - 1)f(z)$). En conclure que si les a_i sont tous réels et > 0, on a

$$r_0 \leqslant \sup\left(a_1, \frac{a_2}{a_1}, \ldots, \frac{a_{n-1}}{a_{n-2}}, \frac{a_n}{a_{n-1}}\right).$$

2) On appelle *nombres algébriques* les nombres complexes qui sont algébriques sur le corps $\mathbf{Q}$ des nombres rationnels. Montrer que le corps ordonné B des nombres algébriques réels est

un corps ordonné maximal, mais qu'il n'est pas complet pour la topologie induite par celle de **R** (identique à la topologie $\mathcal{T}_0(\mathrm{B})$, cf. IV, p. 51, exerc. 2 *b*)).

¶ 3) *a*) Soit K un corps ordonné maximal (A, VI, § 2, nº 5), muni de la topologie $\mathcal{T}_0(\mathrm{K})$, qui est compatible avec sa structure de corps (IV, p. 51, exerc. 2). Soit

$$f(\mathrm{X}) = a_0\mathrm{X}^n + a_1\mathrm{X}^{n-1} + \cdots + a_n$$

un polynôme de K[X] admettant une racine *simple* α dans K. Montrer que pour tout élément $\varepsilon > 0$ dans K, il existe un $\eta > 0$ dans K tel que, pour tout polynôme

$$g(\mathrm{X}) = b_0\mathrm{X}^n + b_1\mathrm{X}^{n-1} + \cdots + b_n$$

pour lequel $|a_i - b_i| \leqslant \eta$ pour tout i, il existe une racine simple β de g et une seule dans K telle que $|\beta - \alpha| \leqslant \varepsilon$. (Développer f et g en puissances de $\mathrm{X} - \alpha$ et utiliser A, VI, § 2, exerc. 13). Donner une majoration de η en fonction des a_i, de α et de ε.

b) Déduire de *a*) que si K est un corps ordonné maximal, son *complété* $\hat{\mathrm{K}}$ pour $\mathcal{T}_0(\mathrm{K})$, qui est un corps naturellement muni d'une structure d'ordre (IV, p. 51, exerc. 2), est un corps ordonné maximal.

c) Soient K_0 un corps ordonné, $\mathrm{S} = \mathrm{K}_0((\mathrm{X}))$ le corps des séries formelles à une indéterminée sur K_0; on ordonne (totalement) S en prenant pour éléments $\geqslant 0$ de S l'élément 0 et les séries formelles dont le coefficient du terme de plus petit degré est > 0. Montrer que S, muni de la topologie $\mathcal{T}_0(\mathrm{S})$, est *complet*, mais que S n'est pas ordonné maximal (prouver que les polynômes $\mathrm{Y}^p - \mathrm{X}$ de S[Y] sont irréductibles pour tout entier $p > 1$ (A, V, § 11, exerc. 12)).

d) Dans l'exemple de *c*), on prend $\mathrm{K}_0 = \mathbf{R}$. Soit K une extension algébrique ordonnée maximale de S; montrer que, pour la topologie $\mathcal{T}_0(\mathrm{K})$, K n'est pas complet. (Plonger S dans le corps E des séries formelles à exposants bien ordonnés (A, IV, § 5, exerc. 11 *b*)), ordonné de la même façon que S, et K dans une extension ordonnée maximale Ω de E. Observer que E est complet, et donner un exemple d'une suite de Cauchy formée d'éléments de K et qui converge vers un élément $f \in \mathrm{E}$ non algébrique sur S; on choisira f de sorte qu'il y ait une infinité de S-isomorphismes de E dans une clôture algébrique de Ω, tels que les images de f par ces isomorphismes soient distincts).

4) Montrer que tout homomorphisme continu f (nécessairement injectif) du corps topologique **C** sur un sous-corps de **C**, est l'automorphisme identique de **C**, ou l'automorphisme $z \mapsto \bar{z}$ de **C**. (Remarquer que l'on a nécessairement $f(x) = x$ pour $x \in \mathbf{Q}$, et en déduire que $f(x) = x$ pour tout $x \in \mathbf{R}$.) Montrer qu'il existe une infinité d'isomorphismes non continus de **C** sur des sous-corps de **C** distincts de **C** (cf. A, V, § 6, exerc. 1, et AC, VI, § 9, exerc. 2).

¶ 5) *a*) Soit K un sous-corps *non commutatif* du corps des quaternions **H**; montrer que le centre Z de K est un sous-corps du centre **R** de **H**. (Remarquer que tout élément de K est permutable avec tous les éléments du corps commutatif L engendré par $\mathrm{Z} \cup \mathbf{R}$; si on avait $\mathrm{Z} \not\subset \mathbf{R}$, le corps L serait un sous-corps commutatif maximal de **H**, et K serait contenu dans L, contrairement à l'hypothèse.)

b) En déduire que tout isomorphisme f (non nécessairement continu) de **H** sur un sous-corps de **H** est un automorphisme intérieur $x \mapsto axa^{-1}$ de **H** (la restriction de f à **R** est un isomorphisme de **R** sur un sous-corps de **R**, en vertu de *a*); utiliser l'exerc. 3 de IV, § 3, et A, VIII, § 10, nº 1, cor. du th. 1).

§ 2

1) Soient a un nombre complexe $\neq 0$, n un entier > 0; pour tout nombre $r > 0$ tel que $r^n \leqslant |a|$, montrer qu'il existe $z \in \mathbf{C}$ tel que $|z| = r$ et $|a + z^n| = |a| - r^n$. En déduire que si f est un polynôme de degré > 0, à coefficients complexes, on ne peut avoir $|f(z_0)| \leqslant |f(z)|$ pour tous les points z d'un voisinage d'un point z_0, lorsque $f(z_0) \neq 0$.

2) Montrer que, pour tout polynôme à coefficients complexes f, non identiquement nul, il existe un nombre $r > 0$ tel que pour $|z| \geqslant r$, on ait $|f(z)| > |f(0)|$. En déduire, à l'aide de l'exerc. 1 et du th. de Weierstrass (IV, p. 27, th. 1) une nouvelle démonstration du fait que $\mathbf{C}$ est un corps algébriquement clos (considérer la fonction f dans l'ensemble compact des points z tels que $|z| \leqslant r$).

3) Montrer (sans utiliser le th. 1) que l'application $z \mapsto z/\bar{z}$ est un morphisme strict du groupe topologique $\mathbf{C}^*$ sur le groupe topologique $\mathbf{U}$. En déduire que l'application $t \mapsto (1 + it)/(1 - it)$ (avec $(1 + it)/(1 - it) = -1$ si $t = \infty$) est un isomorphisme du groupe topologique $\tilde{\mathbf{R}}$ (VIII, p. 15) sur le groupe topologique $\mathbf{U}$; tirer de là une autre démonstration du th. 1.

¶ 4) Soit K le plus petit sous-corps pythagoricien (A, VI, § 2, exerc. 8) de $\mathbf{R}$, et soit K′ le corps obtenu par adjonction de i à K. Soit G le groupe multiplicatif des éléments de K′ de valeur absolue 1 (sous-groupe de $\mathbf{U}$). Montrer que G n'est pas isomorphe au groupe additif des nombres de K modulo 1. (Observer que dans ce dernier groupe, il existe des éléments d'ordre premier p quelconque; montrer d'autre part, en prenant p tel que $p - 1$ ne soit pas une puissance de 2, que G ne peut contenir de racine p-ème de l'unité $\neq 1$, en notant que le degré sur $\mathbf{Q}$ de tout élément de K′ est une puissance de 2).

§ 3

¶ 1) Pour toute suite finie $s = (z_k)_{k\in I}$ de nombres complexes, on pose (cf. VII, p. 16, prop. 2)

$$\sum_{k\in I} |z_k| = \rho_s . \sup_{J\subset I} \Big|\sum_{k\in J} z_k\Big|.$$

a) *Si $z_k = r_k(\cos \varphi_k + i \sin \varphi_k)$, où $r_k = |z_k|$, et où φ_k est la mesure principale en radians de l'amplitude de z_k, on pose, pour tout φ tel que $0 \leqslant \varphi < 2\pi$,

$$f(\varphi) = \sum_{k\in I} r_k(\cos(\varphi + \varphi_k))^+.$$

Montrer que la borne supérieure de $f(\varphi)$ dans l'intervalle $[0, 2\pi[$ est égale à $\sup_{J\subset I} \Big|\sum_{k\in J} z_k\Big|$. En considérant l'intégrale $\int_0^{2\pi} f(\varphi)\, d\varphi$, en déduire que, pour *toute* suite finie s, on a $\rho_s \leqslant \pi$, et qu'il n'existe aucune suite finie $(z_k) = s$ telle que $\rho_s = \pi$.

b) Montrer que, pour tout $\varepsilon > 0$, il existe une suite finie $(z_k) = s$ telle que $\rho_s > \pi - \varepsilon$ (prendre pour les z_k les racines d'une équation binôme de degré assez grand).*

2) Soit (z_n) une suite infinie de nombres complexes $z_n = x_n + iy_n$, telle que $x_n \geqslant 0$ pour tout n. Montrer que si les séries de terme général z_n et z_n^2 sont convergentes, la série de terme général z_n^2 est absolument convergente. Donner un exemple où ce résultat tombe en défaut quand on remplace la condition $x_n \geqslant 0$ (qui s'écrit aussi $-\pi/2 \leqslant \mathrm{Am}(z_n) \leqslant \pi/2$) par

$$-(1 - \varepsilon)\frac{\pi}{2} \leqslant \mathrm{Am}(z_n) \leqslant (1 + \varepsilon)\frac{\pi}{2}$$

quelque petit que soit le nombre $\varepsilon > 0$ ($\mathrm{Am}(z)$ désigne la mesure en radians de l'amplitude de z_n, appartenant à l'intervalle $]-\pi, +\pi]$).

3) Soit $(z_\iota)_{\iota\in I}$ une famille de nombres complexes, telle que $\sum_{\iota\in I} |z_\iota| = +\infty$ (resp. $\sum_{\iota\in I} |z_\iota| = 0$) Montrer que dans l'espace $\tilde{\mathbf{C}}$ (VIII, p. 20), la famille (z_ι) est multipliable et a pour produit ∞ (resp. 0).

4) Montrer que le produit infini de facteur général $1 + i/n$ n'est pas convergent, mais que le produit des valeurs absolues de ses facteurs est absolument convergent.

5) Soit (z_n) une suite infinie de nombres complexes $\neq 0$ telle que $\lim_{n\to\infty} z_n = 1$. Montrer que, s'il existe des permutations σ de **N** telles que le produit infini de facteur général $z_{\sigma(n)}$ soit convergent, l'ensemble des produits $\mathop{\mathrm{P}}\limits_{n=0}^{\infty} z_{\sigma(n)}$ correspondant à toutes ces permutations est, soit réduit à un point, soit le groupe $\mathbf{C}^*$ tout entier, soit une demi-droite ouverte d'origine 0, soit un cercle de centre 0, soit enfin une « spirale logarithmique », image de **R** par l'application $t \mapsto a^{t-t_0}(\cos t + i \sin t)$ (où a est un nombre >0 et $\neq 1$) (raisonner comme dans l'exerc. 2 de VII, p. 25, en utilisant le fait que le groupe multiplicatif $\mathbf{C}^*$ est isomorphe au groupe additif $\mathbf{R} \times \mathbf{T}$).

6) Soit $(a_j)_{1 \leqslant j \leqslant n}$ une suite finie de nombres complexes tels que $|a_j| > 1$ pour tout j. Pour chacune des 2^n suites $s = (\varepsilon_j)_{1 \leqslant j \leqslant n}$ où $\varepsilon_j = 1$ ou $\varepsilon_j = -1$, on pose $x_s = \sum_{j=1}^{n} \varepsilon_j a_j$. Soit K un disque fermé de centre quelconque et de rayon 1 dans **C**. Montrer que le nombre de suites s telles que $x_s \in \mathrm{K}$ est $\leqslant \binom{n}{[n/2]}$. (Soient S l'ensemble $\{1, 2, \ldots, n\}$, T l'ensemble des $j \in \mathrm{S}$ tels que $\mathscr{R}(a_j)$ et $\mathscr{I}(a_j)$ soient tous deux $\geqslant 0$ ou tous deux $\leqslant 0$. Pour tout $s = (\varepsilon_j)$, soit $\mathrm{U}_s \subset \mathrm{S}$ l'ensemble des j tels que $\mathscr{R}(\varepsilon_j a_j) > 0$, et soit $\mathfrak{X} \subset \mathfrak{P}(\mathrm{S})$ l'ensemble des U_s tels que $x_s \in \mathrm{K}$. Montrer qu'il n'est pas possible que pour deux suites distinctes s, s', on ait $\mathrm{U}_s \in \mathfrak{X}$, $\mathrm{U}_{s'} \in \mathfrak{X}$, $\mathrm{U}_s \subset \mathrm{U}_{s'}$ et $\mathrm{U}_{s'} - \mathrm{U}_s \subset \mathrm{T}$ ou $\mathrm{U}_{s'} - \mathrm{U}_s \subset \mathrm{S} - \mathrm{T}$. Appliquer ensuite l'exerc. 13 de E, III, p. 85.)

§ 4

1) Soit f un polynôme en n variables complexes, à coefficients complexes, non identiquement nul. Montrer que, dans $\mathbf{C}^n$, le complémentaire de l'ensemble S formé des points $\mathbf{z} = (z_i)$ tels que $f(z_1, z_2, \ldots, z_n) = 0$ (« variété algébrique » d'équation $f = 0$) est connexe (si **a** et **b** sont deux points de $\complement$ S, considérer l'intersection de S et de la droite complexe passant par **a** et **b**).

¶ 2) Soit K un corps topologique séparé non discret (commutatif ou non).

a) Soit E un espace vectoriel à gauche de dimension n sur K. Si $(\mathbf{a}_i)_{1 \leqslant i \leqslant n}$ est une base de E, et si on transporte à E, par l'application linéaire bijective $(x_i) \mapsto \sum_{i=1}^{n} x_i \mathbf{a}_i$, la topologie de K^n (produit des topologies de ses facteurs), la topologie ainsi définie sur E est indépendante de la base $(\mathbf{a}_i)$ considérée, est compatible avec la structure de groupe additif de E, et telle que l'application $(t, \mathbf{x}) \mapsto t\mathbf{x}$ de $\mathrm{K} \times \mathrm{E}$ dans E soit continue. Si F est un sous-espace vectoriel de E, la topologie induite sur F par celle de E est identique à la topologie définie à partir d'une base quelconque de F par le procédé précédent; F est fermé dans E, et si $\mathrm{F} \neq \mathrm{E}$, $\complement$ F est partout dense dans E.

b) Généraliser au corps K les prop. 5 et 6 (pour montrer que l'application $X \mapsto X^{-1}$ est continue au voisinage de toute matrice carrée inversible d'ordre n sur K, lorsque K n'est pas commutatif, raisonner par récurrence sur n: en se bornant au voisinage de la matrice unité I_n d'ordre n, remarquer que toute matrice X assez voisine de I_n se met sous la forme

$$\begin{pmatrix} 1 & 0 \ldots 0 \\ \lambda_2 & \\ \vdots & I_{n-1} \\ \lambda_n & \end{pmatrix} \begin{pmatrix} \mu_1 & \mu_2 \ldots \mu_n \\ 0 & \\ \vdots & Y \\ 0 & \end{pmatrix}$$

où I_{n-1} est la matrice unité d'ordre $n - 1$ et Y une matrice inversible d'ordre $n - 1$).

c) Si K est commutatif, et E une algèbre de rang n sur K, la topologie de E est compatible avec sa structure d'anneau. En outre, si E admet un élément unité, le groupe G des éléments inversibles de E est ouvert et partout dense dans E, et la topologie induite sur G par celle de E est compatible avec la structure de groupe de G (si $\mathbf{e}$ est l'élément unité de E, $\mathbf{x}$ un élément inversible de E, chacune des équations en $\mathbf{y}$, $\mathbf{xy} = \mathbf{e}$, $\mathbf{yx} = \mathbf{e}$ admet *une* solution et *une seule*; considérer pour chacune de ces équations le système de n équations linéaires donnant les composantes de $\mathbf{y}$ par rapport à une base de E, auquel cette équation est équivalente).

d) Si K est un corps commutatif non complet, E une algèbre de rang n sur K, et si le complété $\hat{K}$ de K est un corps, la complétée $\hat{E}$ de l'algèbre E est l'algèbre obtenue par extension à $\hat{K}$ de l'anneau d'opérateurs de E (A, III, p. 7); en déduire des exemples de corps topologiques dont le complété n'est pas un corps.

3) Démontrer, grâce à la prop. 10 de I, p. 23, que l'espace projectif réel $\mathbf{P}_n(\mathbf{R})$ est homéomorphe au sous-espace de $\mathbf{P}_n(\mathbf{C})$ formé des points ayant au moins un système de coordonnées homogènes réelles ($\mathbf{R}^*_{n+1}$ étant considéré comme plongé dans $\mathbf{C}^*_{n+1}$, soient A un ensemble fermé dans $\mathbf{R}^*_{n+1}$, saturé pour $\Delta_n(\mathbf{R})$, B l'ensemble des points $\zeta\mathbf{x}$, où $\mathbf{x}$ parcourt A et ζ le cercle unité $\mathbf{U}$; montrer que $\overline{B}$ est saturé pour $\Delta_n(\mathbf{C})$, et que A est la trace de $\overline{B}$ sur $\mathbf{R}^*_{n+1}$).

4) Dans l'espace projectif complexe $\mathbf{P}_n(\mathbf{C})$, soit H_n la « quadrique » définie par l'équation

$$x_0^2 + x_1^2 + \cdots + x_n^2 = 0.$$

Montrer que, dans H_n, tout point a un voisinage ouvert homéomorphe à $\mathbf{C}^{n-1}$, et que H_n est connexe, ainsi que son intersection avec le complémentaire d'un hyperplan projectif complexe quelconque (pour ce dernier point, on se ramènera au cas où $n = 2$).

Montrer que H_2 est homéomorphe à $\mathbf{S}_2$, et H_3 à $\mathbf{S}_2 \times \mathbf{S}_2$ (utiliser la représentation paramétrique de la quadrique au moyen de ses génératrices rectilignes).

5) La sphère $\mathbf{S}_5$ étant considérée comme un sous-espace de $\mathbf{C}^3$, on considère l'application de $\mathbf{S}_5$ dans $\mathbf{R}^7$ qui à tout point $\mathbf{x} = (x_1, x_2, x_3)$ de $\mathbf{S}_5$ (x_1, x_2, x_3 complexes), fait correspondre le point $\mathbf{y} = (y_i)_{1 \leqslant i \leqslant 7}$ de $\mathbf{R}^7$, tel que

$$y_1 = |x_1|^2 - |x_2|^2, \quad y_2 = \mathscr{R}(x_1\bar{x}_2), \quad y_3 = \mathscr{I}(x_1\bar{x}_2),$$
$$y_4 = \mathscr{R}(x_1\bar{x}_3), \quad y_5 = \mathscr{I}(x_1\bar{x}_3), \quad y_6 = \mathscr{R}(x_2\bar{x}_3), \quad y_7 = \mathscr{I}(x_2\bar{x}_2).$$

Cette fonction a la même valeur en deux points $\mathbf{x}$, $\mathbf{x}'$ de $\mathbf{S}_5$ tels que $\mathbf{x}' = \zeta\mathbf{x}$, avec $|\zeta| = 1$; montrer que, par passage au quotient, elle donne un homéomorphisme de $\mathbf{P}_2(\mathbf{C})$ sur un sous-espace de $\mathbf{R}^7$.

¶ 6) Soit K un corps topologique séparé non discret (commutatif ou non).

a) On prend sur l'espace projectif à gauche $\mathbf{P}_n(K)$ la topologie quotient de celle de K^*_{n+1} par la relation d'équivalence $\Delta_n(K)$. Étendre à $\mathbf{P}_n(K)$, muni de cette topologie, les prop. 1 de VI, p. 13; si K est connexe, $\mathbf{P}_n(K)$ est connexe; sinon, $\mathbf{P}_n(K)$ est totalement discontinu.

**b*) Si K est un corps localement compact (non discret), montrer que $\mathbf{P}_n(K)$ est compact (soit U un voisinage compact de 0 dans K, a un élément de K tel que $\lim_{m\to\infty} a^m = 0$ (cf. AC, VI, § 9); soit S la partie de K^*_{n+1} formée des points $\mathbf{x} = (x_i)$ dont toutes les coordonnées x_i appartiennent à U, et tels qu'il existe un indice k pour lequel $x_k \in a.\complement U$; montrer que $\mathbf{P}_n(K)$ est l'image canonique de S).$_*$

c) Étendre de même à l'ensemble $\mathbf{P}_{n,p}(K)$ des variétés linéaires projectives à p dimensions de $\mathbf{P}_n(K)$ la déf. 2 et la prop. 6 de VI, p. 18, *ainsi que la prop. 7 lorsque K est localement compact (pour la prop. 7, considérer, pour chaque suite d'indices σ, la partie S_σ de A_σ formée des matrices dont chaque ligne appartient à l'ensemble S défini dans *b*); montrer que $\mathbf{P}_{n,p}(K)$ est l'image canonique de la réunion des ensembles S_σ).$_*$ Généraliser également la prop. 8 de VI, p. 20, lorsque K est commutatif.

d) Lorsque K n'est pas commutatif, on désigne par $\mathbf{P}'_{n,p}(K)$ l'espace des variétés linéaires projectives à p dimensions de l'espace projectif *à droite* à n dimensions sur le corps K (la topologie de $\mathbf{P}'_{n,p}(\mathrm{K})$ étant définie de la même manière que celle de $\mathbf{P}_{n,p}(\mathrm{K})$). Montrer que $\mathbf{P}_{n,p}(\mathrm{K})$ et $\mathbf{P}'_{n,n-p-1}(\mathrm{K})$ sont homéomorphes (à tout sous-espace vectoriel V à $p + 1$ dimensions de l'espace vectoriel à gauche $\mathrm{E} = \mathrm{K}_s^{n+1}$, faire correspondre le sous-espace vectoriel du dual E* de E, orthogonal à V (cf. A, II, p. 42).

7) Étendre aux espaces de variétés linéaires projectives sur les corps **C** et **H** l'exerc. 6 de VI, p. 26.

¶ 8) Étendre aux espaces $\mathrm{W}_{n,p}$ (VIII, p. 21) les exerc. 7, 8, 9 de VI, p. 26.

Dans l'espace vectoriel $\mathbf{H}^n$ sur le corps des quaternions, on désigne encore par $\mathrm{W}_{n,p}$ l'ensemble des suites $(\mathbf{x}_k)_{1 \leqslant k \leqslant p}$ de p vecteurs $\mathbf{x}_k = (x_{kj})_{1 \leqslant j \leqslant n}$ tels que

$$\sum_{j=1}^{n} x_{ij}\bar{x}_{ij} = 1 \quad \text{pour } 1 \leqslant i \leqslant p$$

$$\sum_{j=1}^{n} x_{ij}\bar{x}_{kj} = 0 \quad \text{pour } i \neq k,$$

($\bar{x}$ désignant le quaternion conjugué du quaternion x). Étendre aux $\mathrm{W}_{n,p}$ les exerc. 7, 8, 9 de VI, p. 26.

NOTE HISTORIQUE

(N.-B. — Les chiffres romains entre parenthèses renvoient à la bibliographie placée à la fin de cette note.)

Nous ne reprendrons pas ici l'exposé complet du développement historique de la théorie des nombres complexes ou de celle des quaternions, ces théories étant essentiellement du ressort de l'Algèbre (cf. A, Notes historiques des chap. II-III et VIII); mais nous dirons quelques mots de la représentation géométrique des imaginaires, qui à beaucoup d'égards constitue un progrès décisif dans l'histoire des Mathématiques.

C'est à C. F. Gauss que revient sans conteste la première conception claire de la correspondance biunivoque entre nombres complexes et points du plan,[1] et surtout le mérite d'avoir su le premier appliquer cette idée à la théorie des nombres complexes, et d'avoir entrevu nettement tout le parti qu'allaient en tirer les analystes du XIXe siècle. Au cours des XVIIe et XVIIIe siècles, les mathématiciens étaient peu à peu parvenus à la conviction que les nombres imaginaires, qui permettaient la résolution des équations du 3e degré, permettaient aussi de résoudre les équations algébriques de degré quelconque. De nombreux essais de démonstration de ce théorème avaient été publiés au cours du XVIIIe siècle; mais sans même parler de ceux qui ne reposaient que sur un cercle vicieux, il n'en était aucun qui ne prêtât flanc à de sérieuses objections. Gauss, après un examen détaillé de ces tentatives et une critique serrée de leurs lacunes, se propose, dans sa Dissertation inaugurale (écrite en 1797, parue en 1799), de donner enfin une démonstration rigoureuse; reprenant une idée émise en passant par d'Alembert (dans la démonstration publiée par ce dernier en 1746[2]), il remarque que les points (a, b) du plan tels que $a + ib$ soit racine du polynôme

$$P(x + iy) = X(x, y) + iY(x, y),$$

sont les intersections des courbes $X = 0$ et $Y = 0$; par une étude qualitative de ces courbes, il montre alors qu'un arc continu de l'une d'elles joint des points de

[1] Le premier qui ait eu l'idée d'une semblable correspondance est sans doute Wallis, dans son Traité d'Algèbre publié en 1685; mais ses idées sur ce point restèrent confuses, et n'exercèrent pas d'influence sur les contemporains.

[2] Cette démonstration (où d'Alembert ne tire d'ailleurs aucun parti de la remarque qui sert de point de départ à Gauss) est la première en date qui ne se réduise pas à une grossière pétition de principe. Gauss, qui en critique justement les points faibles, ne laisse pas cependant de reconnaître la valeur de l'idée fondamentale de d'Alembert: « *le véritable nerf de la démonstration* », dit-il, « *ne me semble pas affecté par toutes ces objections* » ((I), t. III, p. 11); un peu plus loin, il esquisse une méthode pour rendre rigoureux le raisonnement de d'Alembert; c'est déjà, à peu choses près, le raisonnement de Cauchy dans une de ses démonstrations du même théorème (cf. VIII, § 2, exerc. 2).

deux régions distinctes limitées par l'autre, et en conclut que les courbes se rencontrent ((I), t. III, p. 3; voir aussi (I *bis*)): démonstration qui, par sa clarté et son originalité, constitue un progrès considérable sur les tentatives antérieures, et est sans doute un des premiers exemples d'un raisonnement de pure Topologie appliqué à un problème d'Algèbre.[1]

Dans sa Dissertation, Gauss ne définit pas explicitement la correspondance entre points du plan et nombres imaginaires; à l'égard de ces derniers, et des questions d' « existence » qu'ils soulevaient depuis deux siècles, il adopte même une position assez réservée, présentant intentionnellement tous ses raisonnements sous une forme où n'entrent que des quantités réelles. Mais la marche des idées de sa démonstration serait entièrement inintelligible si elle ne présupposait une identification pleinement consciente des points du plan et des nombres complexes; et ses recherches contemporaines sur la théorie des nombres et les fonctions elliptiques, où interviennent aussi les nombres complexes, ne font que renforcer cette hypothèse. A quel point la conception géométrique des imaginaires lui était devenue familière, et à quels résultats elle pouvait conduire entre ses mains, c'est ce que montrent clairement les notes (publiées seulement de nos jours) où il applique les nombres complexes à la résolution de problèmes de Géométrie élémentaire ((I), t. IV, p. 396 et t. VIII, p. 307). Plus explicite encore est la lettre à Bessel de 1811 ((I), t. VIII, p. 90-91), où il esquisse l'essentiel de la théorie de l'intégration des fonctions de variable complexe: « *De même* », dit-il, « *qu'on peut se représenter tout le domaine des quantités réelles au moyen d'une ligne droite indéfinie, de même on peut se figurer* (« sinnlich machen ») *le domaine* complet *de* toutes *les quantités, les réelles et les imaginaires, au moyen d'un plan indéfini, où chaque point, déterminé par son abscisse a et son ordonnée b, représente en même temps la quantité* $a + ib$. *Le passage continu d'une valeur de x à une autre se fait par conséquent suivant une ligne, et peut donc s'effectuer d'une infinité de manières...* »

Mais ce n'est qu'en 1831 que Gauss (à propos de l'introduction des « nombres de Gauss » $a + ib$, où a et b sont entiers) exposa publiquement ses idées sur ce point d'une manière aussi nette ((I), t. II, *Theoria Residuorum Biquadraticorum, Commentatio secunda*, art. 38, p. 109, et *Anzeige*, p. 174 et suiv.). Dans l'intervalle, l'idée de la représentation géométrique des imaginaires avait été retrouvée indépendamment par deux modestes chercheurs, tous deux mathématiciens amateurs, plus ou moins autodidactes, et dont ce fut la seule contribution à la science, tous deux aussi sans grand contact avec les milieux scientifiques de leur temps. De ce fait, leurs travaux risquaient fort de passer totalement inaperçus; c'est précisément ce qui se produisit pour le premier en date, le Danois C. Wessel, dont

[1] Gauss a publié en tout quatre démonstrations du « théorème de d'Alembert-Gauss »; la dernière est une variante de la première, et, comme celle-ci, fait appel aux propriétés topologiques intuitives du plan; mais la seconde et la troisième reposent sur des principes tout à fait différents. La démonstration que nous avons donnée dans VIII, p. 1 est essentiellement la seconde démonstration de Gauss, qui n'est elle-même que la mise en œuvre d'une idée d'Euler et de De Foncenex, comme nous l'avons signalé en Algèbre (voir A, Note historique des chap. VI–VII).

l'opuscule, paru en 1798, très clairement conçu et rédigé, ne fut tiré de l'oubli qu'un siècle plus tard; et la même mésaventure faillit arriver au second, le Suisse J. Argand, qui ne dut qu'à un hasard de voir, en 1813, exhumer l'ouvrage qu'il avait publié sept ans auparavant.[1] Cet ouvrage provoqua une active discussion dans les *Annales de Gergonne*, et la question fit l'objet, en France et en Angleterre, de plusieurs publications (dues à des auteurs assez obscurs) entre 1820 et 1830; mais il manquait l'autorité d'un grand nom pour mettre fin à ces controverses et rallier les mathématiciens au nouveau point de vue; et il fallut attendre jusque vers le milieu du siècle pour que la représentation géométrique des imaginaires fût enfin universellement adoptée, à la suite des publications de Gauss (citées plus haut) en Allemagne, des travaux de Hamilton et Cayley sur les systèmes hypercomplexes, en Angleterre, et enfin, en France, de l'adhésion de Cauchy,[2] quelques années seulement avant que Riemann, par une extension géniale, vînt encore élargir le rôle de la Géométrie dans la théorie des fonctions analytiques, et créer du même coup la Topologie.

* * *

La mesure des angles, par les arcs qu'ils découpent sur un cercle, est aussi ancienne que la notion d'angle elle-même, et est déjà connue des Babyloniens, dont nous avons conservé l'unité d'angle, le degré; il n'est d'ailleurs question chez eux que de mesures d'angles comprises entre 0 et 360°, ce qui leur suffisait, puisque les angles leur servaient avant tout à repérer les positions d'objets célestes en des points déterminés de leurs trajectoires apparentes, et à en dresser des tables pour servir à des fins scientifiques ou astrologiques.

Chez les géomètres grecs de l'époque classique, la notion de l'angle (*Eucl. El.*, I, déf. 8 et 9) est encore plus restreinte, puisqu'elle ne s'applique qu'aux angles inférieurs à deux droits; et comme d'autre part leur théorie des rapports et de la mesure reposait sur la comparaison de multiples *arbitrairement grands* des grandeurs mesurées, les angles ne pouvaient être pour eux une grandeur mesurable, bien qu'on trouve naturellement chez eux la conception d'angles égaux, d'angles plus grands ou plus petits l'un que l'autre, et celle de la somme de deux angles quand cette somme ne dépasse pas deux droits. De même que l'addition des fractions, la mesure des angles a donc dû être à leurs yeux un procédé empirique sans valeur scientifique. Ce point de vue est bien illustré par l'admirable mémoire d'Archimède sur les spirales ((III), t. II, p. 1–121), où, faute de pouvoir définir

[1] A l'opposé de Gauss, Wessel et Argand sont plus préoccupés de *justifier* les calculs sur les nombres complexes, que de faire servir à de nouvelles recherches la représentation géométrique qu'ils proposent; Wessel n'en indique aucune application, et la seule qu'en donne Argand est une démonstration du théorème de d'Alembert-Gauss, qui n'est guère qu'une variante de la démonstration de d'Alembert, et prête aux mêmes objections.

[2] Dans ses premiers travaux sur les intégrales de fonctions de variables complexes (entre 1814 et 1826), Cauchy considère les nombres complexes comme des expressions « symboliques » et ne les identifie pas aux points du plan; ce qui ne l'empêche pas d'associer constamment au nombre $x + iy$ le point (x, y) et d'utiliser librement le langage de la Géométrie à ce propos.

celles-ci par la proportionnalité du rayon vecteur à l'angle, il en donne une définition cinématique (déf. 1, p. 44; cf. l'énoncé de la prop. 12, p. 46) d'où il réussit à tirer, comme le montre la suite de son ouvrage, tout ce que la notion générale de mesure des angles lui aurait donné s'il l'eût possédée. Quant aux astronomes grecs, ils semblent, sur ce point comme sur bien d'autres, s'être contentés des suivre leurs prédécesseurs babyloniens.

Ici aussi, comme dans l'évolution du concept de nombre réel (cf. Note historique du chap. IV), le relâchement de l'esprit de rigueur, au cours de la décadence de la science grecque, amène le retour au point de vue « naïf », qui, à certains égards, se rapproche plus du nôtre que la rigide conception euclidienne. C'est ainsi qu'un interpolateur mal avisé insère dans Euclide la fameuse proposition (*Eucl. El.*, VI, 33): « Les angles sont proportionnels aux arcs qu'ils découpent sur un cercle »,[1] et un scholiaste anonyme qui commente la « démonstration » de cette proposition n'hésite pas à introduire, sans aucune justification bien entendu, des arcs égaux à des multiples arbitrairement grands d'une circonférence, et les angles correspondant à ces arcs.[2] Mais Viète même, au XVIe siècle, tout en paraissant toucher à notre conception moderne de l'angle lorsqu'il découvre que l'équation $\sin nx = \sin \alpha$ possède plusieurs racines, n'obtient que les racines qui correspondent à des angles inférieurs à 2 droits ((IV), p. 305). C'est seulement au XVIIe siècle que ce point de vue est dépassé d'une manière définitive; et, après que la découverte par Newton des développements en série de $\sin x$ et de $\cos x$ eut fourni des expressions de ces fonctions, valables pour toutes les valeurs de la variable, on trouve enfin chez Euler, à propos des logarithmes des nombres « imaginaires », la conception précise de la notion de mesure d'un angle quelconque ((V), (1), t. XVII, p. 220).

Bien entendu, la définition classique de la mesure d'un angle par la longueur d'un arc de cercle est non seulement intuitive, mais essentiellement correcte; toutefois, elle exige, pour être rendue rigoureuse, la notion de longueur d'une courbe, c'est-à-dire le Calcul intégral. Du point de vue des structures qui entrent en jeu, c'est là un procédé très détourné, et il est possible, comme on l'a vu dans le texte, de ne pas utiliser d'autres moyens que ceux de la théorie des groupes topologiques; l'exponentielle réelle et l'exponentielle complexe apparaissent ainsi comme découlant d'une même source, le théorème caractérisant les « groupes à un paramètre » (V, p. 10, th. 1).

---

[1] Qu'il s'agisse bien d'une interpolation, c'est ce que met hors de doute l'absurdité de la démonstration, maladroitement calquée sur les paradigmes classiques de la méthode d'Eudoxe; il est visible d'ailleurs que ce résultat n'a rien à faire à la fin du Livre VI. Il est piquant de voir Théon, au IVe siècle de notre ère, se faire naïvement un mérite d'avoir greffé, sur cette interpolation, une autre où il prétend prouver que « les aires des secteurs d'un cercle sont proportionnelles à leurs angles au centre » (*Eucl. El.*, éd. Heiberg, vol. 5, p. XXIV), et cela six siècles après la détermination par Archimède de l'aire des secteurs de spirales.

[2] *Eucl. El.*, éd. Heiberg, vol. 5, p. 357.

BIBLIOGRAPHIE

(I) C. F. Gauss, *Werke*, t. II (2e éd., Göttingen, 1876), III (2e éd., *ibid.*, 1876), IV (*ibid.*, 1873) et VIII (*ibid.*, 1900).

(I *bis*) *Die vier Gauss'schen Beweise für die Zerlegung ganzer algebraischer Functionen in reelle Factoren ersten oder zweiten Grades* (Ostwald's Klassiker, n° 14, Leipzig (Teubner), 1904).

(II) *Euclidis Elementa*, 5 vol., éd. J. L. Heiberg, Leipzig (Teubner), 1883–88.

(III) *Archimedis Opera Omnia*, 3 vol., éd. J. L. Heiberg, 2e éd., Leipzig (Teubner), 1913–15.

(III *bis*) *Les Œuvres complètes d'Archimède*, trad. P. Ver Eecke, Paris-Bruxelles (Desclée de Brouwer), 1921.

(IV) Francisci Vietae, *Opera Mathematica*, Leyde (Bonaventure et Abraham Elzevir), 1646.

(V) L. Euler, *Opera omnia* (1), t. XVII, Leipzig (Teubner), 1915.

CHAPITRE IX

Utilisation des nombres réels en topologie générale

§ 1. GÉNÉRATION D'UNE STRUCTURE UNIFORME PAR UNE FAMILLE D'ÉCARTS. ESPACES UNIFORMISABLES

1. Écarts

DÉFINITION 1. — *Étant donné un ensemble* X, *on appelle écart sur* X *toute application* f *de* $X \times X$ *dans l'intervalle* $[0, +\infty]$ *de la droite achevée* $\overline{\mathbf{R}}$, *satisfaisant aux conditions suivantes :*

(EC_I) *Quel que soit* $x \in X$, $f(x, x) = 0$.
(EC_{II}) *Quels que soient* $x \in X$, $y \in X$, $f(x, y) = f(y, x)$ (symétrie).
(EC_{III}) *Quels que soient* $x \in X$, $y \in X$, $z \in X$,

$$f(x, y) \leqslant f(x, z) + f(z, y)$$

(inégalité du triangle).

Exemples. — 1) Sur l'espace numérique $\mathbf{R}^n$, la distance euclidienne (VI, p. 7) est un écart.

2) Étant donné un ensemble quelconque X, la fonction f définie sur $X \times X$ par les conditions : $f(x, x) = 0$ pour tout $x \in X$, $f(x, y) = +\infty$ si $x \neq y$, est un écart sur X.

3) Étant donnée une fonction numérique finie g définie dans un ensemble quelconque X, la fonction f définie dans $X \times X$ par $f(x, y) = |g(x) - g(y)|$ est un écart sur X.

$_*$4) Soit X l'ensemble des applications continues de l'intervalle $[0, 1]$ de $\mathbf{R}$ dans $\mathbf{R}$. Si, pour tout couple d'éléments x, y de X, on pose $f(x, y) = \int_0^1 |x(t) - y(t)|\, dt$, f est un écart sur X.$_*$

Remarques. — 1) L'exemple 2 ci-dessus montre qu'un écart peut prendre la valeur $+\infty$ pour certains couples d'éléments de X.

2) Si f est un écart sur X, on peut en général avoir $f(x, y) = 0$ pour des couples (x, y) tels que $x \neq y$; c'est ce que montre l'exemple 3 ci-dessus (cf. IX, p. 1).

De l'inégalité du triangle, on déduit que, si $f(x, z)$ et $f(y, z)$ sont *finis*, il en est de même de $f(x, y)$; en outre, dans ce cas, on a

$$f(x, z) \leqslant f(y, z) + f(x, y) \quad \text{et} \quad f(y, z) \leqslant f(x, z) + f(x, y),$$

et par suite

$$|f(x, z) - f(y, z)| \leqslant f(x, y). \tag{1}$$

Si f est un écart sur X, il en est de même de λf, quel que soit le nombre fini $\lambda > 1$. Si $(f_\iota)_{\iota \in I}$ est une famille quelconque d'écarts sur X, la somme $\sum_{\iota \in I} f_\iota(x, y)$ est définie pour tout couple $(x, y) \in X \times X$; si on désigne sa valeur par $f(x, y)$, f est un écart sur X. De même, l'*enveloppe supérieure* g de la famille (f_ι) (IV, p. 21) est un écart sur X, car des relations $f_\iota(x, y) \leqslant f_\iota(x, z) + f_\iota(z, y)$, on déduit

$$\sup_{\iota \in I} f_\iota(x, y) \leqslant \sup_{\iota \in I} (f_\iota(x, z) + f_\iota(z, y)) \leqslant \sup_{\iota \in I} f_\iota(x, z) + \sup_{\iota \in I} f_\iota(z, y)$$

(IV, p. 25, formule (17)).

2. Définition d'une structure uniforme par une famille d'écarts

Dans l'espace numérique $\mathbf{R}^n$, on a vu (VI, p. 9) que si, pour tout nombre $a > 0$, on désigne par U_a l'ensemble des couples $(\boldsymbol{x}, \boldsymbol{y})$ de points de $\mathbf{R}^n$ dont la distance euclidienne est $\leqslant a$, les U_a forment un système fondamental d'entourages de la structure uniforme de $\mathbf{R}^n$ lorsque a parcourt l'ensemble des nombres >0.

Plus généralement, soit f un écart sur un ensemble X; pour tout $a > 0$, posons $U_a = \overset{-1}{f}([0, a])$; montrons que, lorsque a parcourt l'ensemble des nombres >0, les U_a forment un *système fondamental d'entourages* d'une structure uniforme sur X. En effet, l'axiome (U'_I) (II, p. 2) est vérifié en vertu de (EC_I) (IX, p. 1); si $a \leqslant b$, on a $U_a \subset U_b$, donc les U_a forment une base de filtre; d'après (EC_{II}), on a $\overset{-1}{U}_a = U_a$, donc (U'_{II}) est vérifié; enfin, d'après (EC_{III}), on a $\overset{2}{U}_a \subset U_{2a}$, donc (U'_{III}) est vérifié. On peut par suite poser la définition suivante:

DÉFINITION 2. — *Étant donné un écart f sur un ensemble* X, *on appelle structure uniforme définie par f la structure uniforme sur* X *ayant pour système fondamental d'entourages la famille des ensembles $\overset{-1}{f}([0, a])$, où a parcourt l'ensemble des nombres >0.*

On dit que deux écarts sur X *sont équivalents s'ils définissent la même structure uniforme.*

Remarques. — 1) Pour toute suite (a_n) de nombres >0 tendant vers 0, les U_{a_n} forment un système fondamental d'entourages de la structure uniforme définie par f.

2) La définition d'une structure uniforme par un écart f revient à prendre comme système fondamental d'entourages de cette structure, l'*image réciproque* par f du filtre des voisinages de 0 dans le sous-espaces $[0, +\infty]$ de $\overline{\mathbf{R}}$. On notera que ce procédé est tout à fait analogue à celui qui nous a permis de définir les structures uniformes d'un groupe topologique (III, p. 19).

Soient f et g deux écarts sur X; d'après la déf. 2, pour que la structure uniforme définie par f soit *moins fine* que la structure uniforme définie par g, il faut et il suffit que, pour tout $a > 0$, il existe $b > 0$ tel que la relation $g(x, y) \leqslant b$ entraîne $f(x, y) \leqslant a$. Pour que f et g soient deux écarts *équivalents*, il faut et il suffit que, pour tout $a > 0$, il existe $b > 0$ tel que $g(x, y) \leqslant b$ entraîne $f(x, y) \leqslant a$, et que $f(x, y) \leqslant b$ entraîne $g(x, y) \leqslant a$.

En particulier, s'il existe une constante $k > 0$ telle que $f \leqslant kg$, la structure uniforme définie par f est moins fine que celle définie par g.

Soit φ une application de l'intervalle $[0, +\infty]$ dans lui-même, satisfaisant aux conditions suivantes: 1° $\varphi(0) = 0$, et φ est continue au point 0; 2° φ est croissante dans $[0, +\infty]$ et strictement croissante dans un voisinage de 0; 3° quels que soient $u \geqslant 0$ et $v \geqslant 0$, $\varphi(u + v) \leqslant \varphi(u) + \varphi(v)$. D'après les déf. 1 (IX, p. 1) et 2 (IX, p. 1), pour tout écart f sur un ensemble X, la fonction composée $g = \varphi \circ f$ est un écart *équivalent* à f.

Le lecteur vérifiera aisément qu'on peut par exemple prendre pour φ l'une des fonctions suivantes:

$$\sqrt{u}, \qquad \log(1 + u), \qquad \frac{u}{1 + u}, \qquad \inf(u, 1).$$

Les deux derniers exemples prouvent qu'il existe toujours des écarts *bornés* équivalents à un écart quelconque donné (fini ou non).

DÉFINITION 3. — *Étant donnée une famille $(f_\iota)_{\iota \in I}$ d'écarts sur un ensemble* X, *on appelle structure uniforme définie par la famille (f_ι) sur l'ensemble* X, *la borne supérieure de l'ensemble des structures uniformes définies sur* X *par chacun des écarts f_ι.*

On dit que deux familles d'écarts sur X *sont équivalentes si elles définissent la même structure uniforme sur* X.

D'après la définition de la borne supérieure d'un ensemble de structures uniformes (II, p. 10), le filtre d'entourages de la structure uniforme $\mathscr{U}$ définie sur X par une famille d'écarts $(f_\iota)_{\iota \in I}$ est le filtre *engendré* (I, p. 37) par la famille des ensembles $\overset{-1}{f_\iota}([0, a])$, où ι parcourt I et a l'ensemble des nombres > 0. En d'autres termes, on obtient un système fondamental d'entourages de $\mathscr{U}$, en procédant de la manière suivante: on prend arbitrairement un nombre fini d'indices $\iota_1, \iota_2, \ldots, \iota_n$ et, pour chacun des ι_k, un nombre $a_k > 0$, puis on considère l'ensemble des couples $(x, y) \in X \times X$ tels que $f_{\iota_k}(x, y) \leqslant a_k$ pour $1 \leqslant k \leqslant n$; ces ensembles (pour tous les choix possibles de n, des ι_k et des a_k) forment un système fondamental d'entourages de $\mathscr{U}$. On peut d'ailleurs se borner au cas où tous les a_k sont égaux à un *même* nombre $a > 0$, l'entourage formé des (x, y) tels que

$$\sup_{1 \leqslant k \leqslant n} (f_{\iota_k}(x, y)) \leqslant \inf_{1 \leqslant k \leqslant n} a_k$$

étant évidemment contenu dans le précédent.

Pour toute partie finie H de I, soit g_H l'enveloppe supérieure de la famille $(f_\iota)_{\iota \in H}$; lorsque H parcourt l'ensemble des parties finies de I et a l'ensemble des nombres > 0, on voit que les ensembles $\overset{-1}{g_H}([0, a])$ forment un *système fondamental d'entourages* de la structure $\mathscr{U}$. Or, les g_H sont des *écarts* sur X (IX, p. 2) et l'enveloppe supérieure d'un nombre fini de fonctions de la famille (g_H) appartient encore par définition à cette famille; on exprimera cette propriété en disant que la famille d'écarts (g_H) est *saturée*. La famille d'écarts (g_H) est donc *équivalente* à la famille (f_ι); on dit que c'est la famille d'écarts obtenue en *saturant* (f_ι); ce qui précède prouve qu'on peut toujours se borner à considérer les structures uniformes définies par des familles d'écarts *saturées*.

Dans le cas particulier où I est un ensemble *fini*, ce raisonnement montre que la structure uniforme définie par la famille d'écarts $(f_\iota)_{\iota \in I}$ est aussi définie par le *seul* écart $g = \sup_{\iota \in I} f_\iota$.

Soient $\mathscr{U}$, $\mathscr{U}'$ deux structures uniformes sur X, définies respectivement par deux familles d'écarts *saturées* $(f_\iota)_{\iota \in I}$, $(g_\kappa)_{\kappa \in K}$; pour que $\mathscr{U}$ soit *moins fine* que $\mathscr{U}'$, il faut et il suffit que, pour tout indice $\iota \in I$ et tout nombre $a > 0$, il existe un indice $\iota \in K$ et un nombre $b > 0$ tels que la relation $g_\kappa(x, y) \leqslant b$ entraîne $f_\iota(x, y) \leqslant a$.

Exemple de structure uniforme définie par une famille d'écarts. Soit $(f_\iota)_{\iota \in I}$ une famille quelconque de *fonctions numériques* (finies) définies dans un ensemble X. Soit $\mathscr{U}$ la structure uniforme la moins fine sur X rendant uniformément continues les f_ι (II, p. 8); il résulte de la définition des entourages de $\mathscr{U}$ (II, p. 8), que $\mathscr{U}$ est identique à la structure uniforme définie sur X par les écarts

$$g_\iota(x, y) = |f_\iota(x) - f_\iota(y)|.$$

3. Propriétés des structures uniformes définies par des familles d'écarts

Soit $\mathscr{U}$ une structure uniforme définie sur un ensemble X par une famille d'écarts finis (f_ι); si on munit $X \times X$ de la structure uniforme produit de $\mathscr{U}$ par elle-même, chacune des fonctions numériques f_ι est *uniformément continue* dans $X \times X$; on a en effet, d'après (1)

$$|f_\iota(x, y) - f_\iota(x', y')| \leqslant f_\iota(x, x') + f_\iota(y, y')$$

donc les relations $f_\iota(x, x') \leqslant \varepsilon/2, f_\iota(y, y') \leqslant \varepsilon/2$ entraînent

$$|f_\iota(x, y) - f_\iota(x', y')| \leqslant \varepsilon.$$

Pour que $\mathscr{U}$ soit *séparée*, il faut et il suffit, d'après la définition des entourages de $\mathscr{U}$, que pour tout couple de points *distincts* x, y de X, il existe un indice ι tel que $f_\iota(x, y) \neq 0$.

En particulier, si $\mathscr{U}$ est définie par *un seul* écart f, pour que $\mathscr{U}$ soit séparée, il faut et il suffit que la relation $f(x, y) = 0$ entraîne $x = y$ (cf. IX, p. 11).

Lorsque $\mathscr{U}$ n'est pas séparée, l'intersection de tous les entourages de $\mathscr{U}$ est la partie de $X \times X$ formée des couples (x, y) tels que $f_\iota(x, y) = 0$ pour tout ι; cette partie est le graphe d'une relation d'équivalence R sur X, et la structure uniforme séparée associée à $\mathscr{U}$ est définie sur X/R (cf. II, p. 25). On voit alors aisément que les fonctions f_ι sont compatibles (en x et en y) avec la relation R (E, II, p. 44) et que les fonctions $\tilde{f}_\iota$ obtenues par passage au quotient (pour x et y) à partir des f_ι, sont des écarts sur X/R définissant la structure uniforme séparée associée à $\mathscr{U}$ (cf. IX, p. 11).

Si Y est une partie non vide de X, la restriction à $Y \times Y$ d'un écart sur X est évidemment un écart sur Y; il est clair que la structure uniforme *induite* par $\mathscr{U}$ sur Y est définie par la famille des restrictions à $Y \times Y$ des écarts f_ι.

Étudions maintenant le *complété* de l'espace uniforme X, lorsque $\mathscr{U}$ est séparée.

PROPOSITION 1. — *Soit* X *un espace uniforme séparé, dont la structure uniforme* $\mathscr{U}$ *est définie par une famille d'écarts finis* (f_ι); *soit* $\hat{X}$ *le complété de* X. *Les fonctions* f_ι *se prolongent par continuité à* $\hat{X} \times \hat{X}$; *les fonctions prolongées* $\bar{f}_\iota$ *sont des écarts finis sur* $\hat{X}$, *et la structure uniforme de* $\hat{X}$ *est identique à la structure uniforme définie par la famille* $(\bar{f}_\iota)$.

Tout d'abord, les f_ι peuvent être prolongées par continuité à $\hat{X} \times \hat{X}$, puisqu'elles sont uniformément continues dans $X \times X$, et les fonctions prolongées $\bar{f}_\iota$ sont uniformément continues dans $\hat{X} \times \hat{X}$ (II, p. 20, th. 2); en outre, ce sont des écarts sur $\hat{X}$, en vertu du principe de prolongement des inégalités (IV, p. 18, th. 1). Désignons par $\mathscr{U}_1$ la structure uniforme sur $\hat{X}$ obtenue par complétion, par $\mathscr{U}_2$ la structure uniforme définie par la famille d'écarts $(\bar{f}_\iota)$. La structure $\mathscr{U}_2$ est *moins fine* que $\mathscr{U}_1$; en effet chacune des $\bar{f}_\iota$ est uniformément continue dans $\hat{X} \times \hat{X}$, quand on munit $\hat{X}$ de la structure $\mathscr{U}_1$; pour tout $a > 0$, il existe donc un entourage V de la structure $\mathscr{U}_1$ tel que, pour tout couple $(x, y) \in V$, on ait $|\bar{f}_\iota(x, y) - \bar{f}_\iota(x, x)| \leqslant a$, c'est-à-dire (puisque $\bar{f}_\iota(x, x) = 0$) $V \subset \overset{-1}{\bar{f}_\iota}([0, a])$; tout entourage de la structure $\mathscr{U}_2$ est donc un entourage de la structure $\mathscr{U}_1$. D'autre part, $\mathscr{U}_1$ et $\mathscr{U}_2$ induisent sur X la *même* structure uniforme $\mathscr{U}$. Comme $\hat{X}$ est *complet* pour $\mathscr{U}_1$, il s'ensuit que $\mathscr{U}_1$ et $\mathscr{U}_2$ sont *identiques*, en vertu de II, p. 23, prop. 14.

4. Construction d'une famille d'écarts définissant une structure uniforme

L'intérêt du mode de définition d'une structure uniforme par une famille d'écarts réside dans le fait qu'il permet d'obtenir *toutes les structures uniformes*. De façon précise:

THÉORÈME 1. — *Étant donnée une structure uniforme* $\mathscr{U}$ *sur un ensemble* X, *il existe une famille d'écarts sur* X *telle que la structure uniforme définie par cette famille soit identique à* $\mathscr{U}$.

Pour tout entourage V de la structure uniforme $\mathcal{U}$, définissons par récurrence une suite d'entourages symétriques (U_n) telle que $U_1 \subset V$, et $\overset{2}{U}_{n+1} \subset U_n$ quel que soit $n \geqslant 1$; la suite (U_n) est un système fondamental d'entourages d'une structure uniforme $\mathcal{U}_V$ moins fine que $\mathcal{U}$; en outre, il est clair que $\mathcal{U}$ est la *borne supérieure* de toutes les structures $\mathcal{U}_V$, lorsque V parcourt le filtre des entourages de $\mathcal{U}$. Le th. 1 sera donc une conséquence de la proposition suivante:

Proposition 2. — *Si une structure uniforme $\mathcal{U}$ sur X possède un système fondamental dénombrable d'entourages, il existe un écart f sur X tel que $\mathcal{U}$ soit identique à la structure uniforme définie par f.*

Soit (V_n) un système fondamental dénombrable d'entourages de $\mathcal{U}$; définissons par récurrence une suite (U_n) d'entourages symétriques de la structure $\mathcal{U}$ tels que $U_1 \subset V_1$, et

$$\overset{3}{U}_{n+1} \subset U_n \cap V_n \quad \text{pour } n \geqslant 1.$$

Il est clair que (U_n) est encore un système fondamental d'entourages de $\mathcal{U}$, et on a en particulier $\overset{3}{U}_{n+1} \subset U_n$ pour $n \geqslant 1$. Définissons comme suit une fonction numérique g dans $X \times X$: $g(x, y) = 0$ si $(x, y) \in U_n$ pour tout n; $g(x, y) = 2^{-k}$ si $(x, y) \in U_n$ pour $1 \leqslant n \leqslant k$, mais $(x, y) \notin U_{k+1}$; $g(x, y) = 1$ si $(x, y) \notin U_1$. La fonction g est symétrique, positive, et on a $g(x, x) = 0$ pour tout $x \in X$. Posons

$$f(x, y) = \inf \sum_{i=0}^{p-1} g(z_i, z_{i+1})$$

la borne inférieure étant prise sur l'ensemble de toutes les suites finies $(z_i)_{0 \leqslant i \leqslant p}$ (p arbitraire) telles que $z_0 = x$ et $z_p = y$. Nous allons montrer que f est un *écart* qui satisfait aux inégalités

$$\tfrac{1}{2}g(x, y) \leqslant f(x, y) \leqslant g(x, y). \tag{2}$$

En effet, de la définition de f résulte aussitôt que f satisfait à l'inégalité du triangle, et est symétrique et positive; la seconde inégalité (2) étant évidente, prouve que $f(x, x) = 0$ pour tout $x \in X$, donc que f est un écart. Pour démontrer la première inégalité (2), montrons, par récurrence sur p, que pour toute suite finie $(z_i)_{0 \leqslant i \leqslant p}$ de $p + 1$ points de X, on a

$$\sum_{i=0}^{p-1} g(z_i, z_{i+1}) \geqslant \tfrac{1}{2}g(z_0, z_p). \tag{3}$$

L'inégalité est évidente si $p = 1$. Posons $a = \sum_{i=0}^{p-1} g(z_i, z_{i+1})$; l'inégalité (3) est vraie si $a \geqslant \frac{1}{2}$, puisque $g(z_0, z_p) \leqslant 1$. Supposons donc $a < \frac{1}{2}$; soit h le plus grand des indices q tels que

$$\sum_{i<q} g(z_i, z_{i+1}) \leqslant \frac{a}{2};$$

on a donc

$$\sum_{i<h} g(z_i, z_{i+1}) \leqslant \frac{a}{2} \quad \text{et} \quad \sum_{i<h+1} g(z_i, z_{i+1}) > \frac{a}{2},$$

d'où

$$\sum_{i>h} g(z_i, z_{i+1}) \leqslant \frac{a}{2}.$$

Par l'hypothèse de récurrence, on a $g(z_0, z_h) \leqslant a$, $g(z_{h+1}, z_p) \leqslant a$; d'autre part, on a évidemment $g(z_h, z_{h+1}) \leqslant a$. Soit k le plus petit entier > 0 tel que $2^{-k} \leqslant a$; on a $k \geqslant 2$, et $(z_0, z_h) \in U_k$, $(z_h, z_{h+1}) \in U_k$, et $(z_{h+1}, z_0) \in U_k$ d'après la définition de g; donc $(z_0, z_p) \in U_k \subset U_{k-1}$, ce qui entraîne $g(z_0, z_p) \leqslant 2^{1-k} \leqslant 2a$.

Cela étant, les inégalités (2) montrent que, pour tout $a > 0$, l'ensemble $\overset{-1}{f}([0, a])$ contient U_k pour tout indice k tel que $2^{-k} < a$, et inversement que tout U_k contient l'ensemble $\overset{-1}{f}([0, 2^{-k-1}])$; les ensembles $\overset{-1}{f}([0, a])$ forment donc un système fondamental d'entourages de la structure $\mathscr{U}$.

C.Q.F.D.

Remarque. — Une structure uniforme $\mathscr{U}$ sur X est définie par la famille Φ de *tous les écarts* sur X qui sont *uniformément continus* dans X × X. En effet, il est clair que la structure uniforme définie par la famille Φ est *moins fine* que $\mathscr{U}$; d'autre part, le th. 1 prouve qu'il existe une sous-famille de Φ qui définit la structure uniforme $\mathscr{U}$, donc la structure uniforme définie par Φ est *plus fine* que $\mathscr{U}$, ce qui achève de montrer qu'elle est identique à $\mathscr{U}$.

5. Espaces uniformisables

Dans II, p. 27, nous avons posé le problème de la caractérisation des espaces topologiques uniformisables; la solution en est donnée par le th. suivant:

THÉORÈME 2. — *Pour qu'un espace topologique* X *soit uniformisable, il faut et il suffit qu'il vérifie l'axiome suivant:*

(O_{IV}) *Quels que soient le point* $x_0 \in X$ *et le voisinage* V *de* x_0, *il existe une fonction numérique continue dans* X, *prenant ses valeurs dans* $[0, 1]$, *égale à* 0 *au point* x_0 *et à* 1 *dans* $\complement V$.

La condition est *nécessaire*. En effet, s'il existe une structure uniforme compatible avec la topologie de X, cette structure peut, d'après le th. 1 (IX, p. 5), être définie par une famille (f_ι) d'écarts sur X et on peut toujours supposer que cette famille est *saturée* (IX, p. 4). D'après la définition des entourages de la structure uniforme définie par une telle famille d'écarts, il existe un écart f_α de la famille (f_ι), et un nombre $a > 0$, tels que $f_\alpha(x_0, x) \geqslant a$ pour tout $x \in \complement V$; il en résulte que la fonction $g(x) = \inf(1, (1/a) f_\alpha(x_0, x))$ remplit toutes les conditions énoncées dans (O_{IV}).

La condition est *suffisante*. En effet, soit Φ l'ensemble des *applications continues de* X *dans* $[0, 1]$. L'axiome (O_{IV}) prouve que *la structure uniforme la moins fine rendant uniformément continues les fonctions appartenant à* Φ est *compatible* avec la topologie de X (II, p. 8, corollaire).

DÉFINITION 4. — *On dit qu'un espace topologique est complètement régulier s'il est uniformisable et séparé.*

Il revient au même, d'après le th. 2, de dire qu'un espace est complètement régulier s'il satisfait aux axiomes (H) et (O_{IV}).

Remarque. — L'axiome (O_{IV}) entraîne (O_{III}) (cf. I, p. 56, car si V est un voisinage de x_0, et f une fonction numérique continue dans X, à valeurs dans $[0, 1]$, telle que $f(x_0) = 0, f(x) = 1$ pour tout $x \in \complement V$, l'ensemble $\overset{-1}{f}([0, \frac{1}{2}])$ est un voisinage *fermé* de x_0 contenu dans V. En particulier, tout espace *complètement régulier* est *régulier* (ce qui justifie la terminologie). On peut par contre donner des exemples d'espaces réguliers qui ne sont pas complètement réguliers (IX, p. 85, exerc. 8), ce qui montre que (O_{III}) n'entraîne pas (O_{IV}).

On sait (II, p. 27, th. 1) que tout espace compact est complètement régulier, et par suite aussi tout sous-espace d'un espace compact. Nous pouvons maintenant compléter cette proposition en démontrant sa *réciproque*; autrement dit:

PROPOSITION 3. — *Pour qu'un espace topologique* X *soit complètement régulier, il faut et il suffit qu'il soit homéomorphe à un sous-espace d'un espace compact.*

Reprenons en effet la structure uniforme la moins fine sur X rendant uniformément continues toutes les applications continues de X dans $[0, 1]$; nous avons utilisé cette structure dans la démonstration du th. 2, et vu qu'elle est compatible avec la topologie de X si X est uniformisable. Si en outre X est séparé, cette structure uniforme est une structure d'espace *précompact*, en vertu de la compacité de l'intervalle $[0, 1]$ et de la prop. 3 de II, p. 31. Le complété de X pour cette structure est donc compact, d'où la proposition.

On peut encore dire qu'un espace complètement régulier peut être *plongé* dans un espace compact; il est souvent commode de présenter ce résultat de la façon suivante:

Appelons, de façon générale, *cube* un espace topologique I^L, produit d'une famille d'espaces topologiques identiques à un *intervalle compact* I de **R**, et ayant pour ensemble d'indices un ensemble L quelconque (si L est fini et a n éléments, on retrouve la notion de *cube fermé à n dimensions* définie dans VI, p. 1); un cube est un espace *compact* (I, p. 63, th. 3).

PROPOSITION 4. — *Si un espace topologique* X *est complètement régulier, il est homéomorphe à un sous-espace d'un cube.*

Désignons en effet par $(f_\lambda)_{\lambda \in L}$ la famille de toutes les applications continues de X dans $I = [0, 1]$, et considérons l'application $x \mapsto (f_\lambda(x))$ de X dans I^L, que nous désignerons par g. D'après les axiomes (H) et (O_{IV}), pour tout couple de points distincts x, y de X, il existe un indice λ tel que $f_\lambda(x) \neq f_\lambda(y)$, donc g est une application *injective* de X dans I^L. En outre, il est immédiat que g est un *isomorphisme* de la structure uniforme la moins fine rendant uniformément continues les

f_λ, sur la structure uniforme induite sur $g(X)$ par la structure uniforme (produit) de I^L; *a fortiori*, g est un homéomorphisme de X sur $g(X)$.

DÉFINITION 5. — *Étant donné un ensemble* X, *on dit qu'un ensemble* H *d'applications de* X *dans un ensemble* Y *sépare les éléments d'une partie* A *de* X (ou est un *ensemble séparant* pour les éléments de A) *si, quels que soient les éléments distincts* x, y *de* A, *il existe une fonction* $f \in H$ *telle que* $f(x) \neq f(y)$.

PROPOSITION 5. — *Soient* X *un espace compact,* H *un ensemble de fonctions numériques continues dans* X *et séparant les points de* X. *Pour toute partie finie* K *de* H *et tout réel* $\varepsilon > 0$, *soit* $U_{K,\varepsilon}$ *l'ensemble des couples* $(x, y) \in X \times X$ *tels que* $|f(x) - f(y)| \leqslant \varepsilon$ *pour toute application* $f \in K$. *Les ensembles* $U_{K,\varepsilon}$ *forment un système fondamental d'entourages de la structure uniforme de* X.

En effet, soit $\varphi: X \to \mathbf{R}^H$ l'application $x \mapsto (f(x))_{f \in H}$; elle est évidemment continue; elle est injective par hypothèse, et comme $\mathbf{R}^H$ est séparé, φ est un homéomorphisme de X sur un sous-espace compact de $\mathbf{R}^H$, et par suite aussi un isomorphisme pour les structures uniformes de X et de $\varphi(X)$ (II, p. 27, th. 1). L'assertion résulte alors de la définition des entourages dans l'espace produit $\mathbf{R}^H$ (II, p. 8).

6. Compactifié de Stone-Čech

PROPOSITION 6. — *Soit* X *un espace topologique; il existe un espace compact* Z *et une application continue* $f: X \to Z$ *ayant la propriété suivante: pour toute application continue* g *de* X *dans un espace compact* Y, *il existe une application continue et une seule* $h: Z \to Y$ *telle que* $g = h \circ f$. *En outre, si* Z_1 *est un espace compact et* f_1 *une application continue de* X *dans* Z_1 *ayant les mêmes propriétés que* Z *et* f, *il existe un homéomorphisme unique* u *de* Z *sur* Z_1 *tel que* $f_1 = u \circ f$.

En d'autres termes, le couple (Z, f) est solution du problème d'application universelle (E, IV, p. 22) où Σ est la structure d'espace compact, les morphismes étant les applications continues, ainsi que les α-applications.

En effet, considérons la famille $(f_\lambda)_{\lambda \in L}$ de toutes les applications continues de X dans $I = [0, 1]$, et soit φ l'application continue $x \mapsto (f_\lambda(x))_{\lambda \in L}$ de X dans I^L; alors l'adhérence $Z = \overline{\varphi(X)}$ dans I^L est compacte; notons f l'application continue de X dans Z déduite de φ, et montrons que Z et f répondent à la question. Il suffit de prouver l'existence de h lorsque $Y = I$; en effet, tout espace compact Y peut être identifié à un sous-espace fermé de I^A pour un ensemble A convenable (IX, p. 8, prop. 4); si, pour tout $\alpha \in A$, il existe une application continue h_α de Z dans I telle que $\mathrm{pr}_\alpha \circ g = h_\alpha \circ f$, on aura

donc $$(h_\alpha(f(x))) = (\mathrm{pr}_\alpha(g(x)) = g(x) \in Y$$

pour tout $x \in X$; l'application $h = (h_\alpha)$ de Z dans I^A est donc telle que $h(z) \in Y$

pour tout $z \in \varphi(X)$; comme h est continue et $\varphi(X)$ partout dense dans Z, on aura bien $h(Z) \subset Y$ (I, p. 9, th. 1) donc la factorisation $g = f \circ h$ aura la propriété voulue.

Supposons donc $Y = I$; alors par définition, si $g : X \to I$ est continue, il existe un indice $\lambda \in L$ tel que $g = f_\lambda$, et on a donc la factorisation $g = (\mathrm{pr}_\lambda \mid Z) \circ f$. L'unicité de h résulte de ce que Y est séparé et de ce que h est déterminé de façon unique dans $\varphi(X)$, qui est partout dense dans Z. L'unicité du couple (Z, f) à isomorphisme unique près est un résultat général sur les problèmes d'application universelle (E, IV, p. 23).

Corollaire. — *Pour que f soit injective, il faut et il suffit que l'ensemble des applications continues de* X *dans* $I = [0, 1]$ *sépare les points de* X. *Pour que f soit un homéomorphisme de* X *sur* $f(X)$, *il faut et il suffit que* X *soit complètement régulier.*

La première assertion résulte aussitôt de la façon dont f a été définie dans la démonstration de la prop. 6. La seconde résulte des prop. 3 et 4 (IX, p. 8).

L'espace compact Z défini dans la prop. 6 est appelé *compactifié de Stone-Čech* de X et noté parfois βX.

7. Fonctions semi-continues sur un espace uniformisable

Dans IV, p. 31, corollaire, on a vu que, dans un espace topologique, l'enveloppe supérieure d'une famille de fonctions numériques continues est une fonction semi-continue inférieurement. Dans un espace *uniformisable*, on a en outre une *réciproque* de cette proposition :

Proposition 7. — *Pour que toute fonction numérique f* (finie ou non) *semi-continue inférieurement dans un espace topologique* X, *soit l'enveloppe supérieure des fonctions numériques* (finies ou non) *continues dans* X *et* $\leqslant f$, *il faut et il suffit que* X *soit uniformisable.*

La condition est *nécessaire* : en effet, soient x_0 un point quelconque de X, et V un voisinage ouvert quelconque de x_0; la fonction caractéristique φ_V de l'ensemble V est semi-continue inférieurement (IV, p. 29, corollaire) ; par hypothèse, il existe donc une fonction numérique g continue dans X, telle que $g \leqslant \varphi_V$ et $g(x_0) = a > 0$; la fonction continue $\inf(1, (1/a)g^+)$ prend ses valeurs dans $[0, 1]$, est égale à 0 dans $\complement V$ et à 1 au point x_0; donc (IX, p. 7, th. 2), X est uniformisable.

La condition est *suffisante*. Considérons d'abord le cas où f prend ses valeurs dans $[-1, +1]$. Il faut montrer que, pour tout $x_0 \in X$ et tout nombre $a < f(x_0)$, il existe une fonction numérique g, continue dans X, telle que $g \leqslant f$ et $g(x_0) \geqslant a$. Si $a \leqslant -1$, il suffit de prendre pour g la constante -1. Si $-1 < a < f(x_0)$, il existe un voisinage V de x_0 tel que $f(x) \geqslant a$ pour tout $x \in V$. Comme X est uniformisable, il existe une fonction numérique h, continue dans X, à valeurs dans

$(0, 1)$, et telle que $h(x_0) = 0$ et $h(x) = 1$ pour $x \in \complement V$. Il suffit alors de prendre $g(x) = a - (a+1)h(x)$ pour avoir une fonction continue répondant aux conditions posées. On notera que cette fonction prend ses valeurs dans $(-1, +1)$.

Le cas général se déduit du cas précédent par transport de structure: il existe en effet un homéomorphisme strictement croissant de $(-1, +1)$ sur $\overline{\mathbf{R}}$ (IV, p. 14, prop. 2).

Remarque. — Dans la démonstration précédente, on voit que la fonction g ne prend pas la valeur $+1$. Par transport de structure, on en déduit que toute fonction numérique f, semi-continue inférieurement dans l'espace uniformisable E, est enveloppe supérieure des fonctions numériques $g \leqslant f$, continues dans E *et ne prenant pas la valeur* $+\infty$.

§ 2. ESPACES MÉTRIQUES; ESPACES MÉTRISABLES

1. Distances et espaces métriques

DÉFINITION 1. — *On appelle distance sur un ensemble* X *un écart fini* d *sur* X *tel que la relation* $d(x, y) = 0$ *entraîne* $x = y$. *On appelle espace métrique un ensemble* X *muni de la structure définie par la donnée d'une distance sur* X.

Un espace métrique X est toujours considéré comme muni de la structure uniforme et de la topologie définies par la distance donnée sur X.

Exemples. — 1) La distance euclidienne $d(\mathbf{x}, \mathbf{y})$ (VI, p. 7) est une distance sur l'espace numérique $\mathbf{R}^n$; il en est de même des fonctions $\sup_{1 \leqslant i \leqslant n} |x_i - y_i|$, et $\sum_{i=1}^{n} |x_i - y_i|$ Toutes ces distances sont *équivalentes* (IX, p. 2).

2) Sur un ensemble quelconque X, l'écart d défini par les relations $d(x, x) = 0$, $d(x, y) = 1$ pour $x \neq y$, est une distance; la structure uniforme qu'elle définit sur X est la structure uniforme *discrète*.

On a une définition équivalente à la déf. 1 en disant qu'une distance est un écart *fini* tel que la structure uniforme définie par cet écart soit *séparée*; un écart fini équivalent à une distance est donc une distance.

On peut rattacher aux espaces métriques les espaces uniformes définis par la donnée d'*un seul écart* (qu'on peut supposer *fini*) lorsque cet écart n'est pas une distance. Soit f un tel écart sur un ensemble X, $\mathscr{U}$ la structure uniforme qu'il définit; cette structure n'est pas séparée, et l'intersection des entourages de $\mathscr{U}$ est la partie de X × X définie par la relation d'équivalence $f(x, y) = 0$; nous désignerons cette relation par R. Si $x \equiv x'$ (mod. R), on a, d'après l'inégalité du triangle, $f(x, y) \leqslant f(x, x') + f(x', y) = f(x', y)$, et de même $f(x', y) \leqslant f(x, y)$ donc $f(x, y) = f(x', y)$; autrement dit, f est une fonction *compatible* (en x et y) avec la relation d'équivalence R (E, II, p. 44). Soit $\bar{f}$ la fonction obtenue par passage au quotient (pour x et y) à partir de f; elle est définie sur (X/R) × (X/R), et si x et y sont deux points de X, $\dot{x}$ et $\dot{y}$ les classes (mod. R) de x et de y respectivement, on a $\bar{f}(\dot{x}, \dot{y}) = f(x, y)$. Il en résulte aussitôt que $\bar{f}$ est une *distance* sur X/R, qu'on appelle distance *associée* à l'écart f; en outre, la structure uniforme qu'e définit sur X/R n'est autre que la structure uniforme séparée *associée* à $\mathscr{U}$, d'ap la définition de cette structure (II, p. 25). En passant à un espace quotient co venable, la structure uniforme définie par un seul écart se ramène donc à u structure d'espace métrique.

La prop. 1 de IX, p. 5 détermine la structure du *complété* d'un espa métrique:

PROPOSITION 1. — *Soient* X *un espace métrique, d la distance sur* X. *Si* $\hat{X}$ *est le compl de* X (pour la structure uniforme définie par d), *la fonction d se prolonge par c tinuité à* $\hat{X} \times \hat{X}$; *la fonction prolongée* $\bar{d}$ *est une distance sur* $\hat{X}$, *et la structure uniforme* $\hat{X}$ *est identique à la structure uniforme définie par la distance* $\bar{d}$.

La prop. 1 de IX, p. 5, montre en effet que $\bar{d}$ est un écart fini sur $\hat{X}$, et définit la structure uniforme obtenue par complétion; comme cette derniè est séparée, $\bar{d}$ est une *distance*.

Lorsqu'on considère le complété d'un espace métrique X comme un espa métrique, on sous-entend toujours que la distance sur $\hat{X}$ est obtenue en prolo geant par continuité la distance sur X.

2. Structure d'espace métrique

Soient X et X′ deux espaces métriques, d la distance sur X, d' la distance sur X Conformément aux définitions générales (E, IV, p. 6), une application bijecti f de X sur X′ est un *isomorphisme* de la structure d'espace métrique de X sur ce de X′, si, quels que soient $x \in X$ et $y \in X'$, on a

$$d(x, y) = d'(f(x), f(y)). \tag{1}$$

On remarquera que, si f est une application de X sur X′ satisfaisant à l'identi (1), elle est nécessairement *bijective*, et par suite est un isomorphisme de X s X′; un tel isomorphisme est encore appelé *isométrie* (ou application *isométrique*) X sur X′.

Une isométrie de X sur X′ est bien entendu un isomorphisme de la structu uniforme (resp. topologie) de X sur la structure uniforme (resp. topologie) de X les réciproques sont inexactes, comme le montre l'existence de distances équivalen distinctes (IX, p. 3).

Soient X un espace métrique, d la distance qui le définit. Pour tout $a > 0$, désignera par V_a la partie de $X \times X$ formée des couples (x, y) tels que $d(x, y) <$ par W_a la partie formée des couples (x, y) tels que $d(x, y) \leqslant a$; lorsque a parcou l'ensemble des nombres > 0 (ou seulement une suite de nombres tendant vers les ensembles V_a (resp. W_a) constituent, d'après la continuité de d (IX, p. 2), système fondamental d'entourages *ouverts* (resp. *fermés*) de la structure uniforn de X; on a d'ailleurs $\bar{V}_a \subset W_a$, mais ces deux ensembles ne sont pas nécessai ment identiques.

Par analogie avec le cas de la distance euclidienne sur $\mathbf{R}^n$, l'ensemble $V_a(x)$ (resp. $W_a(x)$) est appelé *boule ouverte* (resp. *boule fermée*) de *centre* x et de *rayon* a; c'est un ensemble *ouvert* (resp. *fermé*) dans X; de même, on appelle *sphère* de centre x et de rayon a l'ensemble des points y tels que $d(x, y) = a$; c'est un ensemble *fermé*. D'après ce qui précède, les boules ouvertes (resp. fermées) de centre x et de rayon a forment un système fondamental de voisinages de x, lorsque a parcourt l'ensemble des nombres > 0, ou une suite de nombres > 0 tendant vers 0.

Il ne faut pas se laisser abuser par la terminologie précédente, et croire que, dans un espace métrique quelconque, les boules et sphères jouissent des mêmes propriétés que les boules et sphères euclidiennes étudiées dans VI, p. 9. C'est ainsi que l'adhérence d'une boule ouverte peut être distincte de la boule fermée de même centre et même rayon, que la frontière d'une boule fermée peut être distincte de la sphère de même centre et de même rayon, qu'une boule ouverte (ou fermée) peut ne pas être connexe, qu'une sphère peut être identique à l'ensemble vide (cf. IX, p. 91, exerc. 4).

Soient A et B deux parties non vides quelconques de l'espace métrique X. On appelle *distance des ensembles* A *et* B le nombre $d(\mathrm{A}, \mathrm{B}) = \inf_{x \in \mathrm{A},\, y \in \mathrm{B}} d(x, y)$. En particulier, on note $d(x, \mathrm{A})$ la distance de l'ensemble $\{x\}$ réduit au point x, et de l'ensemble A; on l'appelle *distance du point x à l'ensemble* A; on a donc

$$d(x, \mathrm{A}) = \inf_{y \in \mathrm{A}} d(x, y),$$

d'où

$$d(\mathrm{A}, \mathrm{B}) = \inf_{x \in \mathrm{A}} d(x, \mathrm{B})$$

(IV, p. 21, prop. 9).

Remarque. — Si $d(x, \mathrm{A}) = a$, il se peut qu'il n'existe *aucun* point de A dont la distance à x soit égale à a. Toutefois, cette circonstance ne peut se présenter si A est *compact*, car alors, en vertu du th. de Weierstrass (IV, p. 27, th. 1), il existe $y \in \mathrm{A}$ tel que $d(x, \mathrm{A}) = d(x, y)$.

PROPOSITION 2. — *Les propriétés $d(x, \mathrm{A}) = 0$ et $x \in \overline{\mathrm{A}}$ sont équivalentes.*

En effet, la propriété $d(x, \mathrm{A}) = 0$ exprime que la boule $V_a(x)$ rencontre A quel que soit $a > 0$, ce qui équivaut à $x \in \overline{\mathrm{A}}$.

PROPOSITION 3. — *La fonction $x \mapsto d(x, \mathrm{A})$ est uniformément continue dans* X.

Soient en effet x, y deux points quelconques de X; quel que soit $\varepsilon > 0$, il existe $z \in \mathrm{A}$ tel que $d(y, z) \leqslant d(y, \mathrm{A}) + \varepsilon$, d'où, en vertu de l'inégalité du triangle

$$d(x, z) \leqslant d(x, y) + d(y, z) \leqslant d(x, y) + d(y, \mathrm{A}) + \varepsilon.$$

A fortiori $d(x, \mathrm{A}) \leqslant d(x, y) + d(y, \mathrm{A}) + \varepsilon$, et comme ε est arbitraire, $d(x, \mathrm{A}) \leqslant d(x, y) + d(y, \mathrm{A})$. De la même manière, on a

$$d(y, \mathrm{A}) \leqslant d(x, y) + d(x, \mathrm{A}),$$

c'est-à-dire

$$|d(x, \mathrm{A}) - d(y, \mathrm{A})| \leqslant d(x, y), \tag{2}$$

d'où la proposition.

Remarque. — On peut avoir $d(A, B) = 0$ pour deux parties A, B de X telles que $\overline{A} \cup \overline{B} = \varnothing$, lorsqu'aucune de ces deux parties n'est réduite à un point. Par exemple, sur la droite numérique **R**, l'ensemble des entiers > 0, et l'ensemble des points de la suite $(n + 1/2n)_{n \geqslant 1}$ sont fermés, sans point commun, et ont une distance nulle.

Toutefois, si A est *compact* et B *fermé*, la relation $d(A, B) = 0$ entraîne $A \cap B \neq \varnothing$, car en vertu de la relation

$$d(A, B) = \inf_{x \in A} d(x, B),$$

de la prop. 3 et du th. de Weierstrass, il existe $x_0 \in A$ tel que $d(x_0, B) = d(A, B) = 0$, donc (IX, p. 13, prop. 2) $x_0 \in B$.

On appelle *diamètre* d'une partie non vide A de X le nombre (fini ou égal à $+\infty$) $\delta(A) = \sup_{x \in A, y \in A} d(x, y)$. La notion d'ensemble « petit d'ordre W_a » (II, p. 12) est identique à celle d'ensemble de diamètre $\leqslant a$. Pour qu'un ensemble non vide A soit réduit à un point, il faut et il suffit que $\delta(A) = 0$.

On dit qu'un ensemble $A \subset E$ est *borné* (pour la distance d) si son diamètre est *fini*. Il revient au même de dire que, pour tout point $x_0 \in E$, A est contenu dans une boule de centre x_0. Toute partie d'un ensemble borné est un ensemble borné; la réunion d'une famille finie d'ensembles bornés est un ensemble borné.

On notera qu'une partie de E peut être bornée pour la distance d, mais non bornée pour une distance équivalente à d (cf. IX, p. 3).

3. Oscillation d'une fonction

A la notion de diamètre se rattache celle d'*oscillation* d'une fonction f définie dans un ensemble quelconque X, et prenant ses valeurs dans un *espace métrique* Y; si A est une partie non vide quelconque de X, on appelle *oscillation de f dans* A le diamètre $\delta(f(A))$.

Si en outre X est une partie d'un *espace topologique* Z, on appelle *oscillation de f en un point* $x \in \overline{X}$ le nombre $\omega(x; f) = \inf \delta(f(V \cap X))$, V parcourant le filtre des voisinages de x dans Z.

PROPOSITION 4. — *L'oscillation $\omega(x; f)$ d'une fonction quelconque f définie dans une partie X d'un espace topologique Z, et prenant ses valeurs dans un espace métrique Y', est une fonction semi-continue supérieurement dans $\overline{X}$.*

Soit en effet a un point quelconque de $\overline{X}$; pour tout $k > \omega(a; f)$, il existe un voisinage ouvert V de a tel que $\delta(f(V \cap X)) \leqslant k$; pour tout $x \in V \cap \overline{X}$, V est un voisinage de x, donc

$$\omega(x; f) \leqslant \delta(f(V \cap X)) \leqslant k,$$

ce qui prouve que ω est semi-continue supérieurement au point a.

Pour qu'on ait $\omega(x; f) = 0$ en un point $x \in \overline{X}$, il faut et il suffit que, pour tout $\varepsilon > 0$, il existe un voisinage V de x tel que $f(V \cap X)$ soit contenu dans une boule de rayon ε; si $x \in X$, cette condition exprime que f est *continue* au point x (par rapport à X) ; si $x \in \mathrm{X} \cap \complement\mathrm{X}$, elle exprime que l'image par f de la trace sur X du filtre des voisinages de x dans Z est une *base de filtre de Cauchy* sur Y'; en particulier:

PROPOSITION 5. — *Soit f une fonction définie dans une partie X d'un espace topologique Z, prenant ses valeurs dans un espace métrique complet Y'; pour qu'en un point $x \in \mathrm{X}$, f ait une limite relativement à X, il faut et il suffit que l'osillation de f au point x soit nulle.*

4. Espaces uniformes métrisables

DÉFINITION 2. — *On dit qu'une distance sur un ensemble X est compatible avec une structure uniforme $\mathscr{U}$ sur X si la structure uniforme définie par cette distance est identique à $\mathscr{U}$.*

On dit qu'une structure uniforme sur un ensemble X est métrisable s'il existe une distance sur X compatible avec cette structure. Un espace uniforme est dit métrisable si sa structure uniforme est métrisable.

Des distances distinctes peuvent être compatibles avec une même structure uniforme; elles sont alors *équivalentes* (IX, p. 2, déf. 2). Rappelons que toute distance est équivalente à une distance *bornée* (IX, p. 3).

THÉORÈME 1. — *Pour qu'une structure uniforme soit métrisable, il faut et il suffit qu'elle soit séparée et que le filtre des entourages de cette structure ait une base dénombrable.*

La condition est *nécessaire*, car (avec la notation de IX, p. 12), les entourages $\mathrm{V}_{1/n}(n \geqslant 1)$ forment une base du filtre des entourages de la structure uniforme d'un espace métrique.

La condition est *suffisante*, car si elle est remplie, la structure uniforme considérée est définie par un seul écart (qu'on peut supposer fini) d'après la prop. 2 de IX, p. 6, et comme elle est séparée, cet écart est une distance.

COROLLAIRE 1. — *Une structure uniforme séparée définie par une famille dénombrable d'écarts est métrisable.*

En effet, si (f_n) est une suite d'écarts définissant une telle structure, le filtre des entourages est engendré par la famille dénombrable des ensembles $\overset{-1}{f_n}([0, 1/m])$, où m et n parcourent l'ensemble des entiers >0.

COROLLAIRE 2. — *Tout produit dénombrable d'espaces uniformes métrisables est métrisable.*

En effet, un tel espace est séparé, et sa structure uniforme admet un système fondamental dénombrable d'entourages (d'après II, p. 8, prop. 4).

5. Espaces topologiques métrisables

DÉFINITION 3. — *On dit qu'une distance sur un ensemble X est compatible avec une topologie $\mathscr{T}$ sur X si la topologie définie par cette distance est identique à $\mathscr{T}$. On dit qu'un* *espace topologique* X *est métrisable s'il existe une distance sur* X *compatible avec la top logie de* X.

Deux distances sur un ensemble X, compatibles avec une même topologie $\mathcal{T}$ peuvent être *non équivalentes.*

Un exemple de ce fait est fourni par le sous-espace $\mathbf{R}_+^*$ de $\mathbf{R}$ formé des nomb réels >0; la structure uniforme induite par la structure uniforme additive de et la structure uniforme induite par la structure uniforme multiplicative de $\mathbf{R}^*$, so toutes deux métrisables et compatibles avec la topologie de $\mathbf{R}_+^*$, mais elles ne sont p comparables.

On remarquera aussi qu'il peut exister des structures uniformes *non métrisab* compatibles avec la topologie d'un espace topologique *métrisable* (IX, p. 91, exe 7).

Nous nous contenterons ici de donner des conditions *nécessaires* pour qu'u espace topologique soit métrisable (pour une condition nécessaire et suffisan cf. IX, p. 109, exerc. 32). En premier lieu, un espace ne peut être métrisable q s'il est *complètement régulier* (nous verrons même (IX, p. 43, prop. 2) qu'un espa métrisable est nécessairement « normal », ce qui est une condition plus fort D'autre part, d'après le th. 1 (IX, p. 15):

Proposition 6. — *Tout point d'un espace métrisable possède un système fondamen dénombrable de voisinages.*

Plus généralement:

Proposition 7. — *Dans un espace métrisable, tout ensemble fermé est intersection d'u famille dénombrable d'ensembles ouverts; tout ensemble ouvert est réunion d'une fami dénombrable d'ensembles fermés.*

En effet, soit d une distance compatible avec la topologie d'un espace mét sable X. Si A est fermé dans X, il est l'intersection des ensembles ouverts $V_{1/n}($ (ensemble des x tels que $d(x, \mathrm{A}) < 1/n$; cf. IX, p. 13, prop. 2). La seconde par de la proposition résulte de la première par passage aux complémentaires.

Remarques. — 1) Les conditions nécessaires qui précèdent ne sont pas suffisan (cf. IX, p. 92, exerc. 12).

2) On peut donner des exemples d'espaces où tout point a un système fondame tal dénombrable de voisinages, mais où il existe des ensembles fermés qui ne sont p des intersections dénombrables d'ensembles ouverts (IX, p. 94, exerc. 14); de t espaces ne sont pas métrisables).

Le cor. 2 de IX, p. 15, montre qu'un produit *dénombrable* d'espaces topolo ques métrisables est métrisable. En outre un espace X *somme* (I, p. 15) d'u famille *quelconque* $(\mathrm{Y}_\iota)_{\iota\in\mathrm{I}}$ d'espaces métrisables est métrisable: en effet, si po chaque $\iota \in \mathrm{I}$, d_ι est une distance compatible avec la topologie de Y_ι, on pe supposer que d_ι est bornée et que le diamètre de Y_ι est $\leqslant 1$; on définit alors u distance d compatible avec la topologie de X en prenant $d(x, y) = d_\iota(x, y)$ si x, appartiennent à un même ensemble Y_ι, et $d(x, y) = 1$ dans le cas contraire.

6. Emploi des suites dénombrables

La prop. 6 est à l'origine du rôle qu'on peut faire jouer aux *suites dénombrables de points* dans un espace métrisable; dans beaucoup de questions, leur emploi peut se substituer à celui des *filtres*. Cela tient à ce que les *filtres des voisinages* des points de l'espace (et par suite les *filtres convergents*) sont *déterminés* par la donnée des *suites convergentes* de points de cet espace: en effet, comme le filtre des voisinages d'un point possède une base dénombrable, il est l'intersection des *filtres élémentaires* plus fins que lui (I, p. 43, prop. 11), c'est-à-dire des filtres élémentaires associés aux suites qui convergent vers le point considéré.

La notion de suite convergente est par contre tout à fait inadaptée à l'étude des espaces topologiques où il existe des points dont le filtre des voisinages n'admet pas de base dénombrable. On peut former en particulier des espaces topologiques séparés et non discrets dans lesquels, en chaque point x, l'intersection d'une famille dénombrable de voisinages de x est encore un voisinage de x (I, p. 100, exerc. 6); dans un tel espace, il n'y a pas d'autres suites convergentes que celles dont tous les termes sont égaux à partir d'une certain rang.

A titre d'exemple d'emploi des suites dénombrables, indiquons les propositions suivantes:

Proposition 8. — *Dans un espace métrisable* E, *pour qu'un point x soit adhérent à une partie non vide* A *de* E, *il faut et il suffit qu'il existe une suite de points de* A *qui converge vers x.*

Nous savons déjà que la condition est *suffisante* (I, p. 47, prop. 6). Pour voir qu'elle est *nécessaire*, considérons un système fondamental dénombrable (V_n) de voisinages de x tel que $V_{n+1} \subset V_n$ pour tout n. Si x est adhérent à A, chacun des ensembles $V_n \cap A$ est non vide; si x_n est un point de $V_n \cap A$, la suite (x_n) converge vers x.[1]

La prop. 8 entraîne ceci:

Proposition 9. — *Pour qu'un espace métrique* X *soit complet, il faut et il suffit que toute suite de Cauchy dans* X *soit convergente.*

En effet, soit $\hat{X}$ le complété de X; s'il existe un point $x \in \hat{X}$ n'appartenant pas à X, il existe une suite (x_n) de points de X qui converge vers x; c'est une suite de Cauchy non convergente dans X.

Proposition 10. — *Soient* X *un espace métrisable, f une application de* X *dans un espace topologique* Y. *Pour que f soit continue en un point $a \in X$, il faut et il suffit que pour toute suite (x_n) de points de* X *qui converge vers a, la suite $(f(x_n))$ converge vers $f(a)$ dans* Y.

On sait déjà que la condition est nécessaire (I, p. 50, cor. 1). Pour voir qu'elle est suffisante, considérons le filtre $\mathfrak{B}$ des voisinages de $f(a)$ dans Y; l'hypothèse

[1] La proposition peut encore être exacte dans certains espaces où un point au moins n'admet pas de système fondamental dénombrable de voisinages: par exemple, l'espace obtenu en rendant compact, par adjonction d'un point à l'infini (I, p. 67, th. 4), un espace discret non dénombrable.

entraîne que $\overset{-1}{f}(\mathfrak{B})$ est moins fin que tout filtre élémentaire associé à une suite qui converge vers a, c'est-à-dire tout filtre élémentaire convergent vers a; mais l'intersection de ces derniers est le filtre des voisinages de a (I, p. 43, prop. 11), d'où la proposition.

On notera que les prop. 8 et 10 sont encore valables dans un espace X où l'on suppose que tout point admet un sysème fondamental dénombrable de voisinages.

7. Fonctions semi-continues sur un espace métrisable

PROPOSITION 11. — *Soient* X *un espace métrisable, f une fonction* $\geqslant 0$, *semi-continue inférieurement dans* X. *Alors f est l'enveloppe supérieure d'une suite croissante de fonctions continues et finies dans* X.

Soit d'une distance définissant la topologie de X. Supposons d'abord que $f = \varphi_A$, où A est une partie ouverte de X. La fonction h_n définie par

$$h_n(x) = \inf(n.d(x, X - A), 1)$$

est alors continue, finie et $\geqslant 0$ dans X; en outre, $h_n(x) = f(x)$ pour $x \in X - A$ et pour $d(x, X - A) > 1/n$. On a donc bien $f = \sup_n h_n$. Dans le cas général, il résulte de IV, p. 31, prop. 3 que f est l'enveloppe supérieure d'une suite (g_n) de fonctions dont chacune est combinaison linéaire de fonctions caractéristiques d'ensembles ouverts. En vertu de ce qu'on vient de voir, g_n est l'enveloppe supérieure d'une suite croissante $(h_{mn})_{m \geqslant 0}$ de fonctions continues finies et $\geqslant 0$ (IV, p. 30); d'où il résulte que $f = \sup_{m, n} h_{mn}$ (E, III, p. 11). En posant $f_n = \sup_{p \leqslant n,\, q \leqslant n} h_{pq}$, on voit que f est l'enveloppe supérieure de la suite croissante des fonctions f_n, qui sont finies, $\geqslant 0$ et continues (IV, p. 30).

8. Espaces métrisables de type dénombrable

DÉFINITION 4. — *On dit qu'un espace métrisable est de type dénombrable si sa topologie admet une base dénombrable.*

Il est clair que tout sous-espace d'un espace métrisable de type dénombrable est de type dénombrable. La définition de la base de la topologie d'un espace produit (I, p. 24), et le cor. 2 (IX, p. 15), prouvent que tout produit d'une famille *dénombrable* d'espace métrisables de type dénombrable est un espace métrisable de type dénombrable. De même, tout espace somme d'une famille *dénombrable* d'espaces métrisables de type dénombrable est un espace métrisable de type dénombrable (IX, p. 16).

PROPOSITION 12. — *Pour un espace topologique métrisable* X, *les propositions suivantes sont équivalentes :*

a) X *est de type dénombrable ;*

b) il existe un ensemble dénombrable dense dans X*;*

c) X *est homéomorphe à un sous-espace du cube* I^{N}, *où* I *est l'intervalle* $[0, 1]$ *dans* **R**.

D'après les remarques précédentes, il est clair que *c)* implique *a)*; *a)* implique *b)*, car si (U_n) est une base dénombrable de la topologie de X et a_n un point de U_n, l'ensemble des a_n est partout dense dans X. Montrons enfin que *b)* entraîne *c)*. Soit (a_n) une suite partout dense de points de X, et pour tout $x \in X$, soit $\varphi(x)$ le point $(d(x, a_n))_{n \in N}$ de I^{N} (d étant une distance compatible avec la topologie de X et pour laquelle le diamètre de X est $\leqslant 1$); nous allons voir que φ est un homéomorphisme de X sur un sous-espace de I^{N}. En effet, φ est continue puisque chacune des fonctions $x \mapsto d(x, a_n)$ l'est; en outre φ est injective, car tout point de X est limite d'une suite extraite de (a_n) (IX, p. 17, prop. 8). Soit B une boule de centre x_0 et de rayon r dans X, et soit n un entier tel que $d(x_0, a_n) < r/3$. L'image par φ de l'ensemble W des points $x \in X$ tels que

$$|d(x_0, a_n) - d(x, a_n)| < r/3$$

est par définition un voisinage de $\varphi(x_0)$ dans $\varphi(X)$. Mais pour tout $x \in W$, on a $d(x, a_n) < d(x_0, a_n) + r/3 < 2r/3$, d'où

$$d(x, x_0) \leqslant d(x_0, a_n) + d(x, a_n) < r,$$

ce qui montre que W est un voisinage de x_0 contenu dans B; donc φ est un homéomorphisme de X sur $\varphi(X)$.

On notera que pour un espace topologique quelconque X, la propriété *b)* n'entraîne pas nécessairement l'existence d'une base dénombrable, même lorsque X est compact et que tout point de X admet un système fondamental dénombrable de voisinages (IX, p. 92, exerc. 12; cf. I, p. 90, exerc. 7).

COROLLAIRE. — (i) *Tout sous-espace d'un espace métrisable de type dénombrable est métrisable de type dénombrable.*

(ii) *Toute somme* (resp. *tout produit*) *d'une famille dénombrable d'espaces métrisables de type dénombrable est métrisable de type dénombrable.*

L'assertion (i) résulte de la définition; pour prouver l'assertion (ii) relative aux sommes, notons que toute somme d'espaces métrisables est métrisable (IX, p. 16); d'autre part, si X est somme d'une suite (X_n) d'espaces topologiques et si D_n est une partie partout dense de X_n, $\bigcup_n D_n$ est dense dans X. Enfin, l'assertion (ii) relative aux produits résulte de la prop. 12 et de la relation $(I^{N})^{N} = I^{N \times N}$, et du fait que $\mathbf{N} \times \mathbf{N}$ est dénombrable.

PROPOSITION 13. — *Soit* X *un espace topologique admettant une base dénombrable* (U_n); *pour tout recouvrement ouvert* $(V_\iota)_{\iota \in I}$ *de* X *il existe une partie dénombrable* J *de* I *telle que* $(V_\iota)_{\iota \in J}$ *soit un recouvrement de* X.

En effet, soit H la partie de **N** formée des indices n tels que U_n soit contenu dans un au moins des V_ι; la suite $(U_n)_{n \in H}$ est un recouvrement de X, car tout point $x \in X$ appartient à un V_ι, et comme V_ι est ouvert, il existe un indice n tel que $x \in U_n \subset V_\iota$. Cela étant, il existe une application ψ de H dans I telle que $U_n \subset V_{\psi(n)}$ pour tout $n \in H$; en prenant $J = \psi(H)$, qui est dénombrable, on répond à la question.

9. Espaces métriques compacts; espaces métrisables compacts

Le critère de précompacité des espaces uniformes (II, p. 29, th. 4) donne, pour les espaces métriques, la proposition suivante:

PROPOSITION 14. — *Pour qu'un espace métrique* X *soit précompact, il faut et il suffit que, pour tout* $\varepsilon > 0$, *il existe un recouvrement fini de* X *dont tous les ensembles aient un diamètre* $\leqslant \varepsilon$.

Si on ajoute l'hypothèse que X est *complet*, on obtient un critère de *compacité* des espaces métriques.

On déduit de la prop. 14 un critère *topologique* de compacité, applicable aux espaces métrisables:

PROPOSITION 15. — *Pour qu'un espace topologique métrisable* X *soit compact, il faut et il suffit que toute suite infinie de points de* X *ait une valeur d'adhérence dans* X.

D'après l'axiome (C) (I, p. 59), la condition est *nécessaire*. Pour voir qu'elle est *suffisante*, considérons une distance d compatible avec la topologie de X. Montrons d'abord que l'espace métrique X ainsi défini est *complet*: en effet, toute suite de Cauchy dans X a alors une valeur d'adhérence, et par suite est convergente (II, p. 14, cor. 2 de la prop. 5); la prop. 9, IX, p. 17 montre donc que X est complet. En second lieu, montrons que X est *précompact*; dans le cas contraire, en vertu de la prop. 14, il existerait un nombre $\alpha > 0$ tel qu'il n'y ait aucun recouvrement fini de X par des parties de X de diamètre $\leqslant \alpha$. On pourrait alors définir par récurrence sur n une suite infinie (x_n) de points de X par la condition $d(x_p, x_n) > \alpha/2$ pour tout $p < n$; or, une telle suite ne peut avoir de valeur d'adhérence, puisque toute boule de rayon $< \alpha/4$ contient au plus un point de la suite.

COROLLAIRE. — *Pour qu'une partie* A *d'un espace topologique métrisable* X *soit relativement compacte, il faut et il suffit que toute suite infinie de points de* A *ait une valeur d'adhérence dans* X.

La condition est nécessaire d'après I, p. 62, prop. 7. Inversement, soit d une distance compatible avec la topologie de X. Montrons que l'espace $\overline{A}$ est compact, en appliquant le critère de la prop. 15: soit (x_n) une suite de points de $\overline{A}$; pour chaque indice n, il existe $y_n \in A$ tel que $d(x_n, y_n) < 1/n$; la suite (y_n) admet par hypothèse une valeur d'adhérence $a \in X$, et a est aussi valeur d'adhérence de la suite (x_n), car si y_m appartient à la boule de centre a et de rayon $1/n$ pour un $m > n$, x_m appartient à la boule de centre a et de rayon $2/n$.

Il faut remarquer que la prop. 15 n'est pas une conséquence de l'existence, en tout point de X, d'un système fondamental dénombrable de voisinages; on peut donner des exemples d'espaces non métrisables et non compacts, dans lesquels tout point possède un système fondamental dénombrable de voisinages, et toute suite de points une valeur d'adhérence (IX, p. 94, exerc. 14).

PROPOSITION 16. — *Pour qu'un espace compact* X *soit métrisable, il faut et il suffit que sa topologie admette une base dénombrable.*

La condition est *nécessaire*. En effet, d'après la prop. 14 (IX, p. 20), pour tout entier $n \geqslant 1$, il existe une partie finie A_n de X telle que la distance à A_n de tout point de X soit $\leqslant 1/n$; l'ensemble dénombrable $A = \bigcup_n A_n$ est par suite dense dans X, d'où notre assertion (IX, p. 18, prop. 12).

La condition est *suffisante*. Soit en effet (U_n) une base dénombrable de la topologie de X. Tout voisinage d'un point de la diagonale Δ de $X \times X$ contient alors un voisinage de la forme $U_n \times U_n$; il résulte de l'axiome de Borel-Lebesgue appliqué à l'ensemble compact Δ dans $X \times X$, que tout voisinage de Δ contient une réunion finie d'ensembles de la forme $U_n \times U_n$, qui est un voisinage de Δ. Les voisinages de Δ qui sont réunions finies d'ensembles de la forme $U_n \times U_n$ forment par suite un système fondamental d'entourages de la structure uniforme de X (II, p. 27, th. 1); notre assertion résulte par suite du th. 1 (IX, p. 5).

COROLLAIRE. — *Soient* X *un espace localement compact,* X' *l'espace compact obtenu par adjonction à* X *d'un point à l'infini* ω (I, p. 68). *Les propositions suivantes sont équivalentes :*

a) *la topologie de* X *admet une base dénombrable;*

b) X' *est métrisable;*

c) X *est métrisable et dénombrable à l'infini.*

Montrons d'abord que *a*) entraîne *b*). Soit (U_n) une base dénombrable de la topologie de X; tout voisinage d'un point x de X contient un voisinage compact de x, lequel contient à son tour un voisinage de x égal à l'un des U_n; ceux des U_n qui sont relativement compacts forment donc aussi une base de la topologie de X, et on peut donc supposer tous les U_n relativement compacts. L'espace X est donc réunion dénombrable des ensembles compacts $\overline{U}_n$, autrement dit est dénombrable à l'infini; cela entraîne que, dans X', le point ω admet un système fondamental dénombrable (V_n) de voisinages ouverts (I, p. 69, corollaire); il est clair alors que tout voisinage d'un point $y \in X'$ contient, soit l'un des U_n, soit l'un des V_n, qui est un voisinage de y; autrement dit les U_n et les V_n forment une base dénombrable de la topologie de E', et notre assertion résulte de la prop. 16.

Il est immédiat que *b*) entraine *c*), car *b*) implique que ω admet un système fondamental dénombrable de voisinages (I, p. 69, corollaire).

Prouvons enfin que *c*) entraîne *a*). Il existe par hypothèse une suite croissante (V_n) d'ensembles ouverts relativement compacts, formant un recouvrement ouvert de X et tels que $\overline{V}_n \subset V_{n+1}$ (I, p. 68, prop. 15). Le sous-espace V_n

étant compact et métrisable, admet une base dénombrable (IX, p. 21, prop. 16), et il en est donc de même de V_n; soit $(U_{mn})_{m \geqslant 1}$ une base de la topologie de V_n. Pour $x \in E$ et tout voisinage W de x, il existe n tel que $x \in V_n$, donc il existe m tel que $x \in U_{mn} \subset V_n \cap W$; les ensembles U_{mn} $(m \geqslant 1, n \geqslant 1)$ forment par suite une base de la topologie de X.

10. Espaces quotients des espaces métrisables

Si X est un espace métrisable, R une relation d'équivalence dans X, l'espace quotient X/R n'est pas nécessairement métrisable (même si en outre X est localement compact *et X/R normal$_*$). Toutefois:

PROPOSITION 17. — *Tout espace quotient séparé d'un espace compact métrisable est un espace compact métrisable.*

Il revient au même de dire que si f est une application continue d'un espace compact métrisable X dans un espace séparé Y, $f(X)$ *est un sous-espace métrisable* de Y (I, p. 63, cor. 3).

Soient X un espace compact métrisable, R une relation d'équivalence dans X telle que X/R soit séparé. On sait alors (I, p. 62, th. 2) que X/R est compact; d'après la prop. 16 (IX, p. 21), tout revient à prouver que la topologie de X/R admet une base dénombrable. Nous utiliserons pour cela le fait que R est *fermée* (I, p. 63, cor. 2) et que les classes mod. R sont compactes. Soit φ l'application canonique de X sur X/R, et soit (U_n) une base dénombrable de la topologie de X. Soient z un point quelconque de X/R, V un voisinage de z dans X/R; $\overset{-1}{\varphi}(V)$ est donc un voisinage dans X de l'ensemble compact $\overset{-1}{\varphi}(z)$. Comme pour tout $x \in \overset{-1}{\varphi}(z)$ il existe un U_n contenant x et contenu dans $\overset{-1}{\varphi}(V)$, l'axiome de Borel-Lebesgue montre qu'il existe un recouvrement ouvert fini $(U_{n_k})_{1 \leqslant k \leqslant r}$ de $\overset{-1}{\varphi}(z)$ tel que, si on pose $W = \bigcup_k U_{n_k}$, W soit un voisinage de $\overset{-1}{\varphi}(z)$ contenu dans $\overset{-1}{\varphi}(V)$. Comme R est fermée, $\varphi(W)$ est alors un voisinage de z dans X/R, contenu dans V (I, p. 35, *Remarque*). Désignons par $\mathfrak{B}$ l'ensemble des intérieurs des ensembles de la forme $\varphi(W)$, où W parcourt l'ensemble $\mathfrak{F}$ des réunions finies d'ensembles de la forme U_n; ce qui précède prouve que $\mathfrak{B}$ est une base de la topologie de X/R, et comme $\mathfrak{F}$ est dénombrable, il en est de même de $\mathfrak{B}$.

PROPOSITION 18. — *Soient* X *un espace métrique complet,* R *une relation d'équivalence* ouverte *dans* X, *telle que* X/R *soit séparé,* φ *l'application canonique de* X *sur* X/R. *Pour toute partie compacte* K *de* X/R, *il existe une partie compacte* K′ *de* X *telle que* $\varphi(K') = K$.

Soit $\mathfrak{B}_1$ l'ensemble des boules ouvertes de rayon 1/2 dans X. Lorsque B parcourt $\mathfrak{B}_1$, les ensembles $\varphi(B)$ forment un recouvrement ouvert de K, donc il existe un nombre fini de points $x_1, \ldots, x_m$ de X tels que les images par φ des boules ouvertes de rayon 1/2 et de centre $x_i (1 \leqslant i \leqslant m)$ forment un recouvrement ouvert de K. Posons $H_1 = \{x_1, \ldots, x_m\}$, et supposons défini, pour $1 < i \leqslant n$, un ensemble fini H_i tel que:

1° $H_i \subset H_{i+1}$ et tout point de H_{i+1} est à une distance $< 1/2^i$ de H_i pour $1 \leqslant i \leqslant n - 1$;

2° les images par φ des boules ouvertes de rayon $1/2^i$, dont le centre parcourt H_i, forment un recouvrement ouvert de K, pour $1 \leqslant i \leqslant n$.

Soit alors $\mathfrak{B}_{n+1}$ l'ensemble des boules ouvertes de rayon $1/2^{n+1}$, dont le centre x est tel que $d(x, H_n) < 1/2^n$; d'après les propriétés de H_n, les ensembles $\varphi(B)$, où B parcourt $\mathfrak{B}_{n+1}$, forment un recouvrement ouvert de K; donc il existe un ensemble fini $L_{n+1} \subset X$, tel que les images par φ des boules ouvertes de rayon $1/2^{n+1}$, dont le centre parcourt L_{n+1}, forment un recouvrement ouvert de K; en prenant $H_{n+1} = H_n \cup L_{n+1}$, on voit qu'on peut définir par récurrence une suite infinie (H_n) de parties de X ayant les propriétés 1° et 2° ci-dessus. Posons $H = \bigcup_n H_n$ et montrons que H est *précompact*: pour tout $p > 0$ et tout point $z_{n+p} \in H_{n+p}$, il existe une suite de points $z_{n+i} \in H_{n+i} (0 \leqslant i \leqslant p - 1)$ tels que

$$d(z_{n+i}, z_{n+i+1}) < 1/2^{n+i} \quad \text{pour} \quad 0 \leqslant i \leqslant p - 1;$$

on en conclut que $d(z_n, z_{n+p}) \leqslant \sum_{i=0}^{p-1} 1/2^{n+i} \leqslant 1/2^{n-1}$, et par suite

$$d(y, H_n) \leqslant 1/2^{n-1}$$

pour tout $y \in H$, ce qui prouve notre assertion. Comme X est complet, $\overline{H}$ est compact, et par suite $\varphi(\overline{H})$ est compact. Montrons que $K \subset \varphi(\overline{H})$: si $z \in K$, on a par définition $d(H_n, \overset{-1}{\varphi}(z)) \leqslant 1/2^n$ pour tout n, d'où $d(\overline{H}, \overset{-1}{\varphi}(z)) = 0$; comme $\overset{-1}{\varphi}(z)$ est fermé et $\overline{H}$ compact, cela entraîne $\overline{H} \cap \overset{-1}{\varphi}(z) \neq \varnothing$ (IX, p. 14, *Remarque*), d'où notre assertion. Si alors $K' = \overline{H} \cap \overset{-1}{\varphi}(K)$, K' est fermé dans $\overline{H}$, donc compact, et on a $\varphi(K') = K$.

§ 3. GROUPES MÉTRISABLES; CORPS VALUÉS; ESPACES ET ALGÈBRES NORMÉS

1. Groupes topologiques métrisables

PROPOSITION 1. — *Pour que les structures uniformes droite et gauche d'un groupe topologique* G *soient métrisables, il faut et il suffit que* G *soit séparé et que l'élément neutre e de* G *possède un système fondamental dénombrable de voisinages.*

La condition est évidemment nécessaire. Réciproquement, si elle est remplie, soit (V_n) un système fondamental de voisinages de e; si U_n désigne l'ensemble des couples (x, y) de $G \times G$ tels que $x^{-1}y \in V_n$, les U_n forment un système fondamental dénombrable d'entourages de la structure uniforme gauche de G; comme en outre cette structure est séparée, elle est métrisable (IX, p. 15, th. 1). Même démonstration pour la structure uniforme droite de G.

Nous dirons qu'un groupe topologique G est *métrisable* si sa topologie est métrisable; la prop. 1 montre alors que ses deux structures uniformes sont métrisables.

On peut préciser ce résultat à l'aide de la notion suivante:

DÉFINITION 1. — *Sur un groupe* G, *noté multiplicativement, on dit qu'une distance d est invariante à gauche* (resp. *invariante à droite*) *si, quels que soient x, y, z dans* G, *on a* $d(zx, zy) = d(x, y)$ (resp. $d(xz, yz) = d(x, y)$).

PROPOSITION 2. — *La structure uniforme gauche* (resp. *droite*) *d'un groupe métrisable* G *peut être définie par une distance invariante à gauche* (resp. *à droite*).

Supposons en effet que le système fondamental (V_n) de voisinages de e soit formé de voisinages symétriques tels que $V_{n+1}^3 \subset V_n$ pour tout n; les entourages U_n correspondants de la structure uniforme gauche sont alors des entourages symétriques tels que $\overset{3}{U}_{n+1} \subset U_n$. Le procédé employé dans la démonstration de la prop. 2 de IX, p. 6 fournit à partir de la suite d'entourages (U_n) une distance d sur G compatible avec la structure uniforme gauche de G; en outre, comme pour tout $z \in G$, l'application $(x, y) \mapsto (zx, zy)$ laisse invariant chacun des U_n, la définition même de d montre que d est une distance invariante à gauche. Raisonnement analogue pour la structure uniforme droite.

On notera que, si les deux structures uniformes de G sont distinctes, la distance d n'est pas invariante à droite, et par suite on a en général $d(x^{-1}, y^{-1}) \neq d(x, y)$.

En particulier, si G est un groupe *commutatif* métrisable, sa structure uniforme est définie par une distance invariante d; si G est noté additivement, on a $d(x, y) = d(0, y - x) = d(0, x - y)$; on pose souvent $d(0, x) = |x|$ (ou $d(0, x) = \|x\|$); on a donc $d(x, y) = |x - y|$. La fonction $|x|$ satisfait aux trois conditions suivantes:

a) $|-x| = |x|$ pour tout $x \in G$;
b) $|x + y| \leqslant |x| + |y|$ quels que soient x, y dans G;
c) La relation $|x| = 0$ est équivalente à $x = 0$.

Réciproquement:

PROPOSITION 3. — *Soient* G *un groupe commutatif noté additivement,* $x \mapsto |x|$ *une application de* G *dans* $\mathbf{R}_+$ *satisfaisant aux conditions a), b), c) précédentes. La fonction* $d(x, y) = |x - y|$ *est une distance invariante sur* G; *la topologie* $\mathcal{T}$ *qu'elle définit sur* G *est compatible avec la structure de groupe de* G, *et la structure uniforme qu'elle définit est identique à la structure uniforme du groupe topologique obtenu en munissant* G *de la topologie* $\mathcal{T}$.

La fonction $d(x, y)$ est bien une distance sur G, car la relation $d(x, y) = 0$ équivaut à $x = y$ d'après *c*), on a $d(y, x) = d(x, y)$ d'après *a*), et

$$d(x, y) = |(x - z) + (z - y)| \leqslant |x - z| + |z - y| = d(x, z) + d(z, y)$$

d'après *b*). En outre, *d* est une distance invariante puisque

$$(x + z) - (y + z) = x - y.$$

Pour tout $\alpha > 0$, soit V_α l'ensemble des $x \in G$ tels que $|x| < \alpha$; les V_α forment un système fondamental $\mathfrak{S}$ de voisinages de 0 pour la topologie $\mathcal{T}$, et comme *d* est invariante, pour tout $a \in G$, $a + \mathfrak{S}$ est un système fondamental de voisinages de *a* pour la topologie $\mathcal{T}$. D'après *a*), les V_α sont symétriques, et d'après *b*), on a $V_\alpha + V_\alpha \subset V_{2\alpha}$; la topologie $\mathcal{T}$ est donc compatible avec la structure de groupe de G (III, p. 4). La dernière partie de la proposition est immédiate.

Les conditions *a*), *b*), *c*) sont équivalentes à la condition *c*) jointe à la condition

b') $$|x - y| \leqslant |x| + |y|.$$

En effet, il est évident que *a*) et *b*) entraînent *b'*). Réciproquement, en prenant $x = 0$ dans *b'*), et tenant compte de *c*), on voit que $|-y| \leqslant |y|$, d'où en remplaçant *y* par $-y$, $|-y| = |y|$, ce qui donne *a*); en remplaçant *y* par $-y$ dans *b'*), on obtient alors *b*).

PROPOSITION 4. — *Si* G *est un groupe métrisable, tout groupe quotient séparé* G/H *de* G *est métrisable; si en outre* G *est complet,* G/H *est complet.*[1]

La première partie de la proposition résulte de ce que, dans G/H, l'élément neutre admet un système fondamental dénombrable de voisinages: en effet, si (V_n) est un système fondamental de voisinages de *e* dans G, les images canoniques $\dot{V}_n$ des ensembles V_n dans G/H forment un système fondamental de voisinages de l'élément neutre de G/H (III, p. 13, prop. 17).

Pour montrer que, si G est complet, il en est de même de G/H, il suffit (IX, p. 17, prop. 9) de voir que toute suite de Cauchy $(\dot{x}_n)$ pour la structure uniforme gauche de G/H, est convergente; on peut toujours supposer (en extrayant au besoin une suite partielle de $(\dot{x}_n)$ que, pour tout couple d'indices *p*, *q* tels que $p \geqslant n$, $q \geqslant n$, on a $\dot{x}_p^{-1}\dot{x}_q \in \dot{V}_n$; cela signifie que, pour tout couple de points $y \in \dot{x}_p$, $z \in \dot{x}_q$, on a $y^{-1}z \in HV_n = V_nH$; il en résulte que, pour tout $y \in \dot{x}_p$, l'intersection de $\dot{x}_q$ et du voisinage yV_n de *y* n'est pas vide. Supposons alors la suite (V_n) choisie de sorte que $V_{n+1}^2 \subset V_n$, et définissons par récurrence une suite (x_n) de points de G, de sorte que $x_n \in \dot{x}_n$ et $x_{n+1} \in x_nV_n$, ce qui est possible d'après ce qui précède; on en conclut par récurrence que pour tout $p > 0$, on a

$$x_{n+p} \in x_nV_nV_{n+1} \ldots V_{n+p-1} \subset x_nV_{n-1}.$$

La suite (x_n) est donc une suite de Cauchy dans G et converge par suite vers un

[1] Il existe des groupes complets non métrisables G, contenant un sous-groupe fermé H tel que G/H ne soit pas complet (EVT, IV, § 4, exerc. 10 *c*).

point a; on en conclut aussitôt que l'image canonique $\dot{a}$ de a dans G/H est limite de la suite $(\dot{x}_n)$.

COROLLAIRE. — *Soient* G *un groupe métrisable complet,* G_0 *un sous-groupe partout dense dans* G, H_0 *un sous-groupe distingué fermé de* G_0; *si* H *est l'adhérence de* H_0 *dans* G, *le groupe quotient* G_0/H_0 *admet alors un groupe complété isomorphe à* G/H.

On sait que H est un sous-groupe distingué de G (III, p. 9, prop. 9) et la prop. 4 montre que G/H est complet; si φ est l'application canonique de G sur G/H, il est clair d'autre part que $\varphi(G_0)$ est partout dense dans G/H. Le corollaire résulte donc de la prop. 21 de III, p. 14.

Dans ce qui suit, pour un espace uniforme X, nous noterons i_X l'application canonique de X dans son séparé complété $\hat{X}$, par $X_0 = i_X(X)$ le sous-espace uniforme de $\hat{X}$, qui est l'espace séparé *associé* à X; rappelons que la topologie de X est l'image réciproque par i_X de celle de X_0 (II, p. 23, prop. 12). Rappelons aussi que, pour toute application uniformément continue $f: X \to Y$, $\hat{f}$ désigne l'application uniformément continue de $\hat{X}$ dans $\hat{Y}$ telle que $\hat{f} \circ i_X = i_Y \circ f$ (II, p. 24, prop. 15); si X est un sous-espace uniforme de Y et f l'injection canonique, $\hat{X}$ s'identifie à un sous-espace uniforme de $\hat{Y}$ et $\hat{f}$ à l'injection canonique de $\hat{X}$ dans $\hat{Y}$ (II, p. 26, cor. 1).

PROPOSITION 5. — *Soit* $X \xrightarrow{f} Y \xrightarrow{g} Z$ *une suite exacte de morphismes stricts* (III, p. 16) *de groupes topologiques* (A, II, p. 10, *Remarque* 5). *Supposons que* X, Y, Z *admettent des groupes séparés complétés métrisables. Alors* $\hat{X} \xrightarrow{\hat{f}} \hat{Y} \xrightarrow{\hat{g}} \hat{Z}$ *est une suite exacte de morphismes stricts.*

Soient N_f, N_g les noyaux respectifs de f et g; écrivons $f = f_3 \circ f_2 \circ f_1$, où f_1 est le morphisme strict canonique $X \to X/N_f$, f_2 un isomorphisme de X/N_f sur N_g et f_3 l'injection canonique $N_g \to Y$. On sait déjà que $\hat{f}_2$ est un isomorphisme de $\widehat{(X/N_f)}$ sur $\hat{N}_g$, et on vient de rappeler que $\hat{f}_3$ est un morphisme strict injectif de $\hat{N}_g$ dans $\hat{Y}$; si l'on montre que $\hat{f}_1$ est un morphisme strict surjectif de $\hat{X}$ sur $\widehat{(X/N_f)}$, il en résultera que $\hat{f}$ est un morphisme strict (III, p. 16, *Remarque* 2). D'autre part, soit g_1 le morphisme strict canonique $Y \to Y/N_g$; si l'on montre que $\hat{g}_1$ est un morphisme strict surjectif de noyau $\hat{N}_g$ (identifié à un sous-groupe de $\hat{Y}$), on verra comme ci-dessus que $\hat{g}$ est un morphisme strict, et la suite $\hat{X} \xrightarrow{\hat{f}} \hat{Y} \xrightarrow{\hat{g}} \hat{Z}$ sera exacte. On est donc ramené à prouver le lemme suivant:

Lemme 1. — *Soient* X *un groupe topologique admettant un groupe séparé complété métrisable,* N *un sous-groupe distingué de* X, Y = X/N, f: X → Y *le morphisme canonique. Alors* $\hat{f}: \hat{X} \to \hat{Y}$ *est un morphisme strict surjectif de noyau identifié canoniquement à* $\hat{N}$.

Soit $f_0: X_0 \to Y_0$ l'application qui coïncide avec $\hat{f}$ dans X_0; comme i_X (resp. i_Y) est un morphisme strict surjectif de X sur X_0 (resp. de Y sur Y_0), f_0 est un morphisme strict surjectif (III, p. 17, *Remarque* 3). Or X_0 et Y_0 sont métrisables

(IX, p. 23, prop. 1); il résulte de IX, p. 26, corollaire, et de III, p. 25, prop. 8, que $f_0 = f$ est un morphisme strict surjectif et admet comme noyau l'adhérence $\hat{N}'_0$ dans $\hat{X} = \hat{X}_0$ du noyau N'_0 de f_0. Il nous suffira donc de prouver que $\hat{N}'_0 = \hat{N}$. Or, N'_0 contient évidemment $N_0 = i_X(N)$; il suffira de voir que N'_0 est contenu dans l'adhérence $\overline{N}_0$ de N_0 *dans* X_0. Or, $U = i_X^{-1}(X_0 - \overline{N}_0) = X - i_X^{-1}(\overline{N}_0)$ est un ensemble ouvert dans X qui ne rencontre pas N; comme f est un morphisme strict surjectif, $V = f(U)$ est un ensemble ouvert dans Y ne contenant pas l'élément neutre e' de Y, donc ne rencontrant pas l'adhérence de e'; par suite $i_Y(V)$ ne contient pas l'élément neutre de Y_0. Mais $i_Y(V) = f_0(X_0 - \overline{N}_0)$ par définition de U, donc on a $N'_0 \subset \overline{N}_0$, ce qui achève de prouver le lemme 1 et la prop. 5.

La prop. 5 s'applique en particulier lorsque X, Y et Z sont des groupes *commutatifs* dont les éléments neutres admettent des systèmes fondamentaux dénombrables de voisinages, puisque dans ce cas les séparés complétés existent (III, p. 26, th. 2). En particulier, si X est un tel groupe commutatif, N un sous-groupe quelconque de X, le séparé complété $\widehat{(X/N)}$ s'identifie canoniquement à $\hat{X}/\hat{N}$.

COROLLAIRE. — *Soient* X, Y *deux groupes commutatifs métrisables, u un morphisme strict de* X *dans* Y, N *son noyau,* P *son image. Alors $\hat{u}$ est un morphisme strict de $\hat{X}$ dans $\hat{Y}$, de noyau $\hat{N} = \overline{N}$ (adhérence de* N *dans $\hat{X}$) et d'image $\hat{P} = \overline{P}$ (adhérence de* P *dans* Y).

Remarque. — Soit d une distance invariante à gauche définissant la topologie d'un groupe métrisable G; soit H un sous-groupe distingué fermé de G. Pour deux points quelconques $\dot{x}$, $\dot{y}$ de G/H, considérons la distance $d(\dot{x}, \dot{y})$ des deux ensembles fermés $\dot{x}$, $\dot{y}$ dans G (IX, p. 13); nous allons voir que cette fonction est une *distance invariante à gauche* sur G/H, définissant la topologie de ce groupe quotient. Notons d'abord que si $x \in \dot{x}$, $y \in \dot{y}$, on a $d(\dot{x}, \dot{y}) = d(x, Hy)$; en effet

$$d(x, Hy) = \inf_{h \in H} d(x, hy),$$

d'où aussitôt, pour tout $h' \in H$, $d(h'x, Hy) = d(x, Hy)$ en vertu de l'invariance à gauche de d, ce qui démontre notre assertion (IX, p. 13); pour tout point $\dot{z} \in G/H$, on a donc (IX, p. 13, formule (2))

$$|d(\dot{x}, \dot{z}) - d(\dot{y}, \dot{z})| = |d(x, \dot{z}) - d(y, \dot{z})| \leqslant d(x, y),$$

et comme cette inégalité est vraie quels que soient $x \in \dot{x}$ et $y \in \dot{y}$, on a $|d(\dot{x}, \dot{z}) - d(\dot{y}, \dot{z})| \leqslant d(\dot{x}, \dot{y})$, ce qui prouve que $d(\dot{x}, \dot{y})$ est une distance sur G/H. En outre, pour tout $z \in \dot{z}$, on a $d(\dot{z}\dot{x}, \dot{z}\dot{y}) = \inf_{h \in H} d(zx, hzy)$ d'après ce qui précède; mais comme $hzy = z(z^{-1}hz)y$ et que $z^{-1}hz$ parcourt H lorsque h parcourt H (H étant distingué), l'invariance à gauche de $d(x, y)$ prouve que l'on a $d(zx, Hzy) = d(x, Hy) = d(\dot{x}, \dot{y})$. Enfin, si V est un voisinage de e dans G défini par $d(e, x) < \alpha$, son image $\dot{V}$ dans G/H est l'ensemble défini par $d(\dot{e}, \dot{x}) < \alpha$, ce qui achève de démontrer notre assertion.

2. Corps valués

DÉFINITION 2. — *On appelle valeur absolue sur un corps* K *une application* $x \mapsto |x|$ *de* K *dans* $\mathbf{R}_+$, *satisfaisant aux conditions suivantes :*

(VM$_{\mathrm{I}}$) $|x| = 0$ *est équivalent à* $x = 0$;
(VM$_{\mathrm{II}}$) $|xy| = |x| . |y|$ *quels que soient* x, y *dans* K;
(VM$_{\mathrm{III}}$) $|x + y| \leqslant |x| + |y|$ *quels que soient* x, y *dans* K.

D'après (VM$_{\mathrm{II}}$), on a $|x| = |1| . |x|$, et comme il existe d'après (VM$_{\mathrm{I}}$) au moins un x tel que $|x| \neq 0$, on a $|1| = 1$; on en tire $1 = |-1|^2$, d'où également $|-1| = 1$, et par suite

$$|-x| = |-1| . |x| = |x|;$$

on en conclut que $|x - y| \leqslant |x| + |y|$ quels que soient x, y. On peut encore dire que $d(x, y) = |x - y|$ est une *distance invariante* sur le groupe additif K, et l'application $x \mapsto |x|$ un *homomorphisme* du groupe multiplicatif K* des éléments $\neq 0$ de K, dans le groupe multiplicatif $\mathbf{R}_+^*$ des nombres réels >0.

La distance invariante $|x - y|$ définit sur K une topologie d'espace métrique compatible avec la structure de groupe additif de K (IX, p. 24, prop. 3); mais en outre, cette topologie est compatible avec la *structure de corps* de K. En effet, la continuité de xy dans K $\times$ K résulte de la relation

$$xy - x_0y_0 = (x - x_0)(y - y_0) + (x - x_0)y_0 + x_0(y - y_0)$$

qui donne

$$|xy - x_0y_0| \leqslant |x - x_0| . |y - y_0| + |x_0| . |y - y_0| + |y_0| . |x - x_0|.$$

De même, la continuité de x^{-1} en tout point $x_0 \neq 0$ résulte de l'identité $x^{-1} - x_0^{-1} = x^{-1}(x_0 - x)x_0^{-1}$, qui donne, d'après (VM$_{\mathrm{II}}$),

$$|x^{-1} - x_0^{-1}| = \frac{|x - x_0|}{|x_0| . |x|}.$$

Or, si $\varepsilon > 0$ est tel que $\varepsilon < |x_0|$, la relation $|x - x_0| \leqslant \varepsilon$ entraîne $|x| \geqslant |x_0| - \varepsilon$, d'où

$$|x^{-1} - x_0^{-1}| \leqslant \frac{\varepsilon}{|x_0| (|x_0| - \varepsilon)},$$

ce qui établit la continuité de x^{-1} au point x_0.

DÉFINITION 3. — *On appelle corps valué un corps* K *muni de la structure définie par la donnée d'une valeur absolue sur* K.

Un corps valué sera toujours considéré comme muni de la topologie définie par sa valeur absolue, qui en fait un corps *topologique*. Si K_0 est un sous-corps d'un corps valué K, la restriction à K_0 de la valeur absolue sur K est une valeur absolue sur K_0, qui définit sur K_0 la topologie induite par celle de K.

Exemples. — 1) Soit K un corps quelconque; pour tout $x \in K$, posons $|x| = 1$ si $x \neq 0$, et $|0| = 0$; l'application $x \mapsto |x|$ ainsi définie est une valeur absolue sur K, dite valeur absolue *impropre*. Pour que la topologie définie sur un corps K par une valeur absolue $|x|$ soit *discrète*, il faut et il suffit que $|x|$ soit la valeur impropre. C'est évidemment suffisant; inversement, si la topologie de K est discrète, $|x|$ ne peut prendre aucune valeur $\alpha > 0$ distincte de 1 : car si on avait $|x_0| = \alpha < 1$, la suite (x_0^n) serait formée de termes $\neq 0$ et convergerait vers 0; on passe de là au cas $\alpha > 1$ en considérant x_0^{-1}.

2) La valeur absolue d'un nombre réel (IV, p. 5) vérifie les axiomes (VM_I), (VM_{II}), (VM_{III}) et définit sur le corps **R** la topologie de la droite numérique. Sur le corps **C** des nombres complexes (identifié à $\mathbf{R}^2$) et sur le corps **K** des quaternions (identifié à $\mathbf{R}^4$) la norme euclidienne est de même une valeur absolue définissant respectivement la topologie de chacun de ces corps (VIII, p. 4 et p. 7).

3) Sur un corps K, une *valuation réelle* est une fonction v, définie dans K^*, à valeurs dans **R**, satisfaisant aux conditions suivantes: *a*) pour $x \in K^*$, $y \in K^*$, $v(xy) = v(x) + v(y)$; *b*) si en outre $x + y \neq 0$, $v(x + y) \geqslant \inf(v(x), v(y))$. Si a est un nombre réel quelconque > 1, on définit alors sur K une *valeur absolue* en posant $|x| = a^{-v(x)}$ pour $x \neq 0$, et $|0| = 0$. En effet, de la relation $v(xy) = v(x) + v(y)$ pour $x \neq 0$ et $y \neq 0$, on déduit la relation $|xy| = |x| . |y|$ pour ces valeurs de x et y, et cette relation est trivialement vérifiée si l'un des éléments x, y est nul; de même, de $v(x + y) \geqslant \inf(v(x), v(y))$ pour $x \neq 0, y \neq 0$ et $x + y \neq 0$, on déduit

$$|x + y| \leqslant \sup(|x|, |y|) \leqslant |x| + |y|,$$

et ces inégalités sont encore vérifiées si l'un des éléments x, y, $x + y$ est nul. En particulier, si $v_p(x)$ est la valuation p-adique sur le corps **Q** des nombres rationnels (exposant de p dans la décomposition de x en produit de facteurs premiers), la valeur absolue correspondante $|x|_p = p^{-v_p(x)}$ est dite *valeur absolue p-adique* sur le corps **Q**.

Remarque. — Si, dans un corps valué, x est racine de l'unité, on a $|x| = 1$, car si $x^n = 1$ pour un entier $n > 0$, on en tire $|x|^n = 1$ d'où $|x| = 1$. En particulier, la seule valeur absolue sur un corps *fini* est la valeur absolue *impropre*, puisque tout élément $\neq 0$ du corps est racine de l'unité.

On dit qu'une valeur absolue sur un corps K est *ultramétrique* si elle vérifie l'inégalité $|x + y| \leqslant \sup(|x|, |y|)$; le corps valué K est alors dit *ultramétrique*; la valeur absolue impropre sur tout corps K, et la valeur absolue p-adique sur **Q** sont ultramétriques, mais il n'en est pas de même de la valeur absolue usuelle sur **R** ou sur **C**.

Définition 4. — *On dit que deux valeurs absolues sur un corps* K *sont équivalentes si elles définissent la même topologie sur* K.

Proposition 6. — *Pour que deux valeurs absolues non impropres $|x|_1$, $|x|_2$ sur un corps* K *soient équivalentes, il faut et il suffit que la relation $|x|_1 < 1$ entraîne $|x|_2 < 1$. Il existe alors un nombre $\rho > 0$ tel que $|x|_2 = |x|_1^\rho$ pour tout $x \in$* K.

La condition de l'énoncé est nécessaire, car l'ensemble des $x \in K$ tels que $|x|_1 < 1$ est identique à l'ensemble des x tels que $\lim_{n\to\infty} x^n = 0$ pour la topologie définie par la valeur absolue $|x|_1$.

Supposons inversement que $|x|_1 < 1$ entraîne $|x|_2 < 1$. Alors $|x|_1 > 1$ entraîne $|x|_2 > 1$, puisqu'on a $|x^{-1}|_1 < 1$, et par suite $|x^{-1}|_2 < 1$. Comme par hypothèse la valeur absolue $|x|_1$ n'est pas impropre, il existe un $x_0 \in K$ tel que $|x_0|_1 > 1$; posons $a = |x_0|_1$, $b = |x_0|_2$, $\rho = \log b/\log a > 0$. Soit $x \in K^*$, et posons $|x|_1 = |x_0|_1^\gamma$. Si m et n sont des entiers tels que $n > 0$ et $m/n > \gamma$, on a $|x|_1 < |x_0|_1^{m/n}$, d'où $|x^n/x_0^m|_1 < 1$, et par suite $|x^n/x_0^m|_2 < 1$, $|x|_2 < |x_0|_2^{m/n}$. De même, si $m/n < \gamma$, on voit que $|x|_2 > |x_0|_2^{m/n}$. On en conclut $|x|_2 = |x_0|_2^\gamma$, autrement dit $\log|x|_2 = \gamma \log b = \gamma\rho \log a = \rho \log|x|_1$, ou $|x|_2 = |x|_1^\rho$; il est immédiat que les voisinages de 0 pour les topologies définies par $|x|_1$ et $|x|_2$ sur K sont alors identiques.

Inversement, pour toute valeur absolue $|x|$ sur K, la fonction $|x|^\rho$ est une valeur absolue sur K (équivalente à $|x|$) pour tout nombre ρ tel que $0 < \rho \leqslant 1$. En effet, il suffit de vérifier l'inégalité $|x + y|^\rho \leqslant |x|^\rho + |y|^\rho$; or, on a $|x + y|^\rho \leqslant (|x| + |y|)^\rho$; tout revient donc à montrer que, si $a > 0$, $b > 0$, on a $(a + b)^\rho \leqslant a^\rho + b^\rho$ pour $0 < \rho \leqslant 1$. Or, si on pose $c = a/(a + b)$, $d = b/(a + b)$, on a $c + d = 1$ et l'inégalité à démontrer s'écrit $1 \leqslant c^\rho + d^\rho$; elle résulte immédiatement des relations $c^\rho \geqslant c$, $d^\rho \geqslant d$ qui sont évidentes puisque $0 < c \leqslant 1$, $0 < d \leqslant 1$ et $0 < \rho \leqslant 1$.

On en conclut que l'ensemble des valeurs de $r > 0$ telles que $|x|^r$ soit une valeur absolue est un intervalle fini ou infini d'origine 0 dans $\mathbf{R}$; s'il est fini, il est évidemment fermé, car si, pour deux éléments quelconques x, y de K, on a $|x + y|^r \leqslant |x|^r + |y|^r$ pour $0 < r < r_0$, l'inégalité a encore lieu par continuité pour $r = r_0$. Lorsque $|x|^r$ est une valeur absolue pour *tout* nombre $r > 0$, on a, pour deux éléments quelconques x, y de K

$$|x + y| \leqslant (|x|^r + |y|^r)^{1/r}$$

pour tout $r > 0$. Or, si a et b sont deux nombres $\geqslant 0$, on a $\lim_{r\to\infty} (a^r + b^r)^{1/r} = \sup(a, b)$, car, en supposant par exemple $b \leqslant a$, on a

$$a \leqslant (a^r + b^r)^{1/r} \leqslant 2^{1/r}a$$

d'où la formule cherchée, en faisant croître r indéfiniment.

On voit donc que, si $|x|^r$ est une valeur absolue pour tout $r > 0$, on a

$$|x + y| \leqslant \sup(|x|, |y|)$$

autrement dit la valeur absolue $|x|$ est *ultramétrique*.

Remarque. — La démonstration de la prop. 6 (IX, p. 29) prouve que, si la topologie définie sur K par $|x|_2$ est *moins fine* que celle définie par $|x|_1$, et si $|x|_1$ n'est pas impropre, $|x|_1$ et $|x|_2$ sont *équivalentes*, car la relation $|x|_1 < 1$ entraîne alors $|x|_2 < 1$. Autrement dit, les topologies définies sur K par deux valeurs absolues non impropres ne peuvent être *comparables* que si elles sont *identiques*.

PROPOSITION 7. — *L'anneau complété $\hat{K}$ d'un corps K valué par une valeur absolue $|x|$ est un corps, et la fonction $|x|$ se prolonge par continuité en une valeur absolue sur $\hat{K}$, qui définit la topologie de $\hat{K}$.*

Soit $\mathfrak{F}$ un filtre de Cauchy sur K (pour la structure uniforme additive) tel que 0 ne soit pas adhérent à $\mathfrak{F}$; pour voir que $\hat{K}$ est un corps, il suffit d'établir que l'image de $\mathfrak{F}$ par l'application $x \mapsto x^{-1}$ est une base de filtre de Cauchy (III, p. 56, prop. 7). Or, il existe par hypothèse un nombre $\alpha > 0$ et un ensemble $A \in \mathfrak{F}$ tels que $|x| \geqslant \alpha$ pour tout $x \in A$; d'autre part, pour tout $\varepsilon > 0$, il existe un ensemble $B \in \mathfrak{F}$ tel que $B \subset A$ et, pour tout couple d'éléments x, y de B, $|x - y| \leqslant \varepsilon$; on en conclut

$$|x^{-1} - y^{-1}| = \frac{|x - y|}{|x| . |y|} \leqslant \frac{\varepsilon}{\alpha^2},$$

d'où la première partie de la proposition. La distance invariante $|x - y| = d(x, y)$ se prolonge par continuité à $\hat{K} \times \hat{K}$, en une distance sur $\hat{K}$ (IX, p. 12, prop. 1) qui définit la topologie de $\hat{K}$ et est invariante en vertu du principe de prolongement des identités; nous la désignerons encore par $d(x, y)$. Si on pose $|x| = d(0, x)$ pour $x \in \hat{K}$, il est clair que $|x|$ est le prolongement par continuité de la fonction $|x|$ sur K, et est donc une valeur absolue sur $\hat{K}$ d'après le principe de prolongement des identités.

3. Espaces normés sur un corps valué

DÉFINITION 5. — *Étant donné un espace vectoriel* E (à gauche par exemple) *sur un corps valué non discret* K, *on appelle norme sur* E *une application* $\mathbf{x} \mapsto p(\mathbf{x})$ *de* E *dans* $\mathbf{R}_+$, *satisfaisant aux axiomes suivants:*

(NO_I) $p(\mathbf{x}) = 0$ *est équivalente à* $\mathbf{x} = 0$;
(NO_{II}) $p(x + \mathbf{y}) \leqslant p(\mathbf{x}) + p(\mathbf{y})$ *quels que soient* $\mathbf{x}$ *et* $\mathbf{y}$ *dans* E;
(NO_{III}) $p(t\mathbf{x}) = |t| p(\mathbf{x})$ *quels que soient* $t \in K$ *et* $\mathbf{x} \in E$.

Les espaces normés que l'on rencontre le plus souvent ont pour corps des scalaires l'un des corps **R** ou **C** (muni de la valeur absolue usuelle). Nous étudierons les propriétés particulières à ces espaces normés dans le livre consacré aux *espaces vectoriels topologiques*.

De (NO_{III}) on déduit en particulier que $p(-\mathbf{x}) = p(\mathbf{x})$; par suite, si on pose $d(\mathbf{x}, \mathbf{y}) = p(\mathbf{x} - \mathbf{y})$, d est une *distance invariante* sur le groupe additif E, et définit sur E une topologie d'espace métrique compatible avec la structure de groupe additif de E (IX, p. 24, prop. 3); en outre, l'application $(t, \mathbf{x}) \mapsto t\mathbf{x}$ est *continue* dans $K \times E$; en effet, on a

$$t\mathbf{x} - t_0\mathbf{x}_0 = (t - t_0)(\mathbf{x} - \mathbf{x}_0) + (t - t_0)\mathbf{x}_0 + t_0(\mathbf{x} - x_0)$$

et par suite

$$p(t\mathbf{x} - t_0\mathbf{x}_0) \leqslant |t - t_0| p(\mathbf{x} - \mathbf{x}_0) + |t - t_0| p(\mathbf{x}_0) + |t_0| p(\mathbf{x} - \mathbf{x}_0)$$

ce qui montre que le premier membre peut être rendu aussi petit qu'on veut en prenant $|t - t_0|$ et $p(\mathbf{x} - \mathbf{x}_0)$ assez petits.

DÉFINITION 6. — *On appelle espace normé sur un corps valué non discret* K *un espace vectoriel* E *sur le corps* K, *muni de la structure définie par la donnée d'une norme sur* E.

Un espace normé sera toujours considéré comme muni de la topologie et de la structure uniforme définies par sa norme.

On appelle *espace normable* sur K un espace vectoriel sur K, muni d'une topologie qui peut être définie par une norme.

Exemples. — 1) Sur un corps valué non discret K, considéré comme espace vectoriel (à gauche ou à droite) par rapport à lui-même, la valeur absolue $|x|$ est une norme.

2) L'expression $\|\mathbf{x}\| = \sqrt{\sum_{i=1}^{n} x_i^2}$, que nous avons appelée *norme euclidienne* sur l'espace $\mathbf{R}^n$ (VI, p. 7) est évidemment une norme au sens de la déf. 5 (IX, p. 31). Il en est de même des fonctions $\sup_{1 \leqslant i \leqslant n} |x_i|$ et $\sum_{i=1}^{n} |x_i|$.

3) Soit $\mathscr{B}(E)$ l'ensemble des fonctions f définies dans un ensemble E, prenant leurs valeurs dans un corps valué non discret K, et telles que la fonction numérique $x \mapsto |f(x)|$ soit *bornée* dans E. Cet ensemble est évidemment un sous-espace vectoriel de l'espace vectoriel K^E (à droite ou à gauche) des applications de E dans K. Si on pose $p(f) = \sup_{x \in E} |f(x)|$, p est une *norme* sur l'espace vectoriel $\mathscr{B}(E)$ (cf. X, p. 20).

4) Sur l'espace vectoriel $\mathscr{C}(I)$ des fonctions continues numériques (finies) définies dans l'intervalle $I = (0, 1)$, la fonction $p(x) = \int_0^1 |x(t)|\, dt$ est une norme.

5) Lorsque K est un corps valué non discret *ultramétrique* (IX, p. 29), on appelle *ultranorme* sur un espace vectoriel E sur K, une norme sur E vérifiant l'inégalité (qui entraîne (NO_{II})) :

$$p(\mathbf{x} + \mathbf{y}) \leqslant \sup(p(\mathbf{x}), p(\mathbf{y})).$$

Les normes qu'on rencontre dans les applications (lorsque K est ultramétrique) sont des ultranormes.

Nous dirons que, dans un espace normé E, la boule B (fermée) de centre 0 et de rayon 1, c'est-à-dire l'ensemble des $\mathbf{x} \in E$ tels que $p(\mathbf{x}) \leqslant 1$, est la *boule unité* de E. Montrons qu'un système fondamental de voisinages de 0 dans E est formé par les transformées de la boule unité par les *homothéties* $\mathbf{x} \mapsto t\mathbf{x}$, où t parcourt l'ensemble des éléments $\neq 0$ de K. En effet, l'image de B par cette homothétie est la boule fermée de centre 0 et de rayon $|t|$; il suffit donc de montrer que pour tout nombre réel $r > 0$, il existe $t \in K$ tel que $0 < |t| < r$. Or, comme la valeur absolue de K n'est pas impropre, il existe $t_0 \in K$ tel que $0 < |t_0| < 1$; il suffit de prendre $t = t_0^n$, avec n entier assez grand, pour que $|t| = |t_0|^n < r$.

DÉFINITION 7. — *On dit que deux normes sur un espace vectoriel* E (sur un corps valué non discret K) *sont équivalentes si elles définissent la même topologie sur* E.

PROPOSITION 8. — *Pour que deux normes p, q sur un espace vectoriel* E *soient équivalentes, il faut et il suffit qu'il existe deux nombres $a > 0$, $b > 0$ tels que, pour tout* $\mathbf{x} \in E$, *on ait*

$$a.p(\mathbf{x}) \leqslant q(\mathbf{x}) \leqslant b.p(\mathbf{x}). \tag{1}$$

Ces inégalités sont en effet *suffisantes*, car de la relation $a.p(\mathbf{x}) \leqslant q(\mathbf{x})$, on déduit que pour tout $r > 0$, la boule fermée de centre 0 et de rayon ar, relative à la norme q, est contenue dans la boule fermée de centre 0 et de rayon r, relative à la norme p; donc la topologie définie par q est *plus fine* que la topologie définie par p; l'inégalité $q(\mathbf{x}) \leqslant b.p(\mathbf{x})$ montre de même que la topologie définie par p est plus fine que celle définie par q, donc les deux topologies sont identiques.

Montrons maintenant que les inégalités (1) sont *nécessaires*. Si la topologie définie par q est plus fine que la topologie définie par p, la boule unité pour la norme p contient une boule fermée de centre 0 et de rayon $\alpha > 0$ pour la norme q; autrement dit, la relation $q(\mathbf{x}) \leqslant \alpha$ entraîne $p(\mathbf{x}) \leqslant 1$. Si $t_0 \in \mathrm{K}$ est tel que $0 < |t_0| < 1$, pour tout $\mathbf{x} \neq 0$ dans E, il existe un entier rationnel k et un seul tel que $\alpha\,|t_0| < q(t_0^k\mathbf{x}) \leqslant \alpha$; on a donc $p(t_0^k\mathbf{x}) \leqslant 1$, d'où

$$p(\mathbf{x}) \leqslant \frac{1}{|t_0|^k} \leqslant \frac{1}{\alpha\,|t_0|}\,q(\mathbf{x});$$

en posant $a = \alpha\,|t_0|$ on a bien $a.p(\mathbf{x}) \leqslant q(\mathbf{x})$ pour tout $\mathbf{x} \neq 0$, et la relation est encore vraie pour $\mathbf{x} = 0$. On voit de même que si la topologie définie par p est plus fine que celle définie par q, il existe $b > 0$ tel que $q(\mathbf{x}) \leqslant b.p(\mathbf{x})$.

Exemple. — Dans l'espace $\mathbf{R}^n$, les trois normes $\sqrt{\sum_{i=1}^{n} x_i^2}$, $\sup_{1 \leqslant i \leqslant n} |x_i|$ et $\sum_{1=i}^{n} |x_i|$ sont équivalentes, car on a

$$\sup_{1 \leqslant i \leqslant n} |x_i| \leqslant \sqrt{\sum_{i=1}^{n} x_i^2} \leqslant \sum_{i=1}^{n} |x_i| \leqslant n.\sup_{1 \leqslant i \leqslant n} |x_i|. \tag{2}$$

On notera que pour deux normes équivalentes sur E, les ensembles *bornés* sont les mêmes.

Proposition 9. — *Soient* E *un espace normé sur un corps valué non discret* K, *p la norme sur* E, $\hat{\mathrm{E}}$ *le groupe topologique additif complété du groupe additif* E. *La fonction* $(t, \mathbf{x}) \mapsto t\mathbf{x}$ *se prolonge par continuité à* $\hat{\mathrm{K}} \times \hat{\mathrm{E}}$, *et définit sur* $\hat{\mathrm{E}}$ *une structure d'espace vectoriel par rapport à* $\hat{\mathrm{K}}$; *la norme p se prolonge par continuité à* $\hat{\mathrm{E}}$ *en une norme* $\bar{p}$ *qui définit la topologie de* $\hat{\mathrm{E}}$.

Le prolongement par continuité de $t\mathbf{x}$ est un cas particulier du théorème de prolongement d'une application bilinéaire continue d'un produit E × F de deux groupes commutatifs dans un troisième G (III, p. 50, th. 1); on a $1.\mathbf{x} = \mathbf{x}$ et $t(u\mathbf{x}) = (tu)\mathbf{x}$ pour $t \in \hat{\mathrm{K}}$, $u \in \hat{\mathrm{K}}$ et $\mathbf{x} \in \hat{\mathrm{E}}$, d'après le principe de prolongement des identités; donc la loi externe $(t, \mathbf{x}) \mapsto t\mathbf{x}$ définit bien sur $\hat{\mathrm{E}}$ une structure d'espace vectoriel par rapport à $\hat{\mathrm{K}}$. D'autre part, la distance invariante $d(\mathbf{x}, \mathbf{y}) = p(\mathbf{x} - \mathbf{y})$ se prolonge à $\hat{\mathrm{E}} \times \hat{\mathrm{E}}$ en une distance invariante $\bar{d}$ sur $\hat{\mathrm{E}}$ (IX, p. 12, prop. 1), qui définit la topologie de $\hat{\mathrm{E}}$; si on pose $\bar{p}(\mathbf{x}) = \bar{d}(0, \mathbf{x})$, $\bar{p}$ est le prolongement de p à $\hat{\mathrm{E}}$ par continuité, et satisfait aux axiomes $(\mathrm{NO_I})$ et $(\mathrm{NO_{II}})$; en vertu de la continuité de $t\mathbf{x}$ dans $\hat{\mathrm{K}} \times \hat{\mathrm{E}}$, elle satisfait aussi à la condition $(\mathrm{NO_{III}})$ (principe de prolongement des identités), donc est bien une *norme* sur $\hat{\mathrm{E}}$.

Lorsqu'on considère sur un espace vectoriel E une structure déterminée d'espace normé, on désigne le plus souvent la norme d'un vecteur $\mathbf{x}$ par la notation $\|\mathbf{x}\|$, si cette notation ne peut prêter à confusion.

4. Espaces quotients et espaces produits d'espaces normés

PROPOSITION 10. — *Soient* E *une espace normé sur un corps valué non discret* K, H *un sous-espace vectoriel fermé de* E. *Si, pour toute classe* $\dot{\mathbf{x}} \in E/H$, *on pose* $\|\dot{\mathbf{x}}\| = \inf_{\mathbf{x} \in \dot{\mathbf{x}}} \|\mathbf{x}\|$, *la fonction* $\|\dot{\mathbf{x}}\|$ *est une norme sur l'espace vectoriel* E/H, *et la topologie définie par cette norme est la topologie quotient de celle de* E *par* H.

En effet (IX, p. 27, *Remarque*), $d(\dot{\mathbf{x}}, \dot{\mathbf{y}}) = \|\dot{\mathbf{x}} - \dot{\mathbf{y}}\|$ est une distance invariante sur E/H, définissant la topologie quotient de celle de E par H. Il reste seulement à voir que $\|t\dot{\mathbf{x}}\| = |t| . \|\dot{\mathbf{x}}\|$, ce qui résulte aussitôt de la définition de $\|\dot{\mathbf{x}}\|$ (IV, p. 26, formule (23)).

La norme $\|\dot{\mathbf{x}}\|$ peut encore s'interpréter de la manière suivante: c'est la *distance* (dans E) *de tout point* $\mathbf{x} \in \dot{\mathbf{x}}$ *au sous-espace* H, car l'ensemble des points de $\dot{\mathbf{x}}$ est identique à l'ensemble des $\mathbf{x} - \mathbf{z}$, où $\mathbf{z}$ parcourt H.

PROPOSITION 11. — *Soit* $(E_i)_{1 \leqslant i \leqslant n}$ *une famille finie d'espaces normés sur un corps valué non discret* K; *si, dans l'espace vectoriel produit* $E = \prod_{i=1}^{n} E_i$, *on pose, pour tout* $\mathbf{x} = (\mathbf{x}_i)$, $\|\mathbf{x}\| = \sup_{1 \leqslant i \leqslant n} \|\mathbf{x}_i\|$, *la fonction* $\|\mathbf{x}\|$ *est une norme sur* E, *et définit sur cet espace la topologie produit de celles des* E_i.

En effet, si $\mathbf{x} = (\mathbf{x}_i)$, $\mathbf{y} = (\mathbf{y}_i)$, on a $\mathbf{x} + \mathbf{y} = (\mathbf{x}_i + \mathbf{y}_i)$, donc

$$\|\mathbf{x} + \mathbf{y}\| = \sup_i \|\mathbf{x}_i + \mathbf{y}_i\| \leqslant \sup_i (\|\mathbf{x}_i\| + \|\mathbf{y}_i\|)$$
$$\leqslant \sup_i \|\mathbf{x}_i\| + \sup_i \|\mathbf{y}_i\| = \|\mathbf{x}\| + \|\mathbf{y}\|.$$

Il est clair d'autre part que $\|t\mathbf{x}\| = |t| . \|\mathbf{x}\|$, et que $\|\mathbf{x}\| = 0$ entraîne $\|\mathbf{x}_i\| = 0$, donc $\mathbf{x}_i = 0$ pour $1 \leqslant i \leqslant n$, c'est-à-dire $\mathbf{x} = 0$; donc $\|\mathbf{x}\|$ est bien une norme sur E. Par ailleurs, la relation $\|\mathbf{x}\| < a$ équivaut aux n relations $\|\mathbf{x}_i\| < a$, donc la norme $\|\mathbf{x}\|$ définit bien sur E la topologie produit.

On montrerait de même que les fonctions $\sum_{i=1}^{n} \|\mathbf{x}_i\|$ et $\sqrt{\sum_{i=1}^{n} \|\mathbf{x}_i\|^2}$ sont des normes sur E; en vertu des inégalités (2) (IX, p. 33), les trois normes précédentes sont d'ailleurs *équivalentes*.

En particulier, sur l'espace vectoriel K^n (à gauche ou à droite) sur K, si, pour $\mathbf{x} = (x_i)_{1 \leqslant i \leqslant n}$, on pose

$$p_1(\mathbf{x}) = \sup_i |x_i|, \qquad p_2(\mathbf{x}) = \sum_{i=1}^{n} |x_i|, \qquad p_3(\mathbf{x}) = \sqrt{\sum_{i=1}^{n} |x_i|^2}$$

les trois fonctions p_1, p_2, p_3 sont des normes équivalentes qui définissent sur K^n la topologie produit de celles des facteurs K.

5. Fonctions multilinéaires continues

THÉORÈME 1. — *Soient* $E_i (1 \leqslant i \leqslant n)$ *et* F *des espaces normés sur un corps valué non discret* K, *et* f *une application multilinéaire de* $\prod_{i=1}^{n} E_i$ *dans* F. *Pour que* f *soit continue dans* $\prod_{i=1}^{n} E_i$, *il faut et il suffit qu'il existe un nombre* $a > 0$ *tel que, quels que soient les points* $\mathbf{x}_i \in E_i (1 \leqslant i \leqslant n)$, *on ait*

$$\|f(\mathbf{x}_1, \mathbf{x}_2, \ldots, \mathbf{x}_n)\| \leqslant a . \|\mathbf{x}_1\| . \|\mathbf{x}_2\| \ldots \|\mathbf{x}_n\|. \tag{3}$$

La condition est *nécessaire*. En effet, si f est continue au point $(0, 0, \ldots, 0)$, il existe un nombre $b > 0$ tel que les conditions $\|\mathbf{x}_i\| \leqslant b (1 \leqslant i \leqslant n)$ entraînent $\|f(\mathbf{x}_i, \ldots, \mathbf{x}_n)\| \leqslant 1$. Soit $t_0 \in K$ tel que $0 < |t_0| < 1$; pour *tout* point $(\mathbf{x}_i) \in \prod_{i=1}^{n} E_i$ tel qu'aucun des $\mathbf{x}_i$ ne soit nul, il existe n entiers rationnels k_i tels que $b|t_0| < \|t_0^{k_i}\mathbf{x}_i\| \leqslant b$; par suite, on a

$$|t_0|^{k_1 + k_2 + \cdots + k_n} \|f(\mathbf{x}_1, \ldots, \mathbf{x}_n)\| \leqslant 1;$$

d'autre part on a $1/|t_0|^{k_i} \leqslant (1/b\,|t_0|)\,\|\mathbf{x}_i\|$, d'où la relation (3), avec $a = 1/(b\,|t_0|)^n$; cette relation est évidemment encore vérifiée lorsque l'un des $\mathbf{x}_i$ est nul.

La condition est *suffisante*. Montrons en effet que, si elle est remplie, f est continue en tout point $(\mathbf{a}_i)$ de $\prod_{i=1}^{n} E_i$. On peut écrire

$$f(\mathbf{x}_1, \ldots, \mathbf{x}_n) - f(\mathbf{a}_1, \ldots, \mathbf{a}_n) = \prod_{i=1}^{n} f(\mathbf{a}_1, \ldots, \mathbf{a}_{i-1}, \mathbf{x}_i - \mathbf{a}_i, \mathbf{x}_{i+1}, \ldots, \mathbf{x}_n).$$

Or, les conditions $\|\mathbf{x}_i - \mathbf{a}_i\| \leqslant r\ (1 \leqslant i \leqslant n)$ entraînent d'après (3)

$$\|f(\mathbf{a}_1, \ldots, \mathbf{a}_{i-1}, \mathbf{x}_i - \mathbf{a}_i, \mathbf{x}_{i+1}, \ldots, \mathbf{x}_n)\| \leqslant ar \prod_{k \neq i}^{n} (\|\mathbf{a}_k\| + r)$$

d'où, en désignant par c la borne supérieure des nombres $\|\mathbf{a}_i\| (1 \leqslant i \leqslant n)$,

$$\|f(\mathbf{x}_1, \ldots, \mathbf{x}_n) - f(\mathbf{a}_1, \ldots, \mathbf{a}_n)\| \leqslant nar(c + r)^{n-1}.$$

Comme le second membre est un polynôme en r sans terme constant, il tend vers 0 avec r, ce qui prouve la continuité de f.

Remarque. — Ce théorème entraîne deux propositions démontrées plus haut: d'une part, la continuité de la fonction bilinéaire $t\mathbf{x}$ (IX, p. 31), en vertu de la relation $\|t\mathbf{x}\| = |t| . \|\mathbf{x}\|$; d'autre part, la prop. 8 (IX, p. 32) en appliquant le th. 1 à l'application identique de E, considérée comme application linéaire de l'espace E muni de la norme p dans l'espace E muni de la norme q (ou vice-versa).

COROLLAIRE 1. — *Pour que* f *soit continue dans* $\prod_{i=1}^{n} E_i$, *il faut et il suffit que* f *soit bornée dans toute partie bornée de* $\prod_{i=1}^{n} E_i$.

Comme les normes $\|\mathbf{x}_i\|$ $(1 \leqslant i \leqslant n)$ sont bornées lorsque $\mathbf{x} = (\mathbf{x}_1, \ldots, \mathbf{x}_n)$ parcourt une partie bornée de $\prod_{i=1}^{n} \mathrm{E}_i$, la nécessité de la condition résulte de l'inégalité (3). Inversement, s'il existe $c > 0$ tel que les n relations $\|\mathbf{x}_i\| \leqslant 1$ $(1 \leqslant i \leqslant n)$ entraînent $\|f(\mathbf{x}_1, \ldots, \mathbf{x}_n)\| \leqslant c$, on voit comme dans la première partie de la démonstration du th. 1 que f vérifie une inégalité de la forme (3).

COROLLAIRE 2. — *Soient* E, F *deux espaces normés sur un corps valué non discret* K. *Pour qu'une application linéaire surjective* u *de* E *dans* F *soit un homéomorphisme, il faut et il suffit qu'il existe deux constantes* $a > 0$, $b > 0$ *telles que, pour tout* $\mathbf{x} \in \mathrm{E}$, *on ait* $a\|\mathbf{x}\| \leqslant \|u(\mathbf{x})\| \leqslant b\|\mathbf{x}\|$.

En effet, la condition est évidemment nécessaire en vertu du th. 1. Pour montrer qu'elle est suffisante, notons d'abord qu'elle entraîne que le noyau de u est réduit à 0, donc que u est bijective. En vertu du th. 1, elle entraîne ensuite que u et u^{-1} sont continues, d'où la conclusion.

6. Familles absolument sommables dans un espace normé

DÉFINITION 8. — *Dans un espace normé* E, *on dit qu'une famille* $(\mathbf{x}_\iota)$ *de points de* E *est absolument sommable, si la famille* $(\|\mathbf{x}_\iota\|)$ *des normes des* $\mathbf{x}_\iota$ *est sommable dans* $\mathbf{R}$.

Cette notion ne dépend qu'en apparence de la norme choisie sur E; en vertu de la prop. 8 de IX, p. 32, et du principe de comparaison des familles sommables de nombres réels, une famille absolument sommables pour une norme p sur E est absolument sommable pour toute norme *équivalente* à p.

Si $(\mathbf{x}_\iota)_{\iota \in \mathrm{I}}$ est une famille de points de E sommable et absolument sommable, on a

$$\Big\|\sum_{\iota \in \mathrm{I}} \mathbf{x}_\iota\Big\| \leqslant \sum_{\iota \in \mathrm{I}} \|\mathbf{x}_\iota\|. \tag{4}$$

En effet, pour toute partie finie J de I, on a $\Big\|\sum_{\iota \in \mathrm{J}} \mathbf{x}_\iota\Big\| \leqslant \sum_{\iota \in \mathrm{J}} \|\mathbf{x}_\iota\|$ et l'inégalité (4) en résulte par passage à la limite suivant l'ensemble ordonné filtrant des parties finies de I.

PROPOSITION 12. — *Dans un espace normé complet* E, *toute famille absolument sommable est sommable.*

En effet, si $(\mathbf{x}_\iota)$ est une famille absolument sommable dans E, pour tout $\varepsilon > 0$, il existe une partie finie J de l'ensemble d'indices I telle que, pour toute partie finie H de I ne rencontrant pas J, on ait $\sum_{\iota \in \mathrm{H}} \|\mathbf{x}_\iota\| \leqslant \varepsilon$; on en conclut *a fortiori* $\Big\|\sum_{\iota \in \mathrm{H}} \mathbf{x}_\iota\Big\| \leqslant \varepsilon$, ce qui démontre la proposition, puisque E est complet (critère de Cauchy, III, p. 38, th. 1).

On dit qu'une *série* de terme général $\mathbf{x}_n$ est *absolument convergente* dans E si la série de terme général $\|\mathbf{x}_n\|$ est convergente dans $\mathbf{R}$; il revient au même de dire que la famille $(\mathbf{x}_n)$ est absolument sommable; par suite (III, p. 44, prop. 9):

COROLLAIRE 1. — *Dans un espace normé complet* E, *toute série absolument convergente est commutativement convergente.*

La réciproque de la prop. 11 est en général *inexacte.*

Considérons par exemple l'espace $\mathscr{B}(\mathbf{N})$ des suites bornées $\mathbf{x} = (x_n)_{n\in\mathbf{N}}$ de nombres réels, avec la norme $\|\mathbf{x}\| = \sup\limits_n |x_n|$ (X, p. 20). Soit $\mathbf{x}_m$ la suite $(x_{mn})_{n\in\mathbf{N}}$ telle que $x_{mn} = 0$ pour $n \neq m$, $x_{00} = 0$ et $x_{mn} = 1/m$ pour $m \geqslant 1$. On vérifie aussitôt que dans $\mathscr{B}(\mathbf{N})$ la suite $(\mathbf{x}_m)_{m\in\mathbf{N}}$ est sommable et a pour somme l'élément $\mathbf{y} = (y_n)$ tel que $y_0 = 0$, $y_n = 1/n$ si $n \geqslant 1$; mais comme $\|\mathbf{x}_m\| = 1/m$, la suite des normes des $\mathbf{x}_m$ n'est pas sommable dans $\mathbf{R}$.

On a vu toutefois (VII, p. 16) que, dans $\mathbf{R}^n$, toute famille sommable est absolument sommable.

COROLLAIRE 2. — *Si dans un espace normé* E *toute série absolument convergente est convergente, alors* E *est complet.*

En effet, soit $(\mathbf{x}_n)$ une suite de Cauchy dans E. Il existe une suite strictement croissante d'entiers (n_k) telle que pour tout $k \geqslant 1$ on ait

$$\|\mathbf{x}_{n_{k+1}} - \mathbf{x}_{n_k}\| \leqslant 2^{-k}.$$

Par suite la série de terme général $(\mathbf{x}_{n_{k+1}} - \mathbf{x}_{n_k})(k \geqslant 1)$ est absolument convergente, donc convergente par hypothèse. Si $\mathbf{s}$ est sa somme, $\mathbf{s} + \mathbf{x}_{n_1}$ est limite de la suite partielle $(\mathbf{x}_{n_k})$; comme $(\mathbf{x}_{n_k})$ est une suite de Cauchy, on en conclut qu'elle est convergente (II, p. 14, cor. 2 de la prop. 5), ce qui prouve que E est complet.

7. Algèbres normées sur un corps valué

DÉFINITION 9. — *Étant donnée une algèbre* A *sur un corps valué commutatif non discret* K, *on dit qu'une norme* $\|\mathbf{x}\|$ *sur* A (A *étant considéré comme* K-*espace vectoriel*) *est compatible avec la structure d'algèbre de* A *si elle vérifie la relation*

$$\|\mathbf{xy}\| \leqslant \|\mathbf{x}\| \cdot \|\mathbf{y}\| \tag{5}$$

quels que soient $\mathbf{x}$, $\mathbf{y}$ *dans* A. *Une algèbre sur* K, *munie de la structure définie par une norme compatible avec sa structure d'algèbre, est appelée algèbre normée.*

Si A est une algèbre normée sur K, il est clair (IX, p. 35, th. 1) que l'application bilinéaire $(\mathbf{x}, \mathbf{y}) \mapsto \mathbf{xy}$ de A $\times$ A dans A est *continue*. Inversement, supposons que A soit une algèbre sur K, munie d'une norme $p(\mathbf{x})$ telle que l'application $(\mathbf{x}, \mathbf{y}) \mapsto \mathbf{xy}$ soit continue pour les topologies correspondantes; alors (IX, p. 35, th. 1), il existe une constante $a > 0$ telle que $p(\mathbf{xy}) \leqslant ap(\mathbf{x})p(\mathbf{y})$. En remplaçant $p(\mathbf{x})$ par la norme *équivalente* (IX, p. 32, prop. 8) $a.p(\mathbf{x})$, on définit donc sur A une structure d'algèbre normée. Lorsqu'une algèbre A est munie d'une topologie pouvant être définie par une norme, et pour laquelle $(\mathbf{x}, \mathbf{y}) \mapsto \mathbf{xy}$ est continue, on dit que l'algèbre topologique A est *normable*.

Si A est une algèbre normée, on déduit de (5), par récurrence sur n, que pour tout entier $n > 0$, on a

$$\|\mathbf{x}^n\| \leqslant \|\mathbf{x}\|^n. \tag{6}$$

Exemples. — 1) Soient K un corps valué, K′ un sous-corps du centre de K tel que la trace sur K′ de la valeur absolue $|x|$ de K ne soit pas la valeur absolue impropre sur K′; K, muni de la norme $|x|$, est alors une algèbre normée sur K′.

2) Soient K un corps commutatif valué non discret, $\mathbf{M}_n(K)$ l'anneau des matrices carrées d'ordre n sur K; on sait que, en tant qu'espace vectoriel sur K, $\mathbf{M}_n(\mathrm{K})$ est isomorphe à K^{n^2}; si, pour toute matrice carrée d'ordre n sur K, $X = (x_{ij})$, on pose $\|X\| = \sup_{i,j} |x_{ij}|$, on définit une norme sur $\mathbf{M}_n(\mathrm{K})$, et la topologie définie par cette norme est identique à la topologie produit sur K^{n^2} (IX, p. 34, prop. 11); il en résulte (vu la continuité des polynômes à un nombre quelconque de variables dans K) qu'une norme équivalente à la précédente est bien compatible avec la structre d'algèbre (par rapport à K) de $\mathbf{M}_n(\mathrm{K})$.

3) L'ensemble $\mathscr{B}(\mathrm{E})$ des fonctions f définies dans un ensemble E, prenant leurs valeurs dans un corps valué commutatif non discret K, et telles que $x \mapsto |f(x)|$ soit bornée dans E, est une algèbre sur K; la norme $\|f\| = \sup_{x \in \mathrm{E}} |f(x)|$ est compatible avec la structure d'algèbre de $\mathscr{B}(\mathrm{E})$, car on a $\|fg\| \leqslant \|f\| . \|g\|$

Soit $\mathfrak{a}$ un idéal bilatère fermé dans l'algèbre normée A; si, dans l'algèbre quotient $\mathrm{A}/\mathfrak{a}$, on pose $\|\dot{\mathbf{x}}\| = \inf_{x \in \dot{x}} \|\mathbf{x}\|$, on obtient sur $\mathrm{A}/\mathfrak{a}$ une norme qui définit la topologie quotient de celle de A par $\mathfrak{a}$ (IX, p. 34, prop. 10); comme pour $b > \|\dot{\mathbf{x}}\|$, $c > \|\dot{\mathbf{y}}\|$, il existe $\mathbf{x} \in \dot{\mathbf{x}}$ tel que $\|\mathbf{x}\| < b$ et $\mathbf{y} \in \dot{\mathbf{y}}$ tel que $\|\mathbf{y}\| < c$, on a $\|\mathbf{xy}\| \leqslant \|\mathbf{x}\| . \|\mathbf{y}\| < bc$, donc $\|\dot{\mathbf{x}}\dot{\mathbf{y}}\| \leqslant \|\dot{\mathbf{x}}\| . \|\dot{\mathbf{y}}\|$, ce qui montre que $\mathrm{A}/\mathfrak{a}$, muni de la norme $\|\dot{\mathbf{x}}\|$, est une algèbre normée.

De même, si $(\mathrm{A}_i)_{1 \leqslant i \leqslant n}$ est une famille de n algèbres normées sur un corps valué K, et si, dans l'algèbre produit $\mathrm{A} = \sum_{i=1}^{n} \mathrm{A}_i$, on pose, pour $\mathbf{x} = (\mathbf{x}_i)$, $\|\mathbf{x}\| = \sup_i \|\mathbf{x}_i\|$, on obtient sur A une norme qui définit la topologie produit de celles des A_i (IX, p. 34, prop. 11); comme $\mathbf{xy} = (\mathbf{x}_i\mathbf{y}_i)$ et

$$\|\mathbf{x}_i\mathbf{y}_i\| \leqslant \|\mathbf{x}_i\| . \|\mathbf{y}_i\| \leqslant \|\mathbf{x}\| . \|\mathbf{y}\|$$

pour tout i, on a $\|\mathbf{xy}\| \leqslant \|\mathbf{x}\| . \|\mathbf{y}\|$, donc l'algèbre produit A, munie de la norme $\|\mathbf{x}\|$, est une algèbre normée.

Soit A une algèbre normée sur un corps valué K. L'anneau complété $\hat{\mathrm{A}}$ de A (III, p. 51, prop. 6) est aussi muni d'une structure d'espace vectoriel par rapport à $\hat{\mathrm{K}}$ (IX, p. 33, prop. 9), et on a évidemment, pour $t \in \hat{\mathrm{K}}$, $\mathbf{x} \in \hat{\mathrm{A}}$, $\mathbf{y} \in \hat{\mathrm{A}}$, $t(\mathbf{xy}) = (t\mathbf{x})\mathbf{y} = \mathbf{x}(t\mathbf{y})$ d'après le principe de prolongement des identités; $\hat{\mathrm{A}}$ est donc une algèbre sur $\hat{\mathrm{K}}$; d'autre part (IX, p. 33, prop. 9) la norme sur A se prolonge par continuité en une norme sur $\hat{\mathrm{A}}$, le principe de prolongement des inégalités montre que $\hat{A}$, munie de cette norme, est une *algèbre normée* sur le corps $\hat{K}$.

Si $(\mathbf{x}_\lambda)_{\lambda \in L}$ et $(\mathbf{y}_\mu)_{\mu \in M}$ sont deux familles absolument sommables dans une algèbre normée A, la famille $(\mathbf{x}_\lambda \mathbf{y}_\mu)_{(\lambda, \mu) \in L \times M}$ est absolument sommable puisque $\|\mathbf{x}_\lambda \mathbf{y}_\mu\| \leqslant \|\mathbf{x}_\lambda\| . \|\mathbf{y}_\mu\|$ (IV, p. 35, prop. 1); si en outre A est complète, ces trois familles sont sommables et on a $\sum_{(\lambda, \mu) \in L \times M} \mathbf{x}_\lambda \mathbf{y}_\mu = (\sum_{\lambda \in L} \mathbf{x}_\lambda)(\sum_{\mu \in M} \mathbf{y}_\mu)$ d'après l'associativité de la somme du premier membre (III, p. 40, formule (2)).

Lorsque l'algèbre normée A possède un *élément unité* $\mathbf{e} \neq 0$, l'application $t \mapsto t\mathbf{e}$ est un isomorphisme de la structure de corps de K sur celle du sous-corps $K\mathbf{e}$ de A; cet isomorphisme est aussi un isomorphisme de la structure de *corps topologique* de K sur celle de $K\mathbf{e}$ (la topologie sur ce dernier étant induite par celle de A), car la restriction $\|t\mathbf{e}\|$ de la norme de A à K est une norme équivalente à la valeur absolue $|t| = (1/\|\mathbf{e}\|)\,\|t\mathbf{e}\|$. Lorsque $\|\mathbf{e}\| = 1$, on a $\|t\mathbf{e}\| = |t|$; on peut alors *identifier* le corps valué K au sous-corps normé $K\mathbf{e}$ de A, et en particulier écrire 1 l'élément unité de A.

Il ne sera plus question, dans ce qui suit, que d'algèbres normées A ayant un élément unité $\mathbf{e}$; en faisant $\mathbf{x} = \mathbf{y} = \mathbf{e}$ dans cette inégalité, on en déduit $\|\mathbf{e}\| \geqslant 1$.

PROPOSITION 13. — *Si, dans* A, *la série de terme général* $\mathbf{z}^n$ *est convergente,* $\mathbf{e} - \mathbf{z}$ *est inversible, et on a*

$$(\mathbf{e} - \mathbf{z})^{-1} = \sum_{n=0}^{\infty} \mathbf{z}^n. \tag{7}$$

Inversement, si $\|\mathbf{z}\| < 1$ *et si* $\mathbf{e} - \mathbf{z}$ *est inversible, la série de terme général* $\mathbf{z}^n$ *est convergente, et on a la formule* (7).

On a en effet, pour tout $p > 0$,

$$(\mathbf{e} - \mathbf{z}) \sum_{n=0}^{p} \mathbf{z}^n = \mathbf{e} - \mathbf{z}^{p+1}. \tag{8}$$

Si la série de terme général $\mathbf{z}^n$ est convergente et si $\mathbf{y}$ est sa somme, $\mathbf{z}^n$ tend vers 0 lorsque n croît indéfiniment, donc en passant à la limite dans (8), on a $(\mathbf{e} - \mathbf{z})\mathbf{y} = \mathbf{e}$, et on prouve de même que $\mathbf{y}(\mathbf{e} - \mathbf{z}) = \mathbf{e}$, c'est-à-dire que $\mathbf{y} = (\mathbf{e} - \mathbf{z})^{-1}$ (on notera que cette partie du raisonnement est valable dans un anneau topologique quelconque ayant un élément unité).

Inversement, si $\|\mathbf{z}\| < 1$, comme on a $\|\mathbf{z}^{p+1}\| \leqslant \|\mathbf{z}\|^{p+1}$, $\mathbf{z}^{p+1}$ tend vers 0 quand p croît indéfiniment; en multipliant les deux membres de (8) à gauche par $(\mathbf{e} - \mathbf{z})^{-1}$ et faisant croître p indéfiniment, on voit que la série de terme général $\mathbf{z}^n$ est convergente et a pour somme $(\mathbf{e} - \mathbf{z})^{-1}$.

COROLLAIRE. — *Soit* A *une algèbre normée complète; pour tout* $\mathbf{z} \in A$ *tel que* $\|\mathbf{z}\| < 1$, $\mathbf{e} - \mathbf{z}$ *est inversible dans* A.

En effet, la série de terme général $\mathbf{z}^n$ est absolument convergente, puisque

$\|\mathbf{z}^n\| \leqslant \|\mathbf{z}\|^n$ pour $n > 0$; elle est par suite convergente, puisque A est complète (IX, p. 36, prop. 12).

PROPOSITION 14. — *Soit* G *le groupe des éléments inversibles d'une algèbre normée complète* A. *Alors* G *est un ensemble ouvert dans* A; *la topologie induite sur* G *par celle de* A *est compatible avec la structure de groupe de* G; *muni de cette topologie,* G *est un groupe complet* (pour chacune de ses deux structures uniformes).

Le cor. de la prop. 13 montre que G contient un voisinage V de $\mathbf{e}$ dans A; pour tout $\mathbf{x}_0 \in$ G, les éléments de $\mathbf{x}_0$V sont alors inversibles, et $\mathbf{x}_0$V est un voisinage de $\mathbf{x}_0$ dans A, puisque $\mathbf{x} \mapsto \mathbf{x}_0\mathbf{x}$ est alors un homéomorphisme de A sur lui-même; donc G est ouvert dans A.

Pour voir que la topologie induite sur G par celle de A est compatible avec la structure de groupe de G, il suffit de montrer que la fonction $\mathbf{x} \mapsto \mathbf{x}^{-1}$ est *continue* dans G. Pour cela, il suffit de prouver que si $\mathbf{x}$ et $\mathbf{y}$ appartiennent à G et si

$$\|\mathbf{x}^{-1}\| . \|\mathbf{x} - \mathbf{y}\| < 1$$

on a

$$\|\mathbf{x}^{-1} - \mathbf{y}^{-1}\| \leqslant \frac{\|\mathbf{x} - \mathbf{y}\| . \|\mathbf{x}^{-1}\|^2}{1 - \|\mathbf{x}^{-1}\| . \|\mathbf{x} - \mathbf{y}\|}. \tag{9}$$

En effet, on peut écrire $\mathbf{x}^{-1} - \mathbf{y}^{-1} = \mathbf{x}^{-1}(\mathbf{y} - \mathbf{x})\mathbf{y}^{-1}$ et il suffit donc de montrer que l'on a

$$\|\mathbf{y}^{-1}\| \leqslant \frac{\|\mathbf{x}^{-1}\|}{1 - \|\mathbf{x}^{-1}\| . \|\mathbf{x} - \mathbf{y}\|}. \tag{10}$$

Or on a $\mathbf{x}^{-1}\mathbf{y} = \mathbf{e} - \mathbf{x}^{-1}(\mathbf{x} - \mathbf{y})$, et par suite $\mathbf{y}^{-1} = (\mathbf{e} - \mathbf{x}^{-1}(\mathbf{x} - \mathbf{y}))^{-1}\mathbf{x}^{-1}$. Mais si $\|\mathbf{u}\| < 1$, il résulte de la prop. 13 que l'on a

$$\|(\mathbf{e} - \mathbf{u})^{-1}\| \leqslant \sum_{n=0}^{\infty} \|\mathbf{u}\|^n = (1 - \|\mathbf{u}\|)^{-1}$$

d'où l'égalité (10).

Pour établir enfin que la structure uniforme gauche de G est une structure d'espace complet, montrons que tout filtre de Cauchy $\mathfrak{F}$ pour cette structure, est un filtre de Cauchy pour la structure uniforme *additive* de A et converge vers un point de G. En effet, pour tout ε tel que $0 < \varepsilon < 1$, il existe un ensemble $M \in \mathfrak{F}$ tel que, pour $\mathbf{x} \in M$ et $\mathbf{y} \in M$, on ait $\|\mathbf{x}^{-1}\mathbf{y} - \mathbf{e}\| \leqslant \varepsilon$, ce qui entraîne $\|\mathbf{y} - \mathbf{x}\| \leqslant \varepsilon\|\mathbf{x}\|$. Soit $\mathbf{a}$ un point de M; pour tout $\mathbf{x} \in M$, on a $\|\mathbf{x} - \mathbf{a}\| \leqslant \varepsilon\|\mathbf{a}\|$, donc $\|\mathbf{x}\| \leqslant (1 + \varepsilon)\|\mathbf{a}\|$. D'autre part, il existe un ensemble $N \subset M$, appartenant à $\mathfrak{F}$, et tel que $\|\mathbf{x}^{-1}\mathbf{y} - \mathbf{e}\| \leqslant \dfrac{\varepsilon}{(1 + \varepsilon)\|\mathbf{a}\|}$ pour $\mathbf{x} \in N$ et $\mathbf{y} \in N$; on en conclut que $\|\mathbf{y} - \mathbf{x}\| \leqslant \dfrac{\varepsilon\|\mathbf{x}\|}{(1 + \varepsilon)\|\mathbf{a}\|} \leqslant \varepsilon$, ce qui prouve que $\mathfrak{F}$ est un filtre de Cauchy pour la structure uniforme additive de A, et par suite converge vers un point $\mathbf{x}_0$, puisque

A est une algèbre complète. Comme $\mathbf{x}_0$ est limite de $\mathfrak{F}$, on a, d'après le principe de prolongement des inégalités, $\|\mathbf{x}^{-1}\mathbf{x}_0 - \mathbf{e}\| \leqslant \varepsilon$ pour tout $\mathbf{x} \in M$; comme $\varepsilon < 1$, on en conclut que $\mathbf{x}^{-1}\mathbf{x}_0$ est inversible; par suite, il en est de même de $\mathbf{x}_0$, c'est-à-dire que $\mathbf{x}_0 \in G$.

PROPOSITION 15. — *Dans un corps valué complet, le groupe multiplicatif des éléments* $\neq 0$ *est un groupe complet.*

Il suffit de raisonner comme dans la prop. 14, en remplaçant la norme de A par la valeur absolue du corps considéré.

On notera qu'on ne peut pas appliquer directement la prop. 14, car un corps valué non commutatif n'est pas nécessairement une algèbre sur un corps valué commutatif *non discret* (la restriction au centre du corps de la valeur absolue peut être impropre).

Remarque. — La prop. 14 est inexacte dans une algèbre normée non complète. Par exemple, dans l'algèbre $\mathscr{C}(I)$ des fonctions numériques finies et continues dans $I = [0, 1]$ (la norme étant $\|x\| = \sup |x(t)|$), la sous-algèbre P formée des *polynômes* en t (restreints à I) n'est pas complète; si $x(t)$ est un polynôme non constant quelconque, $1 + \varepsilon x$ est arbitrairement voisin de l'élément unité 1 de P lorsque ε est arbitrairement petit, mais $1 + \varepsilon x$ n'est pas inversible *dans* P. Toutefois, si A est une algèbre normée non complète, G le groupe des éléments inversibles de A, $\hat{A}$ l'algèbre normée complétée de A, G est un sous-groupe du groupe des éléments inversibles de $\hat{A}$, et par conséquent *la topologie induite sur* G *par celle de* A *est compatible avec sa structure de groupe.*

§ 4. ESPACES NORMAUX

1. Définition des espaces normaux

L'axiome (O_{IV}) des espaces uniformisables (IX, p. 7) peut s'énoncer de la façon suivante: *quels que soient l'ensemble fermé* A, *et le point* $x \in \complement A$, *il existe une application continue de* X *dans* $[0, 1]$, *égale à* 0 *au point* x, *et à* 1 *en tout point de* A; on exprime encore cette propriété en disant que, dans un espace uniformisable, on peut *séparer un point et un ensemble fermé* (ne contenant pas le point) *par une fonction continue numérique.*

Nous allons maintenant étudier les espaces dans lesquels on peut de la même manière *séparer deux ensembles fermés sans point commun par une fonction continue numérique;* de façon précise:

DÉFINITION 1. — *On dit qu'un espace topologique* X *est normal s'il est séparé et s'il vérifie l'axiome suivant:*

(O_V) *Quels que soient les ensembles fermés sans point commun* A *et* B *dans* X, *il existe une application continue de* X *dans* $[0, 1]$, *égale à* 0 *en tout point de* A *et à* 1 *en tout point de* B.

Il est clair que tout espace normal est complètement régulier; mais il existe des espaces complètement réguliers et non normaux (voir exerc. 12, 13 (IX, p. 103) 16 (IX, p. 104), 14, 15 (IX, p. 113) et 5 (IX, p. 125).

L'énoncé de l'axiome (O_V), comme celui de l'axiome (O_{IV}), fait intervenir la droite numérique **R** comme ensemble auxiliaire. Mais on peut donner un énoncé équivalent à (O_V), dans lequel n'intervient plus aucun ensemble auxiliaire:

THÉORÈME 1 (Urysohn). — *L'axiome* (O_V) *est équivalent au suivant:*

(O'_V) *Quels que soient les ensembles fermés sans point commun* A *et* B *dans* X, *il existe deux ensembles ouverts sans point commun* U *et* V *tels que* $A \subset U$ *et* $B \subset V$.

Il est immédiat que (O_V) entraîne (O'_V), car si f est une application continue de X dans $[0, 1]$, égal à 0 dans A, à 1 dans B, les ensembles ouverts $\overset{-1}{f}([0, \frac{1}{2}[)$ et $\overset{-1}{f}(]\frac{1}{2}, 1])$ contiennent respectivement A et B et n'ont aucun point commun.

Pour démontrer la réciproque, remarquons d'abord que (O'_V) est équivalent à l'axiome suivant:

(O''_V) *Quel que soit l'ensemble fermé* A, *et le voisinage ouvert* V *de* A, *il existe un voisinage ouvert* W *de* A *tel que* $\overline{W} \subset V$.

S'il existe une application continue f de X dans $[-1, +1]$, égale à -1 dans A, à 1 dans B, et si, pour tout $t \in [0, 1]$, on pose $U(t) = \overset{-1}{f}([-1, t[)$, on définit une famille d'ensembles ouverts dans X, ayant $[0, 1]$ pour ensemble d'indices, telle que $A \subset U(0)$, $B \subset \complement U(1)$, et, pour tout couple de nombres réels t, t' tels que $0 \leqslant t \leqslant t' \leqslant 1$

$$\overline{U}(t) \subset U(t') \tag{1}$$

puisque $U(t)$ est contenu dans l'ensemble fermé $\overset{-1}{f}([-1, t])$. Inversement, supposons qu'on ait défini une famille $U(t)$ d'ensembles ouverts $(0 \leqslant t \leqslant 1)$ ayant ces trois propriétés; pour tout $x \in X$, posons $g(x) = 1$ si $x \in \complement U(1)$, et sinon prenons pour $g(x)$ la borne inférieure des t tels que $x \in U(t)$. On a évidemment $0 \leqslant g(x) \leqslant 1$ pour tout $x \in X$, $g(x) = 0$ dans A, $g(x) = 1$ dans B; enfin g est *continue* dans X: en effet, si on pose $g(x) = a$, on a $|g(y) - g(x)| < \varepsilon$ pour tout y appartenant à l'ensemble $U(a + \varepsilon) \cap \complement \overline{U}(a - \varepsilon)$, qui est un voisinage de x d'après (1) (en convenant de prendre $U(a + \varepsilon) = X$ si $a + \varepsilon > 1$, et $U(a - \varepsilon) = \varnothing$ si $a - \varepsilon < 0$).

Tout revient donc à définir une famille d'ensembles ouverts $U(t)$ du type précédent, en s'appuyant sur l'axiome (O'_V). Prenons $U(1) = \complement B$; comme $A \subset U(1)$, il existe d'après (O''_V) un ensemble ouvert $U(0)$ tel que $A \subset U(0)$ et $\overline{U}(0) \subset U(1)$. Supposons ensuite que, pour chaque nombre *dyadique* $k/2^n$ $(k = 0, 1, \ldots, 2^n)$, on ait défini un ensemble ouvert $U(k/2^n)$, ces ensembles étant tels que $\overline{U}\left(\frac{k}{2^n}\right) \subset U\left(\frac{k+1}{2^n}\right)$ pour $0 \leqslant k \leqslant 2^n - 1$. Pour chaque nombre dyadique $\frac{2k+1}{2^{n+1}}$ $(0 \leqslant k \leqslant 2^n - 1)$, il existe, d'après (O''_V), un ensemble ouvert $U\left(\frac{2k+1}{2^{n+1}}\right)$ tel que

$$\overline{U}\left(\frac{k}{2^n}\right) \subset U\left(\frac{2k+1}{2^{n+1}}\right), \quad \text{et} \quad \overline{U}\left(\frac{2k+1}{2^{n+1}}\right) \subset U\left(\frac{k+1}{2^n}\right).$$

Pour tout nombre dyadique r tel que $0 \leqslant r \leqslant 1$, on peut donc définir un ensemble ouvert $U(r)$, de sorte qu'on ait $A \subset U(0)$, $B \subset \complement U(1)$, et

$$(2) \qquad \overline{U}(r) \subset U(r')$$

pour tout couple de nombres dyadiques r, r' tels que $0 \leqslant r \leqslant r' \leqslant 1$.

Posons maintenant, pour tout nombre réel $t \in \left(0, 1\right)$,

$$U(t) = \bigcup_{r \leqslant t} U(r) \quad (r \text{ dyadique});$$

d'après (2), cette définition coïncide avec la précédente pour t dyadique; d'autre part, si $0 \leqslant t < t' \leqslant 1$, il existe deux nombres dyadiques r, r' tels que $t \leqslant r < r' \leqslant t'$; d'après (2), on a

$$\overline{U}(t) \subset \overline{U}(r) \subset U(r') \subset U(t'),$$

ce qui établit la relation (1) et achève la démonstration.

Le th. 1 va nous permettre de démontrer que deux catégories importantes d'espaces topologiques sont des espaces normaux. En premier lieu:

PROPOSITION 1. — *Un espace compact est normal.*

En effet, un tel espace vérifie l'axiome (O'_V), d'après la prop. 3 de I, p. 61.

En ce qui concerne les espaces *localement compacts*, tout point d'un tel espace possède un voisinage compact, qui est un sous-espace normal; mais on peut donner des exemples d'espaces localement compacts *non normaux* (cf. exerc. 12 (IX, p. 103), exerc. 8 (IX, p. 85), exerc. 14 (IX, p. 113). Nous verrons plus loin (IX, p. 49, prop. 4) que tout espace *paracompact* est normal.

PROPOSITION 2. — *Un espace métrisable est normal.*

Soient X un espace métrisable, d une distance compatible avec la topologie de X, A et B deux ensembles fermés sans point commun dans X; comme les fonctions $d(x, A)$ et $d(x, B)$ sont continues, l'ensemble U (resp. V) des points x tels que $d(x, A) < d(x, B)$ (resp. $d(x, B) < d(x, A)$) est ouvert; il est clair que $A \subset U$, $B \subset V$ et que U et V ne se rencontrent pas, donc l'axiome (O'_V) est vérifié.

Remarques. — 1) La prop. 2 donne une nouvelle condition *nécessaire* pour qu'un espace topologique soit métrisable; mais cette condition, même jointe à toutes les conditions nécessaires données au § 2, ne donne pas un système de conditions suffisantes pour qu'un espace topologique soit métrisable (cf. IX, p. 113, exerc. 15).

2) On peut donner des exemples d'espaces normaux qui ne sont ni métrisables ni localement compacts (voir IX, p. 113, exerc. 15).

D'après (O'_V), tout ensemble *fermé* dans un espace normal est un *sous-espace normal;* mais cette propriété n'est pas toujours exacte pour une partie *quelconque* d'un espace normal.

Par exemple, un espace complètement régulier et non normal est homéomorphe à un sous-espace d'un espace compact (IX, p. 8, prop. 3), et ce dernier est normal.

Signalons enfin que le *produit* de deux espaces normaux n'est pas nécessairement normal (voir IX, p. 103, exerc. 12 et IX, p. 113, exerc. 15).

2. Prolongement d'une fonction numérique continue

Soient X et Y deux espaces topologiques, A une partie *fermée* de X (distincte de X) ; si f est une application continue de A dans Y, il n'est pas toujours possible de *prolonger* f en une application continue de X tout entier dans Y. Lorsque $Y = \overline{\mathbf{R}}$, la condition de possibilité d'un tel prolongement est donnée par le théorème suivant :

Théorème 2 (Urysohn). — *L'axiome* $(\mathrm{O_V})$ *est équivalent à la propriété suivante :*

$(\mathrm{O_V'''})$ *Quels que soient l'ensemble* A *fermé dans* X, *et la fonction numérique (finie ou non)* f, *définie et continue dans* A, *il existe un prolongement* g *de* f *à l'espace tout entier* X, *qui est une application continue de* X *dans* $\overline{\mathbf{R}}$.

Il est immédiat que $(\mathrm{O_V'''})$ entraîne $(\mathrm{O_V})$; car, si B et C sont deux ensembles fermés sans point commun dans X, la fonction égale à 0 dans B, à 1 dans C, est définie et continue dans l'ensemble fermé $B \cup C$. Si f est un prolongement continu de cette fonction dans X, et si on pose $g = \inf(f^+, 1)$, g est continue dans X, prend ses valeurs dans $[0, 1]$, et est égale à 0 dans B, à 1 dans C.

Montrons inversement que $(\mathrm{O_V})$ entraîne $(\mathrm{O_V'''})$; comme $\overline{\mathbf{R}}$ et l'intervalle $[-1, +1]$ sont homéomorphes, on peut se borner au cas où l'application continue f de A dans $\overline{\mathbf{R}}$ prend ses valeurs dans $[-1, +1]$. Nous définirons le prolongement g de f en formant une suite (g_n) de fonctions continues dans X, telle que la suite $(g_n(x))$ soit convergente en tout point vers un nombre de l'intervalle $[-1, +1]$; cette limite sera par définition la valeur de $g(x)$, et il résultera du choix des g_n que la fonction g remplira les conditions voulues.

La définition des g_n repose sur le lemme suivant :

Lemme 1. — *Soit* u *une application continue de* A *dans* $[-1, +1]$; *il existe une application continue* v *de* X *dans* $[-\frac{1}{3}, +\frac{1}{3}]$, *telle que* $|u(x) - v(x)| \leqslant \frac{2}{3}$ *pour tout* $x \in A$.

En effet, soient H l'ensemble des $x \in A$ tels que $-1 \leqslant u(x) \leqslant -\frac{1}{3}$, K l'ensemble des $x \in A$ tels que $\frac{1}{3} \leqslant u(x) \leqslant 1$; H et K sont fermés dans A, donc dans X, et ne se rencontrent pas ; d'après $(\mathrm{O_V})$, il existe une application continue v de X dans $[-\frac{1}{3}, +\frac{1}{3}]$, égale à $-\frac{1}{3}$ dans H, à $\frac{1}{3}$ dans K ; elle satisfait aux conditions du lemme.

Ce lemme étant démontré, définissons les g_n par récurrence. Appliquant le lemme pour $u = f$, on définit g_0 comme une application continue de X dans $[-\frac{1}{3}, +\frac{1}{3}]$ telle que $|f(x) - g_0(x)| \leqslant \frac{2}{3}$ dans A. Supposons ensuite définie l'application continue g_n de X dans l'intervalle $[-1 + (\frac{2}{3})^{n+1}, 1 - (\frac{2}{3})^{n+1}]$, telle que $|f(x) - g_n(x)| \leqslant (\frac{2}{3})^{n+1}$ dans A. Appliquant le lemme à la fonction $u(x) = (\frac{3}{2})^{n+1}(f(x) - g_n(x))$, on voit qu'il existe une application continue h_{n+1} de X dans l'intervalle $\left[-\frac{2^{n+1}}{3^{n+2}}, \frac{2^{n+1}}{3^{n+2}}\right]$ telle que

$$|f(x) - g_n(x) - h_{n+1}(x)| \leqslant (\tfrac{2}{3})^{n+2}$$

dans A; la récurrence se poursuit en prenant $g_{n+1} = g_n + h_{n+1}$, cette fonction satisfaisant bien à l'inégalité $|g_{n+1}(x)| \leqslant 1 - (\frac{2}{3})^{n+2}$ dans X, en vertu de la définition de h_{n+1}.

De cette définition, on conclut que pour $m \geqslant p$, $n \geqslant p$, on a

$$|g_m(x) - g_n(x)| \leqslant \frac{2^{p+1}}{3^{p+2}} \sum_{k=0}^{\infty} \left(\frac{2}{3}\right)^k = \left(\frac{2}{3}\right)^{p+1}$$

en tout point $x \in \mathrm{X}$; on en déduit d'abord que la suite $(g_n(x))$ est une suite de Cauchy, donc converge vers un point $g(x)$ de l'intervalle $[-1, +1]$; comme $f(x) - g_n(x)$ tend vers 0 en tout point de A lorsque n croît indéfiniment, g est bien un prolongement de f à X. Reste à voir que g est *continue* dans X.

Soit donc x un point quelconque de X; quel que soit $\varepsilon > 0$, il existe n_0 tel que, pour $m \geqslant n_0$ et $n \geqslant n_0$, on ait $|g_m(y) - g_n(y)| \leqslant \varepsilon$ pour tout $y \in \mathrm{X}$, donc aussi, en faisant tendre m vers $+\infty$, $|g(y) - g_n(y)| \leqslant \varepsilon$; soit V un voisinage de x tel que $|g_n(y) - g_n(x)| \leqslant \varepsilon$ pour tout $y \in \mathrm{V}$; on aura aussi, pour tout $y \in \mathrm{V}$

$$|g(y) - g(x)| \leqslant |g(y) - g_n(y)| + |g_n(y) - g_n(x)| + |g(x) - g_n(x)| \leqslant 3\varepsilon$$

ce qui montre la continuité de g au point x, et achève la démonstration (cette dernière partie du raisonnement utilise, dans un cas particulier, la notion de *convergence uniforme*, que nous définirons de manière générale dans X, p. 2).

COROLLAIRE. — *Si f est une fonction numérique* finie, *définie et continue dans* A, *il existe une fonction numérique* finie g, *définie et continue dans* X, *qui prolonge f.*

Démontrons-le d'abord lorsque $f(x) \geqslant 0$ dans A; il existe alors un prolongement continu g_1 de f à X, prenant ses valeurs dans $[0, +\infty]$. Si on pose $\mathrm{B} = \overset{-1}{g_1}(+\infty)$, $\overset{-1}{\mathrm{B}}$ est fermé et ne rencontre pas A par hypothèse; la fonction h, égale à f dans A, à 0 dans B, est donc continue dans l'ensemble fermé $\mathrm{A} \cup \mathrm{B}$. Soit g_2 un prolongement continu de h à X, prenant encore ses valeurs dans $[0, +\infty]$; la fonction $g = \inf(g_1, g_2)$ est un prolongement continu de f à X, à valeurs $\geqslant 0$ et *finies* en tout point de X.

Pour passer de là au cas général, il suffit de remarquer que, si f est finie et continue dans A, il en est de même de f^+ et f^-; en prolongeant f^+ et f^- à X par des fonctions continues et finies g_1, g_2 respectivement, la fonction $g_1 - g_2$ est finie et continue dans X et prolonge f.

Remarque.—Si X est un espace normal, A une partie fermée de X, il existe aussi un prolongement, continu dans X, de toute application continue f de A dans un *cube*

I^L (IX, p. 8); en effet, on a alors $f = (f_\lambda)_{\lambda \in L}$, f_λ étant une application continue de A dans l'intervalle compact I de **R**; comme il existe une application continue g_λ de X dans I qui prolonge f_λ, l'application $g = (g_\lambda)$ est un prolongement continu de f à X.

3. Recouvrements ouverts localement finis d'un ensemble fermé et partitions continues de l'unité dans un espace normal

DÉFINITION 2. — *Soient* X *un espace topologique, f une fonction numérique définie dans* X. *On appelle support de f et on note* Supp (f) *le plus petit ensemble fermé* S *dans* X, *tel que* $f(x) = 0$ *dans* $\complement$ S.

En d'autre termes, Supp (f) est l'adhérence dans X de l'ensemble des $x \in X$ tels que $f(x) \neq 0$; on peut encore dire que c'est l'ensemble des $x \in X$ tels que dans tout voisinage de x il existe un point y où $f(y) \neq 0$.

Soit $(f_\iota)_{\iota \in I}$ une famille de fonctions numériques finies définies dans X, dont les supports forment une famille *localement finie* (I, p. 6); alors la somme $\sum_{\iota \in I} f_\iota(x)$ est définie pour tout $x \in X$ (puisqu'elle ne comporte qu'un nombre fini de termes $\neq 0$); on note $\sum_{\iota \in I} f_\iota$ et on appelle *somme* de la famille (f_ι) la fonction numérique finie $x \mapsto \sum_{\iota \in I} f_\iota(x)$. Si chacune des f_ι est *continue*, il en est de même de $f = \sum_{\iota \in I} f_\iota$; en effet, pour tout $x \in X$, il y a un voisinage V de x ne rencontrant qu'un nombre fini de supports des f_ι, et par suite il y a une partie finie H de I telle que $f(y) = \sum_{\iota \in H} f_\iota(y)$ pour tout $y \in V$.

DÉFINITION 3. — *Etant donnée une famille* $(A_\iota)_{\iota \in I}$ *de parties d'un espace topologique* X, *on dit qu'une famille* $(f_\iota)_{\iota \in I}$ *de fonctions numériques définies dans* X *est subordonnée* (resp. *faiblement subordonnée*) *à la famille* $(A_\iota)_{\iota \in I}$ *si, pour tout* $\iota \in I$, *on a* $\mathrm{Supp}(f_\iota) \subset A_\iota$ (resp. $f_\iota(x) = 0$ *pour* $x \notin A_\iota$).

Il est clair que si $(f_\iota)_{\iota \in I}$ est subordonnée à $(A_\iota)_{\iota \in I}$, elle lui est aussi faiblement subordonnée; la réciproque n'est pas nécessairement exacte; si $(f_\iota)_{\iota \in I}$ est faiblement subordonnée à $(A_\iota)_{\iota \in I}$, on en déduit seulement que $\mathrm{Supp}(f_\iota) \subset \overline{A}_\iota$ pour tout $\iota \in I$ (on notera d'ailleurs que cette relation n'entraîne pas nécessairement $f_\iota(x) = 0$ pour $x \notin A_\iota$).

DÉFINITION 4. — *On appelle partition continue de l'unité sur un espace topologique* X *toute famille* $(f_\iota)_{\iota \in I}$ *de fonctions numériques* $\geqslant 0$, *continues dans* X, *telle que, pour tout* $x \in X$, *la famille* $(f_\iota(x))_{\iota \in I}$ *soit sommable dans* **R** *et telle que* $\sum_{\iota \in I} f_\iota(x) = 1$. *On dit qu'une partition de l'unité* $(f_\iota)_{\iota \in I}$ *est localement finie si la famille des supports des* f_ι *est localement finie.*

PROPOSITION 3. — *Soient* X *un espace topologique,* $(U_\iota)_{\iota \in I}$ *un recouvrement ouvert de* X, $(f_\iota)_{\iota \in I}$ *une partition continue de l'unité sur* X *faiblement subordonnée à* $(U_\iota)_{\iota \in I}$. *Alors il existe sur* X *une partition continue localement finie de l'unité, subordonnée à* $(U_\iota)_{\iota \in I}$.

Lemme 2. — *Pour tout $x \in X$ et tout nombre $a > 0$, il existe un voisinage* V *de x et une partie finie* J *de* I *tels que, pour tout $y \in V$ et tout $\iota \in I - J$, on ait $f_\iota(y) < a$.*

Comme $\sum_{\iota \in I} f_\iota(x) = 1$, il existe une partie finie J de I telle que

$$\sum_{\iota \in J} f_\iota(x) > 1 - a/2.$$

Les f_ι étant continues, il existe un voisinage V de x tel que, pour tout $y \in V$, on ait $\sum_{\iota \in J} f_\iota(y) > 1 - a$; d'où le lemme.

Lemme 3. — *La fonction $\sup_{\iota \in I} f_\iota$ est continue dans* X.

Soit x un point de X; il existe $\kappa \in I$ tel que $f_\kappa(x) \neq 0$. Posons $f_\kappa(x) = 4a > 0$, et soit W un voisinage de x dans X tel que $f_\kappa(y) \geqslant 2a$ pour $y \in W$. En vertu du lemme 2, il existe un voisinage V de x et une partie finie J de I tels que $f_\iota(y) < a$ pour $y \in V$ et $\iota \in I - J$. Alors, si $y \in V \cap W$, on a $\sup_{\iota \in I} f_\iota(y) \geqslant 2a$, donc $\sup_{\iota \in I} f_\iota(y) = \sup_{\iota \in J} f_\iota(y)$, ce qui prouve que $\sup_{\iota \in I} f_\iota$ est continue au point x.

Posons alors, pour tout $\lambda \in I$,

$$g_\lambda = \sup(0, f_\lambda - \tfrac{1}{2} \sup_{\iota \in I} f_\iota).$$

Chacune des fonctions g_λ est continue en vertu du lemme 3; en outre la famille $(g_\iota)_{\iota \in I}$ est *subordonnée* à $(U_\iota)_{\iota \in I}$ et la famille des supports des g_ι est *localement finie*. En effet, avec les notations du lemme 3, pour $y \in V \cap W$ et $\lambda \in I - J$, on a $f_\lambda(y) < a \leqslant \frac{1}{2} \sup_{\iota \in I} f_\iota(y)$, donc $g_\lambda(y) = 0$ dans $V \cap W$, et par suite

$$\mathrm{Supp}(g_\lambda) \cap (V \cap W) = \varnothing.$$

D'autre part, comme $\sum_{\iota \in I} f_\iota(z) = 1$ pour tout $z \in X$, on a $\sup_{\iota \in I} f_\iota(z) > 0$ pour tout $z \in X$. Si z est un point de $\complement U_\lambda$, on a $f_\lambda(z) = 0$ et par continuité il existe un voisinage T de z dans X tel que $f_\lambda(t) - \frac{1}{2} \sup_{\iota \in I} f_\iota(t) < 0$ pour $t \in T$, autrement dit $g_\lambda(t) = 0$ pour $t \in T$; cela prouve que $\mathrm{Supp}(g_\lambda) \subset U_\lambda$.

Notons enfin qu'avec les mêmes notations, il existe un indice $\lambda \in J$ tel que $\sup_{\iota \in I} f_\iota(x) = f_\lambda(x) > 0$, et l'on a $g_\lambda(x) = \frac{1}{2} f_\lambda(x) > 0$; la fonction $h = \sum_{\iota \in I} g_\iota$ est donc continue et > 0 en tout point de X. On en conclut que si l'on pose $h_\iota = g_\iota / h$, la famille $(h_\iota)_{\iota \in I}$ est une partition de l'unité répondant aux conditions de l'énoncé.

Théorème 3. — *Soit* X *un espace normal. Pour tout recouvrement ouvert localement fini $(A_\iota)_{\iota \in I}$ de* X, *il existe sur* X *une partition continue de l'unité $(f_\iota)_{\iota \in I}$ subordonnée au recouvrement* $(A_\iota)_{\iota \in I}$ (donc localement finie).

Munissons I d'une structure d'ensemble *bien ordonné* (E, III, p. 20, th. 1); nous allons définir par récurrence transfinie une famille $(g_\iota)_{\iota \in I}$ d'applications continues de X dans $[0, 1]$, telle que: 1° $\mathrm{Supp}(g_\iota) \subset A_\iota$ pour tout $\iota \in I$; 2° si B_ι est l'ensemble ouvert des $x \in X$ tels que $g_\iota(x) > 0$, alors, pour tout $\iota \in I$, la famille formée des B_λ tels que $\lambda \leqslant \iota$, et des A_λ tels que $\lambda > \iota$, soit un recouvrement ouvert de X. Supposons en effet les g_ι définis pour $\iota < \gamma$, de sorte que les deux propriétés précédentes soient vérifiées *pour tout* $\iota < \gamma$, et montrons qu'on peut définir g_γ de sorte qu'elles soient aussi vérifiées pour $\iota = \gamma$. Montrons d'abord que les B_ι tels que $\iota < \gamma$ et les A_ι tels que $\iota \geqslant \gamma$ forment un recouvrement de X. Par hypothèse, pour tout $x \in X$, il n'y a qu'un nombre fini d'indices $\lambda \in I$ tels que $x \in A_\lambda$, soient $\lambda_1 < \lambda_2 < \cdots < \lambda_n$; soit λ_h le plus grand des λ_i tels que $\lambda_i < \gamma$; si $h < n$, on a $x \in A_{\lambda_n}$ et $\lambda_n \geqslant \gamma$; si $h = n$, l'hypothèse de récurrence montre que x appartient à un B_λ tel que $\lambda \leqslant \lambda_n < \gamma$, d'où notre assertion. Posons alors $C = (\bigcup_{\iota<\gamma} B_\iota) \cup (\bigcup_{\iota>\gamma} A_\iota)$; C est ouvert et on a d'après ce qui précède $\complement A_\gamma \subset C$; en vertu de l'axiome (O_V) des espaces normaux, il existe donc une application continue g_γ de X dans $[0, 1]$, telle que $g_\gamma(x) = 0$ dans $\complement A_\gamma$, et $g_\gamma(x) = 1$ dans $\complement C$. On a par suite $\mathrm{Supp}(g_\gamma) \subset A_\gamma$, et d'autre part, l'ensemble B_γ des x tels que $g_\gamma(x) > 0$ contient $\complement C$, en d'autres termes, $B_\gamma \cup C = X$. Les B_ι tels que $\iota \leqslant \gamma$ et les A_ι tels que $\iota > \gamma$ forment donc bien un recouvrement de X, ce qui montre que l'on peut poursuivre la récurrence. Cela étant, il est clair que la famille $(B_\iota)_{\iota \in I}$ ainsi définie est un recouvrement de X puisque pour tout $x \in X$, il existe un indice γ tel que $x \notin A_\iota$ pour $\iota > \gamma$. Ce recouvrement étant localement fini, on peut former la fonction continue $g = \sum_{\iota \in I} g_\iota$, et par définition des B_ι, on a $g(x) > 0$ pour tout $x \in X$. Si on pose $f_\iota(x) = g_\iota(x)/g(x)$ pour tout $\iota \in I$ et tout $x \in X$, les f_ι forment une partition continue de l'unité subordonnée au recouvrement (A_ι).

Corollaire 1. — *Sous les hypothèses du th.* 3, *il existe un recouvrement ouvert* $(B_\iota)_{\iota \in I}$ *de* X *tel que* $\overline{B}_\iota \subset A_\iota$ *pour tout* $\iota \in I$.

En effet, les B_ι construits dans la preuve du th. 3 répondent à la question puisque $\overline{B}_\iota = \mathrm{Supp}(g_\iota)$.

Corollaire 2. — *Quel que soit le recouvrement ouvert localement fini* $(A_\iota)_{\iota \in I}$ *d'un ensemble fermé* F *dans un espace normal* X, *il existe une famille* $(f_\iota)_{\iota \in I}$ *de fonctions numériques* $\geqslant 0$, *définies et continues dans* X, *qui est subordonnée au recouvrement* $(A_\iota)_{\iota \in I}$, *telle que* $\sum_{\iota \in I} f_\iota(x) = 1$ *pour tout* $x \in F$ *et que* $\sum_{\iota \in I} f_\iota(x) \leqslant 1$ *pour tout* $x \in X$.

En effet, la famille d'ensembles formées des A_ι et de $\complement F$ est un recouvrement ouvert localement fini de X. Il existe donc une partition continue de l'unité subordonnée à ce recouvrement, formée d'une famille $(f_\iota)_{\iota \in I}$ telle que $\mathrm{Supp}(f_\iota) \subset A_\iota$ pour tout $\iota \in I$, et d'une fonction g de support contenu dans $\complement F$; il est clair que la famille (f_ι) répond à la question.

4. Normalité des espaces paracompacts

Rappelons (I, p. 69) qu'un espace topologique X est dit *paracompact* s'il est séparé et si pour tout recouvrement ouvert de X il existe un recouvrement ouvert plus fin et localement fini.

PROPOSITION 4. — *Tout espace paracompact est normal.*

La proposition résultera du lemme suivant:

Lemme 4. — *Soient* A, B *deux parties fermées sans point commun d'un espace paracompact* X. *Si, pour tout* $x \in A$, *il existe un voisinage ouvert* V_x *de* x *et un voisinage* W_x *de* B *sans point commun, alors il existe un voisinage ouvert* T *de* A *et un voisinage ouvert* U *de* B *sans point commun.*

Supposons en effet ce lemme démontré; on peut l'appliquer au cas où B est réduit à un point, puisque X est séparé, et il montre alors que X est *régulier.* On peut alors appliquer de nouveau le lemme 2 à deux parties fermées quelconques sans point commun dans X, et cela montre que l'axiome (O'_V) est vérifié.

Pour démontrer le lemme, considérons le recouvrement ouvert de X formé de $\complement A$ et des V_x, où x parcourt A, et soit $(T_\iota)_{\iota \in I}$ un recouvrement ouvert plus fin et localement fini; par définition, si $A \cap T_\iota \neq \varnothing$, il existe $x_\iota \in A$ tel que $T_\iota \subset V_{x_\iota}$. Soit T l'ensemble ouvert réunion des T_ι tels que $A \cap T_\iota \neq \varnothing$; montrons qu'il existe un voisinage ouvert U de B ne rencontrant pas T. En effet, pour tout $y \in B$, il existe un voisinage ouvert S_y de y ne rencontrant qu'un nombre fini d'ensembles T_ι; soit J la partie finie de I formée des indices tels que T_ι rencontre à la fois S_y et A; si on pose $U_y = S_y \cap \bigcap_{\iota \in J} W_{x_\iota}$, U_y est un voisinage ouvert de y ne rencontrant aucun des T_ι, et par suite $U_y \cap T = \varnothing$. Il suffit alors de prendre $U = \bigcup_{y \in B} U_y$ pour répondre à la question.

On peut donner des exemples d'espaces normaux qui ne sont pas paracompacts (IX, p. 107, exerc. 26).

COROLLAIRE 1. — *Pour tout recouvrement ouvert* $(A_\iota)_{\iota \in I}$ *d'un espace paracompact* X, *il existe une partition continue de l'unité* $(f_\iota)_{\iota \in I}$ *sur* X, *subordonnée au recouvrement* (A_ι).

En effet, soit $(U_\lambda)_{\lambda \in L}$ un recouvrement ouvert localement fini plus fin que $(A_\iota)_{\iota \in I}$; il existe donc une application φ de L dans I telle que $U_\lambda \subset A_{\varphi(\lambda)}$ pour tout $\lambda \in L$. D'après le th. 3 (IX, p. 47) et la prop. 4, il existe une partition continue de l'unité $(g_\lambda)_{\lambda \in L}$ subordonnée à (U_λ); pour tout $\iota \in I$, posons $f_\iota = \sum_{\varphi(\lambda) = \iota} g_\lambda$ somme qui est définie et continue puisque les supports des g_λ forment une famille localement finie; en outre, la réunion B_ι des supports des g_λ tels que $\varphi(\lambda) = \iota$ est fermée (I, p. 6) et contenue dans A_ι; comme on a $f_\iota(x) = 0$ pour $x \in \complement B_\iota$, le support de f_ι est contenu dans B_ι, donc dans A_ι. D'autre part, la famille (B_ι) est localement finie, car pour tout $x \in X$, il y a un voisinage V de x et une partie finie

H de L telle que $V \cap U_\lambda = \varnothing$ pour $\lambda \notin H$; on en conclut que $V \cap B_\iota = \varnothing$ pour $\iota \notin \varphi(H)$. Enfin, on a, pour tout $x \in X$,

$$1 = \sum_{\lambda \in L} g_\lambda(x) = \sum_{\iota \in I} \Big(\sum_{\varphi(\lambda) = \iota} g_\lambda(x) \Big) = \sum_{\iota \in I} f_\iota(x),$$

ce qui achève de démontrer le corollaire.

Corollaire 2. — *Si* F *est une partie fermée d'un espace paracompact* X, *tout voisinage de* F *dans* X *contient un voisinage fermé (donc paracompact) de* F.

Cela résulte de I, p. 69, prop. 16, de IX, p. 49, prop. 4 et de l'axiome (O''_V).

Proposition 5. — *Soient* X *un espace localement compact*, R *une relation d'équivalence ouverte dans* X, *telle que l'espace quotient* X/R *soit paracompact* (cf. III, p. 35, prop. 13); *soit* π *l'application canonique de* X *sur* X/R. *Il existe une fonction* $F \geqslant 0$ *finie et continue dans* X *telle que :*

a) F *n'est identiquement nulle dans aucune classe suivant* R;

b) *pour toute partie compacte* K *de* X/R, *l'intersection de* $\overset{-1}{\pi}(K)$ *avec* Supp(F) *est compacte.*

Pour tout $z \in X/R$, soit $f_z : X \to [0, 1]$ une fonction continue dont le support est compact et qui n'est pas identiquement nulle dans $\overset{-1}{\pi}(z)$ (IX, p. 44, th. 2); soit S_z l'ensemble ouvert des points $x \in X$ tels que $f_z(x) > 0$; on a donc $z \in \pi(S_z)$. Comme π est une application ouverte, les $\pi(S_z)$ forment un recouvrement ouvert de X/R. Il existe donc un recouvrement ouvert $(U_\iota)_{\iota \in I}$ de X/R localement fini, plus fin que le recouvrement formé des $\pi(S_z)$, puis (IX, p. 49, cor. 1) une partition continue de l'unité $(g_\iota)_{\iota \in I}$ sur X/R, subordonnée au recouvrement $(U_\iota)_{\iota \in I}$. Pour tout $\iota \in I$, soit $z_\iota \in X/R$ tel que $U_\iota \subset \pi(S_{z_\iota})$. La fonction $F_\iota = (g_\iota \circ \pi) . f_{z_\iota}$ est continue, a son support contenu dans $\mathrm{Supp}(f_{z_\iota})$, donc compact; en outre, ce support est aussi contenu dans $\overset{-1}{\pi}(U_\iota)$. Les ensembles $\mathrm{Supp}(F_\iota)$ forment donc une famille localement finie, de sorte (IX, p. 46) qu'on définit une fonction finie et continue $F \geqslant 0$ dans X en posant $F = \sum_{\iota \in I} F_\iota$. Pour tout $z \in X/R$, il existe $\iota \in I$ tel que $g_\iota(z) > 0$, donc $z \in U_\iota$; puis il existe $x \in S_{z_\iota}$ tel que $\pi(x) = z$; alors $f_{z_\iota}(x) > 0$ et $g_\iota(\pi(x)) > 0$, donc $F_\iota(x) > 0$ et *a fortiori* $F(x) > 0$; ceci prouve que F possède la propriété a). Enfin, soit K une partie compacte de X/R. Il existe une partie finie J de I telle que, pour tout $\iota \in I - J$, on ait $U_\iota \cap K = \varnothing$, donc $\overset{-1}{\pi}(K) \cap \mathrm{Supp}(F_\iota) = \varnothing$. Alors

$$\overset{-1}{\pi}(K) \cap \mathrm{Supp}(F) = \overset{-1}{\pi}(K) \cap \Big(\bigcup_{\iota \in I} \mathrm{Supp}(F_\iota)\Big) = \overset{-1}{\pi}(K) \cap \Big(\bigcup_{\iota \in J} \mathrm{Supp}(F_\iota)\Big)$$

est compact.

5. Paracompacité des espaces métrisables

Le théorème suivant précise la prop. 2 de IX, p. 43.

THÉORÈME 4. — *Tout espace métrisable est paracompact.*

En effet, si X est un espace métrisable, il est séparé. Il suffit de prouver la proposition suivante:

PROPOSITION 6. — *Soient* X *un espace métrisable,* $(U_\iota)_{\iota\in I}$ *un recouvrement ouvert de* X. *Il existe une partition continue de l'unité faiblement subordonnée à* $(U_\iota)_{\iota\in I}$.

En effet, la prop. 3 (IX, p. 46) montre alors qu'il existe aussi une partition continue *localement finie* de l'unité $(g_\iota)_{\iota\in I}$ subordonnée à $(U_\iota)_{\iota\in I}$. Les ouverts $V_\iota = \overset{-1}{g_\iota}(]0, +\infty[)$ formeront un recouvrement ouvert de X, plus fin que $(U_\iota)_{\iota\in I}$ et localement fini.

Pour prouver la prop. 6, prenons sur X une distance $d \leqslant 1$ compatible avec la topologie de X (IX, p. 3 et 15). Pour tout $\iota \in I$, posons

$$f_\iota(x) = d(x, \complement U_\iota).$$

On a donc $f_\iota(x) = 0$ si $x \notin U_\iota$, et

$$|f_\iota(x) - f_\iota(y)| \leqslant d(x,y) \tag{3}$$

quels que soient x, y dans X (IX, p. 13, formule (2)), ce qui prouve la continuité de f_ι. Munissons I d'une structure d'ensemble *bien ordonné* (E, III, p. 20, th. 1), dont nous noterons α le plus petit élément. Pour tout $\iota \in I$, posons

$$g_\iota(x) = \sup_{\gamma\leqslant\iota} f_\lambda(x), \qquad h_\iota(x) = \sup_{\gamma<\iota} f_\lambda(x)$$

(en convenant de prendre $h_\alpha(x) = 0$; on notera que si l'ensemble des $\lambda < \iota$ a un plus grand élément κ, on a $g_\kappa = h_\iota$);

$$h(x) = \sup_{\iota\in I} f_\iota(x) = \sup_{\iota\in I} g_\iota(x).$$

En vertu de (3), on a $f_\iota(x) \leqslant f_\iota(y) + d(x,y)$ pour tout ι, donc

$$g_\iota(x) = \sup_{\lambda\leqslant\iota} f_\lambda(x) \leqslant d(x,y) + \sup_{\lambda\leqslant\iota} f_\lambda(y) = d(x,y) + g_\iota(y);$$

et en échangeant les rôles de x et y, on voit que

$$|g_\iota(x) - g_\iota(y)| \leqslant d(x,y)$$

et de la même manière

$$|h_\iota(x) - h_\iota(y)| \leqslant d(x,y), \qquad |h(x) - h(y)| \leqslant d(x,y)$$

ce qui prouve que les fonctions g_ι, h_ι et h sont continues dans X. En outre, on a $g_\iota(x) = \sup(f_\iota(x), h_\iota(x)) \geqslant 0$, et $g_\iota(x) = h_\iota(x)$ si $x \notin U_\iota$.

Posons $u_\iota(x) = g_\iota(x) - h_\iota(x)$, et prouvons que, pour tout $x \in X$, la famille

$(u_\iota(x))$ est sommable dans $\mathbf{R}$ et a pour somme $\sum_{\iota \in I} u_\iota(x) = h(x)$. Il suffit évid ment de prouver, par récurrence transfinie, que l'on a

$$\sum_{\lambda \leqslant \iota} u_\lambda(x) = g_\iota(x) \quad \text{pour tout } \iota \in \mathrm{I}. \tag{4}$$

Supposons en effet la relation (4) vérifiée pour $\iota < \gamma$; alors la fam $(u_\lambda(x))_{\lambda \leqslant \gamma}$ est sommable dans $\mathbf{R}$ et l'on a

$$\Big(\sum_{\lambda \leqslant \gamma} u_\lambda(x)\Big) - u_\gamma(x) = \sum_{\lambda < \gamma} u_\lambda(x) = \sup_{\lambda < \gamma}\Big(\sum_{\mu \leqslant \lambda} u_\mu(x)\Big) = \sup_{\lambda < \gamma} g_\lambda(x) = \sup_{\lambda < \gamma} f_\lambda(x) = h_\gamma$$

d'où $\sum_{\lambda \leqslant \gamma} u_\lambda(x) = g_\gamma(x)$.

Alors, la fonction continue h est > 0 en tout point, et la famille $(u_\iota/h)_{\iota \in I}$ est partition continue de l'unité faiblement subordonnée à $(\mathrm{U}_\iota)_{\iota \in I}$. C.Q.F

§ 5. ESPACES DE BAIRE

1. Ensembles rares

DÉFINITION 1. — *On dit qu'une partie* A *d'un espace topologique* X *est rare si son hérence n'a pas de point intérieur.*

Il revient au même de dire que l'*extérieur* de A est *partout dense* dans X.

Pour qu'un ensemble *fermé* A soit rare, il faut et il suffit qu'il n'ait pas point intérieur, ou, ce qui revient au même, qu'il soit *identique à sa frontière.* P qu'un ensemble quelconque soit rare, il faut et il suffit que son adhérence s rare. Toute partie d'un ensemble rare est un ensemble rare.

Exemples. — 1) La partie vide de X est un ensemble rare. Dans un espace sép pour qu'un ensemble réduit à un point soit rare, il faut et il suffit que ce point ne pas isolé dans X. Un ensemble partout dense dans un espace non vide n'est jam rare.

2) La frontière d'un ensemble *fermé*, ou d'un ensemble *ouvert*, est toujours ensemble rare.

3) Dans l'espace numérique $\mathbf{R}^n$, toute variété linéaire affine de dimens $p < n$ est un ensemble rare (VI, p. 4, prop. 2).

Remarque. — La frontière d'un ensemble *quelconque* n'est pas nécessairement ensemble rare; par exemple, si A et ∁A sont tous deux partout denses, la fronti de A est identique à l'espace X tout entier.

PROPOSITION 1. — *La réunion d'une famille localement finie d'ensembles rares est ensemble rare.*

La famille des adhérences des ensembles d'une famille localement finie éta localement finie, on peut se borner à prouver que si (A_α) est une famille loca ment finie d'ensembles fermés rares, l'intersection des ouverts $\complement \mathrm{A}_\alpha$ est un ouv partout dense. Or, pour tout $x \in X$, il y a un voisinage ouvert U de x ne rencontrant qu'un nombre fini d'ensembles A_{α_k} $(1 \leqslant k \leqslant n)$. Prouvons par récurrence sur h que l'intersection de U et des $\complement A_{\alpha_k}$ pour $k \leqslant h$ est un ouvert non vide: il suffit de remarquer que $\complement A_{\alpha_h}$ est partout dense, donc son intersection avec l'ouvert non vide intersection de U et des $\complement A_{\alpha_k}$ pour $1 \leqslant k \leqslant h - 1$ n'est pas vide.

Soit Y un sous-espace de l'espace topologique X. Une partie A de Y est dite *rare relativement à* Y si A est un ensemble rare quand on le considère comme partie de l'espace topologique Y.

Proposition 2. — *Soient* Y *un sous-espace de* X, *et* A *une partie de* Y; *si* A *est rare relativement à* Y, A *est rare relativement à* X. *Inversement, si* Y *est ouvert dans* X, *et si* A *est rare relativement à* X, *il est rare relativement à* Y.

Supposons A rare relativement à Y; si l'adhérence $\overline{A}$ de A relativement à X contenait un ensemble ouvert non vide U, $U \cap A$ ne serait pas vide (par définition de l'adhérence), donc $U \cap Y$ serait un ensemble ouvert non vide par rapport à Y, et serait contenu dans l'adhérence $\overline{A} \cap Y$ de A par rapport à Y, contrairement à l'hypothèse.

Supposons maintenant que Y soit ouvert dans X, et que $A \subset Y$ soit rare relativement à X; si U est un ensemble ouvert relativement à Y et non vide, U est ouvert relativement à X, donc contient un ensemble non vide V ouvert par rapport à X (et a fortiori par rapport à Y) et ne rencontrant pas A, ce qui montre que A est rare relativement à Y.

La seconde partie de la prop. 2 est évidemment inexacte lorsque Y n'est pas ouvert dans X: il suffit pour le voir de considérer le cas où $Y \neq \varnothing$ est rare relativement à X, et $A = Y$.

2. Ensembles maigres

Définition 2. — *On dit qu'une partie* A *d'un espace topologique* X *est maigre si elle est réunion d'une famille dénombrable d'ensembles rares.*

Il revient au même de dire que A est contenu dans une réunion dénombrable d'ensembles fermés sans point intérieur.

Un ensemble maigre peut fort bien être *partout dense* dans X; l'espace X tout entier peut même être un ensemble maigre.

Un exemple de ce dernier fait est fourni par tout espace séparé X *dénombrable* et *sans point isolé*; la droite rationnelle $\mathbf{Q}$ est un espace de cette nature. Un espace topologique X qui est un ensemble maigre dans X n'est d'ailleurs pas nécessairement dénombrable (voir IX, p. 113, exerc. 9).

Toute partie d'un ensemble maigre dans un espace X est un ensemble maigre; la réunion d'une famille *dénombrable* d'ensembles maigres est un ensemble maigre.

Soit Y un sous-espace de X; on dit qu'une partie A de Y est *maigre relativement à* Y si A est un ensemble maigre quand on le considère comme partie de l'espace topologique Y. Il résulte de la prop. 2 de IX, p. 53 que si A est une partie de Y qui est maigre relativement à Y, A est maigre relativement à X; si en outre Y est *ouvert* dans X, toute partie A de Y qui est maigre relativement à X est maigre relativement à Y.

3. Espaces de Baire

DÉFINITION 3. — *On dit qu'un espace topologique* X *est un espace de Baire si l'une des deux conditions suivantes (qui sont équivalentes) est remplie :*

(EB) *Toute intersection dénombrable d'ensembles ouverts partout denses dans* X *est partout dense dans* X.

(EB′) *Toute réunion dénombrable d'ensembles fermés sans point intérieur dans* X *est sans point intérieur dans* X.

L'axiome (EB) peut encore s'énoncer sous deux autres formes équivalentes:

(EB″) *Tout ensemble ouvert non vide dans* X *est non maigre.*

En effet, pour qu'un ensemble soit maigre, il faut et il suffit qu'il soit contenu dans une réunion dénombrable d'ensembles fermés sans point intérieur.

(EB‴) *Le complémentaire d'un ensemble maigre dans* X *est partout dense.*

Cela signifie en effet qu'aucun ensemble maigre ne peut contenir d'ensemble ouvert non vide, et est donc équivalent à (EB″).

PROPOSITION 3. — *Tout sous-espace ouvert* Y *d'un espace de Baire* X *est un espace de Baire.*

Cela résulte de (EB″) puisque tout ensemble ouvert (resp. maigre) dans Y est ouvert (resp. maigre) dans X.

D'après cette proposition, tout point d'un espace de Baire admet un système fondamental de voisinages dont chacun est un espace de Baire. Réciproquement:

PROPOSITION 4. — *Si tout point d'un espace topologique* X *possède un voisinage qui est un espace de Baire,* X *est un espace de Baire.*

En effet, soient A un ensemble ouvert non vide dans X, x un point de A, V un voisinage ouvert de x qui soit un espace de Baire; si A était maigre dans X, $V \cap A$ serait maigre dans V et ouvert dans V, contrairement à l'hypothèse.

PROPOSITION 5. — *Dans un espace de Baire* X, *le complémentaire d'un ensemble maigre est un espace de Baire.*

En effet, soit A un ensemble maigre dans X; son complémentaire $Y = \complement A$ par rapport à X est partout dense dans X. Soit B un ensemble maigre relativement à Y; B est aussi maigre relativement à X, donc $A \cup B$ est maigre relativement à X. Le complémentaire de $A \cup B$ relativement à X, qui est aussi le complémentaire de B relativement à Y, est donc partout dense dans X, et a fortiori dans Y, ce qui démontre la proposition.

THÉORÈME 1 (Baire). — 1° *Tout espace localement compact* X *est un espace de Baire.*

2° *Tout espace topologique* X *sur lequel existe une distance, compatible avec la topologie de* X, *et définissant sur* X *une structure d'espace métrique complet, est un espace de Baire.*

Nous allons montrer que dans chacun des deux cas l'axiome (EB) est vérifié. Soit (A_n) une suite d'ensembles ouverts partout denses dans X, et soit G un ensemble ouvert non vide quelconque. On peut définir par récurrence une suite (G_n) d'ensembles ouverts non vides tels que $G_1 = G$ et $\overline{G}_{n+1} \subset G_n \cap A_n$; en effet, G_n n'étant pas vide par hypothèse, $G_n \cap A_n$ est un ensemble ouvert non vide; comme X est *régulier* dans les deux cas envisagés, il existe un ensemble ouvert non vide G_{n+1} tel que $\overline{G}_{n+1} \subset G_n \cap A_n$. Cela étant l'ensemble $G \cap \bigcap_{n=1}^{\infty} A_n$ contient l'intersection des G_n, et cette dernière est identique à l'intersection des $\overline{G}_n$; tout revient à montrer que les ensembles $\overline{G}_n$ ont une intersection non vide. Or, lorsque X est localement compact, on peut supposer $\overline{G}_2$ compact; dans l'espace compact $\overline{G}_2$, les $\overline{G}_n$ $(n \geqslant 2)$ forment une suite décroissante d'ensembles fermés non vides, et ont donc au moins un point commun d'après l'axiome (C″). Lorsque X est un espace métrique complet (pour une distance compatible avec sa topologie), on peut supposer $\overline{G}_n$ choisi de sorte que son diamètre (relatif à cette distance) tende vers 0 lorsque n croît indéfiniment; les $\overline{G}_n$ forment alors une base de filtre de Cauchy qui converge vers un point appartenant nécessairement à leur intersection. C.Q.F.D.

Remarque. — Il y a des espaces de Baire qui ne rentrent dans aucune des deux catégories précédentes, en particulier des espaces de Baire qui ne sont ni métrisables, ni localement compacts (IX, p. 113, exerc. 15); il y a aussi des espaces de Baire métrisables, mais pour lesquels il n'existe aucune structure d'espace métrique *complet* compatible avec leur topologie (IX, p. 113, exerc. 13).

PROPOSITION 6. — *Soient* G *un groupe localement compact dénombrable à l'infini,* M *un espace de Baire séparé. Supposons que* G *opère à gauche continûment et transitivement dans* M. *Pour tout* $x \in M$, *soit* H_x *le stabilisateur de* x *dans* G, *de sorte que l'application* $s \mapsto s.x$ *de* G *dans* M *définit par passage au quotient une bijection continue* $\varphi_x : G/H_x \to M$ (III, p. 12). *Alors* φ_x *est un homéomorphisme de* G/H_x *sur* M (autrement dit (III, p. 12), M est un espace homogène topologique de G).

Soit $x_0 \in M$. Il suffit de prouver (III, p. 12, prop. 15) que l'application $s \mapsto s.x_0$ transforme tout voisinage V de l'élément neutre dans G en un voisinage de x_0 dans M. Soit W un voisinage compact symétrique de e dans G tel que $W^2 \subset V$. Par hypothèse, G est réunion d'une suite d'ensembles compacts, donc d'une suite de translatés $(s_n W)$ de W, tout compact pouvant être recouvert par un nombre fini de tels ensembles. Alors M est réunion de la suite des ensembles

$s_n W . x_0$, qui sont compacts (donc fermés dans M) puisque M est séparé et $s \mapsto s . x_0$ continue. Comme M est un espace de Baire, il existe un indice n tel que $s_n W . x_0$ admette un point intérieur $s_n w . x_0$ avec $w \in W$. Par suite x_0 est point intérieur de

$$w^{-1} s_n^{-1} . (s_n W . x_0) = w^{-1} W . x_0 \subset V . x_0$$

(III, p. 9, lemme 1) de sorte que $V . x_0$ est un voisinage de x_0 dans M.

COROLLAIRE. — *Soient* G *un groupe localement compact dénombrable à l'infini,* G′ *un groupe topologique séparé dont l'espace sous-jacent est un espace de Baire,* $f : G \to G'$ *un homomorphisme continu surjectif. Alors f est un morphisme strict surjectif* (autrement dit, si H est le noyau de f, la bijection continue $G/H \to G'$ déduite de f est un *isomorphisme de groupes topologiques*).

En effet, on peut considérer G′ comme un espace où G opère continûment et transitivement par la loi $(s, t') \mapsto f(s)t'$, et le stabilisateur de l'élément neutre e' de G pour cette loi est H; il suffit donc d'appliquer la prop. 6.

4. Fonctions semi-continues dans un espace de Baire

THÉORÈME 2. — *Soit* X *un espace de Baire, et soit* (f_α) *une famille de fonctions numériques semi-continues inférieurement dans* X, *telles qu'en tout point* $x \in X$, *l'enveloppe supérieure* $\sup_\alpha f_\alpha(x)$ *soit finie. Dans ces conditions, tout ensemble ouvert non vide contient un sous-ensemble ouvert non vide dans lequel la famille* (f_α) *est uniformément majorée.*

On peut encore énoncer le théorème en disant que l'ensemble des points au voisinage desquels la famille (f_α) est uniformément majorée est un *ensemble ouvert partout dense.*

Soit $f = \sup_\alpha f_\alpha$ l'enveloppe supérieure de la famille (f_α); la fonction f est semi-continue inférieurement (IV, p. 30, th. 4) et finie en tout point de X. Il suffit donc de faire la démonstration lorsque la famille (f_α) se réduit à une seule fonction f. Soit A_n l'ensemble des points $x \in X$ tels que $f(x) \leqslant n$; A_n est fermé (IV, p. 29, prop. 1) et l'hypothèse entraîne que X est réunion des A_n, donc l'un au moins des A_n a un point intérieur, ce qui montre qu'il existe un ensemble ouvert non vide dans lequel f est majoré (par un entier n). Si on applique ce résultat à un sous-espace ouvert non vide quelconque de X (sous-espace qui est un espace de Baire d'après la prop. 3 de IX, p. 54), on obtient le théorème.

Les applications les plus fréquentes de ce théorème se rapportent au cas où les f_α sont *continues* dans X.

Remarque. — La conclusion du théorème peut être inexacte lorsqu'on ne suppose pas que X soit un espace de Baire. Par exemple, si pour tout nombre rationnel irréductible p/q, on pose $f(p/q) = q$, on définit sur la droite rationnelle **Q** une fonction semi-continue inférieurement et finie en tout point (cf. IV, p. 29); mais il n'existe aucun ensemble ouvert non vide de **Q** dans lequel f soit majorée.

§ 6. ESPACES POLONAIS; ESPACES SOUSLINIENS; ENSEMBLES BORÉLIENS

1. Espaces polonais

Définition 1. — *On dit qu'un espace topologique* X *est polonais s'il est métrisable de type dénombrable* (IX, p. 18), *et s'il existe une distance compatible avec la topologie de* X, *pour laquelle* X *soit complet.*

Proposition 1. — *a*) *Tout sous-espace fermé d'un espace polonais est polonais.*

b) *Le produit d'une famille dénombrable d'espaces polonais est polonais.*

c) *La somme d'une famille dénombrable d'espaces polonais est un espace polonais.*

En effet, tout sous-espace d'un espace métrisable de type dénombrable est métrisable de type dénombrable, et tout sous-espace fermé d'un espace complet est complet (II, p. 16, prop. 8). Tout produit dénombrable d'espaces métrisables de type dénombrable est métrisable de type dénombrable (IX, p. 19), et tout produit dénombrable d'espaces métriques complets est un espace métrique complet pour une distance compatible avec sa topologie (II, p. 17, prop. 10 et IX, p. 15, cor. 2). Enfin, soit (X_n) une suite d'espaces polonais non vides, et soit X l'espace somme des X_n; on peut supposer la topologie de X_n définie par une distance $d_n \leqslant 1$ pour laquelle X_n est complet et de type dénombrable (IX, p. 3); on définit alors la topologie de X par la distance d telle que $d(x, y) = d_n(x, y)$ si x et y appartiennent à un même X_n, $d(x, y) = 1$ dans le cas contraire (IX, p. 16). On sait que X est de type dénombrable (IX, p. 19, corollaire); il reste à prouver qu'il est *complet* pour d. Or, si (x_m) est une suite de Cauchy dans X, il existe un m_0 tel que pour $p \geqslant m_0$, $q \geqslant m_0$, on ait $d(x_p, x_q) < 1$, donc tous les x_m d'indice $m \geqslant m_0$ appartiennent à un même X_n; puisque X_n est complet pour d_n, la suite (x_m) est convergente.

Proposition 2. — *Tout sous-espace ouvert d'un espace polonais est polonais.*

Soient X un espace polonais, d une distance compatible avec la topologie de X, U une partie ouverte de X distincte de X. Soit V la partie du produit $\mathbf{R} \times X$ formée des points (t, x) tels que $t . d(x, X - U) = 1$; le sous-espace V de $\mathbf{R} \times X$ est fermé (IX, p. 13, prop. 3), donc polonais (prop. 1). Comme la restriction à V de la projection pr_2 de $\mathbf{R} \times X$ sur X est un homéomorphisme de V sur U (IX, p. 13, prop. 3), U est un sous-espace polonais.

Corollaire. — *Tout espace* X *localement compact, métrisable et dénombrable à l'infini, est polonais.*

En effet, soit X' l'espace compact obtenu par adjonction à X d'un point à l'infini; on sait que X' est métrisable et de type dénombrable (IX, p. 21, corollaire), et d'autre part X' est complet pour son unique structure uniforme (II, p. 27, th. 1); l'espace X' est donc polonais, et il en est de même de X qui est un sous-espace ouvert de X'.

PROPOSITION 3. — *Soit* X *un espace topologique séparé; l'intersection d'une suite* (A_n) *de sous-espaces polonais de* X *est un sous-espace polonais.*

Soit f l'application diagonale de X dans $X^{\mathbf{N}}$ (E, II, p. 33; on rappelle que $f(x) = (y_n)$, où $y_n = x$ pour tout n); nous utiliserons le lemme suivant:

Lemme 1. — *Soit* (A_n) *une suite de parties de l'espace topologique séparé* X; *la restriction au sous-espace* $\bigcap_n A_n$ *de* X *de l'application diagonale* $f: X \to X^{\mathbf{N}}$ *est un homéomorphisme de* $\bigcap_n A_n$ *sur un sous-espace fermé de* $\prod_n A_n$.

En effet, cette image est l'intersection de $\prod_n A_n$ et de la diagonale $\Delta = f(X)$ qui est fermée dans $X^{\mathbf{N}}$ puisque X est séparé (I, p. 52, prop. 1), et d'autre part f est un homéomorphisme de X sur Δ.

Sous les hypothèses de la prop. 3, $\prod_n A_n$ est un espace polonais (IX, p. 57, prop. 1), donc $\bigcap_n A_n$ est un sous-espace polonais d'après le lemme 1 et la prop. 1 (IX, p. 57).

COROLLAIRE. — *L'espace des nombres irrationnels, muni de la topologie induite par celle de la droite numérique* $\mathbf{R}$, *est polonais.*

En effet, il est l'intersection d'une famille dénombrable d'ensembles ouverts dans $\mathbf{R}$, à savoir les complémentaires des ensembles réduits à un point rationnel.

THÉORÈME 1. — *Pour qu'un sous-espace* Y *d'un espace polonais* X *soit polonais, il faut et il suffit que* Y *soit intersection d'une famille dénombrable d'ensembles ouverts dans* X.

Il résulte aussitôt des prop. 2 (IX, p. 57) et 3 que la condition est suffisante. Montrons qu'elle est nécessaire. Soit d une distance compatible avec la topologie de Y, et pour laquelle Y soit complet. Soit $\overline{Y}$ l'adhérence de Y dans X. Pour chaque entier n, soit Y_n l'ensemble des $x \in \overline{Y}$ qui possèdent un voisinage ouvert U tel que le diamètre de $U \cap Y$ (pour la distance d) soit $\leqslant 1/n$. Il est clair que Y_n est ouvert dans $\overline{Y}$ et contient Y. Soit x un point de l'intersection des Y_n; x est adhérent à Y et la trace sur Y du filtre des voisinages de x dans X est un filtre de Cauchy (pour la distance d); ce filtre converge donc vers un point de Y, et par suite $x \in Y$; autrement dit, on a $Y = \bigcap_n Y_n$. Pour tout n, soit H_n un ensemble ouvert dans X tel que $H_n \cap \overline{Y} = Y_n$; soit d'autre part (U_m) une suite d'ensembles ouverts dans X tels que $\overline{Y} = \bigcap_m U_m$ (IX, p. 16, prop. 7); alors Y est l'intersection de la famille dénombrable d'ensembles ouverts $(H_n \cap U_m)$.

COROLLAIRE 1. — *Pour qu'un espace* X *soit polonais, il faut et il suffit que* X *soit homéomorphe à une intersection dénombrable d'ensembles ouverts du cube* $I^{\mathbf{N}}$ (où I désigne l'intervalle $[0, 1]$ de $\mathbf{R}$).

La condition est évidemment suffisante; elle est nécessaire, parce que tout espace métrisable de type dénombrable est homéomorphe à un sous-espace de $I^{\mathbf{N}}$ (IX, p. 18, prop. 12).

Corollaire 2. — *Soient* X *et* Y *deux espaces polonais,* f *une application continue de* X *dans* Y. *Pour tout sous-espace polonais* Z *de* Y, $\overset{-1}{f}(Z)$ *est un sous-espace polonais de* X

En effet, on a $Z = \bigcap_n Z_n$, où les Z_n sont ouverts dans Y, d'où $\overset{-1}{f}(Z) = \bigcap_n \overset{-1}{f}(Z_n)$, et les $f(Z_n)$ sont ouverts dans X.

2. Espaces sousliniens

Définition 2. — *On dit qu'un espace topologique* X *est un espace de Souslin, ou espace souslinien, s'il est séparé et s'il existe un espace polonais* P *et une application continue de* P sur X. *On dit qu'une partie* A *d'un espace topologique* X *est un ensemble souslinien si le sous-espace* A *est souslinien.*

Remarque. — Il est clair que tout espace polonais est souslinien, et que l'image d'un espace souslinien X par une application continue de X dans un espace séparé Y est un espace souslinien.

Nous verrons plus loin que tout espace souslinien est un espace de Lindelöf (IX, p. 76, corollaire).

Proposition 4. — *Dans tout espace souslinien* X, *il existe un ensemble dénombrable dense.*

En effet, soient P un espace polonais, f une application continue de P sur X; l'image par f d'une partie dénombrable dense dans P est une partie dénombrable dense.

Proposition 5. — *Tout sous-espace fermé* (resp. *ouvert*) *d'un espace souslinien* X *est souslinien.*

En effet, si f est une application continue d'un espace polonais P sur X, et A une partie fermée (resp. ouverte) de X, $\overset{-1}{f}(A)$ est un sous-espace fermé (resp. ouvert) de P, donc un sous-espace polonais (IX, p. 57, prop. 1 et prop. 2), et la restriction de f à $\overset{-1}{f}(A)$ est une application continue surjective de $\overset{-1}{f}(A)$ sur A.

Proposition 6. — *Soient* X *un espace souslinien,* Y *un espace séparé,* f *une application continue de* X *dans* Y. *L'image réciproque par* f *d'un sous-espace souslinien* A *de* Y *est un sous-espace souslinien de* X.

En effet, soient P, Q des espaces polonais, g une application continue de P sur X, h une application continue de Q sur A. Soit R l'ensemble des points $(x, y) \in P \times Q$ tels que $f(g(x)) = h(y)$; R est fermé dans $P \times Q$, donc c'est un

sous-espace polonais (IX, p. 57, prop. 1). Soit φ la restriction à R de la projecti
pr_1; le sous-espace $\overset{-1}{f}(\mathrm{A})$ de X est alors l'image de R par l'application contin
$g \circ \varphi$, et est par suite souslinien.

PROPOSITION 7. — *Le produit et la somme d'une famille dénombrable d'espaces souslini sont des espaces sousliniens.*

En effet, soient, pour tout entier n, X_n un espace séparé, P_n un espace polona f_n une application continue de P_n sur X_n. L'espace produit (resp. somme) des est polonais (IX, p. 57, prop. 1), et l'image de cet espace par l'applicati produit des f_n (resp. l'application qui coïncide avec f_n dans chaque P_n) est l'espa produit (resp. somme) des X_n; comme ce dernier est séparé, c'est un espa souslinien.

PROPOSITION 8. — *Soient* X *un espace séparé,* (A_n) *une suite de sous-espaces sousliniens* X. *Alors la réunion et l'intersection des* A_n *sont des sous-espaces sousliniens.*

En effet, ces sous-espaces sont séparés. L'existence de l'application canoniq de l'espace somme des A_n sur le sous-espace $\bigcup_n \mathrm{A}_n$ de X montre que ce dernier souslinien (IX, p. 60, prop. 7); d'autre part, $\bigcap_n \mathrm{A}_n$ est souslinien en vertu prop. 5 et 7 (IX, p. 59 et 60) et du lemme 1 (IX, p. 58).

En général, même dans un espace polonais, le complémentaire d'un sous-esp souslinien n'est pas nécessairement souslinien (cf. IX, p. 120, exerc. 8); voir toute IX, p. 66, corollaire 1.

3. Ensembles boréliens

DÉFINITION 3. — *Soient* A *un ensemble,* $\mathfrak{T}$ *un ensemble de parties de* A. *On dit que* $\mathfrak{T}$ *une tribu sur* A *si les conditions suivantes sont satisfaites:*

a) le complémentaire de tout ensemble de $\mathfrak{T}$ *appartient à* $\mathfrak{T}$;

b) toute intersection dénombrable d'ensembles de $\mathfrak{T}$ *appartient à* $\mathfrak{T}$.

Pour que $\mathfrak{T}$ soit une tribu, il faut et il suffit que la condition *a*) soit satisfai ainsi que la suivante:

b') toute réunion dénombrable d'ensembles de $\mathfrak{T}$ *appartient à* $\mathfrak{T}$.

L'ensemble $\mathfrak{P}(\mathrm{A})$ de toutes les parties de A est évidemment une tribu. To intersection de tribus sur A est une tribu sur A. Pour toute partie $\mathfrak{F}$ de $\mathfrak{P}(\mathrm{A})$ existe donc une *plus petite tribu* contenant $\mathfrak{F}$; on l'appelle la tribu *engendrée* par

DÉFINITION 4. — *On appelle tribu borélienne sur un espace topologique* X *la tribu gendrée par l'ensemble des parties ouvertes de* X; *les ensembles de cette tribu sont app ensembles boréliens de* X.

Les parties fermées de X sont donc des ensembles boréliens, engendrant tribu borélienne. Si la topologie de X admet une *base dénombrable* $\mathfrak{B}$, les ensem de $\mathfrak{B}$ engendrant la tribu borélienne.

DÉFINITION 5. — *Etant donnés deux espaces topologiques* X, Y, *on dit qu'une application* $f: X \to Y$ *est borélienne si, pour tout ensemble borélien* B *de* Y, $\overset{-1}{f}(B)$ *est un ensemble borélien dans* X.

Il résulte aussitôt de cette définition que si $f: X \to Y$ et $g: Y \to Z$ sont deux applications boréliennes, $g \circ f: X \to Z$ est borélienne.

PROPOSITION 9. — *Soient* X, Y *deux espaces topologiques,* $\mathfrak{F}$ *une partie de* $\mathfrak{P}(Y)$ *engendrant la tribu borélienne de* Y. *Pour qu'une application* $f: X \to Y$ *soit borélienne, il faut et il suffit que* $\overset{-1}{f}(\mathfrak{F})$ *soit contenu dans la tribu borélienne de* X.

La condition est évidemment nécessaire. Inversement, si elle est vérifiée, considérons l'ensemble $\mathfrak{T}$ des parties B de Y telles que $\overset{-1}{f}(B)$ soit borélien dans X. Il est immédiat que $\mathfrak{T}$ est une tribu et contient $\mathfrak{F}$; elle contient donc la tribu borélienne de Y, et par suite f est borélienne.

COROLLAIRE 1. — *Toute application continue est borélienne.*

Il suffit d'appliquer la prop. 9 au cas où $\mathfrak{F}$ est l'ensemble des parties ouvertes de Y.

COROLLAIRE 2. — *Soient* (X_n) *une suite d'espaces topologiques,* $X = \prod_n X_n$ *leur produit. Si, pour chaque* n, A_n *est une partie borélienne de* X_n, *alors* $\prod_n A_n$ *est une partie borélienne de* X.

En effet, on a $\prod_n A_n = \bigcap_n \overset{-1}{\mathrm{pr}}_n(A_n)$ et comme pr_n est continue, $\overset{-1}{\mathrm{pr}}_n(A_n)$ est borélienne dans X en vertu du cor. 1.

Remarque. — Soint Y un espace topologique, X un sous-espace de Y; alors la tribu borélienne de X est l'ensemble des parties de la forme $B \cap X$, où B parcourt la tribu borélienne de Y. En effet, ces ensembles forment une tribu $\mathfrak{T}$, à laquelle appartiennent les ouverts de X, donc $\mathfrak{T}$ contient la tribu borélienne de X. Inversement, comme l'injection canonique $j: X \to Y$ est continue, pour tout ensemble borélien B de Y, $\overset{-1}{j}(B) = B \cap X$ est un ensemble borélien dans X (cor. 1 de la prop. 9), donc $\mathfrak{T}$ est la tribu borélienne de X.

PROPOSITION 10. — *Dans un espace souslinien* X, *tout ensemble borélien est souslinien.*

En effet, soit $\mathfrak{T}$ l'ensemble des parties A de X telles que A et $\complement A$ soient sousliniens; la prop. 8 (IX, p. 60) montre que $\mathfrak{T}$ est une tribu. Toute partie fermée F de X appartient à $\mathfrak{T}$, car F et $\complement F$ sont sousliniens (IX, p. 59, prop. 5); donc $\mathfrak{T}$ contient tous les ensembles boréliens de X (cf. IX, p. 66, corollaire 1).

COROLLAIRE. — *Soit* f *une application continue d'un espace souslinien* X *dans un espace séparé* Y. *Pour tout sous-ensemble borélien* B *de* X, $f(B)$ *est souslinien.*

En effet, B est souslinien, donc $f(B)$ est souslinien, d'après la *Remarque* de IX, p. 59.

Remarque. — 2) Même lorsque X et Y sont polonais, il n'est pas vrai, en géné que l'image d'un ensemble borélien de X par une application continue de X dan soit un ensemble borélien de Y (cf. IX, p. 120, exerc. 8, et IX, p. 68, prop. 14).

4. Espaces éparpillés et espaces lusiniens

DÉFINITION 6. — *On dit qu'un espace topologique est éparpillé s'il est séparé et si point possède un système fondamental de voisinages à la fois ouverts et fermés.*

Tout espace éparpillé est *totalement discontinu*: car la composante connexe d' point x est contenue dans tous les ensembles à la fois ouverts et fermés contena (I, p. 83), et l'intersection de ces ensembles se réduit à x si E est éparpillé.

Inversement, un espace *localement compact* totalement discontinu est éparp (II, p. 32, corollaire); mais il y a des espaces métrisables totalement discontinus ne sont pas éparpillés (IX, p. 119, exerc. 5 *b*).

Tout sous-espace d'un espace éparpillé est éparpillé; tout produit (resp. to somme) d'espaces éparpillés est un espace éparpillé.

DÉFINITION 7. — *On dit qu'un espace topologique* X *est un espace de Lusin, ou espace lusinien, s'il est séparé et s'il existe un espace polonais éparpillé* P *et une applica continue* bijective *de* P *sur* E.

Il est clair que tout espace lusinien est souslinien.

PROPOSITION 11. — *Pour qu'un espace soit lusinien, il faut et il suffit qu'il existe espace polonais* P *et une bijection continue de* P *sur* X.

La condition étant évidemment nécessaire, tout revient à prouver qu'e est suffisante. Si f est une application continue bijective d'une espace lusinien sur un espace séparé Y, il résulte de la déf. 7 que Y est lusinien. Tout revient don prouver qu'*un espace polonais est lusinien.*

Notons en premier lieu que si X est un espace lusinien, tout sous-espace fer (resp. ouvert) A de X est lusinien (cf. IX, p. 66, th. 3); en effet, si f est u application continue bijective d'un espace polonais éparpillé P sur X, $\overset{-1}{f}(A)$ fermé (resp. ouvert) dans P, donc est un sous-espace polonais (IX, p. 57, pr 1 et 2) et éparpillé, ce qui établit notre assertion.

Tout *produit dénombrable* d'espaces lusiniens est lusinien: cela résulte de prop. 1 de IX, p. 57 et du fait que tout produit d'espaces éparpillés est éparpil Toute *intersection dénombrable* de sous-espaces lusiniens d'un espace topologiq séparé est un sous-espace lusinien: cela résulte aussitôt des remarques précéden et du lemme 1 de IX, p. 58. En outre:

Lemme 2. — *Si un espace séparé* X *est tel qu'il existe une partition dénombrable* (A_n) X *formée de sous-espaces lusiniens, alors* X *est lusinien.*

En effet, soient, pour tout entier n, P_n un espace polonais éparpillé et f_n u bijection continue de P_n sur A_n; si P est l'espace somme des P_n, P est polon

(IX, p. 57, prop. 1) et éparpillé, et l'application f de P dans X qui coïncide avec f_n dans chaque P_n est une bijection continue de P sur X, d'où le lemme.

Cela étant, montrons tout d'abord que l'intervalle $I = [0, 1]$ de $\overline{\mathbf{R}}$ est lusinien. Considérons en effet l'application surjective $f: \{0, 1\}^{\mathbf{N}} \to I$ qui, à tout point $(\varepsilon_n)_{n \geqslant 0}$ avec $\varepsilon_n = 0$ ou $\varepsilon_n = 1$, fait correspondre le nombre $\sum_{n=0}^{\infty} \varepsilon_n 2^{-n}$ ayant (ε_n) pour développement dyadique (IV, p. 43). Soit D l'ensemble dénombrable dans $\{0, 1\}^{\mathbf{N}}$ formé des suites autre que la suite 0, n'ayant qu'un nombre fini de termes $\neq 0$; $P = \{0, 1\}^{\mathbf{N}} - D$ est un espace polonais éparpillé (IX, p. 58, th. 1), et la restriction de f à P est une *bijection* continue de P sur I (IV, p. 42).

Soit enfin P un espace polonais quelconque; d'après le cor. 1 de IX, p. 58, P est homéomorphe à un sous-espace du cube $I^{\mathbf{N}}$, intersection dénombrable d'ensembles ouverts de $I^{\mathbf{N}}$; la proposition résulte donc du fait que I est lusinien et des remarques faites au début de la démonstration.

COROLLAIRE. — *Toute limite projective dénombrable* (I, p. 28) *d'espaces lusiniens est un espace lusinien.*

En effet, une limite projective dénombrable d'espaces séparés est un sous-espace fermé du produit (dénombrable) de ces espaces; le corollaire résulte donc de ce qui a été prouvé au cours de la démonstration de la prop. 11.

On peut montrer que les espaces de distributions $\mathscr{D}'(\Omega)$, $\mathscr{E}'(\Omega)$, etc. sur un ouvert Ω de $\mathbf{R}^n$, munis de la topologie forte, sont des espaces lusiniens.

5. Cribles

DÉFINITION 8. — *On appelle crible une suite* $C = (C_n, p_n)_{n \geqslant 0}$ *telle que, pour tout* n, C_n *soit un ensemble dénombrable et* p_n *une surjection de* C_{n+1} *sur* C_n.

Pour tout couple d'entiers tels que $0 \leqslant m \leqslant n$, désignons par p_{mn} l'application identique de C_m sur lui-même si $m = n$, et la surjection $p_m \circ p_{m+1} \circ \cdots \circ p_{n-1}$ de C_n sur C_m si $m < n$. Il est clair que pour $m \leqslant n \leqslant q$, on a $p_{mq} = p_{mn} \circ p_{nq}$, et on peut donc considérer l'ensemble L(C) *limite projective* de la famille (C_n) pour la famille d'applications (p_{mn}) (E, III, p. 52); nous munirons cet ensemble. de la topologie *limite projective* des topologies discrètes sur les C_n (I, p. 28). Il est clair que L(C) est *fermé* dans l'espace produit $\prod_n C_n$; il en résulte aussitôt que L(C) est un *espace polonais éparpillé* (IX, p. 62); nous dirons que L(C) est l'espace topologique *associé* au crible C.

On appelle *criblage* d'un espace métrique X la donnée d'un crible $C = (C_n, p_n)$ et, pour chaque entier $n \geqslant 0$, d'une application φ_n de C_n dans l'ensemble des parties *ouvertes non vides* de X *de diamètre* $\leqslant 2^{-n}$, de manière que:

a) X soit la réunion des $\varphi_0(c)$, lorsque c parcourt C_0;

b) pour tout n et tout $c \in C_n$, $\varphi_n(c)$ soit la réunion des $\varphi_{n+1}(c')$, où c' parcourt $\overset{-1}{p_n}(c)$, et contienne les adhérences $\overline{\varphi_{n+1}(c')}$ de ces ensembles dans X.

On dit qu'un criblage est *strict* si en outre, pour tout n, les ensembles $\varphi_n(c)$ où c parcourt C_n, sont *deux à deux disjoints*. Ces ensembles sont alors *à la fois ouverts et fermés* dans X.

Lemme 3. — *Tout espace métrique de type dénombrable* X *possède un criblage. Si de plus* X *est éparpillé,* X *possède un criblage strict.*

Observons d'abord que si U est un ensemble ouvert dans un espace métrique X de type dénombrable, et ε un nombre >0, il existe un recouvrement dénombrable de U par des ensembles ouverts de diamètre $\leqslant \varepsilon$, dont les adhérences dans X sont contenues dans U: il suffit en effet, pour tout $x \in U$, de considérer une boule ouverte B_x de centre x et de rayon $\leqslant \varepsilon/2$, dont l'adhérence dans X soit contenue dans U, puis d'appliquer la prop. 13 de IX, p. 19 au recouvrement formé par les B_x. Si de plus X est éparpillé, il existe un tel recouvrement (V_n) formé d'ensembles à la fois ouverts et fermés dans X; en désignant par W_n l'intersection de V_n et des $X - V_k$ pour $k < n$, on voit que les W_n sont à la fois ouverts et fermés dans X, de diamètre $\leqslant \varepsilon$, deux à deux disjoints et recouvrent U.

Soit alors X un espace métrique de type dénombrable. Soit C_0 l'ensemble des indices d'un recouvrement dénombrable de X formé d'ensembles ouverts non vides de diamètre $\leqslant 1$, deux à deux disjoints si X est éparpillé; φ_0 sera l'application qui, à chaque indice $c \in C_0$, associe l'ensemble correspondant du recouvrement. Supposons déjà définis les C_i et les φ_i, ainsi que les surjections $p_i \colon C_{i+1} \to C_i$ pour $i \leqslant n$, de façon que la condition b) soit satisfaite pour ces indices. Si $c \in C_n$, $\varphi_n(c)$ est ouvert dans X, donc possède un recouvrement dénombrable par des ensembles ouverts non vides de diamètre $\leqslant 2^{-n-1}$, dont les adhérences dans X sont contenues dans $\varphi_n(c)$, et qui sont deux à deux disjoints lorsque X (donc $\varphi_n(c)$) est éparpillé; si $I(c)$ est l'ensemble des indices de ce recouvrement, on prend pour C_{n+1} l'ensemble somme des $I(c)$ lorsque c parcourt C_n; pour tout $c' \in C_{n+1}$, on désigne par $p_n(c')$ l'unique élément $c \in C_n$ tel que $c' \in I(c)$, et par $\varphi_{n+1}(c')$ l'ensemble d'indice c' du recouvrement considéré de $\varphi_n(c)$. Il est clair que l'on a ainsi défini par récurrence un criblage de X, et que ce criblage est strict si X est éparpillé, d'où le lemme.

Supposons maintenant que X soit un espace métrique *complet* de type dénombrable, et considérons un criblage de X par un crible C et des applications φ_n. Si $\gamma = (c_n)$ est un point de l'espace L(C) associé à C, la suite $(\varphi_n(c_n))$ est une suite décroissante d'ensembles ouverts dans X, dont chacun contient l'adhérence du suivant dans X, et dont le diamètre tend vers 0; l'intersection de cette suite d'ensembles est donc réduite à un point (II, p. 15), qu'on notera $f(\gamma)$. On a ainsi défini une application f de L(C) dans X; si deux points γ, γ' de L(C) ont mêmes coordonnées d'indice i pour $i \leqslant n$, il est clair que la distance de $f(\gamma)$ et de $f(\gamma')$ est $\leqslant 2^{-n}$, donc f est *continue* en vertu de la définition de la topologie de L(C). Pour tout $x \in X$, il résulte de la définition d'un criblage qu'on peut définir par récurrence sur n une suite $\gamma = (c_n)$ telle que $x \in \varphi_n(c_n)$ pour tout $n \geqslant 0$ et $c_n = p_n(c_{n+1})$; on a par suite $x = f(\gamma)$, autrement dit f est *surjective*. En outre, si le criblage est strict, la suite $\gamma = (c_n)$ telle que $x = f(\gamma)$ est unique, donc f est *bijective*. On dira que f est l'application *déduite du criblage* considéré.

PROPOSITION 12. — *Pour tout espace lusinien* (resp. *souslinien*) X, *il existe un crible* C *et une bijection* (resp. *surjection*) *continue de* L(C) *sur* X.

Compte tenu de la définition d'un espace lusinien (IX, p. 62, déf. 7) (resp. souslinien (IX, p. 59, déf. 2)), on se ramène au cas où E est polonais et éparpillé (resp. polonais) et le raisonnement qui précède démontre alors la prop. 12.

6. Séparation des ensembles sousliniens

THÉORÈME 2. — *Soit* X *un espace séparé. Étant donnée une suite* (X_n) *de sous-espaces sousliniens de* X, *deux à deux disjoints, il existe une suite* (B_n) *d'ensembles boréliens de* X, *deux à deux disjoints, tels que* $X_n \subset B_n$ *pour tout* n.

Nous établirons d'abord deux lemmes:

Lemme 4. — *Soient* (A_n), (A'_m) *deux suites de parties d'un espace topologique* X. *Supposons que, pour tout couple* (A_n, A'_m), *il existe un ensemble borélien* B_{nm} *de* X *tel que* $B_{nm} \supset A_n$ *et* $B_{nm} \cap A'_m = \varnothing$. *Alors il existe un ensemble borélien* B *de* X, *qui contient* $\bigcup_n A_n$ *et ne rencontre pas* $\bigcup_m A'_m$.

En effet, l'ensemble $B = \bigcup_n \left(\bigcap_m B_{nm}\right)$ répond à la question.

Lemme 5. — *Soient* X *un espace séparé,* A, A′ *deux sous-espaces sousliniens de* X *sans point commun. Il existe alors un ensemble borélien* B *de* X *tel que* $B \supset A$ *et* $B \cap A' = \varnothing$.

En effet, d'après IX, p. 65, prop. 12, il existe deux cribles C, C′, une application continue f de L(C) sur A et une application continue f' de L(C′) sur A′, définies suivant le procédé décrit dans IX, p. 64. Pour tout $n \geqslant 0$ et tout $c \in C_n$, notons $q_n(c)$ le sous-espace de L(C) formé des suites $(c_k)_{k \geqslant 0}$ telles que $c_n = c$; c'est un sous-espace fermé de L(C). Pour tout $\gamma = (c_n) \in L(C)$, la suite des ensembles fermés $q_n(c_n)$ est décroissante et constitue une base de filtre ayant pour limite γ. En outre, pour tout $c \in C_n$, les ensembles $q_{n+i}(d)$, où d parcourt l'ensemble $\overset{-1}{p_n}(c)$ dans C_{n+i}, forment une partition de $q_n(c)$. Notations analogues pour le crible C′.

Cela étant, on va raisonner par l'absurde, en supposant que tout ensemble borélien contenant A rencontre A′. En premier lieu, il résulte du lemme 4 (IX, p. 65) et de la définition d'un criblage qu'il existe $c_0 \in C_0$ et $c'_0 \in C'_0$ tels que tout ensemble borélien contenant $f(q_0(c_0))$ rencontre $f'(q'_0(c'_0))$. On va alors définir par récurrence sur n deux éléments $\gamma = (c_n) \in L(C)$, $\gamma' = (c'_n) \in L(C')$ de la façon suivante: supposons déjà définis les c_i et c'_i pour $i < n$, de manière que, pour chaque indice $i < n$, tout ensemble borélien contenant $f(q_i(c_i))$ rencontre $f'(q'_i(c'_i))$; en appliquant le lemme 4 et la définition d'un criblage aux ensembles $f(q_{n-1}(c_{n-1}))$ et $f'(q'_{n-1}(c'_{n-1}))$, on voit qu'il existe $c_n \in C_n$ et $c'_n \in C'_n$ tels que $p_{n-1}(c_n) = c_{n-1}$, $p'_{n-1}(c'_n) = c'_{n-1}$ et que tout ensemble borélien contenant $f(q_n(c_n))$ rencontre $f'(q'_n(c'_n))$. Or, la suite des $f(q_n(c_n))$ converge vers un point $a = f(\gamma) \in A$, et la base de filtre des $f'(q'_n(c'_n))$ converge vers un point $a' = f'(\gamma') \in A'$. Comme $A \cap A' = \varnothing$ et que X est séparé, il existe un voisinage fermé V de a ne contenant pas a'; pour n assez grand, V contient $f(q_n(c_n))$ et ne rencontre pas $f'(q'_n(c'_n))$, d'où contradiction puisque V est borélien.

Ces lemmes étant démontrés, pour tout entier n, désignons par F_n la réunion des ensembles X_i tels que $i \neq n$; F_n est un sous-espace souslinien (IX, p. 60, prop. 8). Pour chaque indice n, il existe, en vertu du lemme 5, un ensemble borélien B'_n qui contient X_n et ne rencontre pas F_n. Soit B_n l'intersection de B'_n et de $\bigcap_{i<n} (X - B')$. Les B_n sont boréliens, deux à deux disjoints, et l'on a $B_n \supset X_n$ pour tout n, ce qui achève la démonstration du th. 2.

Corollaire 1. — *Si une partition dénombrable d'un espace séparé est formée d'ensembles sousliniens, ces ensembles sont boréliens. En particulier, dans un espace séparé, tout ensemble souslinien dont le complémentaire est souslinien est un ensemble borélien.*

Corollaire 2. — *Soient* E *et* F *deux espaces sousliniens et* $f: E \to F$ *une application continue* surjective. *Pour qu'un sous-ensemble* B *de* F *soit borélien, il faut et il suffit que* $\overset{-1}{f}(B)$ *soit borélien* dans E.

Le cor. 1 de la prop. 9 montre que la condition est nécessaire. D'autre part, si $\overset{-1}{f}(B)$ est borélien, $B = f(\overset{-1}{f}(B))$ et $F - B = f(E - \overset{-1}{f}(B))$ sont sousliniens (cor. de la prop. 10), donc boréliens (cor. 1).

7. Espaces lusiniens et ensembles boréliens

Théorème 3. — *Soit* X *un espace lusinien régulier. Pour qu'un sous-espace de* X *soit lusinien, il faut et il suffit qu'il soit borélien dans* X.

Cela va résulter des deux lemmes suivants:

Lemme 6. — *Dans un espace lusinien* X, *tout ensemble borélien est un sous-espace lusinien de* X.

(En d'autres termes, pour toute partie borélienne B de X, il existe un espace polonais éparpillé P et une application continue *injective* $f: P \to E$ telle que $f(P) = B$).

Soit $\mathfrak{T}$ l'ensemble des parties A de X telles que les sous-espaces A et $\complement A$ soient lusiniens. Tout ensemble fermé et tout ensemble ouvert dans X étant un sous-espace lusinien (IX, p. 62), $\mathfrak{T}$ contient tous les ensembles fermés de X. Le lemme sera donc établi si on prouve que $\mathfrak{T}$ est une tribu. Il suffit pour cela de montrer que si (A_n) est une suite d'ensembles de $\mathfrak{T}$, les sous-espaces $\bigcap_n A_n$ et $\bigcup_n A_n$ sont lusiniens. Or, on a vu (IX, p. 62) que toute intersection dénombrable de sous-espaces lusiniens est un sous-espace lusinien. D'autre part, si B_n est l'intersection de A_n et de $\bigcap_{i<n} \complement A_i$, il résulte de l'hypothèse et de la remarque précédente que B_n est un sous-espace lusinien; comme on a $\bigcup_n A_n = \bigcup_n B_n$, le sous-espace $\bigcup_n A_n$ est lusinien en vertu du lemme 2 (IX, p. 62).

Lemme 7. — *Tout sous-espace lusinien* A *d'un espace régulier* X *est un ensemble borélien dans* X.

D'après la prop. 12 (IX, p. 65), il existe un crible C et une *bijection continue* f de L(C) sur A. Avec les notations du lemme 5 (IX, p. 65), pour tout entier n et tout $c \in C_n$, notons $g_n(c)$ le sous-espace $f(q_n(c))$ de X; c'est un sous-espace lusinien de X, donc un sous-espace souslinien. Lorsque c parcourt C_n, les ensembles $g_n(c)$ sont deux à deux disjoints, puisque f est bijective; en vertu du th. 2 (IX, p. 65), il existe donc une famille $c \mapsto g'_n(c)$ $(c \in C_n)$ d'ensembles boréliens dans X, deux à deux disjoints et tels que $g'_n(c) \supset g_n(c)$ pour tout $c \in C_n$. Quitte à remplacer $g'_n(c)$ par son intersection avec l'adhérence $\overline{g_n(c)}$ de $g_n(c)$ dans X, on peut supposer que $g'_n(c) \subset \overline{g_n(c)}$. Désignons par $c_{n-1}, c_{n-2}, \ldots, c_0$ les images de c dans $C_{n-1}, C_{n-2}, \ldots$ C_0 par les surjections

$$p_{n-1,n} = p_{n-1},\ p_{n-2,n} = p_{n-2} \circ p_{n-1},\ \ldots,\ p_{0n} = p_0 \circ p_1 \circ \cdots \circ p_{n-1}$$

respectivement; notons $h_n(c)$ l'intersection des ensembles

$$g'_n(c),\ g'_{n-1}(c_{n-1}),\ \ldots,\ g'_0(c_0).$$

Comme $q_i(c_i) \supset q_n(c)$ pour $0 \leqslant i \leqslant n-1$, $h_n(c)$ contient $g_n(c)$; il est clair en outre que $h_n(c)$ est borélien et contenu dans $\overline{g_n(c)}$, et que lorsque c parcourt C_n, les $h_n(c)$ sont deux à deux disjoints; enfin, par construction, pour tout $c' \in C_{n+1}$, on a $h_{n+1}(c') \subset h_n(p_n(c'))$. Soit alors B_n la réunion des $h_n(c)$ pour $c \in C_n$; B_n est borélien, et $B_{n+1} \subset B_n$; de plus, B_n contient la réunion des $g_n(c)$ (où $c \in C_n$), réunion qui n'est autre que A. Soit B l'intersection de la suite décroissante des B_n; l'ensemble B est borélien et contient A. On va montrer que B = A, ce qui achèvera la démonstration.

Soit x un point de B; pour chaque entier n, il existe un $c \in C_n$ et un seul tel que $x \in h_n(c)$: notons-le $c_n(x)$; alors la suite $(c_n(x))_{n \geqslant 0}$ appartient à L(C). La suite décroissante $(g_n(c_n(x)))$ converge par définition vers un point $a \in A$; la suite des adhérences de ces ensembles converge aussi vers a dans X, puisque X est *régulier*, et il en est de même *a fortiori* de la suite $(h_n(c_n(x)))$. Or, x appartient à tous les ensembles $h_n(c_n(x))$, donc $x = a \in A$ et le théorème est démontré.

COROLLAIRE. — *Soit* (A_n) *une suite de sous-espaces lusiniens d'un espace topologique séparé* E. *La réunion des* A_n *est un sous-espace lusinien* de E.

Pour $i < n$, posons $A_{n,i} = A_n \cap A_i$; c'est un sous-espace lusinien, donc borélien, de A_n. Par suite, l'intersection B_n des $A_n - A_{n,i}$ $(i < n)$ est un sous-ensemble borélien de A_n, donc lusinien. Comme les B_n sont deux à deux disjoints, et que leur réunion est égale à celle des A_n, cette dernière est un espace lusinien d'après le lemme 2 de IX, p. 62.

PROPOSITION 13. — *Soit* $(X_n)_{n \in \mathbf{N}}$ *une suite d'espaces lusiniens réguliers*, $X = \prod_n X_n$ *leur produit. Alors la tribu borélienne sur* X *est engendrée par les ensembles de la forme* $\prod_n A_n$, *où* A_n *est borélien dans* X_n *pour tout* n.

On sait déjà que les ensembles $\prod_n A_n$ sont boréliens (IX, p. 61, cor. 2); il suffit de voir que la tribu $\mathfrak{T}$ engendrée par ces ensembles contient tout ensemble ouvert U de X. Or, pour tout n, soient P_n un espace polonais, $f_n : P_n \to X_n$ une bijection continue de P_n sur X_n, $f = (f_n) : \prod_n P_n \to X$ la bijection correspondante de $\prod_n P_n$ sur X. Chaque P_n admet une base dénombrable d'ouverts $\mathfrak{B}_n$ et P admet donc comme base dénombrable d'ouverts $\mathfrak{B}$ les ensembles élémentaires $\prod_n B_n$, où $B_n = X_n$ sauf pour un nombre fini d'indices, et $B_n \in \mathfrak{B}_n$ pour chacun de ces derniers. Comme $\overset{-1}{f}(U)$ est ouvert, il est borélien et on en conclut que U appartient à la tribu engendrée par les images

$$f\Big(\prod_n B_n\Big) = \prod_n f_n(B_n)$$

des ensembles de $\mathfrak{B}$. Mais comme tout $B_n \in \mathfrak{B}_n$ est un espace polonais (IX, p. 57, prop. 2), $f_n(B_n)$ est lusinien (IX, p. 62, prop. 11), donc borélien en vertu du th. 3 (IX, p. 66), ce qui achève la démonstration.

COROLLAIRE. — *Soient* Y *un espace topologique*, $(X_n)_{n \in \mathbf{N}}$ *une suite d'espaces lusiniens réguliers, et pour tout* n, *soit* $f_n : Y \to X_n$ *une application borélienne. Alors l'application* $f = (f_n) : Y \to \prod_n X_n$ *est borélienne.*

Avec les notations de la prop. 13, il suffit de montrer que pour toute famille (A_n), où A_n est borélien dans X_n, $\overset{-1}{f}\Big(\prod_n A_n\Big) = \bigcap_n \overset{-1}{f_n}(A_n)$ est borélien dans Y, ce qui résulte de l'hypothèse.

PROPOSITION 14. — *Soient* X, Y *des espaces lusiniens*, Y *étant de plus supposé régulier. Si* f *est une application borélienne* injective *de* X *dans* Y, *alors, pour tout ensemble borélien* A *dans* X, $f(A)$ *est un ensemble borélien dans* Y.

Le sous-espace A de X est lusinien (IX, p. 66, lemme 6); d'autre part, l'injection canonique $j: A \to X$ est continue, donc borélienne et par suite, $f \circ j$ est borélienne; on peut donc se borner au cas où $A = X$. Soit $g = f \times id_Y$: $X \times Y \to Y \times Y$; d'après le cor. de la prop. 13, g est borélienne. Comme la diagonale Δ de $Y \times Y$ est fermée (I, p. 52, prop. 1), le graphe Γ_f de f, égal à $\overset{-1}{g}(\Delta)$, est borélien dans $X \times Y$, donc un sous-espace lusinien de $X \times Y$ (IX, p. 66, lemme 6). La restriction h de pr_2 à Γ_f est par hypothèse une bijection continue de Γ_f sur le sous-espace $f(X)$ de Y; comme il existe une bijection continue u d'un espace polonais éparpillé P sur Γ_f, $h \circ u$ est une bijection continue de P sur $f(X)$ qui est par suite un sous-espace lusinien de Y. Mais comme Y est lusinien et régulier, le th. 3 (IX, p. 66) prouve que $f(X)$ est borélien dans Y.

8. Le théorème du graphe souslinien

THÉORÈME 4. — *Soient* G *et* H *deux groupes topologiques séparés et u un homomorphisme de groupes de* G *dans* H. *On suppose que* G *est un espace de Baire et que le graphe* Γ *de u est un sous-espace souslinien de* G × H. *Alors u est continu.*

Nous démontrerons d'abord deux lemmes. Disons qu'une partie X d'un espace topologique E est *approchable* s'il existe un *ouvert* U de E tel $U \cap \complement X$ et $X \cap \complement U$ soient *maigres* dans E (cf. IX, p. 112, exerc. 6).

Lemme 8. — *Toute partie borélienne d'un espace topologique* E *est approchable.*

Il suffit de montrer que l'ensemble $\mathfrak{T}$ des parties approchables de E est une tribu. Si (X_n) et (Y_n) sont deux suites de parties de E, on a

$$\left(\bigcup X_n\right) \cap \complement \left(\bigcup Y_n\right) \subset \bigcup (X_n \cap \complement Y_n)$$

ce qui entraîne aussitôt que toute réunion dénombrable d'ensembles de $\mathfrak{T}$ appartient à $\mathfrak{T}$. Soit d'autre part $X \in \mathfrak{T}$ et soit U un ouvert tel que $X \cap \complement U$ et $U \cap \complement X$ soient maigres. Soit V l'intérieur de $\complement U$; alors $\complement U \cap \complement V$ est fermé d'intérieur vide, donc maigre. De plus. $V \cap X \subset \complement U \cap X$ et

$$\complement X \cap \complement V \subset (\complement X \cap U) \cup (\complement U \cap \complement V)$$

sont maigres. Par suite, $\complement X \in \mathfrak{T}$ et $\mathfrak{T}$ est bien une tribu.

Remarque. — On peut montrer que toute partie souslinienne d'un espace séparé E est approchable (exerc. 14).

Lemme 9. — *Soit* G *un groupe topologique et soit* B *une partie borélienne non maigre de* G. *Si* G *est un espace de Baire,* BB^{-1} *est un voisinage de e.*

Soit U un ouvert de G tel que $U \cap \complement B$ et $B \cap \complement U$ soient maigres (lemme 8). Alors U n'est pas maigre, donc est non vide. Par suite, il suffit de montrer que

$UU^{-1} \subset BB^{-1}$. Soit $x \in UU^{-1}$; l'ouvert $U \cap xU$ n'est pas vide, donc est non maigre puisque G est un espace de Baire. Posons:

$$Z = (U \cap xU) \cap \complement (B \cap xB)$$

On a $Z \subset (U \cap \complement B) \cup x(U \cap \complement B)$, et Z est maigre. Par suite, $U \cap xU$ n'est pas contenu dans Z, et l'on a $B \cap xB \neq \varnothing$, i.e. $x \in BB^{-1}$, ce qui montre bien que BB^{-1} est un voisinage de e.

Démontrons maintenant le th. 4. Comme $u(G) = \mathrm{pr}_2(\Gamma)$ et que H est séparé, $u(G)$ est souslinien, donc possède une partie dénombrable dense D (IX, p. 59, prop. 4). Soit W un voisinage de e dans H. Montrons que $\overset{-1}{u}(W)$ n'est pas maigre. En effet, si $\overset{-1}{u}(W)$ était maigre, il en serait de même de chacun de ses translatés. Mais on a $u(G) \subset \bigcup_{x \in D} xW$ et G est donc réunion d'une famille dénombrable de translatés de $\overset{-1}{u}(W)$, ce qui contredit le fait que G est un espace de Baire.

Soit maintenant V un voisinage de e dans H, et soit W un voisinage ouvert de e tel que $WW^{-1} \subset V$. L'intersection $\overset{-1}{\mathrm{pr}_2}(W) \cap \Gamma$ est ouverte dans Γ. Comme la restriction de pr_1 à Γ est une application continue bijective de Γ sur G, il résulte du cor. 2 du th. 2 de IX, p. 66 que $\overset{-1}{u}(W) = \mathrm{pr}_1(\overset{-1}{\mathrm{pr}_2}(W) \cap \Gamma)$ est un sous-ensemble borélien de G. Le lemme 9 montre alors que $\overset{-1}{u}(V)$, qui contient $\overset{-1}{u}(W) . \overset{-1}{u}(W)^{-1}$, est un voisinage de e, ce qui entraîne que u est continue.

9. Sections boréliennes

THÉORÈME 5. — *Soient* X *un espace polonais,* R *une relation d'équivalence dans* X; *supposons que les classes d'équivalence suivant* R *soient fermées dans* X, *et que le saturé pour* R *de tout ensemble ouvert soit borélien. Alors il existe un ensemble borélien dans* X *qui rencontre chaque classe d'équivalence suivant* R *en un point et un seul.*

Considérons sur X une distance compatible avec la topologie et pour laquelle X soit complet. D'après le lemme 3 (IX, p. 64), il existe un criblage de X, défini par un crible $C = (C_n, p_n)$ et une suite d'applications (φ_n). Pour chaque $c \in C_n$, soit $g_n(c)$ le saturé pour R de l'ensemble *ouvert* $\varphi_n(c)$; par hypothèse, $g_n(c)$ est borélien dans E.

Puisque chaque ensemble C_n est dénombrable, nous pouvons munir C_n, d'une relation d'ordre total pour laquelle l'ensemble des éléments plus petits qu'un élément donné soit fini. Par récurrence sur n, définissons, pour tout $c \in C_n$, un ensemble $h_n(c)$ de la façon suivante. En premier lieu, pour $c \in C_0$, $h_0(c)$ est l'intersection de $\varphi_0(c)$ et des ensembles $X - g_0(c')$, où $c' \in C_0$ et $c' < c$. Pour $c \in C_{n+1}$, $h_{n+1}(c)$ est l'intersection de $\varphi_{n+1}(c)$, de $h_n(p_n(c))$ et des ensembles $X - g_{n+1}(c')$ pour $c' \in C_{n+1}, p_n(c') = p_n(c)$ et $c' < c$. Il est clair que les $h_n(c)$ sont des ensembles boréliens.

Nous allons démontrer l'assertion suivante: pour tout entier $n \geqslant 0$ et toute classe d'équivalence H suivant R, il existe un élément et un seul $c \in C_n$ tel que $h_n(c)$ rencontre H, et l'on a

$$h_n(c) \cap H = \varphi_n(c) \cap H.$$

Pour $n = 0$, considérons le plus petit élément $c \in C_0$ tel que $\varphi_0(c)$ rencontre H; alors $\varphi_0(c) \cap H$ ne rencontre aucun des $g_0(c')$ relatifs aux éléments $c' \in C_0$ tels que $c' < c$, donc est contenu dans $h_0(c) \cap H$, et par suite égal à cet ensemble; de plus, on a $H \subset g_0(c)$ et par suite, pour $c' \in C_0$ et $c' > c$, $h_0(c') \cap H$ est vide, et l'assertion est démontrée pour $n = 0$. Raisonnons par récurrence sur n; s'il existe $c \in C_{n+1}$ tel que $h_{n+1}(c)$ rencontre H, il résulte de la relation $h_{n+1}(c) \subset h_n(p_n(c))$ et de l'hypothèse de récurrence que $p_n(c)$ est l'unique élément $d \in C_n$ tel que $h_n(d)$ rencontre H. Observons que $h_n(d)$, qui est contenu dans $\varphi_n(d)$, est contenu dans la réunion des $\varphi_{n+1}(c)$ relatifs aux éléments $c \in \overset{-1}{p_n}(d)$, par définition d'un criblage; il y a donc un plus petit élément $c \in \overset{-1}{p_n}(d)$ tel que $\varphi_{n+1}(c)$ rencontre H. On a alors

$$\varphi_{n+1}(c) \cap H \subset \varphi_n(d) \cap H = h_n(d) \cap H$$

en vertu de l'hypothèse de récurrence. Donc

$$\varphi_{n+1}(c) \cap H \subset \varphi_{n+1}(c) \cap h_n(d),$$

et comme par définition $\varphi_{n+1}(c) \cap H$ ne rencontre aucun des ensembles $g_{n+1}(c')$ relatifs aux $c' \in \overset{-1}{p_n}(d)$ tels que $c' < c$, il s'ensuit par définition de $h_{n+1}(c)$ que $\varphi_{n+1}(c) \cap H = h_{n+1}(c) \cap H$. De plus, on a $H \subset g_{n+1}(c)$ et par suite, si $c' \in \overset{-1}{p_n}(d)$ et tel que $c' > c$, $h_{n+1}(c') \cap H$ est vide. Ainsi notre assertion est démontrée pour tout n.

Pour tout entier n, soit alors S_n la réunion des ensembles $h_n(c)$, où c parcourt C_n; l'ensemble S_n est borélien, et on a $S_{n+1} \subset S_n$. Soit S l'intersection des S_n, qui est un ensemble borélien dans X; on va voir que S rencontre en un point et un seul toute classe d'équivalence H suivant R. En effet, pour tout n, soit $c_n(H)$ l'unique élément $c \in C_n$ tel que $h_n(c)$ rencontre H; alors $S_n \cap H = \varphi_n(c_n(H)) \cap H$, et $S \cap H$ est l'intersection des $\varphi_n(c_n(H)) \cap H$. Comme la suite $(c_n(H))$ appartient à L(C), chacun des ensembles $\varphi_n(c_n(H))$ contient l'adhérence dans X de $\varphi_{n+1}(c_{n+1}(H))$ et le diamètre de $\varphi_n(c_n(H))$ tend vers 0, donc chacun des ensembles $\varphi_n(c_n(H)) \cap H$ contient l'adhérence dans H de $\varphi_{n+1}(c_{n+1}(H)) \cap H$, et son diamètre tend vers 0; comme H est fermé dans l'espace complet X, l'intersection des $\varphi_n(c_n(H)) \cap H$ est réduite à un point, ce qui achève de prouver le théorème.

Corollaire 1. — *La conclusion du th.* 5 *est encore valable lorsque le saturé pour* R *de tout ensemble fermé est borélien.*

En effet, comme un ensemble ouvert U de X est réunion dénombrable d'ensembles fermés F_n (IX, p. 16, prop. 7), le saturé de U est réunion des saturés des F_n, donc est borélien, et on peut appliquer le th. 5.

COROLLAIRE 2. — *Soit* G *un groupe topologique dont l'espace sous-jacent est polonais. Pour tout sous-groupe fermé* H *de* G, *il existe un ensemble borélien dans* G *qui rencontre toute classe à gauche* xH *dans* G *en un point et un seul.*

En effet, la relation d'équivalence $x^{-1}y \in H$ est ouverte et séparée dans G (III, p. 10 et 12).

Remarques. — 1) Dans l'énoncé du th. 5, on peut remplacer la tribu borélienne par une tribu *quelconque* contenant les ensembles ouverts de X; la démonstration est inchangée.

2) Lorsque X est un espace compact métrisable, le cor. 1 du th. 5 s'applique à toute relation d'équivalence *séparée* R dans X, puisqu'on sait qu'une telle relation est fermée (I, p. 63, corollaire 2).

10. Capacitabilité des ensembles sousliniens

DÉFINITION 9. — *Soit* X *un espace topologique séparé. On appelle capacité sur* X *une application* f *de l'ensemble des parties* $\mathfrak{P}(X)$ *dans la droite numérique achevée* $\overline{\mathbf{R}}$, *qui satisfait aux conditions suivantes*:

(CA_I) *La relation* $A \subset B$ *entraîne* $f(A) \leqslant f(B)$.

(CA_{II}) *Pour toute suite croissante* (A_n) *de parties de* X, on a $f\left(\bigcup_n A_n\right) = \lim_{n\to\infty} f(A_n)$.

On dit qu'une capacité f *est continue à droite si elle vérifie la condition*:

(CA_{III}) *Pour toute partie compacte* K *de* X *et tout nombre* $a > f(K)$, *il existe un ensemble ouvert* U *contenant* K *et tel que* $f(U) < a$.

Exemples. — *Soit μ une mesure positive sur un espace séparé X; la *mesure extérieure* μ^* et la *mesure extérieure essentielle* $\mu^\bullet$ sont alors des capacités continues à droite sur X (voir INT, IX, § 1, n° 2 et n° 9, prop. 12, 13). On démontre que dans un espace $\mathbf{R}^n (n \geqslant 3)$, la « capacité extérieure newtonienne » est une capacité continue à droite au sens de la déf. 9.*[1]

Remarque. — Soit f une capacité continue à droite sur X, et soit (K_n) une suite décroissante de parties compactes de X; si $K = \bigcap_n K_n$, tout ouvert U contenant K contient les K_n à partir d'un certain rang (I, p. 60, th. 1 appliqué à l'espace K_1). Il résulte alors aussitôt de (CA_I) et (CA_{III}) que l'on a

$$f(K) = \inf_n f(K_n).$$

[1] Voir M. BRELOT, Éléments de la théorie classique du potentiel, Centre de Documentation Universitaire, Paris, 1969, 4e édition.

DÉFINITION 10. — *Soit f une capacité sur* X; *on dit qu'une partie* A *de* X *est capacitable* (*pour f*) *si* $f(A) = \sup_K f(K)$, *où* K *parcourt l'ensemble des parties compactes de* A.

Par exemple, si μ est une mesure sur X, et si f est la mesure extérieure essentielle $\mu^\bullet$, tout ensemble μ-mesurable est capacitable (INT, IX, § 1).

THÉORÈME 6. — *Soient* X *un espace séparé, f une capacité continue à droite sur* X. *Tout sous-espace souslinien* Y *de* X *est alors capacitable pour f.*

Considérons un espace polonais P et une application continue p de P dans X telle que $p(P) = Y$. En vertu de IX, p. 58, cor. 1, on peut supposer que P est l'intersection d'une suite (G_n) d'ensembles ouverts dans un espace compact métrisable M, telle que $G_0 = M$. Chaque ensemble G_n est alors réunion d'une suite croissante $(K_{nm})_{m \geqslant 1}$ d'ensembles compacts dans M (IX, p. 16, prop. 7).

Il est clair que Y est capacitable si $f(Y) = -\infty$. Supposons donc $f(Y) > -\infty$, et soit a un nombre réel tel que $f(Y) > a$. Tout revient à prouver qu'il existe un ensemble compact $K \subset Y$ tel que $f(K) > a$. A cet effet, nous allons construire par récurrence une suite décroissante (T_n) de parties compactes de M, telles que l'on ait

(1) $T_n \subset G_n$ et $f(p(P \cap T_n)) > a$ pour tout n.

Nous prendrons $T_0 = M$. Supposons faite la construction de T_n; les ensembles compacts $K_{n+1,m}$ (pour $m \geqslant 1$) forment un recouvrement de G_{n+1}, donc aussi de $P \cap T_n$; l'ensemble $P \cap T_n$ est donc réunion croissante des

$$P \cap T_n \cap K_{n+1,m} (m \geqslant 1);$$

en vertu de (CA_{II}) et de (1), il existe un entier k tel que

$$f(p(P \cap T_n \cap K_{n+1,k})) > a;$$

il suffit alors de poser $T_{n+1} = T_n \cap K_{n+1,k}$ pour satisfaire à (1) où n est remplacé par $n + 1$, et la récurrence peut se poursuivre.

Posons $T = \bigcap_n T_n$; l'ensemble compact T est contenu dans $\bigcap_n G_n = P$, et $K = p(T)$ est donc un ensemble compact contenu dans Y. Soit U un ensemble ouvert dans X et contenant K; l'ensemble $V = \overset{-1}{p}(U)$ est ouvert dans P et contient T, et il existe un ensemble V′ ouvert dans M et tel que $P \cap V' = V$. Comme V′ contient T, il existe n_0 tel que $T_n \subset V'$ pour $n \geqslant n_0$ (I, p. 60, th. 1 appliqué à T_1), donc V contient $P \cap T_n$ et U contient alors $p(P \cap T_n)$. Il en résulte en particulier que $f(U) > a$; comme U est un ouvert quelconque contenant K, la condition (CA_{III}) entraîne $f(K) \geqslant a$.

C.Q.F.D.

PROPOSITION 15. — *Soient* X *un espace séparé, f une capacité sur* X (*non nécessairement continue à droite*), Y *un sous-espace souslinien de* X. *Alors* Y *est capacitable pour f lorsque l'une des hypothèses suivantes est vérifiée:*

(i) *Pour toute suite décroissante* (H_n) *de parties fermées de* X, *on a*

$$f\Big(\bigcap_n H_n\Big) = \inf_n f(H_n).$$

(ii) *Pour toute suite décroissante* (K_n) *de parties compactes de* X, *on a*

$$f\Big(\bigcap_n K_n\Big) = \inf_n f(K_n),$$

et Y *est contenu dans une réunion dénombrable de parties compactes de* X.

Plaçons-nous d'abord dans l'hypothèse (i), et reprenons les notations de la démonstration du th. 6. Soit x un point de X n'appartenant pas à l'ensemble compact $K = p(T)$. Comme X est séparé, l'intersection des voisinages fermés de x dans X est réduite à x (I, p. 52, prop. 1), donc les traces de ces voisinages sur K forment une base de filtre dont l'intersection est vide; l'un d'eux est donc vide (I, p. 59, axiome (C″)), autrement dit il existe un ensemble ouvert U contenant K et tel que $x \notin \overline{U}$. Or, on a vu dans la démonstration du th. 6 que U contient $p(P \cap T_n)$ dès que n est assez grand. On a donc $x \notin \overline{p(P \cap T_n)}$. Autrement dit, les ensembles $\overline{p(P \cap T_n)}$ forment une suite décroissante d'ensembles fermés dont l'intersection est K; on en conclut par l'hypothèse (i) que

$$f(K) = \inf_n f(\overline{p(P \cap T_n)}) \geqslant a,$$

ce qu'il fallait démontrer.

Plaçons-nous maintenant dans l'hypothèse (ii); soit (L_m) une suite croissante d'ensembles compacts telle que $Y \subset \bigcup_m L_m$, et posons $Y_m = Y \cap L_m$. Soit $a < f(Y)$; d'après (CA_{II}), on a $f(Y_m) > a$ dès que m est assez grand. L'entier m étant fixé de cette façon, on définit sur l'espace compact L_m une capacité g en posant $g(A) = f(A)$ pour $A \in \mathfrak{P}(L_m)$; les axiomes (CA_I) et (CA_{II}) sont en effet trivialement vérifiés. En outre, cette capacité vérifie cette fois l'hypothèse (i), en raison de l'hypothèse (ii) sur f; il existe par suite un ensemble compact $K \subset Y_m$ tel que $g(K) = f(K) \geqslant a$, ce qui achève de démontrer la proposition.

Appendice I

ESPACES DE LINDELÖF

Définition 1. — *On dit qu'un espace topologique* X *(non nécessairement séparé) est un espace de Lindelöf si, de tout recouvrement ouvert de* X, *on peut extraire un recouvrement dénombrable de* X.

Proposition 1. — *Soit* X *un espace topologique.*

(i) *Si la topologie de* X *admet une base dénombrable,* X *est un espace de Lindelöf.*

(ii) *Soit* $f : X \to Y$ *une application continue de* X *dans un espace topologique* Y *(non nécessairement séparé). Si* X *est un espace de Lindelöf, il en est de même du sous-espace* $f(X)$ *de* Y.

(i) Soient $\mathfrak{R}$ un recouvrement ouvert de X, $\mathfrak{B}$ une base dénombrable de la topologie de X, $\mathfrak{B}'$ l'ensemble des éléments $A \in \mathfrak{B}$ tels qu'il existe un élément de $\mathfrak{R}$ contenant A; $\mathfrak{B}'$ est un recouvrement dénombrable de X, car tout $x \in X$ est contenu dans un ensemble $U \in \mathfrak{R}$, et il existe ensuite $A \in \mathfrak{B}$ tel que $x \in A \subset U$. Il existe alors une application Φ de $\mathfrak{B}'$ dans $\mathfrak{R}$ telle que l'on ait $A \subset \Phi(A)$ pour tout $A \in \mathfrak{B}'$; il est clair que $\Phi(\mathfrak{B}')$ est un recouvrement ouvert dénombrable de X contenu dans $\mathfrak{R}$.

(ii) Soit $(V_\lambda)_{\lambda \in L}$ une famille d'ensembles ouverts dans Y formant un recouvrement de $f(X)$. Les ensembles $\overset{-1}{f}(V_\lambda)$ forment alors un recouvrement ouvert de X, et il existe par suite une partie dénombrable J de L telle que les ensembles ouverts $\overset{-1}{f}(V_\lambda)$ pour $\lambda \in J$ forment un recouvrement de X. Mais alors les ensembles V_λ

pour $\lambda \in J$ forment un recouvrement de $f(X)$, ce qui prouve que $f(X)$ est un espace de Lindelöf.

Corollaire. — *Tout espace souslinien, et en particulier tout espace polonais ou lusinien, est un espace de Lindelöf.*

Cela résulte aussitôt de la prop. 1 précédente et de la définition des espaces sousliniens (IX, p. 59, déf. 2), puisqu'un espace polonais admet une base dénombrable.

Proposition 2. — *Tout espace de Lindelöf régulier est paracompact.*

Soient X un espace de Lindelöf régulier, et $\mathfrak{R}$ un recouvrement ouvert de X. Pour tout $x \in X$, soit $U_x \in \mathfrak{R}$ contenant X, et soit V_x un voisinage ouvert de x tel que $\overline{V}_x \subset U_x$. Comme X est un espace de Lindelöf, il existe une suite $(x_n)_{n \geqslant 0}$ de points de X tels que les V_{x_n} forment un recouvrement de X. Posons alors, pour tout entier $n \geqslant 0$, $W_n = U_{x_n} \cap \complement\left(\bigcup_{k<n} \overline{V}_{x_k}\right)$. Les ensembles W_n sont ouverts et forment un recouvrement de X plus fin que $\mathfrak{R}$. D'autre part, ce recouvrement est localement fini, car tout $x \in X$ appartient à un V_{x_i} pour un i au moins; alors V_{x_i} est un voisinage de x, qui ne rencontre aucun ensemble W_n pour $n > i$.

Corollaire. — *Tout espace souslinien régulier est paracompact* (et en particulier *normal* (IX, p. 49, prop. 4) et *a fortiori complètement régulier*).

Proposition 3. — *Soit* X *un espace topologique* (*non nécessairement séparé*). *Les propriétés suivantes sont équivalentes*:

a) *Tout sous-espace ouvert de* X *est un espace de Lindelöf.*

b) *Tout ensemble de fonctions semi-continues inférieurement* (resp. *supérieurement*) *dans* X *contient un sous-ensemble dénombrable qui admet la même enveloppe supérieure* (resp. *inférieure*).

Montrons d'abord que b) entraîne a). Soit U un sous-espace ouvert de X, et soit $(U_\lambda)_{\lambda \in L}$ une famille d'ensembles ouverts dans U (donc dans X) recouvrant U. Les fonctions φ_{U_λ} étant semi-continues inférieurement dans X, il existe une partie dénombrable J de L telle que la famille $(\varphi_{U_\lambda})_{\lambda \in J}$ ait même enveloppe supérieure φ_U que la famille $(\varphi_{U_\lambda})_{\lambda \in L}$. On a par suite $U = \bigcup_{\lambda \in J} U_\lambda$, et U est un espace de Lindelöf.

Prouvons maintenant que a) entraîne b). Soient $\mathscr{F}$ un ensemble de fonctions semi-continues inférieurement dans X, et s l'enveloppe supérieure de $\mathscr{F}$. Soit D une partie dénombrable dense de $\overline{\mathbf{R}}$. Pour toute fonction $f \in \mathscr{F}$ et tout nombre $d \in D$, soit $U_{f,d}$ l'ensemble ouvert des $x \in X$ tels que $f(x) > d$ (IV, p. 29). Par hypothèse, il existe une partie dénombrable $\mathscr{F}'_d$ de $\mathscr{F}$ telle que

$$\bigcup_{f \in \mathscr{F}} U_{f,d} = \bigcup_{f \in \mathscr{F}'_d} U_{f,d}.$$

Posons $\mathscr{F}' = \bigcup_{d \in D} \mathscr{F}'_d$, et désignons par s' l'enveloppe supérieure de $\mathscr{F}'$. On a évidemment $s \geqslant s'$; d'autre part, soit x un point de X, et soit d un élément de D tel que $s(x) > d$; il existe une fonction $f \in \mathscr{F}$ telle que $f(x) > d$; on a donc $x \in U_{f,d}$, et il existe une fonction $f' \in \mathscr{F}'_d$ telle que $x \in U_{f',d}$. Par suite, on a aussi $s'(x) > d$, d'où l'inégalité $s' \geqslant s$, et finalement $s' = s$. Comme $\mathscr{F}'$ est dénombrable, l'assertion est établie pour les fonctions semi-continues inférieurement; le cas des fonctions semi-continues supérieurement s'y ramène par changement de signe.

Corollaire 1. — *Soient* X *un espace souslinien régulier,* H *un ensemble de fonctions numériques continues dans* X, *qui sépare les points de* X (IX, p. 9, déf. 5). *Il existe alors une partie dénombrable* H′ *de* H *qui sépare les points de* X.

En effet, X × X est un espace souslinien (IX, p. 60, prop. 7); il en est de même de tout sous-espace ouvert de X × X (IX, p. 59, prop. 5), qui est donc un espace de Lindelöf (IX, p. 76, corollaire). A toute fonction $h \in H$, associons l'ensemble fermé F_h des couples $(x, y) \in X \times X$ tels que $h(x) = h(y)$. En vertu de la prop. 3, il existe une partie dénombrable H′ de H telle que l'on ait $\bigcap_{h \in H'} F_h = \bigcap_{h \in H} F_h$. Mais par hypothèse le second membre est la diagonale de X × X; il en est donc de même du premier, et par suite H′ sépare les points de X.

Corollaire 2. — *Tout espace compact souslinien est métrisable.*

Soient X un espace compact souslinien, I l'intervalle $[0, 1]$ de $\mathbf{R}$, H l'ensemble des applications continues de X dans I. Comme X est complètement régulier, H sépare les points de X, et le cor. 1 entraîne l'existence d'une suite (f_n) d'éléments de H qui sépare les points de X. Mais alors l'application $x \mapsto (f_n(x))_{n \in \mathbf{N}}$ de X dans $I^{\mathbf{N}}$, continue et injective, est un homéomorphisme de l'espace compact X sur un sous-espace de $I^{\mathbf{N}}$; cela prouve que X est métrisable.

Appendice II

PRODUITS INFINIS DANS LES ALGÈBRES NORMÉES

1. Suites multipliables dans une algèbre normée

Soit A une algèbre normée sur un corps valué commutatif non discret (IX, p. 37, déf. 9) ; nous désignerons par $\|\mathbf{x}\|$ la norme d'un élément $\mathbf{x} \in \mathrm{A}$, nous supposerons en outre que A admet un élément unité $\mathbf{e}$.

Soit $(\mathbf{x}_n)_{n \geqslant \mathrm{N}}$ une suite infinie de points de A; toute partie *finie* J de $\mathbf{N}$, totalement ordonnée par l'ordre de $\mathbf{N}$, définit une *séquence* (A, I, p. 3) $(\mathbf{x}_n)_{n \in \mathrm{J}}$ de points de A; on a défini en Algèbre (A, I, p. 3) *le produit* $\mathbf{p}_\mathrm{J} = \prod_{n \in \mathrm{J}} \mathbf{x}_n$ de cette séquence, que nous appellerons *produit partiel fini* de la suite $(\mathbf{x}_n)_{n \in \mathbf{N}}$, correspondant à la partie finie J de $\mathbf{N}$ (on rappelle que, pour $\mathrm{J} = \varnothing$, on pose $\prod_{n \in \varnothing} \mathbf{x}_n = \mathbf{e}$).

Définition 1. — *On dit que la suite* $(\mathbf{x}_n)_{n \geqslant \mathrm{N}}$ *est multipliable dans l'algèbre normée* A *si l'application* $\mathrm{J} \mapsto \mathbf{p}_\mathrm{J}$ *a une limite suivant le filtre des sections de l'ensemble* $\mathfrak{F}(\mathbf{N})$ *des parties finies de* $\mathbf{N}$, *ordonné par la relation* $\subset$; *cette limite est appelée le produit de la suite* $(\mathbf{x}_n)_{n \in \mathbf{N}}$, *et noté* $\prod_{n \in \mathbf{N}} \mathbf{x}_n$ (ou simplement $\prod_n \mathbf{x}_n$) ; *les* $\mathbf{x}_n$ *sont appelés les facteurs de ce produit.*

La déf. 1 équivaut à la suivante: *la suite* $(\mathbf{x}_n)$ *est multipliable et a pour produit* $\mathbf{p}$ *si, pour tout* $\varepsilon > 0$, *il existe une partie finie* J_0 *de* $\mathbf{N}$ *telle que, pour toute partie finie* $\mathrm{J} \supset \mathrm{J}_0$ *de* $\mathbf{N}$, *on ait* $\|\mathbf{p}_\mathrm{J} - \mathbf{p}\| \leqslant \varepsilon$.

Remarques. — 1) Lorsque A est une algèbre commutative, la déf. 1 est identique à celle qui a été donnée dans III, p. 37 (*Remarque* 3); mais lorsque A n'est pas commutative, la structure d'*ordre* de l'ensemble d'indices $\mathbf{N}$ intervient de façon essentielle dans la déf. 1; si σ est une permutation quelconque de $\mathbf{N}$, rien ne permet d'affirmer en général que la suite $(\mathbf{x}_{\sigma(n)})$ soit multipliable lorsque la suite $(\mathbf{x}_n)$ l'est; en outre, lorsque ces deux suites sont multipliables, leurs produits sont en général différents.

2) La déf. 1 se généralise immédiatement au cas d'une famille $(\mathbf{x}_n)_{n\in I}$ dont l'ensemble d'indices I est une partie de $\mathbf{Z}$ (totalement ordonnée par l'ordre induit par celui de $\mathbf{Z}$); nous laissons au lecteur le soin d'étendre à ce cas les propriétés qui suivent (cf. IX, p. 125, exerc. 1 et 2).

2. Critères de multipliabilité

Nous allons nous borner désormais au cas où l'algèbre normée A est *complète*.

THÉORÈME 1. — *Soit* $(\mathbf{x}_n)_{n\in\mathbf{N}}$ *une suite de points d'une algèbre normée complète* A.

a) Si $(\mathbf{x}_n)$ *est multipliable et a pour produit un élément inversible de* A, *pour tout* $\varepsilon > 0$, *il existe une partie finie* J_0 *de* $\mathbf{N}$ *telle que, pour toute partie finie* L *de* $\mathbf{N}$ *ne rencontrant pas* J_0, *on ait* $\|\mathbf{e} - \mathbf{p}_L\| \leqslant \varepsilon$.

b) Inversement, si la suite $(\mathbf{x}_n)$ *satisfait à cette condition, elle est multipliable. En outre, si chacun des* $\mathbf{x}_n$ *est inversible,* $\prod_{n\in\mathbf{N}} \mathbf{x}_n$ *est inversible.*

a) Soit $\mathbf{p}$ le produit de la suite multipliable $(\mathbf{x}_n)$, et supposons $\mathbf{p}$ inversible dans A; alors (IX, p. 40, prop. 14), il existe $\alpha > 0$ et $a > 0$ tels que, pour tout $\mathbf{y} \in A$ tel que $\|\mathbf{y} - \mathbf{p}\| \leqslant \alpha$, y soit inversible, et $\|\mathbf{y}^{-1}\| \leqslant a$. Par hypothèse, pour tout ε tel que $0 < \varepsilon < \alpha$, il existe une partie finie H_0 de $\mathbf{N}$ telle que, pour toute partie finie H de $\mathbf{N}$ contenant H_0, on ait $\|\mathbf{p}_H - \mathbf{p}\| \leqslant \varepsilon$. Soit $J_0 = [0, m]$ un intervalle de $\mathbf{N}$ contenant H_0; pour toute partie finie L de $\mathbf{N}$ ne rencontrant pas J_0 les entiers appartenant à L sont tous supérieurs à ceux appartenant à H_0; donc, si on pose $H = H_0 \cup L$, on a $\mathbf{p}_H = \mathbf{p}_{H_0}\mathbf{p}_L$. Or, comme $\|\mathbf{p}_{H_0} - \mathbf{p}\| \leqslant \varepsilon \leqslant \alpha$, $\mathbf{p}_{H_0}$ est inversible, et on a $\|\mathbf{e} - \mathbf{p}_{H_0}^{-1}\mathbf{p}\| \leqslant \varepsilon\|\mathbf{p}_{H_0}^{-1}\| \leqslant a\varepsilon$; de la relation $\|\mathbf{p}_{H_0}\mathbf{p}_L - \mathbf{p}\| \leqslant \varepsilon$, on tire $\|\mathbf{p}_L - \mathbf{p}_{H_0}^{-1}\mathbf{p}\| \leqslant \varepsilon\|\mathbf{p}_{H_0}^{-1}\| \leqslant a\varepsilon$ et finalement $\|\mathbf{e} - \mathbf{p}_L\| \leqslant 2a\varepsilon$.

b) Supposons que, pour tout $\varepsilon > 0$, il existe une partie finie J_0 de $\mathbf{N}$ telle que, pour toute partie finie L de $\mathbf{N}$ ne rencontrant pas J_0, on ait $\|\mathbf{e} - \mathbf{p}_L\| \leqslant \varepsilon$. Soit $H_0 = [0, p]$ un intervalle de $\mathbf{N}$ contenant J_0; toute partie finie H de $\mathbf{N}$ contenant H_0 peut s'écrire $H_0 \cup L$, où les entiers appartenant à L sont supérieurs à ceux appartenant à H_0; on a donc $\mathbf{p}_H = \mathbf{p}_{H_0}\mathbf{p}_L$, et comme L ne rencontre pas J_0, $\|\mathbf{p}_H - \mathbf{p}_{H_0}\| \leqslant \varepsilon\|\mathbf{p}_{H_0}\|$, et par suite $\|\mathbf{p}_H\| \leqslant (1 + \varepsilon)\|\mathbf{p}_{H_0}\|$. Si $\mathbf{p}_{H_0} = 0$, la suite $(\mathbf{x}_n)$ est évidemment multipliable et a pour produit 0; en écartant ce cas trivial, il existe un intervalle $H_1 = [0, q]$, contenant H_0 et tel que, pour toute partie finie L de $\mathbf{N}$ ne rencontrant pas H_1, on ait $\|\mathbf{e} - \mathbf{p}_L\| \leqslant \varepsilon(\|\mathbf{p}_{H_0}\|)^{-1}$. On en déduit comme ci-dessus que, pour toute partie finie $H \supset H_1$

$$\|\mathbf{p}_H - \mathbf{p}_{H_1}\| \leqslant (\|\mathbf{p}_{H_0}\|)^{-1}\|\mathbf{p}_{H_1}\|\varepsilon \leqslant \varepsilon(1 + \varepsilon).$$

Le critère de Cauchy montre donc que $J \mapsto \mathbf{p}_J$ a une limite dans A suivant l'ensemble filtrant $\mathfrak{F}(\mathbf{N})$.

Si tous les $\mathbf{x}_n$ sont inversibles, il en est de même de tous les produits partiels finis $\mathbf{p}_J$; pour toute partie finie H contenant H_0, on peut donc écrire

$$\|\mathbf{e} - \mathbf{p}_{H_0}^{-1}\mathbf{p}_H\| \leqslant \varepsilon;$$

cela montre que, dans le groupe multiplicatif G des éléments inversibles de A, l'image par l'application $J \mapsto \mathbf{p}_J$ du filtre des sections de $\mathfrak{F}(\mathbf{N})$ est une base de filtre de Cauchy pour la structure uniforme gauche du groupe G; mais comme G est *complet* (IX, p. 40, prop. 14), la limite de l'application $J \mapsto \mathbf{p}_J$ appartient à G.

Remarque. — Lorsque $(\mathbf{x}_n)$ est multipliable et a un produit non inversible, la condition du th. 1 n'est plus nécessairement vérifiée; par exemple, si tous les $\mathbf{x}_n$ sont égaux à un même élément $\mathbf{x}$ tel que $\|\mathbf{x}\| < 1$, la suite $(\mathbf{x}_n)$ est multipliable et a pour produit 0, et pour toute partie finie non vide H de $\mathbf{N}$, on a $\|\mathbf{p}_H\| \leqslant \|\mathbf{x}\| < 1 \leqslant \|\mathbf{e}\|$.

COROLLAIRE 1. — *Si* $(\mathbf{x}_n)$ *est une suite multipliable dont le produit est inversible dans* A, $\lim_{n\to\infty} \mathbf{x}_n = \mathbf{e}$.

COROLLAIRE 2. — *Si* $(\mathbf{x}_n)$ *est une suite multipliable dont le produit est inversible dans* A, *toute suite* $(\mathbf{x}_{n_k})_{k\in\mathbf{N}}$ *extraite de* $(\mathbf{x}_n)$ ((n_k) étant une suite strictement croissante d'entiers) *est multipliable.*

C'est ce que montre aussitôt le critère du th. 1 (IX, p. 79).

THÉORÈME 2. — *Soit* A *une algèbre normée complète; si* $(\mathbf{u}_n)$ *est une série absolument convergente de points de* A, *la suite* $(\mathbf{e} + \mathbf{u}_n)$ *est multipliable dans* A; *en outre, si tous les éléments* $\mathbf{e} + \mathbf{u}_n$ *sont inversibles dans* A, *il en est de même de* $\prod_{n\in\mathbf{N}} (\mathbf{e} + \mathbf{u}_n)$.

Appliquons le critère de IX, p. 79, th. 1; pour toute partie finie L de $\mathbf{N}$, on a $\mathbf{p}_L = \mathbf{e} - \prod_{n\in L} (\mathbf{e} + \mathbf{u}_n) - \mathbf{e} = \sum_M \left(\prod_{n\in M} \mathbf{u}_n\right)$, M parcourant l'ensemble des parties non vides de L (totalement ordonnées par l'ordre induit). Comme $\left\|\prod_{n\in M} \mathbf{u}_n\right\| \leqslant \prod_{n\in M} \|\mathbf{u}_n\|$, on peut écrire

$$\|\mathbf{p}_L - \mathbf{e}\| \leqslant \sum_M \left(\prod_{n\in M} \|\mathbf{u}_n\|\right) = \prod_{n\in L} (1 + \|\mathbf{u}_n\|) - 1.$$

Or, comme la série de terme général $\|\mathbf{u}_n\|$ est convergente par hypothèse, la suite $(1 + \|\mathbf{u}_n\|)$ est multipliable dans $\mathbf{R}_+^*$ (IV, p. 35, th. 4); pour tout $\varepsilon > 0$, il existe donc une partie finie J_0 de $\mathbf{N}$ telle que, pour toute partie finie L de $\mathbf{N}$ ne rencontrant pas J_0, on ait $\left|\prod_{n\in L} (1 + \|\mathbf{u}_n\|) - 1\right| \leqslant \varepsilon$; d'où le théorème.

COROLLAIRE. — *Si la série de terme générale* $\mathbf{u}_n$ *est absolument convergente, et si aucun des éléments* $\mathbf{e} + \mathbf{u}_n$ *n'est diviseur de* 0 *dans* A, *le produit* $\prod_{n\in\mathbf{N}} (\mathbf{e} + \mathbf{u}_n)$ *n'est pas diviseur de* 0 *dans* A.

En effet, il n'y a qu'un nombre fini d'entiers n tels que $\|\mathbf{u}_n\| > 1$. Soit $J = [0, m]$ un intervalle de $\mathbf{N}$ contenant tous ces entiers. Le produit de la suite $(\mathbf{e} + \mathbf{u}_n)$ est produit de $\mathbf{p}_J$ et de l'élément $\prod_{n>m} (\mathbf{e} + \mathbf{u}_n)$, dont tous les facteurs sont inversibles (IX, p. 39, corollaire), et qui est par suite inversible lui-même; comme $\mathbf{p}_J$ est produit d'un nombre fini d'éléments non diviseurs de 0, il n'est pas diviseur de 0, et il en est de même de $\prod_{n\in\mathbf{N}} (\mathbf{e} + \mathbf{u}_n)$.

La condition *suffisante* de multipliabilité donnée dans le th. 2 n'est pas nécessaire en général (cf. IX, p. 126, exerc. 6). Elle l'est toutefois dans le cas important où A est une algèbre de rang *fini* sur le corps $\mathbf{R}$ (en particulier lorsque A est le corps des quaternions $\mathbf{K}$, ou une algèbre de matrices $\mathbf{M}_n(\mathbf{R})$) :

PROPOSITION 1. — *Soit* A *une algèbre normée de rang fini sur* $\mathbf{R}$. *Si* $(\mathbf{e} + \mathbf{u}_n)$ *est une suite multipliable dans* A, *dont le produit est inversible, la série de terme générale* $\mathbf{u}_n$ *est absolument convergente.*

On sait (VII, p. 16, prop. 2) qu'il existe un nombre $c > 0$ tel que, pour toute famille finie $(\mathbf{x}_\iota)_{\iota\in I}$ de points de A, on ait

$$\sum_{\iota\in I} \|\mathbf{x}_\iota\| \leqslant c \cdot \sup_{J\subset I} \Big\|\sum_{\iota\in J} \mathbf{x}_\iota\Big\|. \tag{1}$$

Soit $(\mathbf{a}_n)_{n\in\mathbf{N}}$ une suite quelconque d'éléments de A. Pour toute partie finie I de $\mathbf{N}$, posons

$$\mathbf{p}_I = \prod_{\iota\in I} (\mathbf{e} + \mathbf{a}_\iota) \qquad \mathbf{s}_I = \sum_{\iota\in I} \mathbf{a}_\iota, \qquad \sigma_I = \sum_{\iota\in I} \|\mathbf{a}_\iota\|.$$

Lemme 1. — *Pour toute partie finie* I *de* $\mathbf{N}$, *soit* $\varphi(I) = \sup_{I\subset J} \|\mathbf{p}_J - \mathbf{e}\|$. *Pour toute partie* J *de* I, *on a*

$$\|\mathbf{p}_J - \mathbf{e} - \mathbf{s}_J\| \leqslant \varphi(I)\sigma_J. \tag{2}$$

Le lemme est évident si J est vide; démontrons-le par récurrence sur le nombre d'éléments de J. Soit $J = K \cup \{j\}$, où j est strictement supérieur à tous les éléments de K; alors $\mathbf{p}_J = \mathbf{p}_K(\mathbf{e} + \mathbf{a}_j)$ et $\mathbf{s}_J = \mathbf{s}_K + \mathbf{a}_j$, d'où

$$\mathbf{p}_J - \mathbf{e} - \mathbf{s}_J = (\mathbf{p}_K - \mathbf{e} - \mathbf{s}_K) + (\mathbf{p}_K - \mathbf{e})\mathbf{a}_j$$

et, en vertu de l'hypothèse de récurrence et de la définition de $\varphi(I)$

$$\|\mathbf{p}_J - \mathbf{e} - \mathbf{s}_J\| \leqslant \varphi(I)\sigma_K + \varphi(I)\|\mathbf{a}_j\| = \varphi(I)\sigma_J$$

ce qui démontre le lemme.

Lemme 2. — *Si* I *est une partie finie de* $\mathbf{N}$ *telle que* $\varphi(I) < 1/c$, *on a* $\sigma_I \leqslant \dfrac{c\varphi(I)}{1 - c\varphi(I)}$.

En effet, comme $\sigma_J \leqslant \sigma_I$ pour toute partie J de I, on a, après (2),

$$\|\mathbf{s}_J\| \leqslant \varphi(I)\sigma_I + \|\mathbf{p}_J - \mathbf{e}\| \leqslant (1 + \sigma_I)\varphi(I);$$

comme, en vertu de (1), on a $\sigma_{\mathrm{I}} \leqslant c \cdot \sup_{\mathrm{J} \subset \mathrm{I}} \|\mathbf{s}_{\mathrm{J}}\|$, on en déduit $\sigma_{\mathrm{I}} \leqslant c\varphi(\mathrm{I})(1 + \sigma_{\mathrm{I}})$, d'où le lemme.

Cela étant, soit $(\mathbf{e} + \mathbf{u}_n)$ une suite multipliable dans A, dont le produit est inversible; d'après le th. 1 (IX, p. 79), il existe une partie finie J_0 de $\mathbf{N}$ telle que, pour toute partie finie H de $\mathbf{N}$ ne rencontrant pas J_0, on ait

$$\Big\|\prod_{\iota \in \mathrm{H}} (\mathbf{e} + \mathbf{u}_\iota) - \mathbf{e}\Big\| \leqslant 1/2c.$$

D'après le lemme 2, on ne déduit $\sum_{\iota \in \mathrm{H}} \|\mathbf{u}_\iota\| \leqslant 1$ pour toute partie finie H de $\mathbf{N}$ ne rencontrant pas J_0, ce qui entraîne que la famille $(\|\mathbf{u}_n\|)$ est sommable dans $\mathbf{R}$ (IV, p. 32, th. 1).

3. Produits infinis

A toute suite $(\mathbf{x}_n)$ de points d'une algèbre normée A, faisons correspondre la suite des *produits partiels* $\mathbf{p}_n = \prod_{n=0}^{k} \mathbf{x}_k$; on appelle *produit infini* de facteur général $\mathbf{x}_n$, le *couple* des suites $(\mathbf{x}_n)$ et $(\mathbf{p}_n)$. Le produit infini de facteur général $\mathbf{x}_n$ est dit *convergent* si la suite $(\mathbf{p}_n)$ est convergente dans A; la limite de cette suite s'appelle alors le *produit* de la suite $(\mathbf{x}_n)$, et se note $\mathop{\mathsf{P}}_{n=0}^{\infty} \mathbf{x}_n$.

Proposition 2. — *Soit $(\mathbf{x}_n)$ une suite de points d'une algèbre normée complète* A.

a) *Si le produit infini de facteur général $\mathbf{x}_n$ est convergent et si $\mathop{\mathsf{P}}_{n=0}^{\infty} \mathbf{x}_n$ est inversible, pour tout $\varepsilon > 0$, il existe n_0 tel que, pour $n_0 \leqslant m \leqslant n$, on ait* $\Big\|\prod_{k=m}^{n} \mathbf{x}_k - \mathbf{e}\Big\| \leqslant \varepsilon$.

b) *Inversement, si la suite $(\mathbf{x}_n)$ satisfait à cette condition, le produit infini de facteur général $\mathbf{x}_n$ est convergent; en outre, si chacun des $\mathbf{x}_n$ est inversible, $\mathop{\mathsf{P}}_{n=0}^{\infty} \mathbf{x}_n$ est inversible.*

Nous laissons au lecteur le développement de la démonstration de cette proposition, qui est calquée pas à pas sur celle du th. 1 de IX, p. 79 (les parties finies L de $\mathbf{N}$ qui figurent dans cette dernière devant simplement être remplacées par des intervalles).

Corollaire 1. — *Si le produit infini de facteur général $\mathbf{x}_n$ est convergent, et si $\mathop{\mathsf{P}}_{n=0}^{\infty} \mathbf{x}_n$ est inversible,* $\lim_{n\to\infty} \mathbf{x}_n = \mathbf{e}$.

Corollaire 2. — *Si le produit infini de facteur général $\mathbf{x}_n$ est convergent, et si $\mathop{\mathsf{P}}_{n=0}^{\infty} \mathbf{x}_n$ est inversible, le produit infini de facteur général $\mathbf{y}_n = \mathbf{x}_{n+h}$ $(n \geqslant 0)$ est convergent.*

Le produit de la suite $(\mathbf{y}_n)$ se note $\mathop{\mathsf{P}}_{n=h}^{\infty} \mathbf{x}_n$, et s'appelle encore le *reste* d'indice h du produit infini de facteur général $\mathbf{x}_n$.

En supposant toujours que $\mathop{\mathsf{P}}\limits_{n=0}^{\infty} \mathbf{x}_n$ est inversible, on déduit encore de la prop. 2 (IX, p. 82) que, si $(\mathbf{z}_n)$ est une suite telle que $\mathbf{z}_n = \mathbf{x}_n$ sauf pour un nombre fini d'indices, le produit de facteur général $\mathbf{z}_n$ est convergent.

PROPOSITION 3. — *Soit* (k_n) *une suite strictement croissante d'entiers* $\geqslant 0$ $(k_0 = 0)$: *si le produit infini de facteur général* $\mathbf{x}_n$ *converge, et si on pose* $\mathbf{u}_n = \prod\limits_{p=k_n}^{k_{n+1}-1} \mathbf{x}_n$, *le produit infini de facteur général* $\mathbf{u}_n$ *est convergent, et on a* $\mathop{\mathsf{P}}\limits_{n=0}^{\infty} \mathbf{u}_n = \mathop{\mathsf{P}}\limits_{n=0}^{\infty} \mathbf{x}_n$.

En effet, la suite des produits partiels de la suite (u_n) est extraite de la suite des produits partiels de la suite $(\mathbf{x}_n)$.

Enfin, par le même raisonnement que pour les groupes commutatifs (III, p. 44), on voit que si, dans une algèbre normée A, une suite $(\mathbf{x}_n)$ est *multipliable*, le produit de facteur général $\mathbf{x}_n$ est convergent, et on a $\mathop{\mathsf{P}}\limits_{n=0}^{\infty} \mathbf{x}_n = \prod\limits_{n \in \mathbf{N}} \mathbf{x}_n$ (qu'on écrit aussi $\prod\limits_{n=0}^{\infty} \mathbf{x}_n$); la réciproque est bien entendu inexacte (cf. IX, p. 126, exerc. 7).

Exercices

§ 1

1) Pour qu'une fonction numérique positive f, définie dans $X \times X$, soit un écart sur X, il faut et il suffit que $f(x, x) = 0$ pour tout $x \in X$, et

$$f(x, y) \leqslant f(x, z) + f(y, z)$$

quels que soient x, y, z dans X.

2) Soit f une application de $X \times X$ dans $[0, +\infty]$; pour que la famille des ensembles $\overset{-1}{f}([0, a])$, où a parcourt l'ensemble des nombres >0, constitue un système fondamental d'entourages d'une structure uniforme sur X, il faut et il suffit que f satisfasse aux conditions suivantes: *a*) quel que soit $x \in X$, $f(x, x) = 0$; *b*) quel que soit $a > 0$, il existe $b > 0$ tel que la relation $f(x, y) \leqslant b$ entraîne $f(y, x) \leqslant a$; *c*) quel que soit $a > 0$, il existe $c > 0$ tel que les relations $f(x, z) \leqslant c$ et $f(z, y) \leqslant c$ entraînent $f(x, y) \leqslant a$.

Les conditions *b*) et *c*) sont en particulier remplies s'il existe une application φ de $P = [0, +\infty]$ dans lui-même, continue et nulle au point 0, et une application ψ de $P \times P$ dans P, continue et nulle au point (0, 0), telles que l'on ait identiquement.

$$f(y, x) \leqslant \varphi(f(x, y)) \quad \text{et} \quad f(x, y) \leqslant \psi(f(x, z), f(z, y)).$$

3) Soient X un espace topologique, $\mathscr{T}$ sa topologie, (f_ι) une famille *saturée* (IX, p. 4) d'écarts sur X, $\mathscr{U}$ la structure uniforme définie par la famille (f_ι).

a) Pour que la topologie déduite de $\mathscr{U}$ soit *moins fine* que $\mathscr{T}$, il faut et il suffit que les f_ι soient continues dans $X \times X$ (pour la topologie produit de $\mathscr{T}$ par elle-même).

b) Pour que la topologie déduite de $\mathscr{U}$ soit *plus fine* que $\mathscr{T}$, il faut et il suffit que, pour tout $x_0 \in X$ et tout voisinage V de x_0 (pour $\mathscr{T}$), il existe un indice ι et un nombre $a > 0$ tels que, pour tout $x \in \complement V$, on ait $f_\iota(x_0, x) \geqslant a$.

4) Soient X un espace topologique, K une partie compacte de X, f une application continue de $X \times K$ dans $\mathbf{R}$. Montrer que la fonction

$$g(x_1, x_2) = \sup_{y \in K} |f(x_1, y) - f(x_2, y)|$$

est un écart continu sur X, et que la fonction $h(x) = \inf_{y \in K} f(x, y)$ est continue dans K.

5) Soient X un espace uniformisable, K une partie quasi-compacte de X, V un voisinage de K dans X. Montrer qu'il existe une application continue de X dans $[0, 1]$, égale à 1 dans K et à 0 dans $\complement$ V.

6) *a*) Soient X un espace uniformisable, R une relation d'équivalence dans X telle que l'application canonique $p\colon X \to X/R$ soit propre (I, p. 72). Montrer que X/R est uniformisable (cf. exerc. 5).

b) Dans un espace uniformisable X, soit $R\{x, y\}$ la relation $y \in \overline{\{x\}}$. Montrer que R est une relation d'équivalence et que l'espace de Kolmogoroff universel correspondant à X (I, p. 104, exerc. 27) est l'espace quotient X/R. Déduire de *a*) que X/R est complètement régulier.

7) Sur un espace topologique X, on dit qu'un filtre $\mathfrak{F}$ est *régulier* s'il existe une base de $\mathfrak{F}$ formée d'ensembles ouverts et une base de F formée d'ensembles fermés.

a) On dit qu'un espace régulier X est *régulièrement clos* si, pour tout homéomorphisme f de X sur un sous-espace d'un espace régulier X', $f(X)$ est fermé dans X'. Montrer que, pour que X soit régulièrement clos, il faut et il suffit que tout filtre régulier sur X ait au moins un point adhérent. Un espace complètement régulier et régulièrement clos est compact.

b) On dit qu'un espace régulier X est *infrarégulier* (et que sa topologie $\mathscr{T}$ est *infrarégulière*) si toute topologie sur X, régulière et moins fine que $\mathscr{T}$, est nécessairement identique à $\mathscr{T}$. Montrer que, pour qu'un espace régulier X soit infrarégulier, il faut et il suffit que tout filtre régulier sur X, ayant au plus un point adhérent, soit convergent. Il revient au même de dire que X est régulièrement clos et que toute base de filtre sur X, ayant un seul point adhérent, est convergente vers ce point.

¶8) Soient $\omega_0 = \omega$, ω_1 les deux premiers ordinaux infinis sans prédécesseurs (E, III, p. 77, exerc. 14). On munit l'intervalle $J = [0, \omega_1]$ de la topologie $\mathscr{T}_-(J)$ et l'intervalle $I = [0, \omega_0]$ de la topologie $\mathscr{T}_-(I)$, obtenant ainsi des espaces compacts (I, p. 105, exerc. 2). Dans l'espace compact $I \times J$, soit P le sous-espace ouvert (localement compact et non compact) complémentaire du point (ω_0, ω_1) (« *planche de Tychonoff* »).

a) Dans P, pour tout entier $n \geqslant 0$, on note I_n l'ensemble $[n, \omega_0[\times \{\omega_1\}$ et pour tout ordinal $\alpha < \omega_1$, on note J_α l'ensemble $\{\omega_0\} \times [\alpha, \omega_1[$. Montrer que si un ensemble ouvert G dans P contient I_n, il existe un $\alpha < \omega_1$ tel que $J_\alpha \subset \overline{G}$, et que si G contient J_α, il existe un entier n tel que $I_n \subset \overline{G}$ (Cf. I p. 106, exerc. 12b)); $_*$en particulier P n'est pas normal (IX, p. 41)$_*$. Si G contient à la fois un I_n et un J_α, son complémentaire dans P est compact.

b) Dans l'espace produit $\mathbf{N} \times P$, on considère la relation d'équivalence R dont les classes d'équivalence sont: 1° les ensembles $\{(k, (n, \alpha))\}$ réduits à un point pour $n < \omega_0$, $\alpha < \omega_1$ et les ensembles $\{(0, (\omega_0, \alpha))\}$ réduits à un point pour $\alpha < \omega_1$; 2° les ensembles

$$\{(2k, (n, \omega_1)), (2k + 1, (n, \omega_1))\}$$

de deux points, pour $n < \omega_0$; 3° les ensembles $\{(2k + 1, (\omega_0, \alpha)), (2k + 2, (\omega_0, \alpha))\}$ de deux points, pour $\alpha < \omega_1$. Soit Q l'espace quotient $(\mathbf{N} \times P)/R$. On note P_k l'image de $\{k\} \times P$ dans Q, $I_{n,k}$ et $J_{\alpha,k}$ les images de $\{k\} \times I_n$ et $\{k\} \times J_\alpha$ dans Q; on a par définition $I_{n,2k} = I_{n,2k+1}$, et $J_{\alpha,2k+1} = J_{\alpha,2k+2}$. On considère enfin l'ensemble S somme de Q et d'un élément ξ; on définit sur S une topologie séparée en prenant pour système fondamental de voisinages d'un point de Q l'ensemble de ses voisinages dans Q, et pour système fondamental de voisinages de ξ l'ensemble des complémentaires dans S des ensembles $Q_n = \bigcup_{1 \leqslant k \leqslant n} P_k$ (« *escalier de Tychonoff* »). Montrer que S est un espace régulier non compact.

c) Soit $(G_i)_{0 \leqslant i \leqslant 2N}$ une suite finie croissante de parties ouvertes de S telle que, pour $0 \leqslant i \leqslant 2N - 1$, on ait $\overline{G}_i \subset G_{i+1}$. Montrer que si $G_0 \supset P_{2N}$, $S - G_{2N}$ est compact (utiliser *a*)).

d) Montrer que S est un espace *infrarégulier* (exerc. 7), donc non complètement régulier puisqu'il est non compact. (Appliquer le critère de l'exerc. 7 en utilisant *c*) pour montrer qu'un filtre régulier $\mathfrak{F}$ non convergent sur S a au moins deux points adhérents; on distinguera deux cas suivant que ξ est ou non adhérent à $\mathfrak{F}$.)

9) Si un espace topologique X est tel que chaque point de X admette un voisinage *fermé* dans X qui soit un sous-espace uniformisable, montrer que X est uniformisable.

10) Soit X un espace uniformisable; montrer que la famille de *tous* les écarts sur X qui sont *continus* dans X × X, définit sur X une structure uniforme compatible avec la topologie de X (IX, p. 84, exerc. 3). Cette structure uniforme $\mathscr{U}_\omega$ (dite structure uniforme *universelle* sur X) et la plus fine de toutes les structures uniformes compatibles avec la topologie de X. Si Y est un espace uniforme, f une application continue de X dans Y, f est uniformément continue lorsqu'on munit X de sa structure universelle, et cette propriété caractérise uniquement $\mathscr{U}_\omega$ parmi toutes les structures uniformes compatibles avec la topologie de X. S'il existe une structure uniforme $\mathscr{U}$ compatible avec la topologie de X et telle que, muni de $\mathscr{U}$, X soit un espace uniforme complet, montrer que pour toute structure uniforme $\mathscr{U}'$ plus fine que $\mathscr{U}$ et moins fine que $\mathscr{U}_\omega$, l'espace X, muni de $\mathscr{U}'$, est aussi un espace complet (remarquer que les filtres de Cauchy sont les mêmes pour $\mathscr{U}$ et pour $\mathscr{U}'$).

11) *a*) Soient X un espace complètement régulier, $\mathscr{U}$ une structure uniforme compatible avec la topologie de X. Soit $\mathscr{U}^*$ la structure uniforme la moins fine sur X rendant uniformément continues toutes les applications de X dans $[0, 1]$ qui sont uniformément continues quand on munit X de la structure $\mathscr{U}$. Montrer que la structure uniforme $\mathscr{U}^*$ est séparée et compatible avec la topologie de X, et que X, muni de cette structure uniforme, est *précompact*.

b) Soit Y un espace compact quelconque; montrer que toute application f de X dans Y, qui est uniformément continue lorsqu'on munit X de la structure uniforme $\mathscr{U}$, est encore uniformément continue lorsqu'on munit X de la structure $\mathscr{U}^*$ (utiliser IX, p. 9, prop. 5). En déduire que, sur X, la structure uniforme $\mathscr{U}^*$ est la plus fine des structures uniformes moins fines que $\mathscr{U}$ et pour lesquelles X est précompact.

12) *a*) Soient X un espace localement compact, Φ l'ensemble des applications continues de X dans $[0, 1]$, à support compact (IX, p. 46, déf. 2). Soit $\mathscr{U}_\alpha$ la structure uniforme la moins fine sur X rendant uniformément continues toutes les fonctions de Φ; montrer que la structure $\mathscr{U}_\alpha$ est compatible avec la topologie de X, que le complété $\hat{X}$ de X pour cette structure est compact, et que le complémentaire de X dans $\hat{X}$ est vide ou réduit à un point (montrer que si X n'est pas compact le filtre des complémentaires des ensembles relativement compacts dans X est un filtre de Cauchy pour $\mathscr{U}_\alpha$).

b) Montrer que la structure uniforme $\mathscr{U}_\alpha$ est *la moins fine* des structures uniformes compatibles avec la topologie de X.

c) Inversement, soit X un espace complètement régulier tel que, dans l'ensemble des structures uniformes compatibles avec la topologie de X, il existe une structure $\mathscr{U}_\alpha$ moins fine que toutes les autres. Montrer que X est localement compact (en utilisant l'exerc. 11, montrer que X, muni de $\mathscr{U}_\alpha$, est précompact; puis faire voir que le complémentaire de X dans son complété pour la structure $\mathscr{U}_\alpha$ ne peut avoir plus d'un point).

d) On suppose que X est localement compact et dénombrable à l'infini, donc (I, p. 68, prop. 15) réunion d'une suite croissante (U_n) d'ensembles ouverts relativement compacts telle que $\overline{U}_n \subset U_{n+1}$. Montrer qu'il existe une fonction numérique f continue dans X, telle que $f(x) \leqslant n$ pour $x \in \overline{U}_n$ et $f(x) \geqslant n$ pour $x \notin \overline{U}_n$ (cf. IX, p. 102, exerc. 6). Soit $\mathscr{U}$ la structure uniforme la moins fine sur X rendant uniformément continues toutes les fonctions de Φ et la fonction f; montrer que cette structure est compatible avec la topologie de X et qu'il existe un entourage V de $\mathscr{U}$ tel que, pour tout $x \in X$, $V(x)$ soit relativement compact dans X (II, p. 37, exerc. 9).

13) *a*) Soit X un espace complètement régulier, $\mathscr{U}_\omega$ sa structure uniforme universelle (IX, p. 86, exerc. 10); montrer que la structure $\mathscr{U}_\omega^*$ (IX, p. 86, exerc. 11) est la structure uniforme induite sur X par celle de son compactifié de Stone-Čech βX (IX, p. 10).

b) Montrer que l'espace compact $\tilde{X}$ défini dans I, p. 110, exerc. 26, est canoniquement isomorphe à βX.

c) Avec les notations de I, p. 109, exerc. 25, montrer qu'il existe une application continue surjective et une seule $X' \to \beta X$ qui se réduit à l'identité dans X.

d) On suppose que les ensembles à la fois ouverts et fermés forment une base de la topologie de X; alors l'espace compact $\hat{X}$ défini dans II, p. 38, exerc. 12 *b*), est canoniquement homéomorphe à $\tilde{X}$ et à βX.

e) Déduire que *d*) que si X est la planche de Tychonoff (IX, p. 65, exerc. 8), βX s'identifie à l'espace compact $I \times J$, $\beta X - X$ étant donc réduit à un seul point. Montrer les applications surjectives canoniques $X' \to \beta X$ et $X'' \to \beta X$ ne sont alors pas bijectives, et par suite X″ n'est pas séparé (pour voir que $X' \to \beta X$ n'est pas bijective, observer qu'il existe sur **N** une infinité d'ultrafiltres non triviaux).

14) *a*) Soient X un espace complètement régulier, *f* un *homéomorphisme* de X sur un sous-espace partout dense Y d'un espace compact K, et soit $\bar{f}: \beta X \to K$ l'application continue prolongeant *f*; montrer que l'on a $\bar{f}(\beta X - X) = K - Y$. (Raisonner par l'absurde en montrant plus généralement que si l'homéomorphisme *f* est restriction d'une application continue $g: K' \to K$, X étant dense dans K′, on doit avoir $g(K' - X) = K - Y$; si $a \in K' - X$ et $b \in X$ étaient tels que $g(a) = g(b)$, considérer l'image réciproque par *g* de la trace sur Y d'un système fondamental de voisinage de $g(a) = g(b)$ dans K).

b) Déduire de *a*) que pour qu'un espace complètement régulier X soit ouvert dans son compactifié de Stone-Čech βX, il faut et il suffit que X soit localement compact.

15) Soit X un espace complètement régulier. On dit que deux ensembles fermés A, B dans X sont *normalement séparés* s'il existe une application continue *f* de X dans $[0, 1]$ telle que $f(x) = 0$ dans A et $f(x) = 1$ dans B.

a) Montrer que, pour que A et B soient normalement séparés, il faut et il suffit que leurs adhérences dans βX soient sans point commun (utiliser IX, p. 85, exerc. 5).

b) Soient *h* un homéomorphisme de X sur une partie partout dense Y d'un espace compact K, $\bar{h}$ l'application continue de βX sur K qui prolonge *h*. On suppose que pour tout couple de parties fermées A, B de X, normalement séparées, les adhérences de $h(A)$ et $h(B)$ dans K soient sans point commun. Montrer que $\bar{h}$ est un homéomorphisme de βX sur K. (Prouver que $\bar{h}$ est injectif: si *a*, *b* sont deux points distincts de βX tels que $\bar{h}(a) = \bar{h}(b)$, considérer une application continue *f* de βX dans $[0, 1]$ telle que $f(a) = 0$ et $f(b) = 1$, et les ensembles de points $x \in X$ où l'on a respectivement $f(x) \leqslant \frac{1}{3}$ et $f(x) \geqslant \frac{2}{3}$.)

c) Soit X un espace complètement régulier, A une partie quelconque de $\beta X - X$. Montrer que l'application canonique $\beta(\beta X - A) \to \beta X$ est un homéomorphisme.

¶16) Soit X un espace complètement régulier. Montrer que, pour qu'un ensemble ouvert U de βX soit connexe, il faut et il suffit que $U \cap X$ soit connexe. (Supposant $U \cap X$ non connexe, réunion de deux ouverts disjoints non vides V_1, V_2 de X, considérer les adhérences V_1^β, V_2^β de V_1 et V_2 dans βX. Montrer par l'absurde que $U \cap V_1^\beta \cap V_2^\beta = \varnothing$. Pour cela, considérer un point *a* de cet ensemble et une application continue *f* de βX dans $[0, 1]$, égale à 0 au point *a*, à 1 dans $\beta X - U$; puis définir la fonction *g* dans X comme égale à $f(x)$ sauf aux points $x \in V_2$ tels que $f(x) \leqslant \frac{1}{2}$, et prendre $g(x) = \frac{1}{2}$ en ces points).

¶17) Soient X un espace complètement régulier, *f* une fonction numérique finie, continue dans βX, telle que $f(x) > 0$ dans X et que l'ensemble $\overset{-1}{f}(0) \subset \beta X - X$ ne soit pas vide; il y a alors une suite (a_n) de points de X telle que la suite des nombres $\lambda_n = f(a_n) > 0$ soit strictement décroissante et tende vers 0. Soit A l'ensemble des valeurs d'adhérence de (a_n) dans βX. Pour tout entier $n \geqslant 0$, soit I_n un intervalle ouvert de centre λ_n dans $\mathbf{R}_+^*$ tels que les intervalles fermés $\bar{I}_n$ soient deux à deux disjoints, et soit $M_n = \overset{-1}{f}(I_n) \cap X$. Pour toute partie H de **N**, soit M_H la réunion des M_n tels que $n \in H$; pour tout filtre $\mathfrak{F}$ sur **N**, plus fin que le filtre de Fréchet, soit $\mathfrak{F}'$ le filtre sur X ayant pour base les M_H, où H parcourt $\mathfrak{F}$. Montrer que si $\mathfrak{F}_1$, $\mathfrak{F}_2$ sont deux ultrafiltres distincts sur **N**, plus fins que le filtre de Fréchet, les filtres correspondants sur X ne peuvent avoir de point adhérent commun (si $H_1 \in \mathfrak{F}_1$, $H_2 \in \mathfrak{F}_2$ sont disjoints, montrer qu'il existe sur X une fonction continue égale à 0 dans M_{H_1} et à 1 dans M_{H_2}). En déduire que l'on a Card (A) $\geqslant 2^{2^{\aleph_0}}$ (cf. I, p. 101, exerc. 6 *a*)).

¶18) Soit X un espace infini *discret*.

a) Montrer que Card (βX) $= 2^{2^{\mathrm{Card}(X)}}$ (I, p. 101, exerc. 6 *a*)).

b) Montrer que si A est une partie infinie fermée de βX, on a Card (A) $\geqslant 2^{2^{\aleph_0}}$. (Prouver d'abord qu'il existe une suite infinie (a_n) de points de A et pour chaque n un voisinage V_n de a_n dans βX, les V_n étant deux à deux disjoints; en déduire que toute fonction numérique bornée définie dans l'ensemble D des a_n se prolonge en une fonction continue dans βX, en considérant dans X la fonction égale à $f(a_n)$ en tout point de $X \cap V_n$. En conclure que $\overline{D} \subset A$ est homéomorphe à βD (cf. IX, p. 106, exerc. 23*b*)).

19) Soit X un espace complètement régulier.

a) Soit A une partie de X, réunion d'une suite (F_n) d'ensembles fermés, et soit $x \notin A$. Montrer qu'il existe une fonction numérique finie $f \geqslant 0$, continue dans X, telle que $f(x) = 0$ et $f(y) > 0$ pour tout $y \in A$ (prendre f comme somme d'une série convergente convenable de fonctions continues).

b) Soit a un point de X; pour qu'il existe une fonction $f \geqslant 0$ continue dans X et telle que $f(a) = 0, f(x) > 0$ pour tout $x \neq a$, il faut et il suffit qu'il existe une suite (V_n) de voisinages de a dont l'intersection est réduite à a.

c) On suppose que tout point de X admet un système fondamental dénombrable de voisinages. Montrer que dans βX, X est égal à l'ensemble des points admettant un système fondamental dénombrable de voisinages (utiliser *b*) et l'exerc. 17). Soit Y un second espace complètement régulier dont tous les points admettent un système fondamental dénombrable de voisinages; montrer que si les compactifiés de Stone-Čech βX et βY sont homéomorphes, X et Y sont homéomorphes.

¶20) *a*) Soit X un espace topologique. Montrer que les deux propriétés suivantes sont équivalentes:

α) toute fonction numérique finie continue dans X est bornée;

β) toute fonction numérique continue et bornée dans X atteint ses bornes.

On dit que X est un espace *weierstrassien* s'il possède ces propriétés. Si X est weierstrassien, pour toute application continue f de X dans un espace topologique Y, le sous-espace $f(X)$ de Y est weierstrassien.

b) Dans un espace topologique X, on considère les deux propriétés suivantes:

γ) pour tout recouvrement ouvert dénombrable (U_n) de X, X est réunion d'un nombre fini des $\overline{U}_n$;

δ) toute base de filtre dénombrable sur X, formée d'ensembles ouverts, admet au moins un point adhérent.

Montrer que γ) et δ) sont équivalentes et qu'elles entraînent que X est weierstrassien. En particulier, tout espace absolument fermé (I, p. 108, exerc. 19) est weierstrassien. L'espace séparé défini dans I, p. 109, exerc. 21 *c*), est weierstrassien mais ne vérifie pas les propriétés γ) et δ).

Si X possède les propriétés γ) et δ), il en est de même de tout sous-espace de la forme $\overline{U}$, où U est une partie ouverte de X (cf. exerc. 21). Montrer que les conditions γ) et δ) sont aussi équivalentes à la suivante:

γ') toute suite localement finie (U_n) d'ouverts non vides deux à deux disjoints est finie.

c) Dans un espace topologique X, on considère la propriété:

ξ) tout recouvrement ouvert localement fini de X est fini.

Montrer que ξ) entraîne γ). (Si (U_n) est une suite croissante de parties ouvertes de X formant un recouvrement de X et telles que $U_{n+1} \not\subset \overline{U}_n$, considérer le recouvrement formé des $U_{n+1} \cap \complement \overline{U}_n$ et du complémentaire d'une suite (a_n) telle que $a_{n+1} \in U_{n+1} \cap \complement \overline{U}_n$).

Si X est régulier, prouver que γ) entraîne ξ). (Soit (U_α) un recouvrement ouvert infini et localement fini de X. Définir par récurrence une suite (α_n) d'indices, une suite (x_n) de points de X et, pour chaque x_n, deux voisinages ouverts V_n, W_n de x_n tels que: 1° on ait $\overline{V}_n \subset W_n$, $\overline{W}_n \subset U_{\alpha_n}$, et W_n ne rencontre qu'un nombre fini d'ensembles U_α; 2° U_α ne rencontre aucun des W_k d'indice $k < n$. Considérer alors le recouvrement de X formé des W_n et du ∞ complémentaire de la réunion des $\overline{V}_n$).

d) Dans un espace complètement régulier X, montrer que les propriétés α), β), γ), δ), et ξ) sont équivalentes, et sont équivalentes à la suivante:

θ) X est précompact pour toute structure uniforme compatible avec la topologie de X.

(Pour voir que α) entraîne ζ), remarquer que si (U_n) est un recouvrement ouvert infini dénombrable et localement fini de X et $a_n \in U_n$, il y a une fonction numérique f continue dans X et telle que $f(a_n) = n$ pour tout n. Pour montrer que θ) entraîne α), considérer la structure uniforme universelle sur X (IX, p. 86, exerc. 10). Pour prouver que γ) entraîne θ), remarquer que si X n'est pas précompact pour une structure uniforme U, il existe un entourage symétrique V pour U et une suite (x_n) de points de X tels que les ensembles $V(x_n)$ soient deux à deux disjoints.

e) Si X est un espace complètement régulier weierstrassien et tel que X soit complet pour une structure uniforme compatible avec sa topologie, X est compact.

f) Sur un espace complètement régulier weierstrassien X, la structure uniforme universelle (IX, p. 86, exerc. 10) est induite par la structure uniforme du compactifié de Stone-Čech βX, et est la seule structure uniforme rendant uniformément continues les applications continues de X dans $[0, 1]$, et compatible avec la topologie de X.

21) Montrer que la planche de Tychonoff P (IX, p. 85, exerc. 8) est un espace weierstrassien. Donner un exemple de sous-espace fermé de P qui n'est pas weierstrassien et un exemple de fonction semi-continue inférieurement dans P qui n'atteint pas sa borne inférieure.

¶22) *a*) Si un produit de deux espaces topologiques X × Y est weierstrassien, il en est de même de X et Y. Inversement, si X est weierstrassien et si Y est compact, X × Y est weierstrassien (utiliser IX, p. 84, exerc. 4). (Pour un exemple de produit de deux espaces weierstrassiens qui n'est pas weierstrassien, voir IX, p. 94, exerc. 16).

b) Soient X, Y deux espaces complètement réguliers tels que X × Y soit weierstrassien. Montrer que si f est une fonction numérique continue dans X × Y, la fonction $F(x) = \inf_{y \in Y} f(x, y)$ est continue dans X. (Raisonner par l'absurde en supposant que pour un $\varepsilon > 0$ il existe un $x_0 \in X$ tel que, dans tout voisinage U de x_0, il existe x tel que

$$f(x, y) < F(x_0) - 3\varepsilon.$$

Construire alors par récurrence une suite de points (x_n, y_n) de X × Y, une suite de voisinages $(U'_n \times V_n)$ de (x_0, y_n) et une suite de voisinages $(U_n \times V_n)$ de (x_n, y_n) avec $U_n \subset U'_{n-1}$, de sorte que l'oscillation de f dans chacun de ces ensembles soit $\leqslant \varepsilon$, et en déduire une contradiction en utilisant la condition δ) de l'exerc. 20 (IX, p. 88)).

c) Sous les mêmes hypothèses que dans *b*), on suppose que Y est un sous-espace partout dense d'un espace compact K et que f est une fonction numérique continue dans X × Y et telle que, pour tout $x \in X$, la fonction $y \mapsto f(x, y)$ se prolonge en une fonction $z \mapsto g(x, z)$ continue dans K. Montrer que la fonction $(x, z) \mapsto g(x, z)$ est alors continue dans X × K (utiliser *b*) et le fait que, si $z_0 \in K$ et si V est un voisinage ouvert de z_0 dans K, le sous-espace $X \times \overline{(V \cap Y)}$ de X × Y est weierstrassien.)

d) Soient X, Y deux espaces complètement réguliers infinis tels que X × Y ne soit pas weierstrassien. Montrer qu'il existe deux suites infinies (U_n), (V_n) d'ouverts non vides dans X, Y respectivement, deux à deux disjoints, telles que la suite $(U_n \times V_n)$ soit localement finie. (Se ramener au cas où X et Y sont weierstrassiens et utiliser le critère γ') : partir d'une suite $(U'_n \times V'_n)$ d'ouverts non vides deux à deux disjoints dans $X \times Y$ et localement finie; observer que pour tout $x \in X$, il y a un voisinage ouvert U de x qui ne rencontre pas une infinité d'ensembles U'_n; former alors la suite (U_n) en formant par extractions répétées une suite (U'_{k_n}) extraite de (U'_n) et prenant chaque fois convenablement U_n contenu dans U'_{k_n}; puis opérer de même sur la suite (V'_{k_n}).

¶23) Soient X, Y deux espaces complètement réguliers. Montrer que les trois conditions sont équivalentes:

α) $X \times Y$ est weierstrassien;

β) l'application canonique $\beta(X \times Y) \to \beta(X) \times \beta(Y)$ est un homéomorphisme;

γ) pour toute fonction numérique f bornée et continue dans $X \times Y$ et tout $\varepsilon > 0$, il existe un recouvrement ouvert fini de $X \times Y$ formé d'ensembles de la forme $U_\iota \times V_\iota$, où U_ι est ouvert dans X et V_ι ouvert dans Y, tel que l'oscillation de f dans chacun des $U_\iota \times V_\iota$ soit $\leqslant \varepsilon$.

(Pour voir que α) entraîne β), utiliser l'exerc. 22 *c*); pour voir que γ) entraîne α), utiliser l'exerc. 22 *d*)).

24) Soit X un espace localement compact. Montrer que toute fonction $f \geqslant 0$, semi-continue inférieurement dans X, est l'enveloppe supérieure d'une famille de fonctions continues $\geqslant 0$ et à support compact.

25) Soient X un espace uniforme séparé et complet, $\mathscr{U}$ sa structure uniforme.

a) Soit h une fonction numérique $\geqslant 0$, continue dans X, et soit V l'ensemble ouvert $\overset{-1}{h}(]0, +\infty[)$. On considère sur V la structure uniforme $\mathscr{U}'$, borne supérieure de la structure induite par $\mathscr{U}$ et de la structure uniforme définie par l'écart

$$r(x, y) = \left|\frac{1}{h(x)} - \frac{1}{h(y)}\right|$$

Montrer que V est complet pour $\mathscr{U}'$.

b) Soit B une partie de X, intersection d'une famille (A_λ) d'ensembles dont chacun est réunion d'une famille dénombrable d'ensembles fermés dans X. Montrer qu'il existe sur B une structure uniforme compatible avec la topologie induite par celle de X, et pour laquelle B est complet (utiliser *a*) et l'exerc. 19 *a*) de IX, p. 88).

§ 2

1) Soient X un espace uniforme séparé, (f_ι) une famille d'écarts sur X définissant la structure uniforme de X. Soit X_ι l'espace métrique associé à l'espace uniforme obtenu en munissant X de la structure uniforme définie par le seul écart f_ι (IX, p. 2). Montrer que X est isomorphe à un sous-espace de l'espace uniforme produit $\prod_\iota X_\iota$.

2) Dans un espace métrique connexe X, pour lequel la distance n'est pas bornée dans $X \times X$, montrer qu'une sphère quelconque n'est jamais vide.

¶3) Soit X un espace métrique compact; si, dans X, l'adhérence de toute boule ouverte est la boule fermée de même centre et de même rayon, toute boule dans X est un ensemble connexe (si x, y sont deux points de X, B la boule fermée de centre x et de rayon $d(x, y)$, montrer que pour tout $\varepsilon > 0$, l'ensemble $A_{y,\varepsilon}$ des points de B pouvant être joints à y par une V_ε-chaîne contenue dans B (II, p. 31) contient des points z tels que $d(x, z) < d(x, y)$. En déduire que $x \in A_{y,\varepsilon}$ pour tout $\varepsilon > 0$, en raisonnant par l'absurde et utilisant le th. de Weierstrass (IV, p. 27, th. 1)).

b) Dans l'espace $Y = \mathbf{R}^2$ muni de la distance

$$d(x, y) = \sup(|x_1 - y_1|, |x_2 - y_2|)$$

soit X le sous-espace formé des points (x_1, x_2) tels que $x_1 = 0$, $0 \leqslant x_2 \leqslant 1$, ou $x_2 = 0$, $0 \leqslant x_1 \leqslant 1$. Montrer que dans X toute boule est connexe mais que l'adhérence d'une boule ouverte n'est pas nécessairement la boule fermée de même centre et de même rayon.

4) On dit qu'un espace métrique X est un espace *ultramétrique* si la distance d qui le définit satisfait à l'inégalité

$$d(x, y) \leqslant \sup(d(x, z), d(y, z))$$

quels que soient x, y, z (cf. IX, p. 118, exerc. 4).

a) Si $d(x, z) \neq d(y, z)$ montrer que $d(x, y) = \sup(d(x, z), d(y, z))$.

b) Soit $V_r(x)$ la boule ouverte de centre x et de rayon r; montrer que $V_r(x)$ est un ensemble à la fois ouvert et fermé dans X (et par suite que X est *totalement discontinu*), et que pour tout $y \in V_r(x)$, on a $V_r(y) = V_r(x)$.

c) Montrer que la boule fermée $W_r(x)$ de centre x et de rayon r est un ensemble à la fois ouvert et fermé dans X; pour tout $y \in W_r(x)$, on a $W_r(y) = W_r(x)$. Les boules ouvertes distinctes de rayon r, contenues dans $W_r(x)$, forment une *partition* de $W_r(x)$; la distance de deux quelconques d'entres elles est égale à r.

d) Si deux boules (ouvertes ou fermées) de X ont un point commun, l'une est contenue dans l'autre.

e) Pour qu'une suite (x_n) de points de X soit une suite de Cauchy, il faut et il suffit que $d(x_n, x_{n+1})$ tende vers 0 lorsque n croît indéfiniment.

f) Si X est compact, montrer que, pour tout $x_0 \in X$, l'ensemble des valeurs de $d(x_0, x)$ dans X est une partie dénombrable (finie ou infinie) de $\left(0, +\infty\right)$, dont tous les points à l'exception éventuelle de 0, sont des points *isolés* (pour toute valeur r prise par $d(x_0, x)$, considérer la borne supérieure de $d(x_0, x)$ sur l'ensemble des points où $d(x_0, x) < r$, et sa borne inférieure sur l'ensemble des points où $d(x_0, x) > r$).

5) Soient X un espace métrique, d sa distance. Pour tout couple (x, y) de points de X, on désigne par $d_0(x, y)$ la borne inférieure des nombres $\alpha > 0$ tels que x et y puissent être joints par une V_α-chaîne (II, p. 31). Montrer que d_0 est un écart sur X, et que l'espace métrique associé à l'espace uniforme défini par l'écart d_0 sur X (IX, p. 12) est un espace ultramétrique (IX, p. 91, exerc. 4).

¶ 6) Soit X un espace métrique; si A et B sont deux parties non vides de X, on pose

$$\rho(A, B) = \sup_{x \in A} d(x, B) \quad \text{et} \quad \sigma(A, B) = \sup(\rho(A, B), \rho(B, A));$$

on pose en outre $\sigma(\varnothing, \varnothing) = 0$, $\sigma(\varnothing, A) = \sigma(A, \varnothing) = +\infty$ pour toute partie non vide A de X. Montrer que, sur l'ensemble $\mathfrak{P}(X)$ des parties de X, σ est un écart, et que la structure uniforme qu'il définit est identique à la structure uniforme déduite de celle de X par le procédé de II, p. 34, exerc. 5.

On suppose X *borné*. Sur l'ensemble $\mathfrak{F}(X)$ des parties fermées non vides de X, σ est une *distance*. Si X est en outre *complet*, montrer que $\mathfrak{F}(X)$ est un espace métrique *complet* (soit Φ un filtre de Cauchy sur $\mathfrak{F}(X)$; pour tout ensemble $\mathfrak{X} \in \Phi$, soit $S(\mathfrak{X})$ la réunion des parties X de X appartenant à $\mathfrak{X}$; montrer que les ensembles $S(\mathfrak{X})$ forment une base de filtre sur X, que cette base de filtre a une adhérence A non vide, et que Φ converge vers A).

¶ 7) Soit X un espace discret infini. Montrer que la structure uniforme des partitions finies (II, p. 7) sur X, qui est compatible avec la topologie de X, n'est pas métrisable (dans le cas contraire, il existerait une suite $(\mathfrak{F}_n)$ de partitions finies de X, telle que toute partition finie de X soit formée d'ensembles dont chacun serait réunion d'ensembles de l'une des partitions $\mathfrak{F}_n$; en déduire que l'ensemble des partitions finies de X serait dénombrable.)

8) Soit X un espace topologique dont chaque point possède un système fondamental dénombrable de voisinages.

a) Pour que X soit séparé, il suffit que toute suite convergente dans X ait une seule limite.

b) Si a est valeur d'adhérence d'une suite infinie (x_n) de points de X, il existe une suite infinie extraite de (x_n) et qui converge vers a.

c) Soient A une partie non vide de X, x_0 un point de $\overline{A}$, f une application de A dans un espace topologique séparé Y. Pour que $a \in Y$ soit limite de f au point x_0, relativement à A, il suffit que, pour toute suite (x_n) de points de A qui converge vers x_0, la suite $(f(x_n))$ converge vers a.

d) Avec les notations de *c*), on suppose en outre que tout point de Y ait un système fondamental dénombrable de voisinages. Si $a \in Y$ est valeur d'adhérence de f au point x_0 relativement à A, il existe une suite (x_n) de points de A qui converge vers x_0, et est telle que la suite $(f(x_n))$ converge vers a.

¶ 9) Soit X un espace compact. S'il existe une fonction numérique f définie et continue dans $X \times X$, et telle que la relation $f(x, y) = 0$ soit *équivalente* à $x = y$, X est métrisable (montrer que si V parcourt un système fondamental de voisinages de 0 dans **R**, les ensembles $\overset{-1}{f}(V)$ forment un système fondamental de voisinages de la diagonale Δ dans $X \times X$).

¶ 10 *a*) Soient X un espace compact métrique, d la distance sur X. Montrer que, si f est une application de X dans X telle que, pour tout couple x, y de points de X, on ait $d(f(x), f(y)) \geqslant d(x, y)$, f est une *isométrie* de X *sur* X (soient a et b deux points quelconques de X; on pose $f^n = f^{n-1} \circ f$, $a_n = f^n(a)$, $b_n = f^n(b)$; montrer que, pour tout $\varepsilon > 0$, il existe un indice k tel que $d(a, a_k) \leqslant \varepsilon$ et $d(b, b_k) \leqslant \varepsilon$, en extrayant de (a_n) et (b_n) deux suites convenables; en déduire que $d(a_1, b_1) = d(a, b)$ et que $f(X)$ est partout dense dans X).

b) Soient X un espace compact *non métrisable*, V un entourage de la structure uniforme de X et soit f un homéomorphisme de X sur lui-même. Montrer qu'il existe une suite décroissante (U_n) d'entourages de la structure uniforme de X telle que, pour tout couple $(x, y) \in U_n$, on ait $(f^n(x), f^n(y)) \in V$ et $(f^{-n}(x), f^{-n}(y)) \in V$. Montrer qu'il existe dans $X \times X$ un point (x, y) n'appartenant pas à la diagonale et qui soit adhérent à chacun des U_n; on a donc $(f^n(x), f^n(y)) \in V$ pour *tout* $n \in \mathbf{Z}$.

¶ 11) Soit X un espace compact métrisable.

a) Montrer qu'il existe une application continue de l'ensemble triadique de Cantor K (IV, p. 9) sur X (cf. IV, p. 63, exerc. 11).

b) Si en outre X est totalement discontinu et n'a pas de point isolé, il est homéomorphe à K (raisonner comme dans l'exerc. 12 de IV, p. 63, en utilisant le fait que tout voisinage d'un point $x \in X$ contient un voisinage de x à la fois ouvert et fermé (II, p. 32, corollaire).

¶ 12) *a*) On considère, sur l'ensemble **R** des nombres réels, la topologie $\mathscr{T}$ définie de la manière suivante: pour tout $y > 0$, $U_y(x)$ désigne la réunion des intervalles

$$[x, x + y[\quad \text{et} \quad]-x - y, -x[;$$

$\mathscr{T}$ est la topologie dans laquelle un système fondamental de voisinages d'un point quelconque x est formé des ensembles $U_y(x)$, où y parcourt l'ensemble des nombres > 0. Soit X l'espace obtenu en munissant l'intervalle $[-1, +1]$ de la topologie induite par $\mathscr{T}$.

Montrer que X est compact (considérer un filtre $\mathfrak{F}$ sur X; si $x \in X$ est adhérent à $\mathfrak{F}$ pour la topologie de la droite numérique, x ou $-x$ est adhérent à $\mathfrak{F}$ pour la topologie $\mathscr{T}$).

b) Tout point de X admet un système fondamental dénombrable de voisinages, et il existe une partie dénombrable partout dense de X, mais X n'est pas métrisable (montrer que sa topologie n'admet pas de base dénombrable). Tout sous-espace dénombrable de X est métrisable et de type dénombrable.

c) Soit A une partie ouverte de X; montrer que A est réunion d'une famille dénombrable

(I_n) d'intervalles ouverts contenus dans $\left(0, 1\right)$, des intervalles $-I_n$, d'une partie de l'ensemble des origines des intervalles I_n et $-I_n$ et éventuellement du point $+1$. En déduire que A est réunion d'une famille dénombrable d'ensembles fermés dans X.

d) Soit Y l'ensemble $I \times \{1, 2\}$, où I est l'intervalle $\left(0, 1\right)$ de $\mathbf{R}$; on pose $E_i = I \times \{i\}$ $(i = 1, 2)$ et on désigne par f la bijection $(x, 1) \mapsto (x, 2)$ de E_1 sur E_2. Pour tout $x \in I$, on désigne par $\mathfrak{B}((x, 2))$ l'ensemble de parties réduit à $\{(x, 2)\}$, par $\mathfrak{B}((x, 1))$ l'ensemble des parties de la forme $V_1 \cup (f(V_1) - \{(x, 2)\})$, où $V_1 = V \times \{1\}$ et V parcourt un système fondamental de voisinages de x dans I. Montrer que pour tout $y \in Y$, $\mathfrak{B}(y)$ est un système fondamental de voisinages de y pour une topologie sur Y. Muni de cette topologie, Y est compact et tout point admet un système fondamental dénombrable de voisinages, mais il n'existe pas d'ensemble dénombrable partout dense dans Y. Toute partie fermée de Y contenue dans E_2 est finie; en déduire que dans Y l'ensemble compact E_1 ne possède pas de système fondamental dénombrable de voisinages. Si R est la relation d'équivalence dans Y dont les classes sont l'ensemble E_1 et les points de $Y - E_1$, R est fermée et toute classe d'équivalence suivant R est compacte, mais il y a dans Y/R un point n'admettant pas de système fondamental dénombrable de voisinages (cf. IX, p. 96, exerc. 24 *a*)).

e) Soit X un espace compact, $\mathfrak{B}$ une base de la topologie de X telle que pour tout point $x \in X$ l'ensemble $\mathfrak{B}(x)$ des $G \in \mathfrak{B}$ tels que $x \in G$ soit *dénombrable*. Montrer qu'alors $\mathfrak{B}$ est dénombrable. (Il suffit de prouver qu'il y a dans X une partie dénombrable dense. Définir une suite (C_n) de parties dénombrables de X, de la façon suivante: on prend $C_0 = \varnothing$, et $\mathfrak{B}_n$ est défini comme l'ensemble des $G \in \mathfrak{B}$ tels que $G \cap C_n \neq \varnothing$, de sorte que $\mathfrak{B}_n$ est dénombrable. Pour toute partie finie $\mathfrak{F} \subset \mathfrak{B}_n$ telle que la réunion des $G \in \mathfrak{F}$ ne soit pas vide, on prend un point $x_{\mathfrak{F}} \in X - \bigcup_{G \in \mathfrak{F}} G$, et on désigne par C_{n+1} la réunion de C_n et des $x_{\mathfrak{F}}$. Montrer que la réunion D des C_n est dense dans X en raisonnant par l'absurde et utilisant le fait que $\overline{D}$ est compact).

f) Déduire de *e*) que si X est un espace localement compact et s'il existe une base $\mathfrak{B}$ de la topologie de X tel que $\mathfrak{B}(x)$ soit dénombrable pour tout $x \in X$, alors X est métrisable. (Considérer d'abord le cas où X est compact, puis utiliser IX, p. 95, exerc. 19*a*) et la méthode de I, p. 70, th. 5.

13) *a*) Soit X un espace topologique accessible (I, p. 100, exerc. 1). Montrer que les propriétés suivantes sont équivalentes:

α) toute suite de points de X possède une valeur d'adhérence;

β) tout sous-espace infini discret de X est non fermé;

γ) tout recouvrement ouvert dénombrable de X contient un recouvrement ouvert fini de X;

δ) pour tout recouvrement ouvert infini $\mathfrak{R}$ de X, il existe un recouvrement ouvert $\mathfrak{S} \subset \mathfrak{R}$ de X, distinct de $\mathfrak{R}$.

On dit qu'un espace topologique X est *semi-compact* s'il est séparé et s'il possède les propriétés précédentes.

b) Pour qu'une suite de points d'un espace semi-compact soit convergente, il faut et il suffit qu'elle ait une seule valeur d'adhérence.

c) Dans un espace semi-compact, tout sous-espace fermé est semi-compact. Réciproquement, si X est séparé et si tout point de X possède un système fondamental dénombrable de voisinages, tout sous-espace semi-compact de X est fermé dans X.

d) Soit f une application continue d'un espace semi-compact X dans un espace séparé Y; l'image $f(X)$ est un sous-espace semi-compact de Y.

e) Soit X un espace semi-compact, dont tout point admet un système fondamental dénombrable de voisinages; pour toute suite (x_n) de points de X, il existe une suite convergente extraite de (x_n).

f) Soit (X_n) une suite dénombrable d'espaces topologiques dans chacun desquels tout point admet un système fondamental dénombrable de voisinages. Pour que l'espace produit

$\prod_{n=1}^{\infty} X_n$ soit semi-compact, il faut et il suffit que chacun des espaces X_n soit semi-compact (utiliser *e*) et l'exerc. 16 de I, p. 98.

g) Un espace semi-compact dont tout point admet un système fondamental dénombrable de voisinages est régulier.

h) Si un espace semi-compact a une *base dénombrable*, il est *compact*, et par suite métrisable.

i) Toute fonction numérique semi-continue inférieurement dans un espace semi-compact atteint sa borne inférieure; en particulier, tout espace semi-compact est weierstrassien (IX, p. 88, exerc. 20) (cf. IX, p. 89, exerc. 21).

j) Montrer que la propriété δ) de *a*) entraîne la suivante:

ζ) tout recouvrement ouvert *ponctuellement fini* (c'est-à-dire tel que tout point n'appartienne qu'à un nombre fini d'ensembles du recouvrement) de X contient un recouvrement ouvert fini de X.

(Raisonner par l'absurde). Inversement, si un espace régulier possède la propriété ζ), il est semi-compact (montrer que ζ) entraîne alors β)).

¶ 14) Soit $X = [a, b[$ l'espace localement compact défini dans l'exerc. 12 de I, p. 106.

a) Pour qu'une partie de X soit relativement compacte, il faut et il suffit qu'elle soit bornée. En déduire que X est semi-compact, et par suite (IX, p. 20, prop. 15) non métrisable (remarquer que toute partie dénombrable de X est bornée).

b) Montrer que tout point de X admet un voisinage métrisable (utiliser IX, p. 21, prop. 16).

c) Si A et B sont deux ensembles fermés et non compacts dans X, ils ont une intersection non vide (former une suite croissante dont les termes de rang pair sont des points de A, les termes de rang impair des points de B). En déduire que tout voisinage d'un ensemble fermé non compact est le complémentaire d'un ensemble relativement compact. Si A est l'ensemble des points non isolés de X, montrer que A est fermé et n'est pas intersection d'une famille dénombrable d'ensembles ouverts.

d) On désigne par Y l'intervalle $[a, b]$ muni de la topologie suivante: pour tout $x \in X$, un système fondamental de voisinages est formé des intervalles $]y, x]$, où y parcourt l'ensemble des éléments $< x$; un système fondamental de voisinages de b est formé des ensembles V_x, où pour tout $x \in X$, V_x désigne la réunion de b et de l'ensemble des points de $[x, b]$ qui ont un antécédent (autrement dit, qui sont *isolés* dans X). Montrer que Y est semi-compact, mais *non régulier* (cf. IX, p. 94, exerc. 13*g*); dans Y, le sous-espace X est semi-compact, mais *non fermé* (cf. IX, p. 93, exerc. 13*c*)).

15) Soient X et Y deux espaces semi-compacts. Montrer que le produit $X \times Y$ est semi-compact dans chacun des deux cas suivants: 1° un des espaces X, Y est compact; 2° un des espaces X, Y est tel que tout point admette un système fondamental dénombrable de voisinages. (Pour le premier cas, en supposant par exemple Y compact, considérer une suite croissante (G_n) d'ensembles ouverts dont la réunion est $X \times Y$, et pour tout n, l'ensemble H_n des $x \in X$ tels que $\{x\} \times Y \subset G_n$; montrer que H_n est ouvert et que $X = \bigcup_n H_n$.)

¶ 16) Soit $X = \beta\mathbf{N}$ le compactifié Stone-Čech de l'espace discret $\mathbf{N}$ (IX, p. 10).

a) Montrer qu'il existe deux sous-espaces semi-compacts A, B de X tels que $A \cap B = \mathbf{N}$ et $A \cup B = X$. (Soit $\aleph_\alpha = 2^{2^{\mathrm{Card}\,(\mathbf{N})}}$; en vertu de l'exerc. 18 de IX, p. 88, il existe une bijection $\xi \mapsto S_\xi$ de l'ordinal ω_α (E, III, p. 87, exerc. 10) sur l'ensemble des parties infinies dénombrables de X. Définir par induction transfinie deux applications injectives $\xi \mapsto x_\xi$, $\xi \mapsto y_\xi$ de ω_α dans $X - \mathbf{N}$ de sorte que l'on ait $x_\xi \in \bar{S}_\xi$, $y_\xi \in \bar{S}_\xi$ pour tout ξ et que, si P (resp. Q) est l'ensemble des x_ξ (resp. y_ξ), on ait $P \cap Q = \varnothing$, $P \cup Q = X - \mathbf{N}$; on utilisera pour cela IX, p. 88, exerc. 18. Montrer alors que $A = P \cup \mathbf{N}$, $B = Q \cup \mathbf{N}$ répondent à la question).

b) Montrer que l'espace produit $A \times B$ n'est pas weierstrassien (remarquer que l'intersection de $A \times B$ et de la diagonale de $X \times X$ est un sous-espace infini, discret ouvert et fermé dans $A \times B$).

¶ 17) Soit X un espace métrique tel que, pour tout $x \in X$, il existe une boule ouverte de centre x qui, considérée comme sous-espace de X, admette une base dénombrable; soit r_x la borne supérieure des rayons des boules de centre x qui possèdent cette propriété.

a) Montrer (à l'aide du th. de Zorn) qu'il existe une famille *maximale* (B_α) de boules ouvertes de X, deux à deux sans point commun, telles que, si x_α est le centre de B_α, le rayon de B_α soit $< r_{x_\alpha}$. Montrer que la réunion des B_α est partout dense dans X; en déduire qu'il existe une partie partout dense M de X telle que toute boule ouverte de centre un point quelconque $x \in X$ et de rayon $< r_x$ ne contienne qu'une infinité *dénombrable* de points de M (remarquer qu'une telle boule ne peut rencontrer qu'une infinité dénombrable d'ensembles ouverts deux à deux sans point commun, et utiliser IX, p. 18, prop. 12).

b) Pour tout point $x \in M$, on désigne par S_x la boule ouverte de centre x et de rayon $\frac{1}{3}r_x$; montrer que les S_x constituent un recouvrement de X, et qu'un point quelconque de X ne peut appartenir qu'à une infinité *dénombrable* de S_x: remarquer que, si $y \in S_x$, on a

$$d(x, y) \leqslant \tfrac{1}{2}r_y.$$

c) On définit dans X la relation d'équivalence R suivante entre deux points x, y: il existe une suite $(z_i)_{1 \leqslant i \leqslant n}$ de points de M, telle que $x \in S_{z_1}$, $y \in S_{z_n}$, et que l'intersection de S_{z_i} et $S_{z_{i+1}}$ ne soit pas vide pour $1 \leqslant i \leqslant n-1$. Montrer que les classes d'équivalence suivant R sont des sous-espaces à la fois ouverts et fermés de X, dont chacun admet une base dénombrable; en d'autres termes, X est *somme topologique* d'espaces métriques admettant une base dénombrable (I, p. 15). En particulier, tout espace localement compact métrisable est somme topologique d'espaces localement compacts métrisables et de type dénombrable.

¶ 18) Dans un espace métrique, tout ensemble relativement compact est borné. Montrer que, pour qu'un espace métrisable X soit tel qu'il existe une distance compatible avec la topologie de X, pour laquelle tout ensemble borné soit relativement compact, il faut et il suffit que X soit localement compact et admette une base dénombrable (pour voir que la condition est nécessaire, montrer que si tout ensemble borné est relativement compact, X est localement compact et dénombrable à l'infini; pour voir que la condition est suffisante, remarquer que X est métrisable en vertu de IX, p. 19, corollaire; si d est une distance compatible avec la topologie de X, f la fonction définie dans l'exerc. 12 *d*) de IX, p. 86, prendre sur X la structure uniforme définie par les deux écarts $d(x, y)$ et $|f(x) - f(y)|$).

19) *a*) Soit X un espace topologique; on suppose qu'il existe un recouvrement dénombrable (U_n) de X par des ouverts tels que la topologie induite sur chaque $\overline{U}_n$ soit une topologie d'espace métrisable et de type dénombrable. Montrer alors que X est métrisable et de type dénombrable (définir une famille dénombrable de fonctions numériques continues dans X et séparant les points de X).

b) Dans le compactifié de Stone-Čech $\beta\mathbf{N}$ de l'espace discret $\mathbf{N}$, soit X le sous-espace réunion de $\mathbf{N}$ et d'un ensemble $\{\omega\}$ réduit à un seul point de $\beta\mathbf{N} - \mathbf{N}$. Montrer que X est un espace non métrisable, paracompact et semi-compact, alors que chacun des deux sous-espaces complémentaires $\mathbf{N}$ et $X - \mathbf{N}$ est métrisable et de type dénombrable (cf. IX, p. 110, exerc. 34 *c*)).

20) Soit X l'ensemble des fonctions numériques *bornées* dans $\mathbf{R}$, muni de la distance

$$d(f, g) = \sup_{t \in \mathbf{R}} |f(t) - g(t)|.$$

Montrer que X est un espace métrique complet, dont aucun point n'admet de voisinage de type dénombrable (cf. X, p. 21).

21) Soient X un espace localement compact, métrisable et de type dénombrable, C un espace compact métrisable et connexe, qu'on suppose plongé dans $I^{\mathbf{N}}$ (IX, p. 18, prop. 12).

a) Si d est une distance définissant la topologie de C, montrer qu'il existe dans C une suite partout dense infinie (b_n) telle que $d(b_n, b_{n+1})$ tende vers 0 avec $1/n$ (II, p. 32, prop. 5).

b) Soient X' le compactifié d'Alexandroff de X (I, p. 67, th. 4), ω son point à l'infini, d' une distance définissant la topologie de X' (IX, p. 21, corollaire). Soit (x_n) une suite de points de X tendant vers ω dans X' et telle que $d'(\omega, x_n) < d'(\omega, x_{n-1})$ et $d'(\omega, x_n) < 1/n$. On définit une application f de X dans $I^{\mathbf{N}}$ en posant $f(x) = b_1$ si $d'(\omega, x) > d'(\omega, x_1)$ et

$$f(x) = tb_k + (1 - t)b_{k+1}$$

si $d'(\omega, x) = td'(\omega, x_k) + (1 - t)d'(\omega, x_{k+1})$ avec $0 \leqslant t \leqslant 1$. Montrer que f est continue dans X.

c) Soit G le graphe de f dans $X \times I^{\mathbf{N}}$, qui est homéomorphe à X. Montrer que l'adhérence $Y = \overline{G}$ de G dans $X' \times I^{\mathbf{N}}$ est un espace compact, réunion des ensembles disjoints G et $\{\omega\} \times C$.

d) On suppose X connexe et localement connexe. Montrer qu'afin que, pour tout espace compact métrisable Z contenant un sous-espace ouvert partout dense X_1 homéomorphe à X, $Z - X_1$ soit connexe, il faut et il suffit que X n'ait qu'un seul bout (I, p. 117, exerc. 19).

22) Soit X un ensemble totalement ordonné muni de la topologie $\mathscr{T}_0(X)$ (I, p. 91, exerc. 5); on suppose que X est compact, sans trou (IV, p. 48, exerc. 7) et qu'il existe dans X une partie dénombrable partout dense. Montrer que X est métrisable (on pourra utiliser l'exerc. 12 *f*) de IX, p. 93).

Le résultat est-il encore exact lorsque l'on ne suppose plus que X est sans trou (cf. IV, p. 48, exerc. 11*c*)) ?

¶ 23) *a*) Donner un exemple de relation d'équivalence fermée R dans un espace localement compact X métrisable et ayant une base dénombrable, telle que X/R soit paracompact, mais qu'il existe un point de X/R n'ayant pas de système fondamental dénombrable de voisinages (cf. I, p. 113, exerc. 17) (cf. IX, p. 110, exerc. 34 *a*)).

b) Soient X un espace métrisable, R une relation d'équivalence fermée dans X. Montrer que si tout point de X/R admet un système fondamental dénombrable de voisinages, la frontière dans X de toute classe d'équivalence suivant R est compacte (raisonner par l'absurde, en montrant que dans le cas contraire il existerait dans X une suite sans valeur d'adhérence, formée de points distincts, et dont l'image dans X/R serait une suite convergeant vers un point distinct de tous les termes de cette suite). Pour tout $z \in X/R$, soit C_z l'image réciproque de z dans X, et soit F_z la frontière de C_z si cette frontière n'est pas vide, et une partie de C_z réduite à un point si C_z est à la fois ouvert et fermé. Soit F le sous-espace de X réunion des F_z pour $z \in X/R$; montrer que F/R_F est homéomorphe à X/R.

¶ 24 *a*) Soient X un espace métrisable, d une distance bornée compatible avec la topologie de X, σ la distance correspondant à d sur l'ensemble $\mathfrak{F}(X)$ des parties fermées non vides de X (IX, p. 91, exerc. 6). Soit R une relation d'équivalence à la fois ouverte et fermée dans X; montrer que la restriction de σ à X/R est une distance compatible avec la topologie quotient. (Utiliser l'exerc. 23 *b*) pour montrer que toute classe suivant R est ouverte ou compacte. Prouver ensuite que si une suite (z_n) dans X/R tend vers un point a, et si φ est l'application canonique de X sur X/R, $\sigma(\overset{-1}{\varphi}(a), \overset{-1}{\varphi}(z_n))$ tend vers 0; on raisonnera par l'absurde en utilisant le fait que R est ouverte).

b) Dans l'intervalle compact $I = [0, 1]$ de $\mathbf{R}$, soit R la relation d'équivalence dont les classes sont les points de l'ensemble de Cantor K (IV, p. 9) distincts des extrémités des intervalles contigus à K, et les adhérences des intervalles contigus à K. Montrer que l'espace quotient I/R est homéomorphe à I (IV, p. 64, exerc. 16 *b*)), mais que sur I/R, la distance σ n'est pas compatible avec la topologie.

¶ 25) Soient X un espace topologique séparé admettant une base dénombrable (U_n), R une relation d'équivalence dans X telle que X/R soit séparé et que tout point de X/R admette un système fondamental dénombrable de voisinages. Montrer que la topologie de X/R admet une base dénombrable. (Soit φ l'application canonique de X sur X/R. Prouver que les intérieurs des réunions finies d'ensembles $\varphi(U_n)$ forment une base de la topologie de X/R. Pour cela, si V est un voisinage d'un point $z \in X/R$, et (W_k) une suite d'ensemble de la base (U_n) contenus dans $\overset{-1}{\varphi}(V)$ et formant un recouvrement de $\overset{-1}{\varphi}(z)$, montrer qu'il existe un nombre fini d'indices k tels que la réunion des $\varphi(W_k)$ soit un voisinage de z. On raisonnera par l'absurde, en formant, dans le cas contraire, une suite (y_n) de points distincts de X/R, tendant vers z et telle que y_n n'appartienne pas à la réunion des $\varphi(W_k)$ pour $k \leqslant n$; montrer alors que la réunion des $\overset{-1}{\varphi}(y_n)$ serait fermée dans X).

Montrer que la même conclusion est valable si on suppose que R est fermée et que toute classe suivant R est compacte (méthode analogue).

¶ 26) Soient X un espace localement compact métrisable, $f: X \rightarrow Y$ une application continue *fermée* de X dans un espace topologique séparé Y.

a) Soit K une partie compacte de X. Montrer qu'il ne peut exister de suite infinie (y_n) de points distincts dans Y telle que chacun des $\overset{-1}{f}(y_n)$ soit non compact et rencontre K. (Soit L l'ensemble des points adhérents à la base de filtre sur X formée des ensembles $\overset{-1}{f}(S_n)$, où S_n est l'ensemble des $\overset{-1}{f}(y_m)$ pour $m \geqslant n$. Montrer que L n'est pas vide, puis considérer deux cas suivant que L est compact ou non. Dans chacun des deux cas, montrer qu'on peut former dans X une suite (x_n) sans valeur d'adhérence telle que les $f(x_n)$ soient tous distincts et que la suite des $f(x_n)$ soit convergente, contrairement à l'hypothèse que f est fermée).

b) Déduire de *a*) que l'ensemble N des points $y \in Y$ tels que $\overset{-1}{f}(y)$ soit non compact est un sous-espace *fermé et discret* de Y (utiliser *a*) pour prouver que pour toute partie A de N, $\overset{-1}{f}(A)$ est fermé dans X).

¶ 27) On dit qu'un espace topologique X est *submétrisable* si sa topologie est plus fine qu'une topologie d'espace métrisable. Un espace submétrisable est séparé, mais non nécessairement régulier (I, p. 103, exerc. 20).

a) Pour qu'un espace complètement régulier X soit submétrisable, il faut et il suffit qu'il existe sur X une structure uniforme compatible avec sa topologie et définie par une famille d'écarts Φ contenant au moins une distance d (cf. IX, p. 84, exerc. 3). Soit alors $\hat{X}$ le complété de X pour cette structure uniforme; la distance d se prolonge en un écart $\bar{d}$ sur $\hat{X}$; montrer que pour tout $x \in \hat{X}$, il existe au plus un point $y \in X$ tel que $\bar{d}(x, y) = 0$.

b) Montrer que si X est un espace complètement régulier submétrisable, il existe une structure uniforme compatible avec la topologie de X et pour laquelle X est complet (utiliser *a*) et l'exerc. 25 *b* de IX, p. 90). En déduire que si en outre X est weierstrassien (IX, p. 88, exerc. 20), il est compact.

c) Montrer qu'un espace localement compact X, paracompact et submétrisable est métrisable (se ramener au cas où X est dénombrable à l'infini à l'aide du th. 5 de I, p. 70; utiliser ensuite IX, p. 21, corollaire (cf. IX, p. 113, exerc. 14).

28) Soient X, Y deux espaces métriques, d, d' les distances sur X et Y, f une application de X dans Y.

a) On suppose que l'image par f de toute partie compacte de X soit une partie compacte de Y. Montrer que si en un point $a \in X$, f n'est pas continue, il existe une suite infinie (x_n) de points de X, tendant vers a, et telle que $x_n \in \overset{-1}{f}(b)$, où b est un point de Y distinct de $f(a)$. (Raisonner par l'absurde; montrer qu'il existerait une suite (z_n) de points distincts de X, tendant vers a, telle que $f(z_i) \neq f(z_j)$ pour $i \neq j$ et que les $f(z_n)$ appartiennent au complémentaire d'un voisinage de $f(a)$; l'hypothèse entraînerait alors que l'ensemble des $f(z_n)$ est compact; montrer que cela entraîne contradiction).

b) Déduire de *a*) que si f est telle que: 1° l'image par f de toute partie compacte de X est une partie compacte de Y; 2° l'image réciproque de tout point de Y par f est fermée dans X, alors f est continue dans X.

c) On suppose en outre X localement connexe. Montrer que si f est telle que: 1° l'image par f de toute partie compacte de X est une partie compacte de Y; 2° l'image par f de toute partie connexe de X est un e partie connexe de Y, alors f est continue dans X. (Raisonner par l'absurde en utilisant *a*) : avec les mêmes notations, soit (V_n) un système fondamental de voisinages connexes de a dans X. En utilisant le fait que $f(V_n)$ est connexe, montrer qu'il existerait dans chaque V_n un point u_n tel que $0 < d'(f(u_n), b) < 1/n$ et en déduire une contradiction en considérant l'ensemble formé de a et des u_n).

29) *a*) Soient $(X_\alpha, f_{\alpha\beta})$ un système projectif d'espaces uniformes séparés (II, p. 12). X sa limite projective, $f_\alpha : X \rightarrow X_\alpha$ l'application canonique. Soit $\mathfrak{K}(X)$ (resp. $\mathfrak{K}(X_\alpha)$) l'ensemble des parties compactes non vides de X (resp. X_α) muni de la structure uniforme déduite de celle de X (resp. X_α) par le procédé de II, p. 34, exerc. 5. Soit φ une base de filtre sur $\mathfrak{K}(X)$; montrer que pour que φ soit convergente dans $\mathfrak{K}(X)$, il faut et il suffit que pour tout α, la base de filtre $f_\alpha(\Phi)$ soit convergente dans $\mathfrak{K}(X_\alpha)$, et si L_α est sa limite, les L_α forment un système projectif de parties compactes des X_α, dont la limite projective est la limite de φ.

b) Montrer que pour tout espace uniforme séparé et complet Y, l'espace uniforme $\mathfrak{K}(Y)$ des parties compactes non vides de Y est complet. (En utilisant l'exerc. 1 de IX, p. 90, se ramener au cas où Y est un produit d'espaces métriques complet et utiliser alors *a*) et l'exerc. 6 de IX, p. 105).

30) Soient X un espace métrique, d la distance sur X, $(x_i)_{1 \leqslant i \leqslant q}$ une suite finie de points de X, h un nombre > 0.

a) Pour tout $y \in X$ et tout entier k tel que $k \geqslant 1$, on désigne par $n_k(y)$ le nombre d'indices i tels que $d(y, x_i) \leqslant kh/q$; on a $n_k(y) \leqslant q$. S'il existe un entier k tel que $k \leqslant n_k(y)$, il existe un plus grand entier $j \geqslant k$ tel que $j \leqslant n_j(y)$, et on a alors $j = n_j(y)$; on désigne cet entier par $j(y)$; si $k > n_k(y)$ pour tout k, on pose $j(y) = 0$. On a $j(x_i) \geqslant 1$ pour tout i.

b) Soit $m \leqslant q$ la plus grande valeur de $j(y)$ lorsque y parcourt X, et soit $z \in X$ tel que $j(z) = m \geqslant 1$. Montrer que si $x \in X$ est tel que $d(x, z) > 2mh/q$, alors il existe un indice i tel que $d(x, x_i) > h$. (Observer d'abord qu'il existe au moins un indice i tel que $d(x, x_i) > mh/q$. Si l'on avait $d(x, x_i) \leqslant h$ pour tout i, on en conclurait que $m = q$, d'où contradiction.)

c) Montrer qu'il existe une partition $(N_k)_{1 \leqslant k \leqslant s}$ de l'intervalle $[1, q]$ de $\mathbf{N}$ en parties non vides, et une suite $(z_k)_{1 \leqslant k \leqslant s}$ de points de X ayant les propriétés suivantes: 1° si $j_k(y)$ est la fonction définie comme dans *a*) pour la suite partielle de (x_i) correspondant à l'ensemble d'indices $N_k \cup N_{k+1} \cup \cdots \cup N_s$, alors $j_k(z_k)$ est la plus grande valeur possible de $j_k(y)$ lorsque y parcourt X; 2° N_k est l'ensemble des $j_k(z_k)$ indices i tels que $d(z_k, x_i) \leqslant j_k(z_k)\, h/q$. (Définir les suites (z_k) et (N_k) par récurrence en prenant pour z_1 un point où $j(y)$ prend sa plus grande valeur.)

d) On pose $a_k = j_k(z_k)$, $r_k = 2a_k h/q$, de sorte que $a_1 + a_2 + \cdots + a_s = q$, et

$$r_1 + r_2 + \cdots + r_s = 2h.$$

Soit $x \in X$ tel que $d(z_k, x) > r_k$ pour $1 \leqslant k \leqslant s$; soit σ une permutation de $[1, q]$ telle que

$$d(x, x_{\sigma(1)}) \leqslant d(x, x_{\sigma(2)}) \leqslant \cdots \leqslant d(x, x_{\sigma(q)}).$$

Montrer que pour tout p tel que $1 \leqslant p \leqslant q$, on a $d(x, x_{\sigma(p)}) > ph/q$. (Il existe un indice k tel que les indices $\sigma(1), \sigma(2), \ldots, \sigma(p)$ appartiennent à l'ensemble $N_k \cup N_{k+1} \cup \cdots \cup N_s$. Appliquer *b*) à la suite formée des $x_{\sigma(i)}$ pour $1 \leqslant i \leqslant p$ en utilisant la définition des z_k donnée dans *c*).)

e) Déduire de *d*) que pour tout point $x \in X$ tel que $d(z_k, x) > r_k$ pour $1 \leqslant k \leqslant s$, on a

$$\prod_{i=1}^{q} d(x, x_i) > (h/e)^q$$

où e est la base des logarithmes népériens (théorème de Boutroux-Bloch-H. Cartan).

§ 3

1) Sur un groupe G noté multiplicativement, on dit qu'un écart f est invariant à gauche (resp. invariant à droite) si, quels que soient x, y, z dans G, on a $f(zx, zy) = f(x, y)$ (resp. $f(xz, yz) = f(x, y)$).

a) Si f est un écart invariant à gauche, la fonction numérique $g(x) = f(e, x)$ sur G satisfait aux conditions suivantes: 1° $g(x) \geqslant 0$ pour tout $x \in G$; 2° $g(x^{-1}) = g(x)$; 3°

$$g(xy) \leqslant g(x) + g(y).$$

Réciproquement, pour toute fonction numérique g satisfaisant à ces conditions,

$$f(x, y) = g(x^{-1}y)$$

est un écart invariant à gauche sur G.

b) Pour que la topologie $\mathscr{T}$ définie sur un groupe G par une famille saturée (IX, p. 4) d'écarts invariants à gauche (f_ι) soit compatible avec la structure de groupe de G, il faut et il suffit que, pour tout $a \in G$, tout indice ι et tout $\alpha > 0$, il existe un indice K et un $\beta > 0$ tels que la relation $f_K(e, x) \leqslant \beta$ entraîne $f_\iota(e, axa^{-1}) \leqslant \alpha$. Si cette condition est remplie, la structure uniforme définie sur G par la famille (f_ι) est identique à la structure uniforme gauche du groupe topologique obtenu en munissant G de la topologie $\mathscr{T}$.

c) Sur tout groupe topologique G, il existe une famille d'écarts invariants à gauche telle que la structure uniforme définie par cette famille soit identique à la structure uniforme gauche de G.

2) Soit G un groupe topologique dont les structures uniformes droite et gauche soient identiques. Montrer que cette unique structure uniforme peut être définie par une famille d'écarts sur G, invariants *à la fois* à gauche et à droite (en utilisant l'exerc. 3 de III, p. 73, montrer que pour tout voisinage V de l'élément neutre e de G, $V_0 = \bigcap_{x \in G} xVx^{-1}$ est un voisinage de e).

3) Soient G un groupe topologique, (f_ι) une famille saturée d'écarts invariants à gauche, définissant la structure uniforme gauche de G; on pose $g_\iota(x) = f_\iota(e, x)$. Soit H un sous-groupe distingué fermé de G; pour toute classe $\dot{x} \in G/H$, on pose $h_\iota(\dot{x}) = \inf_{x \in \dot{x}} g_\iota(x)$; montrer que, si $\bar{f}_\iota(\dot{x}, \dot{y}) = h_\iota(\dot{x}^{-1}\dot{y})$, les $\bar{f}_\iota$ forment une famille d'écarts invariants à gauche, définissant la structure uniforme gauche de G/H (raisonner comme dans IX, p. 27, *Remarque*).

4) Montrer que la topologie d'un corps valué satisfait à la condition (KT) de III, p. 54,

¶ 5) Soit ω une valeur absolue sur le corps $\mathbf{Q}$ des nombres rationnels.

a) Montrer que ω est entièrement déterminée par la connaissance de ses valeurs pour les nombres premiers.

b) S'il existe un nombre premier p tel que $\omega(p) \leqslant 1$, montrer que pour tout autre nombre premier q, on a $\omega(q) \leqslant 1$ (majorer $\omega(q^n)$ en écrivant q^n dans le système de numération de base p, et faire croître n indéfiniment).

c) S'il existe un nombre permier p tel que $\omega(p) < 1$, montrer que pour tout autre nombre premier q, on a $\omega(q) = 1$ (montrer qu'on ne peut avoir $\omega(q) < 1$, en utilisant le fait que pour tout entier $n > 0$, il existe deux entiers rationnels r, s tels que $1 = rp^n + sq^n$). En déduire que ω est alors une valeur absolue déduite de la valuation *p-adique* sur $\mathbf{Q}$.

d) Si $\omega(p) > 1$ pour tout nombre premier p, montrer que si p et q sont deux nombres premiers quelconques, on a

$$\frac{\log \omega(p)}{\log p} = \frac{\log \omega(q)}{\log q}$$

(même méthode que dans *b*)). En déduire qu'on a alors $\omega(x) = |x|^\rho$ avec $\rho \leqslant 1$.

6) Soit E un espace vectoriel à gauche sur un corps K, admettant une base dénombrable (a_n). Soit (r_n) une suite décroissante de nombres >0, tendant vers 0; on pose $\|0\| = 0$, et

pour tout élément $x = \sum_k t_k a_k \neq 0$ dans E, on pose $\|x\| = r_h$, si h est le plus petit des indices k tels que $t_k \neq 0$. Montrer que $\|x - y\|$ est une distance invariante sur le groupe additif E, et que la topologie qu'elle définit sur E ne dépend pas de la suite (r_n) (décroissante et tendant vers 0) choisie. En déduire que, si l'on étend les définitions d'une norme et d'un espace normé (IX, p. 31, déf. 5 et p. 32, déf. 6) au cas où la valeur absolue considérée sur le corps des scalaires est impropre, la prop. 8 (IX, p. 32) et le th. 1 (IX, p. 35) ne sont plus valables.

7) Donner un exemple de famille sommable mais non absolument sommable dans le corps $\mathbf{Q}_p$ des nombres p-adiques (cf. III, p. 84, exerc. 23) (utiliser l'exerc. 24 de III, p. 84).

8) On dit qu'une application w d'un anneau A dans $\mathbf{R}_+$ est une *semi-valeur absolue* sur A si elle satisfait aux conditions 1: 1°: $w(0) = 0$; 2° $w(x - y) \leqslant w(x) + w(y)$; 3° $w(xy) \leqslant w(x)w(y)$. La semi-valeur absolue w est dite *séparée* si $w(x) = 0$ entraîne $x = 0$. Si w est une semi-valeur absolue séparée sur A, $w(x - y)$ est une distance invariante sur le groupe additif A, et définit par suite une topologie compatible avec la structure de groupe additif de A; montrer que cette topologie est compatible avec la structure d'anneau de A. Généraliser aux anneaux munis d'une semi-valeur absolue les principales propriétés des algèbres normées notamment la prop. 14 (IX, p. 40).

Si w est une semi-valeur absolue non séparée sur A, l'ensemble $\overset{-1}{w}(0)$ est un idéal bilatère $\mathfrak{a}$ dans A; si on munit A de la topologie définie par l'écart $w(x - y)$, elle est compatible avec la structure d'anneau de A, et l'espace séparé associé à A n'est autre que l'anneau quotient $A/\mathfrak{a}$, sur lequel la fonction $\bar{w}(\bar{x})$, égale pour toute classe $\bar{x}$ mod. $\mathfrak{a}$ à la valeur commune de $w(x)$ pour tous les $x \in \bar{x}$, est une semi-valeur absolue séparée, dite *associée* à w, définissant la topologie quotient de celle de A par $\mathfrak{a}$.

¶ 9) *a*) Sur un anneau A, on dit que deux semi-valeurs absolues w_1, w_2 sont équivalentes, si les écarts $w_1(x - y)$, $w_2(x - y)$ sont équivalents. Montrer que, si w est une semi-valeur absolue sur A, aw et $w^{1/a}$ sont des semi-valeurs absolues équivalentes à w pour tout nombre $a \geqslant 1$.

b) Si $w_i (1 \leqslant i \leqslant n)$ sont des semi-valeurs absolues sur un anneau A, les fonctions $w = \sum_i w_i$ et $w' = \sup_i w_i$ sont deux semi-valeurs absolues équivalentes sur A. Si $\mathfrak{a}_i = \overset{-1}{w_i}(0)$ et $\mathfrak{a} = \overset{-1}{w}(0)$, on a $\mathfrak{a} = \bigcap_i \mathfrak{a}_i$. Si A_i désigne le complété de l'anneau quotient $A/\mathfrak{a}_i$ muni de la semi-valeur absolue séparée associée à w_i, montrer que $A/\mathfrak{a}$, muni de la semi-valeur absolue séparée associée à w, est isomorphe à un sous-anneau de l'anneau produit $\prod_i A_i$; pour que ce sous-anneau soit partout dense dans $\prod_i A_i$, il faut et il suffit (en supposant que A possède un élément unité 1) que les semi-valeurs absolues w_i satisfassent à la condition suivante: pour tout $\varepsilon > 0$, et pour chacun des indices i, il existe un élément $x \in A$ tel que $w_i(1 - x) \leqslant \varepsilon$ et $w_k(x) \leqslant \varepsilon$ pour tout indice $k \neq i$.

10) Soit A un anneau muni d'une semi-valeur absolue séparée, complet pour la topologie définie par cette semi-valeur absolue et admettant un élément unité. Montrer que, dans A, tout idéal maximal est *fermé* (utiliser IX, p. 40, prop. 14).

¶ 11) Soient K un corps topologique séparé et non discret, φ une application de K dans $\mathbf{R}_+$ telle que $\varphi(0) = 0$, $\varphi(xy) = \varphi(x)\varphi(y)$, et que, si V_n désigne l'ensemble des $x \in K$ tels que $\varphi(x) \leqslant 1/n$, les V_n forment un système fondamental de voisinages de 0 dans K.

a) Montrer qu'il existe un nombre $a > 0$ tel que l'on ait $\varphi(1 + x) \leqslant a(1 + \varphi(x))$ (dans le cas contraire, il existerait une suite (x_n) de points de K telle que $(1 + x_n)^{-1}$ et $x_n(1 + x_n)^{-1}$ tendent tous deux vers 0). En déduire que si on pose $\psi(x) = (\varphi(x))^\alpha$, on a

$$(1) \qquad \psi(x + y) \leqslant 2 \sup (\psi(x), \psi(y))$$

pour α assez petit.

b) Montrer que si $n = 2^p$, on a $\psi\left(\sum_{i=1}^{n} x_i\right) \leqslant n \sup (\psi(x_i))$; en déduire que pour tout entier $m > 0$, on a $\psi(m) \leqslant 2m$.

c) Déduire de *b*) que pour tout $n = 2^p$ et tout $x \in K$, on a $\psi((1 + x)^{n-1} \leqslant 2n(1 + \psi(x))^{n-1}$, et en conclure que ψ est une *valeur absolue* sur K, définissant la topologie de K.

¶ 12) Soit K un corps topologique séparé et non discret. Soient R l'ensemble des $x \in K$ tels que $\lim_{n\to\infty} x^n = 0$, N le complémentaire de l'ensemble $R \cup R^{-1}$. Montrer que, pour qu'il existe sur K une valeur absolue définissant la topologie de K, il faut et il suffit que: 1° R soit ouvert dans K; 2° pour tout voisinage V de 0 dans K, il existe un voisinage U de 0 dans K tel que $R \cdot U \subset V$; 3° si $x \in R$ et $y \in R \cup N$, alors $yx \in R$.

Pour établir que ces conditions sont suffisantes, on montrera successivement que:

a) N est un sous-groupe distingué du groupe multiplicatif K^* des éléments $\neq 0$ de K.

b) Dans le groupe quotient K^*/N, on pose $\dot{x} \leqslant \dot{y}$ s'il existe $x \in \dot{x}$ et $y \in \dot{y}$ tels que $yx^{-1} \in R \cup N$; montrer que cette relation est une relation d'ordre compatible avec la structure de groupe de K^*/N, et que le groupe ordonné K^*/N ainsi défini est isomorphe à un sous-groupe du groupe additif **R** (utiliser V, p. 16, exerc. 1 du § 3).

c) Conclure en utilisant l'exerc. 11.

En particulier, la topologie d'un corps commutatif localement compact non discret peut être définie par une valeur absolue (cf. INT, VII, § 2, exerc. 4 et AC, VI, § 9).

13) Soit E un espace normé sur le corps R. Montrer que si x, y, z sont trois points linéairement dépendants dans E, on a

$$\|x + y\| + \|y + z\| + \|z + x\| \leqslant \|x\| + \|y\| + \|z\| + \|x + y + z\|.$$

(En considérant éventuellement les points $x' = x, y' = y, z' = -x - y - z$, montrer qu'on peut se ramener au cas où $x + \beta y + \gamma z = 0$ avec $0 \leqslant \beta \leqslant 1$, $0 \leqslant \gamma \leqslant 1$; écrire alors $x + y = (1 - \beta)y - \gamma z$, $-(x + z) = \beta y - (1 - \gamma)z$.)

§ 4

1) *a*) Un espace topologique accessible (I, p. 100, exerc. 1) et vérifiant l'axiome (O_V) est normal.

b) Définir un espace topologique comprenant quatre points, vérifiant l'axiome (O_V) mais non l'axiome (O_{III}).

c) Pour qu'un espace topologique X vérifiant l'axiome (O_V) vérifie aussi l'axiome (O_{III}), il faut et il suffit qu'il possède la propriété suivante: toute partie fermée de X est l'intersection de ses voisinages. Alors X est uniformisable et l'espace complètement régulier associé à X (IX, p. 85, exerc. 6) est normal.

d) Un espace topologique quasi-compact qui vérifie (O_{III}) vérifie aussi (O_V), et l'espace complètement régulier associé est compact.

2) Soit X un espace topologique vérifiant l'axiome (O_V).

a) Montrer que la relation R: $\overline{\{x\}} \cap \overline{\{y\}} \neq \varnothing$ entre deux points x, y de X est équivalente à la relation R': « pour toute fonction numérique f continue dans X, $f(x) = f(y)$ », et en déduire que R est une relation d'équivalence dans X.

b) Montrer que l'espace quotient $Y = X/R$ est normal et que, si φ est l'application canonique de X sur Y, toute fonction numérique f continue dans X peut s'écrire $f = g \circ \varphi$, où g est une fonction numérique continue dans Y.

3) Soient X un espace métrique, d la distance dans X, A un ensemble fermé dans X, f une fonction numérique continue dans A, prenant ses valeurs dans l'intervalle $[1, 2]$. Montrer

que la fonction numérique g définie dans X, telle que $g(x) = f(x)$ dans A et

$$g(x) = \frac{1}{d(x, \mathrm{A})} \inf_{y \in \mathrm{A}} (f(y)d(x, y))$$

dans X − A, est continue dans X. En déduire une démonstration du th. 2 (IX, p. 44) pour les espaces métrisables.

4) Soit X un espace topologique séparé; pour que X soit normal, il faut et il suffit que, pour toute partie fermée A de X, et pour toute fonction numérique f continue dans A, il existe sur X un écart continu d pour lequel f soit uniformément continue. (Pour voir que la condition est suffisante, on montrera que toute fonction numérique f, continue dans A, peut se prolonger en une fonction numérique continue dans X; dans ce but, on considérera l'espace uniforme X′ séparé associé à l'espace uniforme défini sur X par le seul écart d).

5) Soient X un espace uniforme séparé, A une partie fermée de X, f une fonction numérique bornée et uniformément continue dans A. Montrer qu'il existe un prolongement $\bar{f}$ de f à X qui est une fonction bornée et uniformément continue dans X. (On peut supposer $f(\mathrm{A}) \subset [0, 1]$. Pour tout nombre dyadique $r \in [0, 1]$, considérer l'ensemble $\mathrm{A}(r)$ de $x \in \mathrm{A}$ tels que $f(x) \leqslant r$, et l'ensemble $\mathrm{B}(r) = \mathrm{A}(r) \cup (\mathrm{X} - \mathrm{A})$; puis en suivant la même marche que dans la démonstration de IX, p. 42, th. 1, définir pour chaque nombre dyadique $r \in [0, 1]$ un ensemble ouvert $\mathrm{U}(r)$ tel que, pour $r < r'$, il existe un entourage V de la structure uniforme de X tel que $\mathrm{V}(\mathrm{A}(r)) \subset \mathrm{U}(r')$, $\mathrm{V}(\mathrm{U}(r)) \subset \mathrm{U}(r')$, $\mathrm{V}(\mathrm{U}(r)) \subset \mathrm{B}(r')$.)

6) Soient X un espace normal, g (resp. f) une fonction semi-continue supérieurement (resp. inférieurement) dans X, telles que $g \leqslant f$. Montrer qu'il existe une fonction numérique h, continue dans X et telle que $g \leqslant h \leqslant f$. (Se ramener au cas où f et g prennent leurs valeurs dans $[0, 1]$. Pour tout nombre dyadique $r \in [0, 1]$, soient $\mathrm{F}(r)$ l'ensemble des $x \in \mathrm{X}$ tels que $f(x) \leqslant r$, $\mathrm{G}(r)$ l'ensemble des $x \in \mathrm{X}$ tels que $g(x) < r$. Définir par récurrence, pour tout nombre dyadique $r \in [0, 1]$, un ensemble ouvert $\mathrm{U}(r)$, de sorte que pour $r < r'$, on ait $\mathrm{F}(r) \subset \mathrm{U}(r')$, $\overline{\mathrm{U}(r)} \subset \mathrm{U}(r')$ et $\overline{\mathrm{U}(r)} \subset \mathrm{G}(r')$, en suivant la même marche que dans la démonstration de IX, p. 42, th. 1).

7) Dans un espace topologique X, les propriétés suivantes sont équivalentes:

α) tout sous-espace de X vérifie l'axiome $(\mathrm{O}'_{\mathrm{V}})$;

β) tout sous-espace ouvert de X vérifie l'axiome $(\mathrm{O}'_{\mathrm{V}})$;

γ) pour tout couple de parties A, B de X telles que $\mathrm{A} \cap \overline{\mathrm{B}} = \mathrm{B} \cap \overline{\mathrm{A}} = \varnothing$, il existe deux ensembles ouverts, U, V sans point commun tels que $\mathrm{A} \subset \mathrm{U}$ et $\mathrm{B} \subset \mathrm{V}$.

Un espace topologique X est dit *complètement normal* s'il est séparé et s'il possède les propriétés équivalentes précédentes. Tout espace métrisable est complètement normal. Un espace compact n'est pas nécessairement complètement normal.

8) Tout ensemble totalement ordonné X, muni de l'une des topologies $\mathscr{T}_+(\mathrm{X})$, $\mathscr{T}_-(\mathrm{X})$ (I, p. 91, exerc. 5) est complètement normal. (Si A, B sont deux parties de X telles que $\mathrm{A} \cap \overline{\mathrm{B}} = \mathrm{B} \cap \overline{\mathrm{A}} = \varnothing$, définir, pour tout point $x \in \mathrm{A}$, un voisinage V_x de x, et pour tout $y \in \mathrm{B}$, un voisinage W_y de y tels que $\mathrm{V}_x \cap \mathrm{W}_y = \varnothing$ pour $x \in \mathrm{A}$ et $y \in \mathrm{B}$).

¶ 9) Tout ensemble totalement ordonné X, muni de la topologie $\mathscr{T}_0(\mathrm{X})$ (I, p. 91, exerc. 5) est complètement normal. (Considérer en premier lieu le cas où X est *compact*; montrer d'abord que tout ensemble ouvert dans X est réunion d'un ensemble d'intervalles ouverts deux à deux disjoints, à l'aide de IV, p. 47, exerc. 2; utiliser ce résultat pour démontrer la proposition, en considérant (avec les notations de l'exerc. 7) le complémentaire de l'ensemble fermé $\overline{\mathrm{A}} \cap \overline{\mathrm{B}}$, puis le complémentaire de l'ensemble $\overline{\mathrm{B}}$. Pour passer au cas général où X est quelconque, utiliser IV, p. 52, exerc. 7).

¶ 10) Montrer que, dans un espace normal X, tout sous-espace Y réunion dénombrable d'ensembles fermés, est normal. (Soient A, B deux parties fermées de Y, sans point commun, et supposons Y réunion d'une suite croissante (F_n) de parties fermées de X. Définir par récurrence deux suites (U_n), (V_n) de parties ouvertes de X, telles que: 1° $\overline{U_n \cap F_n}$ et $\overline{V_n \cap F_n}$ soient disjoints; 2° $U_n \cap F_n$ contienne $A \cap F_n$ et tous les ensembles $\overline{U_i \cap F_i}$ pour $1 \leqslant i \leqslant n$, et $V_n \cap F_n$ contienne $B \cap F_n$ et tous les ensembles $\overline{V_i \cap F_i}$ pour $1 \leqslant i < n$).

11) On dit qu'un espace topologique X est *parfaitement normal* s'il est normal, et si toute partie fermée de X est intersection dénombrable d'ensembles ouverts (ou, ce qui revient au même, si toute partie ouverte de X est réunion dénombrable d'ensembles fermés).

a) Pour qu'un espace séparé X soit parfaitement normal, il faut et il suffit que pour toute partie fermée A de X, il existe une fonction numérique f continue dans X et telle que $\overset{-1}{f}(0) = A$ (méthode de IX, p. 88, exerc. 19 *a*)).

b) Montrer que tout espace parfaitement normal X est complètement normal et que tout sous-espace de X est parfaitement normal (utiliser les exerc. 7, 9) (IX, p. 102).

c) Toute fonction numérique semi-continue inférieurement sur un espace parfaitement normal est l'enveloppe supérieure d'une suite de fonctions continues (méthode de IX, p. 18, prop. 11).

d) L'espace compact X obtenu en adjoignant un point à l'infini à un espace discret non dénombrable est complètement normal mais non parfaitement normal, et tout sous-espace de X est paracompact.

¶ 11) Montrer que l'espace compact non métrisable X défini dans l'exerc. 12*a*) de IX, p. 92 est parfaitement normal, et que l'espace compact non métrisable Y défini dans l'exerc. 12 *d*) de IX, p. 93 est complètement normal mais non parfaitement normal.

¶ 12) *a*) Soient X un espace paracompact dont tout point admet un système fondamental dénombrable de voisinages, Y un espace normal semi-compact (IX, p. 93, exerc. 13). Montrer que le produit $X \times Y$ est normal. (Soient A, B deux parties fermées de $X \times Y$ sans point commun; pour tout $x \in X$, montrer qu'il existe un voisinage U_x de x dans X et deux ensembles ouverts V_x, W_x dans F, tels que $\overline{V}_x \cap \overline{W}_x = \varnothing$ et que pour tout $z \in U_x$, on ait $A(z) \subset V_x$ et $B(z) \subset W_x$; pour le voir on raisonnera par l'absurde. Soit $(T_\lambda)_{\lambda \in L}$ un recouvrement ouvert localement fini de X, plus fin que $(U_x)_{x \in X}$, et soit (f_λ) une partition de l'unité subordonnée à (T_λ); pour tout $\lambda \in L$, soit $x(\lambda)$ tel que $T_\lambda \subset U_{x(\lambda)}$, et soit g_λ une application continue de Y dans $[0, 1]$, égale à 0 dans $\overline{V}_{x(\lambda)}$, à 1 dans $\overline{W}_{x(\lambda)}$; considérer dans $X \times Y$ la fonction $\sum_\lambda f_\lambda(x) g_\lambda(y)$).

b) Soient $X = [a, b[$ l'espace localement compact défini dans l'exerc. 12 de I, p. 106, $Y = [a, b]$ l'espace compact obtenu par adjonction à X d'un point à l'infini; X est normal (IX, p. 102, exerc. 8) et semi-compact (IX, p. 94, exerc. 14), mais le produit $X \times Y$ n'est pas normal (utiliser l'exerc. 12 de I, p. 106).

¶ 13) Soit L un ensemble non dénombrable; on considère l'espace complètement régulier $X = \mathbf{N}^L$ ($\mathbf{N}$ étant muni de la topologie discrète). Soit A (resp. B) l'ensemble des $x = (x(\lambda))_{\lambda \in L}$ dans X tels que, pour tout entier $k \neq 0$ (resp. $k \neq 1$) l'ensemble des $\lambda \in L$ tels que $x(\lambda) = k$ ait au plus un élément.

a) Montrer que A et B sont fermés et sans point commun dans X.

b) Soient U, V deux ensembles ouverts dans X tels que $A \subset U$, $B \subset V$. On désigne par Φ l'ensemble des ensembles élémentaires (I, p. 24) dans X dont les projections qui sont distinctes de $\mathbf{N}$ sont réduites à un seul élément; pour tout $W \in \Phi$, soit H(W) l'ensemble des $\lambda \in L$ tels que $\mathrm{pr}_\lambda(W)$ soit réduit à un seul élément. Montrer qu'il existe une suite (x_n) de points de A, une suite (U_n) d'ensembles de Φ, une suite (λ_n) d'éléments distincts de L et une suite strictement croissante $(m(n))_{n \in \mathbf{N}}$ d'entiers, ayant les propriétés suivantes: 1° $U_n \subset U$ est un voisinage de x_n; 2° $H(U_n)$ est l'ensemble des λ_k tels que $k \leqslant m(n)$; 3° on a $x_0(\lambda) = 0$ pour tout $\lambda \in L$ et pour tout $n > 0$, $x_n(\lambda_k) = k$ si $k \leqslant m(n-1)$ et $x_n(\lambda) = 0$ pour les autres $\lambda \in L$.

c) Soit $y \in B$ le point tel que $y(\lambda_k) = k$ pour tout entier k et $y(\lambda) = 1$ pour les $\lambda \in L$ distincts des λ_k. Soit $V_0 \subset V$ un ensemble de Φ contenant y et soit n un entier tel que $\lambda_k \in L - H(V_0)$ pour tout $k > m(n)$. Montrer que $U_{n+1} \cap V_0 \neq \varnothing$, et en conclure que X n'est pas normal.

14) Déduire de l'exerc. 13 que:

a) Si un produit $\prod_{\iota \in I} X_\iota$ d'espaces séparés est normal, X_ι est semi-compact (IX, p. 93, exerc. 13) sauf pour un ensemble dénombrable d'indices.

b) Pour qu'un produit $\prod_{\iota \in I} X_I$ d'espaces métrisables soit normal il faut et il suffit que X_ι soit compact sauf pour un ensemble dénombrable d'indices; l'espace produit est alors paracompact.

15) Soient X, Y deux espaces séparés.

a) On suppose qu'il existe dans X un ensemble fermé A qui ne soit pas intersection d'ensembles ouverts, et dans Y un ensemble infini dénombrable non fermé B. Soit $b \in \overline{B} - B$. On considère dans $X \times Y$ les ensembles $C = A \times B$, $D = (X - A) \times \{b\}$. Montrer que $C \cap \overline{D} = \overline{C} \cap D = \varnothing$, mais qu'il n'existe pas de couples (U, V) d'ensembles ouverts dans $X \times Y$ tels que $C \subset U$, $D \subset V$ et $U \cap V = \varnothing$.

b) Pour que $X \times Y$ soit complètement normal, il est nécessaire qu'un des espaces X, Y soit parfaitement normal ou que dans un des espaces X, Y tout ensemble infini dénombrable soit fermé (cf. IX, p. 113, exerc. 15).

c) Soit $X = [a, b]$ un ensemble bien ordonné non dénombrable tel que $[a, x[$ soit dénombrable pour tout $x < b$. On munit X de la topologie pour laquelle $\{x\}$ est ouvert pour tout $x < b$, et les intervalles $]x, b]$ forment un système fondamental de voisinages de b (pour $x < b$). Montrer que $X \times X$ est complètement normal mais que X n'est pas parfaitement normal.

d) Montrer que si X est un espace compact tel que $X \times X \times X$ soit complètement normal, X est métrisable (utiliser le th. 1 de IX, p. 15).

¶ 16) Soit $(X_\iota)_{\iota \in I}$ une famille *non dénombrable* d'espaces topologiques séparés, ayant chacun au moins deux points distincts. Pour tout $\iota \in I$, soient a_ι, b_ι deux points distincts de X_ι. Soit X l'espace produit $\prod_{\iota \in I} X_\iota$, et soit Y le sous-espace de X formé des points $(x_\iota)_{\iota \in I}$ tels que $x_\iota = a_\iota$ sauf pour un ensemble *dénombrable* d'indices ι; soit b le point (b_ι) de X.

Dans l'espace produit $X \times Y$, on considère les ensembles $A = Y \times Y$ et $B = \{b\} \times Y$. Montrer que A et B sont fermés et qu'il n'existe aucun couple d'ensembles ouverts U, V dans $X \times Y$ tels que $A \subset U$, $B \subset V$ et $U \cap V = \varnothing$. (Soient U, V deux ensembles ouverts tels que $A \subset U$ et $B \subset V$; montrer qu'il existe une suite croissante (H_n) de parties dénombrables de I, telle que, si on désigne par x_n le point de Y dont toute coordonnée d'indice $\iota \in H_n$ est égale à b_ι, toute coordonnée d'indice $\iota \notin H_n$ égale à a_ι, le point (x_{n+1}, x_n) appartient à V pour tout entier n; prouver que la suite (x_{n+1}, x_n) tend vers un point de A, et en conclure que $U \cap V \neq \varnothing$).

Déduire de ce résultat un exemple d'anneau topologique connexe et non normal.

En déduire également que le produit d'une famille non dénombrable d'espaces topologiques séparés dont chacun a au moins deux points distincts, ne peut être complètement normal (utiliser le résultat ci-dessus lorsque tous les X_ι sont identiques à un espace discret formé de deux points.)

17) Montrer que tout espace normal weierstrassien X (IX, p. 88, exerc. 20) est semi-compact (IX, p. 93, exerc. 13). (Montrer que si (x_n) est une suite de points de X n'admettant aucune valeur d'adhérence, il y a une fonction numérique f finie et continue dans X telle que $f(x_n) = n$ pour tout n.)

18) Soient X un espace séparé non normal, A et B deux ensembles fermés sans point commun dans X, tels qu'il n'existe aucun couple d'ensembles ouverts U, V sans point commun,

satisfaisant aux relations $A \subset U$, $B \subset V$. Soit R la relation d'équivalence dans X dont les classes d'équivalence sont l'ensemble A, l'ensemble B et les ensembles $\{x\}$, où x parcourt $\complement(A \cup B)$. Montrer que le graphe de R dans $X \times X$ est fermé et que la relation R est fermée, mais que l'espace quotient X/R n'est pas séparé (cf. I, p. 155, prop. 8).

19) *a*) Soient X un espace normal, R une relation d'équivalence fermée dans X. Montrer que l'espace quotient X/R est normal (utiliser la prop. 10 de I, p. 35).

b) Soient X un espace localement compact dénombrable à l'infini, R une relation d'équivalence dans X dont le graphe est fermé dans $X \times X$. Montrer que X/R est normal (cf. I, p. 113, exerc. 19).

c) Soit X le complémentaire, dans $\mathbf{R}$, de l'ensemble des points de la forme $1/n$, où n parcourt l'ensemble des entiers différents de 0 et de ± 1. On considère, dans l'espace métrisable X, la relation d'équivalence R pour laquelle la classe d'équivalence de tout point $x \in X$ non entier est formée des points x et $1/x$, et la classe d'équivalence de chaque entier est réduite à cet entier. Montrer que R est ouverte et a un graphe fermé dans $X \times X$, mais que X/R n'est pas régulier.

¶ 20) Pour tout recouvrement $\mathfrak{R}$ d'un espace topologique X, on désigne par $V_{\mathfrak{R}}$ la réunion des ensembles $U \times U$, où U parcourt $\mathfrak{R}$. On dit qu'un recouvrement ouvert $\mathfrak{R}$ de X est *uni* s'il existe un voisinage W de la diagonale Δ de $X \times X$ tel que le recouvrement formé des $W(x)$, où x parcourt X, soit plus fin que $\mathfrak{R}$. On dit que $\mathfrak{R}$ est *divisible* s'il existe un voisinage W de Δ dans $X \times X$ tel que $\overset{2}{W} \subset V_{\mathfrak{R}}$.

a) Montrer que tout recouvrement ouvert uni de X est divisible (cf. IX, p. 107, exerc. 26 *b*)).

b) Soit $\mathfrak{R}$ un recouvrement ouvert de X tel qu'il existe un recouvrement fermé localement fini $\mathfrak{S}$ de X, plus fin que $\mathfrak{R}$. Montrer que le recouvrement $\mathfrak{R}$ est uni. (Pour tout ensemble $A \in \mathfrak{S}$, soit U_A un ensemble de $\mathfrak{R}$ contenant A et soit V_A la réunion dans $X \times X$ des ensembles ouverts $U_A \times U_A$ et $(X - A) \times (X - A)$; considérer l'ensemble $W = \bigcap_{A \in \mathfrak{S}} V_A$).

c) Soit X un espace complètement régulier; on dit qu'un recouvrement $\mathfrak{R}$ de X est *normal* si $V_{\mathfrak{R}}$ est un entourage de la structure uniforme universelle $\mathscr{U}_\omega$ (IX, p. 86, exerc. 10) de X; il revient au même de dire qu'il existe un écart d continu sur $X \times X$, tel que l'ensemble des $(x, y) \in X \times X$ tels que $d(x, y) < 1$ soit contenu dans $V_{\mathfrak{R}}$. Il existe alors une suite infinie $(\mathfrak{R}_n)$ de recouvrements de X tels que $\mathfrak{R}_1 = \mathfrak{R}$ et $\overset{2}{V}_{\mathfrak{R}_{n+1}} \subset V_{\mathfrak{R}_n}$ pour tout n; en particulier, tout recouvrement ouvert normal est uni.

d) Soit X un espace complètement régulier, et soit (U, V) un recouvrement ouvert de X (un tel recouvrement est dit *binaire*). Pour que (U, V) soit un recouvrement divisible, il faut et il suffit que, si l'on pose $A = X - U$, $B = X - V$, il existe deux ensembles ouverts disjoints S, T tels que $A \subset S$ et $B \subset T$. Pour que (U, V) soit un recouvrement normal, il faut et il suffit que A et B soient normalement séparés (IX, p. 103, exerc. 15). En déduire que pour tout $x \in X$ et tout voisinage ouvert U de x, il existe un voisinage ouvert V de x tel que $\overline{V} \subset U$ et que $(U, X - \overline{V})$ soit un recouvrement normal de X.

e) Pour qu'un espace complètement régulier X soit weierstrassien (IX, p. 88, exerc. 20), il faut et il suffit que tout recouvrement ouvert normal de X contienne un recouvrement fini (utiliser IX, p. 89, exerc. 20 *d*)).

¶ 21) *a*) Soit X un espace complètement régulier; montrer que, pour que X soit localement connexe, il faut et il suffit que pour tout recouvrement ouvert normal $\mathfrak{R}$ de X, il existe un recouvrement ouvert normal $\mathfrak{R}'$ plus fin que $\mathfrak{R}$ et formé d'ensembles ouverts connexes. (Pour voir que la condition est suffisante, utiliser l'exerc. 20 *d*). Pour voir qu'elle est nécessaire, considérer un recouvrement normal $\mathfrak{R}$ de X, une suite $(\mathfrak{R}_n)$ de recouvrements ouverts de X tels que $\mathfrak{R}_1 = \mathfrak{R}$, $\overset{2}{V}_{\mathfrak{R}_{n+1}} \subset V_{\mathfrak{R}_n}$, et pour tout n, considérer le recouvrement $\mathfrak{R}'_n$ formé des composantes connexes des ensembles de $\mathfrak{R}_n$).

b) Soient Y un espace topologique, X un sous-espace dense dans Y, y un point de Y, $(V_\iota)_{1 \leqslant \iota \leqslant n}$ un recouvrement fini de X formé d'ensembles connexes. Montrer que la réunion des $\overline{V}_\iota$ qui contiennent y est un voisinage connexe de y.

c) Soient Y un espace complètement régulier, X un sous-espace dense dans Y. On suppose que X est weierstrassien (IX, p. 88, exerc. 20) et localement connexe. Montrer que Y est localement connexe. (Soient $y \in Y$, U un voisinage ouvert de y dans Y; il y a un voisinage fermé $V \subset U$ de y dans Y tel que $(U \cap X, (Y - V) \cap X)$ soit un recouvrement normal de X; utiliser l'exerc. 21 *a*) l'exerc. 20 *e*) et l'exerc. 21 *b*)).

¶ 22) Soit X un espace régulier; montrer que les trois propriétés suivantes sont équivalentes:

α) X est localement connexe et semi-compact (IX, p. 93, exerc. 13).

β) Pour tout recouvrement ouvert fini de X, il existe un recouvrement ouvert fini plus fin, formé d'ensembles connexes.

γ) Pour tout recouvrement ouvert fini de X, il existe un recouvrement fini plus fin (non nécessairement ouvert) formé d'ensembles connexes. (Pour voir que γ) entraîne que X est localement connexe, raisonner comme dans l'exerc. 21 *c*). Pour voir que α) entraîne β), raisonner par l'absurde: si (U_j) est un recouvrement ouvert fini de X, former par récurrence sur j, un recouvrement ouvert (V_λ) dont chaque élément est une composante connexe de l'un des U_j, et où aucun des V_λ n'est contenu dans la réunion des autres; si (V_λ) est infini, en déduire que X ne serait pas semi-compact).

¶ 23) *a*) Pour que tout recouvrement ouvert *fini* d'un espace complètement régulier soit divisible (IX, p. 105, exerc. 20), il est nécessaire que X soit normal; inversement, si X est normal, tout recouvrement ouvert fini de X est *normal* (IX, p. 105, exerc. 20); lorsque $\mathfrak{R}$ parcourt l'ensemble des recouvrements ouverts finis de X, les ensembles $V_{\mathfrak{R}}$ forment un système fondamental d'entourages de la structure uniforme $\mathscr{U}_\omega^*$ induite sur X par la structure uniforme de βX (IX, p. 86, exerc. 13). (Utiliser IX, p. 48, cor. 1 et l'axiome (O_V) pour définir une famille finie d'écarts continus sur X de la forme $(x, y) \mapsto |f(x) - f(y)|$, de sorte qu'un entourage de la structure uniforme définie par cette famille soit contenu dans $V_{\mathfrak{R}}$).

b) Soient X un espace normal; pour toute partie fermée Y de X, soit Y^β l'adhérence de Y dans βX. Montrer que l'application continue $\beta Y \to Y^\beta$ qui prolonge l'injection canonique $Y \to Y^\beta$ est un homéomorphisme (utiliser *a*), ou directement la propriété universelle de βY et le th. 2 de IX, p. 44). Si Y, Z sont deux parties fermées de X, montrer que

$$(Y \cap Z)^\beta = Y^\beta \cap Z^\beta$$

dans βX (si $x_0 \notin (Y \cap Z)^\beta$ et $x_0 \in Y^\beta$, considérer un voisinage fermé V de x_0 dans βX, tel que $V \cap Y$ et Z soient disjoints).

¶ 24) On dit qu'une famille (A_α) de parties d'un espace topologique X est *discrète* si, pour tout $x \in X$, il existe un voisinage de x ne rencontrant qu'un ensemble A_α au plus. On dit qu'un espace séparé X est *collectivement normal* si, pour toute famille discrète (A_α) de parties fermées de X, il existe une famille (U_α) d'ensembles ouverts deux à deux sans point commun et telle que $A_\alpha \subset U_\alpha$ pour tout α. Tout espace collectivement normal est normal.

a) Pour que *tout* recouvrement ouvert d'un espace complètement régulier X soit divisible (IX, p. 105, exerc. 20), il faut et il suffit que l'ensemble des voisinages de la diagonale Δ de X × X soit le filtre d'entourages de la structure uniforme universelle de X (IX, p. 86, exerc. 10). Montrer que s'il en est ainsi, X est collectivement normal (si (A_α) est une famille discrète de parties fermées de X, considérer le recouvrement ouvert (V_α), où $V_\alpha = X - \bigcup_{\beta \neq \alpha} A_\beta$ pour tout α).

b) Soient $Y = [a, b[$ l'espace localement compact défini dans l'exerc. 12 de I, p. 106, Y_0 l'ensemble Y muni de la topologie discrète, Z l'ensemble $Y_0 \cup \{b\}$, où les points de Y_0 sont des ensembles ouverts, et les ensembles $]x, b]$, où x parcourt Y_0, forment un système fondamental de voisinages de b. Montrer que l'espace $X = Y \times Z$ est collectivement normal (remarquer que dans Y aucune famille infinie de parties fermées de Y ne peut être discrète, et utiliser IX, p. 102, exerc. 8). Soit $\mathfrak{R}$ le recouvrement ouvert de X formé de $Y \times Y_0$ et des produits $[a, x] \times]x, b]$ (pour $x < b$); montrer que $\mathfrak{R}$ n'est pas divisible, et par suite que l'ensemble des voisinages de Δ dans $X \times X$ n'est pas le filtre des entourages d'une structure uniforme sur X (utiliser I, p. 106, exerc. 12).

¶ 25) *a*) Soit X un espace régulier tel que, pour tout recouvrement ouvert $\mathfrak{R}$ de X, il existe un recouvrement localement fini $\mathfrak{A}$ (non nécessairement ouvert) de X qui soit plus fin que $\mathfrak{R}$. Alors, pour tout recouvrement ouvert $\mathfrak{R}$ de X, il existe un recouvrement *fermé* localement fini $\mathfrak{F}$ de X qui soit plus fin que $\mathfrak{R}$. (Pour tout $x \in X$, soit V_x un voisinage ouvert de x tel que $\overline{V}_x$ soit contenu dans un ensemble de $\mathfrak{R}$. Considérer un recouvrement localement fini $\mathfrak{B}$ plus fin que le recouvrement formé par les V_x, puis le recouvrement $\mathfrak{F}$ formé des adhérences des ensembles de $\mathfrak{B}$.)

b) Soit X un espace séparé tel que, pour tout recouvrement ouvert $\mathfrak{R}$ de X, il existe un recouvrement *fermé* localement fini $\mathfrak{F}$, plus fin que $\mathfrak{R}$. Montrer que X est paracompact. (Soit $\mathfrak{R}$ un recouvrement ouvert de X, $\mathfrak{A}$ un recouvrement localement fini de X, plus fin que $\mathfrak{R}$; pour tout x, soit W_x un voisinage ouvert de x ne rencontrant qu'un nombre fini d'ensembles de $\mathfrak{A}$. Soit $\mathfrak{F}$ un recouvrement fermé localement fini plus fin que le recouvrement formé par les W_x. Pour tout $A \in \mathfrak{A}$, soit U_A un ensemble de $\mathfrak{R}$ contenant A, et soit C_A la réunion des ensembles $F \in \mathfrak{F}$ tels que $A \cap F = \varnothing$. Montrer que lorsque A parcourt $\mathfrak{A}$, les ensembles $U_A \cap (X - C_A)$ forment un recouvrement ouvert localement fini plus fin que $\mathfrak{R}$.)

c) Déduire de *a*) et *b*) que si X est un espace régulier tel que, pour tout recouvrement ouvert $\mathfrak{R}$ de X, il existe un recouvrement localement fini (non nécessairement ouvert) plus fin que $\mathfrak{R}$, X est paracompact.

¶ 26) *a*) Pour qu'un espace régulier X soit paracompact, il faut et il suffit que tout recouvrement ouvert de X soit uni (IX, p. 105, exerc. 20). (Pour voir que la condition est nécessaire, utiliser l'exerc. 25 *a*) et IX, p. 105, exerc. 20 *b*). Pour voir qu'elle est suffisante, utiliser IX, p. 105, exerc. 20 *a*), IX, p. 6, prop. 2 et IX, p. 51, th. 4.) Tout espace paracompact est donc collectivement normal (IX, p. 106, exerc. 24) et l'ensemble des voisinages de la diagonale de $X \times X$ est le filtre des entourages de la structure uniforme universelle sur X.

b) Donner un exemple de recouvrement divisible non uni d'un espace localement compact, collectivement normal et non paracompact (utiliser *a*), et II, p. 37, exerc. 4).

c) Montrer qu'un espace paracompact X est complet pour sa structure uniforme universelle (IX, p. 86, exerc. 10). (Si un filtre de Cauchy $\mathfrak{F}$ pour cette structure n'a pas de point adhérent, tout point $x \in X$ a un voisinage ouvert V_x qui ne rencontre pas un ensemble de $\mathfrak{F}$ au moins. Utiliser alors *a*), et IX, p. 106, exerc. 24 *a*).)

¶ 27) *a*) Soient X un espace normal, $(U_\lambda)_{\lambda \in L}$ un recouvrement ouvert localement fini de X. Montrer qu'il existe un recouvrement ouvert *dénombrable* $(V_n)_{n \in \mathbf{N}}$ de X, où, pour chaque $n \in \mathbf{N}$, V_n est la réunion d'une famille $(W_\nu)_{\nu \in K_n}$ d'ouverts *deux à deux disjoints* formant un recouvrement de V_n plus fin que $(U_\lambda)_{\lambda \in L}$. (Soit $(f_\lambda)_{\lambda \in L}$ une partition continue de l'unité subordonnée à $(U_\lambda)_{\lambda \in L}$. Pour toute partie finie J de L, soit W_J l'ensemble des $x \in X$ tels que $f_\lambda(x) < f_\mu(x)$ pour tous les couples (λ, μ) tels que $\lambda \in L - J$, $\mu \in J$. Prendre pour K_n l'ensemble des parties de L ayant n éléments.)

b) Soient X un espace topologique, $\mathfrak{O}$ l'ensemble des ouverts de X. On dit qu'une partie $\mathfrak{U}$ de $\mathfrak{O}$ est *quasi-pleine* si elle vérifie les conditions suivantes: α) $\mathfrak{U}$ est un recouvrement de X; β) toute partie ouverte d'un ensemble appartenant à $\mathfrak{U}$ appartient à $\mathfrak{U}$; γ) toute réunion *finie* d'ensembles de $\mathfrak{U}$ appartient à $\mathfrak{U}$; δ) toute réunion d'une famille d'ensembles appartenant à $\mathfrak{U}$ et *deux à deux disjoints*, appartient à $\mathfrak{U}$.

Montrer que pour que l'espace X soit paracompact, il faut et il suffit que toute partie quasi-pleine $\mathfrak{U}$ de $\mathfrak{O}$ soit égale à $\mathfrak{O}$. (Pour voir que la condition est nécessaire, utiliser *a*) pour construire un recouvrement ouvert dénombrable localement fini $(V_n)_{n \in \mathbf{N}}$ de X tel que $V_n \in \mathfrak{U}$ pour tout $n \in \mathbf{N}$. Puis, à l'aide d'une partition continue de l'unité (f_n) subordonnée à

(V_n) et de la fonction $f(x) = \sum_{n>0} nf_n(x)$, construire un recouvrement ouvert (W_n) de X par des ouverts de $\mathfrak{U}$ tels que $\overline{W}_n \subset W_{n+1}$ pour tout $n \geqslant 0$. Pour voir que la condition est suffisante, étant donné un recouvrement ouvert $\mathfrak{R}$ de X, considérer l'ensemble $\mathfrak{U}$ des ouverts de X tels que pour tout ensemble $A \in \mathfrak{U}$, les intersections avec A des ensembles de $\mathfrak{R}$ constituent un recouvrement de A possédant un recouvrement ouvert plus fin et localement fini.)

¶ 28) *a*) Soient Y un espace compact, X un sous-espace de Y, U un voisinage ouvert de la diagonale Δ dans $X \times X$, V un ouvert de $X \times Y$ tel que $V \cap (X \times X) = U$. Montrer que si, dans $X \times Y$, les ensembles fermés Δ et $\complement V$ sont normalement séparés (IX, p. 87, exerc. 15) alors U est un entourage de la structure universelle de X (utiliser IX, p. 84, exerc 4).

b) Soit X un espace complètement régulier. Montrer que les conditions suivantes sont équivalentes:

α) X est paracompact.

β) Le produit de X et de tout espace compact est normal.

γ) Si un filtre $\mathfrak{F}$ sur X est tel que, pour toute application continue f de X dans un espace métrisable M, $f(\mathfrak{F})$ a un point adhérent dans M, alors $\mathfrak{F}$ a un point adhérent dans X.

(En utilisant *a*), montrer d'abord que la condition β) implique que les voisinages de la diagonale Δ dans $X \times X$ forment un système fondamental d'entourages de la structure uniforme universelle $\mathscr{U}_\omega$. Pour prouver que β) entraîne γ), raisonner par l'absurde: considérer un espace compact Z contenant X (par exemple βX) et l'ensemble A des points adhérents à $\mathfrak{F}$ dans Z, et noter qu'il existe un voisinage U de Δ dans $Z \times X$ tel que $\overline{U}$ ne rencontre pas $A \times X$. Soit d'un écart continu sur X tel que l'ensemble des $(x, y) \in X \times X$ tels que $d(x, y) < 1$ soit contenu dans U; soient X_d l'espace métrique associé à d (IX, p. 11), $f: X \to X_d$ l'application canonique. En appliquant à $f(\mathfrak{F})$ l'hypothèse γ), montrer qu'il y aurait sur X un filtre $\mathfrak{H}$ plus fin que $\mathfrak{F}$, ayant un point adhérent dans Z non contenu dans A. Pour voir que γ) entraîne α), raisonner par l'absurde, en supposant qu'il y ait un recouvrement $\mathfrak{R}$ de X sans recouvrement ouvert localement fini plus fin; l'ensemble des complémentaires des réunions finies d'ensembles de $\mathfrak{R}$ est alors une base de filtre $\mathfrak{B}$ sans point adhérent; il existe par suite une application continue f de X dans un espace métrisable M tel que $f(B)$ n'ait pas de point adhérent. Les extérieurs des ensembles de $f(\mathfrak{B})$ forment alors un recouvrement ouvert de M; utilisant le fait que M est paracompact, former un recouvrement ouvert localement fini de X plus fin que $\mathfrak{R}$, contredisant l'hypothèse.)

29) *a*) Soit $(\mathfrak{S}_n)$ (pour $n \geqslant 1$) une suite de familles localement finies formées de parties ouvertes d'un espace topologique X. On suppose que $\mathfrak{S} = \bigcup_n \mathfrak{S}_n$ est un recouvrement de X. Il existe alors un recouvrement localement fini $\mathfrak{B}$ (non nécessairement ouvert) de X qui est plus fin que $\mathfrak{S}$. (Soit U_n la réunion des ouverts de toutes les familles $\mathfrak{S}_k$ pour $k \leqslant n$; montrer que si $A_n = U_n - U_{n-1}$ (avec $U_0 = \varnothing$) l'ensemble $\mathfrak{B}$ des parties $V \cap A_n$, où $V \in \mathfrak{S}_n$ et n parcourt l'ensemble des entiers $\geqslant 1$, répond à la question.)

b) Soient X un espace topologique, $(A_\iota)_{\iota \in I}$ une famille de parties de X; on dit que (A_ι) est *localement finie en un point* $x \in X$ s'il existe un voisinage de x ne rencontrant A_ι que pour un nombre fini d'indices $\iota \in I$. On dit qu'un sous-espace Y de X est *relativement paracompact dans* X si, pour tout ensemble $\mathfrak{F}$ de parties ouvertes de X, formant un recouvrement de Y, il existe un ensemble $\mathfrak{G}$ de parties ouvertes de X, formant un recouvrement de Y plus fin que $\mathfrak{F}$, et localement fini en tout point de Y. Si X est séparé, Y est alors un espace paracompact (cf. IX, p. 113, exerc. 14). Dans un espace paracompact, tout sous-espace fermé est relativement paracompact. Dans un espace séparé, tout sous-espace compact est relativement paracompact.

c) Soit Y un sous-espace fermé d'un espace normal X; montrer que si Y est relativement paracompact dans X, alors, pour tout ensemble $\mathfrak{F}$ de parties ouvertes de X, formant un recouvrement de Y, il existe un ensemble localement fini $\mathfrak{G}$ de parties ouvertes de X, plus fin que $\mathfrak{F}$ et formant un recouvrement de Y. (On peut supposer que $\mathfrak{F}$ est localement fini en tout point de Y. Pour tout $y \in Y$, soit U_y un voisinage de y ne rencontrant qu'un nombre fini d'ensembles de $\mathfrak{F}$. Soient V la réunion des U_y pour $y \in Y$, W un voisinage de Y tel que $\overline{W} \subset V$; considérer les intersections de W est des ensembles de $\mathfrak{F}$.)

d) Dans un espace normal X, montrer qu'une réunion dénombrable de sous-espaces fermés relativement paracompacts dans X est un sous-espace relativement paracompact dans X (utiliser *a*) et *c*) et IX, p. 107, exerc. 25 *c*)). En particulier, dans un espace paracompact X, toute réunion dénombrable de sous-espaces fermés est un sous-espace relativement paracompact dans X (et *a fortiori* paracompact) (cf. IX, p. 113, exerc. 14).

e) Montrer que tout produit d'un espace paracompact X et d'un espace complètement régulier Y, réunion dénombrable d'ensembles compacts, est paracompact (plonger Y dans βY et utiliser *d*)) (cf. IX, p. 113, exerc. 14).

30) Dans un espace régulier X, soit $\mathfrak{F}$ un ensemble *localement fini* d'ensembles dont chacun est un sous-espace paracompact de X. Montrer que le sous-espace réunion des ensembles de $\mathfrak{F}$ est paracompact (utiliser l'exerc. 25 *c*) de IX, p. 107) (cf. IX, p. 113, exerc. 14).

31) *a*) Soient X un espace paracompact, R une relation d'équivalence fermée dans X, telle que toute classe d'équivalence suivant R soit compacte. Montrer que X/R est paracompact. (On sait que X/R est normal (IX, p. 105, exerc. 19). Utiliser ensuite IX, p. 107, exerc. 25 *c*)).[1]

b) Soient X un espace séparé, R une relation d'équivalence fermée dans X, telle que toute classe d'équivalence suivant R soit compacte. Montrer que si X/R est paracompact, X est paracompact (raisonner comme dans I, p. 70, prop. 17).

c) Soient Y un espace localement compact non paracompact (I, p. 106, exerc. 12), Y_0 l'espace compact obtenu en adjoignant à Y un point à l'infini. Soient X l'espace somme topologique de Y et Y_0, R la relation d'équivalence identifiant tout point de Y à son image canonique dans Y_0; la relation R est ouverte, toute classe d'équivalence suivant R contient au plus deux points, et X/R est homéomorphe à Y_0, donc compact.

¶ 32) *a*) Pour qu'un espace régulier X soit métrisable, il faut et il suffit qu'il existe une suite $(\mathfrak{B}_n)$ de familles localement finies de parties ouvertes de X telle que $\mathfrak{B} = \bigcup_n \mathfrak{B}_n$ soit une *base* de la topologie de X (*théorème de Nagata-Smirnov*). (Pour montrer que la condition est nécessaire, utiliser le fait que X est paracompact, en considérant pour chaque n le recouvrement de X formé des boules ouvertes de rayon $1/n$. Pour voir que la condition est suffisante, montrer d'abord que X est paracompact, en utilisant IX, p. 108, exerc. 29 *a*) et IX, p. 113, exerc. 25 *c*). Pour tout couple d'entiers m, n et tout $U \in \mathfrak{B}_m$, soit U′ la réunion des ensembles $V \in \mathfrak{B}_n$ tels que $\overline{V} \subset U$; montrer que $\overline{U'} \subset U$. Soit f_U une application continue de X dans $[0, 1]$, égale à 0 dans X — U et à 1 dans U′, et soit

$$d_{mn}(x, y) = \sum_{U \in \mathfrak{B}_m} |f_U(x) - f_U(y)|;$$

montrer que les écarts d_{mn} définissant la topologie de X.) En particulier tout espace régulier ayant une base dénombrable est métrisable.

b) Montrer qu'avec les notations de *a*), on peut en outre supposer que chacune des familles $\mathfrak{B}_n$ soit *discrète* (IX, p. 106, exerc. 24). (Utiliser l'exerc. 27 *a*) en remarquant (avec les notations de cet exercice) que dans un espace métrique, chaque W_v est réunion des ouverts W_{vm}, où W_{vm} est l'ensemble des points dont la distance à $\complement W_v$ est $> 1/m$). En déduire que dans un espace métrisable, les conditions (D_V) et (D_I) de I, p. 90, exerc. 7, sont équivalentes.

¶ 33) Soit X un espace métrique dont tout point x possède un voisinage $U(x)$ qui soit un sous-espace complet pour la distance de X. Montrer qu'il existe sur X une distance compatible avec la topologie de X et pour laquelle X est un espace métrique complet. (Si $\mathfrak{R}$ est

[1] On peut montrer que la conclusion subsiste si l'on suppose seulement R fermée; voir E. Michael, *Proc. Amer. Math. Soc.*, t. VIII (1957), p. 822–828.

le recouvrement de X formé par les U(x) pour $x \in$ X, considérer le voisinage $V_{\mathfrak{R}}$ de la diagonale Δ dans X $\times$ X, et utiliser IX, p. 113, exerc. 26 *a*); en utilisant IX, p. 6, prop. 2, définir sur X une structure uniforme métrisable plus fine que la structure définie par la distance de X, compatible avec la topologie de X, et pour laquelle X soit complet.)

¶ 34) *a*) Soient X un espace métrisable, R une relation d'équivalence fermée dans X, telle que toute classe d'équivalence suivant R soit compacte. Alors X/R est métrisable (Pour appliquer le th. de Nagata-Smirnov (IX, p. 114, exerc. 32), considérer un recouvrement $\mathfrak{R} = (U_\lambda)_{\lambda \in L}$ de X formé d'ouverts *saturés* pour R; montrer qu'il existe une suite $(\mathfrak{S}_n)$ ayant les propriétés suivantes: 1° chaque $\mathfrak{S}_n$ est une famille localement finie d'ensembles ouverts dans X saturés pour R; 2° $\mathfrak{S} = \bigcup_n \mathfrak{S}_n$ est un recouvrement ouvert de X plus fin que $\mathfrak{R}$. Pour cela, munir L d'une structure d'ensemble bien ordonné; soit d une distance définissant la topologie de X; pour tout $\lambda \in$ L et tout entier $n > 0$, soit $W_{n\lambda}$ le plus grand ensemble ouvert saturé pour R contenu dans l'ensemble des $x \in$ X tels que $d(x, X - U_\lambda) > 2^{-n}$, $F_{n\lambda}$ le saturé pour R de l'ensemble des $x \in$ X tels que $d(x, X - U_\lambda) \geqslant 2^{-n}$, $G_{n\lambda}$ l'ensemble des $x \in W_{n\lambda}$ tels que $x \notin F_{n+1,\mu}$ pour $\mu < \lambda$, $V_{n\lambda}$ le plus grand ensemble ouvert saturé contenu dans l'ensemble des $y \in$ X tels que $d(x, G_{n\lambda}) < 2^{-n-3}$. Montrer que l'ensemble $\mathfrak{S}_n$ des $V_{n\lambda}$ pour $\lambda \in$ L répond à la question.)

b) Etendre le résultat de *a*) au cas où l'on suppose la relation R fermée et l'espace X/R tel que tout point admette un système fondamental dénombrable de voisinages (cf. IX, p. 96, exerc. 23 *b*).

c) Soient X un espace topologique, (F_α) un recouvrement fermé localement fini de X. Montrer que si chacun des sous-espaces F_α est métrisable, X est métrisable (considérer X comme espace quotient de la somme topologique des F).

d) Montrer qu'un espace paracompact dont tout point admet un voisinage métrisable est métrisable (appliquer *c*)). (Cf. I, p. 114, exerc. 22 *b*) et IX, p. 113, exerc. 14 *b*).)

35) On dit qu'un espace séparé X est *métacompact* si pour tout recouvrement ouvert $\mathfrak{R}$ de X, il existe un recouvrement ouvert de X plus fin que $\mathfrak{R}$ et ponctuellement fini.

a) Montrer que tout sous-espace fermé d'un espace métacompact est métacompact; si tout sous-espace ouvert d'un espace métacompact X est métacompact, alors tout sous-espace de X est métacompact.

b) Soient X un espace séparé, R une relation d'équivalence fermée dans X telle que toute classe d'équivalence suivant R soit compacte. Montrer que si X/R est métacompact, X est métacompact (raisonner comme dans IX, p. 109, exerc. 31 *b*)).

c) Montrer qu'un espace qui est à la fois métacompact et semi-compact (IX, p. 93, exerc. 13) est compact. (Remarquer, à l'aide du th. de Zorn, que tout recouvrement ouvert ponctuellement fini contient un recouvrement ouvert minimal et utiliser l'exerc. 13 *a*) de IX, p. 93).

d) L'espace localement compact et complètement normal X = $[a, b[$ défini dans l'exerc. 12 de I, p. 106, n'est pas métacompact[1].

e) Soient Y un espace métrisable, A une partie de Y partout dense ainsi que son complémentaire dans Y. On désigne par X l'espace non régulier obtenu en munissant Y de la topologie engendrée par les ensembles ouverts de Y et l'ensemble A (I, p. 103, exerc. 20). Montrer que X est métacompact. (Considérer pour tout $x \in$ X un voisinage V_x de x contenu dans un ensemble d'un recouvrement ouvert donné $\mathfrak{R}$ de X, tel que $V_x \subset$ A si $x \in$ A et que V_x soit un voisinage de x dans Y si $x \notin$ A. Remarquer que A, considéré comme sous-espace de Y, est paracompact, et qu'il en est de même de la réunion des V_x pour $x \in$ A, considérée comme sous-espace de Y.)

---

[1] Il y a des espaces qui sont parfaitement normaux, collectivement normaux et non métacompacts, et des espaces qui sont parfaitement normaux, métacompacts et non collectivement normaux (donc non paracompacts); cf. E. MICHAEL, *Can. Journ. of Math.*, t. VII (1955), p. 275–279.

36) On dit qu'un espace topologique X est *localement paracompact* si tout point $x \in X$ admet dans X un voisinage *fermé* qui est un sous-espace paracompact.

a) Montrer qu'un espace localement paracompact est complètement régulier.

b Dans la planche de Tychonoff P (IX, p. 85, exerc. 8), soit H le complémentaire de l'ensemble des points (n, ω_1). Montrer que H est un espace normal non localement paracompact (cf. I, p. 106, exerc. 12).

c) Soient X un espace topologique, Φ un recouvrement de X formé d'ensembles fermés qui sont des sous-espaces paracompacts de X et sont tels que tout $A \in \Phi$ admette un voisinage dans X appartenant à Φ. Soit X′ l'ensemble somme de X et d'un point ω; on définit sur X′ une topologie en prenant comme système fondamental de voisinages de $x \in X$ dans X′ l'ensemble des voisinages de x dans X, et comme système fondamental de voisinages de ω la base de filtre engendrée par les complémentaires dans X′ des ensembles de Φ (cf. IX, p. 109, exerc. 30)). Montrer que X′ est un espace paracompact.

§ 5

1) *a*) Dans un espace topologique X, montrer que les propriétés suivantes d'une partie A de X sont équivalentes:

α) la frontière de A est rare;

β) A est réunion d'un ensemble ouvert et d'un ensemble rare;

γ) A est différence d'un ensemble fermé et d'un ensemble rare.

b) Montrer que si une partie A de X est telle que pour tout $x \in A$, il existe un voisinage V de x dans X tel que $V \cap A$ soit rare dans X, alors A est un ensemble rare dans X.

2) On dit qu'une partie C d'un espace topologique X est un ensemble *clairsemé* si, pour tout ensemble parfait $P \subset X$, $P \cap C$ est rare relativement à P.

a) Montrer que toute réunion finie d'ensembles clairsemés est un ensemble clairsemé.

b) Montrer que la frontière d'un ensemble clairsemé est un ensemble rare.

c) Il existe dans X un plus grand ensemble parfait, dont le complémentaire est clairsemé.

¶ 3) Soit A une partie d'un espace topologique X; on désigne par D(A) la partie de X formée des points x tels que, pour tout voisinage V de x, l'ensemble $V \cap A$ ne soit pas maigre. On a $D(A) \subset \overline{A}$.

a) Montrer que si B est un ensemble tel que $D(B) = \varnothing$, on a $D(A \cup B) = D(A)$ pour toute partie A de X.

b) Pour que $D(A) = \varnothing$, il faut et il suffit que A soit en ensemble maigre. (On commencera par montrer que, si (U_α) est une famille d'ensembles ouverts dans X, deux à deux disjoints, et si, pour chaque α, B_α est un ensemble rare relativement à X, contenu dans U_α, alors l'ensemble $\bigcup_\alpha B_\alpha$ est rare. On considérera ensuite un ensemble *maximal* $\mathfrak{M}$ d'ensembles ouverts dans X, deux à deux disjoints et tels que pour tout $U \in \mathfrak{M}$, $A \cap U$ soit maigre; l'existence d'un tel ensemble s'établira par le th. de Zorn. On montrera enfin que la relation $D(A) = \varnothing$ entraîne que, si G est la réunion des ensembles de $\mathfrak{M}$, l'ensemble $A \cap \complement G$ est rare.)

c) Montrer que l'ensemble D(A) est fermé, et que l'ensemble $A \cap \complement D(A)$ est maigre (établir, à l'aide de *b*), que $A \cap \complement D(A)$ est maigre relativement au sous-espace ouvert $\complement D(A)$).

d) Montrer que D(A) est identique à l'adhérence de son intérieur (si D′(A) est l'adhérence de l'intérieur de D(A), montrer que $A \cap \complement D'(A)$ est maigre, en observant que cet ensemble est réunion de $A \cap \complement D(A)$ et de $A \cap D(A) \cap \complement D'(A)$).

4) Soient X et Y deux espaces topologiques, A (resp. B) une partie de X (resp. Y).

a) Pour que $A \times B$ soit rare (resp. parfait) dans $X \times Y$, il faut et il suffit qu'un des deux ensembles A, B soit rare (resp. que A et B soient fermés et que l'un d'eux soit parfait).

b) Pour que $A \times B$ soit clairsemé dans $X \times Y$ (IX, p. 111, exerc. 2), il faut et il suffit que A et B soient tous deux clairsemés.

¶ 5 *a*) Soient X et Y deux espaces topologiques, A un ensemble rare dans l'espace produit $X \times Y$. Si la topologie de Y admet une base dénombrable, montrer que l'ensemble des $x \in X$ tels que la coupe $A \cap (\{x\} \times Y)$ de A suivant x ne soit pas rare relativement à $\{x\} \times Y$ est un ensemble maigre dans X (pour tout ensemble ouvert non vide U dans Y, montrer que l'ensemble des $x \in X$ tels que $\{x\} \times U$ soit contenu dans l'adhérence de la coupe de A suivant x, est un ensemble rare dans X).

b) Montrer par un exemple que le résultat de *a*) peut être en défaut si la topologie de Y n'a pas une base dénombrable (prendre pour X un espace séparé sans point isolé, pour Y l'espace discret ayant même support que X, pour A la diagonale de $X \times Y$).

c) Si $B \subset X$, $C \subset Y$ et si un des ensembles B, C est maigre (dans X et Y respectivement), le produit $B \times C$ est maigre dans $X \times Y$. Réciproquement, si $B \times C$ est maigre dans $X \times Y$ et si la topologie de X ou de Y a une base dénombrable, l'un des ensembles B, C est maigre.

d) Déduire de *c*) que si la topologie de l'un des espaces X, Y admet une base dénombrable, on a (avec les notations de IX, p. 111, exerc. 3) $D(B \times C) = D(B) \times D(C)$.

6) Dans un espace topologique X, on dit qu'un ensemble A est *approchable* s'il existe un ensemble ouvert U tel que chacun des ensembles $U \cap \complement A$, $A \cap \complement U$ soit maigre (cf. IX, p. 69).

a) Montrer que le complémentaire d'un ensemble approchable est approchable.

b) Montrer que toute réunion dénombrable d'ensembles approchables est approchable.

c) Montrer que les propriétés suivantes sont équivalentes:

α) A est approchable;

β) il existe une partie maigre M de X telle que dans le sous-espace $X - M$, $A \cap \complement M$ soit à la fois ouvert et fermé;

γ) il existe un ensemble $G \subset A$, intersection dénombrable d'ensembles ouverts dans X, tel que $A - G$ soit maigre dans X;

δ) il existe un ensemble $F \supset A$, réunion dénombrable d'ensembles fermés dans X, tel que $F - A$ soit maigre dans X;

ζ) l'ensemble $D(A) \cap D(X - A)$ (notations de IX, p. 111, exerc. 3) est rare dans X;

θ) l'ensemble $D(A) \cap \complement A$ est maigre dans X.

(Pour démontrer l'équivalence de α), ζ) et θ), on utilisera IX, p. 111, exerc. 3 *a*) et 3 *b*), et on montrera que α) entraîne ζ), que ζ) entraîne θ) et que θ) entraîne α)).

d) Soient X, Y deux espaces topologiques tels que la topologie de l'un d'eux ait une base dénombrable. Pour qu'une partie de $X \times Y$ de la forme $A \times B$ soit approchable, il faut et il suffit que l'un des ensembles A, B soit maigre, ou que tous deux soient approchables (utiliser la propriété ζ) de *c*)).

7) On dit qu'un espace topologique X est *inépuisable* s'il n'est pas maigre relativement à lui-même.

a) Pour que X soit inépuisable, il faut et il suffit que toute famille dénombrable d'ensembles ouverts partout denses dans X ait une intersection non vide.

b) Dans un espace inépuisable, le complémentaire de tout ensemble maigre est un sous-espace inépuisable.

8) Soit X un espace topologique, tel qu'il existe un ensemble ouvert non vide U dans X qui soit un sous-espace inépuisable. Montrer que X est un espace inépuisable, et que U n'est pas maigre relativement à X.

9) Soit X le sous-espace de $\mathbf{R}^2$ réunion de $\mathbf{Q}^2$ et de la droite $y = 0$; montrer que X est maigre relativement à lui-même. En déduire que dans un espace topologique X, il peut exister des sous-espaces inépuisables sans que X soit inépuisable.

10) Montrer que tout espace complètement régulier weierstrassien (IX, p. 88, exerc. 20) est un espace de Baire. (Raisonner comme dans IX, p. 55, th. 1.)

¶ 11) On dit qu'un espace topologique X est *totalement inépuisable* si tout sous-espace *fermé* non vide de X est inépuisable. Un espace localement compact est totalement inépuisable; un espace métrique complet est totalement inépuisable.

a) Montrer qu'un espace régulier totalement inépuisable est un espace de Baire.

b) Dans un espace accessible totalement inépuisable (I, p. 100, exerc. 1) un ensemble fermé dénombrable non vide est clairsemé, (IX, p. 111, exerc. 2), et par suite a au moins un point isolé.

c) Dans un espace totalement inépuisable X, tout sous-espace Y, intersection d'une infinité dénombrable d'ensembles ouverts dans X, est totalement inépuisable (si F est un sous-ensemble de Y, fermé par rapport à Y, et F son adhérence dans X, montrer que $\bar{\mathrm{Y}} \cap \complement \mathrm{Y}$ est maigre relativement à $\bar{\mathrm{Y}}$).

d) Si tout point d'un espace topologique X possède un voisinage qui est un sous-espace totalement inépuisable, X est totalement inépuisable.

¶ 12) Soit X un espace totalement inépuisable, connexe et localement connexe. Montrer que X ne peut être réunion d'une suite infinie (F_n) d'ensembles fermés non vides, deux à deux sans point commun. (Soit H la réunion des frontières H_n des F_n dans X; montrer que H est fermé dans X, puis que chacun des ensembles H_n est rare relativement à H; pour établir ce dernier point, considérer un système fondamental de voisinages connexes d'un point de H_n, et raisonner par l'absurde, en utilisant la prop. 3 de I, p. 81).

13) Soit X le sous-espace de $\mathbf{R}^2$ formé des points $(r, 0)$, où r parcourt l'ensemble $\mathbf{Q}$ des nombres rationnels, et des points $(k/n, 1/n)$, où n parcourt l'ensemble des entiers $\geqslant 1$, k l'ensemble de tous les entiers rationnels. Montrer que X est un espace de Baire, mais n'est pas totalement inépuisable.

¶ 14) Soit X le sous-ensemble du plan $\mathbf{R}^2$ formé de la droite $\mathrm{D} = \{0\} \times \mathbf{R}$ et des points $(1/n, k/n^2)$, où n parcourt l'ensemble des entiers > 0 et k l'ensemble $\mathbf{Z}$ des entiers rationnels.

a) Pour tout point $(0, y)$ de D et tout entier $n > 0$, soit $\mathrm{T}_n(y)$ l'ensemble des points (u, v) de X tels que $u \leqslant 1/n$ et $|v - y| \leqslant u$. Montrer que si on prend comme système fondamental de voisinages de chaque point $(0, y)$ l'ensemble des $\mathrm{T}_n(y)$, et comme système fondamental de voisinages de chacun des autres points de X l'ensemble réduit à ce point, on définit sur X une topologie $\mathscr{T}$, plus fine que la topologie induite par celle de $\mathbf{R}^2$, et pour laquelle X est localement compact.

b) Montrer que X est réunion d'une famille dénombrable de sous-espaces fermés métrisables et que tout point de X possède un voisinage compact et métrisable, mais que X *n'est pas normal*. (Soit A l'ensemble des $(0, y)$, où y est rationnel, et soit $\mathrm{B} = \mathrm{D} - \mathrm{A}$; montrer que dans X, tout voisinage U de A rencontre tout voisinage V de B: pour cela, considérer pour tout n l'ensemble B_n des $y \in \mathrm{B}$ tels que $\mathrm{T}_n(y) \subset \mathrm{V}$, et remarquer que dans $\mathbf{R}$ l'ensemble B n'est pas maigre).

¶ 15) On désigne par $\mathbf{R}_-$ l'espace topologique obtenu en munissant l'ensemble totalement ordonné $\mathbf{R}$ des nombres réels, de la topologie $\mathscr{T}_-(\mathbf{R})$ (I, p. 91, exerc. 5).

a) Montrer que tout ensemble ouvert dans $\mathbf{R}_-$ est réunion d'une famille dénombrable d'intervalles semi-ouverts à gauche ou ouverts, deux à deux sans point commun. En déduire que $\mathbf{R}_-$ est un espace parfaitement normal (IX, p. 111, exerc. 11) et totalement inépuisable (IX, p. 113, exerc. 11).

b) Montrer que l'espace $\mathbf{R}_- \times \mathbf{R}_-$ n'est pas normal, et par suite que $\mathbf{R}_-$ n'est pas métrisable, bien qu'il existe dans $\mathbf{R}_-$ une partie dénombrable partout dense. (En considérant dans $\mathbf{R}_- \times \mathbf{R}_-$ l'ensemble des points (x, y) tels que $x + y = 1$, montrer qu'il existe une partie fermée de $\mathbf{R}_- \times \mathbf{R}_-$ qui est un sous-espace homéomorphe à l'espace X défini dans l'exerc. 14.)

c) Montrer que tout sous-espace de $\mathbf{R}_-$ est un espace de Lindelöf (IX, p. 75), et par suite est paracompact (IX, p. 76, prop. 2). (Pour tout $x \in \mathbf{R}_-$, soit U_x un intervalle semi-ouvert $]y(x), x]$ d'extrémité x. Montrer que l'ensemble des $z \in \mathbf{R}_-$ qui n'appartiennent à aucun intervalle ouvert $]y(x), x[$ est dénombrable; on pourra utiliser l'exerc. 1 de IV, p. 47.)

d) Montrer que tout sous-ensemble compact de $\mathbf{R}_-$ est dénombrable (si A est un ensemble compact dans $\mathbf{R}_-$, les topologies induites sur A par $\mathscr{T}_-(\mathbf{R})$ et $\mathscr{T}_0(\mathbf{R})$ sont identiques; en déduire que tout point de A est origine d'un intervalle contigu à A).

16) *a*) Montrer que tout produit $X = \prod_{\iota \in I} Y_\iota$ d'espaces métriques complets est un espace de Baire. (Raisonner comme dans la démonstration du th. 1 (IX, p. 55), en prenant pour G_n un ensemble élémentaire (I, p. 24) dont toutes les projections qui sont différentes de l'espace facteur tout entier ont un diamètre $\leqslant 1/n$; remarquer ensuite qu'il y a une partie dénombrable J de I telle que chaque G_n soit de la forme $H_n \times \prod_{\iota \notin J} Y_\iota$, où $H_n \subset \prod_{\iota \in J} Y_\iota$).

b) Montrer par un exemple que si I n'est pas dénombrable, X n'est pas nécessairement totalement inépuisable (exerc. 11). (Utiliser IX, p. 90, exerc. 1 et IX, p. 97, 27 *b*)).

¶ 17) *a*) Montrer que, dans un espace métrique complet, tout ensemble parfait contient une partie homéomorphe à l'ensemble triadique de Cantor K (IV, p. 9) (utiliser l'exerc. 11 de IV, p. 63).

b) En déduire que, dans un espace métrique complet ayant une base dénombrable, tout ensemble parfait a la puissance du continu; tout ensemble fermé est dénombrable ou a la puissance du continu (utiliser I, p. 108, exerc. 17); tout ensemble ouvert est dénombrable ou a la puissance du continu.

c) Montrer que dans un espace métrique complet non dénombrable et ayant une base dénombrable, l'ensemble des sous-ensembles parfaits a la puissance du continu. (Le démontrer d'abord pour l'espace compact $\{0, 1\}^{\mathbf{N}}$, puis utiliser *a*) et IX, p. 92, exerc. 11 *b*)).

d) Soit X un espace métrique complet non dénombrable et ayant une base dénombrable. Montrer qu'il existe une partie $Z \subset X$ telle que Z et $X - Z$ aient la puissance du continu et que ni Z, ni $X - Z$ ne contiennent d'ensemble parfait non vide. (Utiliser *b*) et *c*) et la méthode décrite dans E, III, p. 91, exerc. 24*a*)). Si en outre X n'a aucun point isolé, montrer que ni Z ni $X - Z$ ne sont maigres. (Si A est une intersection dénombrable d'ensembles ouverts partout denses de X, montrer que A contient des ensembles parfaits non vides, en utilisant *c*) et IX, p. 58). En déduire que, dans ce cas, Z n'est pas un ensemble approchable dans X (IX, p. 91, exerc. 6; noter que le raisonnement précédent montre que pour toute partie ouverte non vide U de X, $U \cap Z$ est non maigre).

18) Soient A un sous-espace partout dense dans un espace topologique X, f une application continue de A dans un espace métrique complet Y; montrer que l'ensemble des points de X où f n'a pas de limite (relativement à A) est un ensemble maigre dans X (considérer pour tout $n > 0$ l'ensemble des $x \in X$ où l'oscillation $\omega(x; f)$ de f est $< 1/n$).

¶ 19) Soient f un homéomorphisme d'une partie A d'un espace métrique complet X sur une partie A′ d'un espace métrique complet X′; montrer qu'il existe un prolongement $\bar{f}$ de f à un ensemble B, intersection dénombrable d'ensembles ouverts dans X, qui est un homéomorphisme de B sur un ensemble B′, intersection dénombrable d'ensembles ouverts dans X′ (appliquer l'exerc. 18 à f et à l'homéomorphisme réciproque g).

20) Soit X un espace topologique.

a) Soit f une fonction numérique (finie ou non) semi-continue inférieurement dans X. Montrer que l'ensemble des points $x \in X$ où f est continue est le complémentaire d'un ensemble maigre (complémentaire qui est donc partout dense si X est un espace de Baire). (Se ramener au cas où f est bornée; noter que pour tout entier n, l'ensemble des $x \in X$ tels que $\omega(x; f) \geqslant 1/n$ est rare, en utilisant IV, p. 56, exerc. 6).

b) Soit (f_n) une suite d'applications continues de X dans un espace métrique Y, telle que pour tout $x \in X$, la suite $(f_n(x))$ ait une limite $f(x)$ dans Y. Montrer que l'ensemble des points $x \in X$ où f est continue est le complémentaire d'un ensemble maigre (ensemble qui est donc partout dense si X est un espace de Baire). (Pour tout n, soit $\varphi_n(x)$ le diamètre dans Y de l'ensemble des $f_m(x)$ pour $m \geqslant n$; montrer que φ_n est semi-continue inférieurement, et appliquer à chaque φ_n le résultat de *a*)).

c) Soit K l'intervalle compact $[0, 1]$ dans $\mathbf{R}$; donner un exemple d'une suite d'applications continues f_n de K dans l'espace compact K^K telle que $\lim_{n\to\infty} f_n(x) = f(x)$ existe pour tout $x \in K$ mais que f ne soit continue en aucun point de K.

¶ 21) Soient X un espace topologique, Y, Z deux espaces métriques, d, d' les distances dans Y, Z respectivement. Soit f une application de $X \times Y$ dans Z telle que, pour tout $x_0 \in X$, $y \mapsto f(x_0, y)$ soit continue dans Y, et que, pour tout $y_0 \in Y$, $x \mapsto f(x, y_0)$ soit continue dans X.

a) Pour tout $\varepsilon > 0$, tout point $b \in Y$ et tout $x \in X$, on désigne par $g(x; b, \varepsilon)$ la borne supérieure des nombres $\alpha > 0$ tels que la relation $d(b, y) < \alpha$ entraîne $d'(f(x, b), f(x, y)) \leqslant \varepsilon$. Montrer que $x \mapsto g(x; b, \varepsilon)$ est une fonction semi-continue supérieurement.

b) Si X est un espace de Baire, déduire de *a*) et du th. 2 que pour tout $b \in Y$, il existe dans X un ensemble S_b dont le complémentaire est maigre, tel que pour tout $a \in S_b$, la fonction f soit continue au point (a, b).

22) Soient X, Y deux espaces topologiques. On dit qu'une application f de X dans Y est *approchable* si pour toute partie fermée S de Y, $f(S)$ est un ensemble approchable (IX, p. 112, exerc. 6).

a) Soit g une application de X dans Y pour laquelle il existe un ensemble maigre M dans X tel que la restriction de g à $\complement M$ soit continue; montrer que g est approchable. Réciproque lorsque la topologie de Y admet une base dénombrable.

b) On suppose Y métrisable. Soit (f_n) une suite d'applications approchables de X dans Y telle que $\lim_{n\to\infty} f_n(x) = f(x)$ existe pour tout $x \in X$. Montrer que f est approchable.

23) Soient $X_1, \ldots, X_n$ des espaces de Baire ayant chacun une base dénombrable, Y un espace régulier. Soient f et g deux applications de $X_1 \times X_2 \times \cdots \times X_n$ dans Y, dont chacune est telle que ses applications partielles

$$f(a_1, \ldots, a_{k-1}, \cdot, a_{k+1}, \ldots, a_n) \text{ et } g(a_1, \ldots, a_{k-1}, \cdot, a_{k+1}, \ldots, a_n)$$

sont continues dans X_k, quels que soient les a_j dans les X_j d'indice $j \neq k$ $(1 \leqslant k \leqslant n)$. Montrer que si f est g sont égales dans une partie partout dense de $Z = X_1 \times X_2 \times \cdots \times X_n$, alors $f = g$. (Prouver que si $f(z_0) \neq g(z_0)$, il existe un voisinage fermé S de $f(z_0)$, un voisinage fermé T de $g(z_0)$ sans point commun et un ouvert non vide U dans Z tels que $f(z) \in S$ et $g(z) \in T$ pour $z \in U$. Procéder par récurrence sur n, en utilisant le fait que lorsque Y est un espace de Baire et $y \mapsto n(y)$ une application de Y dans $\mathbf{N}$, il existe un ouvert non vide V de Y tel que la fonction $y \mapsto n(y)$ soit constante dans une partie dense de V.)

24) Soit X un espace topologique. On dit qu'une application f de X dans un espace topologique Y est *presque continue* en un point $x_0 \in X$ si, quel que soit le voisinage ouvert V de $f(x_0)$ dans Y, le point x_0 est intérieur à l'ensemble $D(\overset{-1}{f}(V))$ (IX, p. 111, exerc. 3).

a) Soit f une application *arbitraire* de X dans un espace Y ayant une base dénombrable. Montrer que l'ensemble des points de X où f est presque continue est le complémentaire d'un ensemble maigre. Si (V_n) est une base de la topologie de Y, appliquer IX, p. 111, exerc. 3 *d*) à chacun des ensembles $\overset{-1}{f}(V_n)$).

b) On suppose en outre que X et Y sont des espaces métriques et que $D(X) = X$ (IX, p. 111, exerc. 3). Pour tout $\varepsilon > 0$, montrer qu'il existe une famille $\mathfrak{M}_\varepsilon$ de boules ouvertes U_α de centre x_α et de rayon $< \varepsilon$, deux à deux disjointes, dont la réunion est dense dans X, et pour chaque α un ensemble $V_\alpha \subset U_\alpha$ tel que $x_\alpha \in V_\alpha$, $D(V_\alpha) = U_\alpha$, et $d'(f(x), f(x_\alpha)) \leqslant \varepsilon$ pour tout $x \in V_\alpha$ (d' distance dans Y). (Utiliser *a*) et le th. de Zorn.)

c) Déduire de *b*) qu'il existe dans X une partie dense D telle que la restriction de f à D soit *continue* dans D. (Partir de $\mathfrak{M}_\varepsilon$ pour $\varepsilon = 1$, puis répéter la construction de $\mathfrak{M}_\varepsilon$ dans chaque U_α pour $\varepsilon = \frac{1}{2}$, et continuer indéfiniment.)

25) Soit R une relation d'équivalence ouverte dans un espace topologique X. Montrer que si X est un espace inépuisable (IX, p. 112, exerc. 7) (resp. un espace de Baire, un espace totalement inépuisable (IX, p. 116, exerc. 11)), X/R est inépuisable (resp. un espace de Baire, un espace totalement inépuisable).

¶ 26) Soient X un espace localement compact métrisable, d une distance compatible avec la topologie de X, R une relation d'équivalence fermée dans X, telle que toute classe suivant R soit compacte. On sait alors que X/R est localement compact (I, p. 78, prop. 9) et métrisable (IX, p. 110, exerc. 34).

a) Pour tout couple d'éléments u, v de X/R, on pose

$$\rho(u, v) = \sup_{\varphi(x)=u} d(x, \overset{-1}{\varphi}(v))$$

(φ désignant l'application canonique de X sur E/R), et pour tout $u \in X/R$,

$$\lambda(u) = \lim_{v \to u,\ v \neq u} \sup \rho(u, v).$$

Montrer que λ est semi-continue supérieurement dans X/R, et que, pour tout $\alpha > 0$, l'ensemble des $u \in X/R$ tels que $\lambda(u) \geqslant \alpha$ est rare. (Dans le cas contraire, montrer qu'il existerait une partie compacte K de X et une suite infinie (x_n) de points de K telle que $d(x_m, x_n) > \alpha/2$ pour $m \neq n$).

b) Déduire de *a*) qu'il existe dans X/R un ensemble dense M, intersection dénombrable d'ensembles ouverts dans X/R, tel que pour tout $x \in \overset{-1}{\varphi}(M)$, l'image par φ de tout voisinage de x dans X soit un voisinage de $\varphi(x)$ dans X/R (utiliser IX, p. 55, th. 1).

¶ 27) *a*) Soient G un groupe topologique, A un ensemble approchable (IX, p. 112, exerc. 6) dans G montrer que, si A n'est pas maigre, AA^{-1} est un voisinage de l'élément neutre dans G. (Remarquer d'abord, en vertu de IX, p. 111, exerc. 3, que G est un espace de Baire. Soit A^* la réunion des ensembles ouverts $U \subset G$ tels que $U \cap \complement A$ soit maigre. Montrer que A^* n'est pas vide, et que si $x \in G$ est tel que $xA^* \cap A^* \neq \varnothing$, alors $xA \cap A \neq \varnothing$. Conclure que $AA^{-1} \supset A^*(A^*)^{-1}$.)

b) Déduire de *a*) qu'un sous-groupe approchable d'un groupe topologique G est, soit maigre, soit ouvert (et fermé). En particulier, un groupe topologique dénombrable qui est un espace de Baire séparé est discret.

c) Montrer que dans le groupe topologique **R**, il existe des sous-groupes H tels que **R**/H soit infini dénombrable (utiliser une base de Hamel); un tel sous-groupe est partout dense, non maigre et non approchable.

d) Soit G un groupe topologique métrisable dont les structures uniformes droite et gauche sont identiques. Montrer que s'il existe sur G une distance compatible avec la topologie et pour laquelle soit G un espace métrique complet, alors G est un groupe métrisable complet. (Utiliser *b*), IX, p. 99, exerc. 2 et IX, p. 58).

¶ 28) Soient G, G′ deux groupes topologiques. Montrer que tout homomorphisme continu *surjectif* $f: G \to G'$ est un *morphisme strict* lorsqu'on suppose que G est *complet*, que la topologie de G admet une *base dénombrable*[1], et que G′ est inépuisable (en utilisant le fait que, pour tout voisinage U de l'élément neutre e de G, G est réunion d'une suite d'ensembles de la forme x_nU, montrer que pour tout ensemble ouvert A de G, il existe un ensemble ouvert A′ de G′ contenant $f(A)$ et tel que $f(A)$ soit dense dans A′. Considérer ensuite un système fondamental (U_n) de voisinages symétriques de e dans G, tels que $\overline{U}'_{n+1} \subset U_n$; montrer que $f(U_p)$ contient l'ensemble ouvert U'_{p+1}; pour cela, prendre un point $a' \in U'_{p+1}$, puis construire par récurrence une suite (b_n) de points de G telle que $b_n \in U_{p+n}$, et que $f(b_1 b_2 \ldots b_n)$ tende vers a'; on remarquera que, si $x' \in U'_k$, il existe $y \in U_k$ tel que $f(y) \in x'U'_{k+1}$).

29) Soit G un groupe métrisable complet, dont la topologie admet une base dénombrable. Soient H un sous-groupe distingué fermé de G, A un sous-groupe fermé de G. Pour que le groupe quotient $A/(A \cap H)$ soit canoniquement isomorphe à AH/H, il faut et il suffit que AH soit un sous-groupe fermé de G (pour voir que la condition est nécessaire, remarquer que $A/(A \cap H)$ est complet d'après IX, p. 25, prop. 4; pour voir que la condition et suffisante, utiliser l'exerc. 28).

¶ 30) Soient G un groupe, d une distance sur G telle que, pour la topologie $\mathscr{T}$ définie par d sur G, toutes les translations $y \mapsto x_0 y$ et $y \mapsto y x_0$ soient continues ($x_0 \in G$, cf. III, p. 66, exerc. 2).

a) Montrer que si G est complet pour la topologie $\mathscr{T}$, l'application $(x, y) \mapsto xy$ est continue dans G × G (utiliser IX, p. 115, exerc. 21).

b) On suppose en outre que $\mathscr{T}$ admet une base dénombrable. Montrer alors que l'application $x \mapsto x^{-1}$ est continue dans G, autrement dit que la topologie $\mathscr{T}$ est *compatible* avec la structure de groupe de G. (Considérer, dans le groupe G × G, muni de la topologie produit de $\mathscr{T}$ par elle-même, l'ensemble des points (x, x^{-1}), où x parcourt G; F est fermé dans G × G, et la loi de composition $(x, x^{-1})(y, y^{-1}) = (xy, y^{-1}x^{-1})$ définit sur F une structure de groupe; montrer que la topologie induite sur F par celle de G × G est compatible avec cette structure de groupe en utilisant *a*). Prouver ensuite que la projection pr_1 de F sur G est bicontinue en raisonnant comme dans l'exerc. 28).

¶ 31) *a*) On considère l'espace produit $Y = \mathbf{N}^{\mathbf{N}}$ des applications de **N** dans lui-même, où chaque facteur est muni de la topologie discrète; il existe une distance sur Y compatible avec la topologie de Y et pour laquelle Y est complet. Soit X_i (resp. X_s) l'ensemble des applications injectives (resp. surjectives) de **N** dans lui-même. Montrer que X_i est fermé dans Y est que X_s est intersection dénombrable d'ensembles ouverts de Y. En déduire que le sous-espace $X_b = X_i \cap X_s$ des *permutations* de **N** est un espace de Baire.

b) Soit $(c(n))_{n \in \mathbf{N}}$ une série de nombres réels, convergente mais non absolument convergente. Pour toute permutation $x : n \mapsto x_n$ de **N**, on désigne par B l'ensemble des $x \in X_b$ tels que

$$\lim_{m \to \infty} \sup \sum_{n=0}^{m} c(x_n) < +\infty.$$

Montrer que l'ensemble B est *maigre* dans X_b. (Pour tout entier $k \geqslant 1$, soit B_k l'ensemble des $x \in X_b$ tels que $\sup_m \sum_{n=0}^{m} c(x_n) \leqslant k$. Montrer que chacun des ensembles B_k est *rare* dans X_b.)

§ 6

1) *a*) Soient X un espace séparé, Y une partie de X telle qu'il existe sur Y une distance d compatible avec la topologie induite par celle de X et pour laquelle Y soit un espace métrique *complet*. Montrer que Y est intersection dénombrable d'ensembles ouverts dans X. (Raisonner comme dans IX, p. 58, th. 1.)

[1] La proposition est inexacte lorsque G n'admet pas de base dénombrable, comme le montre l'exemple où G′ est le groupe **R** muni de la topologie de la droite numérique, G le groupe **R** muni de la topologie discrète, f l'application identique de G sur G′.

b) Soient X un espace métrique complet, Y une partie de X, intersection d'une famille dénombrable d'ensembles ouverts. Montrer qu'il existe sur Y une distance pour laquelle Y est un espace métrique complet, et qui définit sur Y la topologie induite par celle de X et une structure uniforme plus fine que celle induite par la structure uniforme de X (cf. IX, p. 90, exerc. 25).

2) Soient X un espace métrisable, d une distance bornée compatible avec la topologie de X, βX le compactifié de Stone-Čech de X (IX, p. 9). Pour tout $x \in X$, on désigne par f_x la fonction numérique obtenue en prolongeant par continuité la fonction $y \mapsto d(x, y)$ à βX.

a) Montrer que pour $x \in X$, $y \in X$, $z \in \beta X$, on a $f_x(z) + f_y(z) \geqslant d(x, y)$. Pour tout point $y \in \beta X$ distinct de $x \in X$, montrer que $f_x(y) > 0$.

b) Montrer que si X est intersection d'une suite d'ensembles ouverts G_n dans βX, il existe sur X une distance compatible avec la topologie et pour laquelle X est complet. (Remarquer que $\beta X - X$ est réunion de la famille d'ensembles compacts $F_n = \beta X - G_n$; pour tout n, soit $g_n(x) = \inf_{y \in F_n} f_x(y)$; montrer, en utilisant *a*), que l'on a $g_n(x) > 0$ dans X et que g_n est continue dans X. Utiliser enfin la méthode de IX, p. 90, exerc. 25.)

3) *a*) Tout espace séparé éparpillé est complètement régulier. Les espaces localement compacts non normaux définis dans IX, p. 103, exerc. 12 et IX, p. 113, exerc. 14, sont éparpillés.

b) On dit qu'un espace topologique X est *fortement éparpillé* si pour toute partie fermée A de X et tout voisinage U de A, il existe un voisinage ouvert et fermé de A contenu dans U. Tout espace séparé fortement éparpillé est normal. Tout espace compact totalement discontinu est fortement éparpillé. Pour qu'un espace normal X soit fortement éparpillé, il faut et il suffit que son compactifié de Stone-Čech βX (IX, p. 9) soit totalement discontinu (utiliser l'exerc. 23 *b*) de IX, p. 106).

c) Soient X un espace séparé fortement éparpillé, (U_n) une suite croissante d'ensembles ouverts non vides dans X. Montrer qu'il existe une suite (G_n) d'ensembles à la fois ouverts et fermés dans X, deux à deux sans point commun, tels que $G_n \subset U_n$ pour tout n, et $\bigcup_n G_n = \bigcup_n U_n$ (définir les G_n par récurrence). Si en outre X est parfaitement normal (IX, p. 103, exerc. 11), tout ensemble ouvert dans X est réunion d'une famille dénombrable d'ensembles à la fois ouverts et fermés, deux à deux disjoints.

d) Soit X un espace normal, réunion d'une suite (A_n) de sous-espaces fortement éparpillés. Montrer que X est fortement éparpillé. (Soient B, C deux ensembles fermés dans X tels que $B \cap C = \varnothing$. Définir par récurrence deux suites croissantes (G_n), (H_n) d'ensembles ouverts dans X tels que $\overline{G}_n \cap \overline{H}_n = \varnothing$, $A_n \subset G_n \cup H_n$ et $B \cap A_n \subset G_n$, $C \cap A_n \subset H_n$).

¶ 4) *a*) Soit X un espace métrisable. Montrer que les propriétés suivantes sont équivalentes:

α) il existe une distance compatible avec la topologie de X et pour laquelle X est un espace ultramétrique (IX, p. 91, exerc. 4);

β) X est fortement éparpillé (exerc. 3).

γ) il existe une suite $(\mathfrak{B}_n)$ de familles localement finies de parties à la fois ouvertes et fermées de X telle que $\mathfrak{B} = \bigcup_n \mathfrak{B}_n$ soit une base pour la topologie de X.

Pour voir que α) entraîne β), remarquer que si F est un ensemble fermé dans un espace ultramétrique X, l'ensemble des $x \in X$ tels que $d(x, F) = \rho > 0$ est à la fois ouvert et fermé. Pour montrer que β) entraîne γ), utiliser l'exerc. 3 *c*) de IX, p. 118. Enfin, pour établir que γ) entraîne α), se ramener au cas où $\mathfrak{B}_n = (U_{n,\lambda})_{\lambda \in L}$, et si $f_{n,\lambda}$ est la fonction caractéristique de $U_{n,\lambda}$, considérer l'application $x \mapsto f(x) = (f_{n,\lambda}(x))$ de X dans le groupe produit $G^{\mathbf{N} \times L}$, où $G = \mathbf{Z}/2\mathbf{Z}$ (identifié à l'ensemble $\{0, 1\}$); pour tout $n \in \mathbf{N}$, soit G_n le sous-groupe de G formé des éléments dont les projections d'indice (k, λ) sont nulles pour tout $\lambda \in L$ et tout $k < n$; montrer que si on munit G de la topologie de groupe pour laquelle (G_n) est un système fondamental de voisinages de 0, f est un homéomorphisme de X sur un sous-espace de G; conclure en remarquant que la topologie de G peut être définie par une distance invariante pour laquelle G est un espace ultramétrique.

b) Déduire de *a*) que tout espace séparé éparpillé X qui admet une base dénombrable est un espace métrisable fortement éparpillé (montrer qu'il existe une base dénombrable formée d'ensembles à la fois ouverts et fermés, en utilisant la prop. 13 de IX, p. 19). En outre, X est alors homéomorphe à un sous-espace de l'ensemble triadique de Cantor K (cf. IX, p. 92, exerc. 11).[1]

¶ 5) *a*) Montrer que tout sous-espace totalement discontinu de **R** est éparpillé.

b) Soit K l'ensemble triadique de Cantor; tout $x \in K$ s'écrit d'une seule manière $x = \sum_k 2/3^{n_k}$, où $(n_k)_{k \geqslant 1}$ est une suite (finie ou infinie) strictement croissante d'entiers > 0 (IV, p. 63, exerc. 9); on définit le nombre $f(x)$ comme égal à $\sum_k (-1)^{n_k}/2^k$. Soit G le graphe de la fonction f dans $K \times \mathbf{R}$; montrer que l'espace métrisable G est totalement discontinu, mais n'est pas éparpillé. (Utiliser l'exerc. 20, de IX, p. 114, appliqué à une fonction numérique semi-continue inférieurement dans K, telle que l'ensemble des $(x, y) \in K \times R$ tels que $y < g(x)$ ait une intersection avec G qui soit un ensemble à la fois ouvert et fermé.)

6) Soit X un espace métrisable.

a) Montrer que l'ensemble des parties boréliennes de X est la plus petite partie $\mathfrak{F}$ de $\mathfrak{P}(X)$ contenant les ensembles fermés de X et telle que toute réunion dénombrable et toute intersection dénombrable d'ensembles de $\mathfrak{F}$ appartienne à $\mathfrak{F}$. (Considérer le sous-ensemble $\mathfrak{G}$ de formé des $A \in \mathfrak{F}$ tels que $X - A \in \mathfrak{F}$).

b) Montrer que l'ensemble des parties boréliennes de X est la plus petite partie $\mathfrak{F}$ de $\mathfrak{P}(X)$ contenant les ensembles ouverts de X et telle que toute intersection dénombrable d'ensembles de $\mathfrak{F}$ appartienne à $\mathfrak{F}$, ainsi que toute réunion d'une suite d'ensembles de $\mathfrak{F}$, deux à deux disjoints (même méthode).

c) Tout ordinal α peut s'écrire d'une seule manière $\alpha = \omega\beta + n$, où $n < \omega$ (E, III, p. 77, exerc. 14); on dit que α est *pair* (resp. *impair*) si n est pair (resp. impair). Pour tout ordinal dénombrable α, on définit par récurrence transfinie les ensembles de parties $\mathfrak{F}_\alpha(X)$, $\mathfrak{G}_\alpha(X)$ (ou simplement $\mathfrak{F}_\alpha$, $\mathfrak{G}_\alpha$) comme suit: $\mathfrak{F}_0$ (resp. $\mathfrak{G}_0$) est l'ensemble des parties fermées (resp. ouvertes) de X; si α est pair et > 0, $\mathfrak{F}_\alpha$ (resp. $\mathfrak{G}_\alpha$) est l'ensemble des parties de X qui sont intersections dénombrables (resp. réunions dénombrables) de parties appartenant à $\bigcup_{\xi<\alpha} \mathfrak{F}_\xi$ (resp. à $\bigcup_{\xi<\alpha} \mathfrak{G}_\xi$); si α est impair, $\mathfrak{F}_\alpha$ (resp. $\mathfrak{G}_\alpha$) est l'ensemble des parties de X qui sont réunions dénombrables (resp. intersections dénombrables) de parties appartenant à $\bigcup_{\xi<\alpha} \mathfrak{F}_\xi$ (resp. à $\bigcup_{\xi<\alpha} \mathfrak{G}_\xi$). Montrer que la réunion des $\mathfrak{F}_\alpha$ (resp. des $\mathfrak{G}_\alpha$) est l'ensemble des parties boréliennes de X (utiliser *a*)). En déduire que si X est de type dénombrable, l'ensemble des parties boréliennes de X a une puissance au plus égale à la puissance du continu.

d) La relation $A \in \mathfrak{F}_\alpha$ est équivalente à $\complement A \in \mathfrak{G}_\alpha$. Toute réunion (resp. intersection) *finie* d'ensembles de $\mathfrak{F}_\alpha$ (resp. $\mathfrak{G}_\alpha$) appartient à $\mathfrak{F}_\alpha$ (resp. $\mathfrak{G}_\alpha$). On a $\mathfrak{F}_\alpha \subset \mathfrak{F}_{\alpha+1} \cap \mathfrak{G}_{\alpha+1}$ et $\mathfrak{G}_\alpha \subset \mathfrak{F}_{\alpha+1} \cap \mathfrak{G}_{\alpha+1}$ (raisonner par récurrence transfinie).

e) Soit f une application continue de X dans un espace métrisable Y. Montrer que

$$\overset{-1}{f}(\mathfrak{F}_\alpha(Y)) \subset \mathfrak{F}_\alpha(X) \quad \text{et} \quad \overset{-1}{f}(\mathfrak{G}_\alpha(Y)) \subset \mathfrak{G}_\alpha(X).$$

f) Si X et Y sont deux espaces métrisables, tout produit $A \times B$, où $A \in \mathfrak{F}_\alpha(X)$, $B \in \mathfrak{F}_\alpha(Y)$ (resp. $A \in \mathfrak{G}_\alpha(X)$, $B \in \mathfrak{G}_\alpha(Y)$) appartient à $\mathfrak{F}_\alpha(X \times Y)$ (resp. $\mathfrak{G}_\alpha(X \times Y)$).

g) Soit (X_n) une suite d'espaces métrisables. Montrer que si, pour tout n, A_n est borélien dans X_n, alors $\prod_n A_n$ est borélien dans $\prod_n X_n$.

---

[1] On ignore si tout espace métrisable éparpillé est fortement éparpillé.

h) Soit α un ordinal dénombrable pair (resp. impair), et soit (A_n) un recouvrement dénombrable de X formé d'ensembles appartenant à $\mathfrak{G}_\alpha$ (resp. $\mathfrak{F}_\alpha$). Montrer qu'il existe une partition (B_n) de X telle que $B_n \subset A_n$ pour tout n et que B_n appartienne à $\mathfrak{F}_\alpha \cap \mathfrak{G}_\alpha$ (utiliser *d*)).

¶ 7) *a*) Soient J l'espace polonais $\mathbf{N}^\mathbf{N}$ (où $\mathbf{N}$ est muni de la topologie discrète), X un espace métrisable de type dénombrable. Montrer que pour tout ordinal dénombrable α, il existe une partie $G_\alpha \subset J \times X$ telle que: 1° $G_\alpha \in \mathfrak{G}_\alpha(J \times X)$ (exerc. 6); 2° pour toute partie $U \in \mathfrak{G}_\alpha(X)$, il existe $z \in J$ tel que $G_\alpha(z) = U$. On pourra procéder comme suit, par récurrence transfinie: les espaces J et $J^\mathbf{N}$ étant homéomorphes, soit f un homéomorphisme de J sur $J^\mathbf{N}$, et pour tout entier n, soit $f_n = \mathrm{pr}_n \circ f$. Si (A_n) est une base dénombrable de X, contenant l'ensemble vide, on prend G_0 tel que $G_0(z) = \bigcup_n A_{f_n(z)}$ pour tout $z \in J$. Pour tout ordinal dénombrable α, on prend $G_{\alpha+1}$ tel que $G_{\alpha+1}(z) = \bigcap_n G_\alpha(f_n(z))$ si α est pair, $G_{\alpha+1}(z) = \bigcup_n G_\alpha(f_n(z))$ si α est impair. Enfin, si α n'a pas de prédécesseur et si (λ_n) est une suite croissante d'ordinaux telle que $\alpha = \sup_n \lambda_n$, on prend G_α tel que $G_\alpha(z) = \bigcup_n G_{\lambda_n}(f_n(z))$. On utilisera le fait que f_n est continue dans J.

b) On prend en particulier $X = J$. Montrer que l'ensemble $\mathrm{pr}_1(G_\alpha \cap \Delta)$, où Δ est la diagonale de $J \times J$, appartient à $\mathfrak{G}_\alpha(J)$, mais non à $\mathfrak{F}_\alpha(J)$ (raisonner par l'absurde en utilisant *a*).

8) *a*) Soit J l'espace polonais $\mathbf{N}^\mathbf{N}$; montrer que pour tout espace souslinien X, il existe une application continue surjective de J sur X (se ramener au cas où X est polonais et considérer un criblage de X par un crible (C_n) où tous les C_n sont infinis).

b) Soit X un espace métrisable; montrer que pour tout sous-espace souslinien A de X, il existe une partie fermée F de $J \times X$ telle que $A = \mathrm{pr}_2(F)$ (utiliser *a*)).

c) Soit X un espace métrisable de type dénombrable; soient L l'espace $J \times X$, F une partie fermée de $J \times L$ telle que, pour toute partie fermée M de L, il existe $z \in J$ pour lequel $F(z) = M$ (exerc. 7 *a*)). Montrer que pour tout sous-espace souslinien S de X, il existe $z \in J$ tel que $\mathrm{pr}_2(F(z)) = S$. En déduire que, si $X = J$, l'ensemble T des $z \in J$ tels que $z \in \mathrm{pr}_2(F(z))$ est souslinien, mais que $J - T$ n'est pas souslinien (même raisonnement que dans l'exerc. 7 *b*)).[1]

9) *a*) Montrer que tout espace polonais éparpillé X est homéomorphe à un sous-espace fermé de l'espace produit $J = \mathbf{N}^\mathbf{N}$ (considérer un criblage strict de X par des ensembles à la fois ouverts et fermés).

b) Dans un espace polonais éparpillé X, soit Y un sous-espace partout dense, sans point intérieur et intersection dénombrable d'ensembles ouverts dans X. Montrer que Y est homéomorphe à J. (Remarquer que dans un espace métrisable éparpillé un ensemble ouvert non fermé est réunion d'une suite *infinie* dénombrable d'ensembles à la fois ouverts et fermés, deux à deux disjoints; utiliser le th. 1 de IX, p. 58). En déduire que dans $\mathbf{R}$ tout sous-espace partout dense, sans point intérieur et intersection dénombrable d'ensembles ouverts, est homéomorphe à J (remarquer qu'un tel ensemble est contenu dans le complémentaire d'une partie dénombrable partout dense D de $\mathbf{R}$, et que $\complement D$ est éparpillé).

c) Pour tout espace polonais éparpillé X non dénombrable, il existe une partition de X en un ensemble dénombrable et un sous-espace homéomorphe à J (Utiliser *b*) et I, p. 108, exerc. 17).

10) Soient X un espace souslinien, f une application continue de X dans un espace séparé Y. Montrer que si $f(X)$ n'est pas dénombrable, il existe un sous-espace A de X,

---

[1] *On peut montrer que dans l'espace $\mathscr{C}(I)$ des fonctions numériques continues dans un intervalle compact $I \subset \mathbf{R}$, muni de la topologie de la convergence uniforme (qui en fait un espace polonais), l'ensemble des fonctions différentiables est non souslinien mais a un complémentaire souslinien (cf. S. Mazurkiewicz, *Fund. Math.*, t. XXVII (1936), p. 244).*

homéomorphe à l'ensemble triadique de Cantor K (IV, p. 9), tel que la restriction de f à A soit injective. (Se ramener au cas où X est un espace métrique complet. Montrer qu'il existe un crible $C = (C_n, p_n)$ tel que pour tout n, C_n soit un ensemble à 2^n éléments, et pour chaque n, une application φ_n de C_n dans l'ensemble des parties fermées non vides de X, de diamètre $\leqslant 2^{-n}$, de sorte que: 1° $\varphi_{n+1}(c) \subset \varphi_n(p_n(c))$ pour tout $c \in C_{n+1}$; 2° pour deux éléments distincts c, c' de C_n, $f(\varphi_n(c))$ et $f(\varphi_n(c'))$ soient disjoints. On utilisera I, p. 108, exerc. 17). En particulier, tout espace souslinien non dénombrable contient un sous-espace homéomorphe à K, et par suite a la puissance du continu.

¶ 11) *a*) Soient X un espace polonais, R une relation d'équivalence dans X. Montrer qu'il existe dans X un ensemble intersection dénombrable d'ensembles ouverts, rencontrant chaque classe d'équivalence suivant R en un point et un seul, lorsque l'une des deux hypothèses suivantes est vérifiée:

α) R est fermée (Suivre la méthode de démonstration du th. 4 de IX, p. 69, en utilisant la remarque suivante: si (G_n) est une suite d'ensembles dont chacun est intersection dénombrable d'ensembles ouverts, et si pour tout n il existe un voisinage V_n de G_n telle que la famille (V_n) soit localement finie, alors $\bigcup_n G_n$ est intersection dénombrable d'ensembles ouverts).

β) X est localement compact et le graphe de R est fermé dans X × X. (Même méthode, en observant que le saturé d'un ensemble compact est alors fermé; cf. I, p. 113, exerc. 16).

b) Soient X un espace polonais, R une relation d'équivalence dans X, à la fois ouverte et fermée, φ l'application canonique de X sur X/R. Montrer qu'il existe dans X une partie A, intersection dénombrable d'ensembles ouverts dans X, telle que la restriction de φ à A soit un homéomorphisme de A sur $\varphi(A)$ et que $\varphi(A)$ soit partout dense dans X/R et intersection dénombrable d'ensembles ouverts. (Avec les notations de la démonstration du th. 4 de IX, p. 69, montrer qu'on peut supposer pour chaque n les $\varphi_n(c)$ définis de sorte que la réunion des intérieurs des $h_n(c)$ ($c \in C_n$) ait une image dans X/R qui soit partout dense; utiliser *a*) et le th. 1 de IX, p. 58.)

c) Montrer que la conclusion de *b*) est encore valable lorsque X est un espace localement compact ayant une base dénombrable, R une relation d'équivalence fermée dans X, telle que toute classe suivant R soit compacte. (Se ramener au cas *b*) en utilisant l'exerc. 26 de IX, p. 116.)

12) *a*) Sous les hypothèses du th. 4 de IX, p. 69, soit f une application continue de l'espace quotient X/R dans un espace métrisable Y. Montrer que $f(Y)$ est un ensemble borélien dans Y.

**b*) Soient X un espace compact métrisable, Z une partie fermée non vide de X, $\mathscr{H}$ l'ensemble des applications continues injectives de Z dans X. Montrer que, si l'on considère $\mathscr{H}$ comme une partie de l'espace métrisable $\mathscr{C}_u(Z; X)$ (X, p. 7), $\mathscr{H}$ est intersection dénombrable d'ensembles ouverts (considérer un système fondamental dénombrable de voisinages ouverts de la diagonale de X × X).

c) On munit l'ensemble $\mathfrak{F}(X)$ des parties fermées non vides de X de la distance définie dans IX, p. 91, exerc. 6; montrer que dans cet espace métrique. l'ensemble $\mathscr{H}(Z)$ des sous-espaces fermés homéomorphes à Z est borélien. (Considérer l'application f de $\mathscr{H}$ sur $\mathscr{H}(Z)$ qui, à toute application $u \in \mathscr{H}$, fait correspondre $u(Z)$; observer que la fibre $\overset{-1}{f}(f(u))$ est l'ensemble des applications $u \circ s$, où s parcourt le groupe G des homéomorphismes de Z sur lui-même.)*

13) Soient X un espace topologique dont tout point admet un système fondamental dénombrable de voisinages, Y un espace métrique complet, $f: X \to Y$ une application continue *ouverte*, B une partie fermée *dénombrable* de Y. Montrer qu'il existe une section continue de f au-dessus de B, i.e. une application continue s de B dans X telle que $f(s(y)) = y$ pour tout $y \in B$. (Soit C l'ensemble des $y \in B$ tels qu'il existe un voisinage V de y dans Y et

une section continue de f au-dessus de $V \cap B$. Montrer que l'ensemble fermé $B - C$ ne peut admettre de points isolés, et en conclure que $B = C$ en utilisant le th. de Baire).

¶ 14) *a*) Soient X un espace séparé, S un sous-espace souslinien de X. Montrer que l'ensemble S est approchable dans X (IX, p. 69). (Soient P un espace polonais, g une application continue de P sur S, (C_n, p_n, φ_n) un criblage de P et f l'application continue correspondante de L(C) sur P (avec les notations de IX, p. 65); on pose $h = g \circ f$, et pour tout $c \in C_n$, on désigne par $q_n(c)$ le sous-espace de L(C) formé des suites (c_k) telles que $c_n = c$. Soient $F_n(c) = h(q_n(c))$, $X_n(c) = g(\varphi_n(c)) \supset F_n(c)$, pour tout $c \in C_n$; on désigne par $Z_n(c)$ la réunion de $D(F_n(c))$ (IX, p. 111, exerc. 3) et d'un ensemble maigre dans X, tel que $F_n(c) \subset Z_n(c) \subset \overline{X_n(c)}$, de sorte que $Z_n(c)$ est approchable dans X. Montrer que

$$Z_n(c) \cap \complement\Big(\bigcup_{p_n(c')=c} Z_{n+1}(c')\Big) = Y_n(c)$$

est maigre dans X, en remarquant que $F_n(c) = \bigcup_{p_n(c')=c} F_{n+1}(c')$; prouver d'autre part que l'ensemble $Z_n(c) - F_n(c)$ est contenu dans la réunion des ensembles $Y_m(d)$, où m parcourt l'ensemble des entiers $\geqslant n$ et pour chaque m, d parcourt l'ensemble des éléments de C_m tels que $p_{nm}(d) = c$. Conclure que $F_n(c)$ est approchable).

b) Donner un exemple d'application continue f de $I = [0, 1]$ dans lui-même et d'un ensemble approchable $B \subset I$ tel que $f(B)$ ne soit pas approchable. (Utiliser l'exerc. 16 *b*) de IV, p. 64, et montrer qu'on peut prendre pour B une partie de l'ensemble de Cantor K telle que $f(B) = Z$ ait la propriété décrite dans l'exerc. 17 *d*) de IX, p. 114).

¶ 15) Soient $X = \mathbf{R}^n$, M une partie fermée de X. On dit qu'un point $x \in M$ est *linéairement accessible* s'il existe un point $y \in X - M$ tel que le segment ouvert d'extrémités x, y soit contenu dans $X - M$. Montrer que l'ensemble $L \subset M$ des points linéairement accessibles de M est souslinien. (Soit $d(x, y)$ la distance euclidienne dans X, et pour tout $z \in X$, soit $f_z(x, y) = d(x, z) + d(z, y) - d(x, y)$. Remarquer que, dans $X \times X \times X$, l'ensemble des (x, y, z) tels que $x \in M$, $y \in X - M$, $z \in M$, $z \neq x$ et $f_z(x, y) = 0$ est réunion dénombrable d'ensembles compacts, et par suite qu'il en est de même de sa projection sur le produit des deux premiers facteurs.)

16) Soient X un espace métrisable, f une application de l'ensemble $\mathfrak{R}(E)$ des parties compactes de X dans $\overline{\mathbf{R}}$, qui satisfait à la condition (CA_1) (pour deux parties compactes de X) et est telle que, pour toute suite decroissante (K_n) de parties compactes de X, on ait $f(\bigcap_n K_n) = \inf f(K_n)$. Pour toute partie A de X, on désigne par $f_*(A)$ la borne supérieure des $f(K)$ pour toutes les parties compactes K de A, et par $f^*(A)$ la borne inférieure des $f_*(U)$ pour tous les ensembles ouverts U contenant A. On dit que A est *admissible* pour f si $f_*(A) = f^*(A)$.

a) Montrer que pour toute partie compacte K de X et tout $\varepsilon > 0$, il existe un ensemble ouvert $U \supset K$ tel que pour toute partie compacte L de X telle que $K \subset L \subset U$, on ait

$$f(L) \leqslant f(K) + \varepsilon$$

(raisonner par l'absurde). En déduire que toute partie compacte et toute partie ouverte de X est admissible pour f.

b) On suppose que f satisfasse à la condition suivante:

(AL) Pour tout couple d'ensembles compacts K, K′ de X,

$$f(K \cup K') + f(K \cap K') \leqslant f(K) + f(K').$$

Montrer que si (K_ι) est une famille finie d'ensembles compacts telle que $f\Big(\bigcup_\iota K_\iota\Big) < +\infty$, (K'_ι) une seconde famille finie d'ensembles compacts ayant même ensemble d'indices, telle que $K'_\iota \subset K_\iota$ et $f(K'_\iota) > -\infty$ pour tout ι, on a

$$f\Big(\bigcup_\iota K_\iota\Big) - f\Big(\bigcup_\iota K'_\iota\Big) \leqslant \sum_\iota (f(K_\iota) - f(K'_\iota)).$$

Soient (A_i), (B_i) deux familles finies de parties de X, ayant même ensemble d'indices, telles que $B_i \subset A_i$ pour tout i, et que $f^*\left(\bigcup_i A_i\right) < +\infty$ et $f^*(B_i) > -\infty$ pour tout i. Montrer que si f vérifie (AL), on a

$$f^*\left(\bigcup_i A_i\right) - f^*\left(\bigcup_i B_i\right) \leqslant \sum_i (f^*(A_i) - f^*(B_i)).$$

(Se ramener à un ensemble d'indices à deux éléments. Considérer d'abord le cas où les A_i et B_i sont ouverts, et utiliser le lemme suivant: si U_1, U_2 sont deux ensembles ouverts, K un ensemble compact tel que $K \subset U_1 \cup U_2$, il existe deux ensembles compacts $K_1 \subset U_1$, $K_2 \subset U_2$ tels que $K \subset K_1 \cup K_2$.)

c) On suppose que f vérifie la condition (AL). Montrer que pour toute suite croissante (A_n) de parties de X telles que

$$f^*(A_n) > -\infty,$$

on a $f^*\left(\bigcup_n A_n\right) = \sup_n f^*(A_n)$ (utiliser *b*)). En déduire que si f ne prend pas la valeur $-\infty$ dans $\mathfrak{K}(X)$, f^* est alors une capacité continue à droite sur X.

d) On suppose que f vérifie la condition (AL). Montrer que toute réunion d'une suite (A_n) d'ensembles admissibles tels que $f^*(A_n) > -\infty$, est admissible. (Utiliser *b*) et *c*)).

*17) Soit K une partie compacte de $\mathbf{R}^2$. Pour tout nombre réel y, on désigne par $\delta_1(K, y)$ et $\delta_2(K, y)$ les diamètres des intersections respectives de K et de

$$[0, +\infty[\times \{y\} \quad \text{et} \quad]-\infty, 0] \times \{y\}.$$

Montrer que $y \mapsto \delta_1(K, y)$ et $y \mapsto \delta_2(K, y)$ sont semi-continues supérieurement. Soit φ une application croissante et continue de $[0, +\infty]$ dans lui-même telle que $\varphi(0) = 1$ et $\varphi(+\infty) = 2$; on pose

$$\psi(K, y) = \varphi(\delta_1(K, y)\delta_2(K, y)) \quad \text{et} \quad f(K) = \int_{\mathrm{pr}_2(K)} \psi(K, y)\, dy.$$

Montrer que f vérifie les conditions de l'exerc. 16 de IX, p. 122 et que l'on a

$$f(K \cup K') \leqslant f(K) + f(K')$$

pour tout couple de parties compactes de $\mathbf{R}^2$. Mais si A est l'ensemble fermé défini par $x \geqslant 0$, $0 \leqslant y \leqslant 1$ montrer que l'on a $f_*(A) = 1$ et $f^*(A) = 2$.*

18) Soient X un espace métrisable, f une capacité continue à droite sur X telle que $f(A \cup B) \leqslant f(A) + f(B)$.

a) Avec les notations de l'exerc. 16, de IX, p. 122, montrer que l'on a

$$f^*(A \cup B) \leqslant f^*(A) + f^*(B)$$

et

$$f_*(A \cup B) \leqslant f_*(A) + f^*(B)$$

pour deux parties quelconques A, B de X. (Si K est un ensemble compact tel que $K \subset A \cup B$, U un ensemble ouvert tel que $B \subset U$, écrire $K = (K \cap U) \cup (K \cap \complement U)$.)

b) Soient K une partie compacte de X ayant la puissance du continu, (A, B) une partition de K en deux ensembles tels que toute partie compacte de A ou de B soit dénombrable (cf. IX, p. 114, exerc. 17 *d*)). Montrer que si $f(\{x\}) = 0$ pour toute partie réduite à un point et si $f(K) > 0$, ni A ni B ne sont capacitables pour f.

* 19) Soit μ la mesure de Lebesgue dans $\mathbf{R}$; on définit une capacité f continue à droite sur $\mathbf{R}^2$, vérifiant la condition (AL) de l'exerc. 16 de IX, p. 122, en posant $f(A) = \mu^*(\mathrm{pr}_1 A)$.

a) Soient A une partie bornée non capacitable de $\mathbf{R}^2$ (exerc. 18), B_0 un cercle $\|x\| = r$

tel que A soit contenu dans le disque ouvert $\|x\| < r$, B_1 un cercle $\|x\| = r'$ de rayon $r' > r$. Montrer que $A \cup B_0$ et $A \cup B_1$ sont capacitables bien que leur intersection A ne le soit pas.
b) Pour tout n, soit C_n l'ensemble des $x \in \mathbf{R}^2$ tels que

$$r < \|x\| < r + \frac{1}{n}.$$

Montrer que chacun des ensembles $A \cup C_n$ est capacitable bien que leur intersection ne le soit pas, et que l'on a $\inf f(C_n) \neq f\left(\bigcap_n C_n\right)$.*

¶ 20) Soient X, X′ deux espaces métrisables. Pour tout ordinal dénombrable pair (resp impair) α, on dit qu'une application f de X dans X′ est *borélienne de classe* α si, pour toute partie fermée F′ de X′, $\overset{-1}{f}(F')$ appartient à $\mathfrak{F}_\alpha(X)$ (resp. $\mathfrak{G}_\alpha(X)$) (IX, p. 119, exerc. 6); alors, pour toute partie ouverte G′ de X′ $\overset{-1}{f}(G')$ appartient à $\mathfrak{G}_\alpha(X)$ (resp. $\mathfrak{F}_\alpha(X)$). Les fonctions boréliennes de classe 0 sont les fonctions continues.
α) Pour que la fonction caractéristique φ_A d'une partie A de X soit de classe α, il faut et il suffit que A appartienne à $\mathfrak{F}_\alpha \cap \mathfrak{G}_\alpha$.
b) Soit f une application de classe α de X dans X′; montrer que pour toute partie $B' \in \mathfrak{F}_\beta(X')$ (resp. $B' \in \mathfrak{G}_\beta(X')$), $\overset{-1}{f}(B')$ appartient à $\mathfrak{F}_{\alpha+\beta}(X)$ (resp. $\mathfrak{G}_{\alpha+\beta}(X)$). (Raisonner par récurrence transfinie sur β.)
c) Soient f une application de classe α de X dans X′, g une application de classe β de X′ dans un espace métrisable X″; montrer que $g \circ f$ est une application de classe $\alpha + \beta$.
d) Pour tout ordinal dénombrable pair (resp. impair) α, soit (A_n) une suite de parties de X appartenant à $\mathfrak{G}_\alpha$ (resp. $\mathfrak{F}_\alpha$) et formant un recouvrement de X; si une application f de X dans X′ est telle que sa restriction à chacun des A_n soit de classe α, alors f est de classe α. Résultat analogue pour une suite *finie* de parties de X appartenant à $\mathfrak{F}_\alpha$ (resp. $\mathfrak{G}_\alpha$) et formant un recouvrement de X.

21) *a*) Soient X, X′ deux espaces métrisables, X′ étant de type dénombrable, et soit (U'_n) une base dénombrable pour la topologie de X′. Soit α un ordinal dénombrable pair (resp. impair); si une application f de X dans X′ est telle que $\overset{-1}{f}(U_n)$ appartienne à $\mathfrak{G}_\alpha(X)$ (resp. $\mathfrak{F}_\alpha(X)$), f est de classe α.
b) Soit (X_n) une suite d'espaces métrisables de type dénombrable. Pour qu'une application $f = (f_n)$ de X dans $\prod_n X'_n$ soit de classe α, il faut et il suffit que chacune des f_n soit de classe α (utiliser *a*)). En déduire que si X est de type dénombrable, les fonctions numériques finies de classe α sur X forment un anneau.
c) Soient X, X′ deux espaces métrisables de type dénombrable, α un ordinal dénombrable pair (resp. impair). Si une application f de X dans X′ et de classe α, montrer que son graphe appartient à $\mathfrak{F}_\alpha(X \times X')$ (resp. $\mathfrak{G}_\alpha(X \times X')$) (utiliser *b*) et l'exerc. 20 *b*)).

22) Soient X, Y deux espaces métrisables, f une application approchable (IX, p. 115, exerc. 22) de X dans Y. Montrer que pour tout ensemble borélien $B \subset Y$, $\overset{-1}{f}(B)$ est approchable dans X (cf. IX, p. 112, exerc. 6). En déduire que si g est une application borélienne de Y dans un espace métrisable Z, $g \circ f$ est approchable. Donner un exemple d'une application continue f et d'une application approchable g telles que $g \circ f$ ne soit pas approchable (cf. IX, p. 122, exerc. 14 *b*)).

Appendice I

1) Soit X un espace discret non dénombrable, et soit X′ son compactifié d'Alexandroff. Montrer que X′ est un espace de Lindelöf dans lequel il y a des sous-espaces ouverts qui ne sont pas des espaces de Lindelöf.

2) *a*) Montrer que le produit d'un espace de Lindelöf et d'un espace compact est un espace de Lindelöf (cf. I, p. 70, prop. 17).

b) Donner un exemple d'un espace de Lindelöf X dont tous les sous-espaces sont paracompacts et qui est tel que $X \times X$ ne soit pas un espace de Lindelöf (cf. IX, p. 113, exerc. 15).

3) Soit X l'espace obtenu en munissant $\mathbf{R}^2$ de la topologie engendrée par les ouverts de la topologie usuelle de $\mathbf{R}^2$ et le complémentaire dans $\mathbf{R}^2$ de la demi-droite ouverte formée des points $(0, y)$ tels que $y > 0$ (cf. I, p. 103, exerc. 20 *c*)). Montrer que X est un espace lusinien non régulier (pour voir que X est lusinien, considérer l'espace polonais somme du demi-plan fermé $y \leqslant 0$ et du demi-plan ouvert $y > 0$ dans $\mathbf{R}^2$).

4) Soient X un espace régulier, A une partie de X qui est un sous-espace de Lindelöf, et a en outre les propriétés suivantes: le sous-espace $X - A$ est paracompact, et tout voisinage de A dans X contient un voisinage de A fermé dans X. Montrer que X est alors paracompact. (Soit $\mathfrak{R}$ un recouvrement ouvert de X, $\mathfrak{T}$ une partie dénombrable de $\mathfrak{R}$ formant un recouvrement de A, U la réunion des ensembles de V, W un voisinage ouvert de A tel que $\overline{W} \subset U$. Utiliser le fait que $X - W$ paracompact, ainsi que les exerc. 25 de IX, p. 107 et 29 *a*) de IX, p. 108.)

5) *a*) Il existe dans l'intervalle $I = (0, 1)$ de $\mathbf{R}$ un sous-ensemble non dénombrable Y tel que toute partie compacte de I contenue dans Y soit dénombrable (IX, p. 114, exerc. 17 *d*)). Soient X_0 l'adhérence de Y dans I, X l'espace topologique obtenu en prenant pour ouverts dans X les ensembles $U \cup S$, où est ouvert pour la topologie induite sur X_0 par celle de I, et S une partie quelconque de Y. Montrer que X est régulier, et qu'il existe une base de la topologie de X telle que tout point de X n'appartienne qu'à une infinité dénombrable d'ensembles de cette base.

b) Montrer que tout ouvert V de X qui contient $M = X - Y$ a un complémentaire dénombrable dans X. En déduire que X n'est pas métrisable (M n'est pas intersection dénombrable d'ensembles ouverts), et que X est un espace de Lindelöf.

c) Montrer que tout sous-espace Z de X est paracompact (mais non nécessairement un espace de Lindelöf). (Appliquer l'exerc. 4 en prenant $A = Z \cap M$.)

d) Soit Y_0 l'ensemble Y muni de la topologie induite par celle de I. Montrer que l'espace produit $X \times Y_0$ n'est pas normal bien que Y_0 soit métrisable. (Soit Δ l'ensemble fermé dans $X \times Y_0$ formé des points (x, x), où $x \in Y$; Δ et l'ensemble fermé $M \times Y_0$ sont sans point commun. Montrer que tout voisinage ouvert U de Δ dans $X \times Y_0$ rencontre nécessairement tout voisinage ouvert de $M \times Y_0$. Pour cela, soit W_n l'ensemble des $x \in Y$ tels que l'ensemble des (x, y) avec $y \in Y$, $|x - y| < 1/2n$, appartienne à V; les W_n recouvrent Y. En utilisant *b*), montrer qu'il existe un indice k tel que $\overline{W}_k$ rencontre M; soient alors $x \in \overline{W}_k \cap M$, $y \in Y$ tel que $|x - y| < 1/2k$; montrer que tout voisinage de (x, y) dans $X \times Y_0$ rencontre V).

Appendice II

1) Soit E un espace topologique séparé, dans lequel on a défini une loi de composition associative, notée multiplicativement. Généraliser la déf. 1 de IX, p. 79, au cas d'une famille $(x_\iota)_{\iota \in I}$ d'éléments de E, dont l'ensemble d'indices I est *totalement ordonné*; pour toute partie finie J de I, on désignera par p_J le produit $\prod_{\iota \in J} x_\iota$ de la séquence $(x_\iota)_{\iota \in J}$.

Si E est un *groupe topologique complet,* pour qu'une famille $(x_\iota)_{\iota \in I}$ de points de E soit multipliable, il faut et il suffit que pour tout voisinage V de l'élément neutre e de E, il existe une partie finie J_0 de I telle que, pour toute partie finie J de I contenant J_0, on ait $p_J (p_{J_0})^{-1} \in V$ (ou $(p_{J_0})^{-1} p_J \in V$).

¶ 2) Dans un ensemble totalement ordonné I, on dira qu'une partie non vide J est un *tronçon* si, quels que soient les éléments α, β de J tels que $\alpha < \beta$, on a $(\alpha, \beta) \subset J$.

a) Soit $(x_\iota)_{\iota \in I}$ une famille multipliable dans un *groupe complet* G. Montrer que, pour tout tronçon J de I, la famille $(x_\iota)_{\iota \in J}$ est multipliable (considérer d'abord le cas particulier où l'ensemble des minorants de J, n'appartenant pas à J, est vide).

b) On dit qu'une partition $(J_\lambda)_{\lambda \in L}$ de I est une *partition ordonnée* si L est un ensemble totalement ordonné, et si les relations $\lambda < \mu$, $\alpha \in J_\lambda$, $\beta \in J_\mu$ entraînent $\alpha < \beta$; les J_λ sont alors des tronçons de I. Si $(x_\iota)_{\iota \in I}$ est une famille multipliable dans un groupe complet G, montrer que, si on pose $p_\lambda = \prod_{\iota \in J_\lambda} x_\iota$, la famille $(p_\lambda)_{\lambda \in L}$ est multipliable et a même produit que $(x_\iota)_{\iota \in I}$.

c) Inversement, si $(J_\lambda)_{\lambda \in L}$ est une partition ordonnée *finie* de I, et si $(x_\iota)_{\iota \in I}$ est telle que chacune des familles $(x_\iota)_{\iota \in J_\lambda}$ soit multipliable, la famille $(x_\iota)_{\iota \in I}$ est multipliable.

¶ 3) Soit G un groupe topologique séparé tel qu'il existe un voisinage V_0 de l'élément neutre *e*, dans lequel $x \mapsto x^{-1}$ soit uniformément continue (comme application de G_d dans G_d; cf. III, p. 25, prop. 9). Soit $(x_\iota)_{\iota \in I}$ une famille multipliable de points de G; montrer que, pour tout voisinage U de *e*, il existe une partie finie J_0 de I telle que, pour toute partie finie K de I contenue dans un tronçon de I qui ne rencontre pas J_0, on ait $p_K \in U$. (Montrer d'abord qu'il existe une partie finie H_0 de I et un nombre fini de points de G, $a_1, a_2, \ldots, a_q$ tels que, pour toute partie finie L de I contenue dans un tronçon ne rencontrant pas H_0, on ait $p_L \in a_k V'_0 a_k^{-1}$ pour un indice *k* au moins, V'_0 étant un voisinage de *e* tel que $V'_0 V'_0 \subset V_0$. Se borner ensuite à considérer les parties finies contenues dans un des intervalles ouverts dont les extrémités sont deux indices consécutifs de H_0; utiliser le raisonnement de l'exerc. 2 *a*), et la continuité uniforme de x^{-1} dans chacun des voisinages $a_k V_0 a_k^{-1}$).

En déduire que, dans les mêmes conditions, on a $\lim x_\iota = e$ suivant le filtre des complémentaires des parties finies de I (si I est infini).

4) Soit G un groupe localement compact. Si (x_ι) est une famille multipliable de points de G, montrer que l'ensemble des produits partiels finis p_J de cette famille est relativement compact.

5) *a*) Soit G un groupe complet, tel que tout voisinage de *e* contienne un sous-groupe ouvert de G. Pour qu'une suite (x_n) de points de G soit multipliable, il faut et il suffit que $\lim_{n \to \infty} x_n = e$.

b) Soit G un groupe complet, tel que tout voisinage de *e* contienne un sous-groupe ouvert *distingué* de G. Pour qu'une famille $(x_\iota)_{\iota \in I}$ de points de G soit multipliable, il faut et il suffit que $\lim x_\iota = e$ suivant le filtre des complémentaires des parties finies de I (utiliser IX, p. 126, exerc. 3).

6) Soit A l'algèbre (sur **R**) des applications numériques bornées définies dans l'intervalle $E = [1, +\infty[$ de **R**, normée par la norme $\|f\| = \sup_{x \in E} |f(x)|$. Pour tout entier $n > 0$, soit u_n la fonction égale à $1/n$ pour $n \leqslant x \leqslant n + 1$, à 0 aux autres points de E. Montrer que la famille $(1 + u_n)$ est multipliable dans A, mais que la série de terme général u_n n'est pas absolument sommable dans A.

7) Soit $(\mathbf{x}_n)$ une suite de points d'une algèbre normée A, telle que pour toute permutation σ de **N**, le produit infini de facteur général $\mathbf{x}_{\sigma(n)}$ soit convergent et que $\mathop{\mathsf{P}}_{n=0}^{\infty} \mathbf{x}_{\sigma(n)}$ soit inversible. Montrer que chacune des suites $(\mathbf{x}_{\sigma(n)})$ est multipliable (même raisonnement que dans la prop. 9 de III, p. 44).

¶ 8) Soit A une algèbre normée complète; montrer que si $(\mathbf{x}_n)$ est une suite de points de A telle que, pour toute permutation σ de **N**, la suite $(\mathbf{x}_{\sigma(n)})$ soit multipliable et ait un produit inversible, chacun des $\mathbf{x}_n$ est inversible (on établira d'abord le lemme d'algèbre suivant: dans un anneau ayant un élément unité, si deux éléments *x*, *y* sont tels que *xy* soit inversible, et *yx* non diviseur de 0, chacun des éléments *x*, *y* est inversible; cf. A, I, p. 152, exerc. 3).

NOTE HISTORIQUE

(N. B. — Les chiffres romains entre parenthèses renvoient à la bibliographie placée à la fin de cette note.)

Comme nous l'avons dit (Note historique du chap. II), la notion d'espace métrique fut introduite en 1906 par M. Fréchet, et développée quelques années plus tard par F. Hausdorff dans sa « Mengenlehre ». Elle acquit une grande importance après 1920, d'une part à la suite des travaux fondamentaux de S. Banach et de son école sur les espaces normés et leurs applications à l'Analyse fonctionnelle (voir EVT), de l'autre en raison de l'intérêt que présente la notion de valeur absolue en Arithmétique et en Géométrie algébrique (où notamment la complétion par rapport à une valeur absolue se montre très féconde).

De la période 1920–1930 datent toute une série d'études entreprises par l'école de Moscou sur les propriétés de la topologie d'un espace métrique, travaux qui visaient en particulier à obtenir des conditions nécessaires et suffisantes pour qu'une topologie donnée soit métrisable. C'est ce mouvement d'idées qui fit apparaître l'intérêt de la notion d'espace normal, définie en 1923 par Tietze, mais dont le rôle important ne fut reconnu qu'à la suite des travaux d'Urysohn (VI) sur le prolongement des fonctions continues numériques. En dehors du cas trivial des fonctions d'une variable réelle, le problème de l'extension à tout l'espace d'une fonction continue numérique définie dans un ensemble fermé, avait été traité pour la première fois (pour le cas du plan) par H. Lebesgue (III); avant le résultat définitif d'Urysohn, il avait été résolu pour les espaces métriques par H. Tietze (IV). L'extension de ce problème au cas des fonctions à valeurs dans un espace topologique quelconque a pris dans ces dernières années une importance considérable en Topologie algébrique. Les travaux récents ont en outre mis en évidence que, dans ce genre de questions, la notion d'espace normal est peu maniable, parce qu'elle offre encore trop de possibilités de « pathologie »; on doit le plus souvent lui substituer la notion plus restrictive d'espace paracompact, introduite en 1944 par J. Dieudonné (IX); dans cette théorie, le résultat le plus remarquable est le théorème, dû à A. H. Stone (X), selon lequel tout espace métrisable est paracompact.[1]

Nous avons déjà signalé (Note hist. du chap. IV) les importants travaux de la fin du XIXe siècle et du début du XXe siècle (E. Borel, Baire, Lebesgue, Osgood,

[1] Ce théorème a permis de donner au problème de métrisation une solution plus satisfaisante que les critères obtenus vers 1930 par l'école russopolonaise (« critère de Nagata-Smirnov », cf. IX, p. 109, exerc. 32). Mais il faut noter que jusqu'ici ces critères n'ont guère reçu d'applications; comme si souvent dans l'histoire des mathématiques, il semble que le problème de métrisation ait eu moins d'importance par sa solution que par les notions nouvelles dont il aura amené le développement.

W. H. Young) sur la classification des ensembles de points dans les espaces $\mathbf{R}^n$, et sur la classification et la caractérisation des fonctions numériques obtenues en itérant, à partir des fonctions continues, le processus de passage à la limite (pour des suites de fonctions). On s'aperçut rapidement que les espaces métriques fournissaient un cadre naturel pour les recherches de cette nature, dont le développement après 1910 est surtout dû aux écoles russe et polonaise. Ce sont ces écoles qui ont entre autres mis en lumière le rôle fondamental joué en Analyse moderne par la notion d'ensemble maigre, et par le théorème sur l'intersection dénombrable d'ensembles ouverts partout denses dans un espace métrique complet (IX, p. 55, th. 1), démontré d'abord (indépendamment) par Osgood (I) pour la droite numérique et par Baire (II) pour les espaces $\mathbf{R}^n$.

D'autre part, en 1917, Souslin (V), corrigeant une erreur de Lebesgue, montrait que l'image continue d'un ensemble borélien n'est pas nécessairement borélienne, ce qui le conduisit à la définition et à l'étude de la catégorie plus vaste d'ensembles, appelés depuis « analytiques » ou « sousliniens »; après la mort prématurée de Souslin cette étude fut surtout poursuivie par N. Lusin (dont les idées avaient inspiré le travail de Souslin) et par les mathématiciens polonais (voir (VII) et (VIII)). L'importance actuelle de ces ensembles tient surtout à leurs applications à la théorie de l'intégration (où, grâce à leurs propriétés spéciales, ils permettent des constructions qui seraient impossibles sur des ensembles mesurables quelconques), et à la théorie moderne du potentiel, où le théorème fondamental sur la capacitabilité des ensembles sousliniens (IX, p. 73, th. 6), démontré récemment par G. Choquet (XI),[1] s'est révélé riche en applications variées.

---

[1] La démonstration que nous avons donnée de ce théorème est une simplification de celle de Choquet, due à M. Sion.

BIBLIOGRAPHIE

(I) W. Osgood, Non uniform convergence and the integration of series term by term, *Amer. Journ. of Math.*, t. XIX (1897), p. 155–190.

(II) R. Baire, Sur les fonctions de variables réelles, *Ann. di Mat.* (3), t. III (1899), p. 1.

(III) H. Lebesgue, Sur le problème de Dirichlet, *Rend. Circ. mat. di Palermo*, t. XXIV (1907), p. 371–402.

(IV) H. Tietze, Über Funktionen die auf einer abgeschlossenen Menge stetig sind, *J. de Crelle*, t. CXLV (1915), p. 9–14.

(V) M. Souslin, Sur une définition des ensembles mesurables B sans nombres transfinis, *C. R. Acad. Sci.*, t. CLXIV (1917), p. 88–91.

(VI) P. Urysohn, Ueber die Mächtigkeit der zusammenhängenden Mengen, *Math. Ann.*, t. XCIV (1925), p. 262.

(VII) N. Lusin, *Leçons sur les ensembles analytiques et leurs applications*, Paris (Gauthier-Villars), 1930.

(VIII) K. Kuratowski, *Topologie*, I, 2e éd., Warszawa-Vroctaw, 1948.

(IX) J. Dieudonné, Une généralisation des espaces compacts, *Journ. de Math.* (9), t. XXIII (1944), p. 65–76.

(X) A. H. Stone, Paracompactness and product spaces, *Bull. Amer. Math. Soc.*, t. LIV (1948), p. 977–982.

(XI) G. Choquet, Theory of capacities, *Ann. Inst. Fourier*, t. V (1953–1954), p. 131–295.

CHAPITRE X

Espaces fonctionnels

§ 1. LA STRUCTURE UNIFORME DE LA $\mathfrak{S}$-CONVERGENCE

Notations. — Étant donnés deux ensembles X, Y, rappelons que l'on désigne par $\mathscr{F}(X; Y)$ l'ensemble de toutes les applications de X dans Y, qui s'identifie à l'ensemble produit Y^X (E, II, p. 31). Pour toute partie H de $\mathscr{F}(X; Y)$, et tout $x \in X$, nous désignerons par $H(x)$ l'ensemble des $u(x) \in Y$ lorsque u parcourt H. Si Φ est une base de filtre sur $\mathscr{F}(X; Y)$, nous désignerons par $\Phi(x)$ la base de filtre sur Y formée des $H(x)$, où H parcourt Φ. Enfin, rappelons que, pour tout $u \in \mathscr{F}(X; Y)$ et toute partie A de X, $u \mid A$ désigne la *restriction* de u à A, application de A dans Y; si H est une partie de $\mathscr{F}(X; Y)$, $H \mid A$ désignera l'ensemble des restrictions $u \mid A$ pour $u \in H$.

1. La structure de la convergence uniforme

Soient X un ensemble, Y un *espace uniforme*. Pour tout entourage V de Y, désignons par $W(V)$ l'ensemble des couples (u, v) d'applications de X dans Y tels que l'on ait $(u(x), v(x)) \in V$ pour tout $x \in X$. Lorsque V parcourt l'ensemble des entourages de Y, les ensembles $W(V)$ forment un *système fondamental d'entourages* d'une structure uniforme sur $\mathscr{F}(X; Y)$. En effet, ils satisfont de façon évidente à l'axiome (U'_I) (II, p. 2); si V, V' sont deux entourages de Y tels que $V \subset V'$, on a $W(V) \subset W(V')$, donc les ensembles $W(V)$ vérifient (B_I) (I, p. 38); on a $\overset{-1}{\widehat{W(V)}} = W(\overset{-1}{V})$, donc (U'_{II}) est vérifié; enfin, les relations « quel que soit

$x \in X$, $(u(x), v(x)) \in V$ » et « quel que soit $x \in X$, $(v(x), w(x)) \in V$ » entraînent la relation « quel que soit $x \in X$, $(u(x), w(x)) \in \overset{2}{V}$ », autrement dit on a

$$\overset{2}{\widehat{W(V)}} \subset W(\overset{2}{V}),$$

ce qui démontre (U'_{III}).

DÉFINITION 1. — *On dit que la structure uniforme sur l'ensemble* $\mathscr{F}(X; Y)$ *ayant pour système fondamental d'entourages l'ensemble des* $W(V)$, *où* V *parcourt l'ensemble des entourages de* Y, *est la structure de la convergence uniforme; la topologie déduite de cette structure uniforme est appelée topologie de la convergence uniforme. Si un filtre* Φ *sur* $\mathscr{F}(X; Y)$ *converge vers un élément* u_0 *pour cette topologie, on dit qu'il converge uniformément vers* u_0.

On notera que la *topologie* de la convergence uniforme sur $\mathscr{F}(X; Y)$ dépend de la structure uniforme de Y et non seulement de la topologie de Y (X, p. 41, exerc. 4).

L'espace uniforme obtenu en munissant $\mathscr{F}(X; Y)$ de la structure de la convergence uniforme se note $\mathscr{F}_u(X; Y)$.

2. La $\mathfrak{S}$-convergence

DÉFINITION 2. — *Soient X un ensemble,* Y *un espace uniforme,* $\mathfrak{S}$ *un ensemble de parties de* X. *On appelle structure uniforme de la convergence uniforme dans les ensembles de* $\mathfrak{S}$, *ou simplement structure uniforme de la* $\mathfrak{S}$*-convergence, la structure uniforme la moins fine sur* $\mathscr{F}(X; Y)$ *rendant uniformément continues les applications de restriction* $u \mapsto u \mid A$ *de* $\mathscr{F}(X; Y)$ *dans les espaces uniformes* $\mathscr{F}_u(A; Y)$, *où* A *parcourt* $\mathfrak{S}$. *On note* $\mathscr{F}_{\mathfrak{S}}(X; Y)$ *l'espace uniforme obtenu en munissant* $\mathscr{F}(X; Y)$ *de la structure uniforme de la* $\mathfrak{S}$*-convergence.*

La topologie déduite de la structure uniforme de la $\mathfrak{S}$-convergence s'appelle la *topologie de la* $\mathfrak{S}$*-convergence*; c'est la moins fine rendant continues les applications $u \mapsto u \mid A$ de $\mathscr{F}(X; Y)$ (pour $A \in \mathfrak{S}$) dans les espaces $\mathscr{F}_u(A; Y)$ (II, p. 8, corollaire).

Pour qu'un filtre Φ sur $\mathscr{F}(X; Y)$ converge vers u_0 pour la topologie de la $\mathfrak{S}$-convergence, il faut et il suffit que pour tout $A \in \mathfrak{S}$, $u \mid A$ *converge uniformément vers* $u_0 \mid A$ suivant le filtre Φ (I, p. 51, prop. 10); aussi dit-on que Φ *converge uniformément vers* u_0 *dans les ensembles de* $\mathfrak{S}$.

De même, pour qu'une base de filtre Φ sur $\mathscr{F}_{\mathfrak{S}}(X; Y)$ soit une base de filtre de Cauchy, il faut et il suffit que, pour tout $A \in \mathfrak{S}$, l'image de Φ par l'application $u \mapsto u \mid A$ soit une base de filtre de Cauchy dans $\mathscr{F}_u(A; Y)$ (II, p. 13, prop. 4).

Soit f une application d'un espace topologique (resp. d'un espace uniforme) Z dans $\mathscr{F}_{\mathfrak{S}}(X; Y)$. Pour que f soit continue (resp. uniformément continue), il faut et il suffit que, pour tout $A \in \mathfrak{S}$, l'application $z \mapsto f(z) \mid A$ de Z dans

$\mathscr{F}_u(A; Y)$ soit continue (resp. uniformément continue) (I, p. 12, prop. 4 et II, p. 8, prop. 4).

Enfin, soit M une partie de $\mathscr{F}_{\mathfrak{S}}(X; Y)$; pour que M soit précompacte il faut et il suffit que, pour tout $A \in \mathfrak{S}$, l'ensemble des restrictions $u \mid A$ pour $u \in M$ soit une partie précompacte de $\mathscr{F}_u(A; Y)$ (II, p. 31, prop. 3).

Remarques. — 1) La définition générale des entourages d'une structure uniforme initiale (II, p. 8, prop. 4) montre qu'on obtient un système fondamental d'entourages de $\mathscr{F}_{\mathfrak{S}}(X; Y)$ de la façon suivante: pour tout $A \in \mathfrak{S}$ et tout entourage V d'un système fondamental $\mathfrak{B}$ d'entourages de Y, soit $\boldsymbol{W}(A, V)$ l'ensemble des couples (u, v) d'applications de X dans Y tels que $(u(x), v(x)) \in V$ pour tout $x \in A$; lorsque A parcourt $\mathfrak{S}$ et que V parcourt $\mathfrak{B}$, les *intersections finies* des $\boldsymbol{W}(A, V)$ forment un système fondamental d'entourages de $\mathscr{F}_{\mathfrak{S}}(X, Y)$.

Cette description montre aussitôt que, si $\mathfrak{S}$, $\mathfrak{S}'$ sont deux ensembles de parties de X telles que $\mathfrak{S} \subset \mathfrak{S}'$, la structure uniforme de la $\mathfrak{S}'$-convergence est *plus fine* que celle de la $\mathfrak{S}$-convergence.

2) Toutefois, on ne change pas la structure uniforme de la $\mathfrak{S}$-convergence en remplaçant $\mathfrak{S}$ par l'ensemble $\mathfrak{S}'$ des parties de X *dont chacune est contenue dans la réunion d'un nombre fini d'ensembles appartenant à* $\mathfrak{S}$. Dans l'étude de la $\mathfrak{S}$-convergence, on peut donc toujours se limiter au cas où l'ensemble $\mathfrak{S}$ satisfait aux deux conditions suivantes:

(F'_{I}) *Toute partie d'un ensemble de* $\mathfrak{S}$ *appartient à* $\mathfrak{S}$.

(F'_{II}) *Toute réunion finie d'ensembles de* $\mathfrak{S}$ *appartient à* $\mathfrak{S}$.

Lorsque (F'_{II}) est vérifiée, on obtient un système fondamental d'entourages de $\mathscr{F}_{\mathfrak{S}}(X; Y)$ en prenant tous les ensembles $\boldsymbol{W}(A, V)$, A parcourant $\mathfrak{S}$ et V un système fondamental d'entourages de Y.

3) La structure uniforme de la $\mathfrak{S}$-convergence est l'image réciproque, par l'application $u \mapsto (u \mid A)_{A \in \mathfrak{S}}$ de $\mathscr{F}(X; Y)$ dans $\prod_{A \in \mathfrak{S}} \mathscr{F}_u(A; Y)$, de la structure uniforme de cet espace produit (II, p. 11, prop. 8). Lorsque $\mathfrak{S}$ est un *recouvrement* de X, cette application est *injective*, et $\mathscr{F}_{\mathfrak{S}}(X; Y)$ est donc isomorphe au sous-espace uniforme de $\prod_{A \in} \mathscr{F}_u(A; Y)$, image de cette application.

PROPOSITION 1. — *Si* Y *est séparé et si* $\mathfrak{S}$ *est un recouvrement de* X, *l'espace* $\mathscr{F}_{\mathfrak{S}}(X; Y)$ *est séparé.*

En effet, soient u, v deux éléments de $\mathscr{F}(X; Y)$ tels que $(u, v) \in \mathbf{W}(A, V)$ pour tout entourage V de F et tout $A \in \mathfrak{S}$; comme Y est séparé, on en déduit d'abord que u et v coïncident dans chaque ensemble $A \in \mathfrak{S}$, et comme $\mathfrak{S}$ est un recouvrement de X, $u = v$.

Remarques. — 4) Soit H une partie de $\mathscr{F}(X; Y)$; par abus de langage, on appelle structure uniforme (resp. topologie) de la $\mathfrak{S}$-convergence sur l'ensemble H, la structure uniforme (resp. la topologie) *induite* sur H par la structure uniforme (resp. la topologie) de la $\mathfrak{S}$-convergence sur $\mathscr{F}(X; Y)$.

5) Si $\lambda \mapsto u_\lambda$ est une application, dans $\mathscr{F}_{\mathfrak{S}}(X; Y)$, d'un ensemble L filtré par un filtre $\mathfrak{G}$, et si cette application admet une limite suivant $\mathfrak{G}$, on dit encore que, *suivant*

le filtre $\mathfrak{G}$, *les applications* u_λ *de* X *dans* Y *convergent uniformément vers* v (ou que *la famille* (u_λ) *est uniformément convergente vers* v) *dans tout ensemble de* $\mathfrak{S}$; on omet la mention du filtre $\mathfrak{G}$ lorsque $L = \mathbf{N}$ et que $\mathfrak{G}$ est le filtre de Fréchet.

Plus particulièrement, supposons définie dans Y une loi de composition commutative et associative, notée additivement. Pour toute suite (u_n) d'applications de X dans Y, désignons par v_n l'application $x \mapsto \sum_{k=0}^{n} u_k(x)$ $(n \in \mathbf{N})$; on dira que *la série de terme général* u_n *est uniformément convergente dans tout ensemble de* $\mathfrak{S}$ si la suite (v_n) est uniformément convergente dans tout ensemble de $\mathfrak{S}$. On définit de même une famille *uniformément sommable* $(u_\lambda)_{\lambda \in L}$ d'applications de X dans Y, en considérant les applications $x \mapsto \sum_{\lambda \in J} u_\lambda(x)$ pour toutes les parties finies J de L, et la limite de ces applications dans $\mathscr{F}_{\mathfrak{S}}(X; Y)$ suivant l'ensemble ordonné filtrant des parties finies de L (III, p. 37).

6) Les déf. 1 et 2 (X, p. 2) entraînent aussitôt que pour tout $x \in \bigcup_{A \in \mathfrak{S}} A$, l'application $u \mapsto u(x)$ de $\mathscr{F}_{\mathfrak{S}}(X; Y)$ dans Y est *uniformément continue*. Il en résulte en particulier que, si on désigne par $\overline{H}$ l'adhérence dans $\mathscr{F}_{\mathfrak{S}}(X; Y)$ d'une partie H de cet espace, on a, pour tout $x \in \bigcup_{A \in \mathfrak{S}} A$, $\overline{H}(x) \subset \overline{H(x)}$ (I, p. 9, th. 1).

3. Exemples de $\mathfrak{S}$-convergence

I. *Convergence uniforme dans une partie de* X. — Soient A une partie de X, $\mathfrak{S} = \{A\}$. La structure uniforme (resp. la topologie) de la $\mathfrak{S}$-convergence s'appelle aussi alors la *structure uniforme* (resp. *la topologie*) *de la convergence uniforme dans* A; si un filtre Φ sur $\mathscr{F}_{\mathfrak{S}}(X; Y)$ converge vers u_0, on dit qu'il converge vers u_0 *uniformément dans* A. Lorsque $A = X$, on retrouve la structure de la convergence uniforme définie dans X, p. 2.

II. *Convergence simple dans une partie de* X. — Soit A une partie de X, et prenons pour $\mathfrak{S}$ l'ensemble des parties de X qui se réduisent à un seul point de A (ou, ce qui revient au même en vertu de X, p. 3, *Remarque* 2, l'ensemble des parties finies de A). On dit alors que la structure uniforme (resp. la topologie) de la $\mathfrak{S}$-convergence est la *structure uniforme* (resp. *la topologie*) *de la convergence simple dans* A; si un filtre Φ sur $\mathscr{F}_{\mathfrak{S}}(X; Y)$ converge vers u_0, on dit qu'il *converge simplement vers* u_0 *dans* A; il revient au même de dire que, pour tout $x \in A$, $u_0(x)$ est limite de $u(x)$ suivant le filtre Φ.

En particulier, lorsque $A = X$, la structure uniforme (resp. la topologie) de la convergence simple dans X est aussi appelée *structure uniforme* (resp. *topologie*) *de la convergence simple* et l'espace uniforme obtenu en munissant $\mathscr{F}(X; Y)$ de cette structure se note $\mathscr{F}_s(X; Y)$. On notera que la topologie de la convergence simple n'est autre que la topologie *produit* sur Y^X; elle ne dépend donc que de la topologie de Y et non de sa structure uniforme, contrairement à ce qui a lieu en général.

III. *Convergence compacte.* — Supposons que X soit un *espace topologique*, et prenons pour $\mathfrak{S}$ l'ensemble des parties *compactes* de X. La structure uniforme (resp. la topologie) de la $\mathfrak{S}$-convergence est alors appelée *structure uniforme* (resp. *topologie*) *de la convergence compacte*; l'espace uniforme obtenu en munissant $\mathscr{F}(X;Y)$ de cette structure se note $\mathscr{F}_c(X;Y)$. La structure de la convergence compacte est moins fine que celle de la convergence uniforme, et lui est identique si X est compact; elle est plus fine que la structure de la convergence simple, et lui est identique si X est discret.

Lorsque X est un *espace uniforme*, on définit de même sur $\mathscr{F}(X;Y)$ la structure uniforme de la *convergence précompacte* en prenant pour $\mathfrak{S}$ l'ensemble des parties *précompactes* de X. De même, si X est un *espace métrique*, on peut prendre pour $\mathfrak{S}$ l'ensemble des parties *bornées* de X; la structure de la $\mathfrak{S}$-convergence prend alors le nom de structure uniforme de la *convergence bornée*.

4. Propriétés des espaces $\mathscr{F}_{\mathfrak{S}}(X;Y)$

Proposition 2. — *Soient* X_1, X_2 *deux ensembles,* Y *un espace uniforme,* $\mathfrak{S}_i$ *un ensemble de parties de* X_i $(i = 1, 2)$, $\mathfrak{S}_1 \times \mathfrak{S}_2$ *l'ensemble des parties de la forme* $A_1 \times A_2$ *de* $X_1 \times X_2$, *avec* $A_i \in \mathfrak{S}_i$, $i = 1, 2$. *Alors la bijection canonique.*

$$\mathscr{F}(X_1 \times X_2; Y) \rightarrow \mathscr{F}(X_1; \mathscr{F}(X_2, Y))$$

(E, II, p. 31) *est un isomorphisme de l'espace uniforme* $\mathscr{F}_{\mathfrak{S}_1 \times \mathfrak{S}_2}(X_1 \times X_2; Y)$ *sur l'espace uniforme* $\mathscr{F}_{\mathfrak{S}_1}(X_1; \mathscr{F}_{\mathfrak{S}_2}(X_2; Y))$.

En effet, soient V un entourage de Y, A_i un élément de $\mathfrak{S}_i$ $(i = 1, 2)$; il résulte aussitôt des définitions que $W(A_1 \times A_2, V)$ s'identifie à $W(A_1, W(A_2, V))$ par la bijection canonique, d'où la proposition.

Proposition 3. — a) *Soient* X *un ensemble,* $\mathfrak{S}$ *un ensemble de parties de* X, Y, Y' *deux espaces uniformes,* $f: Y \rightarrow Y'$ *une application uniformément continue. Alors l'application* $u \mapsto f \circ u$ *de* $\mathscr{F}_{\mathfrak{S}}(X;Y)$ *dans* $\mathscr{F}_{\mathfrak{S}}(X;Y')$ *est uniformément continue.*

b) *Soient* X, X' *deux ensembles,* $\mathfrak{S}$ (resp. $\mathfrak{S}'$) *un ensemble de parties de* X (resp. X'), Y *un espace uniforme,* $g: X' \rightarrow X$ *une application telle que, pour tout* $A' \in \mathfrak{S}'$, $g(A')$ *soit contenu dans une réunion finie d'ensembles de* $\mathfrak{S}$. *Alors l'application* $u \mapsto u \circ g$ *de* $\mathscr{F}_{\mathfrak{S}}(X;Y)$ *dans* $\mathscr{F}_{\mathfrak{S}'}(X';Y)$ *est uniformément continue.*

Proposition 4. — *Soient* X, Y *deux ensembles,* $(X_\lambda)_{\lambda \in L}$ *une famille d'ensembles,* $(Y_\mu)_{\mu \in M}$ *une famille d'espaces uniformes. Pour tout* $\lambda \in L$, *soit* $\mathfrak{S}_\lambda$ *un ensemble de parties de* X_λ, *soit* g_λ *une application de* X_λ *dans* X, *et soit* $\mathfrak{S}$ *l'ensemble de parties de* X, *réunion des* $g_\lambda(\mathfrak{S}_\lambda)$. *Pour tout* $\mu \in M$, *soit* f_μ *une application de* Y *dans* Y_μ; *on munit* Y *de la structure uniforme la moins fine rendant uniformément continues les* f_μ. *Alors la structure uniforme de la* $\mathfrak{S}$-*convergence sur* $\mathscr{F}(X;Y)$ *est la moins fine rendant uniformément continues les applications* $u \mapsto f_\mu \circ u \circ g_\lambda$ *de* $\mathscr{F}(X;Y)$ *dans les* $\mathscr{F}_{\mathfrak{S}_\lambda}(X_\lambda; Y_\mu)$.

Ces propositions résultent immédiatement de la description d'un système fondamental d'entourages pour la structure uniforme de la $\mathfrak{S}$-convergence, donnée dans X, p. 3, *Remarque* 1; nous laissons les détails des démonstrations au lecteur.

COROLLAIRE 1. — *Soient* X *un ensemble,* $(Y_\iota)_{\iota\in I}$ *une famille d'espaces uniformes,* $\mathfrak{S}$ *un ensemble de parties de* X. *Si on munit* $\prod_{\iota\in I} Y_\iota$ *de la structure uniforme produit, la bijection canonique de l'espace uniforme* $\mathscr{F}_{\mathfrak{S}}(X, \prod_{\iota\in I} Y_\iota)$ *sur l'espace uniforme produit* $\prod_{\iota\in I} \mathscr{F}_{\mathfrak{S}}(X; Y_\iota)$ (E, II, p. 39) *est un isomorphisme.*

Cela résulte de la prop. 4.

COROLLAIRE 2. — *Soient* X *un ensemble,* $\mathfrak{S}$ *un ensemble de parties de* X *et* G *un groupe topologique. Supposons que les structures uniformes droite et gauche* (III, p. 19) *de* G *soient identiques. Alors la topologie de la* $\mathfrak{S}$*-convergence sur* $\mathscr{F}(X, G)$ *est compatible avec la structure de groupe de* $\mathscr{F}(X, G)$ *déduite de l'identification à* G^X (A, I, p. 43).

Soient $\mu: G \times G \to G$ et $\tilde{\mu}: \mathscr{F}_{\mathfrak{S}}(X, G) \times \mathscr{F}_{\mathfrak{S}}(X, G) \to \mathscr{F}_{\mathfrak{S}}(X, G)$ les applications définies respectivement par $\mu(x, y) = xy^{-1}$ et $\tilde{\mu}(u, v) = u \cdot v^{-1}$. L'application μ est uniformément continue; soient en effet $x, x', y, y' \in G$ et V un voisinage de l'élément neutre e de G; il existe un voisinage W de e tel que, si $z, z' \in W^2$, alors $z'z \in V$. Si $x'^{-1}x \in W$ et $y^{-1}y' \in W$, alors $x'^{-1}xy^{-1}y' \in W^2$, donc $\mu(x', y')^{-1}\mu(x, y) \in V$. L'application $\tilde{\mu}$ est la composée de deux applications uniformément continues: la bijection canonique

$$\mathscr{F}_{\mathfrak{S}}(X, G) \times \mathscr{F}_{\mathfrak{S}}(X, G) \to \mathscr{F}_{\mathfrak{S}}(X, G \times G)$$

(cor. 1) et l'application $w \mapsto \mu \circ w$ de $\mathscr{F}_{\mathfrak{S}}(X, G \times G)$ dans $\mathscr{F}_{\mathfrak{S}}(X, G)$ (prop. 4). D'où la continuité de $\tilde{\mu}$ et le corollaire d'après (III, p. 1).

Remarques. — 1) L'hypothèse du corollaire est satisfaite si G est commutatif ou compact.

2) Pour tout partie $A \in \mathfrak{S}$ et tout voisinage V de e dans G, notons $\boldsymbol{L}_0(A, V)$ l'ensemble des $u \in \mathscr{F}(X, G)$ tels que $u(A) \subset V$. Sous l'hypothèse du cor. 2, il résulte des définitions que, pour tout $u_0 \in \mathscr{F}(X, G)$, les ensembles $\boldsymbol{L}_0(A, V) \cdot u_0$ (resp. $u_0 \cdot \boldsymbol{L}_0(A, V)$) engendrent le filtre des voisinages de u_0 pour la topologie de la $\mathfrak{S}$-convergence. En particulier, la structure uniforme de la $\mathfrak{S}$-convergence et les structures uniformes droite et gauche du groupe topologique $\mathscr{F}(X, G)$ sont identiques.

5. Parties complètes de $\mathscr{F}_{\mathfrak{S}}(X; Y)$

PROPOSITION 5. — *Soient* X *un ensemble,* Y *un espace uniforme,* $\mathfrak{S}$ *un ensemble de parties de* X. *Pour qu'un filtre* Φ *sur* $\mathscr{F}_{\mathfrak{S}}(X; Y)$ *converge vers* u_0, *il faut et il suffit que* Φ *soit un filtre de Cauchy pour la structure uniforme de la* $\mathfrak{S}$*-convergence, et qu'il converge simplement vers* u_0 *dans* $B = \bigcup_{A\in\mathfrak{S}} A$.

Comme la structure de la convergence simple dans B est moins fine que celle de la $\mathfrak{S}$-convergence, tout revient à démontrer que pour tout $A \in \mathfrak{S}$ et tout entourage *fermé* V de Y, $\boldsymbol{W}(A, V)$ est *fermé* pour la topologie de la convergence simple dans B (II, p. 16, prop. 7). Or, $W(\mathrm{A}, \mathrm{V})$ est l'intersection des images réciproques de V par les applications $(u, v) \mapsto (u(x), v(x))$ (x parcourant A), et ces dernières sont continues pour la topologie de la convergence simple (X, p. 4, *Remarque* 6), d'où la conclusion.

Corollaire 1. — *Pour qu'un sous-espace* H *de* $\mathscr{F}_{\mathfrak{S}}(\mathrm{X}; \mathrm{Y})$ *soit complet, il faut et il suffit que, pour tout filtre de Cauchy* Φ *sur* H, *il existe* $u_0 \in \mathrm{H}$ *tel que* Φ *converge simplement vers* u_0 *dans* $\mathrm{B} = \bigcup_{\mathrm{A} \in \mathfrak{S}} \mathrm{A}$.

Cela résulte aussitôt de la prop. 5.

Corollaire 2. — *Soient* $\mathfrak{S}_1$, $\mathfrak{S}_2$ *deux ensembles de parties de* X *ayant même réunion et tels que* $\mathfrak{S}_1 \subset \mathfrak{S}_2$, *et soit* H *une partie de* $\mathscr{F}(\mathrm{X}; \mathrm{Y})$; *si* H *est complet pour la* $\mathfrak{S}_1$-*convergence, il est complet pour la* $\mathfrak{S}_2$-*convergence.*

En effet, tout filtre de Cauchy pour la $\mathfrak{S}_2$-convergence est un filtre de Cauchy pour la $\mathfrak{S}_1$-convergence, et on peut appliquer le cor. 1.

Corollaire 3. — *Soit* H *une partie de* $\mathscr{F}(\mathrm{X}; \mathrm{Y})$ *telle que, pour tout* $x \in \mathrm{B} = \bigcup_{\mathrm{A} \in \mathfrak{S}} \mathrm{A}$, *l'adhérence de* $\mathrm{H}(x)$ *dans* Y *soit un sous-espace complet. Alors l'adhérence* $\overline{\mathrm{H}}$ *de* H *dans* $\mathscr{F}_{\mathfrak{S}}(\mathrm{X}; \mathrm{Y})$ *est un sous-espace complet.*

Soit Φ un filtre de Cauchy sur $\overline{\mathrm{H}}$; définissons une application v de X dans Y de la façon suivante. Si $x \in \mathrm{B}$, $\Phi(x)$ est un filtre de Cauchy sur $\overline{\mathrm{H}(x)}$ (X, p. 4, *Remarque* 6), donc a par hypothèse au moins un point limite; nous prendrons pour $v(x)$ un de ces points limites; si $x \notin \mathrm{B}$, nous prendrons pour $v(x)$ un point quelconque de Y. Avec cette définition, il est clair que Φ converge simplement vers v dans B, et v est donc limite de Φ dans $\mathscr{F}_{\mathfrak{S}}(\mathrm{X}; \mathrm{Y})$ en vertu de la prop. 5.

En particulier, si Y est complet, l'hypothèse du cor. 3 de la prop. 5 est vérifiée pour tout $\mathrm{H} \subset \mathscr{F}(\mathrm{X}; \mathrm{Y})$, d'où:

Théorème 1. — *Soient* X *un ensemble,* $\mathfrak{S}$ *un ensemble de parties de* X, Y *un espace uniforme complet; alors l'espace uniforme* $\mathscr{F}_{\mathfrak{S}}(\mathrm{X}; \mathrm{Y})$ *est complet.*

6. La $\mathfrak{S}$-convergence dans les espaces d'applications continues

Soient X, Y deux espaces topologiques; on désigne par $\mathscr{C}(\mathrm{X}; \mathrm{Y})$ l'ensemble des *applications continues de* X *dans* Y. Si $\mathfrak{S}$ est un ensemble de parties de X, et si Y est un espace uniforme, on désigne par $\mathscr{C}_{\mathfrak{S}}(\mathrm{X}; \mathrm{Y})$ l'ensemble $\mathscr{C}(\mathrm{X}; \mathrm{Y})$ muni de la structure uniforme de la $\mathfrak{S}$-convergence. En particulier, $\mathscr{C}_s(\mathrm{X}; \mathrm{Y})$, $\mathscr{C}_c(\mathrm{X}; \mathrm{Y})$, $\mathscr{C}_u(\mathrm{X}; \mathrm{Y})$ désignent l'ensemble $\mathscr{C}(\mathrm{X}; \mathrm{Y})$ muni respectivement de la structure uniforme de la convergence simple, de la convergence compacte et de la convergence uniforme.

Proposition 6. — *Soient* X *un espace topologique,* Y *un espace uniforme,* $\mathfrak{S}$ *un ensemble de parties de* X. *Pour tout* $A \in \mathfrak{S}$ *et tout entourage fermé* V *de* Y, *les traces sur* $\mathscr{C}(X; Y) \times \mathscr{C}(X; Y)$ de $W(A, V)$ *et de* $W(\overline{A}, V)$ *sont les mêmes.*

En effet, si u et v sont des applications continues de X dans Y, l'application $x \mapsto (u(x), v(x))$ de X dans Y × Y est continue, et l'hypothèse que $(u(x), v(x)) \in V$ pour $x \in A$ entraîne donc $(u(x), v(x)) \in \overline{V} = V$ pour $x \in \overline{A}$ (I, p. 9, th. 1).

Si $\overline{\mathfrak{S}}$ désigne l'ensemble des adhérences dans X des ensembles de $\mathfrak{S}$, la prop. 6 montre que, *sur* $\mathscr{C}(X; Y)$, les structures de la $\mathfrak{S}$-convergence et de la $\overline{\mathfrak{S}}$-convergence sont les mêmes.

Corollaire. — *Soit* B *une partie partout dense de* X; *sur* $\mathscr{C}(X; Y)$, *la structure de la convergence uniforme est identique à la structure de la convergence uniforme dans* B.

Proposition 7. — *Soient* X *un espace topologique,* $\mathfrak{S}$ *un ensemble de parties de* X, Y *un espace uniforme. Si* Y *est séparé et si la réunion* B *des ensembles de* $\mathfrak{S}$ *est dense dans* X, *alors* $\mathscr{C}_{\mathfrak{S}}(X; Y)$ *est séparé.*

En effet, si u et v appartiennent à tous les $W(A, V)$ ($A \in \mathfrak{S}$, V entourage de Y), l'hypothèse que Y est séparé entraîne $u(x) = v(x)$ pour tout $x \in B$; si u et v sont continues, on en conclut $u = v$ par le principe de prolongement des identités (I, p. 53, cor. 1).

En particulier, sur $\mathscr{C}(X; Y)$, la topologie de la convergence simple dans un ensemble *dense dans* X est séparée si Y est séparé.

Proposition 8. — *Soient* X *un ensemble,* $\mathfrak{F}$ *un filtre sur* X, Y *un espace uniforme. L'ensemble* H *des applications* $u: X \to Y$ *telles que* $u(\mathfrak{F})$ *soit une base de filtre de Cauchy sur* Y *est fermé dans* $\mathscr{F}_u(X; Y)$.

En effet, soit u_0 une application de X dans Y adhérente à H dans $\mathscr{F}_u(X; Y)$. Pour tout entourage symétrique V de Y, il existe une application $u \in H$ telle que $(u_0(x), u(x)) \in V$ pour tout $x \in X$; d'autre part, il existe par hypothèse un ensemble $M \in \mathfrak{F}$ tel que pour tout couple d'éléments x, x' de M, on ait $(u(x), u(x')) \in V$. Comme on a $(u_0(x), u(x)) \in V$ et $(u_0(x'), u(x')) \in V$, on en déduit que $(u_0(x), u_0(x')) \in \overset{3}{V}$ pour tout couple d'éléments x, x' de M, d'où la proposition.

Corollaire 1. — *Soient* X *un espace topologique,* Y *un espace uniforme. L'ensemble des applications de* X *dans* Y, *continues en un point* $x_0 \in X$, *est fermé dans* $\mathscr{F}_u(X; Y)$.

En effet, si $\mathfrak{B}$ est le filtre des voisinages de x_0 dans X, $u(x_0)$ est un point adhérent à $u(\mathfrak{B})$; donc, pour que u soit continue au point x_0, il faut et il suffit que $u(\mathfrak{B})$ soit une base de filtre de Cauchy sur Y (II, p. 14, cor. 2).

Corollaire 2. — *Soient* X, L *deux ensembles filtrés par des filtres* $\mathfrak{F}$, $\mathfrak{G}$ *respectivement, et soit* Y *un espace uniforme complet. Pour tout* $\lambda \in L$, *soit* u_λ *une application de* X *dans* Y. *On suppose que*: 1° *suivant le filtre* $\mathfrak{G}$, *la famille* $(u_\lambda)_{\lambda \in L}$ *converge uniformément dans* X *vers une application* v *de* X *dans* Y; 2° *pour tout* $\lambda \in L$, u_λ *a une limite* y_λ *suivant le filtre* $\mathfrak{F}$. *Dans ces conditions,* v *a une limite suivant le filtre* $\mathfrak{F}$, *et toute limite de* v *suivant* $\mathfrak{F}$ *est limite de la famille* $(y_\lambda)_{\lambda \in L}$ *suivant* $\mathfrak{S}$.

En effet, v est adhérente à l'ensemble des u_λ dans $\mathscr{F}_u(X; Y)$, donc $v(\mathfrak{F})$ est une base filtre de Cauchy sur Y en vertu de la prop. 8, ce qui prouve que v admet une limite y suivant $\mathfrak{F}$ puisque Y est complet. Soit $X' = X \cup \{\omega\}$ l'espace topologique associé au filtre $\mathfrak{F}$ (I, p. 40) et prolongeons u_λ (resp. v) en une application $\bar{u}_\lambda$ (resp. $\bar{v}$) de X' dans Y en posant $\bar{u}_\lambda(\omega) = y_\lambda$ (resp. $\bar{v}(\omega) = y$). Alors les $\bar{v}_\lambda$ et $\bar{v}$ sont continues dans X', et $\bar{u}_\lambda$ converge uniformément *dans* X vers $\bar{v}$ suivant $\mathfrak{S}$; comme X est dense dans X', il résulte de X, p. 8, corollaire, que $\bar{u}_\lambda$ converge uniformément *dans* X' vers $\bar{v}$, et en particulier que $y = \lim_{\mathfrak{S}} y_\lambda$.

Théorème 2. — *Soient* X *un espace topologique,* Y *un espace uniforme. Alors l'ensemble* $\mathscr{C}(X; Y)$ *des applications continues de* X *dans* Y *est une partie fermée de* $\mathscr{F}(X; Y)$ *muni de la topologie de la convergence uniforme.*

En effet, pour tout $x \in X$, l'ensemble des applications de X dans Y qui sont continues au point x est fermé dans $\mathscr{F}_u(X; Y)$ (X, p. 8, cor. 1), donc l'intersection $\mathscr{C}(X; Y)$ de ces ensembles est aussi fermé.

On exprime encore ce résultat en disant que *toute limite uniforme de fonctions continues est continue.*

Corollaire 1. — *Si* Y *est un espace uniforme complet,* $\mathscr{C}_u(X; Y)$ *est complet.*

En effet, en vertu du th. 2, $\mathscr{C}_u(X; Y)$ est un sous-espace uniforme *fermé* de l'espace uniforme $\mathscr{F}_u(X; Y)$, qui est complet en vertu de X, p. 7, th. 1.

Corollaire 2. — *Soient* X *un espace topologique,* $\mathfrak{S}$ *un ensemble de parties de* X, Y *un espace uniforme; on désigne par* $\tilde{\mathscr{C}}_{\mathfrak{S}}(X; Y)$ *l'ensemble des applications de* X *dans* Y *dont la restriction à tout ensemble de* $\mathfrak{S}$ *est continue. Alors* $\tilde{\mathscr{C}}_{\mathfrak{S}}(X; Y)$ *est fermé dans l'espace uniforme* $\mathscr{F}_{\mathfrak{S}}(X; Y)$ *et est un sous-espace uniforme complet lorsque* Y *est complet.*

En effet, supposons que u soit adhérente à $\tilde{\mathscr{C}}_{\mathfrak{S}}(X; Y)$ dans $\mathscr{F}_{\mathfrak{S}}(X; Y)$ alors (X, p. 2), pour tout $A \in \mathfrak{S}$, $u \mid A$ est adhérente à $\mathscr{C}(A; Y)$ dans $\mathscr{F}_u(A; Y)$, donc est continue en vertu du th. 2.

Corollaire 3. — *Soient* X *un espace topologique métrisable ou localement compact,* Y *un espace uniforme. Alors* $\mathscr{C}(X; Y)$ *est fermé dans l'espace* $\mathscr{F}_c(X; Y)$; *si en outre* Y *est complet, l'espace uniforme* $\mathscr{C}_c(X; Y)$ *est complet.*

En vertu du cor. 2, tout revient à voir que, si on prend pour $\mathfrak{S}$ l'ensemble des parties compactes de X, on a $\tilde{\mathscr{C}}_{\mathfrak{S}}(X; Y) = \mathscr{C}(X; Y)$ dans les deux cas envisagés. C'est évident si X est localement compact; si X est métrisable, l'hypothèse que la restriction de $u: X \to Y$ à toute partie compacte de X est continue entraîne en particulier que pour tout $x \in X$ et toute suite (z_n) de points de X qui converge vers x, on a $u(x) = \lim_{n \to \infty} u(z_n)$; donc u est continue en x (IX, p. 17, prop. 10).

On notera que le raisonnement précédent s'applique généralement lo tout point de X possède un système fondamental *dénombrable* de voisinages.

Remarques. — 1) En général, l'ensemble $\mathscr{C}(X; Y)$ n'est pas fermé $\mathscr{F}(X; Y)$ muni de la topologie de la convergence *simple*; en d'autres termes limite simple de fonctions continues n'est pas nécessairement continue (X, p exerc. 5*a*)).

2) Un filtre sur $\mathscr{C}(X; Y)$ peut converger *simplement* vers une fonction *co* sans converger uniformément vers cette fonction.

Par exemple, dans l'intervalle $I = (0, 1)$, soit u_n la fonction numérique é 0 pour $x = 0$ et pour $2/n \leqslant x \leqslant 1$, égale à 1 pour $x = 1/n$, et linéaire dans c des intervalles $(0, 1/n)$ et $(1/n, 2/n)$; la suite (u_n) converge simplement vers 0, m converge pas uniformément vers 0 dans I (cf. X, p. 42, exerc. 6).

3) Si X est un espace uniforme, un raisonnement tout à fait analogue à de X, p. 8, prop. 8 montre que l'ensemble des applications *uniformément con* de X dans Y est *fermé* dans $\mathscr{F}_u(X; Y)$.

4) Supposons que l'espace uniforme Y soit muni d'une loi de compo associative et commutative, notée additivement, et telle que l'applic $(y, y') \mapsto y + y'$ soit continue dans $Y \times Y$. Alors, si (u_n) est une suite d'app tions continues de X dans Y telle que la série de terme générale u_n soit *uniform convergente* dans X, la somme de cette série est continue dans X.

Nous laissons au lecteur le soin d'énoncer le résultat correspondant po familles *uniformément sommables* (X, p. 3, *Remarque* 5) d'applications continu

Proposition 9. — *Soient* X *un espace topologique,* Y *un espace uniforme. Alors l'ap tion* $(f, x) \mapsto f(x)$ *de* $\mathscr{C}_u(X; Y) \times X$ *dans* Y *est continue.*

En effet, soient f_0 une application continue de X dans Y, x_0 un point de un entourage symétrique de Y. L'ensemble T des applications continues f: X telles que $(f(x), f_0(x)) \in V$ pour tout $x \in X$ est un voisinage de f_0 dans $\mathscr{C}_u$(X D'autre part, comme f_0 est continue, il existe un voisinage U de x_0 dans X te $(f_0(x), f_0(x_0)) \in V$ pour tout $x \in U$. On a par suite $(f(x), f_0(x_0)) \in \overset{2}{V}$ $(f, x) \in T \times U$, ce qui démontre la proposition.

§ 2. ENSEMBLES ÉQUICONTINUS

1. Définition et critères généraux

Définition 1. — *Soient* X *un espace topologique,* Y *un espace uniforme. On dit q partie* H *de* $\mathscr{F}(X; Y)$ *est équicontinue en un point* $x_0 \in X$ *si, pour tout entourage* V *il existe un voisinage* U *de* x_0 *dans* X *tel que, pour tout* $x \in U$ *et toute fonction* $f \in H$, $(f(x_0), f(x)) \in V$. *On dit que* H *est équicontinue si* H *est équicontinue en tout point*

DÉFINITION 2. — *Soient* X *et* Y *deux espaces uniformes. On dit qu'une partie* H *de* $\mathscr{F}(X; Y)$ *est uniformément équicontinue si, pour tout entourage* V *de* Y, *il existe un entourage* U *de* X *tel que les relations* $(x, x') \in U$ *et* $f \in H$ *entraînent* $(f(x), f(x')) \in V$.

On dit qu'une famille $(f_\iota)_{\iota \in I}$ d'applications de X dans Y est équicontinue en un point x_0 (resp. équicontinue, uniformément équicontinue) si l'ensemble des f_ι est équicontinu en x_0 (resp. équicontinu, uniformément équicontinu).

Il est clair que si $H \subset \mathscr{F}(X; Y)$ est équicontinu en x_0, alors toute fonction $f \in H$ est continue en x_0; si H est équicontinu, les $f \in H$ sont donc continues dans X, autrement dit $H \subset \mathscr{C}(X; Y)$. De même, si H est uniformément équicontinu (X étant un espace uniforme), toute fonction $f \in H$ est uniformément continue dans X. Il est clair que si H est uniformément équicontinu, il est équicontinu, mais un ensemble d'applications uniformément continues peut être équicontinu, sans être uniformément équicontinu (voir X, p. 43, exerc. 1, X, p. 12, cor. 2 et X, p. 15, prop. 4).

Exemples. — 1) Soient X un espace topologique (resp. un espace uniforme), Y un espace uniforme. Tout ensemble *fini* d'applications continues (resp. uniformément continues) de X dans Y est équicontinu (resp. uniformément équicontinu).

2) Soient X, Y deux espaces métriques, d (resp. d') la distance sur X (resp. Y), k et α deux nombres > 0. L'ensemble des applications f de X dans Y telles que, pour tout couple (x, x') de points de X, on ait

$$d'(f(x), f(x')) \leqslant k(d(x, x'))^\alpha$$

est uniformément équicontinu. Par exemple, l'ensemble des *isométries* (IX, p. 12) de X sur une partie de Y est uniformément équicontinu.

*Soit H un ensemble de fonctions numériques définies dans un intervalle $I \subset \mathbf{R}$, *dérivables* dans I et telles que $|f'(x)| \leqslant k$ dans I pour tout $x \in I$ et toute $f \in H$. Alors H est *uniformément équicontinu*, car pour tout couple de points x_1, x_2 de I, on a

$$|f(x_1) - f(x_2)| \leqslant k|x_1 - x_2|$$

pour toute $f \in H$, en vertu du th. des accroissements finis (FVR, I, § 2, n° 2, th. 1).*

3) Soient G un groupe topologique, Y un espace uniforme, f une application uniformément continue de G dans Y, quand G est muni de sa structure uniforme gauche (III, p. 19). Pour tout $s \in G$, soit f_s l'application $x \mapsto f(sx)$ de G dans Y. L'ensemble des applications f_s $(s \in G)$ est uniformément équicontinu, puisque la relation $x^{-1}x' \in V$ équivaut à $(sx)^{-1}(sx') \in V$.

PROPOSITION 1. — *Soient* T *un ensemble,* $\mathfrak{S}$ *un ensemble de parties de* T, Y *un espace uniforme,* X *un espace topologique* (resp. *un espace uniforme*), *et* f *une application de* $T \times X$ *dans* Y. *Pour tout* $A \in \mathfrak{S}$, *soit* $H_A \subset \mathscr{F}(X; Y)$ *l'ensemble des applications de la forme* $x \mapsto f(t, x)$ *pour* $t \in A$. *Pour que l'application* $x \mapsto f(., x)$ *de* X *dans* $\mathscr{F}_{\mathfrak{S}}(T; Y)$ *soit continue en un point* $x_0 \in X$ (resp. *uniformément continue*), *il faut et il suffit que, pour tout* $A \in \mathfrak{S}$, *l'ensemble* H_A *soit équicontinu en* x_0 (resp. *uniformément équicontinu*).

Considérons d'abord le cas particulier où $\mathfrak{S} = \{T\}$, autrement dit

$$\mathscr{F}_{\mathfrak{S}}(T; Y) = \mathscr{F}_u(T; Y).$$

Pour tout entourage V de Y, la condition $(f(.,x), f(.,x')) \in W(V)$ signifie que, pour tout $t \in T$, $(f(t,x), f(t,x')) \in V$. Dire que $x \mapsto f(.,x)$ est continue en x_0 (resp. uniformément continue) signifie donc que pour tout entourage V de Y, il existe un voisinage U de x_0 dans X (resp. un entourage M de X) tel que la relation $x \in U$ (resp. $(x, x') \in M$) entraîne $(f(t,x), f(t,x_0)) \in V$ (resp. $(f(t,x), f(t,x')) \in V$) pour tout $t \in T$; la proposition résulte alors des déf. 1 et 2 (X, p. 2). Dans le cas général, il faut exprimer que pour tout $A \in \mathfrak{S}$, l'application $x \mapsto f(.,x) \mid A$ de X dans $\mathscr{F}_u(A; Y)$ est continue au point x_0 (resp. uniformément continue) en vertu de X, p. 2; d'après ce qui précède, cela équivaut à la condition que pour tout $A \in \mathfrak{S}$, H_A est équicontinu en x_0 (resp. uniformément équicontinu).

La prop. 1 permet de donner des traductions parfois utiles des déf. 1 et 2 (X, p. 2), en l'appliquant au cas où T = H et où f est l'application $(h, x) \mapsto h(x)$ de H × X dans Y; comme $f(.,x)$ est l'application $h \mapsto h(x)$ de H dans Y, on voit que:

Corollaire 1. — *Soient* X *un espace topologique* (resp. *un espace uniforme*), Y *un espace uniforme*, H *une partie de* $\mathscr{F}(X; Y)$. *Pour tout* $x \in X$, *désignons par* $\tilde{x}$ *l'application* $h \mapsto h(x)$ *de* H *dans* Y. *Pour que* H *soit équicontinu en un point* x_0 (*resp. uniformément équicontinu*), *il faut et il suffit que l'application* $x \mapsto \tilde{x}$ *de* X *dans l'espace uniforme* $\mathscr{F}_u(H; Y)$ *soit continue en* x_0 (resp. *uniformément continue*).

En particulier, si X est compact, toute application continue de X dans $\mathscr{F}_u(H; Y)$ est uniformément continue (II, p. 29, th. 2), donc:

Corollaire 2. — *Soient* X *un espace compact*, Y *un espace uniforme. Toute partie équicontinue de* $\mathscr{F}(X; Y)$ *est uniformément équicontinue.*

Considérons maintenant un ensemble T, un espace topologique X, un espace uniforme Y, et une application $f: T \times X \to Y$. Désignons par $\tilde{f}$ l'application $x \mapsto f(.,x)$ de X dans $\mathscr{F}_u(T; Y)$, et considérons l'application canonique $\theta: (t, g) \mapsto g(t)$ de $T \times \mathscr{F}_u(T; Y)$ dans Y; il est clair que le diagramme

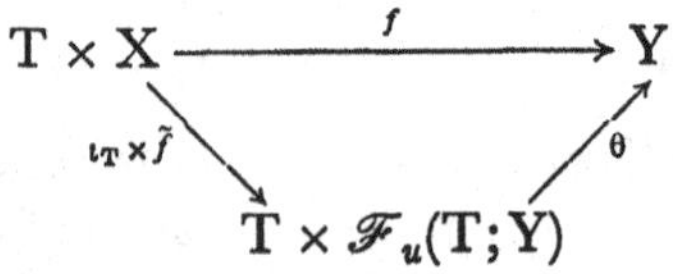

(où ι_T est l'application identique) est commutatif. Supposons maintenant que T soit muni d'une topologie et que pour tout $x \in X$, l'application $f(.,x): t \mapsto f(t,x)$ soit continue; on peut alors, dans le diagramme précédent, remplacer $\mathscr{F}_u(T; Y)$ par $\mathscr{C}_u(T; Y)$. Mais on sait que θ est continue (X, p. 10, prop. 9); si donc l'application $\tilde{f}$ est continue, il en est de même de f. Comme la continuité de $\tilde{f}$ s'exprime à l'aide de la prop. 1 (X, p. 11), on a le résultat suivant:

Corollaire 3. — *Soient* T *et* X *des espaces topologiques,* Y *un espace uniforme,* f *une application de* T × X *dans* Y. *Pour que* f *soit continue, il suffit que les conditions suivantes soient remplies*:

1° *pour tout* $x \in X$, *l'application partielle* $t \mapsto f(t, x)$ *est continue*;

2° *lorsque* t *parcourt* T, *les applications partielles* $x \mapsto f(t, x)$ *forment une partie équicontinue de* $\mathscr{F}(X; Y)$.

Prenons en particulier pour T une partie H de $\mathscr{F}(X; Y)$ et pour f l'application canonique $(h, x) \mapsto h(x)$ de H × X dans Y; la condition 1° du cor. 3 signifie que H est muni d'une topologie plus fine que celle de la convergence simple, et la condition 2° que H est équicontinue; donc:

Corollaire 4. — *Soient* X *un espace topologique,* Y *un espace uniforme,* H *un ensemble équicontinu d'applications de* X *dans* Y. *Si* H *est muni de la topologie de la convergence simple, l'application* $(h, x) \mapsto h(x)$ *de* H × X *dans* Y *est continue.*

De façon imagée, cela exprime que si $h \in H$ converge *simplement* vers $h_0 \in H$ et si $x \in X$ converge vers x_0, alors $h(x)$ converge vers $h_0(x_0)$.

Corollaire 5. — *Soient* X *un espace topologique,* Y, Z *deux espaces uniformes,* H *un ensemble équicontinu d'applications de* Y *dans* Z. *Si on munit* H, $\mathscr{C}(X; Y)$ *et* $\mathscr{C}(X; Z)$ *de la topologie de la convergence simple, l'application* $(u, v) \mapsto u \circ v$ *de* H × $\mathscr{C}(X; Y)$ *dans* $\mathscr{C}(X; Z)$ *est continue.*

En effet, il faut prouver que pour tout $x \in X$, l'application $(u, v) \mapsto u(v(x))$ de H × $\mathscr{C}(X; Y)$ dans Z continue. Or, $v \mapsto v(x)$ est continue dans H (X, p. 14, *Remarque* 6), et il résulte du cor. 4 que $(u, y) \mapsto u(y)$ est une application continue de H × Y dans Z; comme $(u, v) \mapsto u(v(x))$ est composée de $(u, y) \mapsto u(y)$ et de $(u, v) \mapsto (u, v(x))$, la proposition est démontrée.

La proposition suivante et son corollaire sont les analogues des cor. 3 et 4 de la prop. 1 pour les applications uniformément continues:

Proposition 2. — *Soient* T, X, Y *des espaces uniformes,* f *une application de* T × X *dans* Y. *Pour que* f *soit uniformément continue, il faut et il suffit que les deux conditions suivantes soient remplies*:

1° *les applications* $x \mapsto f(t, x)$ *forment* (*pour* $t \in T$) *une partie uniformément équicontinue de* $\mathscr{F}(X; Y)$;

2° *les applications* $t \mapsto f(t, x)$ *forment* (*pour* $x \in X$) *une partie uniformément équicontinue de* $\mathscr{F}(T; Y)$.

Il est immédiat que les conditions sont nécessaires. Inversement, supposons-les vérifiées et soit W un entourage de Y; il existe alors un entourage U de T et un entourage V de X tels que:

1° $(t', t'') \in U$ entraîne que pour tout $x \in X$,

$$(f(t', x), f(t'', x)) \in W;$$

2° $(x', x'') \in V$ entraîne que pour tout $t \in T$,

$$(f(t, x'), f(t, x'')) \in W.$$

Il est clair alors que la relation « $(t', t'') \in U$ et $(x', x'') \in V$ » entraîne

$$(f(t', x'), f(t'', x'')) \in \overset{2}{W},$$

d'où la proposition.

Prenons en particulier pour T une partie de $\mathscr{F}(X; Y)$ muni de la structure uniforme de la convergence uniforme, et pour f l'application canonique

$$(h, x) \mapsto h(x);$$

la condition 2° de la prop. 2 est automatiquement remplie, car pour tout entourage W de Y, l'ensemble des couples (h', h'') tels que $(h'(x), h''(x)) \in W$ pour tout $x \in X$ est un entourage de la structure uniforme de H par définition. Il suffit donc d'exprimer la condition 1°; autrement dit:

COROLLAIRE. — *Soient* X, Y *deux espaces uniformes,* H *une partie de* $\mathscr{F}(X; Y)$. *Pour que* H *soit uniformément équicontinue, il faut et il suffit que l'application* $(h, x) \mapsto h(x)$ *de* $H \times X$ *dans* Y *soit uniformément continue,* H *étant muni de la structure uniforme de la convergence uniforme.*

2. Critères spéciaux d'équicontinuité

Il est clair que toute partie d'un ensemble équicontinu (resp. uniformément équicontinu) est équicontinue (resp. uniformément équicontinue). De même, si X est un espace topologique (resp. uniforme) et Y un espace uniforme, toute réunion *finie* de parties équicontinues (resp. uniformément équicontinues) de $\mathscr{F}(X; Y)$ est équicontinue (resp. uniformément équicontinue.)

Soient X, X′ deux espaces topologiques (resp. uniformes), Y, Y′ deux espaces uniformes, $f: X' \to X$ une application continue (resp. uniformément continue), $g: Y \to Y'$ une application uniformément continue. Il résulte aussitôt des définitions que l'application $u \mapsto g \circ u \circ f$ de $\mathscr{F}(X; Y)$ dans $\mathscr{F}(X'; Y')$ transforme les parties équicontinues (resp. uniformément équicontinues) en parties équicontinues (resp. uniformément équicontinues).

PROPOSITION 3. — *Soient* X *un espace topologique* (resp. *uniforme*), $(Y_\iota)_{\iota \in I}$ *une famille d'espaces uniformes,* Y *un ensemble, et pour chaque* $\iota \in I$, *soit* f_ι *une application de* Y *dans* Y_ι. *On munit* Y *de la structure uniforme la moins fine rendant uniformément continues les* f_ι. *Pour qu'une partie* H *de* $\mathscr{F}(X; Y)$ *soit équicontinue* (resp. *uniformément équicontinue*), *il faut et il suffit que pour tout* $\iota \in I$, *l'image de* H *par l'application* $u \mapsto f_\iota \circ u$ *soit une partie équicontinue* (resp. *uniformément équicontinue*) *de* $\mathscr{F}(X; Y_\iota)$.

Cela résulte aussitôt des déf. 1 et 2 (X, p. 2) et de la définition des entourages de Y.

Proposition 4. — *Soient* X, Y *deux espaces uniformes,* H *un ensemble d'applications uniformément continues de* X *dans* Y. *Soient* $\hat{X}$ *et* $\hat{Y}$ *les séparés complétés respectifs de* X *et* Y, *et désignons par* $\hat{H}$ *l'ensemble des applications* $\hat{u}: \hat{X} \to \hat{Y}$, *où* u *parcourt* H (II, p. 24, prop. 15). *Pour que* H *soit uniformément équicontinu, il faut et il suffit que* $\hat{H}$ *le soit.*

Rappelons que l'on a le diagramme commutatif

$$\begin{array}{ccc} X & \xrightarrow{u} & Y \\ {\scriptstyle i}\downarrow & & \downarrow{\scriptstyle j} \\ \hat{X} & \xrightarrow[\hat{u}]{} & \hat{Y} \end{array} \tag{1}$$

où i et j sont les applications canoniques; en outre la structure uniforme de X (resp. Y) est l'image réciproque par i (resp. j) de celle de $\hat{X}$ (resp. $\hat{Y}$). Pour que H soit uniformément équicontinu, il faut et il suffit donc que son image par l'application $u \mapsto j \circ u$ le soit (prop. 3), et on peut déjà se limiter au cas où Y est séparé et complet; de plus, si $\hat{H}$ est uniformément équicontinu, il en est de même de H, qui est son image par l'application $\hat{u} \mapsto \hat{u} \circ i$; tout revient donc à établir la réciproque lorsque $\hat{Y} = Y$. Soit alors V un entourage fermé de Y; il y a par hypothèse un entourage U de X tel que les relations $(x, x') \in U$, $u \in H$ entraînent $(u(x), u(x')) \in V$. Or, si U′ est l'image de U par $i \times i$, l'adhérence $\overline{U'}$ de U′ dans $\hat{X} \times \hat{X}$ est un entourage de $\hat{X}$ (II, p. 23, prop. 12); l'hypothèse entraîne que, pour $(z, z') \in U'$ et $u \in H$, on a $(\hat{u}(z), \hat{u}(z')) \in V$; comme V est fermé et $\hat{u}$ continue, on a donc aussi, pour tout couple $(t, t') \in \overline{U'}$ et tout $u \in H$, $(\hat{u}(t), \hat{u}(t')) \in V$, ce qui achève la démonstration.

Proposition 5. — *Soient* G, G′ *deux groupes topologiques, munis de leur structure uniforme gauche, et soit* H *un ensemble d'homomorphismes de* G *dans* G′. *Les conditions suivantes sont équivalentes*:

a) H *est équicontinu en l'élément neutre* e *de* G;
b) H *est équicontinu*;
c) H *est uniformément équicontinu.*

Il suffit de prouver que *a*) entraîne *c*). Soit V′ un voisinage de l'élément neutre e' de G′; par hypothèse, il existe un voisinage V de e dans G tel que l'on ait $u(V) \subset V'$ pour tout $u \in H$; comme les éléments de H sont des homomorphismes, la relation $x^{-1}y \in V$ entraîne $(u(x))^{-1}u(y) = u(x^{-1}y) \in V'$. D'où la conclusion, compte tenu de la définition des entourages des structures uniformes gauches de G et G′ (III, p. 20).

3. Adhérence d'un ensemble équicontinu

Proposition 6. — *Soient* X *un espace topologique* (resp. *uniforme*), Y *un espace uniforme,* H *une partie de* $\mathscr{F}(X; Y)$. *Pour que* H *soit équicontinue en un point* $x_0 \in X$ (resp.

uniformément équicontinue), *il faut et il suffit que l'adhérence* $\overline{\mathrm{H}}$ de H *dans l'espace* $\mathscr{F}_s(\mathrm{X}; \mathrm{Y})$ *soit équicontinue en* x_0 (resp. *uniformément équicontinue*).

La condition est trivialement suffisante. Pour prouver qu'elle est nécessaire, considérons un entourage V de Y, *fermé* dans Y × Y; par hypothèse, il existe un voisinage U de x_0 dans X (resp. un entourage M de X) tel que la relation $x \in \mathrm{U}$ (resp. $(x', x'') \in \mathrm{M}$) entraîne $(h(x_0), h(x)) \in \mathrm{V}$ (resp. $(h(x'), h(x'')) \in \mathrm{V}$) pour tout $h \in \mathrm{H}$. Comme V est fermé, les $h \in \mathscr{F}(\mathrm{X}; \mathrm{Y})$ qui vérifient la relation

$$(h(x_0), h(x)) \in \mathrm{V}$$

pour tout $x \in \mathrm{U}$ (resp. la relation $(h(x'), h(x'')) \in \mathrm{V}$ pour tout couple $(x', x'') \in \mathrm{M}$) forment une partie fermée de $\mathscr{F}_s(\mathrm{X}; \mathrm{Y})$ (X, p. 4, *Remarque* 6); comme cette partie fermée contient H, elle contient $\overline{\mathrm{H}}$, d'où la proposition, puisque les entourages de Y fermés dans Y × Y forment un système fondamental d'entourages (II, p. 5, cor. 2).

4. Convergence simple et convergence compacte sur les ensembles équicontinus

THÉORÈME 1. — *Soient* X *un espace topologique* (resp. *uniforme*), Y *un espace uniforme*, H *une partie équicontinue* (resp. *uniformément équicontinue*) *de* $\mathscr{C}(\mathrm{X}; \mathrm{Y})$. *Alors, sur* H, *les structures uniformes de la convergence compacte* (resp. *précompacte*), *de la convergence simple, et de la convergence simple dans une partie partout dense* D *de* X, *sont identiques.*

Il suffit de montrer que sur H la dernière structure uniforme est plus fine que la première; autrement dit, il faut prouver qu'étant donnés un entourage V de Y et une partie compacte (resp. précompacte) A de X, il existe un entourage W de Y et une partie finie F de D tels que la relation

(2) $\quad u \in \mathrm{H},\ v \in \mathrm{H}$ et $(u(x), v(x)) \in \mathrm{W}$ pour tout $x \in \mathrm{F}$

implique

(3) $\quad (u(x), v(x)) \in \mathrm{V}$ pour tout $x \in \mathrm{A}$

Supposons d'abord A compact et H équicontinu. Étant donné un entourage symétrique W de Y, tout point $x \in \mathrm{X}$ possède un voisinage $\mathrm{U}(x)$ tel que la relation $x' \in \mathrm{U}(x)$ entraîne $(u(x), u(x')) \in \mathrm{W}$ pour tout $u \in \mathrm{H}$. On peut donc recouvrir l'ensemble compact A par un nombre fini d'ensembles ouverts U_i tels que pour tout couple de points x', x'' appartenant à un même ensemble U_i, on ait

$$(u(x'), u(x'')) \in \overset{2}{\mathrm{W}}$$

pour tout $u \in \mathrm{H}$. Soit a_i un point de $\mathrm{D} \cap \mathrm{U}_i$, et soit F l'ensemble des a_i; supposons alors (2) vérifiée; pour tout $x \in \mathrm{A}$ il existe un indice i tel que a_i et x appartiennent au même ensemble U_i, donc on a $(u(x), u(a_i)) \in \overset{2}{\mathrm{W}}$ et $(v(a_i), v(x)) \in \overset{2}{\mathrm{W}}$, d'où résulte que (2) implique (3) pourvu que W ait été pris de sorte que $\overset{5}{\mathrm{W}} \subset \mathrm{V}$.

Si A est précompact et H uniformément équicontinu, utilisons la prop. 4 (X, p. 15) : il suffit d'observer que $\overline{i(\mathrm{A})}$ est compact dans $\hat{\mathrm{X}}$, $i(\mathrm{D})$ dense dans $\hat{\mathrm{X}}$, et que les entourages de Y sont les images réciproques par $j \times j$ de ceux de $\hat{\mathrm{Y}}$.

Corollaire. — *Sous les hypothèses du th.* 1, *l'adhérence* $\overline{\mathrm{H}}$ *de* H *dans l'espace* $\mathscr{F}(\mathrm{X}; \mathrm{Y})$ *muni de la topologie de la convergence simple est identique à l'adhérence de* H *dans* $\mathscr{C}(\mathrm{X}; \mathrm{Y})$ *muni de la topologie de la convergence compacte* (resp. *précompacte*).

En effet, l'ensemble $\overline{\mathrm{H}}$ est équicontinu (resp. uniformément équicontinu) en vertu de X, p. 15, prop. 6, donc contenu dans $\mathscr{C}(\mathrm{X}; \mathrm{Y})$; le corollaire résulte aussitôt du fait que, sur $\overline{\mathrm{H}}$, les deux topologies considérées coïncident en vertu du th. 1.

5. Ensembles compacts d'applications continues

Théorème 2 (Ascoli). — *Soient* X *un espace topologique* (resp. *uniforme*), $\mathfrak{S}$ *un recouvrement de* X, Y *un espace uniforme*, H *un ensemble d'applications de* X *dans* Y; *on suppose que pour tout* $\mathrm{A} \in \mathfrak{S}$, *la restriction à* A *de toute application* $u \in \mathrm{H}$ *soit continue* (resp. *uniformément continue*). *Pour que* H *soit précompact pour la structure uniforme de la* $\mathfrak{S}$-*convergence, il est nécessaire dans tous les cas et suffisant lorsque les ensembles* $\mathrm{A} \in \mathfrak{S}$ *sont compacts* (resp. *précompacts*), *que les conditions suivantes soient vérifiées* :

a) *Pour tout* $\mathrm{A} \in \mathfrak{S}$, *l'ensemble* $\mathrm{H} \mid \mathrm{A} \subset \mathscr{F}(\mathrm{A}; \mathrm{Y})$ *des restrictions à* A *des fonctions* $u \in \mathrm{H}$ *est équicontinu* (resp. *uniformément équicontinu*).

b) *Pour tout* $x \in \mathrm{X}$, *l'ensemble* $\mathrm{H}(x) \subset \mathrm{Y}$ *des* $u(x)$ *pour* $u \in \mathrm{H}$ *est précompact.*

1° Montrons d'abord la *nécessité* des conditions *a*) et *b*). On sait (X, p. 4, *Remarque* 6) que l'application $u \mapsto u(x)$ de $\mathscr{F}_{\mathfrak{S}}(\mathrm{X}; \mathrm{Y})$ dans Y est uniformément continue; si H est précompact, il en est donc de même de $\mathrm{H}(x)$ (II, p. 30, prop. 2), ce qui démontre *b*). Pour prouver *a*), considérons un ensemble $\mathrm{A} \in \mathfrak{S}$, un point $x_0 \in \mathrm{A}$ et un entourage V de Y; puisque H est précompact, il peut être recouvert par un nombre fini d'ensembles petits d'ordre $\boldsymbol{W}(\mathrm{A}, \mathrm{V})$; autrement dit, il y a une suite finie (u_i) d'éléments de H tels que pour tout $u \in \mathrm{H}$, il existe au moins un indice i pour lequel on ait

$$(u(x), u_i(x)) \in \mathrm{V} \quad \text{pour tout} \quad x \in \mathrm{A}. \tag{4}$$

Cela étant, comme chacune des $u_i \mid \mathrm{A}$ est continue au point x_0 (resp. uniformément continue), il y a un voisinage U_i de x_0 dans A (resp. un entourage M_i de A) tel que

$$x \in \mathrm{U}_i \quad \text{entraîne} \quad (u_i(x), u_i(x_0)) \in \mathrm{V} \tag{5}$$

(resp. que

$$(x', x'') \in \mathrm{M}_i \quad \text{entraîne} \quad (u_i(x'), u_i(x'')) \in \mathrm{V}). \tag{6}$$

Soit U (resp. M) l'intersection des U_i (resp. des M_i) qui est encore un voisinage de x_0 dans A (resp. un entourage de A). Pour toute $u \in \mathrm{H}$, il y a un indice i

tel que (4) ait lieu; écrivant la condition (4) pour x_0 et pour x (resp. pour x' et x'') et tenant compte de (5) (resp. (6)), on voit aussitôt que la relation $x \in U$ (resp. $(x', x'') \in M$) entraîne $(u(x), u(x_0)) \in \overset{3}{V}$ (resp. $(u(x'), u(x'')) \in \overset{3}{V}$) pour toute $u \in H$, ce qui établit la propriété *a*).

2° Montrons maintenant que les conditions *a*) et *b*) sont *suffisantes* lorsque les $A \in \mathfrak{S}$ sont compacts (resp. précompacts). En effet la condition *b*) entraîne que H est précompact pour la structure uniforme de la convergence *simple* (II, p. 31, prop. 3). Mais il résulte de la condition *a*) et du th. 1 (X, p. 16) que sur $H \mid A$, la structure uniforme de la convergence simple dans A coïncide avec la structure de la convergence uniforme dans A, donc $H \mid A$ est précompact dans $\mathscr{F}_u(A; Y)$, ce qui entraîne que H est précompact pour la structure uniforme de la $\mathfrak{S}$-convergence (X, p. 3).

On notera que la condition *b*) du th. 2 est toujours vérifiée lorsque Y est un espace *précompact*.

Corollaire 1. — *Soient* X *un espace topologique* (resp. *uniforme*), Y *un espace uniforme séparé*, H *une partie équicontinue* (resp. *uniformément équicontinue*) *de* $\mathscr{C}(X; Y)$. *Supposons* $H(x)$ *relativement compact dans* Y *pour tout* $x \in X$. *Alors* H *est relativement compact dans* $\mathscr{C}(X; Y)$ *muni de la topologie de la convergence compacte* (resp. *précompacte*).

Soit $\overline{H}$ l'adhérence H dans $\mathscr{F}_s(X; Y)$, qui est encore un ensemble équicontinu (resp. uniformément équicontinu) (X, p. 15, prop. 6). En outre, on a $\overline{H}(x) \subset \overline{H(x)}$ (X, p. 3, *Remarque* 6), donc $\overline{H}(x)$ est encore relativement compact; le th. 2 (X, p. 17) montre donc que $\overline{H}$ est précompact pour la $\mathfrak{S}$-convergence, en désignant par $\mathfrak{S}$ l'ensemble des parties compactes (resp. précompactes) de X. En outre, comme $\overline{H(x)}$ est compact, donc complet, $\overline{H}$ est complet pour la structure uniforme de la convergence simple (II, p. 17, prop. 10 et II, p. 16, prop. 8), donc aussi pour la structure uniforme de la $\mathfrak{S}$-convergence (X, p. 7, cor. 2); $\overline{H}$ est donc compact, puisqu'il est précompact, complet et séparé (X, p. 3, prop. 1).

Corollaire 2. — *Soient* X *un espace topologique* (resp. *uniforme*), Y *un espace uniforme séparé et* complet, H *une partie équicontinue* (resp. *uniformément équicontinue*) *de* $\mathscr{C}(X; Y)$. *On suppose que* $H(x)$ *est relativement compact dans* Y *pour tout point* x *appartenant à une partie partout dense* D *de* X. *Alors* H *est relativement compact dans* $\mathscr{C}(X; Y)$ *muni de la topologie de la convergence compacte* (resp. *précompacte*).

Tout revient à prouver que pour tout $x \in X$, $H(x)$ est relativement compact, car alors on peut appliquer le cor. 1. Comme Y est complet, il suffit de voir que $H(x)$ est précompact pour tout $x \in X$. Or, pour tout entourage symétrique V de Y, il existe un voisinage U de x tel que, pour tout $x' \in U$ et tout $u \in H$, on ait $(u(x), u(x')) \in V$. Par hypothèse, il existe $x' \in U \cap D$, et comme $H(x')$ est relativement compact dans Y, il existe un nombre fini de points $y_k \in Y$ tels que $H(x')$ soit contenu dans la réunion des ensembles $V(y_k)$; alors $H(x)$ est contenu dans la réunion des ensembles $\overset{2}{V}(y_k)$, ce qui achève la démonstration.

COROLLAIRE 3. — *Soient* X *un espace* localement compact, Y *un espace uniforme séparé,* H *une partie de* $\mathscr{C}(X; Y)$. *Pour que* H *soit relativement compact dans* $\mathscr{C}_c(X; Y)$, *il faut et il suffit que* H *soit équicontinu et que, pour tout* $x \in X$, $H(x)$ *soit relativement compact dans* Y.

Compte tenu du cor. 1, il suffit de montrer que si H est relativement compact dans $\mathscr{C}_c(X; Y)$, alors H est équicontinu; or tout point $x \in X$ admet un voisinage compact A, et il résulte du th. 2 (X, p. 17) que $H \mid A$ est équicontinu, ce qui entraîne que H est équicontinu au point x; d'où la conclusion.

Remarque. — Soient X un espace topologique, Y un espace uniforme, $\mathfrak{S}$ un ensemble de parties de X. Alors sur toute partie *précompacte* H de $\mathscr{F}_{\mathfrak{S}}(X; Y)$, la structure uniforme de la $\mathfrak{S}$-convergence est *la même* que la structure uniforme de la convergence simple dans $B = \bigcup_{A \in \mathfrak{S}} A$. On peut se ramener au cas où $B = X$ et où Y est séparé et complet : en effet, si j est l'injection canonique $B \to X$ et i l'application canonique $Y \to \hat{Y}$, la structure uniforme de la $\mathfrak{S}$-convergence sur $\mathscr{F}(X; Y)$ est l'image réciproque de la structure uniforme de la $\mathfrak{S}$-convergence sur $\mathscr{F}(B; \hat{Y})$ par l'application $\theta : u \mapsto i \circ u \circ j$ (X, p. 5, prop. 4), et pour que H soit précompact, il faut et il suffit que $\theta(H)$ le soit (II, p. 31, prop. 3). Cela étant, si $B = X$ et si Y est séparé et complet, $\mathscr{F}_{\mathfrak{S}}(X; Y)$ est séparé et complet (X, p. 3, prop. 1 et X, p. 7, th. 1), donc l'adhérence $\overline{H}$ de H dans cet espace est *compacte*. Sur $\overline{H}$, la topologie de la convergence simple est séparée (X, p. 3, prop. 1) et moins fine que celle de la $\mathfrak{S}$-convergence, donc les deux topologies sont identiques (I, p. 63, cor. 3), et il en est par suite de même des structures uniformes de la $\mathfrak{S}$-convergence et de la convergence simple (II, p. 27, th. 1).

§ 3. ESPACES FONCTIONNELS SPÉCIAUX

1. Espaces d'applications dans un espace métrique

Soient X un ensemble, Y un espace uniforme, $(f_\iota)_{\iota \in I}$ une famille d'*écarts* définissant la structure uniforme de Y (IX, p. 5), $\mathfrak{S}$ un ensemble de parties de X. Pour tout $\iota \in I$ et tout ensemble $A \in \mathfrak{S}$, posons, pour tout couple (u, v) d'applications de X dans Y,

$$g_{\iota, A}(u, v) = \sup_{x \in A} f_\iota(u(x), v(x));$$

il est immédiat que $g_{\iota, A}$ est un *écart* sur $\mathscr{F}(X; Y)$ et que, lorsque ι parcourt I et A parcourt $\mathfrak{S}$, la famille d'écarts $(g_{\iota, A})$ définit la structure uniforme de la $\mathfrak{S}$-*convergence* sur $\mathscr{F}(X; Y)$. En particulier :

PROPOSITION 1. — *Si* Y *est un espace uniforme métrisable, la structure uniforme de la convergence uniforme sur* $\mathscr{F}(X; Y)$ *est métrisable.*

En effet, si d est une distance sur Y compatible avec la structure uniforme de cet espace, la structure de la convergence uniforme sur $\mathscr{F}(X; Y)$ est définie par l'unique écart

$$\delta(u, v) = \sup_{x \in X} d(u(x), v(x));$$

en général cet écart n'est pas fini, mais il est équivalent à un écart fini (IX, p. 3), et comme la structure uniforme de la convergence uniforme est séparé (X, p. 3, prop. 1), elle est métrisable.

COROLLAIRE. — *Soient* X *un espace topologique,* Y *un espace uniforme métrisable; on suppose qu'il existe une suite* (K_n) *de parties compactes de* X *telle que toute partie compacte de* X *soit contenue dans l'un des* K_n. *Alors, sur* $\mathscr{F}(X; Y)$, *la structure uniforme de la convergence compacte est métrisable.*

En effet, comme les K_n forment un recouvrement de X, $\mathscr{F}_c(X; Y)$ est isomorphe à un sous-espace uniforme de $\prod_n \mathscr{F}_u(K_n; Y)$ (X, p. 3, *Remarque* 3) et le corollaire résulte donc de la prop. 1 (IX, p. 15, cor. 2).

On notera que ce corollaire s'applique en particulier lorsque X est un espace *localement compact dénombrable à l'infini* (I, p. 68, cor. 1).

Soit maintenant Y un espace *métrique*, et soit d sa distance. Étant donnés un ensemble X et un ensemble $\mathfrak{S}$ de parties de X, nous désignerons par $\mathscr{B}_{\mathfrak{S}}(X; Y)$ l'ensemble des applications $u: X \to Y$ telles que $u(A)$ soit *borné* pour tout $A \in \mathfrak{S}$; sauf mention du contraire, nous munirons $\mathscr{B}_{\mathfrak{S}}(X; Y)$ de la structure uniforme de la $\mathfrak{S}$-convergence; cette dernière est définie par la famille d'écarts sur $\mathscr{B}_{\mathfrak{S}}(X; Y)$:

$$d_A(u, v) = \sup_{x \in A} d(u(x), v(x)) \qquad (A \in \mathfrak{S})$$

qui sont *finis* par hypothèse. Lorsque $\mathfrak{S} = \{X\}$, on écrit $\mathscr{B}(X; Y)$ au lieu de $\mathscr{B}_{\mathfrak{S}}(X; Y)$; on dit qu'une application $u: X \to Y$ est *bornée* si elle appartient à $\mathscr{B}(X; Y)$, autrement dit si $u(X)$ est une partie bornée de Y.

PROPOSITION 2. — *Soient* X *un ensemble,* Y *un espace métrique. Dans l'espace* $\mathscr{F}_u(X; Y)$, *l'ensemble* $\mathscr{B}(X; Y)$ *des applications bornées est à la fois ouvert et fermé.*

En effet, si u est bornée, toute application $v: X \to Y$ telle que $d(u(x), v(x)) \leqslant 1$ pour tout $x \in X$ est bornée, puisque

$$d(v(x), v(x_0)) \leqslant d(u(x), u(x_0)) + 2;$$

donc $\mathscr{B}(X; Y)$ est ouvert. D'autre part, si u est adhérent à $\mathscr{B}(X; Y)$ dans $\mathscr{F}_u(X; Y)$, il existe une application $u_0 \in \mathscr{B}(X; Y)$ telle que $d(u(x), u_0(x)) \leqslant 1$ pour tout $x \in X$; donc u est bornée.

Corollaire 1. — *Soient* X *un ensemble,* Y *un espace métrique,* $\mathfrak{S}$ *un ensemble de parties de* X. *Alors l'ensemble* $\mathscr{B}_{\mathfrak{S}}(X; Y)$ *des applications de* X *dans* Y *transformant tout* $A \in \mathfrak{S}$ *en une partie bornée de* Y *est fermé dans* $\mathscr{F}_{\mathfrak{S}}(X; Y)$. *En particulier, si* Y *est complet,* $\mathscr{B}_{\mathfrak{S}}(X; Y)$ *est complet pour la structure uniforme de la* $\mathfrak{S}$*-convergence.*

En effet, $\mathscr{B}_{\mathfrak{S}}(X; Y)$ est l'image réciproque de la partie $\prod_{A\in\mathfrak{S}} \mathscr{B}(A; Y)$ du produit $\prod_{A\in\mathfrak{S}} \mathscr{F}_u(A; Y)$ par l'application canonique de $\mathscr{F}_{\mathfrak{S}}(X; Y)$ dans $\prod_{A\in\mathfrak{S}} \mathscr{F}_u(X; Y)$; la première assertion résulte donc de la *Remarque* 3 de X, p. 3. La seconde s'en déduit, compte tenu de X, p. 7, th. 1.

Corollaire 2. — *Soient* X *un espace topologique,* Y *un espace métrique. Alors l'espace des applications continues bornées de* X *dans* Y *est à fois ouvert et fermé dans l'espace* $\mathscr{C}_u(X; Y)$; *il est complet si en outre* Y *est complet.*

L'espace en question est en effet l'intersection

$$\mathscr{B}(X; Y) \cap \mathscr{C}_u(X; Y);$$

la première assertion resulte de la prop. 2, et la seconde s'en déduit, compte tenu de X, p. 9, cor. 1.

2. Espaces d'applications dans un espace normé

Considérons plus particulièrement le cas où Y est un espace vectoriel *normé* sur un corps valué non discret K (IX, p. 32), $\|\mathbf{y}\|$ désignant la norme d'un élément $\mathbf{y} \in Y$; l'ensemble $\mathscr{F}(X; Y) = Y^X$ est alors muni canoniquement d'une structure d'espace vectoriel sur K. Pour qu'une application $u : X \to Y$ soit bornée, il faut et il suffit que la fonction numérique $x \mapsto \|u(x)\|$ soit bornée dans X; si u, v sont deux applications bornées de X dans Y, il est clair que $u + v$ et λu ($\lambda \in K$) sont encore bornées; autrement dit, $\mathscr{B}(X; Y)$ est un *sous-espace vectoriel* de $\mathscr{F}(X; Y)$. En outre, $\|u\| = \sup_{x\in X} \|u(x)\|$ est une *norme* sur $\mathscr{B}(X; Y)$, car cette fonction satisfait à l'inégalité du triangle et $\|u\| = 0$ entraîne $u = 0$; enfin, on a, pour tout $\lambda \in K$, $\|\lambda u\| = \sup_{x\in X} \|\lambda u(x)\| = \sup_{x\in X} \lambda| \cdot \|u(x)\| = |\lambda| \cdot \sup_{x\in X} \|u(x)\| = |\lambda| \cdot \|u\|$, d'où notre assertion. Il est immédiat que la structure uniforme sur $\mathscr{B}(X; Y)$ définie par cette norme est la structure de la convergence uniforme. Sauf mention expresse du contraire, lorsque $\mathscr{B}(X; Y)$ sera considéré comme un espace normé, il s'agira toujours de la norme précédente.

Proposition 3. — *Si l'espace normé* Y *est complet, toute série* (u_n) *d'applications bornées de* X *dans* Y, *qui est absolument convergente dans l'espace normé* $\mathscr{B}(X; Y)$ (c'est-à-dire telle que $\sum_{n=0}^{\infty} \|u_n\| < +\infty$; cf. IX, p. 36 et 37) *est uniformément convergente dans* X.

En effet, comme $\mathscr{B}(X; Y)$ est complet (X, p. 21, cor. 1), cela résulte de IX, p. 36, prop. 12 et de la définition d'une série uniformément convergente.

Remarque 1. — Si $\sum_{n=0}^{\infty} \|u_n\| < +\infty$, on a pour tout $x \in X$,

$$\sum_{n=0}^{\infty} \|u_n(x)\| \leqslant \sum_{n=0}^{\infty} \|u_n\| < +\infty;$$

autrement dit, chacune des séries de terme général $u_n(x)$ $(x \in X)$ est absolument convergente dans l'espace Y; la réciproque est inexacte. Pour éviter toute confusion, on exprime parfois que la série de terme général $\|u_n\|$ est convergente, en disant que la série de terme général u_n est *normalement convergente*. Une série peut être uniformément convergente dans X sans être normalement convergente; il en est ainsi, par exemple, de la série (u_n) dans l'espace $\mathscr{B}(\mathbf{R}; \mathbf{R})$ définie de la façon suivante: $u_n(x) = (1/n) \sin x$ dans l'intervalle $\left(n\pi, (n+1)\pi\right)$, $u_n(x) = 0$ en dehors de cet intervalle.

Lorsque Y est une *algèbre normée* (IX, p. 37) sur un corps valué commutatif non discret K, $\mathscr{B}(X; Y)$ est une algèbre sur K; en outre, la norme $\|u\|$ est alors *compatible* avec cette structure d'algèbre, car on a

$$\begin{aligned}\|uv\| &= \sup_{x\in X} \|u(x)v(x)\| \leqslant \sup_{x\in X} \|u(x)\| \cdot \|v(x)\| \\ &\leqslant \sup_{x\in X} \|u(x)\| \cdot \sup_{x\in X} \|v(x)\| = \|u\| \cdot \|v\|.\end{aligned}$$

Autrement dit, $\mathscr{B}(X; Y)$ est alors une *algèbre normée* sur le corps K.

PROPOSITION 4. — *Soient* X_i $(1 \leqslant i \leqslant n)$ *et* Y *des espaces vectoriels normés sur un corps valué non discret* K, *et soit* $X = \prod_{i=1}^{n} X_i$. *L'ensemble de toutes les applications multilinéaires de* X *dans* Y *est fermé dans l'espace* $\mathscr{F}_s(X; Y)$.

En effet cet ensemble est formé des $u \in \mathscr{F}(X; Y)$ vérifiant toutes les relations

$$(1) \quad \begin{cases} u(x_1, \ldots, x_i' + x_i'', \ldots, x_n) = u(x_1, \ldots, x_i', \ldots, x_n) + u(x_1, \ldots, x_i'', \ldots, x_n) \\ u(x_1, \ldots, \lambda x_i, \ldots, x_n) = \lambda u(x_1, \ldots, x_i, \ldots, x_n) \end{cases}$$

$(1 \leqslant i \leqslant n,\ x_i,\ x'_i,\ x_i''$ arbitraires dans X_i, λ arbitraire dans K); comme les deux membres des relations (1) sont fonctions continues de u dans $\mathscr{F}_s(X; Y)$ (X, p. 4, *Remarque* 6), la proposition en résulte (I, p. 53, prop. 2).

PROPOSITION 5. — *Sous les hypothèses de la prop.* 4, *l'ensemble* $\mathscr{L}(X_1, \ldots, X_n; Y)$ *des applications multilinéaires continues de* X *dans* Y *est fermé dans* $\mathscr{F}(X; Y)$ *muni de la topologie de la convergence bornée; il est complet pour la structure uniforme de la convergence bornée lorsque* Y *est complet.*

En effet, si $\mathfrak{S}$ est l'ensemble des parties bornées de X, $\mathscr{L}(X_1, \ldots, X_n; Y)$ est l'intersection de l'ensemble de toutes les applications multilinéaires de X dans Y et de l'ensemble $\mathscr{B}_{\mathfrak{S}}(X; Y)$ (IX, p. 35, th. 1); la proposition résulte donc de la prop. 4 et de X, p. 21, cor 1.

Dans toute la fin de ce n°, nous supposerons que K *désigne un corps valué non discret commutatif.*

Alors $\mathscr{L}(X_1, \ldots, X_n; Y)$ est un *sous-espace vectoriel* de $\mathscr{F}(X; Y)$. Soit B la boule unité de X, ensemble des $(\mathbf{x}_i)_{1 \leqslant i \leqslant n}$ tels que $\sup_{1 \leqslant i \leqslant n} \|\mathbf{x}_i\| \leqslant 1$; l'application $u \mapsto u \mid B$ de $\mathscr{L}(X_1, \ldots, X_n; Y)$ dans $\mathscr{B}(B; Y)$ est *injective*; en outre l'image réciproque par cette application de la structure uniforme de la convergence *uniforme* sur $\mathscr{B}(B; Y)$ est la structure uniforme de la convergence *bornée* sur $\mathscr{L}(X_1, \ldots, X_n; Y)$. En effet, toute partie bornée de X est contenue dans un ensemble de la forme μB (avec $\mu \in K^*$), et dire que, pour un élément $u \in \mathscr{L}(X_1, \ldots, X_n; Y)$, on a $\|u(\mathbf{z})\| \leqslant a$ pour tout $\mathbf{z} \in \mu B$, équivaut à dire que $\|u(\mathbf{z})\| \leqslant a/|\mu|^n$ pour tout $\mathbf{z} \in B$. On vérifie aussitôt que le nombre $\|u\| = \sup_{z \neq 0} \|u(\mathbf{z})\|/\|\mathbf{z}\|$ est une *norme* sur $\mathscr{L}(X_1, \ldots, X_n; Y)$, définissant sur cet espace la structure uniforme de la convergence bornée, et l'on a évidemment

(2) $$\|u(\mathbf{x}_1, \ldots, \mathbf{x}_n)\| \leqslant \|u\| \cdot \|\mathbf{x}_1\| \ldots \|\mathbf{x}_n\|.$$

Sauf mention expresse du contraire, lorsque $\mathscr{L}(X_1, \ldots, X_n; Y)$ sera considéré comme un espace normé, il s'agira toujours de la norme précédente. On peut encore dire que $\|u\|$ est *le plus petit* nombre $\geqslant 0$ vérifiant (2) pour toutes les valeurs des $\mathbf{x}_i$.

Proposition 6. — *L'application multilinéaire*

$$(u, \mathbf{x}_1, \ldots, \mathbf{x}_n) \to u(\mathbf{x}_1, \ldots, \mathbf{x}_n)$$

de l'espace normé $\mathscr{L}(X_1, \ldots, X_n; Y) \times X_1 \times \cdots \times X_n$ *dans* Y *est continue.*

C'est une conséquence immédiate de l'inégalité (2) (IX, p. 35, th. 1).

Proposition 7. — *Soient* X, Y, Z *trois espaces normés sur* K. *L'application canonique de l'espace normé* $\mathscr{L}(X, Y; Z)$ *dans l'espace des applications linéaires de* X *dans* $\mathscr{L}(Y; Z)$ *qui, à tout* $u \in \mathscr{L}(X, Y; Z)$, *fait correspondre l'application* $\mathbf{x} \mapsto u(\mathbf{x}, .)$, *est une isométrie de* $\mathscr{L}(X, Y; Z)$ *sur* $\mathscr{L}(X; \mathscr{L}(Y; Z))$.

Cela résulte aussitôt des définitions et de la relation

$$\sup_{\|\mathbf{x}\| \leqslant b} (\sup_{\|\mathbf{y}\| \leqslant c} \|u(\mathbf{x}, \mathbf{y})\|) = \sup_{\|\mathbf{x}\| \leqslant b, \|\mathbf{y}\| \leqslant c} \|u(\mathbf{x}, \mathbf{y})\|.$$

Proposition 8. — *Soient* X, Y, Z *trois espaces normés sur* K. *L'application bilinéaire* $(u, v) \mapsto v \circ u$ *de* $\mathscr{L}(X; Y) \times \mathscr{L}(Y; Z)$ *dans* $\mathscr{L}(X; Z)$ *est continue.*

En effet, si $u \in \mathscr{L}(X; Y)$, $v \in \mathscr{L}(Y; Z)$, on a, de façon précise,

(3) $$\|v \circ u\| \leqslant \|u\| \cdot \|v\|$$

car pour tout $\mathbf{x} \in X$, $\|v(u(\mathbf{x}))\| \leqslant \|v\| \cdot \|u(\mathbf{x})\| \leqslant \|v\| \cdot \|u\| \cdot \|\mathbf{x}\|$ en vertu de (2).

En particulier, sur l'ensemble $\mathscr{L}(X)$ des *endomorphismes continus* d'un espace normé X sur K, la norme $\|u\|$ est compatible avec la structure d'*algèbre* de $\mathscr{L}(X)$ sur K.

Remarque 2. — L'ensemble $\mathscr{L}(\mathbf{R}^m; \mathbf{R}^n)$ des applications linéaires (nécessairement continues) de $\mathbf{R}^m$ dans $\mathbf{R}^n$ peut être identifié à l'ensemble $\mathbf{M}_{n,m}(\mathbf{R})$ des matrices à n lignes et m colonnes sur $\mathbf{R}$, donc à $\mathbf{R}^{mn}$; sur $\mathscr{L}(\mathbf{R}^m; \mathbf{R}^n)$, la structure uniforme de la convergence bornée (pour la distance euclidienne sur $\mathbf{R}^m$), de la convergence compacte et de la convergence simple sont alors identifiées à la structure uniforme *additive* de $\mathbf{R}^{mn}$. En effet, prenons sur $\mathbf{R}^n$ la norme $\|x\| = \sup_i |x_i|$ pour $x = (x_i)$ et soit $(\mathbf{e}_j)$ la base canonique de $\mathbf{R}^m$; si u et v sont deux applications linéaires de $\mathbf{R}^m$ dans $\mathbf{R}^n$ telles que $\|u(\mathbf{e}_j) - v(\mathbf{e}_j)\| \leqslant \varepsilon$ pour $1 \leqslant j \leqslant m$, on a, pour les matrices $U = (\alpha_{ij})$, $V = (\beta_{ij})$ de ces applications, $|\alpha_{ij} - \beta_{ij}| \leqslant \varepsilon$ pour tout couple (i, j); et inversement, si ces inégalités sont satisfaites, on a, pour tout point x d'un cube de centre 0 et de côté a dans $\mathbf{R}^m$, $\|u(x) - v(x)\| \leqslant ma\varepsilon$.

3. Propriétés de dénombrabilité des espaces de fonctions continues

Théorème 1. — *Soit* X *un espace compact.*

a) Si X *est métrisable, alors, pour tout espace uniforme métrisable* Y *de type dénombrable* (IX, p. 18), *l'espace métrisable* $\mathscr{C}_u(X; Y)$ *des applications continues de* X *dans* Y, *muni de la topologie de la convergence uniforme, est de type dénombrable.*

b) Réciproquement, si l'espace métrisable $\mathscr{C}_u(X; \mathbf{R})$ *est de type dénombrable,* X *est métrisable.*

a) Soit d (resp. d') une distance compatible avec la topologie de X (resp. la structure uniforme de Y); on sait que $\delta(f, g) = \sup_{x \in X} d'(f(x), g(x))$ est une distance définissant la structure de la convergence uniforme sur $\mathscr{C}(X; Y)$, les fonctions de $\mathscr{C}(X; Y)$ étant bornées puisque X est compact (X, p. 20). Pour tout couple d'entiers $m > 0$, $n > 0$, soit G_{mn} l'ensemble des fonctions $f \in \mathscr{C}(X; Y)$ telles que la relation $d(x, x') \leqslant 1/m$ entraîne $d'(f(x), f(x')) \leqslant 1/n$; toute fonction $f \in \mathscr{C}(X; Y)$ est uniformément continue (II, p. 29, th. 2), donc, pour tout $n > 0$, $\mathscr{C}(X; Y)$ est réunion des G_{mn} $(m > 0)$. Soit $\{a_1, \ldots, a_{p(m)}\}$ une partie finie de X telle que les boules ouvertes de centre a_i et de rayon $1/m$ forment un recouvrement de X pour $1 \leqslant i \leqslant p(m)$; soit d'autre part $(b_r)_{r \in \mathbf{N}}$ une suite dénombrable dense dans Y. Pour toute application φ de $[1, p(m)]$ dans $\mathbf{N}$, soit H_φ l'ensemble des $f \in G_{mn}$ telles que $d'(f(a_k), b_{\varphi(k)}) \leqslant 1/n$ pour $1 \leqslant k \leqslant p(m)$. Par définition de b_r, G_{mn} est réunion des H_φ pour $\varphi \in \mathbf{N}^{p(m)}$; soit C_{mn} l'ensemble des $\varphi \in \mathbf{N}^{p(m)}$ tels que $H_\varphi \neq \varnothing$, et pour chaque $\varphi \in C_{mn}$, soit g_φ un élément de H_φ; enfin, désignons par L_{mn} l'ensemble dénombrable des g_φ pour $\varphi \in C_{mn}$. Soit $f \in G_{mn}$, et soit φ un élément de C_{mn} tel que $f \in H_\varphi$; il résulte aussitôt des définitions que l'on a $d'(f(x), g_\varphi(x)) \leqslant 4/n$ pour tout $x \in X$, autrement dit, $\delta(f, g_\varphi) \leqslant 4/n$. On en conclut que la réunion des L_{mn} est partout dense dans $\mathscr{C}_u(X; Y)$: en effet, pour tout entier $n > 0$ et tout $f \in \mathscr{C}(X; Y)$, il existe m tel que $f \in G_{mn}$, et on vient de voir que la distance de f à L_{mn} est $\leqslant 4/n$.

b) Soit $I = [0, 1]$; comme $\mathscr{C}_u(X; I)$ est un sous-espace uniforme de $\mathscr{C}_u(X; \mathbf{R})$, il est de type dénombrable; soit (f_n) une suite partout dense dans cet espace. Considérons l'espace produit $K = I^{\mathbf{N}}$, et l'application $\psi : x \mapsto (f_n(x))$ de X dans K qui est évidemment continue. L'application ψ est *injective*: en effet, par définition de la suite (f_n), la relation $f_n(x) = f_n(x')$ pour tout n entraîne, par passage à la limite, $f(x) = f(x')$ pour *toute* fonction $f \in \mathscr{C}(X; I)$; mais cela est impossible si $x \neq x'$, en vertu de l'axiome (O_{IV}) appliqué au point x et à voisinage V de x ne contenant pas x' (IX, p. 7, th. 2). On en conclut que l'espace compact X est homéomorphe au sous-espace $\psi(X)$ de K (I, p. 63, cor. 2); comme K est métrisable et de type dénombrable, il en est de même de $\psi(X)$, donc de X.

C.Q.F.D.

COROLLAIRE. — *Soient* X *un espace localement compact dont la topologie admet une base dénombrable,* Y *un espace uniforme métrisable de type dénombrable.*

a) *L'espace* $\mathscr{L}$ *des applications continues de* X *dans* Y, *ayant une limite à l'infini, muni de la topologie de la convergence uniforme dans* X, *est un espace métrisable de type dénombrable.*

b) *L'espace* $\mathscr{C}_c(X; Y)$ *des applications continues de* X *dans* Y, *muni de la topologie de la convergence compacte, est un espace métrisable de type dénombrable.*

a) Soit X′ l'espace compact obtenu en adjoignant à X un point à l'infini (I, p. 67, th. 4); par définition, toute fonction f de $\mathscr{L}$ se prolonge de façon unique en une application continue $\bar{f}$ de X′ dans Y, et $f \mapsto \bar{f}$ est donc une bijection de $\mathscr{L}$ sur $\mathscr{C}(X'; Y)$; en outre cette bijection est un homéomorphisme de l'espace $\mathscr{L}$ sur $\mathscr{C}_u(X'; Y)$, en vertu de X, p. 7, prop. 6. Il suffit alors d'appliquer à X′ et Y le th. 1, en observant que X′ est métrisable (IX, p. 21, corollaire).

b) Soit (U_n) un recouvrement de X par des ensembles ouverts relativement compacts tel que toute partie compacte de X soit contenue dans un U_n (I, p. 68, cor. 1). Si $\mathfrak{S}$ est l'ensemble des $\overline{U}_n$, la topologie de la convergence compacte sur $\mathscr{C}(X; Y)$ est identique à la topologie de la $\mathfrak{S}$-convergence. Par suite (X, p. 3, *Remarque* 3) l'espace $\mathscr{C}_c(X; Y)$ est homéomorphe à un sous-espace du produit $\prod_n \mathscr{C}_u(\overline{U}_n; Y)$; comme chacun des espaces compacts $\overline{U}_n$ admet une base dénombrable, il est métrisable (IX, p. 21, prop. 16); chacun des $\mathscr{C}_u(\overline{U}_n; Y)$ est donc métrisable et de type dénombrable en vertu du th. 1 (X, p. 24) et par suite, il en est de même de $\mathscr{C}_c(X; Y)$.

On notera que l'espace des fonctions numériques continues bornées dans $\mathbf{R}$, muni de la topologie de la convergence uniforme, n'est pas de type dénombrable (X, p. 48, exerc. 4).

4. La topologie de la convergence compacte

THÉORÈME 2. — *Soient* X *un espace topologique,* Y *un espace uniforme. Pour tout couple* (K, U) *formé d'une partie compacte* K *de* X *et d'une partie ouverte* U *de* Y, *soit* $\boldsymbol{T}(K, U)$

l'ensemble des applications continues $u: X \to Y$ *telles que* $u(K) \subset U$. *Alors les ensembles de la forme* $\boldsymbol{T}(K, U)$ *engendrent* (I, p. 13) *la topologie de la convergence compacte sur* $\mathscr{C}(X; Y)$.

Soient Y′ l'espace uniforme séparé associé à Y (II, p. 24), $i: Y \to Y'$ l'application canonique de Y sur Y′. La topologie de la convergence compacte est la topologie la moins fine rendant continues les applications $u \mapsto (i \circ u) \mid K$ de $\mathscr{C}(X; Y)$ dans $\mathscr{C}_u(K; Y')$, K parcourant l'ensemble des parties compactes de X (X, p. 5, prop. 4). On obtient donc un système générateur de la topologie de $\mathscr{C}_c(X; Y)$ en prenant, pour chaque partie compacte K de X, un système générateur de la topologie de $\mathscr{C}_u(K; Y')$ et son image réciproque dans $\mathscr{C}(X; Y)$, et en considérant la réunion dans $\mathfrak{P}(\mathscr{C}(X; Y))$ de tous les ensembles de parties ainsi obtenus. D'autre part, toute partie ouverte de Y est de la forme $\overset{-1}{i}(U')$, où U′ est ouvert dans Y′ (II, p. 23, prop. 12); donc, pour toute partie compacte $K' \supset K$, $\boldsymbol{T}(K, \overset{-1}{i}(U'))$ est l'image réciproque de $\boldsymbol{T}(K, U')$ par l'application $\mathscr{C}(X; Y) \to \mathscr{C}_u(K'; Y')$, et on est ainsi ramené à démontrer le théorème lorsque X est *compact* et Y *séparé*, ce que nous supposerons désormais.

Montrons d'abord que $\boldsymbol{T}(K, U)$ est *ouvert* dans $\mathscr{C}_c(X; Y)$. Soit u_0 un point de cet ensemble; comme $u_0(K)$ est compact (I, p. 63, cor. 1) et contenu dans l'ensemble ouvert U, il existe un entourage symétrique V de Y tel que $V(u_0(K)) \subset U$ (II, p. 31, corollaire). Soit W le voisinage de u_0 dans $\mathscr{C}_c(X; Y)$ formé des applications continues $u: X \to Y$ telles que $(u(x), u_0(x)) \in V$ pour tout $x \in K$. Pour ces applications, on a évidemment $u(K) \subset V(u_0(K)) \subset U$, donc $u \in \boldsymbol{T}(K, U)$ et par suite $W \subset \boldsymbol{T}(K, U)$, ce qui prouve notre assertion.

Inversement, si W est un voisinage d'un point $u_0 \in \mathscr{C}_0(X; Y)$, montrons que W contient l'intersection d'un nombre fini de voisinages de u_0 de la forme $\boldsymbol{T}(K, U)$. On peut supposer que W est l'ensemble des $u \in \mathscr{C}(X; Y)$ tels que $(u(x), u_0(x)) \in V$ pour tout $x \in X$, V étant un entourage donné de Y. Comme u_0 est continue dans X, elle est uniformément continue (II, p. 29, th. 2); soit V_1 un entourage symétrique de Y, ouvert dans Y × Y, tel que $\overset{2}{V}_1 \subset V$. Il existe un recouvrement de X par un nombre fini d'ensembles compacts K_i $(1 \leqslant i \leqslant n)$ tels que $u_0(K_i)$ soit petit d'ordre V_1 pour $1 \leqslant i \leqslant n$. Soit U_i l'ensemble ouvert $V_1(u_0(K_i))$, et soit u une application continue de X dans Y appartenant à l'intersection des n ensembles $\boldsymbol{T}(K_i, U_i)$ (qui sont des voisinages de u_0). Alors, pour tout $x \in K_i$, $u(x)$ appartient à U_i, donc $u_0(x)$ et $u(x)$ sont voisins d'ordre $\overset{2}{V}_1$, donc voisins d'ordre V. Puisque tout $x \in X$ appartient à un des K_i au moins, on a bien $u \in W$, ce qui achève la démonstration.

Ce résultat conduit à poser la définition suivante:

Définition 1. — *Soient* X, Y *deux espaces topologiques* (*non nécessairement uniformisables*). *Pour tout couple* (K, U) *formé d'une partie compacte* K *de* X *et d'une partie ouverte*

U *de* Y, *soit* $T(\mathrm{K}, \mathrm{U})$ *l'ensemble des* $u \in \mathscr{C}(\mathrm{X}; \mathrm{Y})$ *telles que* $u(\mathrm{K}) \subset \mathrm{U}$. *On appelle topologie de la convergence compacte sur* $\mathscr{C}(\mathrm{X}; \mathrm{Y})$ *la topologie engendrée par l'ensemble des parties de la forme* $T(\mathrm{K}, \mathrm{U})$; *on désigne par* $\mathscr{C}_c(\mathrm{X}; \mathrm{Y})$ *l'espace topologique obtenu en munissant* $\mathscr{C}(\mathrm{X}; \mathrm{Y})$ *de cette topologie.*

Lorsque Y est un espace uniforme, il résulte du th. 2 (X, p. 25) que cette définition coïncide avec celle qui a été donnée dans X, p. 4.

Si H est une partie de $\mathscr{C}(\mathrm{X}; \mathrm{Y})$, nous dirons encore que la topologie induite sur H par celle de $\mathscr{C}_c(\mathrm{X}; \mathrm{Y})$ est la topologie de la convergence compacte.

Exemple. — Soit I l'intervalle $(0, 1)$ dans $\mathbf{R}$; pour tout espace topologique Y, l'espace $\mathscr{C}_c(\mathrm{I}; \mathrm{Y})$ est appelé l'*espace des chemins* dans Y; pour tout $y \in \mathrm{Y}$, le sous-espace $\Omega_y(\mathrm{Y})$ de $\mathscr{C}_c(\mathrm{I}; \mathrm{Y})$ formé des chemins u tels que $u(0) = u(1) = y$ est appelé l'*espace des lacets* (dans H) *au point* y.

Remarques. — 1) On dit de même que la topologie induite sur $\mathscr{C}(\mathrm{X}; \mathrm{Y})$ par la topologie produit sur $\mathrm{Y}^{\mathrm{X}} = \mathscr{F}(\mathrm{X}; \mathrm{Y})$ est la *topologie de la convergence simple* (Y n'étant pas nécessairement uniformisable); elle est engendrée par les ensembles de la forme $T(\{x\}, \mathrm{U})$ pour $x \in \mathrm{X}$, U ouvert dans Y et est par suite *moins fine* que la topologie de la convergence compacte. On en déduit que *si* Y *est séparé, l'espace* $\mathscr{C}_c(\mathrm{X}; \mathrm{Y})$ *est séparé* (I, p. 54, corollaire).

2) Soient $\mathfrak{S}$ un système générateur de la topologie de Y, $\mathfrak{K}$ un ensemble de parties compactes de X ayant la propriété suivante:

(R) Pour toute partie compacte L de X et tout voisinage V de L, il existe un nombre *fini* d'ensembles $\mathrm{K}_\iota \in \mathfrak{K}$ tels que $\mathrm{L} \subset \bigcup_\iota \mathrm{K}_\iota \subset \mathrm{V}$.

Alors les ensembles $T(\mathrm{K}, \mathrm{U})$ où $\mathrm{K} \in \mathfrak{K}$ et $\mathrm{U} \in \mathfrak{S}$ forment un *système générateur* de la topologie de la convergence compacte sur $\mathscr{C}(\mathrm{X}; \mathrm{Y})$. En effet, il faut prouver que pour toute partie compacte L de X, toute partie ouverte V de Y, et tout $u \in T(\mathrm{L}, \mathrm{V})$, il existe un nombre fini de couples $(\mathrm{K}_\iota, \mathrm{U}_\iota)$ tels que $\mathrm{K}_\iota \in \mathfrak{K}$, $\mathrm{U}_\iota \in \mathfrak{S}$ et $u \in \bigcap_\iota T(\mathrm{K}_\iota, \mathrm{U}_\iota) \subset T(\mathrm{L}, \mathrm{V})$. Notons d'abord que pour toute suite finie (S_k) d'ensembles de $\mathfrak{S}$ et toute partie compacte M de X, on a

$$T(\mathrm{M}, \bigcap_k \mathrm{S}_k) = \bigcap_k T(\mathrm{M}, \mathrm{S}_k)$$

par définition. On peut donc remplacer tout d'abord $\mathfrak{S}$ par l'ensemble des intersections finies d'ensembles de $\mathfrak{S}$, autrement dit supposer que $\mathfrak{S}$ est une *base* de la topologie de Y. Par hypothèse, $u(\mathrm{L})$ est quasi-compact et contenu dans V, donc il existe un nombre fini d'ensembles $\mathrm{U}_\iota \in \mathfrak{S}$ contenus dans V et formant un recouvrement de $u(\mathrm{L})$. Les ensembles $\overset{-1}{u}(\mathrm{U}_\iota)$ sont ouverts dans X et forment un recouvrement de L. Pour tout $x \in \mathrm{L}$, il y a donc un voisinage compact N_x de x dans L, contenu dans un des $\overset{-1}{u}(\mathrm{U}_\iota)$; on peut recouvrir L par un nombre fini de ces ensembles $\mathrm{N}_{x_j} = \mathrm{L}_j$; pour tout j, nous désignerons par $i(j)$ un des indices i

tels que $L_j \subset \overset{-1}{u}(U_\iota)$. Cela étant, pour chaque indice j, il existe d'après (R) un nombre fini d'ensembles $K_{jk} \subset \overset{-1}{u}(U_{\iota(j)})$ appartenant à $\mathfrak{R}$ et formant un recouvrement de L_j. Pour tout $v \in \bigcap_{j,k} \boldsymbol{T}(K_{jk}, U_{\iota(j)})$, on a $\bigcup_k v(K_{jk}) \subset U_{\iota(j)}$, donc $v(L_j) \subset U_{\iota(j)}$, et $v(L) = \bigcup_j v(L_j) \subset \bigcup_j U_{\iota(j)} \subset V$, ce qui achève de prouver notre assertion.

Théorème 3. — *Soient* X, Y, Z *trois espaces topologiques*, f *une application de* $X \times Y$ *dans* Z. *Si* f *est continue*, $\tilde{f}: x \mapsto f(x, .)$ *est une application continue de* X *dans* $\mathscr{C}_c(Y; Z)$. *La réciproque est vraie si* Y *est localement compact.*

Supposons f continue et montrons que $\tilde{f}$ l'est: il faut prouver que pour toute partie compacte K de Y et toute partie ouverte U de Z, l'image réciproque V de $\boldsymbol{T}(K, U)$ par $\tilde{f}$ est ouverte dans X. Soit donc $x_0 \in V$. Pour tout $y \in K$, on a $f(x_0, y) \in U$ et, comme f est continue, il y a un voisinage V_y de x_0 dans X et un voisinage W_y de y dans Y tels que $f(V_y \times W_y) \subset U$. Comme K est compact, il existe un nombre fini de points $y_i \in K$ tels que les ensembles W_{y_i} recouvrent K $(1 \leqslant i \leqslant n)$. Soit V' l'intersection des voisinages V_{y_i} de x_0, qui est un voisinage de x_0; pour $x \in V'$, $y \in K$, on a $f(x, y) \in U$ puisque y est contenu dans l'un des W_{y_i} et que $x \in V_{y_i}$ pour tout i; on a donc bien $V' \subset V$, et comme V est un voisinage de chacun de ses points, il est ouvert dans X.

Réciproquement, supposons $\tilde{f}$ continue et Y localement compact, et montrons que f est continue. Soient $x_0 \in X$, $y_0 \in Y$, U un voisinage ouvert de $f(x_0, y_0)$ dans Z; prouvons qu'il existe un voisinage V de x_0 dans X et un voisinage W de y_0 dans Y tels que $f(V \times W) \subset U$. Comme $y \mapsto f(x_0, y)$ est continue, il existe un voisinage *compact* W de y_0 tel que $f(\{x_0\} \times W) \subset U$. D'autre part, puisque $\tilde{f}$ est continue, l'ensemble V des $x \in X$ tels que $f(x, .) \in \boldsymbol{T}(W, U)$ (c'est-à-dire tels que $f(x, y) \in U$ pour tout $y \in W$) est une partie ouverte de X, donc un voisinage de x_0. On a bien alors $f(V \times W) \subset U$.

C.Q.F.D.

Corollaire 1. — *Soient* X *un espace localement compact*, Y *un espace topologique*, H *une partie de* $\mathscr{C}(X; Y)$. *Alors, sur* H, *la topologie de la convergence compacte est la moins fine pour laquelle l'application* $(u, x) \mapsto u(x)$ *de* $H \times X$ *dans* Y *est continue.*

En effet, en vertu du th. 3, dire que cette application est continue signifie que l'injection canonique $H \to \mathscr{C}_c(X; Y)$ est continue.

Remarques. — 3) Soient X un espace localement compact, Y un espace topologique séparé. Si $\mathscr{T}$ est une topologie sur une partie H de $\mathscr{C}(X; Y)$ telle que l'application $(u, x) \mapsto u(x)$ soit continue dans $H \times X$ et si en outre H est *compact* pour cette topologie, alors $\mathscr{T}$ est identique à la topologie de la convergence compacte: elle est en effet plus fine que cette dernière en vertu du cor. 1, et comme la topologie de la convergence compacte est séparée, ces deux topologiques sont identiques. On notera que si en outre Y est *complètement régulier*, H est *équicontinu* pour toute structure uniforme compatible avec la topologie de Y (X, p. 19, cor. 3), et pour toute partie compacte K de X, l'ensemble $H(K) = \bigcup_{x \in K} H(x)$ est *compact*, étant l'image de H × K par l'application continue $(u, x) \mapsto u(x)$.

Corollaire 2. — *Soient* X, Y, Z *trois espaces topologiques,* X *étant supposé séparé et* Y *localement compact. Alors, la restriction à* $\mathscr{C}(X \times Y; Z)$ *de la bijection canonique* $\mathscr{F}(X \times Y; Z) \rightarrow \mathscr{F}(X; \mathscr{F}(Y; Z))$ (E, II, p. 31) *est un homéomorphisme de* $\mathscr{C}_c(X \times Y; Z)$ *sur* $\mathscr{C}_c(X; \mathscr{C}_c(Y; Z))$.

Cette restriction est bien une bijection

$$\rho : \mathscr{C}(X \times Y; Z) \rightarrow \mathscr{C}(X; \mathscr{C}_c(Y; Z))$$

en vertu du th. 3 (X, p. 28); reste à voir que la topologie de la convergence compacte sur $\mathscr{C}(X \times Y; Z)$ est bien l'image réciproque par ρ de la topologie de la convergence compacte sur $\mathscr{C}(X; \mathscr{C}_c(Y; Z))$. Comme un système générateur de la topologie de $\mathscr{C}_c(Y; Z)$ est formé par les $T(K, U)$, où K est une partie compacte de Y et U une partie ouverte de Z, il résulte de la *Remarque* 2 (X, p. 27) que la topologie de $\mathscr{C}_c(X; \mathscr{C}_c(Y; Z))$ est engendrée par les ensembles de la forme $T(J, T(K, U))$, K et U étant comme ci-dessus et J une partie compacte de X. Or, l'image de $T(J, T(K, U))$ par $\overset{-1}{\rho}$ n'est autre que $T(J \times K, U)$, donc est un ensemble ouvert, et cela montre déjà que ρ est continue. Inversement, remarquons que les ensembles de la forme J × K dans X × Y (J partie compacte de X, K partie compacte de Y) vérifient la condition (R) de la *Remarque* 2 (X, p. 27): en effet, si L est une partie compacte de X × Y et V un voisinage de L dans X × Y, les projections $M = \mathrm{pr}_1(L)$, $N = \mathrm{pr}_2(L)$ sont compactes, X et Y étant séparés, et $V \cap (M \times N)$ est un voisinage de L dans l'espace compact M × N; donc tout point de L admet dans M × N un voisinage de la forme $J \times K \subset V$, où $J \subset M$ et $K \subset N$ sont compacts; comme on peut recouvrir L par un nombre fini de ces voisinages, notre assertion en résulte. Les ensembles de la forme $T(J \times K; U)$ (U ouvert dans Z, J (resp. K) compact dans X (resp. Y)) engendrent donc la topologie de $\mathscr{C}_c(X \times Y; Z)$; comme nous avons vu que l'image de $T(J \times K, U)$ par ρ est l'ensemble ouvert $T(J, T(K, U))$ dans $\mathscr{C}_c(X; \mathscr{C}_c(Y; Z))$, cela achève de prouver que ρ est un homéomorphisme.

On notera que lorsque Z est en outre supposé uniformisable, le cor. 2 est une conséquence triviale de X, p. 5, prop. 2.

Proposition 9. — *Soient* X, Y, Z *trois espaces topologiques,* Y *étant localement compact. Alors l'application* $(u, v) \mapsto v \circ u$ *de* $\mathscr{C}_c(X; Y) \times \mathscr{C}_c(Y; Z)$ *dans* $\mathscr{C}_c(X; Z)$ *est continue.*

Il faut prouver que pour toute partie compacte K de X et toute partie ouverte U de Z, l'ensemble R des couples (u, v) tels que $v(u(K)) \subset U$ est ouvert dans $\mathscr{C}_c(X; Y) \times \mathscr{C}_c(Y; Z)$. Soit (u_0, v_0) un élément de R. Alors $u_0(K)$ est une partie compacte de l'espace localement compact Y, contenue dans l'ensemble ouvert

$\overset{-1}{v_0}(\mathrm{U})$, donc il existe un voisinage compact L de $u_0(\mathrm{K})$ contenu dans $\overset{-1}{v_0}(\mathrm{U}$ p. 65, prop. 10). L'ensemble V des $u \in \mathscr{C}_c(\mathrm{X}; \mathrm{Y})$ tels que $u(\mathrm{K}) \subset \mathring{\mathrm{L}}$ est voisinage de u_0, et l'ensemble W des $v \in \mathscr{C}_c(\mathrm{Y}; \mathrm{Z})$ tels que $v(\mathrm{L}) \subset \mathrm{U}$ est voisinage de v_0; en outre, la relation $(u, v) \in \mathrm{V} \times \mathrm{W}$ implique $v(u(\mathrm{K})) \subset$ d'où la proposition.

5. Topologies sur les groupes d'homéomorphismes

PROPOSITION 10. — *Soient* X *un espace uniforme,* H *un ensemble équicontinu d'ho morphismes de* X *sur lui-même. Si on munit* H *et* H^{-1} *de la topologie de la conver simple dans* X, *l'application* $u \mapsto u^{-1}$ *de* H^{-1} *sur* H *est continue.*

Il suffit de prouver que, pour tout $x_0 \in \mathrm{X}$, l'application $u \mapsto u^{-1}(x_0)$ de dans X est continue en tout point $u_0 \in \mathrm{H}^{-1}$. Soit V un entourage symétriqu X, et posons $y_0 = u_0^{-1}(x_0)$. Par hypothèse, il existe un entourage symétrique U X tel que la relation $(x, x_0) \in \mathrm{U}$ implique $(u^{-1}(x), u^{-1}(x_0)) \in \mathrm{V}$ pour $u \in \mathrm{H}^{-1}$. Prenons $u \in \mathrm{H}^{-1}$ voisin d'ordre $W(\{y_0\}, \mathrm{U})$ de u_0; on a donc

$$(u(y_0), u_0(y_0)) \in \mathrm{U},$$

c'est-à-dire $(u(y_0), x_0) \in \mathrm{U}$. On en déduit $(y_0, u^{-1}(x_0)) \in \mathrm{V}$, c'est-à- $(u_0^{-1}(x_0), u^{-1}(x_0)) \in \mathrm{V}$, ce qui achève la démonstration.

COROLLAIRE. — *Soient* X *un espace uniforme,* H *un groupe équicontinu d'homé phismes de* X *sur lui-même. Alors la topologie de la convergence simple dans* X *est patible* (III, p. 1) *avec la structure de groupe de* H.

Cela résulte de la prop. 10, ainsi que de X, p. 13, cor. 5.

PROPOSITION 11. — *Soient* X *un espace compact,* Γ *le groupe de tous les homéomorph de* X *sur lui-même. Alors la topologie de la convergence uniforme dans* X *est comp* (III, p. 1) *avec la structure de groupe de* Γ.

On sait déjà (X, p. 29, prop. 9) que l'application $(u, v) \mapsto v \circ u$ de Γ dans Γ est continue pour cette topologie, et tout revient donc à prouver $u \mapsto u^{-1}$ est continue en tout point $u_0 \in \Gamma$. Comme u_0^{-1} est uniformément tinue dans X, pour tout entourage symétrique V de X il existe un entourag de X tel que la relation $(x, x') \in \mathrm{W}$ entraîne $(u_0^{-1}(x), u_0^{-1}(x')) \in \mathrm{V}$. Cela é si $u \in \Gamma$ est tel que $(u_0(x), u(x)) \in \mathrm{W}$ pour tout $x \in \mathrm{X}$, on en conclut d'apr qui précède $(x, u_0^{-1}(u(x))) \in \mathrm{V}$ pour tout $x \in \mathrm{X}$, d'où, puisque u est bijec $(u^{-1}(x), u_0^{-1}(x)) \in \mathrm{V}$ pour tout $x \in \mathrm{X}$, ce qui achève la démonstration.

Soit maintenant X un espace localement compact et soit Γ le groupe homéomorphismes de X sur lui-même; la topologie de la *convergence com* dans X *n'est pas nécessairement compatible* avec la structure de groupe de Γ (X, p exerc. 17). Désignons par X′ l'espace compact obtenu par adjonction à X point à l'infini ω; tout homéomorphisme u de X sur lui-même se prolonge d'une seule manière en un homéomorphisme u' de X' sur lui-même tel que $u'(\omega) = \omega$ (I, p. 67, th. 4), de sorte que Γ s'identifie au *sous-groupe du groupe* Γ' *de tous les homéomorphismes de* X', *formé des homéomorphismes laissant* ω *invariant*. Sur Γ, la topologie induite par celle de $\mathscr{C}_u(X'; X')$ est donc *compatible* avec la structure de groupe (prop. 11), et Γ est *fermé* dans Γ' (pour la topologie induite par celle de $\mathscr{C}_u(X'; X')$) puisqu'il est défini par l'équation $u'(\omega) = \omega$ (X, p. 4, *Remarque* 6). Nous noterons $\mathscr{T}_\beta$ la topologie de groupe ainsi définie sur Γ; elle est *plus fine* que la topologie de la convergence compacte, et peut aussi (en vertu de X, p. 7, prop. 6) être définie comme la topologie de la convergence uniforme dans X, quand on munit X de la structure uniforme induite par l'unique structure uniforme de X'.

La topologie $\mathscr{T}_\beta$ peut être caractérisée de la façon suivante:

PROPOSITION 12. — *Sur le groupe* Γ *des homéomorphismes d'un espace localement compact* X, *la topologie* $\mathscr{T}_\beta$ *est la moins fine rendant continues les deux applications* $u \mapsto u$ *et* $u \mapsto u^{-1}$ *de* Γ *dans l'espace* $\mathscr{C}_c(X; X)$.

Désignons pour un moment par $\mathscr{T}'$ cette dernière topologie. Comme $u \mapsto u^{-1}$ est continue pour $\mathscr{T}_\beta$ et que $\mathscr{T}_\beta$ est plus fine que la topologie de la convergence compacte, il est clair que $\mathscr{T}_\beta$ est plus fine que $\mathscr{T}'$. Pour démontrer la réciproque, munissons X' de son unique structure uniforme; soit $u_0 \in \Gamma$ et soit V un entourage de X'; il faut prouver qu'il existe une partie compacte K de X et un entourage symétrique W de X' tels que les relations

$$u \in \Gamma,\ (u_0(x), u(x)) \in W \text{ et } (u_0^{-1}(x), u^{-1}(x)) \in W \text{ pour tout } x \in K$$

entraînent $(u_0(x), u(x)) \in V$ pour tout $x \in X$. Soit V_1 un entourage symétrique ouvert de X' tel que $\overset{2}{V_1} \subset V$; alors $K_1 = X' - V_1(\omega)$ est une partie compacte de X. Prenons l'entourage ouvert symétrique W de X' tel que $W \subset V$ et que l'on ait $W(\omega) \cap W(u_0^{-1}(K_1)) = \varnothing$, ce qui est possible en vertu de II, p. 31, prop. 4; soit $K_2 = X' - W(\omega)$, qui est une partie compacte de X; nous allons voir que W et l'ensemble compact $K = K_1 \cup K_2$ répondent à la question. Puisque $W \subset V$, il suffit en effet de prouver que la relation $(u_0^{-1}(x), u^{-1}(x)) \in W$ pour tout $x \in K_1$ (avec $u \in \Gamma$) implique que, pour tout $y \in W(\omega)$, on a $(u(y), \omega) \in V_1$; on aura alors aussi $(u_0(y), \omega) \in V_1$, donc $(u_0(y), u(y)) \in \overset{2}{V_1} \subset V$ pour tout $y \in W(\omega) = X' - K_2$. Or, si on avait $y \in W(\omega)$ et $u(y) \in X' - V_1(\omega) = K_1$, on en conclurait $y \in u^{-1}(K_1) \subset W(u_0^{-1}(K_1))$, contrairement au choix de W, ce qui termine la démonstration.

En général, le groupe Γ, muni de $\mathscr{T}_\beta$, n'est pas localement compact (X, p. 50, exerc. 16 *b*)); mais on a le critère suivant:

THÉORÈME 4. — *Soit* G *un sous-groupe du groupe* Γ *des homéomorphismes d'un espace localement compact* X. *Supposons qu'il existe, dans l'espace* $\mathscr{C}_c(X; X)$, *un voisinage* V *de l'application identique* e *tel que* $V \cap G = H$ *soit symétrique dans* G *et relativement compact dans* $\mathscr{C}_c(X; X)$. *Alors l'adhérence* $\overline{G}$ *de* G *dans* Γ *pour la topologie* $\mathscr{T}_\beta$ *est un groupe localement compact pour la topologie induite par* $\mathscr{T}_\beta$; *cette topologie induite sur* $\overline{G}$ *est d'ailleurs identique à la topologie de la convergence compacte, et l'adhérence* $\overline{H}$ *de* H *dans* $\mathscr{C}_c(X; X)$ *est un voisinage de* e *dans* $\overline{G}$ *pour cette topologie.*

Montrons d'abord que $\overline{H}$ est *contenu dans* Γ et que sur $\overline{H}$, la topologie induite par $\mathscr{T}_\beta$ est *identique à la topologie de la convergence compacte.* Soit $u_0 \in \overline{H}$, qui est donc limite, dans $\mathscr{C}_c(X; X)$, d'un ultrafiltre Φ sur H; comme Φ^{-1} (image de Φ par $u \mapsto u^{-1}$) est une base d'ultrafiltre sur $H \subset \overline{H}$, il converge dans le sous-espace compact $\overline{H}$ de $\mathscr{C}_c(X; X)$ vers un élément v_0. L'application $(u, v) \mapsto uv$ converge vers $u_0 v_0$ suivant $\Phi \times \Phi^{-1}$ (X, p. 29, prop. 9); *a fortiori*, $u \mapsto uu^{-1} = e$ converge vers $u_0 v_0$ suivant Φ, donc $u_0 v_0 = e$ puisque $\mathscr{C}_c(X; X)$ est séparé; on voit de même que $v_0 u_0 = e$, ce qui prouve que u_0 et v_0 sont des bijections réciproques de X, d'où la première assertion. En outre, ce raisonnement montre que $\overline{H}^{-1} = \overline{H}$ et que pour tout ultrafiltre Φ sur $\overline{H}$ qui converge vers u_0, Φ^{-1} converge dans $\mathscr{C}_c(X; X)$ vers u_0^{-1}; donc l'application $u \mapsto u^{-1}$ de $\overline{H}$ dans $\mathscr{C}_c(X; X)$ est continue lorsque $\overline{H}$ est muni de la topologie de la convergence compacte (I, p. 50, cor. 1). La prop. 12 (X, p. 31) prouve alors que sur $\overline{H}$, la topologie de la convergence compacte est identique à la topologie induite par $\mathscr{T}_\beta$.

En outre, comme sur Γ la topologie $\mathscr{T}_\beta$ est plus fine que la topologie de la convergence compacte, $\overline{H}$ est aussi l'adhérence de H pour $\mathscr{T}_\beta$; or, H est un voisinage de *e* dans G pour la topologie de la convergence compacte, et *a fortiori* pour la topologie induite par $\mathscr{T}_\beta$; on en déduit (I, p. 18, prop. 2) que $\overline{H}$ est un voisinage de *e* dans $\overline{G}$ pour la topologie induite par $\mathscr{T}_\beta$, ce qui prouve que $\overline{G}$ est localement compact pour cette topologie. En outre, si W est l'intérieur de V pour la topologie de la convergence compacte, $W \cap \Gamma$ est ouvert pour $\mathscr{T}_\beta$, donc $W \cap \overline{G}$ est contenu dans l'adhérence de $H = V \cap G$ pour $\mathscr{T}_\beta$ (I, p. 7, prop. 5), ce qui prouve que $\overline{H}$ est aussi un voisinage de *e* dans $\overline{G}$ pour la topologie de la convergence compacte. Enfin, pour tout $u_0 \in \Gamma$, les bijections réciproques $v \mapsto u_0 \circ v$ et $v \mapsto u_0^{-1} \circ v$ de $\mathscr{C}_c(X; X)$ sur lui-même sont continues (X, p. 29, prop. 9), donc, pour $u_0 \in \overline{G}$, $u_0\overline{H}$ est un voisinage de u_0 dans $\overline{G}$ pour la topologie de la convergence compacte, ce qui achève la démonstration.

COROLLAIRE. — *Soit* G *un groupe d'homéomorphismes d'un espace localement compact* X. *Si l'adhérence* $\overline{G}$ *de* G *dans* $\mathscr{C}_c(X; X)$ *est compacte,* $\overline{G}$ *est un groupe d'homéomorphismes de* X, *et la topologie de la convergence compacte est compatible avec la structure de groupe de* $\overline{G}$, *qui est donc un groupe compact.*

Un groupe d'homéomorphismes d'un espace localement compact X qui est localement compact (non compact) pour la topologie de la convergence compacte, est *localement fermé* dans $\mathscr{C}_c(X; X)$ en vertu de I, p. 66, prop. 12, mais *n'est pas nécessairement fermé.*

Par exemple dans l'anneau $\mathscr{L}(\mathbf{R}^n)$ des endomorphismes de $\mathbf{R}^n$, identifié à l'anneau $\mathbf{M}_n(\mathbf{R})$ des matrices carrées d'ordre n sur $\mathbf{R}$, et muni de la topologie de la convergence compacte, le groupe $\mathbf{GL}(n, \mathbf{R})$, identifié au groupe des matrices inversibles, est localement compact, mais partout dense (VI, p. 6, prop. 6).

§ 4. APPROXIMATION DES FONCTIONS CONTINUES NUMÉRIQUES

1. Approximation des fonctions continues par les fonctions d'un ensemble réticulé

Nous allons étudier, dans ce paragraphe, l'ensemble $\mathscr{C} = \mathscr{C}(X; \mathbf{R})$ des fonctions continues numériques[1] définies dans un espace *compact* X; nous considérons toujours sur cet ensemble la topologie de la *convergence uniforme*; on sait (X, p. 21) que cette topologie est définie par la norme $\|f\| = \sup_{x \in X} |f(x)|$, et que cette norme est compatible avec la structure d'algèbre de $\mathscr{C}$ sur le corps $\mathbf{R}$; muni de cette structure d'algèbre et de cette norme, $\mathscr{C}$ est une *algèbre normée complète* sur le corps $\mathbf{R}$ (X, p. 9, cor. 1).

Étant donné un ensemble $H \subset \mathscr{C}$, nous dirons qu'une fonction numérique f continue dans X *peut être approchée uniformément* par des fonctions de H si f est *adhérente* à H dans l'espace $\mathscr{C}$, c'est-à-dire si, pour tout $\varepsilon > 0$, il existe une fonction $g \in H$ telle que $|f(x) - g(x)| \leqslant \varepsilon$ pour *tout* $x \in X$. Dire que *toute* fonction numérique continue dans X peut être approchée uniformément par des fonctions de H signifie donc que H est *partout dense* dans $\mathscr{C}$.

Sur l'ensemble $\mathscr{C}$, on sait que la relation $f \leqslant g$ (équivalente à « quel que soit $x \in X$, $f(x) \leqslant g(x)$ ») est une relation d'ordre, pour laquelle $\mathscr{C}$ est un ensemble *réticulé.* On a évidemment $\||u| - |v|\| \leqslant \|u - v\|$, donc $u \mapsto |u|$ est une application *uniformément continue* de $\mathscr{C}$ dans lui-même; on en déduit que

$$(u, v) \mapsto \sup(u, v) = \tfrac{1}{2}(u + v + |u - v|)$$

et

$$(u, v) \mapsto \inf(u, v) = \tfrac{1}{2}(u + v - |u - v|)$$

sont uniformément continues dans $\mathscr{C} \times \mathscr{C}$.

PROPOSITION 1. — *Soient* X *un espace compact,* H *un ensemble de fonctions continues numériques définies dans* X. *Soit f une fonction numérique continue dans* X, *et telle que,*

[1] Les fonctions numériques dont il sera question dans ce paragraphe seront toujours supposées *finies.*

pour tout $x \in \mathrm{X}$, *il existe une fonction* $u_x \in \mathrm{H}$ *telle que* $u_x(x) > f(x)$ (resp. $u_x(x) < f(x)$). *Alors il existe un nombre fini de fonctions* $u_{x_i} = f_i \in \mathrm{H}$ $(1 \leqslant i \leqslant n)$ *telles que, si on pose* $v = \sup(f_1, f_2, \ldots, f_n)$ (resp. $w = \inf(f_1, f_2, \ldots, f_n)$) *on ait* $v(x) > f(x)$ (resp. $w(x) < f(x)$) *pour tout* $x \in \mathrm{X}$.

En effet, pour tout $x \in \mathrm{X}$, soit G_x l'ensemble ouvert des $z \in \mathrm{X}$ tels que $u_x(z) > f(z)$ (resp. $u_x(z) < f(z)$); comme $x \in \mathrm{G}_x$ par hypothèse, X est réunion des G_x lorsque x parcourt X. Comme X est compact, il existe un nombre fini de points x_i $(1 \leqslant i \leqslant n)$ tels que les G_{x_i} forment un recouvrement de X; il est clair que les fonctions $f_i = u_{x_i}$ répondent à la question.

Théorème 1 (Dini). — *Soient* X *un espace compact,* H *un ensemble filtrant pour la relation* $\leqslant$ (resp. $\geqslant$) *de fonctions numériques continues dans* X. *Si l'enveloppe supérieure* (resp. *inférieure*) f *de* H *est finie et continue dans* X, f *peut être approchée uniformément par des fonctions de* H (ou, ce qui revient au même, *le filtre des sections de* H *converge uniformément vers* f *dans* X).

En effet, étant donné $\varepsilon > 0$ arbitraire, pour tout $x \in \mathrm{X}$ il existe une fonction $u_x \in \mathrm{H}$ telle que $u_x(x) > f(x) - \varepsilon$. D'après la prop. 1 et comme H est filtrant pour la relation $\leqslant$, il existe $g \in \mathrm{H}$ telle que $g(x) > f(x) - \varepsilon$ pour tout $x \in \mathrm{X}$; comme, d'autre part, on a $g(x) \leqslant f(x)$ par définition, le théorème est démontré.

Corollaire. — *Soit* (u_n) *une suite croissante* (resp. *décroissante*) *de fonctions numériques continues dans* X. *Si l'enveloppe supérieure* (resp. *inférieure*) f *de la suite* (u_n) *est finie et continue dans* X, *la suite* (u_n) *converge uniformément vers* f *dans* X.

Il est immédiat que la conclusion du th. 1 n'est plus nécessairement exacte si on ne suppose plus X compact, comme le montre l'exemple de la suite décroissante des fonctions $x/(n + x)$ dans $\mathbf{R}_+$.

Proposition 2. — *Soient* X *un espace compact,* H *un ensemble de fonctions continues numériques définies dans* X, *tel que, pour deux fonctions quelconques* $u \in \mathrm{H}$, $v \in \mathrm{H}$, *les fonctions* $\sup(u, v)$ *et* $\inf(u, v)$ *appartiennent à* H. *Pour qu'une fonction numérique* f *continue dans* X *puisse être approchée uniformément par des fonctions de* H, *il faut et il suffit que, pour tout* $\varepsilon > 0$, *et tout couple* (x, y) *de points de* X, *il existe une fonction* $u_{x,y} \in \mathrm{H}$ *telle que* $|f(x) - u_{x,y}(x)| < \varepsilon$ et $|f(y) - u_{x,y}(y)| < \varepsilon$.

La condition est évidemment nécessaire; montrons qu'elle est suffisante. Pour tout $\varepsilon > 0$, nous allons montrer qu'il existe une fonction $g \in \mathrm{H}$ telle que $|f(z) - g(z)| < \varepsilon$ pour tout $z \in \mathrm{X}$. Soit x un point quelconque de X, et H_x l'ensemble des fonctions $u \in \mathrm{H}$ telles que $u(x) < f(x) + \varepsilon$. Par hypothèse, pour tout $y \in \mathrm{X}$, la fonction $u_{x,y}$ appartient à H_x et on a $u_{x,y}(y) > f(y) - \varepsilon$; d'après la prop. 1 (X, p. 33), il existe donc un nombre fini de fonctions de H_x dont l'enveloppe supérieure v_x est telle que $v_x(z) > f(z) - \varepsilon$ pour tout $z \in \mathrm{X}$; d'autre part, on a, par définition de H_x, $v_x(x) < f(x) + \varepsilon$; enfin, v_x appartient à H d'après l'hypothèse. La prop. 1 montre donc qu'il existe un nombre fini de fonctions v_{x_i} dont l'enveloppe inférieure g est telle que $g(z) < f(z) + \varepsilon$ pour tou $z \in \mathrm{X}$; d'autre part, comme on a $v_{x_i}(z) > f(z) - \varepsilon$ pour tout $z \in \mathrm{X}$ et pour chaque indice i, on a aussi $g(z) > f(z) - \varepsilon$ pour tout $z \in \mathrm{X}$; comme $g \in \mathrm{H}$ d'après l'hypothèse, la proposition est démontrée.

Z *Remarques.* — Lorsque l'ensemble H satisfait aux conditions de l'énoncé, il est *réticulé* pour la relation d'ordre $f \leqslant g$. Mais on notera qu'un sous-ensemble H de $\mathscr{C}$ peut être réticulé pour cette relation d'ordre sans que la borne supérieure (resp. inférieure) *dans* H de deux fonctions u, v de H coïncide avec leur borne supérieure (resp. inférieure) *dans* $\mathscr{C}$, c'est-à-dire avec la fonction

$$x \mapsto \sup(u(x), v(x)) \quad (\text{resp. } x \mapsto \inf(u(x), v(x))).$$

* Un exemple en est fourni par les applications *convexes* d'un intervalle compact de **R** dans **R** (cf. FVR, I, § 4, exerc. 20).*

Corollaire. — *On suppose que* H *soit tel que, pour deux fonctions quelconques* $u \in \mathrm{H}$, $v \in \mathrm{H}$, *les fonctions* $\sup(u, v)$ *et* $\inf(u, v)$ *appartiennent à* H, *et en outre que, pour tout couple de points distincts* x, y *de* X *et tout couple de nombres réels* α, β, *il existe une fonction* $g \in \mathrm{H}$ *telle que* $g(x) = \alpha$ *et* $g(y) = \beta$. *Alors toute fonction numérique continue dans* X *peut être approchée uniformément par des fonctions de* H.

Théorème 2 (Stone). — *Soient* X *un espace compact*, H *un sous-espace vectoriel de* $\mathscr{C}(\mathrm{X}, \mathbf{R})$ *tel que*: 1° *les fonctions constantes appartiennent à* H; 2° *la relation* $u \in \mathrm{H}$ *entraîne* $|u| \in \mathrm{H}$; 3° H *sépare les points de* X (IX, p. 9, déf. 5). *Dans ces conditions, toute fonction numérique continue dans* X *peut être approchée uniformément par des fonctions de* H.

Il suffit de montrer que H satisfait aux conditions du cor. de la prop. 2. D'après l'hypothèse, si $u \in \mathrm{H}$ et $v \in \mathrm{H}$,

$$\sup(u, v) = \tfrac{1}{2}(u + v + |u - v|) \quad \text{et} \quad \inf(u, v) = \tfrac{1}{2}(u + v - |u - v|)$$

appartiennent à H. D'autre part, soient x, y deux points distincts quelconques de X, α et β deux nombres réels quelconques; par hypothèse, il existe une fonction $h \in \mathrm{H}$ telle que $h(x) \neq h(y)$; posons $h(x) = \gamma$, $h(y) = \delta$; comme les constantes appartiennent à H, la fonction $g(z) = \alpha + (\beta - \alpha)\dfrac{h(z) - \gamma}{\delta - \gamma}$ appartient à H, et est telle que $g(x) = \alpha$ et $g(y) = \beta$.

2. Approximation des fonctions continues par les polynômes

Étant donné un ensemble H de fonctions numériques définies dans un ensemble X, nous dirons qu'une fonction numérique définie dans X est un *polynôme* (resp. un *polynôme sans terme constant*) *à coefficients réels par rapport aux fonctions de* H si elle est de la forme

$$x \mapsto g(f_1(x), f_2(x), \ldots, f_n(x))$$

où g est un polynôme (resp. un polynôme sans terme constant) à coefficients réels par rapport à n indéterminées (n quelconque) et où les f_i ($1 \leqslant i \leqslant n$) appartiennent à H.

THÉORÈME 3 (Weierstrass-Stone). — *Soient* X *un espace compact,* H *un ensemble de fonctions numériques continues dans* X, *séparant les points de* X. *Alors toute fonction numérique continue dans* X *peut être approchée uniformément par des polynômes (à coefficients réels) par rapport aux fonctions de* H.

Il revient au même de dire qu'*une sous-algèbre de* $\mathscr{C}(X; \mathbf{R})$ *qui contient les fonctions constantes et sépare les points de* X *est dense dans* $\mathscr{C}(X; \mathbf{R})$.

Soit H_0 l'ensemble des polynômes par rapport aux fonctions de H et $\overline{H}_0$ son adhérence dans $\mathscr{C}$; pour tout polynôme g à n variables, à coefficients réels, $(u_1, u_2, \ldots, u_n) \mapsto g(u_1, u_2, \ldots, u_n)$ est une application continue de $\mathscr{C}^n$ dans $\mathscr{C}$, qui applique H_0^n dans H_0; elle applique donc $\overline{H}_0^n$ dans $\overline{H}_0$ (I, p. 9, th. 1). En particulier, $\overline{H}_0$ est un sous-espace vectoriel de $\mathscr{C}$, et satisfait évidemment à la première et à la troisième condition du th. 2 (X, p. 35); nous allons voir qu'il satisfait aussi à la seconde, d'où résultera que $\overline{H}_0 = \mathscr{C}$. Comme toute fonction $u \in \overline{H}_0$ est bornée dans X, il suffira de démontrer le lemme suivant:

Lemme 1. — *Pour tout nombre* $\varepsilon > 0$ *et tout intervalle compact* $I \subset \mathbf{R}$, *il existe un polynôme* $p(t)$ *sans terme constant tel que* $|p(t) - |t|| \leqslant \varepsilon$ *dans* I.

Il suffit d'établir le lemme dans un intervalle de la forme $I = [-a, +a]$, et par suite, en remplaçant t par at, dans l'intervalle $[-1, +1]$. Comme on peut écrire $|t| = \sqrt{t^2}$, le lemme 1 sera donc la conséquence du résultat suivant:

Lemme 2. — *Soit* (p_n) *la suite des polynômes sans terme constant définie par récurrence sur* n *par les conditions* $p_0(t) = 0$, *et*

$$p_{n+1}(t) = p_n(t) + \tfrac{1}{2}(t - (p_n(t))^2) \tag{1}$$

pour $n \geqslant 0$; *dans l'intervalle* $[0, 1]$, *la suite* (p_n) *est croissante et converge uniformément vers* $\sqrt{t}$.

Il suffit de prouver que, pour tout $t \in [0, 1]$, on a

$$0 \leqslant \sqrt{t} - p_n(t) \leqslant \frac{2\sqrt{t}}{2 + n\sqrt{t}} \tag{2}$$

car (2) entraîne $0 \leqslant \sqrt{t} - p_n(t) \leqslant 2/n$.

L'inégalité (2) est vraie pour $n = 0$; démontrons-la par récurrence; il résulte de l'hypothèse de récurrence (2) que l'on a $0 \leqslant \sqrt{t} - p_n(t) \leqslant \sqrt{t}$, donc $0 \leqslant p_n(t) \leqslant \sqrt{t}$. On déduit alors de (1) que

$$\sqrt{t} - p_{n+1}(t) = (\sqrt{t} - p_n(t))(1 - \tfrac{1}{2}(\sqrt{t} + p_n(t)))$$

d'où $\sqrt{t} - p_{n+1}(t) \geqslant 0$, et, en vertu de (2)

$$\sqrt{t} - p_{n+1}(t) \leqslant \frac{2\sqrt{t}}{2 + n\sqrt{t}}\left(1 - \frac{\sqrt{t}}{2}\right)$$

$$\leqslant \frac{2\sqrt{t}}{2 + n\sqrt{t}}\left(1 - \frac{\sqrt{t}}{2 + (n+1)\sqrt{t}}\right) = \frac{2\sqrt{t}}{2 + (n+1)\sqrt{t}}$$

C.Q.F.D.

Lorsqu'on ne suppose plus X compact, la conclusion du th. 3 n'est plus nécessairement exacte. Par exemple, une fonction numérique continue, bornée et non constante dans **R**, ne peut être approchée uniformément dans **R** par des polynômes (cf. X, p. 55, exerc. 6).

Proposition 3. — *Soient* $(K_\iota)_{\iota \in I}$ *une famille d'intervalles compacts de* **R**, $K = \prod_{\iota \in I} K_\iota$ *l'espace produit de ces intervalles,* X *un sous-espace compact de* K. *Toute fonction numérique continue dans* X *peut être uniformément par des polynômes par rapport aux coordonnées* $x_\iota = \mathrm{pr}_\iota x$.

En effet, si $x = (x_\iota)$ et $y = (y_\iota)$ sont deux points distincts de X, il existe un indice ι tel que $x_\iota \neq y_\iota$, ce qui montre que la famille des fonctions continues pr_ι satisfait aux conditions du th. 3.

Proposition 4. — *Soient* X *un espace compact,* A *une partie fermée de* X, H *un ensemble de fonctions numériques continues dans* X, *séparant les points de* $\complement$ A, *et tel que* A *soit l'intersection des ensembles* $\overset{-1}{u}(0)$, *où* u *parcourt* H. *Dans ces conditions, toute fonction numérique continue dans* X *et nulle dans* A *peut être approchée uniformément par des polynômes sans terme constant par rapport aux fonctions de* H.

Considérons d'abord le cas particulier où A est réduit à un point x_0. L'hypothèse entraîne alors que H sépare les points de X, car si $x \neq x_0$, il existe par hypothèse une fonction $u \in$ H telle que $u(x) \neq 0 = u(x_0)$; pour tout $\varepsilon > 0$ et toute fonction numérique f continue dans X et telle que $f(x_0) = 0$, il existe donc (X, p. 36, th. 3) un polynôme g par rapport aux fonctions de H, tel que $|f(x) - g(x)| \leqslant \varepsilon$ pour tout $x \in$ X; on en déduit en particulier $|g(x_0)| \leqslant \varepsilon$, d'où $|f(x) - (g(x) - g(x_0))| \leqslant 2\varepsilon$ pour tout $x \in$ X, et comme $g(x) - g(x_0)$ est un polynôme sans terme constant par rapport aux fonctions de H, la proposition est démontrée dans ce cas.

Dans le cas général, considérons dans X la relation d'équivalence R dont les classes sont formées de l'ensemble A et des ensembles $\{x\}$, où x parcourt $\complement$ A; l'espace quotient X' = X/R est séparé (I, p. 58, prop. 15), et par suite compact. Soit φ l'application canonique de X sur X/R; toute fonction numérique continue sur X et s'annulant dans A peut s'écrire $f = f_1 \circ \varphi$, où f_1 est une fonction numérique définie et continue dans X′, et s'annulant au point $x'_0 = \varphi(A)$; en appliquant la proposition à l'espace X′ et au point x'_0, on obtient le résultat final.

3. Application: approximation des fonctions numériques continues définies dans un produit d'espaces compacts

THÉORÈME 4. — *Soient* $(X_\iota)_{\iota \in I}$ *une famille d'espaces compacts,* $X = \prod_{\iota \in I} X_\iota$ *leur produit. Toute fonction numérique continue dans* X *peut être approchée uniformément par des sommes d'un nombre fini de fonctions de la forme* $(x_\iota) \mapsto \prod_{\alpha \in J} u_\alpha(x_\alpha)$, *où* J *est une partie finie (quelconque) de* I *et où, pour chaque* $\alpha \in J$, u_α *est une fonction numérique continue dans* X_α.

En effet, considérons l'ensemble H des « fonctions d'une variable » $(x_\iota) \mapsto u_\alpha(x_\alpha)$ (α quelconque dans I) continues dans X; cet ensemble sépare les points de X, car si $x = (x_\iota)$ et $y = (y_\iota)$ sont deux points distincts de X, il existe $\alpha \in I$ tel que $x_\alpha \neq y_\alpha$, et une fonction numérique h_α continue dans X_α telle que $h_\alpha(x_\alpha) \neq h_\alpha(y_\alpha)$; la fonction $x \mapsto h_\alpha(\mathrm{pr}_\alpha x)$ appartient à H et prend des valeurs distinctes aux points x et y. Comme tout polynôme par rapport aux fonctions de H est de la forme décrite dans l'énoncé, le théorème résulte du th. 3 (X, p. 36).

Lorsqu'on ne suppose plus tous les espaces X_ι *compacts*, la conclusion du th. 4 n'est plus nécessairement exacte (cf. X, p. 56, exerc. 9).

4. Approximation des applications continues d'un espace compact dans un espace normé

Soient X un espace compact, Y un espace vectoriel normé sur le corps **R** (IX, p. 32); l'espace $\mathscr{C}(X; Y)$ sera toujours supposé muni de la topologie de la convergence uniforme, définie par la norme $\|u\| = \sup_{x \in X} \|u(x)\|$ (X, p. 21).

Étant donné un ensemble H de *fonctions numériques continues*, définies dans X, une famille finie $(u_i)_{1 \leqslant i \leqslant n}$ de fonctions appartenant à H, et une famille finie $(\mathbf{a}_i)_{1 \leqslant i \leqslant n}$ de points de Y, l'application $x \mapsto \sum_{i=1}^{n} \mathbf{a}_i u_i(x)$ de X dans Y est continue; nous la désignerons par $\sum_{i=1}^{n} \mathbf{a}_i u_i$, et nous dirons que c'est une *combinaison linéaire* de fonctions de H, à coefficients dans Y. Nous dirons encore qu'une application continue f de X dans Y *peut être approchée uniformément* par des combinaisons linéaires (à coefficients dans Y) de fonctions de H, si f est *adhérente* au sous-espace vectoriel de $\mathscr{C}(X; Y)$ formé par l'ensemble de ces combinaisons.

PROPOSITION 5. — *Soient* X *un espace compact,* Y *un espace normé sur* **R**, H *une partie de* $\mathscr{C}(X; \mathbf{R})$. *Si toute fonction numérique continue dans* X *peut être approchée uniformément* *par des fonctions de* H, *toute application continue* $\mathbf{f}$ *de* X *dans* Y *peut être approchée uniformément par des combinaisons linéaires* (à coefficients dans Y) *de fonctions de* H.

Étant donné arbitrairement $\varepsilon > 0$, pour tout $x \in X$, il existe un voisinage ouvert de x dans lequel l'oscillation de $\mathbf{f}$ est $\leqslant \varepsilon$. Il existe donc un recouvrement ouvert fini $(A_i)_{1 \leqslant i \leqslant n}$ de X tel que l'oscillation de $\mathbf{f}$ dans chacun des A_i soit $\leqslant \varepsilon$. Soit $\mathbf{a}_i$ une valeur de $\mathbf{f}$ dans A_i $(1 \leqslant i \leqslant n)$, et soit $(u_i)_{1 \leqslant i \leqslant n}$ une partition continue de l'unité subordonnée au recouvrement (A_i) (IX, p. 47, th. 3). Soit x un point quelconque de X; pour tout indice i tel que $x \notin A_i$, on a $u_i(x) = 0$, et pour tout indice i tel que $x \in A_i$, on a $\|\mathbf{f}(x) - \mathbf{a}_i\| \leqslant \varepsilon$; on en déduit que

$$\|\mathbf{f}(x) - \sum_{i=1}^{n} \mathbf{a}_i u_i(x)\| = \|\sum_{i=1}^{n} (\mathbf{f}(x) - \mathbf{a}_i)) u_i(x)\| \leqslant \varepsilon \sum_{i=1}^{n} u_i(x) = \varepsilon.$$

D'autre part, il existe par hypothèse une fonction $v_i \in H$ telle que

$$|u_i(x) - v_i(x)| \leqslant \varepsilon / (\sum_{j=1}^{n} \|\mathbf{a}_j\|)$$

pour tout $x \in X$ $(1 \leqslant i \leqslant n)$; on a donc $\|\mathbf{f}(x) - \sum_{i=1}^{n} \mathbf{a}_i v_i(x)\| \leqslant 2\varepsilon$ pour tout $x \in X$, ce qui démontre la proposition.

A chacune des propositions démontrées ci-dessus, où on établit qu'une certaine partie H de $\mathscr{C}(X; \mathbf{R})$ est partout dense, correspond donc, par la prop. 5, une proposition analogue pour les applications continues de X dans un espace normé quelconque Y. Nous nous bornerons à expliciter la proposition qui correspond ainsi au th. 3 (X, p. 36). Étant donné un ensemble H de fonctions numériques définies dans X, appelons *polynôme par rapport aux fonctions de* H, *à coefficients dans* Y, toute combinaison linéaire, à coefficients dans Y, de produits d'une famille finie (éventuellement vide) de fonctions de H. Alors:

PROPOSITION 6. — *Soient* X *un espace compact,* H *un ensemble de fonctions numériques continues dans* X, *séparant les points de* X. *Dans ces conditions, toute application continue de* X *dans un espace normé* Y *sur* $\mathbf{R}$ *peut être approchée uniformément par des polynômes par rapport aux fonctions de* H, *à coefficients dans* Y.

On en déduit la proposition suivante:

PROPOSITION 7. — *Soient* X *un espace compact,* H *un ensemble d'applications continues de* X *dans le corps des nombres complexes* $\mathbf{C}$, *qui sépare les points de* X. *Toute application continue de* X *dans un espace normé* Y *sur* $\mathbf{C}$ *peut être approchée uniformément par des polynômes à coefficients dans* Y, *par rapport aux fonctions* $f \in H$ *et à leurs conjuguées* $\bar{f}$.

Il suffit de remarquer que Y est aussi un espace normé sur $\mathbf{R}$, et d'appliquer la prop. 6 à l'ensemble formé des parties réelles et des parties imaginaire fonctions $f \in \mathrm{H}$, en remarquant que

$$\mathscr{R}f = \frac{1}{2}(f + \bar{f}) \quad \text{et} \quad \mathscr{I}f = \frac{1}{2i}(f - \bar{f}).$$

Corollaire 1. — *Si* X *est une partie compacte de l'espace* $\mathbf{C}^n$, *toute application con* $(z_1, z_2, \ldots, z_n) \mapsto f(z_1, z_2, \ldots, z_n)$ *de* X *dans un espace normé* Y *sur le corps* **C** *être approchée uniformément par des polynômes à coefficients dans* Y *par rapport aux aux* $\bar{z}_k$.

Nous verrons plus tard qu'en général il n'est pas possible d'approcher unifo ment f par des polynômes (à coefficients dans Y) *par rapport aux seules variabl* même si $\mathrm{Y} = \mathbf{C}$.

Corollaire 2. — *Soient* X *un espace localement compact,* $\mathscr{C}_0(\mathrm{X})$ *l'algèbre normée s des applications continues de* X *dans* **C**, *tendant vers* 0 *à l'infini. Soit* A *une sous-al de* $\mathscr{C}_0(\mathrm{X})$, *séparant les points de* X, *telle que pour tout* $x \in \mathrm{X}$, *il existe* $f \in \mathrm{A}$ *pour la* $f(x) \neq 0$, *et telle que la relation* $f \in \mathrm{A}$ *entraîne* $\bar{f} \in \mathrm{A}$. *Alors* A *est dense dans* $\mathscr{C}_0(\mathrm{X}$

Si X′ est l'espace compact obtenu par adjonction à X d'un point à l'infi $\mathscr{C}_0(\mathrm{X})$ s'identifie au sous-espace de $\mathscr{C}(\mathrm{X}'; \mathbf{C})$ formé des applications conti nulles au point ω, la norme sur $\mathscr{C}_0(\mathrm{X})$ étant définie par

$$\|f\| = \sup_{x \in \mathrm{X}} |f(x)| = \sup_{x \in \mathrm{X}'} |f(x)|.$$

En vertu de la prop. 7 (X, p. 39), toute fonction $f \in \mathscr{C}_0(\mathrm{X})$ peut être appro uniformément par des polynômes à coefficients complexes, par rapport à fonctions appartenant à A; en outre, comme $f(\omega) = 0$, le raisonnement d p. 37, prop. 4 montre qu'on peut supposer ces polynômes sans terme cons et alors ils appartiennent à A.

Comme autre exemple d'application de la prop. 7, citons le résultat suiv

Proposition 8. — *Soit* P *l'ensemble des applications continues périodiques de* $\mathbf{R}^m$ *dan dont le groupe des périodes contient* $\mathbf{Z}^m$. *Toute fonction appartenant à* P *peut être appr uniformément, dans* $\mathbf{R}^m$, *par des combinaisons linéaires à coefficients complexes des fonc de la forme*

$$(x_1, x_2, \ldots, x_m) \mapsto \mathbf{e}(h_1 x_1 + h_2 x_2 + \cdots + h_m x_m)$$

où les h_i *sont des entiers* (ces combinaisons sont appelées *polynômes trigonométrique variables*).

Il suffit de remarquer que P (muni de la topologie de la convergence forme) est canoniquement isomorphe à l'espace des applications continue l'espace compact T^m dans **C** (VII, p. 11), et d'appliquer la prop. 7 à l'ense des applications de T^m dans **C** qui correspondent aux m applications

$$(x_1, x_2, \ldots, x_m) \mapsto \mathbf{e}(x_i) \quad (1 \leqslant i \leqslant m)$$

de $\mathbf{R}^m$ dans **C**.

Exercices

§ 1

1) Soient X un ensemble, Y un espace uniforme non vide et non réduit à un point, $\mathfrak{S}$ un ensemble non vide de parties non vides de X, $Y' \subset \mathscr{F}(X; Y)$ l'ensemble des applications constantes de X dans Y. Pour tout $y \in Y$, soit c_y l'application constante de X dans Y égale à y.

a) Montrer que $y \mapsto c_y$ est un isomorphisme de Y sur le sous-espace uniforme Y' de $\mathscr{F}_{\mathfrak{S}}(X; Y)$.

b) Pour que $\mathscr{F}_{\mathfrak{S}}(X; Y)$ soit séparé, il faut (et il suffit) que Y soit séparé et que $\mathfrak{S}$ soit un recouvrement de X.

c) Pour que Y' soit fermé dans $\mathscr{F}_{\mathfrak{S}}(X; Y)$, il faut et il suffit que $\mathscr{F}_{\mathfrak{S}}(X; Y)$ soit séparé.

2) Soient X un ensemble, Y un espace uniforme séparé, non vide et non réduit à un point, $\mathfrak{S}_1$, $\mathfrak{S}_2$ deux ensembles de parties de X satisfaisant aux conditions (F'_I) et (F'_{II}) de X, p. 3; montrer que si $\mathfrak{S}_1 \subset \mathfrak{S}_2$ et $\mathfrak{S}_1 \neq \mathfrak{S}_2$, la structure uniforme de la $\mathfrak{S}_1$-convergence est strictement moins fine que la structure uniforme de la $\mathfrak{S}_2$-convergence. En particulier:

1° Si X est un espace topologique séparé non compact, la structure uniforme de la convergence compacte est strictement moins fine que la structure uniforme de la convergence uniforme.

2° Si X est un espace topologique séparé dans lequel il existe des ensembles compacts infinis (cf. I, p. 105, exerc. 4), la structure uniforme de la convergence simple est strictement moins fine que la structure uniforme de la convergence compacte.

3) Soient X un ensemble, $\mathfrak{S}$ un recouvrement de X, Y un espace uniforme non séparé, Y_0 l'espace uniforme séparé associé à Y (II, p. 24). Montrer que l'espace uniforme séparé associé à $\mathscr{F}_{\mathfrak{S}}(X; Y)$ est isomorphe à $\mathscr{F}_{\mathfrak{S}}(X; Y_0)$.

4) Montrer que, sur l'ensemble $\mathscr{C}(\mathbf{R}; \mathbf{R})$ des fonctions numériques finies continues définies dans $\mathbf{R}$, la topologie de la convergence uniforme n'est pas la même, suivant qu'on munit $\mathbf{R}$ de la structure uniforme additive, ou de la structure uniforme induite par la structure

uniforme (unique) de la droite achevée $\overline{\mathbf{R}}$ (bien que les topologies déduites de ces deux structures uniformes sur $\mathbf{R}$ soient les mêmes).

5) Soit X un espace topologique; on dit qu'un ensemble $\mathfrak{S}$ de parties de X est *saturé* s'il satisfait aux conditions (F'_I) et (F'_{II}) de X, p. 3, et si l'adhérence de tout ensemble de $\mathfrak{S}$ appartient à $\mathfrak{S}$.

a) Montrer que si X est un espace normal (IX, p. 41), $\mathfrak{S}$ un ensemble saturé de parties de X, qui est un recouvrement de X, l'ensemble $\mathscr{C}(X; \mathbf{R})$ est dense dans l'espace $\widetilde{\mathscr{C}}_{\mathfrak{S}}(X; \mathbf{R})$ (X, p. 9, cor. 2), muni de la topologie de la $\mathfrak{S}$-convergence; en particulier $\mathscr{C}(X; \mathbf{R})$ est dense dans $\mathscr{F}_s(X; \mathbf{R})$; $\mathscr{C}(X; \mathbf{R})$ n'est fermé dans $\mathscr{F}_s(X; \mathbf{R})$ que si X est discret.

b) Soient X un espace complètement régulier (IX, p. 8), $\mathfrak{S}_1$ et $\mathfrak{S}_2$ deux ensembles saturés de parties de X; on suppose $\mathfrak{S}_1 \subset \mathfrak{S}_2$ et $\mathfrak{S}_1 \neq \mathfrak{S}_2$. Montrer que sur $\mathscr{C}(X; \mathbf{R})$, la topologie de la $\mathfrak{S}_1$-convergence est strictement moins fine que celle de la $\mathfrak{S}_2$-convergence.

6) *a*) Soient X un espace topologique, Y un espace uniforme, Φ un filtre sur l'ensemble $\mathscr{C}(X; Y)$ qui converge simplement vers une fonction u_0. Pour que u_0 soit continue en un point $x_0 \in X$, il faut et il suffit que, pour tout entourage V de Y et tout ensemble $M \in \Phi$, il existe un voisinage U de x_0 et un $u \in M$ tels que $(u_0(x), u(x)) \in V$ pour tout $x \in U$.

b) Soient X un espace quasi-compact, Y un espace uniforme, Φ un filtre sur $\mathscr{C}(X; Y)$, qui converge simplement vers une fonction u_0. Pour que u_0 soit continue dans X, il faut et il suffit que, pour tout entourage V de Y, et tout ensemble $M \in \Phi$, il existe un nombre fini de fonctions $u_i \in M$ $(1 \leqslant i \leqslant n)$ telles que, pour tout $x \in X$, il existe au moins un indice i pour lequel $(u_0(x), u_i(x)) \in V$ (utiliser *a*)).

¶ 7) Soient X, Y deux espaces uniformes séparés. Pour toute application continue f de X dans Y, soit $G(f) \subset X \times Y$ le graphe de f, qui est une partie fermée de $X \times Y$ (I, p. 53, cor. 2), de sorte que $f \mapsto G(f)$ est une application injective de $\mathscr{C}(X; Y)$ dans l'ensemble $\mathfrak{F}(X \times Y)$ des parties fermées non vides de $X \times Y$.

a) Montrer que l'application $f \mapsto G(f)$ de $\mathscr{C}_u(X; Y)$ dans $\mathfrak{F}(X \times Y)$ est uniformément continue lorsque l'on munit $\mathfrak{F}(X \times Y)$ de la structure uniforme définie dans II, p. 34, exerc. 5.

b) Soit Γ l'image de $\mathscr{C}(X; Y)$ dans $\mathfrak{F}(X \times Y)$ par $f \mapsto G(f)$, et soit φ l'application de Γ dans $\mathscr{C}_u(X; Y)$, réciproque de $f \mapsto G(f)$. Montrer que si X est compact, φ est continue dans Γ (raisonner par l'absurde).

c) On prend X et Y égaux à l'intervalle compact $(0, 1)$ de $\mathbf{R}$. Montrer que l'application φ n'est pas uniformément continue dans Γ.

¶ 8) Soient X, Y deux espaces métriques, (f_n) une suite d'applications boréliennes de classe α de X dans Y (IX, p. 124, exerc. 20).

a) On suppose que la suite (f_n) converge simplement vers une application $f: X \to Y$. Montrer que f est de classe $\alpha + 1$. (Si U est une partie ouverte de Y, remarquer que

$$\overset{-1}{f}(U) = \bigcup_{n \geqslant 1} \Big(\bigcap_{k \geqslant 0} \overset{-1}{f}_{n+k}(U) \Big)$$

et utiliser l'exerc. 6 de IX, p. 119.

b) On suppose que la suite (f_n) converge uniformément vers f. Montrer que f est de classe α. (Soit F une partie fermée de Y, et pour tout entier $n > 0$, soit V_n l'ensemble des points de Y dont la distance à F est $\leqslant 1/n$. Montrer qu'il existe une suite croissante $n \mapsto m(n)$ d'entiers telle que $\overset{-1}{f}(F) = \bigcap_n \overset{-1}{f}_{m(n)}(V_n)$).

c) On suppose que Y est de type dénombrable. Montrer que si $f: X \to Y$ est une fonction borélienne de classe $\alpha > 0$, il existe une suite (g_n) de fonctions boréliennes $g_n : X \to Y$, de classe $< \alpha$, telle que (g_n) converge simplement vers f. (Montrer qu'on peut prendre pour g_n des fonctions ne prenant qu'un nombre fini de valeurs; utiliser IX, p. 119, exerc. 6 *h*) et IX, p. 124, exerc. 20 *c*).

¶ 9) Soient X un espace de Baire, Y un espace métrique, (f_n) une suite d'applications continues de X dans Y qui converge simplement vers f. On dit qu'un point $x \in X$ est un *point de convergence uniforme* pour la suite (f_n) si, pour tout $\varepsilon > 0$, il existe un voisinage V de x et un entier p tels que pour $m \geqslant p$ et $n \geqslant p$, on ait $d(f_m(y), f_n(y)) \leqslant \varepsilon$ pour tout $y \in V$ (d étant la distance sur Y). Montrer que le complémentaire S de l'ensemble des points de convergence uniforme est maigre dans X (cf. IX, p. 114, exerc. 20). Donner un exemple où S est dense dans X (prendre $X = Y = \mathbf{R}$; soit $n \mapsto r_n$ une bijection de $\mathbf{N}$ sur $\mathbf{Q}$; soit d'autre part (g_n) une suite d'applications continues de $\mathbf{R}$ dans $(0, 1)$ qui converge vers la fonction égale à 0 pour $x \neq 0$ et à 1 au point 0, la convergence étant uniforme dans tout ensemble ouvert de $\mathbf{R}$ ne contenant pas 0. Considérer la suite de fonctions $f_n(x) = \sum_{p=0}^{\infty} \alpha_p g_n(x - r_p)$, la suite (α_p) tendant vers 0 de façon convenable).

10) Montrer que sur le groupe Γ des homéomorphismes de la droite numérique $\mathbf{R}$ sur elle-même, la topologie de la convergence simple est identique à celle de la convergence compacte (cf. X, p. 50, exerc. 14).

11) Soient X un espace topologique, G un groupe topologique; l'ensemble $\mathscr{C}(X; G)$ des applications continues de X dans G est un sous-groupe du groupe G^X. Soit $\mathfrak{S}$ un ensemble de parties de X.

a) On suppose que pour tout $A \in \mathfrak{S}$, tout voisinage V de e dans G, et tout $u \in \mathscr{C}(X; G)$, il existe un voisinage W de e tel que $sWs^{-1} \subset V$ pour tout $s \in u(A)$. Montrer que la topologie de la $\mathfrak{S}$-convergence est alors compatible avec la structure de groupe de $\mathscr{C}(X; G)$; en outre, la structure uniforme droite (resp. gauche) du groupe topologique $\mathscr{C}_{\mathfrak{S}}(X; G)$ ainsi défini est identique à la structure uniforme de la $\mathfrak{S}$-convergence lorsque G est muni de sa structure uniforme droite (resp. gauche). Cas de la convergence simple; cas de la convergence compacte lorsque G est localement compact. Cas où G est commutatif.

b) Si $G = \mathbf{SL}(2, \mathbf{R})$ muni de la topologie induite par celle de $\mathbf{R}^4$, montrer que la topologie de la convergence uniforme n'est pas compatible avec la structure de groupe de $\mathscr{C}(\mathbf{R}; G)$.

12) Soient X un espace topologique, A un anneau topologique (III, p. 48); l'ensemble $\mathscr{C}(X; A)$ des applications continues de X dans A est un sous-anneau de l'anneau A^X. Soit $\mathfrak{S}$ un ensemble de parties de X.

a) On suppose que pour tout $M \in \mathfrak{S}$, et tout $u \in \mathscr{C}(X; A)$, l'ensemble $u(M)$ est borné (III, p. 81, exerc. 12). Montrer que la topologie de la $\mathfrak{S}$-convergence est compatible avec la structure d'anneau de $\mathscr{C}(X; A)$. Cas de la convergence simple et de la convergence compacte.

b) Soit X un espace localement compact non compact et dénombrable à l'infini (I, p. 68). Montrer que la topologie de la convergence uniforme n'est pas compatible avec la structure d'anneau de $\mathscr{C}(X; \mathbf{R})$.

§ 2

1) Soit f la fonction numérique sur $\mathbf{R}$ égale à 0 pour $x \leqslant 0$, à x pour $0 \leqslant x \leqslant 1$, à 1 pour $x \geqslant 1$. Montrer que la suite de fonctions numériques $f_n(x) = f(nx - n^2)$ $(n \in \mathbf{N})$ est équicontinue mais non uniformément équicontinue dans $\mathbf{R}$, bien que formée de fonctions uniformément continues.

2) Soient X un espace topologique séparé dont tout point admet un système fondamental dénombrable de voisinages, Y un espace uniforme. Montrer que si une partie H de $\mathscr{C}(X; Y)$ est telle que, pour toute partie compacte K de X, l'ensemble $H \mid K$ des restrictions à K des applications $u \in H$ est une partie équicontinue de $\mathscr{C}(K; Y)$, alors H est équicontinue (raisonner par l'absurde).

3) Soient X, Y, Z trois espaces métriques, et soit H une partie de $\mathscr{C}(X \times Y; Z)$. On suppose que pour tout $x_0 \in X$, l'ensemble des $u(x_0, .)$, où $u \in H$, soit une partie équicontinue de $\mathscr{C}(Y; Z)$ et que, pour tout $y_0 \in Y$, l'ensemble des $u(., y_0)$, où $u \in H$, soit une partie équicontinue de $\mathscr{C}(X; Z)$. Montrer que si X est *complet*, alors, pour tout $b \in Y$, il existe dans X un ensemble S_b dont le complémentaire est maigre dans X, tel que, pour tout $a \in S_b$, l'ensemble H soit équicontinu au point (a, b) (appliquer l'exerc. 21 de IX, p. 115, en utilisant le cor. 1 de X, p. 12).

4) Soient X, Y, Z trois espaces uniformes.

a) Soit H une partie uniformément équicontinue de $\mathscr{C}(Y; Z)$. Si on munit H, $\mathscr{C}(X; Y)$ et $\mathscr{C}(X; Z)$ de la structure uniforme de la convergence uniforme, montrer que l'application $(u, v) \mapsto u \circ v$ de $H \times \mathscr{C}(X; Y)$ dans $\mathscr{C}(X; Z)$ est uniformément continue.

b) Soient K une partie uniformément équicontinue de $\mathscr{C}(X; Y)$, L une partie uniformément équicontinue de $\mathscr{C}(Y; Z)$. Montrer que l'ensemble des $v \circ u$, où u parcourt K et v parcourt L, est une partie uniformément équicontinue de $\mathscr{C}(X; Z)$.

5) Soient X un espace topologique, Y un espace normé sur un corps valué non discret K, H une partie de $\mathscr{F}(X; Y)$, équicontinue en un point $x_0 \in X$. Soit $k \neq 0$ un nombre réel; l'ensemble H_k des combinaisons linéaires $\sum_i c_i u_i$ de fonctions $u_i \in H$, telles que $\sum_i |c_i| \leqslant k$, est équicontinu au point x_0.

6) Soient X un espace topologique, Y un espace uniforme, H une partie équicontinue de $\mathscr{C}(X; Y)$, Φ un filtre sur H. Montrer que l'ensemble des points $x \in X$ tels que $\Phi(x)$ soit une base de filtre de Cauchy dans Y est fermé dans X.

7) Soient X un espace topologique, Y un espace uniforme séparé et complet, φ un homéomorphisme uniformément continu de Y sur une partie ouverte $\varphi(Y)$ d'un espace uniforme séparé Y'. Soient H une partie équicontinue de $\mathscr{C}(X; Y)$, H' l'ensemble des $\varphi \circ u$, où $u \in H$. Si v est adhérent à H' dans $\mathscr{F}_s(X; Y')$, montrer que $\overset{-1}{v}(\varphi(Y))$ est à la fois ouvert et fermé dans X. En particulier, si X est connexe, $v(X)$ est contenu dans $\varphi(Y)$ ou dans une composante connexe de $\complement\, \varphi(Y)$. (Remarquer que v est continue, et utiliser l'exerc. 6.)

8) Soit H un ensemble équicontinu d'applications d'un espace topologique X dans $\mathbf{R}$.

a) Montrer que l'ensemble des enveloppes supérieures (resp. inférieures) de parties finies de H est équicontinu.

b) Soit v une application de X dans $\overline{\mathbf{R}}$, adhérente à H pour la topologie de la convergence simple. Montrer que v est continue dans X, et que les ensembles $\overset{-1}{v}(+\infty)$ et $\overset{-1}{v}(-\infty)$ sont à la fois ouverts et fermés dans X (utiliser l'exerc. 7).

c) Déduire de *a*) et *b*) que l'enveloppe supérieure w (resp. l'enveloppe inférieure v) de H est continue dans X et que $\overset{-1}{w}(+\infty)$ (resp. $\overset{-1}{v}(-\infty)$) est à la fois ouvert et fermé dans X.

d) On suppose X *connexe*, et qu'il existe $x_0 \in X$ tel que l'ensemble $H(x_0)$ soit majoré dans $\mathbf{R}$. Montrer que pour toute partie compacte K de X, l'ensemble des restrictions à K des fonctions de H est uniformément majoré dans K (utiliser *c*)).

9) Soient X un ensemble, Y un espace uniforme, $\mathfrak{S}$ un recouvrement de X. Pour qu'une partie H de l'espace uniforme $\mathscr{F}_{\mathfrak{S}}(X; Y)$ soit précompacte, il faut et il suffit que: 1° pour tout $x \in X$, $H(x)$ soit précompact dans Y; 2° la structure uniforme de la $\mathfrak{S}$-convergence et la structure uniforme de la convergence simple soient identiques dans H. (Appliquer le th. 2 de X, p. 17, en considérant X comme un espace discret et en se ramenant au cas où Y est séparé et complet).

10) *a*) Soient X un espace compact, (f_n) une suite d'applications continues de X dans lui-même, qui converge simplement mais non uniformément dans X vers une fonction continue

(X, p. 10, *Remarque* 2). Montrer que l'ensemble des f_n est relativement compact dans $\mathscr{C}_s(X; X)$ mais non dans $\mathscr{C}_c(X; X) = \mathscr{C}_u(X; X)$.

b) Soient I l'intervalle $[-1, 1]$ de $\mathbf{R}$, et, pour tout $n > 0$, soit $u_n(x) = \sin\sqrt{x + 4n^2\pi^2}$ pour tout $x \geqslant 0$. Montrer que l'ensemble H des u_n est une partie équicontinue de $\mathscr{C}(\mathbf{R}_+; \mathrm{I})$ et est relativement compact dans $\mathscr{C}_c(\mathbf{R}_+; \mathrm{I})$ mais non dans $\mathscr{C}_u(\mathbf{R}_+; \mathrm{I})$ (remarquer que la suite (u_n) converge simplement vers 0).

11) Soient X un espace complètement régulier infini, $\mathfrak{S}$ un ensemble de parties de X formant un recouvrement de X. Montrer que l'espace $\mathscr{C}_{\mathfrak{S}}(X; \mathbf{R})$ n'est pas localement compact.

12) Soient X un espace topologique, Y un espace uniforme, H une partie équicontinue de $\mathscr{C}(X; Y)$, V un entourage symétrique de Y. Étant donné un point $x \in X$, montrer que l'ensemble des points $x' \in X$ pour lesquels il existe un entier n (dépendant de x') tel que $H(x') \subset \overset{n}{V}(H(x))$, est à la fois ouvert et fermé dans X. En déduire que pour toute partie compacte et connexe K de X, et tout $x_0 \in K$, il existe un entier $n > 0$ tel que

$$H(K) \subset \overset{n}{V}(H(x_0)).$$

¶ 13) Soient X un espace topologique, Y un espace uniforme localement compact, H une partie équicontinue de $\mathscr{C}(X; Y)$.

a) Soit A l'ensemble des points $x \in X$ tels que $H(x)$ soit relativement compact dans Y; montrer que A est ouvert dans X (cf. I, p. 65, prop. 10 et II, p. 31, prop. 4).

b) On suppose en outre que Y est complet pour sa structure uniforme; alors A est aussi fermé dans X (remarquer que si $x_0 \in \overline{A}$, $H(x_0)$ est relativement compact dans Y, en considérant un ultrafiltre sur $H(x_0)$ comme image d'un ultrafiltre sur H). Dans ce cas, si X est connexe, pour que H soit relativement compact dans $\mathscr{C}_c(X; Y)$, il faut et il suffit que pour *un* point $x_0 \in X$, l'ensemble $H(x_0)$ soit relativement compact dans Y.

c) On prend pour X l'intervalle compact $[0, 1]$ de $\mathbf{R}$, pour Y l'intervalle $]0, 1[$ muni de la structure uniforme induite par celle de $\mathbf{R}$; donner un exemple de partie équicontinue H de $\mathscr{C}(X; Y)$ tel que l'ensemble A défini dans *a*) soit l'intervalle $[0, 1]$.

d) On suppose que X = Y et que H est formé d'homéomorphismes de X sur lui-même. Montrer que si H est uniformément équicontinu, l'ensemble A défini dans *a*) est à la fois ouvert et fermé dans X.

14) Soit Γ un groupe équicontinu d'homéomorphismes de $\mathbf{R}$; montrer que si un homéomorphisme $u \in \Gamma$ laisse au moins un point de $\mathbf{R}$ invariant, et si u est croissant, u est l'application identique (montrer que dans le cas contraire, le groupe monogène engendré par u n'est pas équicontinu en un point invariant par u, convenablement choisi). Si u est décroissant, u^2 est l'application identique.

¶ 15) Soient X un espace compact métrisable, Γ le groupe de tous les homéomorphismes de X, G un sous-groupe de Γ qui opère *transitivement* dans X. Si H est le centralisateur de G dans Γ, montrer que H est équicontinu. (Raisonner par l'absurde, en supposant que H n'est pas équicontinu en un point $a \in X$; en déduire l'existence d'une suite de points $x_n \in X$ et d'une suite d'éléments $u_n \in H$ tels que $\lim_{n\to\infty} x_n = a$, $\lim_{n\to\infty} u_n(a) = b$, $\lim_{n\to\infty} u_n(x_n) = c$, avec $b \neq c$. En déduire que la suite (u_n) converge simplement dans X, mais qu'aucun point de X n'est point de convergence uniforme pour cette suite, ce qui contredit l'exerc 9 de X, p. 43).

16) Soient X un espace uniforme séparé, Γ un groupe équicontinu d'homéomorphismes de X. La relation d'équivalence R définie par Γ dans X est alors ouverte (I, p. 31).

a) Montrer que si toute orbite pour Γ est une partie fermée de X, l'espace des orbites X/Γ est séparé.

b) Montrer que si toute orbite pour Γ est compacte, la relation R est fermée (utiliser I, p. 35, prop. 10).

c) Donner un exemple où X est compact, mais aucune orbite pour Γ n'est fermée dans X (cf. III, p. 72, exerc. 29).

¶ 17) Soient X un espace compact, Γ un groupe *dénombrable* d'homéomorphismes de X; on suppose que l'espace des orbites X/Γ est *séparé* (donc *compact*).

a) Montrer que l'orbite $\Gamma(x)$ de tout $x \in X$ est un ensemble *fini* (remarquer que si cet ensemble était infini, il n'aurait aucun point isolé et utiliser le th. de Baire (IX, p. 55, th. 1)).

b) Pour chaque point $x_0 \in X$, soit $\Delta(x_0)$ le sous-groupe distingué de Γ formé des homéomorphismes laissant invariants tous les points de l'orbite $\Gamma(x_0)$. Montrer que si $\Delta(x_0)$ a un nombre fini de générateurs, le groupe Γ est *équicontinu* au point x_0. (Soient f_i $(1 \leqslant i \leqslant m)$ les générateurs de $\Delta(x_0)$, g_k $(1 \leqslant k \leqslant n)$ des représentants de chacune des classes du groupe Γ modulo $\Delta(x_0)$ distinctes de $\Delta(x_0)$; prendre un voisinage V de x_0 tel qu'aucun des ensembles $f_i(V)$, $f_i^{-1}(V)$ ne rencontre un des ensembles $g_k(V)$; puis utiliser le fait que la relation d'équivalence définie par Γ est fermée (I, p. 78, prop. 8)).

c) Sans hypothèse sur $\Delta(x_0)$, on suppose que x_0 possède un système fondamental de voisinages *connexes* dans X; montrer que Γ est équicontinu au point x_0 (méthode analogue à celle de *b*)). En déduire que si X est localement connexe, Γ est équicontinu.

d) On prend pour X le sous-espace compact de **R** formé de 0, 1 et des points $1/n$ et $1 + \frac{1}{n}$ (n entier $\geqslant 2$); donner un exemple de groupe dénombrable Γ d'homéomorphismes de X tel que X/Γ soit séparé, et qui n'est pas équicontinu.

¶ 18) Soit G un groupe topologique séparé opérant continûment dans un espace topologique séparé X; on dit que G est *propre en un point* $x_0 \in X$ si l'orbite $G.x_0$ est *fermée* dans X et si G opère proprement dans $G.x_0$ (III, p. 27).

a) Soit G un groupe topologique localement compact opérant continûment dans un espace uniforme séparé X. On suppose que l'ensemble des homéomorphismes $x \mapsto s.x$ de X pour $s \in G$ est *équicontinu*. Montrer que si G est propre en un point $x_0 \in X$, il existe un voisinage V de x_0 tel que l'ensemble des $s \in G$ pour lesquels $s.V \cap V \neq \varnothing$ soit relativement compact dans G (cf. III, p. 31, prop. 7). En déduire que l'ensemble D des points de X où G est propre est ouvert dans X et que G opère proprement dans D. Si en outre X est localement compact, montrer que D est à la fois ouvert et fermé dans X (utiliser X, p. 12, cor. 2).

b) Dans le plan numérique $\mathbf{R}^2$, soit E l'ensemble formé de l'origine (0, 0) et des points $(0, 2^{-n})$ pour n entier $\geqslant 0$. Pour tout entier $n \in \mathbf{Z}$ différent de 0, on désigne par u_n la restriction à E d'une application linéaire affine de $\mathbf{R}^2$ dans lui-même telle que $u_n(0, 0) = (n, 0)$ et $u_n(0, 2^{-|n|}) = (0, \theta^n)$, où θ est un nombre irrationnel tel que $0 < \theta < 1$; soit X le sous-espace (localement compact) de $\mathbf{R}^2$ réunion de E et des $u_n(E)$ pour $n \in \mathbf{Z}$, $n \neq 0$. On désigne en outre par u_0 l'application identique de E sur lui-même, et on définit u_n $(n \in \mathbf{Z})$ dans tout l'espace X en posant $u_n(u_m(x)) = u_{n+m}(x)$ pour tout $x \in E$ et tout $m \in \mathbf{Z}$; l'ensemble G des u_n est un groupe d'homéomorphismes de X, que l'on munit de la topologie discrète, de sorte que G opère continûment dans X. Montrer que G est propre en tout point de X, mais n'est pas équicontinu et n'opère pas proprement dans X.

c) Soit X le sous-espace (non localement compact) de $\mathbf{R}^2$ (identifié à **C**), réunion du demi-plan $y > 0$ et de l'origine. On définit un homéomorphisme u de X sur lui-même en posant $u(0, 0) = (0, 0)$, et $u(re^{i\omega}) = re^{i\omega'}$, avec $\omega' = \omega/2$ pour $0 < \omega \leqslant \pi/2$, $\omega' = \omega - \pi/4$ pour $\pi/2 \leqslant \omega \leqslant 3\pi/4$, $\omega' = 2\omega - \pi$ pour $3\pi/4 \leqslant \omega < \pi$ $(r > 0, 0 < \omega < \pi)$. Soit G le groupe monogène d'homéomorphismes de X engendré par u, que l'on munit de la topologie discrète. Montrer que G est équicontinu dans X et que l'ensemble des points de X où G est propre est le demi-plan $y > 0$.

19) Soient X un espace uniforme séparé, G un groupe d'homéomorphismes de X sur lui-même.

a) Montrer que si G est équicontinu et discret pour la topologie de la convergence simple, il est fermé dans l'espace $\mathscr{F}_s(X; X)$.

b) Montrer que si G, muni de la topologie discrète, est propre en un point au moins de X (exerc. 18), alors il est fermé dans $\mathscr{F}_s(X; X)$ et la topologie de la convergence simple induit sur G la topologie discrète.

c) Soit X un espace somme topologique de deux espaces X_1, X_2 homéomorphes à $\mathbf{R}$, de sorte que X peut être identifié à l'espace produit $\mathbf{R} \times \{1, 2\}$; on le munit de la structure uniforme produit. Pour tout couple (m, n) d'entiers rationnels, on désigne par u_{mn} l'homéomorphisme de X défini par $u_{mn}(x_1) = x_1 + m\alpha + n\beta$, $u_{mn}(x_2) = x_2 + m\gamma + n\delta$ pour $x_1 \in X_1$ et $x_2 \in X_2$, où α, β, γ, δ sont quatre nombres réels $\neq 0$ tels que α/β et γ/δ soient irrationnels et distincts. Montrer que les u_{mn} forment un groupe G d'homéomorphismes de X, qui est équicontinu et discret pour la topologie de la convergence simple, mais que G (muni de la topologie discrète) n'est propre en aucun point de X.

20) Soient X un espace métrique localement compact, G un groupe d'homéomorphismes de X, équicontinu et discret pour la topologie de la convergence simple (égale à la topologie de la convergence compacte sur G).

a) Montrer que s'il existe un point $x \in X$ et une suite (u_n) d'éléments distincts de G tels que la suite des $u_n(x)$ soit convergente, alors il existe une suite (v_n) d'éléments distincts de G telle que $\lim_{n\to\infty} v_n(x) = x$. En déduire qu'il existe alors deux voisinages compacts K, L de x tels que $v_n(K) \subset L$ pour tout n.

b) Les hypothèses sur G n'entraînent pas que G est propre en au moins un point de X (exerc. 19 *c*)). On dit que G est K-*discret* pour une partie compacte K de X, si G est discret pour la topologie de la convergence uniforme dans K (ou, ce qui revient au même, pour la topologie de la convergence simple *dans* K). Montrer que si G est K-discret pour toute partie compacte K de X, G opère proprement dans X (utiliser *a*)).

c) On suppose que G est uniformément équicontinu et que X est connexe (donc de type dénombrable (IX, p. 95, exerc. 17)); montrer alors que G opère proprement dans X. (Utilisant X, p. 45, exerc. 13 *d*), montrer que si une suite (v_n) d'éléments distincts de G était telle que $\lim_{n\to\infty} v_n(x) = x$ pour un $x \in X$, il existerait une suite extraite de (v_n) et tendant vers l'identité pour la topologie discrète). Donner un exemple où X est connexe mais G n'est pas K-discret pour toute partie compacte de X (prendre pour X la réunion, dans $\mathbf{R}^2$, des segments $-1 \leqslant x \leqslant 1$, $y = 0$ et $x = 0$, $0 \leqslant y \leqslant 1$).

21) Soit G un groupe d'homéomorphismes d'un espace uniforme séparé X. On suppose que G est équicontinu, et que, muni de la topologie discrète, G opère proprement dans X. On suppose en outre que l'ensemble des $x \in X$ qui ne sont invariants par aucun homéomorphisme $u \in G$ distinct de l'identité, est partout dense dans X. Dans ces conditions, montrer qu'il existe un ensemble ouvert F dans X tel que $F \cap u(F) = \varnothing$ pour tout homéomorphisme $u \in G$ distinct de l'identité, et que l'image canonique de F dans l'espace des orbites E/G soit une partie ouverte de E/G, partout dense et homéomorphe à F (utiliser X, p. 45, exerc. 16 et le th. de Zorn).

§ 3

1) Soient X un espace topologique, Y un espace métrique. Montrer que l'ensemble des applications de X dans Y dont l'oscillation en tout point de X (IX, p. 14) est $\leqslant \alpha$ (où α est un nombre >0 donné) est fermé dans l'espace $\mathscr{F}_u(X; Y)$.

2) Soit X un ensemble; montrer que l'application $u \mapsto \sup_{x \in X} u(x)$ de $\mathscr{B}(X; \mathbf{R})$ dans $\mathbf{R}$ est continue.

3) Soient X un espace métrique, d la distance sur X. Pour tout $x \in X$, soit d_x la fonction numérique $y \mapsto d(x, y)$ continue dans X. Montrer que l'application $x \mapsto d_x$ est une *isométrie* sur un sous-espace de $\mathscr{C}_u(X; \mathbf{R})$ (muni de l'écart $\delta(u, v) = \sup_{x \in X} |u(x) - v(x)|$).

4) Pour qu'un espace complètement régulier X soit tel que l'espace métrisable $\mathscr{C}_u(X; \mathbf{R})$ soit de type dénombrable, il faut (et il suffit) que X soit compact métrisable. (En considérant le compactifié de Stone-Čech de X (IX, p. 9), montrer que X doit être métrisable, puis observer que l'espace $\mathscr{C}_u(\mathbf{Z}; \mathbf{R})$ n'est pas de type dénombrable).

5) Soit X un espace complètement régulier.

a) Pour que tout point de l'espace $\mathscr{C}_c(X; \mathbf{R})$ ait un système fondamental dénombrable de voisinages, il est nécessaire qu'il existe dans X une suite croissante (K_n) d'ensembles compacts telle que toute partie compacte de X soit contenu dans un des K_n. Pour tout espace métrisable Y, $\mathscr{C}_c(X; Y)$ est alors métrisable.

b) Pour que $\mathscr{C}_c(X; \mathbf{R})$ soit métrisable et de type dénombrable, il faut et il suffit que les sous-espaces compacts K_n soient métrisables (utiliser l'exerc. 4). Pour tout espace Y métrisable et de type dénombrable, $\mathscr{C}_c(X; Y)$ est alors métrisable et de type dénombrable.

6) *a*) Soient X, Y deux espaces topologiques admettant chacun une base dénombrable d'ouverts pour leur topologie. Sur l'ensemble $\mathscr{C}(X; Y)$ des applications continues de X dans Y, on considère la topologie engendrée par les ensembles $\boldsymbol{T}(U_m, V_n)$ (ensemble des $f \in \mathscr{C}(X; Y)$ telles que $f(U_m) \subset V_n$) où (U_m) parcourt une base de X et V_n une base de Y. Montrer que pour cette topologie, l'application $(u, x) \mapsto u(x)$ de $\mathscr{C}(X; Y) \times X$ dans Y est continue, et par suite que cette topologie est plus fine que la topologie de la convergence compacte.

b) En déduire que sous les hypothèses de *a*), pour toute topologie sur $\mathscr{C}(X; Y)$ moins fine que la topologie de la convergence compacte, tout sous-espace de $\mathscr{C}(X; Y)$ est un espace de Lindelöf et il existe dans ce sous-espace une partie dénombrable partout dense. Si de plus Y est métrisable, tout sous-espace de $\mathscr{C}_c(X; Y)$ ou de $\mathscr{C}_s(X; Y)$ est paracompact (IX, p. 76, prop. 2).

c) Soient I l'intervalle $[0, 1]$ de $\mathbf{R}$, L la demi-droite d'Alexandroff (IV, p. 49, exerc. 12). Montrer que l'espace $\mathscr{C}_c(I; L)$ n'est pas paracompact. (Il suffit de considérer le sous-espace fermé M des $f \in \mathscr{C}_c(I; L)$ telles que $f(0) = 0$. Pour tout ordinal $\alpha < \omega_1$, soit U_α l'ensemble ouvert dans M formé des f telles que $f(I) \subset [0, \alpha[$; les U_α constituent un recouvrement ouvert de M. Raisonner par l'absurde en supposant qu'il existe un recouvrement localement fini $\mathfrak{R}$ de M plus fin que celui des U_α; en utilisant le fait que dans L tout intervalle compact $[0, \beta]$ $(\beta < \omega_1)$ est homéomorphe à I, définir par récurrence une suite (f_n) de fonctions de M, une suite strictement croissante $(\alpha(n))$ d'ordinaux $< \omega_1$ et une suite (V_n) d'ouverts appartenant à $\mathfrak{R}$, telles que l'on ait $f_{n+1}(1) > \alpha(n)$, $f_{n+1}(t) \geqslant f_n(t)$ dans I, $f_{n+1}(t) = f_n(t)$ pour $0 \leqslant t \leqslant 1 - 1/n$, et enfin $f_{n+1} \in V_{n+1} \subset U_{\alpha(n+1)}$. Montrer que la suite (f_n) converge uniformément dans I vers une fonction g, et en déduire une contradiction.)

7) Soient X un espace contenant une partie dénombrable dense, Y un espace séparé dont tout point admet un système fondamental dénombrable de voisinages (resp. un espace métrisable), H une partie de $\mathscr{C}(X; Y)$. Montrer que si $\mathscr{T}$ est une topologie sur H plus fine que la topologie de la convergence simple dans X, pour laquelle H est compact, alors tout point de H admet un système fondamental dénombrable de voisinages pour $\mathscr{T}$ (resp. $\mathscr{T}$ est métrisable). (Remarquer que pour toute partie partout dense D de X, la topologie $\mathscr{T}$ est plus fine que la topologie de la convergence simple dans D et que cette dernière est séparée.)

8) *a*) Soit f l'application continue $(x, y) \mapsto xy$ de $\mathbf{R} \times \mathbf{R}$ dans $\mathbf{R}$. Montrer que l'application $x \mapsto f(x, .)$ de $\mathbf{R}$ dans $\mathscr{C}_u(\mathbf{R}, \mathbf{R})$ n'est pas continue.

b) Soient X, Y deux espaces topologiques, Z un espace uniforme, f une application de $X \times Y$ dans Z; montrer que si, pour tout $x \in X$, $f(x, .)$ est continue dans Y et si l'application $x \mapsto f(x, .)$ de X dans $\mathscr{C}_u(Y; Z)$ est continue, alors f est continue dans $X \times Y$.

¶ 9) *a*) Soient X, Y, Z trois espaces topologiques; on suppose que X et Y sont séparés et que tout point de chacun de ces espaces admet un système fondamental dénombrable de voisinages. Soit f une application de X × Y dans Z telle que, pour tout $x \in X$, $f(x,.)$ soit continue dans Y et que l'application $x \mapsto f(x,.)$ de X dans $\mathscr{C}_c(Y; Z)$ soit continue. Montrer que f est continue dans X × Y (cf. X, p. 9, cor. 3).

b) Montrer que la conclusion de *a*) subsiste lorsqu'on remplace l'hypothèse sur X par l'hypothèse que X est localement compact et que Z est un espace uniforme (utiliser l'exerc. 2 de X, p. 43 et le th. d'Ascoli) (cf. exerc. 11 *b*)).

¶ 10) Étant donnés deux espaces topologiques X, Y, pour toute partie A de X et toute partie B de Y, on désigne par $\boldsymbol{T}(A, B)$ l'ensemble des applications $u \in \mathscr{C}(X; Y)$ telles que $u(A) \subset B$.

Soit $\mathfrak{U} = (U_\alpha)$ un recouvrement ouvert de X. On désigne par $\mathscr{T}_\mathfrak{U}$ la topologie sur $\mathscr{C}(X; Y)$ engendrée par les ensembles $\boldsymbol{T}(F, V)$, où V parcourt l'ensemble des parties ouvertes de Y et F l'ensemble des parties fermées de X contenues dans un U_α au moins.

a) Montrer que $\mathscr{T}_\mathfrak{U}$ est plus fine que la topologie de la convergence compacte (utiliser le cor. 1 de IX, p. 48). Si X est régulier, l'application $(u, x) \mapsto u(x)$ de $\mathscr{C}(X; Y) \times X$ dans Y est continue lorsqu'on munit $\mathscr{C}(X; Y)$ de la topologie $\mathscr{T}_\mathfrak{U}$.

b) Soit $\mathscr{T}$ une topologie sur $\mathscr{C}(X; Y)$ telle que l'application $(u, x) \mapsto u(x)$ de $\mathscr{C}(X; Y) \times X$ dans Y soit continue quand on munit $\mathscr{C}(X; Y)$ de la topologie $\mathscr{T}$. Soient u_0 une application continue de X dans Y, x_0 un point de X, V un ensemble ouvert dans Y tel que $u_0(x_0) \in V$. Montrer qu'il existe un voisinage ouvert U de x_0 dans X tel que $\boldsymbol{T}(U, V)$ soit un voisinage de u_0 pour $\mathscr{T}$.

c) On suppose que X est complètement régulier. Montrer que si, parmi les topologies $\mathscr{T}$ sur $\mathscr{C}(X; \mathbf{R})$ pour lesquelles $(u, x) \mapsto u(x)$ est continue, il en existe une $\mathscr{T}_0$ moins fine que toutes les autres, $\mathscr{T}_0$ est nécessairement la topologie de la convergence compacte. (Soit $\boldsymbol{T}(U, V)$ un voisinage de 0 dans $\mathscr{C}(X; \mathbf{R})$ pour $\mathscr{T}_0$. Soit (W_α) un recouvrement ouvert quelconque de $\overline{U}$, $\mathfrak{W}$ le recouvrement de X formé des W_α et de $\complement\, \overline{U}$. En utilisant *a*) et en raisonnant par l'absurde, montrer qu'il existe un nombre fini de W_α recouvrant $\overline{U}$).

d) Montrer que si X est complètement régulier, mais non localement compact, l'application $(u, x) \mapsto u(x)$ de $\mathscr{C}_c(X; \mathbf{R}) \times X$ dans $\mathbf{R}$ n'est pas continue en tout point. (Considérer un point x_0 ne possédant aucun voisinage compact; raisonner par l'absurde, en utilisant *b*)).

¶ 11) Soient X, Y deux espaces topologiques non vides dont le produit X × Y est normal. Soit $\mathscr{T}$ une topologie sur l'ensemble $\mathscr{C}(X; \mathbf{R})$ telle que pour toute fonction numérique f continue dans X × Y, l'application $y \mapsto f(., y)$ de Y dans $\mathscr{C}(X; \mathbf{R})$ soit continue.

a) Soient y_0 un point, A une partie dénombrable infinie de X, fermée dans X et dont tous les points sont isolés, I un intervalle ouvert borné dans $\mathbf{R}$. Montrer que, pour la topologie $\mathscr{T}$ l'ensemble $\boldsymbol{T}(A, I)$ (X, p. 49, exerc. 10) ne possède aucun point intérieur. (Si $u_0 \in \boldsymbol{T}(A, I)$, former une application continue f de X × Y dans $\mathbf{R}$ qui soit telle $f(., y_0) = u_0$ et que pour tout z_n, on ait $f(., z_n) \notin \boldsymbol{T}(A, I)$).

b) En déduire que si en outre, pour la topologie $\mathscr{T}$, l'application $(u, x) \mapsto u(x)$ de $\mathscr{C}(X; \mathbf{R}) \times X$ dans $\mathbf{R}$ est continue, si X est localement paracompact (IX, p. 111, exerc. 36), et s'il existe dans X une suite (x_n) de points qui converge vers un point distinct des x_n, alors X est nécessairement localement compact (utiliser l'exerc. 10 *b*), ainsi que IX, p. 110, exerc. 35 *c*)).

c) Conclure de *b*) que si X est métrisable et non localement compact, il existe des points de $\mathscr{C}_c(X; \mathbf{R})$ qui n'admettent pas de système fondamental dénombrable de voisinages (utiliser X, p. 49, exerc. 9 *a*)). Donner de ce fait une démonstration directe utilisant X, p. 48, exerc. 5 *a*).

12) Soient X un espace topologique, Y, Z deux espaces uniformes, $\mathfrak{S}$ un ensemble de parties de X, $\mathfrak{T}$ un ensemble de parties de Y.

a) Soit $u_0 \in \mathscr{C}(X; Y)$. Montrer que si, pour toute partie $A \in \mathfrak{S}$, $u_0(A)$ est contenu dans un ensemble $B \in \mathfrak{T}$, alors l'application $v \mapsto v \circ u_0$ de $\mathscr{C}_{\mathfrak{T}}(Y; Z)$ dans $\mathscr{C}_{\mathfrak{S}}(X; Z)$ est continue.

b) Soit H un sous-espace de $\mathscr{C}_{\mathfrak{S}}(X; Y)$, et soit $v_0 \in \mathscr{C}(Y; Z)$. Montrer que si, pour toute partie $A \in \mathfrak{S}$, v_0 est uniformément continue dans $H(A)$, l'application $u \mapsto v_0 \circ u$ de H dans $\mathscr{C}_{\mathfrak{S}}(X; Z)$ est continue.

c) Soient $u_0 \in \mathscr{C}(X; Y)$, $v_0 \in \mathscr{C}(Y; Z)$. On suppose que pour tout $A \in \mathfrak{S}$, il existe $B \in \mathfrak{T}$ et un entourage V de Y tels que:

1° $V(u_0(A)) \subset B$; 2° v_0 est uniformément continue dans B.

Alors, l'application $(u, v) \mapsto v \circ u$ de $\mathscr{C}_{\mathfrak{S}}(X; Y) \times \mathscr{C}_{\mathfrak{T}}(Y; Z)$ dans $\mathscr{C}_{\mathfrak{S}}(X; Z)$ est continue au point (u_0, v_0).

En particulier, l'application $(u, v) \mapsto v \circ u$ de $\mathscr{C}_u(X; Y) \times \mathscr{C}_u(Y; Z)$ dans $\mathscr{C}(X; Z)$ est continue en tout point (u_0, v_0) tel que v_0 soit uniformément continue dans Y.

d) Soit v_0 l'homéomorphisme $x \mapsto x^3$ de $\mathbf{R}$ sur lui-même. Montrer que l'application $u \mapsto v_0 \circ u$ de $\mathscr{C}_u(\mathbf{R}; \mathbf{R})$ dans lui-même n'est pas continue en certains points.

¶ 13) Soient X, Y, Z trois espaces topologiques séparés.

a) Montrer que quels que soient $u_0 \in \mathscr{C}(X; Y)$ et $v_0 \in \mathscr{C}(Y; Z)$, les applications $v \mapsto v \circ u_0$ de $\mathscr{C}_c(Y; Z)$ dans $\mathscr{C}_c(X; Z)$ et $u \mapsto v_0 \circ u$ de $\mathscr{C}_c(X; Y)$ dans $\mathscr{C}_c(X; Z)$ sont continues.

b) On suppose que tout point de Y (resp. Z) admet un système fondamental dénombrable de voisinages, et qu'il existe dans X une partie dénombrable dense. Soit H une partie compacte de $\mathscr{C}_c(X; Y)$; montrer que l'application $(u, v) \mapsto v \circ u$ de $H \times \mathscr{C}_c(Y; Z)$ dans $\mathscr{C}_c(X; Z)$ est continue. (On prouvera d'abord que pour toute partie compacte K de X, H(K) est une partie compacte de Y, en utilisant X, p. 48, exerc. 7 et X, p. 49, exerc. 9 *a*)).

c) Montrer que l'application $(u, v) \mapsto v \circ u$ de $\mathscr{C}_c(\mathbf{Q}; \mathbf{Q}) \times \mathscr{C}_c(\mathbf{Q}; \mathbf{Q})$ dans $\mathscr{C}_c(\mathbf{Q}; \mathbf{Q})$ n'est continue en aucun point.

14) Soit Γ le groupe des homéomorphismes du plan numérique $\mathbf{R}^2$, muni de la topologie de la convergence *simple*. Montrer que l'application $(u, v) \mapsto v \circ u$ de $\Gamma \times \Gamma$ dans Γ n'est pas continue. (D'une part considérer une suite d'homéomorphismes (v_n) telle que v_n laisse invariant tout point (x, y) pour lequel y n'appartienne pas à l'intervalle $\left]1/(n+1), 1/n\right[$, et que la restriction de v_n à la droite $y = 2/(2n+1)$ soit la translation $(x, y) \mapsto (x+1, y)$; d'autre part, considérer la suite (u_n) des translations

$$(x, y) \mapsto \left(x, y + \frac{2}{2n+1}\right).\Big)$$

15) *a*) Soient X un espace uniforme, $\mathfrak{S}$ un ensemble de parties de X, Γ le groupe des homéomorphismes de X, u_0 un élément de Γ. On suppose que pour tout $A \in \mathfrak{S}$ il existe un ensemble $B \in \mathfrak{S}$ et un entourage V de X tels que: α) u_0^{-1} est uniformément continu dans V(A); β) les relations $u \in \Gamma$ et $(u_0(x), u(x)) \in V$ pour tout $x \in B$ entraînent $A \subset u(B)$. Dans ces conditions, montrer que l'application $u \mapsto u^{-1}$ (définie dans Γ) est continue au point u_0 pour la topologie de la $\mathfrak{S}$-convergence sur Γ.

b) Montrer que la condition β) peut être remplacée par la suivante: β′) il existe un ensemble connexe $C \subset X$ tel que $V(A) \subset C$ et que V(C) soit contenu dans l'intérieur de $u_0(B)$ (prouver que β′) entraîne β), en raisonnant par l'absurde).

¶ 16) Soient X un espace uniforme, Γ le groupe des *automorphismes* de la structure uniforme de X.

a) Montrer que sur Γ la topologie de la convergence uniforme est compatible avec la structure de groupe (utiliser X, p. 49, exerc. 12 et X, p. 50, exerc. 15). En outre, la structure uniforme induite sur Γ par la structure uniforme de la convergence uniforme dans X est identique à la structure uniforme *droite* du groupe topologique Γ.

b) Lorsque X est l'intervalle compact $[0, 1]$ de $\mathbf{R}$, montrer que le groupe topologique Γ défini dans *a*) ne peut être complété (former une suite d'homéomorphismes (u_n) de X, uniformément convergente mais telle que la suite (u_n^{-1}) ne soit pas uniformément convergente).

c) Montrer que si X est un espace uniforme séparé et complet, la structure uniforme *bilatère* du groupe topologique Γ (III, p. 73, exerc. 6) est une structure d'espace complet (remarquer que si Φ est un filtre de Cauchy sur Γ pour cette structure, alors, pour tout $x \in X$, $\Phi(x)$ et $\Phi^{-1}(x)$ convergent dans X).

¶ 17 *a*) Montrer que si X est un espace localement compact et localement connexe, la topologie induite sur le groupe Γ des homéomorphismes de X sur lui-même par la topologie de la convergence compacte est identique à la topologie $\mathscr{T}_\beta$ définie en X, p. 31 (utiliser X, p. 50, exerc. 15 *b*), ainsi que la prop. 12 de X, p. 31).

b) Soit X le sous-espace localement compact de **R** formé du point 0 et des points 2^n pour $n \in \mathbf{Z}$. Si Γ est le groupe des homéomorphismes de X sur lui-même, montrer que la topologie induite sur Γ par la topologie de la convergence compacte n'est pas compatible avec la structure de groupe de Γ.

18) Soient X un espace localement compact, muni d'une structure uniforme compatible avec sa topologie, et soit Γ le groupe des homéomorphismes de X. Pour tout entourage V de X et toute partie compacte K de X, soit $\boldsymbol{G}(K, V)$ l'ensemble des couples (u, v) d'homéomorphismes de X satisfaisant aux relations $(u(x), v(x)) \in V$ et $(u^{-1}(x), v^{-1}(x)) \in V$ pour tout $x \in K$.

a) Montrer que les ensembles $\boldsymbol{G}(K, V)$ forment un système fondamental d'entourages d'une structure uniforme $\mathscr{U}$ sur Γ, et que la topologie déduite de cette structure uniforme est la topologie $\mathscr{T}_\beta$ définie dans X, p. 31.

b) Montrer que lorsque X est complet pour la structure uniforme considérée, Γ est complet pour la structure uniforme $\mathscr{U}$.

c) Montrer que Γ est complet pour la structure uniforme bilatère déduite de la topologie $\mathscr{T}_\beta$ (utiliser l'exerc. 16 *c*)).

d) On prend pour X le sous-espace localement compact de **R** formé de points de la forme $n + 2^{-m}$ ($n \in \mathbf{Z}$, m entier $\geqslant 1$). Montrer que sur le groupe Γ, ni la structure $\mathscr{U}$ ni la structure uniforme de la convergence compacte ne sont comparables à aucune des trois structures uniformes droite, gauche et bilatère déduites de la topologie de groupe $\mathscr{T}_\beta$.

19) Soit H un groupe équicontinu d'homéomorphismes d'un espace uniforme X; muni de la topologie de la convergence simple, H est un groupe topologique (X, p. 30, corollaire).

a) Montrer que la structure uniforme gauche de H est plus fine que la structure uniforme de la convergence simple, et que ces deux structures sont identiques lorsque H est uniformément équicontinu.

b) Soit u l'homéomorphisme de la droite numérique **R**, défini par $u(x) = x + 1$ pour $x \leqslant 0$, $u(x) = x + \dfrac{1}{(x+1)}$ pour $x \geqslant 0$. Soit H le groupe monogène engendré par u (dans le groupe de tous les homéomorphismes de **R**). Montrer que H est un groupe équicontinu, discret pour la topologie de la convergence simple, mais que sur H la structure uniforme de la convergence simple est distincte de la structure uniforme discrète (remarquer que $u^{n+1}(x) - u^n(x)$ tend vers 0 lorsque n tend vers $+\infty$).

c) On prend pour espace uniforme X l'espace discret **N** des entiers naturels, muni de la distance égale à 1 pour tout couple d'entiers distincts, et pour H le groupe des isométries de **N**, qui est uniformément équicontinu. Montrer que le groupe topologique obtenu en munissant H de la topologie de la convergence simple ne peut être complété (même méthode que dans X, p. 50, exerc. 16 *b*)).

d) On suppose que l'espace X est séparé et complet et que H est uniformément équicontinu. Montrer que les filtres de Cauchy sur H pour la structure uniforme bilatère du groupe topologique H convergent dans l'espace $\mathscr{F}_s(X; X)$, et que l'ensemble H′ de leurs points limites est un groupe uniformément équicontinu d'homéomorphismes de X, qui (lorsqu'il est muni de la topologie de la convergence simple) est complet pour sa structure uniforme bilatère, et dans lequel H est dense.

20) Soit X le sous-espace localement compact de $\mathbf{R}^2$ formé des droites d'équation $y = 0$ et $y = 1/n$ ($n \geqslant 1$), et soit G le sous-groupe du groupe des homéomorphismes u de X tels que la restriction de u à chacune des droites $y = 0$, $y = 1/n$ soit une translation de la forme $(x, y) \mapsto (x + a_y, y)$. Montrer que G vérifie les conditions du th. 4 de X, p. 32, mais que sur G les topologies de la convergence compacte et de la convergence simple sont distinctes.

¶ 21) Soient X un espace localement compact, T une partie de $\mathscr{C}(X; X)$ formée d'applications *surjectives*. Considérons sur T une topologie $\mathscr{T}$ plus fine que celle de la convergence simple et pour laquelle T est *localement compact*; et considérons la propriété du couple $(T, \mathscr{T})$:

(A) Quels que soient $u \in T$, $v \in T$, on a $u \circ v \in T$; en outre pour tout $u \in T$, les applications $v \mapsto u \circ v$ et $v \mapsto v \circ u$ de T dans lui-même sont *continues* pour $\mathscr{T}$.

a) On suppose que X est *compact* et *métrisable*, que $(T, \mathscr{T})$ vérifie (A) et qu'il existe un groupe G d'homéomorphismes de X *dense* dans T pour la topologie $\mathscr{T}$. Montrer que l'ensemble H des applications $u \in T$ qui sont *bijectives* est le complémentaire d'un ensemble *maigre* dans T. (Remarquer d'abord, à l'aide de X, p. 48, exerc. 7, que tout point de T admet un voisinage pour $\mathscr{T}$ qui est compact et métrisable. Soit (V_n) un système fondamental de voisinages dans T de l'élément neutre e de G, soit H_n l'ensemble des $v \in T$ pour lesquels il existe $u \in T$ tel que $v \circ u \in V_n$; remarquer que H contient l'intersection des H_n).

b) Montrer que, sous les hypothèses de *a*), la restriction à $G \times X$ de l'application $\pi : (u, x) \mapsto u(x)$ de $T \times X$ dans X est *continue*. (Montrer d'abord qu'il suffit de prouver que pour tout $x_0 \in X$, il existe $u_0 \in H$ tel que π soit continue au point (u_0, x_0), en établissant que cela entraîne la continuité de π au point (e, x_0). Si V est un voisinage compact métrisable de e dans T, montrer ensuite, en utilisant *a*) et l'exerc. 21 de IX, p. 115, qu'il existe $u_0 \in H \cap V$ tel que π soit continue au point (u_0, x_0).)

¶ 22) Soient X un espace *compact*, T un *sous-groupe* du groupe des homéomorphismes de X, muni d'une topologie $\mathscr{T}$ localement compacte pour laquelle la condition (A) de l'exerc. 21 est satisfaite. Soient G un sous-groupe *dénombrable* de T, et f une fonction numérique continue dans X. On considère l'application continue $x \mapsto \varphi(c)$ de X dans I^G, où $I = f(X) \subset \mathbf{R}$ et $\varphi(x) = (f(u(x)))_{u \in G}$; soit Y l'image de X par φ, qui est un sous-espace compact métrisable de I^G.

a) Montrer que l'ensemble des $v \in T$ tels que $\varphi \circ v = \varphi$ est un sous-groupe K de T, dont le normalisateur dans T contient G. Soit R la relation d'équivalence $u \circ v^{-1} \in K$ dans T et soient T' l'espace quotient T/R, p l'application canonique $T \to T/R$. Montrer que T' est localement compact, et si l'on pose $p(u)v = p(u \circ v)$, T opère à droite sur T' de sorte que pour tout $v \in T$, $t' \mapsto t'v$ est continue dans T'.

b) Soient $G' = p(G)$, H' l'adhérence de G' dans T', et $H = \overset{-1}{p}(H')$. Montrer que pour $u \in H$, la relation $p(v) = p(v')$ entraîne $p(u \circ v) = p(u \circ v')$ de sorte que H opère à gauche sur T'; en outre, si on pose $up(v) = p(u \circ v)$ pour $u \in H$, $v \in T$, l'application $t' \mapsto ut'$ est continue dans T'. Enfin si u_1, u_2 sont des éléments de H tels que $p(u_1) = p(u_2)$, on a $u_1 t' = u_2 t'$, ce qui définit par passage au quotient une application $(u', t') \mapsto u't'$ de $H' \times T'$ dans T', telle que pour tout $u' \in H'$, $t' \mapsto u't'$ soit continue dans T'. Montrer que si u' et v' sont dans H', on a $u'v' \in H'$, et que la loi de composition ainsi définie sur H' induit sur G' une structure de groupe (isomorphe à celle de GK/K).

c) Si $u \in H$, la relation $\varphi(x) = \varphi(y)$ entraîne $\varphi(u(x)) = \varphi(u(y))$, et par suite il existe une application $\tilde{u}$ et une seule de Y dans lui-même telle que $\varphi \circ u = \tilde{u} \circ \varphi$. Montrer que $\tilde{u}$ est continue et surjective; en outre, pour que $\tilde{u}_1 = \tilde{u}_2$, il faut et il suffit que $p(u_1) = p(u_2)$, ce qui permet d'écrire $\tilde{u} = \tilde{u}'$, en posant $p(u) = u'$, et définit une application injective $\psi : u' \mapsto \tilde{u}'$ de H' dans $\mathscr{C}_s(Y; Y)$. Montrer que ψ est continue et telle que $\psi(u'v') = \psi(u') \circ \psi(v')$; identifiant H' à une partie de $\mathscr{C}_s(Y; Y)$ par ψ, et désignant par $\mathscr{T}'$ la topologie transportée par ψ de la topologie induite sur H' par celle de T', en conclure que $(H', \mathscr{T}')$ vérifie la propriété (A) de l'exerc. 21.

d) Montrer que lorsque G est muni de la topologie induite par $\mathscr{T}$, l'application $(u, x) \mapsto u(x)$ de $G \times X$ dans X est continue. (Prouver que pour toute fonction numérique f continue dans X, l'application $(u, x) \mapsto f(u(x))$ est continue dans $G \times X$, en utilisant *c*) et l'exerc. 21; puis appliquer la prop. 4 de IX, p. 8).

¶ 23) Soient X un espace compact, T une partie de $\mathscr{C}(X; X)$ stable pour la loi $(u, v) \mapsto u \circ v$. On suppose T muni d'une topologie $\mathscr{T}$ plus fine que celle de la convergence simple et pour laquelle T est localement compact; en outre, on suppose que pour toute partie *dénombrable* S de T, stable pour $u \circ v$, la restriction à $S \times X$ de l'application $\pi: (u, x) \mapsto u(x)$ de $T \times X$ dans X est continue. Montrer que dans ces conditions π est continue dans $T \times X$. (Soit V une partie compacte de T (pour $\mathscr{T}$); montrer que pour toute partie dénombrable D de V, tout point adhérent à D pour $\mathscr{T}$ est aussi adhérent à D pour la topologie de la convergence uniforme, en utilisant le cor. 1 de X, p. 28. En conclure que V est relativement compact dans $\mathscr{C}_u(X; X)$ (II, p. 37, exerc. 6), et par suite équicontinu).

24) Soient X un espace localement compact, T un groupe d'homéomorphismes de X, $\mathscr{T}$ une topologie localement compacte sur T, plus fine que la topologie de la convergence simple et pour laquelle la propriété (A) de X, p. 52, exerc. 21 est vérifiée. Montrer que l'application $(u, x) \mapsto u(x)$ de $T \times X$ dans X est continue pour $\mathscr{T}$. (Prolonger les homéomorphismes de T en homéomorphismes du compactifié d'Alexandroff X′ de X; puis montrer que le résultat de l'exerc. 23 est applicable, en utilisant l'exerc. 22 *d*)).

¶ 25) Soit G un groupe muni d'une topologie $\mathscr{T}$ pour laquelle G est localement compact et, pour tout $s \in G$, les translations $t \mapsto st$ et $t \mapsto ts$ sont continues dans G. Montrer que $\mathscr{T}$ est compatible avec la structure de groupe de G (« *théorème de R. Ellis* »). (Identifier G au groupe des translations à gauche muni de la topologie de la convergence simple, de sorte que G s'identifie à un groupe d'homéomorphismes du compactifié d'Alexandroff X de G, muni de la topologie de la convergence simple. A l'aide de l'exerc. 24, en déduire que sur G, la topologie de la convergence simple dans X est identique à celle de la convergence uniforme dans X (X, p. 28, cor 1) et conclure à l'aide de X, p. 30, prop. 11.

¶ 26) *a*) Soient X un espace uniforme localement compact, G un groupe d'homéomorphismes de X, T l'adhérence de G dans $\mathscr{C}_s(X; X)$. Montrer que pour que T soit compact pour la topologie de la convergence simple et soit un groupe d'homéomorphismes, il faut et il suffit que G soit relativement compact dans $\mathscr{C}_u(X; X)$. (Utiliser X, p. 49, exerc. 12 et X, p. 53, exerc. 24, ainsi que X, p. 32, corollaire).

b) Soient G un groupe topologique localement compact et non compact, X son compactifié d'Alexandroff; G peut s'identifier à un groupe d'homéomorphismes de X. Montrer que G n'est pas équicontinu bien que son adhérence dans $\mathscr{C}_u(X; X)$ soit un ensemble compact.

27) Soient X un espace uniforme séparé, G un groupe équicontinu d'homéomorphismes de X.

a) On dit qu'un point $x_0 \in X$ est *presque périodique* pour G si l'orbite de x_0 pour G est relativement compacte dans X. Soit Y l'adhérence (compacte) de cette orbite dans X; on a $u(Y) \subset Y$ pour tout $u \in G$. Soit $\tilde{u}$ la restriction de u à Y considérée comme élément de $\mathscr{C}(Y; Y)$; montrer que $\tilde{u}$ est un homéomorphisme de Y sur lui-même, et que l'adhérence Γ dans $\mathscr{C}_u(Y; Y)$ de l'image de G par l'application $u \mapsto \tilde{u}$ est un groupe compact d'homéomorphismes (X, p. 32, corollaire), transitif dans Y.

b) On suppose X complet; pour que x_0 soit presque périodique pour G, il faut et il suffit que pour tout voisinage V de x_0 dans X, il existe un nombre fini d'éléments $u_i \in G$ tels que, pour tout $u \in G$, on ait $u_i^{-1}(u(x_0)) \in V$ pour un i au moins.

c) On suppose x_0 presque périodique et G muni d'une topologie compatible avec sa structure de groupe; on garde les notations de *a*). Pour que l'application $u \mapsto \tilde{u}$ de G dans Γ (ce dernier étant muni de la topologie de la convergence uniforme) soit continue, il faut et il suffit que pour tout couple de points distincts x, y de Y, il existe un voisinage U de e dans G et un voisinage V de y tel que la relation $u \in U$ entraîne $u(x) \notin V$ (utiliser le fait que sur Γ les topologies induites par celles de $\mathscr{C}_u(Y; Y)$ et de $\mathscr{C}_s(Y; Y)$ sont les mêmes).

28) Soient G un groupe topologique, X l'espace de Banach des applications continues bornées de G dans **C**, muni de la norme $\|f\| = \sup_{s \in G} |f(s)|$. Pour tout fonction $f \in X$ et tout $s \in G$, on désigne par $U_s f$ la fonction $t \mapsto f(s^{-1}t)$ qui appartient à X, de sorte que les U_s, où s parcourt G, forment un groupe d'isométries G′ de X. On dit qu'un élément $f \in X$ est une *fonction presque périodique* (à gauche) dans G si f est un élément presque périodique de X pour le groupe G′. Il faut et il suffit pour cela que, pour tout $\varepsilon > 0$ il existe un nombre fini d'éléments $s_i \in G$ tels que pour tout $s \in G$, il existe au moins un indice i tel que

$$|f(s^{-1}t) - f(s_i^{-1}t)| \leqslant \varepsilon$$

pour tout $t \in G$.

a) On suppose f presque périodique. Soit Y l'adhérence dans X de l'orbite de f pour G′ et soit Γ l'adhérence dans $\mathscr{C}_u(Y; Y)$ de l'ensemble des restrictions V_s à Y des U_s, pour $s \in G$. Pour tout $\sigma \in \Gamma$, soit $f_\sigma \in Y$ l'image de f par σ; pour tout $s \in G$, on a $f_\sigma(t) = U_s^{-1} f_\sigma(s^{-1}t)$; en déduire qu'il existe une fonction continue $\bar{f}$ sur Γ telle que $f(s) = \bar{f}(V_s)$ (utiliser l'exerc. 27 *c*)).

b) Montrer, en utilisant *a*), que pour qu'une fonction $f \in X$ soit presque périodique dans G, il faut et il suffit qu'elle soit de la forme $g \circ \varphi$, où φ est l'application canonique de G dans le *groupe compact* G^c *associé à* G (E, IV, p. 27, *Exemple* 8) et g une application continue de G^c dans **C**.

c) On prend pour G le groupe additif **R**. Montrer que si f est presque périodique dans **R**, pour tout $\varepsilon > 0$, il existe un nombre $T > 0$ tel que tout intervalle de **R** de longueur T contienne un s tel que $|f(s + x) - f(x)| \leqslant \varepsilon$ pour tout $x \in \mathbf{R}$ (s est dite « presque-période à ε près » de f). (Utiliser *b*) et la démonstration de V, p. 15, exerc. 2).

29) Soient X un espace compact, G un groupe topologique opérant continûment dans X, et tel que toute orbite pour G soit dense dans X. Montrer que si pour toute fonction numérique continue f dans X, il existe un $x_0 \in X$ tel que $s \mapsto f(s.x_0)$ soit presque périodique dans G, G est équicontinu (utiliser le fait que X est homéomorphe à un sous-espace fermé d'un cube). Réciproque lorsqu'on suppose en outre que G est commutatif.

30) Soient X, Y deux espaces topologiques tel que Y soit régulier. On dit qu'un ensemble H d'applications continues de X dans Y est localement équicontinu au couple $(x, y) \in X \times Y$ si, pour tout voisinage V de y dans Y, il existe un voisinage U de x dans X et un voisinage W de y dans Y tels que les relations $f \in H$, $f(x) \in W$ entraînent $f(U) \subset V$.

a) Montrer que si $H \subset \mathscr{C}(X; Y)$ est localement équicontinu en tous les couples

$$(x, y) \in X \times Y$$

l'adhérence $\overline{H}$ de H dans $\mathscr{F}_s(X; Y)$ est formée de fonctions continues, est égale à l'adhérence de H dans $\mathscr{C}(X; Y)$ pour la topologie de la convergence compacte et est localement équicontinue en tout couple $(x, y) \in X \times Y$. Si H est compact pour la topologie de la convergence simple, la topologie induite sur H par la topologie de la convergence simple est la même que la topologie induite par la topologie de la convergence compacte.

b) Montrer que, pour que H soit relativement compact dans $\mathscr{C}(X; Y)$ pour la topologie de la convergence compacte, il suffit que $H(x)$ soit relativement compact dans Y pour tout $x \in X$, et que H soit localement équicontinu en tout couple (x, y) (utiliser *a*)); la réciproque est vraie si X est localement compact.

§ 4

1) Soient X un espace de Lindelöf (IX, p. 75), H un ensemble filtrant pour la relation $\geqslant$, formé de fonctions numériques continues dans X. On suppose que l'enveloppe inférieure

g des fonctions de H est continue. Montrer qu'il existe une suite décroissante (f_n) de fonctions de H qui converge simplement vers g.

2) Soient I un intervalle compact dans $\mathbf{R}$, (f_n) une suite de fonctions *monotones* définies dans I et convergent simplement dans I vers une fonction *continue* g. Montrer que g est monotone et que la suite (f_n) converge uniformément vers g dans I.

¶ 3) Soit Γ un groupe simplement transitif d'homéomorphismes de $\mathbf{R}$, muni de la topologie de la convergence simple. Pour tout $x \in \mathbf{R}$, on désigne par s_x l'élément de T tel que $s_x(0) = x$. Montrer que l'application $x \mapsto s_x$ est un homéomorphisme de $\mathbf{R}$ sur Γ (utiliser le fait que si $s \in \Gamma$ est tel que $x < s(x)$ pour un $x \in \mathbf{R}$, alors $y < s(y)$ pour tout $y \in \mathbf{R}$); en déduire que Γ est un groupe topologique isomorphe à $\mathbf{R}$ (utiliser X, p. 51, exerc. 17 *a*), X, p. 43, exerc. 10 et V, p. 10, th. 1).

4) *a*) Soient X un espace compact, H un sous-espace vectoriel de $\mathscr{C}(X; \mathbf{R})$ tel que la relation $u \in H$ entraîne $|u| \in H$. Pour qu'une fonction numérique f continue dans X puisse être approchée uniformément par des fonctions de H, il faut et il suffit que, pour tout couple (x, y) de points de X, la fonction f satisfasse à toute relation linéaire $\alpha f(x) = \beta f(y)$ pour les couples (α, β) tels que $\alpha\beta \geqslant 0$ et $\alpha g(x) = \beta g(y)$ pour toute fonction $g \in H$. (Appliquer la prop. 2 de X, p. 34, en remarquant que l'image de H par l'application $u \mapsto (u(x), u(y))$ est, ou bien le plan $\mathbf{R}^2$ tout entier, ou bien une droite d'équation $\alpha X = \beta Y$ avec $\alpha\beta \geqslant 0$, ou enfin réduite au point (0, 0)).

b) Soient X un espace compact, H un ensemble de fonctions numériques continues dans X. Soit R la relation d'équivalence: « pour tout $u \in H$, $u(x) = u(y)$ ». Pour qu'une fonction numérique f continue dans X puisse être approchée uniformément par des polynômes (resp. des polynômes sans terme constant) par rapport aux fonctions de H, il faut et il suffit que f soit constante dans toute classe d'équivalence suivant R (resp. que f soit constante dans toute classe d'équivalence suivant R et nulle dans l'ensemble où toutes les fonctions $u \in H$ s'annulent).

5) Soient E un ensemble, H une partie fermée de $\mathscr{F}_u(E; \mathbf{R})$, formé de fonctions bornées et contenant les constantes; montrer que si la relation $u \in H$ entraîne $|u| \in H$, alors H est une algèbre. (Montrer que $u \in H$ entraîne $u^2 \in H$; pour cela, poser $M = \|u\|$, et appliquer le th. de Stone à l'ensemble C_u des fonctions numériques f continues dans l'intervalle $[-M, M]$ et telles que $f \circ u \in H$).

¶ 6) Soit X un espace complètement régulier, et soit $\mathscr{C}^b(X; \mathbf{R})$ la sous-algèbre normée de $\mathscr{B}(X; \mathbf{R})$ formée des fonctions numériques continues et bornées dans X. Afin que toute sous-algèbre de $\mathscr{C}^b(X; \mathbf{R})$, séparant les points de X et contenant les fonctions constantes, soit dense dans $\mathscr{C}^b(X; \mathbf{R})$, il faut et il suffit que X soit compact. (Soit βX le compactifié de Stone-Čech de X (IX, p. 9). Montrer que si $\beta X - X$ n'est pas vide, il y a des sous-algèbres non denses de $\mathscr{C}^b(X; \mathbf{R})$ séparant les points de X et contenant les fonctions constantes, en remarquant que $\mathscr{C}^b(X; \mathbf{R})$ s'identifie à $\mathscr{C}(\beta X; \mathbf{R})$).

¶ 7) Soit X un espace complètement régulier non compact.

a) Montrer que les propriétés suivantes sont équivalentes:

α) La sous-algèbre de $\mathscr{C}^b(X; \mathbf{R})$ formée des fonctions de la forme $c + f$, où c est une constante et f a un support (IX, p. 46) compact, est dense dans $\mathscr{C}^b(X; \mathbf{R})$.

β) Si βX est le compactifié de Stone-Čech de X, $\beta X - X$ est réduit à un seul point.

γ) Il n'existe qu'une seule structure uniforme d'espace précompact compatible avec la topologie de X.

δ) Si A, B sont deux parties fermées de X, normalement séparées (IX, p. 87, exerc. 15), alors un des deux ensembles A, B est compact.

ζ) Pour toute structure uniforme $\mathscr{U}$ sur X compatible avec la topologie de X et tout entourage V de $\mathscr{U}$, il existe un ensemble L, complémentaire d'une partie compacte de X, tel que $L \times L \subset V$.

θ) Il n'existe qu'une seule structure uniforme compatible avec la topologie de X.

(Remarquer que α) entraîne que X est localement compact, donc ouvert dans βX, et en déduire que α) entraîne β); pour voir que β) entraîne α), utiliser le th. de Weierstrass-Stone. Pour montrer que β) entraîne γ), utiliser le fait que la structure uniforme induite sur X par celle de βX est la plus fine des structures uniformes d'espace précompact compatibles avec la topologie de X. Pour prouver que γ) entraine δ), utiliser l'exerc. 15 de IX, p. 87. Pour voir que δ) entraîne ζ), montrer d'abord que pour tout entourage V de $\mathscr{U}$, il existe $z \in X$ tel que $V(z)$ ne soit pas compact; dans le cas contraire, X serait complet pour $\mathscr{U}$ et paracompact (II, p. 37, exerc. 9), donc normal; montrer alors à l'aide de δ) que X serait semi-compact (IX, p. 93, exerc. 13) et conclure à l'aide de II, p. 37, exerc. 6. Appliquer ensuite ce résultat à un entourage V défini par une équation $f(x, x') \leqslant 1$ pour un écart continu f sur X, et déduire de δ) qu'il existe un ensemble L complémentaire d'une partie compacte de X et tel que $L \times L \subset V$. Enfin, pour établir que ζ) entraîne θ), observer que tout ultrafiltre sur X est, ou bien convergent, ou bien plus fin que le filtre des complémentaires des parties relativement compactes de X).

b) Montrer qu'un espace X possédant les propriétés équivalentes de *a*) est weierstrassien (IX, p. 88, exerc. 20). (Utiliser l'exerc. 17 de IX, p. 87, ou observer que si X n'est pas weierstrassien, il existe une suite (x_n) de points de X sans valeur d'adhérence, et une application continue f de X dans $[0, 1]$ telle que $f(x_{2n}) = 0$ et $f(x_{2n+1}) = 1$).

c) Soit Y un espace complètement régulier non compact. Montrer que le sous-espace X de βY, complémentaire d'un point de $\beta Y - Y$, vérifie les conditions de *a*).

8) Soient $(X_i)_{1 \leqslant i \leqslant n}$ une famille finie d'espaces compacts, $X = \prod_{i=1}^{n} X_i$ leur produit, et pour chaque indice i, soit A_i une partie fermée de X_i. Montrer que toute fonction numérique continue dans X et nulle dans la réunion des ensembles $A_i \times \prod_{j \neq 1} X_j$ $(1 \leqslant i \leqslant n)$ peut être approchée uniformément par des sommes d'un nombre fini de fonctions de la forme

$$(x_1, \ldots, x_n) \mapsto u_1(x_1) \ldots u_n(x_n),$$

où pour chaque indice i, u_i est une fonction numérique continue dans X_i et nulle dans A_i.

9) Soit $(r_n)_{n \geqslant 1}$ la suite des nombres rationnels distincts appartenant à l'intervalle $I = [0, 1]$ de $\mathbf{R}$, rangés dans un certain ordre. On définit par récurrence une suite d'intervalles fermés $I_n \subset I$ de la façon suivante: I_n a pour milieu le point r_{k_n} de plus petit indice non contenu dans la réunion des intervalles I_p d'indice $p < n$; il a une longueur $\leqslant 1/4^n$ et ne rencontre aucun des I_p d'indice $p < n$; les I_n forment donc une suite d'intervalles fermés deux à deux disjoints. Dans l'espace produit $I \times \mathbf{R}$, on définit une fonction numérique continue u de la façon suivante: pour tout entier $n \geqslant 1$, la fonction $x \mapsto u(x, n)$ est égale à 1 en un point intérieur à I_n, à 0 en tout point extérieur à I_n et prend ses valeurs dans $[0, 1]$; d'autre part, pour chaque $x \in I$, la fonction $y \mapsto u(x, y)$ est linéaire affine dans chacun des intervalles $[n, n + 1]$. Montrer que u ne peut être approchée uniformément dans $I \times \mathbf{R}$ par une combinaison linéaire de fonctions de la forme $v(x)w(y)$, où v est continue dans I et w continue et bornée dans $\mathbf{R}$. (Considérer, dans l'espace $\mathscr{C}^b(\mathbf{R}; \mathbf{R})$ des fonctions continues et bornées dans $\mathbf{R}$, l'ensemble des fonctions partielles $y \mapsto u(x, y)$ lorsque x parcourt I; montrer qu'il existe une suite infinie (u_n) de ces fonctions telle que $\|u_n\| = 1$ et $\|u_m - u_n\| = 1$ pour $m \neq n$. En déduire qu'il ne saurait exister un sous-espace vectoriel E de $\mathscr{C}^b(\mathbf{R}; \mathbf{R})$, de dimension finie, tel que chacun des u_n soit à une distance $\leqslant 1/4$ de ce sous-espace; sans quoi, il existerait une suite (v_n) de points de E telle que $\|v_n\| = 2$ et $\|v_n - v_m\| \geqslant 1/2$ pour $m \neq n$, contrairement au fait que tout sous-espace de dimension finie de $\mathscr{C}^b(\mathbf{R}; \mathbf{R})$ est localement compact).

10) Déduire du th. de Weierstrass-Stone une nouvelle démonstration du th. d'Urysohn (IX, p. 44, th. 2) pour les sous-espaces fermés d'un espace compact X. (Si F est fermé dans X, considérer l'ensemble H des restrictions à F des applications continues de X dans $\mathbf{R}$, et

observer que si $f \in \mathrm{H}$ et $|f(x)| \leqslant a$ dans F, il existe une fonction g qui coïncide avec f dans F et est telle que $|g(x)| \leqslant a$ dans X).

¶ 11) *a*) Soient X un espace complètement régulier, Y un sous-espace fermé de X; l'application $\varphi : u \mapsto u \mid \mathrm{Y}$ de $\mathscr{C}^b(\mathrm{X}; \mathbf{R})$ dans $\mathscr{C}^b(\mathrm{Y}; \mathbf{R})$ est une application linéaire continue de norme $\leqslant 1$. Si X est normal, φ est un *morphisme strict surjectif*; en outre, si $\mathrm{X_Y}$ désigne l'espace quotient de X obtenu en identifiant tous les points de Y (espace qui est normal en vertu de IX, p. 105, exerc. 19), le noyau de φ s'identifie (avec sa norme) au sous-espace de $\mathscr{C}^b(\mathrm{X_Y}; \mathbf{R})$ formé des fonctions qui s'annulent au point ω, image canonique de Y dans $\mathrm{X_Y}$.

b) On suppose que X est métrisable et que la frontière de Y dans X soit de type dénombrable. Monter que $\varphi : u \mapsto u \mid \mathrm{Y}$ est un morphisme strict *inversible à droite* (III, p. 47, prop. 3). (Soit d une distance compatible avec la topologie de X; soient (a_n) une suite de points de Fr(Y), dense dans Fr(Y), et $\mathrm{V}_{n,m}$ l'ensemble des $x \in \mathrm{X}$ tels que $d(x, a_n) < 1/m$ et $d(x, \mathrm{Y}) > 1/2m$; former une famille d'applications continues $f_{n,m}$ de X dans $[0, 1]$, telle que le support de $f_{n,m}$ soit contenu dans $\mathrm{V}_{n,m}$ et que l'on ait $\sum_{n,m} f_{n,m}(x) = 1$ dans $\complement \mathrm{Y}$, la famille $(f_{n,m})$ étant uniformément sommable dans un voisinage convenable de tout point de $\complement \mathrm{Y}$. Montrer alors que pour toute fonction $v \in \mathscr{C}^b(\mathrm{Y}; \mathbf{R})$, la fonction u égale à v dans Y, à $\sum_{m,n} v(a_n) f_{n,m}(x)$ pour tout $x \in \complement \mathrm{Y}$, appartient à $\mathscr{C}^b(\mathrm{X}; \mathbf{R})$ et est telle que $\varphi(u) = v$).[1]

12) *a*) Soient X un espace compact, $f : \mathrm{X} \to \mathrm{Y}$ une application continue *surjective* de X sur un espace compact Y. Montrer que l'application ${}^a f : u \mapsto u \circ f$ de $\mathscr{C}(\mathrm{Y}; \mathbf{R})$ dans $\mathscr{C}(\mathrm{X}; \mathbf{R})$ est un isomorphisme (conservant la norme) de $\mathscr{C}(\mathrm{Y}; \mathbf{R})$ sur une sous-algèbre fermée de $\mathscr{C}(\mathrm{X}; \mathbf{R})$ contenant l'élément unité.

b) Inversement, soit A une sous-algèbre fermée de $\mathscr{C}(\mathrm{X}; \mathbf{R})$ contenant l'élément unité. Montrer qu'il existe une application continue surjective f de X sur un espace compact Y telle que ${}^a f$ soit un isomorphisme de $\mathscr{C}(\mathrm{Y}; \mathbf{R})$ sur A. (Si $(u_\lambda)_{\lambda \in \mathrm{L}}$ est une famille partout dense dans A, considérer l'application continue $x \mapsto (u_\lambda(x))$ de X dans $\mathbf{R}^{\mathrm{L}}$ et utiliser le th. de Weierstrass-Stone).

c) Déduire de *b*) que pour toute suite (u_n) d'éléments de $\mathscr{C}(\mathrm{X}; \mathbf{R})$, il existe un espace compact *métrisable* Y et une application continue surjective $f : \mathrm{X} \to \mathrm{Y}$ tels que les u_n appartiennent à l'image de $\mathscr{C}(\mathrm{Y}; \mathbf{R})$ par ${}^a f$.

¶ 13) Soient X un espace compact, A l'algèbre normée $\mathscr{C}(\mathrm{X}; \mathbf{R})$. Pour toute partie M de A, on désigne par V(M) l'ensemble des $x \in \mathrm{X}$ tels que $u(x) = 0$ pour tout $u \in \mathrm{M}$. Pour toute partie Y de X, on désigne par $\mathfrak{F}(\mathrm{Y})$ l'ensemble des $u \in \mathrm{A}$ tels que $u(x) = 0$ dans Y.

a) V(M) est un sous-espace fermé de X, $\mathfrak{F}(\mathrm{Y})$ un idéal fermé de A. Si $\mathfrak{a}$ est l'idéal de A engendré par une partie M de A, $\mathrm{V(M)} = \mathrm{V}(\mathfrak{a})$; V et $\mathfrak{F}$ sont des applications décroissantes pour la relation d'inclusion, et on a $\mathrm{V}(\{0\}) = \mathrm{X}$, $\mathrm{V(A)} = \varnothing$, $\mathrm{V}(\{u\}) = \varnothing$ pour tout élément inversible u de A, $\mathrm{V}\big(\bigcup_{\lambda \in \mathrm{L}} \mathrm{M}_\lambda\big) = \mathrm{V}\big(\sum_{\lambda \in \mathrm{L}} \mathrm{M}_\lambda\big) = \bigcup_{\lambda \in \mathrm{L}} \mathrm{V}(\mathrm{M}_\lambda)$ pour toute famille $(\mathrm{M}_\lambda)_{\lambda \in \mathrm{L}}$ de parties de A, $\mathrm{V(M.M')} = \mathrm{V(M)} \cup \mathrm{V(M')}$; $\mathfrak{F}(\mathrm{X}) = \{0\}$, $\mathfrak{F}(\varnothing) = \mathrm{A}$, $\mathfrak{F}\big(\bigcup_{\lambda \in \mathrm{L}} \mathrm{Y}_\lambda\big) = \bigcap_{\lambda \in \mathrm{L}} \mathfrak{F}(\mathrm{Y}_\lambda)$ pour toute famille $(\mathrm{Y}_\lambda)_{\lambda \in \mathrm{L}}$ de parties de X.

b) Montrer que pour tout idéal $\mathfrak{a}$ de A, on a $\mathfrak{F}(\mathrm{V}(\mathfrak{a})) = \bar{\mathfrak{a}}$, et pour toute partie Y de X, $\mathrm{V}(\mathfrak{F}(\mathrm{Y})) = \bar{\mathrm{Y}}$. (Pour démontrer la première égalité, observer que $\mathrm{V}(\bar{\mathfrak{a}}) = \mathrm{V}(\mathfrak{a})$ et qu'on peut donc supposer $\mathfrak{a}$ fermé; remarquer que si x, y sont deux points distincts de $\mathrm{X} - \mathrm{V}(\mathfrak{a})$, il existe $u \in \mathfrak{a}$ tel que $u(x) \neq u(y)$ et utiliser la prop. 4 de X, p. 37. Pour prouver la seconde égalité, utiliser le th. d'Urysohn).

---

[1] Ce résultat ne s'étend pas au cas où X est l'espace compact non métrisable $\beta\mathbf{N}$, Y l'ensemble fermé $\beta\mathbf{N} - \mathbf{N}$ (EVT, IV, § 5, exerc. 5 *c*)).

c) Déduire de *b*) que $x \mapsto \mathfrak{F}(\{x\})$ est une bijection de X sur l'ensemble des idéaux maximaux de A, qui sont donc fermés. Pour qu'un idéal de A soit fermé, il faut et il suffit qu'il soit intersection d'idéaux maximaux. L'anneau A est sans radical (A, VIII, § 6, nº 3).

d) Monter que l'application $e \mapsto V(\{e\})$ est une bijection de l'ensemble des idempotents de A sur l'ensemble des parties à la fois ouvertes et fermées de X. Pour qu'un point $x \in X$ soit isolé, il faut et il suffit que l'idéal maximal $\mathfrak{F}(\{x\})$ soit principal.

14) Soit X un espace topologique. Pour toute fonction $u \in \mathscr{C}(X; \mathbf{R})$ telle que $u(x) > 0$ pour tout $x \in X$, soit V_u l'ensemble des fonctions $f \in \mathscr{C}(X; \mathbf{R})$ telles que $|f| \leqslant u$.

a) Montrer que les V_u sont les voisinages de 0 dans $A = \mathscr{C}(X; \mathbf{R})$ pour une topologie séparée $\mathscr{T}$ compatible avec la structure d'anneau de A.

b) La topologie induite par $\mathscr{T}$ sur $\mathscr{C}^b(X; \mathbf{R})$ est plus fine que la topologie de la convergence uniforme dans X; pour que ces deux topologies soient identiques, il faut et il suffit que X soit weierstrassien (IX, p. 88, exerc. 20). Si X n'est pas weierstrassien, la topologie induite par $\mathscr{T}$ sur l'ensemble des fonctions constantes est la topologie discrète, de sorte que $\mathscr{T}$ n'est pas compatible avec la structure d'espace vectoriel (sur **R**) de A.

c) Montrer que pour la topologie $\mathscr{T}$, A est un anneau de Gelfand (III, p. 81, exerc. 11).

¶ 15) Soient X un espace complètement régulier, βX son compactifié de Stone-Čech; on munit l'anneau $A = \mathscr{C}(X; \mathbf{R})$ de la topologie $\mathscr{T}$ définie dans l'exerc. 14. Pour tout $f \in A$, soit $V(f)$ l'adhérence dans βX de la partie $\overset{-1}{f}(0)$ de X. Pour toute partie M de A, on désigne par $V(M)$ l'intersection des $V(f)$ pour $f \in M$. Pour toute partie Y de βX, on désigne par $\mathscr{F}(Y)$ l'ensemble des $f \in A$ tels que $Y \subset V(f)$; on écrira $\mathscr{F}(x)$ au lieu de $\mathscr{F}(\{x\})$. Pour que $V(f) = \varnothing$, il faut et il suffit que f soit inversible dans A.

a) Si f, g sont deux fonctions de A telles que $\overset{-1}{f}(0) \cap \overset{-1}{g}(0) = \varnothing$, montrer que l'on a aussi $V(f) \cap V(g) = \varnothing$ (considérer la fonction continue bornée $|f|/(|f| + |g|)$). En déduire que, pour toute partie M de A, on a $V(M) = V(\mathfrak{a})$, où $\mathfrak{a}$ est l'idéal engendré par M dans A.

b) Montrer que pour toute partie Y de βX, $\mathscr{F}(Y)$ est un idéal de A (utiliser *a*)), et que l'on a $V(\mathscr{F}(Y)) = \overline{Y}$ (adhérence de Y dans βX).

c) Soient u une fonction de A telle que $u(x) > 0$ pour tout $x \in X$, g une fonction de A. Montrer qu'il existe $f \in A$ telle que $|f - g| \leqslant u$ et que $V(f)$ soit un voisinage de $V(g)$. (Montrer que la fonction f égale à $g + u$ si $g(x) + u(x) < 0$, à $g - u$ si $g(x) - u(x) > 0$, à 0 ailleurs, répond à la question; on considérera la fonction $f' = \inf((u + g)^+, (u - g)^-)$ et on utilisera *a*)).

d) Soit $\mathfrak{a}$ un idéal de A; montrer que si $f \in A$ est telle que $V(f)$ soit un voisinage de $V(\mathfrak{a})$, on a $f \in \mathfrak{a}$. (Remarquer d'abord qu'il existe $g \in \mathfrak{a}$ telle que $V(g)$ soit contenu dans l'intérieur de $V(f)$, puis considérer la fonction h définie dans X, égale à $f(x)/g(x)$ si $f(x) \neq 0$, à 0 si $f(x) = 0$).

e) Déduire de *c*) et *d*) que pour tout idéal $\mathfrak{a}$ de A, $\mathscr{F}(V(\mathfrak{a})) = \overline{\mathfrak{a}}$. (On montrera d'abord que pour toute partie M de A, $V(M) = V(\overline{M})$, en raisonnant par l'absurde). En déduire que pour toute partie Y de βX, $\mathscr{F}(Y)$ est un idéal fermé de A (remarquer que $\mathscr{F}(Y) = \mathscr{F}(V(\mathscr{F}(Y)))$).

f) Conclure de *e*) que $x \mapsto \mathscr{F}(x)$ est une bijection de βX sur l'ensemble des idéaux maximaux (nécessairement fermés) de A. Pour qu'un idéal de A soit fermé, il faut et il suffit qu'il soit intersection d'idéaux maximaux. L'anneau A est sans radical.

¶ 16) Les hypothèses et notations sont celles de l'exerc. 15.

a) Soit $\mathfrak{a}$ un idéal fermé dans l'anneau A. Montrer que dans l'anneau quotient $A/\mathfrak{a}$, l'ensemble P des images canoniques des fonctions $f \geqslant 0$ de A est l'ensemble des éléments $\geqslant 0$ pour une structure d'ordre faisant de $A/\mathfrak{a}$ un *anneau réticulé* (observer, en utilisant l'exerc. 15 *e*) que si f, g appartiennent à $\mathfrak{a}$, il en est de même de $|f| + |g|$ et de toute fonction $h \in A$ telle que $|h| \leqslant |f|$). L'image canonique dans $A/\mathfrak{a}$ de l'ensemble des fonctions constantes est isomorphe à $\mathbf{R}$ pour sa structure de corps ordonné.

b) En particulier, pour tout $x \in \beta X$, le corps $A/\mathscr{F}(x)$ est muni canoniquement d'une structure de corps ordonné. On dit que l'idéal maximal $\mathscr{F}(x)$ est *réel* si $A/\mathscr{F}(x)$ est isomorphe à $\mathbf{R}$, *hyper-réel* dans le cas contraire. Pour que $\mathscr{F}(x)$ soit hyper-réel, il faut et il suffit que $x \in \beta X - X$ et qu'il existe une fonction inversible $f \in A$ telle que $\lim_{y \to x, y \in X} f(y) = 0$. En déduire que pour que tous les idéaux maximaux de A soient réels, il faut et il suffit que X soit weierstrassien (IX, p. 88, exerc. 20).

c) Pour tout $x \in \beta X$, soit φ_x l'homomorphisme canonique $A \to A/\mathscr{F}(x)$. Pour que $\varphi_x(f) \geqslant 0$ dans $A/\mathscr{F}(x)$, il faut et il suffit qu'il existe $g \in \mathscr{F}(x)$ tel que $f(y) \geqslant 0$ dans $\overset{-1}{g}(0)$ (remarquer que la relation $\varphi_x(f) \geqslant 0$ équivaut à $f \equiv |f|$ (mod. $\mathscr{F}(x)$)). Pour que $\varphi_x(f) > 0$, il faut et il suffit qu'il existe $g \in \mathscr{F}(x)$ tel que $f(y) > 0$ dans $\overset{-1}{g}(0)$ (remarquer que si $f \notin \mathscr{F}(x)$, il existe $g \in \mathscr{F}(x)$ tel que $\overset{-1}{f}(0) \cap \overset{-1}{g}(0) = \varnothing$, en utilisant l'exerc. 15).

d) Montrer que si $\mathscr{F}(x)$ est hyper-réel, le degré de transcendance (A, V, § 14) du corps $A/\mathscr{F}(x)$ sur $\mathbf{R}$ est au moins égal à $\mathfrak{c} = \operatorname{Card}(\mathbf{R})$. (Soit $f > 0$ un élément inversible de A tel que $\varphi_x(f) = u$ soit infiniment grand par rapport à $\mathbf{R}$ (A, VI, § 2, exerc. 1). Montrer que lorsque r parcourt les éléments d'une base de $\mathbf{R}$ sur $\mathbf{Q}$ (formée de nombres >0), les éléments $\varphi_x(f^r)$ de $A/\mathscr{F}(x)$ sont algébriquement indépendants).

**e*) Pour tout point $a = (a_1, \ldots, a_n) \in \mathbf{R}^n$, soit $f_a(X)$ le polynôme $X^n + a_1X^{n-1} + \cdots + a_n$. Pour tout nombre réel ξ, soit $\nu(\xi)$ la somme des ordres de multiplicité des zéros z de f_a dans $\mathbf{C}$ tels que $\mathscr{R}(z) = \xi$; pour tout entier k tel que $1 \leqslant k \leqslant n$, soit $\rho_k(a)$ le plus petit nombre réel ξ tel que $\sum_{\eta \leqslant \xi} \nu(\eta) \geqslant k$. Montrer que chacune des fonctions ρ_k est continue dans $\mathbf{R}^n$ (utiliser le th. de Rouché).

f) Prouver que pour tout $x \in \beta X$, le corps ordonné $A/\mathscr{F}(x)$ est *maximal* (A, VI, § 2, n° 5). (Soit $F(X) = X^n + f_1X^{n-1} + \cdots + f_n$ un polynôme de degré impair dont les coefficients appartiennent à A; les fonctions $g_k(y) = \rho_k(f_1(y), \ldots, f_n(y))$, où les ρ_k sont les fonctions définies dans *e*), sont continues dans X et pour tout $y \in X$, il y a un indice k tel que $F(g_k(y)) = 0$; en déduire que le produit $F(g_1) \ldots F(g_n)$ appartient à $\mathscr{F}(x)$).*

g) Soient X un espace discret infini, $y \mapsto F_y$ une bijection de X sur l'ensemble des parties finies de X; pour tout $z \in X$, soit M_z l'ensemble des $y \in X$ tels que $z \in F_y$; ces ensembles forment une base d'un filtre $\mathscr{F}$ sur X; soit x un point de βX tel que l'ultrafiltre correspondant sur X (I, p. 110, exerc. 27) soit plus fin que $\mathscr{F}$. Soit B une partie de A telle que $\operatorname{Card}(B) \leqslant \operatorname{Card}(X)$, et soit $y \mapsto g_y$ une application surjective $X \to B$. Pour tout $z \in X$, on pose $f(z) = 1 + \sup_{y \in F_z} g_y(z)$. Montrer que $f(z) > g_y(z)$ pour tout $z \in M_y$, et en déduire que $\varphi_x(f) > \varphi_x(g_y)$ pour tout $y \in Y$ (utiliser *c*)). Conclure que $\operatorname{Card}(A/\mathscr{F}(x)) > \operatorname{Card}(X)$.

¶ 17) Les hypothèses et notations sont celles de l'exerc. 15 (X, p. 58).

a) Pour qu'un idéal maximal $\mathscr{F}(x)$ soit réel, il faut et il suffit que pour toute suite infinie (g_n) d'éléments de $\mathscr{F}(x)$, l'intersection des ensembles $\overset{-1}{g_n}(0)$ soit non vide. (Utiliser l'exerc. 16 *b*); pour voir que la condition est nécessaire, montrer que si l'intersection des $\overset{-1}{g_n}(0)$ est vide, la fonction $f(y) = \sum_{n=0}^{\infty} \inf(g_n(y), 2^{-n})$ est continue, inversible dans A et tend vers 0 lorsque y tend vers x en restant dans X; on notera que $f(y) \leqslant 2^{-m}$ dans l'intersection des $\overset{-1}{g_k}(0)$ pour $k \leqslant m$, et on utilisera l'exerc. 15 *a*) (X, p. 58) et le fait que les $V(g)$, où $g \in \mathscr{F}(x)$, forment un système fondamental de voisinages de x dans βX).

b) On dit que X est *replet* si les seuls idéaux maximaux réels $\mathscr{F}(x)$ sont ceux pour lesquels $x \in X$. Montrer que tout espace de Lindelöf (IX, p. 75) complètement régulier est replet (utiliser *a*)). Un espace complètement régulier weierstrassien n'est replet que s'il est compact.

c) Soit υX l'ensemble des $x \in \beta X$ tels que $\mathcal{F}(x)$ soit réel; montrer que toute fonction numérique $f \in A$ peut être prolongée par continuité à υX, de sorte que $\mathscr{C}(X; \mathbf{R})$ et $\mathscr{C}(\upsilon X; \mathbf{R})$ peuvent être canoniquement identifiés. Prouver que le sous-espace υX de βX est replet (remarquer que si f est inversible dans $\mathscr{C}(X; \mathbf{R})$, son prolongement par continuité à υX est inversible dans $\mathscr{C}(\upsilon X; \mathbf{R})$, et que l'on a $\beta(\upsilon X) = \beta X$); on dit que υX est la *replétion* de X. Pour que $\beta X = \upsilon X$, il faut et il suffit que X soit weierstrassien.

d) Montrer que υX est l'espace complété de X lorsque X est muni de la structure uniforme la moins fine rendant uniformément continues toutes les fonctions $f \in A$. (Remarquer qu'un filtre de Cauchy $\mathcal{F}$ sur X pour cette structure uniforme converge vers un point $x \in \beta X$; si x n'appartenait pas à υX, il existerait une fonction $f \in A$ non bornée dans un ensemble de $\mathcal{F}$).

e) Déduire de *d*) que pour toute application continue $u : X \to Y$ d'un espace complètement régulier X dans un espace replet Y, u peut être prolongée par continuité en une application de υX dans Y. L'espace υX est donc solution d'un problème d'application universelle où Σ est la structure d'espace replet, les α-applications et les morphismes étant les applications continues (E, IV, p. 22).

f) Montrer que tout sous-espace fermé d'un espace replet est replet; tout produit d'espaces replets est replet; dans un espace séparé, toute intersection de sous-espaces replets est un sous-espace replet. (Pour prouver par exemple qu'un sous-espace fermé X d'un espace replet Y est replet, considérer l'extension $\bar{j}$ à υX de l'injection canonique $j : X \to Y$, et remarquer que $\bar{j}^{-1}(X) = X$; en déduire que X est fermé dans υX. Raisonnements analogues dans les deux autres cas).

g) Déduire de *b*), *d*) et *f*) que pour qu'un espace complètement régulier soit replet, il faut et il suffit qu'il soit homéomorphe à un sous-espace fermé d'un espace produit $\mathbf{R}^I$.

18) Soit X un espace replet.

a) Montrer que pour tout homomorphisme u de l'algèbre $\mathscr{C}(X; \mathbf{R})$ dans $\mathbf{R}$, non identiquement nul, il existe un point $x \in X$ et un seul tel que $u(f) = f(x)$ pour tout $f \in \mathscr{C}(X; \mathbf{R})$.

b) Soit Y un second espace replet. Montrer que pour tout homomorphisme de $\mathbf{R}$-algèbres $v : \mathscr{C}(Y; \mathbf{R}) \to \mathscr{C}(X; \mathbf{R})$ transformant l'élément unité en élément unité, il existe une application continue $\omega : X \to Y$ et une seule telle que $v(g) = g \circ w$ (utiliser *a*)). En particulier, pour que $\mathscr{C}(X; \mathbf{R})$ et $\mathscr{C}(Y; \mathbf{R})$ soient isomorphes, il faut et il suffit que X et Y soient homéomorphes.

19) *a*) Soit X un espace complètement régulier; montrer qu'un point a de $\beta X - \upsilon X$ ne peut admettre de système fondamental de voisinages connexes dans βX. Observer qu'il existe une fonction $f \in \mathscr{C}(X; \mathbf{R})$ qui tend vers $+\infty$ au point a. Pour $i = 0, 1, 2, 3$, soit Z_i l'ensemble des $x \in X$ tels que $n \leqslant f(x) \leqslant n + 1$ pour un $n \equiv i \pmod{4}$. Si par exemple a est adhérent à Z_3, observer que Z_1 et Z_3 sont normalement séparés dans X (IX, p. 87, exerc. 15), et par suite qu'il existe un voisinage ouvert U de a dans βX tel que $Z_1 \cap U = \varnothing$. Montrer qu'il n'est pas possible qu'il existe un voisinage connexe $U' \subset U$ de a, en utilisant IX, p. 87, exerc. 16.

b) Déduire de *a*) que, pour que βX soit localement connexe, il faut et il suffit que X soit localement connexe et weierstrassien (cf. IX, p. 105, exerc. 21).

20) Soit X un espace complètement régulier. Montrer que toute partie de βX qui est intersection dénombrable d'ensembles ouverts non vides rencontre X. En déduire que pour que βX soit maigre dans lui-même (resp. un espace de Baire), il faut et il suffit que X soit maigre dans lui-même (resp. un espace de Baire).

21) Montrer que pour un espace complètement régulier X, les quatre conditions suivantes sont équivalentes:

a) X est replet (X, p. 59, exerc. 17 *b*)).

b) X est intersection des parties de βX qui le contiennent et qui sont réunions dénombrables d'ensembles compacts.

c) $\beta X - X$ est réunion d'ensembles fermés dont chacun est intersection dénombrable d'ensembles ouverts.

d) X est homéomorphe à une partie partout dense d'un espace compact K, intersection d'une famille de parties de K qui sont des réunions dénombrables d'ensembles compacts.

¶ 22) Soient X un espace compact, A l'algèbre normée $\mathscr{C}(X; \mathbf{C})$ sur **C**. Pour tout idéal fermé $\mathfrak{a}$ de A, montrer que la relation $f \in \mathfrak{a}$ entraîne $\bar{f} \in \mathfrak{a}$ (remarquer que $\bar{f}$ est limite uniforme de fonctions de la forme gf). Étendre alors à l'algèbre A les résultats de l'exerc. 13 de X, p. 57.

¶ 23 *a*) Soient X un espace compact, A une algèbre de rang fini sur le corps **R**, admettant un élément unité, et munie de la topologie définie dans VI, p. 5. Soit B une sous-algèbre de la **R**-algèbre $\mathscr{C}(X; A)$; on suppose que pour tout $\varepsilon > 0$, tout couple de points distincts x, y de X et tout couple d'éléments u, v de A, il existe $f \in B$ telle que $\|f(x) - u\| \leqslant \varepsilon$ et $\|f(y) - v\| \leqslant \varepsilon$ ($\|z\|$ étant une norme quelconque définissant la topologie de A); on suppose en outre que si u et v appartiennent à **R**, il y a une fonction $f \in B$ vérifiant les conditions précédentes et prenant ses valeurs dans **R**. Dans ces conditions, montrer que B est dense dans $\mathscr{C}(X; A)$ pour la topologie de la convergence uniforme. (Prouver d'abord que toute fonction de $\mathscr{C}(X; \mathbf{R})$ peut être approchée uniformément par des fonctions de B, puis qu'il est de même de toute constante $a \in A$, en utilisant l'hypothèse et une partition de l'unité).

b) On prend $A = \mathbf{H}$, corps des quaternions sur **R**. Soit B une sous-algèbre de la **R**-algèbre $\mathscr{C}(X; \mathbf{H})$ telle que: 1° pour toute fonction $f \in B$, la conjuguée $\bar{f}$ de f (définie par $\bar{f}(x) = \overline{f(x)}$ pour tout $x \in X$) appartient à B; 2° pour tout $\varepsilon > 0$, tout couple de points distincts x, y de X et tout couple d'éléments u, v de **H**, il existe $f \in B$ telle que $\|f(x) - u\| \leqslant \varepsilon$ et $\|f(y) - v\| \leqslant \varepsilon$. Montrer que B est partout dense dans $\mathscr{C}(X; \mathbf{H})$ (utiliser *a*)).

c) Étendre à l'algèbre $\mathscr{C}(X; \mathbf{H})$ les résultats de X, p. 57, exerc. 13, et montrer en particulier que tout idéal fermé de cette algèbre est bilatère (raisonner comme dans l'exerc. 22 en utilisant *b*)).

¶ 24) *a*) Soient X un espace compact totalement discontinu, A un anneau topologique. On munit l'anneau $\mathscr{C}(X; A)$ de la topologie de la convergence uniforme, qui est compatible avec la structure d'anneau. Soit $\mathfrak{a}$ un idéal à gauche de $\mathscr{C}(X; A)$, et pour tout $x \in X$, soit $\mathscr{F}(x)$ l'adhérence dans A de l'ensembles des $f(x)$ pour $f \in \mathfrak{a}$, qui est un idéal à gauche fermé de A. Montrer que $\bar{\mathfrak{a}}$ est identique à l'ensemble des $f \in \mathscr{C}(X; A)$ telles que $f(x) \in \mathscr{F}(x)$ pour tout $x \in X$ (remarquer que pour tout $x \in X$ les voisinages à la fois ouverts et fermés de x forment un système fondamental de voisinages de x).

b) On suppose en outre qu'il existe dans A un système fondamental de voisinages de 0 qui sont des idéaux bilatères de A. Soit B un sous-anneau de $\mathscr{C}(X; A)$ contenant les constantes et séparant les points de X; montrer que B est dense dans $\mathscr{C}(X; A)$. (Pour toute partie fermée F de X, tout point $x \notin F$ et tout voisinage U de 0 dans A, montrer qu'il existe $f \in B$ telle que $f(x) = 1$ et $f(y) \in U$ pour tout $y \in F$).

25) Soit X un espace localement compact; on appelle topologie stricte sur l'espace vectoriel $\mathscr{C}^b(X; \mathbf{R})$ des fonctions numériques continues et bornées la topologie définie par la famille d'écarts $d_\varphi(f, g) = \sup_{x \in X} \varphi(x)|f(x) - g(x)|$, où φ est une fonction numérique continue, $\geqslant 0$ et tendant vers 0 au point à l'infini.

a) Montrer que pour la structure uniforme définie par ces écarts, $\mathscr{C}^b(X; \mathbf{R})$ est complet et que la topologie stricte est compatible avec la structure d'algèbre sur **R**.

b) Montrer que si A est une sous-algèbre fermée de $\mathscr{C}^b(X; R)$ pour la topologie stricte, séparant les points de X, et telle que, pour tout $x \in X$, il existe $f \in A$ telle que $f(x) \neq 0$, alors $A = \mathscr{C}^b(X; \mathbf{R})$.

NOTE HISTORIQUE

(N.-B. — Les chiffres romains renvoient à la bibliographie placée à la fin de cette note.)

On sait que la notion de fonction arbitraire ne se dégagea guère avant le début du XIXe siècle. A plus forte raison l'idée d'étudier de façon générale des ensembles de fonctions, et de les munir d'une structure topologique, n'apparaît pas avant Riemann (voir Note historique du chap. I) et ne commence à être mise en œuvre que vers la fin du XIXe siècle.

Toutefois, la notion de convergence d'une *suite* de fonctions numériques était utilisée de façon plus ou moins consciente depuis les débuts du Calcul infinitésimal. Mais il ne s'agissait que de convergence *simple* et il ne pouvait en être autrement avant que les notions de série convergente et de fonction continue n'eussent été définies de façon précise par Bolzano et Cauchy. Ce dernier n'aperçut pas au premier abord la distinction entre convergence simple et convergence uniforme, et crut pouvoir démontrer que toute série convergente de fonctions continues a pour somme une fonction continue (I, (2), vol. III, p. 120). L'erreur fut presque aussitôt décelée par Abel, qui prouva en même temps que toute série entière est continue à l'intérieur de son intervalle de convergence, par le raisonnement devenu classique qui utilise essentiellement, dans ce cas particulier, l'idée de la convergence uniforme (II, p. 223–224). Il ne restait plus qu'à dégager cette dernière de façon générale, ce qui fut fait indépendamment par Stokes et Seidel en 1847–1848, et par Cauchy lui-même en 1853 (I, (1), vol. XII, p. 30).[1]

Sous l'influence de Weierstrass et de Riemann, l'étude systématique de la notion de convergence uniforme et des questions connexes est développée dans le dernier tiers du XIXe siècle par l'école allemande (Hankel, du Bois-Reymond) et surtout l'école italienne: Dini et Arzelà précisent les conditions nécessaires pour que la limite d'une suite de fonctions continues soit continue, tandis qu'Ascoli introduit la notion fondamentale d'équicontinuité et démontre le théorème caractérisant les ensembles compacts de fonctions continues (III) (théorème popularisé plus tard par Montel dans sa théorie des « familles normales », qui ne sont autres que des ensembles relativement compacts de fonctions analytiques).

Weierstrass lui-même découvrit d'autre part (IV *b*) la possibilité d'approcher uniformément par des polynômes une fonction numérique continue d'une ou plusieurs variables réelles dans un ensemble borné, résultat qui suscita aussitôt un

[1] Dans un travail daté de 1841, mais publié seulement en 1894 (IV *a*, p. 67), Weierstrass utilise avec une parfaite netteté la notion de convergence uniforme (à laquelle il donne ce nom pour la première fois) pour les séries de puissances d'une ou plusieurs variables complexes.

vif intérêt, et conduisit à de nombreuses études « quantitatives » qui restent en dehors du point de vue où nous nous sommes placés.[1]

La contribution moderne à ces questions a surtout consisté à leur donner toute la portée dont elles sont susceptibles, en les abordant pour des fonctions dont l'ensemble de définition et l'ensemble des valeurs ne sont plus restreints à **R** ou aux espaces de dimension finie, et en les plaçant ainsi dans leur cadre naturel, à l'aide des concepts topologiques généraux. En particulier, le théorème de Weierstrass, qui déjà s'était révélé un outil de premier ordre en Analyse classique, a pu, dans ces dernières années, être étendu à des cas beaucoup plus généraux par M. H. Stone: développant une idée introduite par H. Lebesgue (dans une démonstration du théorème de Weierstrass), il a mis en lumière le rôle important joué dans l'approximation des fonctions continues numériques par les ensembles réticulés (approximation par des « polynômes latticiels », cf. X, p. 34–35, prop. 2 et th. 2), et a montré d'autre part comment le théorème de Weierstrass généralisé entraîne aussitôt toute une série de théorèmes d'approximation analogues, qui se groupent ainsi de façon beaucoup plus cohérente; nous avons suivi d'assez près son exposé (V).

[1] Voir par ex. C. De La Vallée Poussin, *Leçons sur l'approximation des fonctions d'une variable réelle* (Paris, Gauthier-Villars, 1919).

BIBLIOGRAPHIE

(I) A.-L. Cauchy, *Œuvres*, Paris (Gauthier-Villars), 1882–1932.

(II) N. H. Abel, *Œuvres*, t. I, éd. Sylow et Lie, Christiania, 1881.

(III) G. Ascoli, Sulle curve limiti di una varietà data di curve, *Mem. Accad. Lincei* (III), t. XVIII (1883), p. 521–586.

(IV) K. Weierstrass, *Mathematische Werke*, Berlin (Mayer und Müller), 1894–1903: (*a*) Zur Theorie der Potenzreihen, Bd. I, p. 67–74; *b*) Über die analytische Darstellbarkeit sogenannter willkürlicher Functionen reeller Argumente, Bd. III, p. 1–37.

(V) M. H. Stone, The generalized Weierstrass approximation theorem, *Mathematics Magazine*, t. XXI (1948), p. 167–183, et 237–254.

INDEX DES NOTATIONS

INDEX TERMINOLOGIQUE

DIAGRAMME DES PRINCIPAUX TYPES D'ESPACES TOPOLOGIQUES

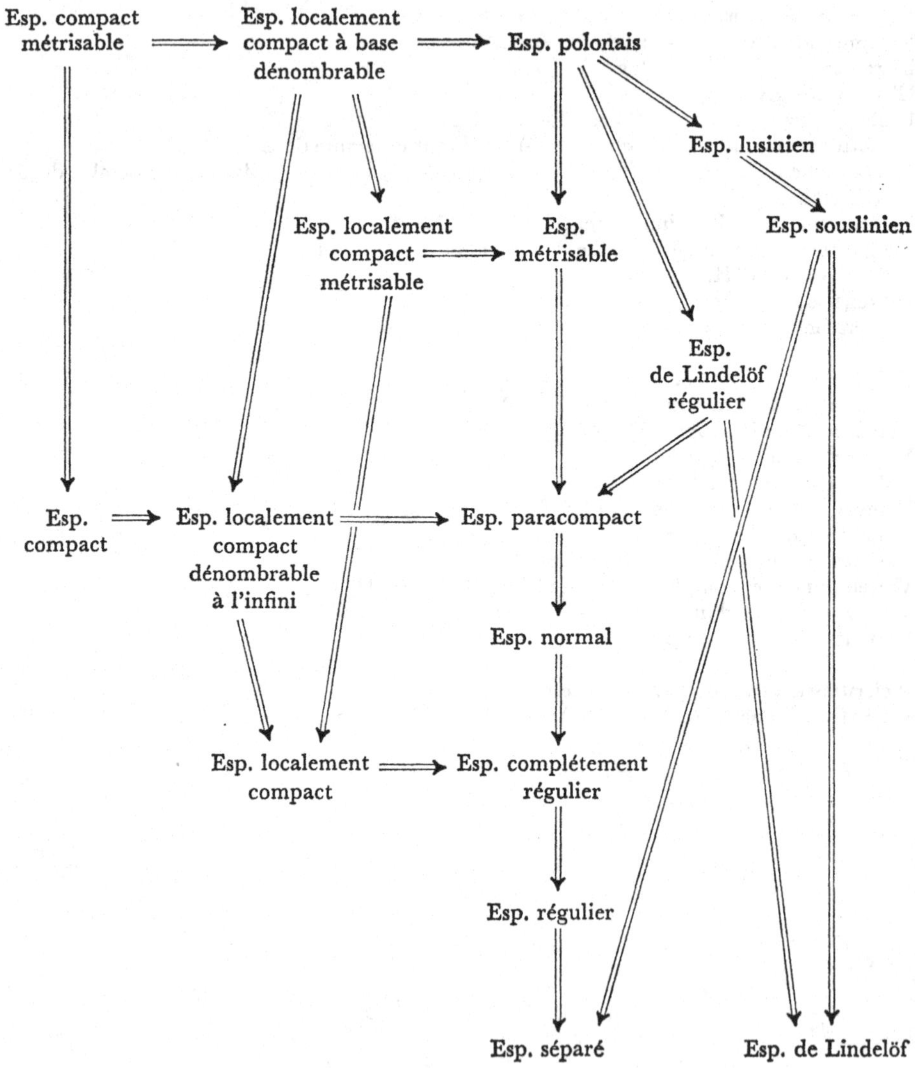

TABLE DES MATIÈRES

Made and printed in Great Britain by William Clowes & Sons, Limited, London, Beccles and Colchester